本书荣获“江西省第四届普通高等学校优秀教材一等奖”

新编高职高专规划教材

机械制造基础与实训

第2版

主　审　何七荣

主　编　李正生　周　巍

副主编　陈丽君

中国科学技术大学出版社

内 容 简 介

本书由四部分内容组成：安全教育及现场管理、机械制造基础、机械加工方法、普通电工及热加工；主要介绍了车、铣、镗、磨、钳等传统机械制造的基本知识和基本技能，以及数控车工、数控铣工等先进制造技术前沿与发展趋势。

本书以机械制造过程为主线，以突出职业能力和职业习惯培养为重点，突出实践性和综合性，内容丰富全面，既便于组织教学，又便于自学。

本书是高职学生实习的教材，也适合中职相关专业学生技能训练和职业资格考证培训。

图书在版编目（CIP）数据

机械制造基础与实训/李正生，周巍主编. —2版. —合肥：中国科学技术大学出版社，2014.8（2016.6重印）

ISBN 978-7-312-03489-3

Ⅰ.机…　Ⅱ.①李…②周…　Ⅲ.机械制造　Ⅳ.TH

中国版本图书馆CIP数据核字(2014)第147773号

出版　中国科学技术大学出版社
安徽省合肥市金寨路96号，邮编：230026
网址：http://press.ustc.edu.cn

印刷　合肥市宏基印刷有限公司

发行　中国科学技术大学出版社

经销　全国新华书店

开本　787 mm×1092 mm　1/16

印张　25

字数　640千

版次　2008年6月第1版　2014年8月第2版

印次　2016年6月第9次印刷

定价　38.00元

前　言

在科技突飞猛进、知识日新月异的今天，高度发达的制造业和先进的制造技术已经成为衡量一个国家综合经济实力和科技水平的重要标志之一，成为一个国家在竞争激烈的国际市场上获胜的关键因素。如今，中国已成为制造业大国，但还不是制造业强国，我们要从制造业大国走向制造业强国，必须充分利用国内外先进的技术资源，不断推动企业的技术进步，引导企业依靠技术进步发展生产，增强国际竞争力。

制造业要发展，人才是关键。谁掌握了先进的科学技术并拥有大量技术娴熟、手艺高超的技能人才，谁就能生产出高质量的产品，创出自己的品牌，谁就能在激烈的市场竞争中立于不败之地。因此，尽快培养一大批高技能人才和高素质劳动者，是先进制造业实现技术创新和技术升级的迫切要求。高等职业教育既担负着培养高技能人才的艰巨使命，也为自身的发展提供了难得的机遇。

目前，高等职业教育在我国发展很快，其根本任务是为生产、建设、管理、服务一线培养和造就一大批高技能人才。从现代社会需求和发展的趋势视角看，高技能人才是指具有良好职业习惯和掌握较扎实的专业知识与过硬的操作技能，能解决工作实践中关键操作技术和工艺难题的具有创造能力的高素质劳动者。这一目标定位决定了高职人才培养模式必须以“工学结合”为主线，以工作实践为重点，以生产育人为目的，把教育培养的课堂拓展到生产现场，把学生的职业技能和职业素质培养贯穿于专业教学的全过程。为实现高职教育的培养目标，我们必须摒弃“重理论、轻实践，重设计、轻工艺，重知识传授、轻能力和素质培养”的传统观念，注重实习教学和综合能力培养，确立知识、能力、素质、创新并重的教育思想，更新教学内容，改革教学方法，构建符合时代要求的新型工程实践教学体系，以尽快培养掌握现代制造技术的、具有创新意识的复合型人才。

本教材是编者在江西省教育厅教学改革研究立项课题“高技能人才职业素质养成与实习教学改革的研究与实践”的改革成果的基础上编写的。全书以机械制造过程为主线，以突出职业能力和职业习惯培养为重点，主要介绍了车、铣、镗、磨、钳等传统机械制造的基本知识和基本技能，以及数控车工、数控铣工等先进制造技术前沿与发展趋势。本教材具有以下特点：

1. 着眼于社会对高技能人才职业习惯、专业知识、职业能力等综合素质的要求，突出企业生产的全程实践，突出职业技能训练，有效推进工学结合人才培养模式的实施。

2. 突出教学规律的运用，本书由浅入深，详细介绍了各工种技能操作的要领，图文并茂，内容丰富全面，既便于组织教学，又便于自学。

3. 突出实践性和综合性。本书综合了切削加工、电工、热加工、数控加工等方面的知识，是高职学生实习的教材，也适合中职相关专业学生技能训练和职业资格考证培训。

本课程是一门公共实践性的技术基础课，要求我们在教学中，必须以企业需求为依据，以就业为导向，既增强针对性，又兼顾适应性，既强调传统的工艺理论、工艺方法和工艺实践的应用，又突出制造领域的新知识、新技术、新工艺和新方法。在教学组织上，应以学生为主体，提供选择和创新的空间，构建、开发富有弹性和充满活力的课程体系，适应学生"一专多能"及个性化发展的需要。

本书由九江职业技术学院李正生副教授、周巍教授任主编。绪论、第一章、第二章由周巍编写；前言、第三章、第四章、第六章、第七章由李正生编写；第五章、第十二章由陈丽君编写；第八章、第九章由蔡华春编写；第十章由朱冠达、黄徐琦、张鹏飞编写；第十一章由陈伦初、李正生编写；全书由李正生、周巍统稿，何七荣主审，插图由张东升负责。在策划、编写及出版过程中，得到九江职业技术学院教务处、科研处等部门的大力支持，在此一并表示诚挚的谢意。

由于编者水平有限，编写时间仓促，书中难免有缺点或疏漏，恳请读者指正。

编　者

2014 年 6 月

目　　录

第四篇　普通电工及热加工

绪　　论

我国经济的发展有赖于科技进步，有赖于广泛采用新技术、新工艺、新材料和新设备。机械制造业能否提供先进的技术和设备，取决于机械制造业的发展水平，有关机械技术人员肩负着重大责任。

一、机械制造的一般概念

机械制造是机器制造工艺过程的总称。它包括将原材料转变为产成品的各种劳动总和，大致可分为生产技术准备、毛坯制造、零件加工、产品检测和装配等过程。

1. 生产技术准备过程

机器投产前，必须做好各项技术准备工作，其中最主要的一项是制定工艺规程。这是直接指导各项技术操作的重要文件。此外，正确选择材料，标准件购置，刀具、夹具、模具、装配工具等的预制，热处理设备和检测仪器的准备等，都要求在本过程中准备就绪。

2. 毛坯制造过程

毛坯可由不同方法获得。合理选择毛坯，可显著提高生产效率和降低成本。常用的毛坯制造方法有：型材、铸造、锻压和焊接。

（1）型材。圆棒料、板料、管料、角钢、槽钢、工字钢等均为型材。其中以圆棒料应用最广，用作螺钉、销钉、小型盘状零件和一般轴类零件的坯料，使用方便。板料、角钢、槽钢、工字钢等则普遍用于金属结构。

（2）铸造。一般来说，结构复杂，特别是内腔复杂的零件或大型零件采用铸造方法形成毛坯。某些小型或结构简单的零件，在生产批量很大时，也往往采用铸造方法成形。

（3）锻压。承受重载荷的零件，如主轴、连杆、重要齿轮等，常采用锻压加工获得毛坯。因为金属材料经锻压后内部组织得到改善，提高了力学性能。

（4）焊接。工艺过程较铸造简单，近年来，由于焊接技术的提高，现代工程中的一些金属结构和零件普遍采用焊接成形。

3. 零件加工过程

金属切削加工是目前加工零件的主要方法。通用的加工设备有车床、钻床、镗床、刨床、铣床和磨床。此外，还有各种专用机床、特种加工机床。选择加工方法、选用机床设备和刀具，需要广博的专业知识。例如，轴可用车床加工，也可用磨床加工，哪种方案合理，需视具体情况而定。车床的加工精度一般低于磨床，但在车床上采用高切削速度、小进给量，也能达到较高的精度，满足零件的技术要求。不过，这种做法不利于生产率的提高，经济效益也差。所以，必须具有“经济精度”的概念。所谓经济精度，就是指某种加工方法只宜达到某种精度，超过这个精度将失去经济性，这些问题在制定工艺规程时均应考虑。

4. 产品检测和装配过程

由若干个零件组成的机器,其精度为各个零件精度的总体反映。设计者按机器工作要求,提出各项技术条件。我们必须掌握零件精度与总体精度之间的关系,采取合理的工艺措施,使用合适的机床和工装夹具,以保证每个零件的精度要求。每一个加工工序,都不可避免地会产生加工误差,如何检验这些误差,在哪些工序之后设定检验工序,采用何种量具等问题,都必须全面考虑,合理安排。除了几何形状和尺寸之外,还有表面质量和内部性能的检验。例如缺陷检验、力学性能检验和金相组织检验等。

装配过程必须严格遵守技术条件规定。例如,零件清洗、装配顺序、装配方法、工具使用、接合面修磨、润滑剂施加以及运转跑合,甚至油漆色泽和包装,都不可掉以轻心,只有这样才能生产出合格产品。

二、本课程的性质及特点

机械制造综合实训是高职机制、船舶、汽车、机电类专业的一门重要的综合性专业基础课。本书作为学生机械制造基础技能培训和实习教学教材,以加强技术应用、提高岗位实践能力为原则,直观性强,贴近教学实际。本课程具有以下特点:

(1) 对传统实习内容进行重新选择和整合,增添了一些新知识、新技术、新工艺,提高起点,满足新时期教学需要。

(2) 注重与并行课、后续课教学内容的衔接,既注重传统制造技术基础内容的系统性、实用性和科学性,又在一定程度上反映较成熟的先进制造技术;既注重单台设备、单个工序,又强调制造过程、制造系统乃至先进制造系统的观念。

(3) 强调制造技术的实践性、实用性及理论与工程实际的紧密结合,培养学生具有操作一般设备和加工一般零件的实践技能,并具有选择加工方法和工艺分析的能力。

(4) 注重培养学生科学的思维方式、方法和创新能力,同时注重学生职业习惯、职业规范及文明安全实习的养成教育;注重培养学生的质量意识和经济观念,培养爱岗敬业、严谨务实的工作作风。

三、本课程的基本要求和学习重点

第一章　要求了解安全生产的概念、任务、意义及安全生产方针;掌握金属切削机床加工一般安全技术操作规程,车间安全用电基本知识和砂轮机安全操作规程;掌握生产现场的“6S”规则。

第二章　要求熟悉机械制图的基本知识;掌握零件加工的质量指标及质量检测的一般方法;掌握常用量具的使用方法;掌握基准的概念及工件定位、装夹的方法。

第三章　要求掌握金属切削的一些基本理论,包括切削运动与切削要素、切削刀具及金属切削的过程与控制等;熟悉金属切削刀具的种类及刀具材料的构成,掌握切削刀具集合参数的选择,掌握切削液的选用等。

第四章　要求了解车床的种类及其附件的安装方法;熟悉车刀的组成、结构、刃磨和安装方法;掌握车削加工的一般操作方法;尽可能掌握典型零件(蜗杆)的车削方法。

第五章　要求了解铣床的种类、常用铣床的特点及其附件的种类和装夹方法；熟悉铣刀的种类、几何参数、刃磨和安装方法；掌握铣削的基本加工方法；掌握典型零件的加工方法。

第六章　要求了解镗孔刀具特点、镗床的分类方法和镗床的结构形式；掌握镗削一般加工方法，善于分析影响镗削质量的原因，并能找到避免或减小加工误差的对策。

第七章　要求了解磨削加工的特点及工艺范围，了解砂轮的结构和特性，熟悉砂轮的装拆、平衡与修整方法；了解外圆磨床、内圆磨床和平面磨床的结构及其附件安装方法，掌握以上三种磨床加工工件的方法。

第八章　要求掌握钳工的基础知识，包括：钳工操作安全、钳工加工范围以及各种加工方式的加工方法。要求学生通过理论与实践学习后，能掌握钳工的基本操作技能，如锉削、錾削、钻孔等。

第九章　要求了解设备拆卸的一般原则、拆前准备工作、常用拆卸工具，掌握零部件拆卸的各种方法及典型设备、典型零件拆卸的技能。

第十章　要求了解数控机床的组成、分类以及手工程序的编制步骤；掌握数控机床的工艺知识；掌握机床坐标轴的命名规定及机床坐标系的确定方法；掌握机床坐标系、机床零点、工件坐标系、工件零点等基本概念；掌握数控机床的对刀方法及刀具补偿的建立方法；掌握数控车床及数控铣床的编程方法。

第十一章　要求了解电力网的基础知识；牢记《电工安全操作规程》；熟练掌握常用照明电路敷设、安装及相关的操作；熟练掌握三相四线制动力线基础知识及普通常用的机床设备电气控制原理和控制线路的制作、安装维修相关知识。

第十二章　要求了解焊接、铸造、热处理的特点、分类及安全操作规程；掌握焊条电弧焊、气焊气割、氩弧焊及常用铸造和热处理方法所使用的设备及工具；了解并掌握焊条电弧焊、气焊气割、氩弧焊及常用铸造和热处理方法的工艺规范、操作方法；了解焊接变形及应力、特种铸造的基本知识。

第一篇　安全教育及现场管理

第一章　安全教育及现场管理

学习目标

1. 了解安全生产的概念、任务、意义及安全生产方针；

2. 掌握金属切削机床加工一般安全技术操作规程，车间安全用电基本知识和砂轮机安全操作规程；

3. 掌握生产现场管理的“6S”规则。

第一节　安全生产的概念、方针及任务

一、安全生产、安全生产管理

1. 安全生产

《辞海》中将“安全生产”解释为：为预防生产过程中发生人身、设备事故，形成良好劳动环境和工作秩序而采取的一系列措施和活动。根据现代系统安全工程的观点，上述解释只表述了一个方面，不够全面。概括地说，安全生产是为了使生产过程在符合物质条件和工作秩序情况下进行的，防止发生人身伤亡和财产损失等生产事故，消除或控制危险、有害因素，保障人身安全与健康、设备和设施免受损坏、环境免遭破坏等活动的总称。

2. 安全生产管理

所谓安全生产管理，就是针对人们在生产过程中的安全问题，运用有效的资源，发挥人们的智慧，通过人们的努力，进行有关决策、计划、组织和控制等活动，实现生产过程中人与机器设备、物料、环境的和谐，达到安全生产的目标。

安全生产管理的目标是减少和控制危害，减少和控制事故，尽量避免生产过程中由于事故所造成的人身伤害、财产损失、环境污染以及其他损失。安全生产管理包括安全生产法制管理、行政管理、监督检查、工艺技术管理、设备设施管理、作业环境和条件管理等。

安全生产管理的基本对象是企业的员工，涉及企业中的所有人员、设备设施、物料、环境、

财务、信息等各个方面。安全生产管理的内容包括：安全生产管理机构和安全生产管理人员、安全生产责任制、安全生产管理规章制度、安全生产策划、安全培训教育、安全生产档案等。

二、安全生产方针

方针是工作的指南，是指导工作的方向。安全生产方针，就是指导安全生产工作的方向和指南。现阶段我国安全生产的方针是“安全第一，预防为主”。事实告诉我们，只有遵循这个方针，安全生产工作才能做好。如果违背这个方针，将导致工伤事故发生和国家财产损失。因此，广大师生员工对安全生产方针必须认真理解，并时时处处贯彻到自己的实际行动中去。

“安全第一”，是指在看待和处理安全和生产（实习）以及其他工作关系时，要突出安全，把安全工作放在第一位。当生产（实习）或其他工作与安全发生矛盾时，安全是首要的，生产（实习）或其他工作要服从安全。“安全第一”就是告诉一切经济部门、教学实习管理部门和各级领导以及全体师生员工，要重视安全生产和安全实习，不是一般的重视，而是要高度的重视，当作头等大事来重视。要把保证安全作为完成各项任务、做好各项工作的前提条件。特别是各级领导和实习指导教师在规划、布置、实施各项工作时，要首先想到安全，采取必要的防范措施，防止发生工伤事故。

显然，安全与生产的关系是对立统一的辩证关系，二者之间既有矛盾，又有统一，有生产就有安全问题，安全存在于生产之中。同时，只有保证了安全，生产才能顺利进行。“安全为了生产，生产必须安全”，这要求我们必须正确认识安全与生产之间的辩证关系。“预防为主”是指在实现“安全第一”的许许多多的工作中，做好预防工作是最主要的，它要求大家防微杜渐，防患于未然，把事故和职业危害消灭在发生之前。伤亡事故和职业危害不同于其他事故，一旦发生往往很难挽回，或者根本无法挽回，到那时，“安全第一”也就成了一句空话。

三、安全生产的任务

1. 安全生产的任务

安全生产的任务就是保护劳动者在生产过程中的安全和健康，促进经济建设的快速、健康、稳定发展。具体地讲，它包括以下几个方面：

（1）强化安全意识，消除安全隐患，力争减少或消灭工伤事故，保障劳动者安全地进行生产或实习。

（2）搞好劳逸结合，保障劳动者或实习学生有适当的休息时间，使劳动者保持充沛的精力，提高劳动效率和实习效果。

（3）根据妇女或学生的生理特点，对他们进行特殊保护。

2. 安全生产任务的完成

要完成上述任务必须从多方面进行努力，最主要的应该抓好以下几方面的工作：

（1）加强宣传教育工作。安全生产工作具有很强的社会性和群众性，要充分发挥舆论工具的作用，加大安全生产宣传力度，使所有上岗人员都具备必要的安全知识和技能，提高他们的安全意识和安全素质。继续开展以“三无两降一提高”（即无因工死亡事故，无重大火灾、爆炸事故，无重大经济损失事故；降低事故频率，降低职业病发病率；提高安全生产科学管理水平)为主要内容的群众性安全生产(实习)竞赛活动,形成一个人人关心安全、事事注意安全的良好氛围,并成为全体师生员工的自觉行动。

(2) 加强安全生产的法制工作,严格执行各级安全管理规章制度,建立安全责任制。

(3) 加强安全考核工作。设专人巡回检查、督导,纠正违章行为,安全考核与学生实习成绩及职工收入直接挂钩。

(4) 积极开展安全生产的科学研究工作,消化吸收国内外先进工艺模式,为生产工人和实习学生创造更加安全、卫生的劳动条件,从根本上保证工人和学生在生产或实习中的安全和健康。

第二节　安全技术基础知识

一、机械安全的含义

机械安全有两层意思,一是指机械设备本身应符合安全要求,另一是指机械设备的操作者应符合安全要求。

由于机械设备种类极其繁多,按行业来分有冶金机械、化工机械、纺织机械;按大小来分,有重型机械、中型机械、小型机械等。因此机械安全的要求也就各有不同。特别是新工人或学生入厂之后,将逐步接触一些机械设备,其中有的属于本工种使用的专用机械,有的属于一般的通用机械。在生产作业中,机械设备的操作者与机械的某个局部发生接触,形成了一个协调的运动体系。当这个体系的两个方面都处于良好状态时,发生事故的可能性就很小。如果这一体系的某一个方面出现非正常的情况,就极有可能互相冲突而造成事故,使操作者受到伤害。因此,对新工人和学生应首先讲授机械安全技术基础知识。

二、机械设备伤害事故的种类

机械设备造成人员伤害事故的种类,一般有以下几种:

1. 机械设备零、部件作旋转运动时造成的伤害

机械设备是由许多零、部件构成的。其中有些零件、部件是固定不动的,有的零、部件则需要运动,而运动形式最多、最广泛的为旋转运动。例如机械设备中的齿轮、皮带轮、滑轮、卡盘、轴、光杠、联轴节等零、部件都是作旋转运动的。旋转的零、部件是具有动能的。动能的大小,主要取决于其质量和旋转速度。质量越大,旋转速度越快,其动能就越大,反之则越小。一般来说,机械设备作旋转运动的零、部件所具有的动能,如果与人接触是足以导致伤害的,甚至可以造成死亡。旋转运动造成人员伤害的主要形式是绞伤或物体打击伤。

(1) 直接绞伤手部。例如外露的齿轮、皮带轮等直接将手指,甚至整个手掌绞伤或绞掉。如某厂一女工,因下班心切,机器还未完全停止,就将手伸入机器内清理,只几秒钟时间,两个手指就被搅拌刮刀切断。

(2) 将操作者的衣袖、裤腿或穿戴的个人防护用品如手套、围裙等绞进去，轻则把人绞伤，重则将人绞死。例如1985年12月16日某船厂车工宋某在车床上加工长度1.43m、外径为∅36mm的拉杆轴，在距离顶尖216mm处改用尖刀车削。由于宋某没有穿工作服，身上的便服右手袖口不慎触及旋转的工件，人被带走，使衣袖向上卷直至工件压迫颈部，其颈部气管断裂，一小时后死亡。

(3) 将女工的长头发绞进去。车床上的光杠、丝杠将女工长头发绞进去造成绞伤甚至死亡。如某校六四届一学生，用摇臂钻在钢板上钻孔时，因注意力集中在钻头如何对准中心孔上，又没戴安全帽，当开动机床时丝杠将其头发的一半卷入，幸亏在一起操作的同学立即停车，只是连发根一起被拔去半个头皮，未造成人员死亡。

至于旋转的零、部件造成的物体打击伤，一般也有以下几种：

(1) 旋转的零、部件由于其本身强度不够或者固定不牢固，从而在旋转运动时甩出去，将人击伤。如车床的卡盘，如果不用保险螺丝固定住或者固定不牢，在开反车时就可能飞出伤人。如1994年4月5日，9111班某同学在车间砂轮房磨车刀，因刃磨时间稍长，刀体发热，于是他转身到身后的自来水龙头上冷却刀杆，这时，∅400mm的白刚玉砂轮突然发生爆裂，约有1/3砂轮飞甩出来，打在砂轮机前70cm处，然后反弹起砸在正前方大约2m高的墙上，由墙上弹回的碎小颗粒打在该学生头上，幸好仅擦了一下头皮，在场的学生及时停机，未发生重大事故。经查明砂轮本身存在潜在的内裂纹。

(2) 在可以旋转的零、部件上，摆放未经固定的物品，在突然旋转时，由于离心力的作用，将东西甩出伤人。这种事故也是常见的，例如，某学生用卡盘钥匙卸下工件进行测量时，由于床头箱上工件突然倒下冲撞机床控制按钮，而卡盘的钥匙仍留在卡盘上，致使卡盘钥匙沿切线方向飞出，幸好前面机床无人，未发生事故。

2. 机械设备的零、部件作直线运动时造成的伤害

我们使用的机械设备，它的某些零、部件是作直线运动的，例如锻锤、冲床、剪板机的施压部件，牛头刨床的滑枕、龙门刨床的工作台等。作直线运动的零、部件与作旋转运动的零、部件一样，也是具有动能的。除此以外，在一定条件下，它还有势能，例如行车的升降机构，当它作直线运动升高时，吊钩及其所吊的重物就具有势能，作直线运动的零、部件所具有的动能和势能，如果施加给操作人员，足以造成伤害事故。这类事故主要有：压伤、砸伤和挤伤。

3. 刀具造成的伤害

车床上的车刀，铣床上的铣刀，磨床上的砂轮，锯床上的锯条等都是用来加工零件用的刀具。刀具在加工零件时，也要作某些形式的运动。最广泛、最多的仍然是旋转运动和直线运动。因此，它们造成的伤害，亦如上所述，但有一点特殊。刀具产生的切屑所造成的伤害，也是值得注意的，金属切削机床产生的切屑如车屑、铣屑、钻屑等，往往会造成较为严重的伤害，这些切屑造成的伤害主要有：

(1) 烫伤。这是因为刚切下的切屑具有较高的温度，可达600～700℃，如果接触手、脚、脸部的皮肤，就会造成烫伤。如果接触到眼睛，严重时还可以造成失明。在高速切削时，会产生连续切屑或断续切屑，如果只穿背心、短裤，当切屑飞溅时，皮肤被烫伤事故常有发生。有时穿塑料凉鞋，灼热的切屑落在凉鞋上，又用手去摸，脚和手都被划伤流血，甚至因出血过多造成昏迷。

(2) 刺、割伤。这是由于各种金属切屑都有锋利的边缘，像刀刃一样，使接触到的皮肤产生割伤或划伤。最严重的是飞出的切屑打入眼睛内，可能造成失明。例如 1985 年 8 月 10 日，某厂车工王某在铣床上用∅12 立铣刀铣制工件，由于铣屑堆积，看不清加工线，就用左手拿棉纱去扫铣屑。这时危险就发生了，旋转的铣刀绞住棉纱，并将手带进铣刀与工件之间，铣刀将其一节中指、两节无名指铣断。

4. 被加工的零件造成的伤害

机械设备在对零件进行加工的过程中，有可能对人身造成伤害。这类伤害事故主要有：

(1) 被加工的零件固定不牢甩出打伤人。如，车床卡盘夹持工件不牢，在旋转时甩出伤人的现象常有发生。

(2) 被加工零件在吊运和装卸过程中，可能造成砸伤，特别是笨重的大零件，更需要加倍注意。在它吊不牢、放不稳时，就可能坠下或者倾斜，将人的手、脚、腿部甚至整个人砸倒、压倒造成重伤、死亡。例如：1990 年 10 月七〇二所为上海录音器材厂注塑车间喷涂生产线安装通风管道时，采用手拉绳的方法将 50kg 重的白铁皮风管弯头，从底楼吊运到 9m 高的二楼，然后放置在临时搭建的平台上，由于搭台的方木未采用任何固定措施，被起吊的弯头碰到后，其中一根坠落，砸在吊物下方的秦某头部，秦某因伤势过重死亡。

5. 电气系统造成的伤害

工厂里使用的机械设备，其动力绝大部分是电能，因此，每台机械都有自身的电气系统。主要包括电动机、配电箱、开关、按钮、局部照明灯以及接零(地)和馈电导线等，电气系统对人的伤害主要是电击。可能发生电击事故的情况有以下几种：

(1) 电气系统有故障，不请电工修理，操作者自己乱摸乱动而触电。

(2) 电气部件由于绝缘不好，使平时不带电的外壳带电，从而使整个机械设备带电，而此时防护性接地或接零装置由于未接牢或断头等原因失去作用，操作者就可能触电。

(3) 使用开关、按钮、馈电导线等，由于没有防护装置遮盖或遭到损坏等原因，使某些元件带电，如开关的刀柄、按钮的触头、导线的金属芯等裸露在外，这也会使操作者触电。

(4) 局部照明灯不使用 36V 而使用 220V 电源，由于操作者周围接触的尽是金属，稍有不慎，就会触电。

(5) 使用临时线，又不按规定安装，也容易发生触电事故。

6. 手用工具造成的伤害

在机械设备上操作时，有时需要使用某些手用工具，例如手锤、锉刀、錾子、手锯等，使用这些手用工具造成伤害的有以下几种情况：

(1) 手锤的锤头不得有卷边或毛刺，否则当手锤敲打时，卷边或毛刺就可能被击掉飞出伤人。特别是飞入眼睛内，造成失明。另外，手锤的手柄，一定要安装牢固，否则可能飞出伤人。

(2) 锉刀必须安装木柄使用，并装牢。使用没有木柄的锉刀可能会刺伤手心、手腕。锉削时不可用嘴吹，以防铁屑进入眼睛。

(3) 錾子的头部也不能有卷边或毛刺，否则卷边、毛刺可能飞出伤人。而且錾子刃部必须保持锋利，使用时前方不准站人，应设有防护网，以免錾屑飞出伤人。

(4) 手锯的锯条不得过紧或过松，也不得用力过猛，往返用力要均匀，以防锯条折断伤人。锯割快结束时，应该用手扶住被割下的部分。特别是长件或重件，以免被锯下的部分掉下来砸伤人。

7. 其他伤害

机械设备除可能造成上述各种伤害外，还可能造成其他一些伤害。例如有的机械设备在使用时伴随着发出强光、高温，还有的释放化学能、辐射能以及尘毒危害物质等，这些对人体都可能造成伤害。

三、实习工厂基本安全守则

（1）“安全生产、人人有责”。所有职工、学生必须加强法制观念，认真执行党和国家有关安全生产、劳动保护的政策、法令、规定。严格执行安全技术操作规程和各项安全生产制度。

（2）入厂新工人、实习学生、代培或临时参加劳动及变换工种的人员，未经三级安全教育或考试不合格者，不准参加生产和单独操作。

（3）工作前必须按规定穿戴好防护用品，女工应把发辫盘入帽内，操作高速旋转类机床严禁戴手套，不准穿拖鞋、穿凉鞋、赤膊、敞衣、戴头巾、戴围巾工作，严禁带小孩进入工作场地。

（4）工作时应集中精力，坚守岗位，不准擅自把自己的工作交给他人；不准打闹、睡觉和做与本职工作无关的事。

（5）搞好文明生产，保持厂区、车间、库房、通道清洁，畅通无阻。

（6）严格执行交接班制度，末班下班前必须切断电源，熄灭火种，清理好现场。

（7）工作时间应互相关心，注意周围同志的安全。做到“三不伤害”：不伤害自己、不伤害他人、不被他人伤害。发生重大事故或恶性未遂事故时，要及时抢救，保护好现场，并立即报告领导和上级机关。

（8）全厂职工应在各自的职责范围内认真执行有关安全规定，对因渎职或违章作业而造成安全事故的责任者，要根据情节的轻重、损失的大小，给予批评教育和纪律处分，直至追究刑事责任。

四、金属切削机床加工一般安全技术操作规程

（1）工作前必须按规定穿戴好防护用品，扎好袖口。严禁戴手套和围围巾上机床操作。女工发辫应盘在帽子内。

（2）工作现场应整洁，切屑、油、水要及时清除。工件和材料不能乱放，以免妨碍操作或堵塞通道。

（3）工具、量具和夹具必须完好适用，并放在规定的地方。机床导轨、工作台和刀架上禁止放置工具、工件和其他物件。

（4）开动机床前应详细检查各固定螺栓是否紧固，润滑情况是否良好，油量是否充足，电气开关是否灵活正常，保护接“零”是否良好，各种安全防护装置、保险装置、信号装置是否良好，机械传动是否完好，各种操纵手柄的位置是否正常。

（5）机床开动时，应先低速空车试运转1～2分钟，等运转稳定后方可正式操作。

（6）刀具和工件必须装夹正确和牢固。装卸表面有油和工件较大时，床面上要垫好木板，防止工件打伤床面，也不准用手去垫托，以免坠落砸伤。

（7）在机床切削过程中，人要站在安全位置，要避开机床运转部位和飞溅的切屑。不准在

刀具的行程范围内检查切削情况。

(8) 机床在运转中不准调节变速机构或行程,不准用手摸刀具、工件或转动部位,不准擦拭机床的运转部位,不准测量和调整工件,不准换装工具、装卸刀具,不准隔着机床的转动部位(工件、刀具、传动机构)传递和领取物件,不准用人力或工具强迫机床停止转动。

(9) 不准用手直接清除铁屑或口吹铁屑,应使用专门工具进行清除。

(10) 两人或两人以上在同一机床上工作时,必须有一人负责统一指挥,以防止发生事故。

(11) 在机床运转时操作人员不准离开工作岗位,因故离开时,必须停车并切断电源。

(12) 中途停电应关闭电源,退出刀具。

(13) 工作中发现异常情况,应立即停车,请机、电维修人员进行检修。

(14) 使用的锉刀一定要装有木柄,扳手的扳口必须与螺帽相吻合,禁止在扳手口上加衬垫物或在柄上加长套管,以防滑脱撞击伤人。

(15) 工作完毕,要切断电源,退出刀架,卸下工具。各种操作手柄要放到空挡位置,并将机床擦拭干净。

五、车间安全用电基本知识

(1) 车间内的电气设备,不要随便乱动。自己使用的设备、工具,如果电气部分出了故障,不得私自修理,也不得带故障运行,应立即请电工检修。

(2) 自己经常接触和使用的配电箱、配电板、闸刀开关、按钮开关、插座、插销以及导线等,必须保持完好、安全,不得有破损或带电部分裸露出来。

(3) 在操作闸刀开关、磁力开关时,必须将盖子盖好,以防万一短路时发生电弧或保险丝熔断,飞溅伤人。

(4) 使用的电气设备,其外接地和接零的设施要经常进行检查,一定要保证连接牢固,否则接地或接零就不起任何作用。

(5) 需要移动某些非固定安装的电气设备,如电风扇、照明灯、电焊机等时,必须先切断电源后再移动,同时导线要收拾好,不得在地面上拖,以免磨损。若导线被物体压住时,不要硬拉,防止将导线拉断。

(6) 使用手电钻、电砂轮等手用电动工具时,由于需要操作人员直接用手把握,同时又到处移动,极不安全,很容易造成触电事故。为此必须注意如下事项:① 必须安设漏电保护器,同时工具的金属外壳应进行防护性接地或接零。② 对于使用单相的手用电动工具,其导线、插销、插座必须符合三相四眼的要求,其中有一相用于防护性接零。同时严禁将导线直接插入插座内使用。③ 操作时应戴好绝缘手套并站在绝缘板上。④ 注意不得将工件等物压在导线上,防止压断导线发生触电。

(7) 工作台上、机床上使用的局部照明灯,其电压不得超过36V。

(8) 使用的行灯要有良好的绝缘手柄和金属护罩。灯泡的金属灯口不得外露。引线要采用有护套的双芯软线,并装有"T"型插头,防止插入高压的插座上。行灯的电压在一般的场所不得超过36V;在特别危险场所如金属容器内、潮湿的地沟处等,其电压不得超过12V。

(9) 在一般情况下,禁止使用临时线。如必须使用时,必须经过安技部门批准,同时临时线应按有关安全规定安装好,不得随便乱拉,并按规定时间拆除。

(10) 在进行容易产生静电火灾或爆炸事故的操作时(如使用汽油洗涤零件,擦拭金属板材等),必须有良好的接地装置,以便及时消除聚集的静电。

(11) 在遇到高压电线断落地面时,导线断落点周围10m以内,禁止人员进入,以防跨步电压触电。若此时已有人在10m之内,为了防止跨步电压触电,应用单足或并足离开危险区。

(12) 发生电气火灾时,应立即切断电源,用黄沙、二氧化碳、四氧化碳等灭火器材灭火。切不可用水或泡沫灭火器材灭火,因为它们有导电的危险。救火时应注意自己身体的任何部位及灭火器具都不得与电线、电器设备接触,以防危险。

(13) 在打扫卫生、擦拭设备时严禁用水去冲洗电气设施或用湿抹布擦拭电气设施,以防发生短路和触电事故。

六、砂轮机安全操作规程

(1) 砂轮机应指定专人管理,确保防护装置完整,保证正常使用。

(2) 更换砂轮时,必须进行以下检查:检查砂轮是否有裂纹和高速破裂试验合格的标签;砂轮两边必须垫上软垫片,夹扳螺帽必须紧固适当,夹扳直径不得小于砂轮直径的三分之一;装好防护罩空转2～3min,一切正常后,才能使用。

(3) 使用时应注意的事项:工作时应站在砂轮机侧面;工作物应拿稳,不得在砂轮上跳动;禁止在砂轮上磨软质工件,以防砂轮堵塞;禁止在砂轮上磨重、大和长(500mm以上)的工件;不得两人同时使用一个砂轮;工作时应戴上防护眼镜及口罩。

(4) 磨较薄或小的工件时,应防止将工件挤入磨刀架与砂轮之间而挤碎砂轮,出现这种情况时,应立即关闭电源,找维修工将工件取出,以免引起伤亡事故。

(5) 离开时应及时关砂轮。

第三节　机械制造生产现场管理

一、生产现场管理的基本内涵

机械制造现场是从事产品生产、制造或提供生产服务的场所。生产现场管理就是运用科学的管理思想、方法和手段,对现场的各种生产要素,如人(操作者、管理者)、机(工装设备)、料(原材料)、法(工艺、检测方法)、环(环境)、资(资金)、能(能源)、信(信息)等,进行合理配置和优化组合,通过计划、组织、指挥、协调、控制等管理职能,保证现场按预定的目标,实现优质、高效、低耗、均衡、安全、文明的生产。现场管理是企业管理的重要环节,企业管理中的许多问题必然会在现场得到反映,各项专业管理工作也要在现场贯彻落实。

1. 现场管理的基本要求

工业企业现场管理涉及面广、内容很多,但其基本要求主要是:

(1) 环境整洁。厂区和车间地面整洁,道路畅通,标记明显,生产环境达到作业要求,环保符合国家规定，消除现场“脏、乱、差”的状况，保持文明整洁的生产环境，达到文明生产的目的。

(2) 纪律严明。纪律严明包括工艺规程、操作规程和安全规程齐全、合理并得到严格执行；关键生产岗位、特殊工种必须实行持证上岗；劳动保护用品按规定配备齐全，使用得当；职工必须坚守岗位，严格遵守劳动纪律。

(3) 设备完好。为保证生产过程顺利进行，必须遵守设备操作、维护、检修规程，各类设备及附件保持齐全、完好、整洁、运行正常，完好率达到规定的要求。

(4) 物流有序。生产现场流动物必须实行定量化，按规定及时转移或入库，减少或消除各种无效劳动。各种物品摆放整齐、标志明显，账、卡、物相符。各种设备、物品实行定置管理。

(5) 信息准确。信息是生产现场管理的主要依据之一，生产现场的各种原始记录、台账、报表必须规范化。原始数据记录要工整、准确，信息传递及时。

(6) 生产均衡。为实现均衡生产，要求做到工艺布局、劳动组织合理，岗位责任明确，生产条件准备充分，按工艺流程和期量标准有节奏地进行生产，生产线的负荷波动达到最低限度。

2. 现场管理的主要内容

生产现场管理包括从投入到产出，对直接生产和辅助生产全过程的全方位管理。其主要内容包括：工序要素管理、产品要素管理、物流管理和现场环境管理。

(1) 工序要素管理。工序要素管理就是对工序中所涉及的劳动力、设备、原材料或零部件的管理。对劳动力的管理，应根据工序对工种、技术定级以及定员的要求，通过劳动优化组合选配岗位工人，经培训考试合格后上岗，要加强考勤制度，严格劳动纪律，调动工人的积极性，有效地利用工时。对设备的管理，要求加工使用的设备必须保持完好状态，工序岗位上需要的工具以及工位器具、工具箱等必须配备齐全，并处于良好状态。对原材料或零部件的管理，要求保证供应，满足需要，并根据作业计划的要求，按质按量按时把原材料送到工序的工作地，且须进行经济核算，节约使用。

工序三要素在实际工序活动中是结合进行的，因此，在工序要素管理中也要把要素有效地结合起来，这就需要进行方法研究，制定作业标准，在此基础上进行时间研究，制定时间标准，然后用新标准训练工人，提高效率，这就是作业研究，它们对生产现场管理具有十分重要的作用。

(2) 产品要素管理。产品要素管理就是对品种、质量、数量、交货期、成本的管理。其总的要求是保证工序按作业计划投入和出产产品，为保证工序按品种生产，必须做好生产技术准备工作，按时提供图纸和工装，并调整好设备。工人按规定的投入期、投入量、产出期以及工时定额、质量标准进行生产，保证完成计划任务。

(3) 物流管理。产品的生产过程同时也是物流过程。搞好物流管理主要要解决下列问题：选择合适的生产组织形式；合理进行工厂总平面布置和车间内部的设备布置；搞好生产过程分析；提高搬运效率；搞好各生产环节的能力平衡，合理制定在制品定额等。

(4) 现场环境管理。现场环境管理的主要内容有：定置管理与“6S”活动，安全、文明生产，目视管理等。

二、“6S”活动

“6S”活动，是指对生产各要素(主要是物的要素)所处的状态不断进行整理、整顿、清扫、清洁、加强安全和提高素养的活动。"6S"活动在日本的企业中广泛实行，它相当于我国工厂里开展的文明生产活动。近年来，我国企业也开始注意学习和推广"6S"活动。

1. 整理

整理是改善生产现场管理的第一步，其主要内容是对生产现场的各种物品整理，分清哪些是现场所需要的，哪些是不需要的。经过整理以后，应达到如下要求：① 不用的东西不放在生产现场，出现了就坚决清除掉；② 不常用的东西也不放在生产现场，可放到企业库房中，待使用时再取来用，用毕立即送回库房；③ 偶尔用的东西可以集中放在生产现场的一个指定的地点；④ 经常使用的东西放在生产现场，这些物品（包括机器设备）都应处于马上就能用上的状态。整理，可以改善和增加生产面积，使通道顺畅，没有杂物，减少磕碰，安全利用，减少由于物品乱放、好坏不分而造成的差错。同时使库存合理，消除浪费，节约资金。在经过整理以后的现场工作，使人感到舒心，避免繁杂的现场对人的精神造成影响。

2. 整顿

在整理的基础上，对生产现场需要留下的物品进行整顿。整顿不仅仅是摆放整齐的问题，更主要的是使物品摆放科学、合理，有利于生产，为提高效率服务。经过整顿应达到以下要求：① 物品在生产现场都有固定的位置，同时，要求平时该物品就在这个位置，不乱丢乱放，不需要花费时间去寻找，随手就可以把物品拿到；② 物品要按一定规则，进行定量化地摆放，由于实行规格化、统一化，一看便知数量情况；③ 物品要便于取出、便于放回，在摆放上有顺序，知道到什么地方去取什么，用毕能尽快恢复原状，做到先进先出等。

3. 清扫

清扫就是对工作地的设备、工具、物品以及地面进行维护打扫，保持整齐和干净。清扫应达到如下要求：① 明确分工，自己用的东西、自己的辖区，自己清扫，不依赖别人，每个人都把自己的事情做好了，大家的事也就好办了，在此基础上设置必要的专职清扫人员，清扫公共部分，整个清扫工作就落实了；② 在对设备进行擦拭、清扫的同时，要检查设备有无异常和故障，加强对设备的润滑、维护和保养工作，保持设备的良好状态。清扫活动不仅清除了脏物，创建了明快、舒畅的工作环境，而且保证了安全、优质、高效的工作。

4. 清洁

清洁是对经过整理、整顿、清扫以后的生产现场的状态进行保持，这是第四项S活动，这里的保持是指良好状态的持之以恒、不变、不倒退。清洁应达到如下要求：① 生产现场环境整洁、美观，保持职工健康，增进职工工作热情、劳动积极性、自觉性；② 生产现场设备、工具、物品干净整齐，工作场地无烟尘、粉尘、噪声、有害气体，劳动条件好；③ 不仅环境美，而且生产现场各类人员着装、仪表、仪容清洁、整齐、大方，使人一看上去就感觉训练有素；④ 不仅要做到仪表、仪容美，还要做到精神美、语言美、行为美，形成一种团结向上、朝气蓬勃、相互尊重、互助友爱、催人奋进的气氛。做到清洁绝不可搞突击，要始终如一，长此以往。

5. 安全

建立一个良好的安全生产环境和秩序是企业各项工作的重中之重，为认真贯彻执行国家安全法规和各项安全管理制度，保障职工的安全与身心健康，彻底杜绝违章作业，杜绝事故的发生，企业要对安全生产工作实行全员、全面、全过程、全方位的精细化管理。安全管理应达到如下要求：① 严格按要求穿戴好劳动防护用品；② 严格执行各工种安全操作规程；③ 各类设备安全防护装置齐全；④ 安全通道宽敞、安全警戒线分明；⑤ 车间设专职安全员巡回检查，发现安全隐患,及时处理。

6. 素养

素养是一种职业习惯的行为规范,这是“6S”活动的核心。在“6S”活动中,始终要着眼于人的素质的提高。提高素养就是逐步养成良好的作业习惯、行为规范和高尚的道德品质。提高素养要求做到以下几点:① 在生产现场工作时,不要别人督促,不需要人提醒、催促;② 不要领导检查,那种听说领导来检查了才去动,不推不动,迫于检查的压力,无奈地去干事的人是不会长久的;③ 自觉执行各项规章制度、标准,改善人际关系,集体意识强,自身修养高。

对一线员工,按时到岗,在工作前,做好一系列精神、物质准备,搞好交接班,形成一种模式,认真地一步一步去做,不需要领导在一旁指挥着、说教着去做,这就是一种素养。这就要求生产现场每个员工都明白,自己该做什么,达到的目标是什么,好的标准是什么,在此基础上,经过反复的实践,形成良好的素养。

第二篇　机械制造基础

第二章　机械加工的基本知识

学习目标

1. 熟悉机械制图的基本知识；
2. 掌握零件加工的质量指标及质量检测的一般方法；
3. 掌握常用量具的使用方法；
4. 掌握基准的概念及工件定位、装夹的方法。

机械制造工业是国民经济的支柱产业，它担负着向社会各行业提供各种机械装备的任务。机械制造工业所提供装备的水平，对国民经济各部门的技术进步、质量水平和经济效益有着直接的影响。

设计的机械产品必须经过制造，方可成为现实。从原材料（或半成品）成为机械产品的全过程称为生产过程。制造过程是生产过程的最主要部分，大致可分为生产决策、经营决策、制造加工三个主要层次。在市场经济条件下，企业生产的目的是在向市场提供合格产品的同时获取相应的经济效益。企业在运作过程中主要要解决两个问题：一是根据市场及其他条件决定制造什么产品（生产决策），并取得销售订单（经营决策）；二是从技术和管理两方面进行生产组织，根据图纸的技术要求，制造出合格的产品。

第一节　机械制图的基本知识

一、三视图的形成及其投影关系

机械制图国标规定：机件向投影面投影所得到的图形称为视图。从图 2-1 可看出，四个不同形状的形体，它们在该投影面上的投影却完全相同，都是一样的长方形。这说明仅有形体的一个视图，一般不能确定空间形体的形状和结构，故在机械制图中采用多面正投影法。一般常以三视图作为基本方法。

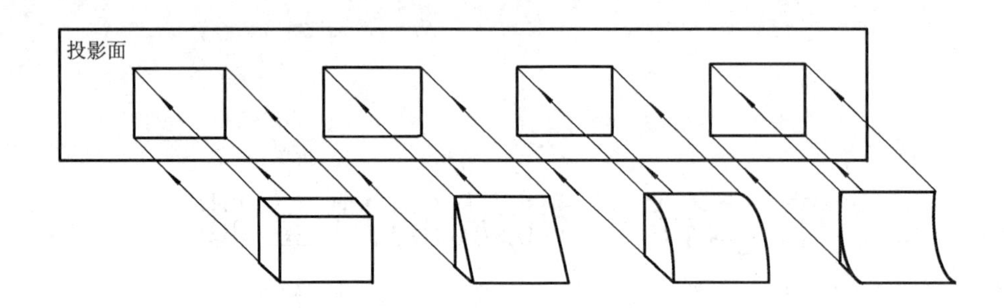

图 2-1　四个不同形状形体的投影形状

1. 物体在三投影面体系中的投影

如图 2-2(a)所示，我们把形体放在三投影面体系中，形体的位置一经给定，在投影时就不许再变动。然后将组成此形体的各几何要素分别向三个投影面投影，就可在投影面上画出三个视图。由前向后看，在正面(*V*)所得视图称主视图；由上向下看，在水平面(*H*)所得视图称俯视图；由左向右看，在侧面(*W*)所得视图称左视图。通常称它们为三视图。

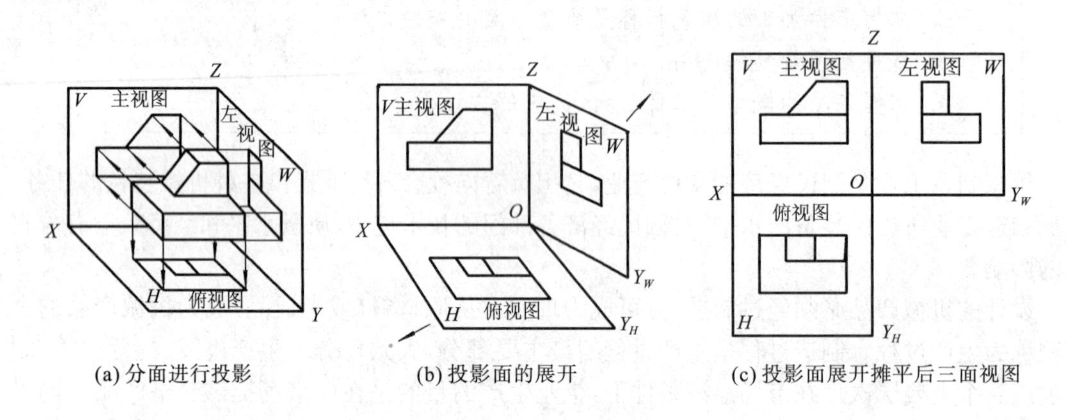

(a) 分面进行投影　　(b) 投影面的展开　　(c) 投影面展开摊平后三面视图

图 2-2　三面视图的形成

2. 三投影面的展开摊平

为了画图方便，需将互相垂直的三个投影面展开摊平在同一平面上。方法如图 2-2(b)所示，正面(*V*)保持不动，将水平面(*H*)绕 *X* 轴向下旋转 90°，将侧面(*W*)绕 *Z* 轴向右旋转 90°，分别与正面(*V*)成同一平面(这个平面就是图纸)。展开后的三个投影面如图 2-2(c)所示。应注意水平面(*H*)和侧面(*W*)旋转时，*Y* 轴被剪分为两处，分别用 Y_H(在 *H* 面上)和 Y_W(在 *W* 面上)表示。

3. 三视图之间的投影关系

从三视图的形成过程中可以看出，主视图和俯视图都反映了物体的长度，主视图和左视图都反映了物体的高度，俯视图和左视图都反映了物体的宽度。由此可以归纳出主、俯、左三个视图之间的投影关系为：主、俯视图长对正；主、左视图高平齐；俯、左视图宽相等。三视图之间的这种投影关系也称为视图之间的三等关系，应当注意，这种关系无论是对整个物体还是对物体的局部均是如此，如图 2-2(c)所示。

二、剖视图

当机件的内部结构比较复杂时，用视图表达就会出现较多的虚线，虚线、实线交错，不仅影响图形清晰，给看图带来困难，而且不便于标注尺寸。因此，为了清楚地表达构件内部的结构形状，常采用剖视图这一表达方法。

1. 剖视图的种类

按剖切的范围来分，剖视图分为全剖视图、半剖视图和局部剖视图三种。

(1) 全剖视图

用剖切面完全地剖开机件所得的剖视图称为全剖视图。如图 2-3 所示的主视图和左视图均为全剖视图。

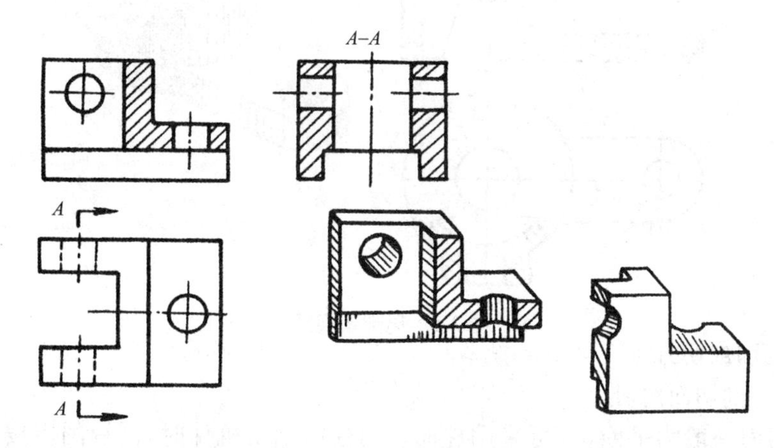

图 2-3　全剖视图及其标准

(2) 半剖视图

当机件具有对称平面时，向垂直于对称平面的投影面上投射所得的图形，可以对称中心线(点划线)为界，一半画成剖视图，另一半画成视图，这样的图形称为半剖视图。

半剖视图能同时反映机件的内外结构，因此适用于内外结构都需要表达的对称机件。如图 2-4(a)中的轴承座，其主视图若采用全剖视图，如图 2-4(b)所示，凸台和圆孔将被剖切掉而

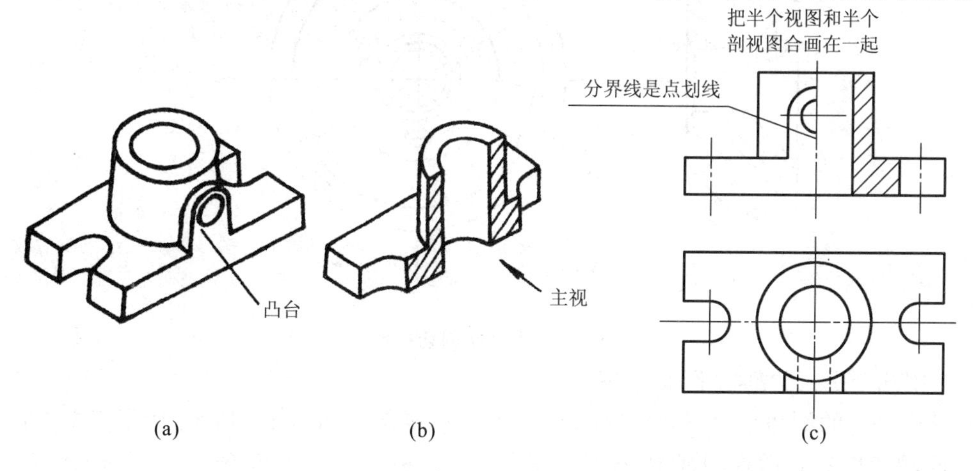

图 2-4　半剖视图表达轴承座

无法表达出来;若采用视图,内部的圆柱孔和两端的切槽将造成虚线。这时,可根据轴承座左右对称的特点,将主视图画成半剖视图,如图 2-4(c)所示,便可将内、外结构同时表达出来。

(3) 局部剖视图

当机件只需表达其局部的内部结构,或不宜采用全剖视图、半剖视图时,可采用局部剖视图。如图 2-5 所示,为了表达其他视图还未表达的上、下底板孔的深度,主视图左半部采用了两个局部剖视。

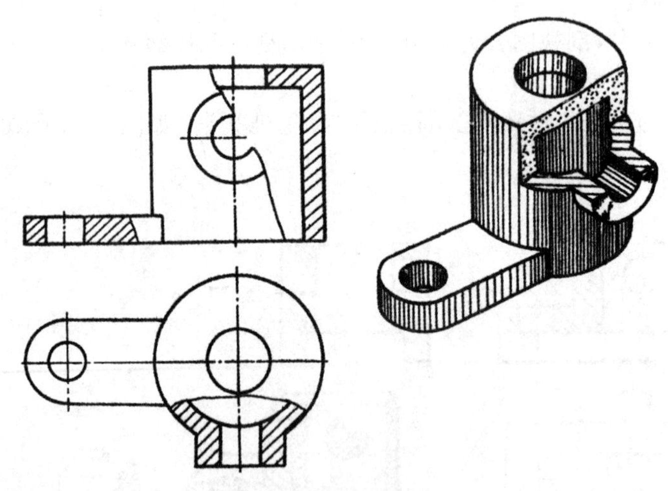

图 2-5 局部剖视图

2. 剖切面和剖切方法

(1) 用单一剖切面剖切

单一剖切面一般为平面,也可采用柱面。用柱面剖切机件时,剖视图应按展开绘制,如图 2-6 中的 *B-B*。

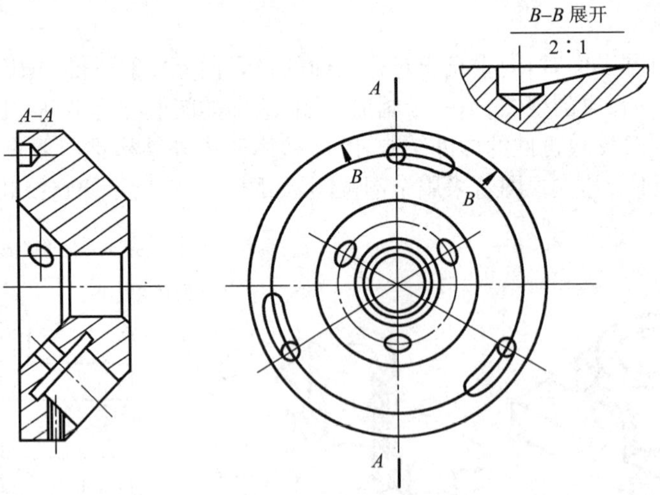

图 2-6 用柱面剖切机件

(2) 用几个平行的剖切平面剖切

用几个平行的剖切平面剖开机件的方法,称为阶梯剖。如图 2-7 所示,用了三个平行剖面剖切机件,得到“*A-A*”阶梯剖视图。

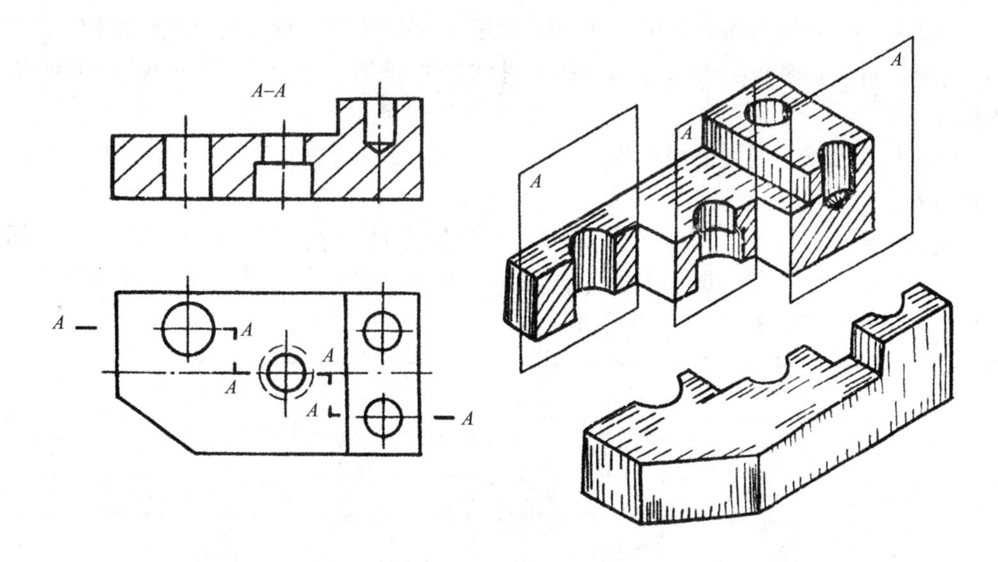

图 2-7　阶梯剖

(3) 用几个相交的剖切面剖切

用几个相交的剖切面(交线垂直于某一基本投影面)来剖开机件的方法，称为旋转剖。

旋转剖常用于具有回转轴的盘盖类零件或提臂类零件的表达。如图 2-8 所示，用旋转剖画视图时，先假想按剖切位置剖开机件，然后将剖开的倾斜结构及有关部分旋转到与选定的投影面平行后再投影画出。

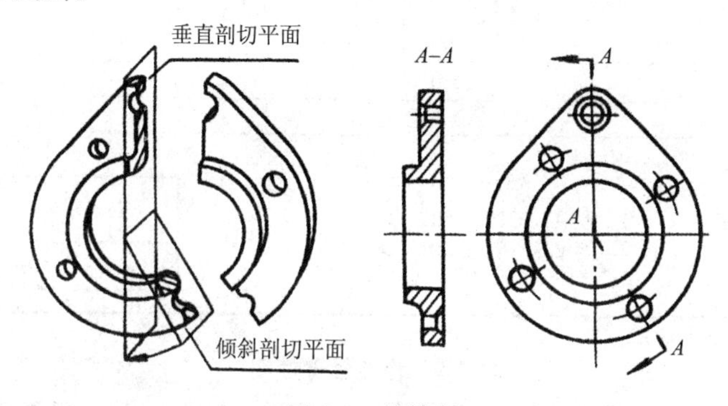

图 2-8　旋转剖

三、看零件图

零件图的阅读是根据零件图想像出零件内外结构形状及用途，了解零件尺寸大小及技术要求，以便指导生产和解决有关的技术问题，这就要求工种技术人员必须具有阅读零件图的能力。

1. 读零件图的要求

(1) 了解零件的名称、材料及用途。

(2) 了解零件各部分的结构形状、相对位置大小。

(3) 了解零件的加工方法与技术要求。

2. 阅读零件图的方法与步骤

(1) 看标题栏，概括了解。看零件图一般先看标题栏，从中了解零件名称、材料、绘图比例等，根据零件的类型，了解加工方法及作用。

(2) 分析视图。就是分析零件的具体表达方案，以弄懂零件各部分的形状和结构。

(3) 分析尺寸。由零件的类型作用分析零件的尺寸基准，找出定形、定位尺寸，弄懂各个尺寸的作用。

(4) 分析技术要求。对表面粗糙度、尺寸公差、形位公差、材料热处理及表面处理等技术要求进行分析。

(5) 归纳综合。通过上述四个步骤，对零件的作用、形状结构和大小、加工检验要求都有了较清楚的了解，最后作进一步的归纳、综合，即可得出零件的整体形状，达到看图的目的。

【例 1】 读轴类零件图(图 2-9 所示齿轮轴)。

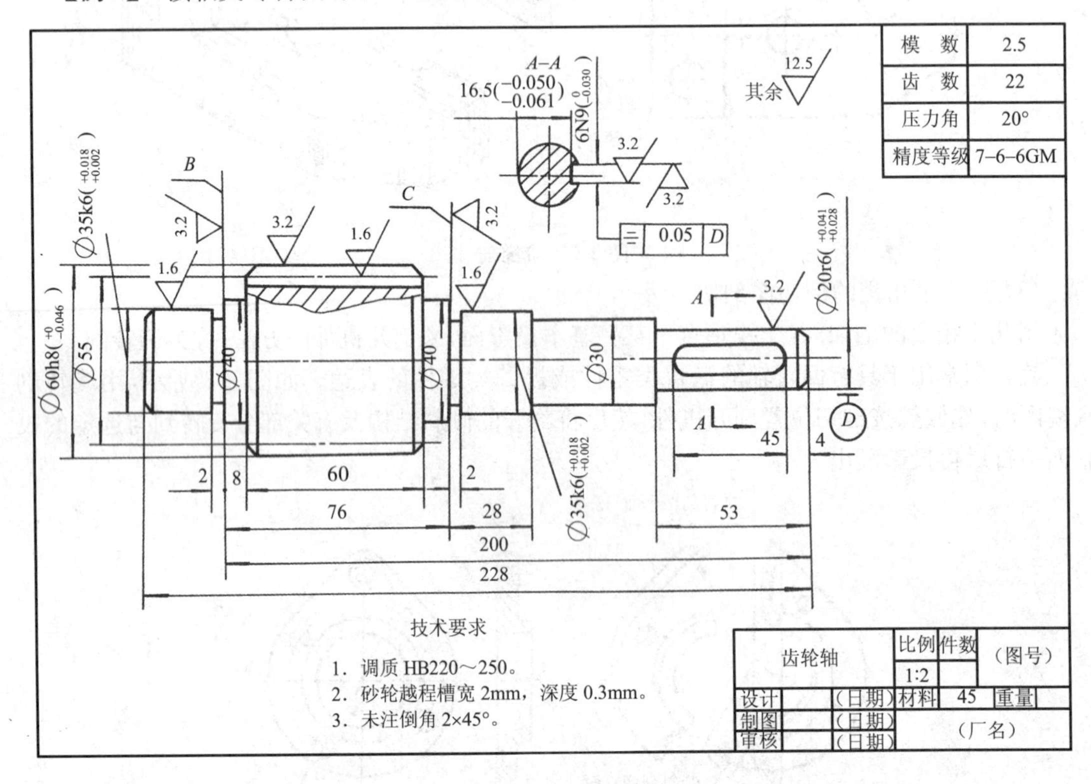

图 2-9　齿轮轴零件图

(1) 看标题栏，概括了解。该零件叫齿轮轴，用于传递动力和运动，材料为 45 号钢，绘图比例 1∶2。齿轮轴属于轴套类零件，这类零件在机器和部件中主要用于支承旋转零件，传递运动和动力。轴类零件常用的材料为优质碳素钢，如 45 号钢，工作转速较高时可选用 40Cr 钢。常用的毛坯为圆钢或锻件。套类零件常用材料为钢、铸铁、青铜或黄铜，毛坯可采用无缝钢管和铸、锻件等，本图所示的齿轮轴即为锻造毛坯。

(2) 分析视图。该齿轮轴属轴套类零件，其表达方案由主视图和移出剖面图组成。因轴套类零件是由若干个同直径的回轴体组成，主要在车床、磨床上车削或磨削，为便于加工时看图，常按其形状特征及加工位置选择主视图，使轴线水平放置。此类零件常用一个基本视图外加移出剖面图、局部放大图等，即可将各轴段的形状结构表达清楚。轴上的键槽，一般面对读者，移出剖面图用于表达键槽深度及有关尺寸。此图中，为表达齿轮结构，采用了局部剖视图。对于形状简单且较长的轴可采用折断画法。该齿轮轴的两端有倒角，轴段中间有砂轮越程槽等轴类零件上常见的结构。

(3) 分析尺寸。轴套类零件通常以端面作为长度方向的主要尺寸基准,以回转体轴线作为径向(即宽、高方向)的主要尺寸基准。在该齿轮轴中,2-∅35k6 及∅20r6 轴段用来安装滚动轴承及联轴器,为使其传动平稳,各轴段应有同一轴线,故径向尺寸以回转轴线为尺寸基准。端面 B 用于安装挡油环及轴承上零件的轴向定位,所以端面 B 为长度方向的主要尺寸基准,以此为基准注出尺寸 2、8 等。端面 C 为长度方向尺寸的第一辅助基准,以此为基准注出尺寸 2、28。B、C 的联系尺寸为 76。轴的右端面为长度方向尺寸的第二辅助基准,以此为基准注出 4、53 等尺寸。

轴向的重要尺寸,如键槽长度 45,齿轮宽度 60 等应直接注出。

(4) 分析技术要求。从图中可以看出,2-∅35 及∅20 的轴颈处有配合要求和表面粗糙度要求,尺寸精度较高,均为 6 级公差。对键槽提出了对称度公差要求。图中还提出了三项用文字说明的技术要求。

(5) 归纳综合。通过上述看图分析,对齿轮轴的作用、形状、大小、主要加工方法以及加工中的主要技术指标要求,就有了清楚的认识,综合起来,即可得出对齿轮轴的总体印象。

第二节　机械产品的质量

机械产品是由若干机械零件装配而成的,机器的使用性能和寿命取决于零件的制造质量和装配质量。

一、零件的加工质量

零件的质量主要是指零件的材质、力学性能和加工质量等。其中,零件的加工质量是指零件的加工精度和表面质量。加工精度是指加工后零件的尺寸、形状和表面间相互位置等几何参数与理想几何参数相符合的程度。相符合的程度越高,零件的加工精度越高。在机械加工过程中,被加工零件的几何参数是不可能绝对准确的,被加工零件的几何参数与理想几何参数存在的差值就是误差。在保证零件使用要求的前提下,对加工误差规定一个范围,称为公差。零件的公差越小,对加工精度的要求就越高,零件的加工就越困难。零件的精度包括尺寸精度、形状精度和位置精度,相应地存在尺寸误差、形状误差、位置公差;还包括表面粗糙度、波度、表面层冷变形强化程度、表面残余应力的性质和大小以及表面层金相组织等。零件的加工质量对零件的使用有很大影响,其中我们考虑最多的是加工精度和表面粗糙度。

1. 尺寸精度

尺寸精度是指尺寸准确的程度。尺寸精度是由尺寸公差(简称公差)控制的,公差越小,精度越高;反之精度越低。

(1) 基本概念(图 2-10)

① 尺寸:用特定单位表示长度值的数字。

② 基本尺寸:设计给定的尺寸。

③ 实际尺寸:通过测量所得尺寸。由于存在测量误差,所以实际尺寸并非尺寸的真值。

④ 极限尺寸：允许尺寸变化的两个界限值，它以基本尺寸为基数来确定。两个界限值中较大的一个称为最大极限尺寸，较小的一个称为最小极限尺寸。

⑤ 尺寸偏差(简称偏差)：是某一尺寸减其基本尺寸所得的代数差。最大极限尺寸减其基本尺寸所得的代数差称为上偏差；最小极限尺寸减其基本尺寸所得的代数差称为下偏差；上偏差与下偏差统称为极限偏差。实际尺寸减其基本尺寸所得的代数差称为实际偏差。偏差可以为正、负或零值。当零件尺寸的实际偏差处于上、下偏差之间，即为合格。

⑥ 公差：允许尺寸的变动量。公差等于最大极限尺寸与最小极限尺寸之代数差的绝对值；也等于上偏差与下偏差之代数差的绝对值。

⑦ 公差带：代表上、下偏差的两条直线所限定的区域。

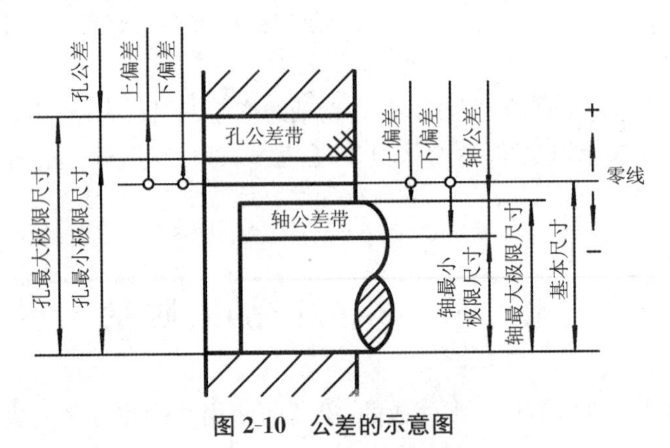

图 2-10　公差的示意图

例如：外圆$\varnothing 80^{-0.03}_{-0.06}$

基本尺寸 = 80(mm)

上偏差 =−0.03(mm)

下偏差 =−0.06(mm)

最大极限尺寸 = 80−0.03 = 79.97(mm)

最小极限尺寸 = 80−0.06 = 79.94(mm)

则

尺寸公差 =|最大极限尺寸−最小极限尺寸| =|79.97−79.94|=0.03(mm)

或

尺寸公差 =|上偏差−下偏差|=|−0.03−(−0.06)|=0.03(mm)

(2) 公差等级

国标 GB1800—79 中，将反映尺寸精度的标准公差(代号 IT)分为 20 级，表示为 IT01，IT0，IT1，…，IT18。IT01 的公差最小，精度最高；常用的为 IT6～IT11；IT12～IT18 为未注公差尺寸的公差等级。属于同一公差等级的公差，对所有基本尺寸，虽数值不同，但被认为具有同等的精确程度。而同一个基本尺寸，若其公差等级相同，则公差值相等，公差带等宽。

考虑到零件加工的难易程度，设计者不宜将零件的尺寸精度标准定得过高，只要满足零件的使用要求即可。表 2-1 为公差等级选用举例。

表 2-1　公差等级选用

应用场合			公差等级(IT)																				应用举例与说明
			01	0	1	2	3	4	5	6	7	8	9	10	11	12	13	14	15	16	17	18	
量块			—	—	—																		相当于量规 1～4 级
量规	高精度量规				—	—	—	—															用于检验介于 IT5 与 IT6 级之间工件的量规的尺寸公差
量规	低精度量规								—	—	—												
配合尺寸	个别特别重要的精密配合				—	—																	少数精密仪器
配合尺寸	特别重要的精密配合	孔					—	—	—														精密机床的主轴颈、主轴箱的孔与轴承的配合
配合尺寸	特别重要的精密配合	轴				—	—	—															
配合尺寸	精密配合	孔								—	—	—											机床传动轴与轴承，轴与齿轮、皮带轮，夹具上钻套与钻模板的配合等(最常用孔 IT7，轴 IT6)
配合尺寸	精密配合	轴							—	—	—												
配合尺寸	中等精度配合	孔											—	—									速度不高的轴与轴承、键与键槽宽度的配合等
配合尺寸	中等精度配合	轴										—	—	—									
配合尺寸	低精度配合														—	—	—						铆钉与孔的配合
非配合尺寸，未注公差尺寸																—	—	—	—	—	—	—	包括冲压件、铸件公差等
原材料公差												—	—	—	—	—	—						

2. 形状精度和位置精度

形状精度是指零件上的几何要素线、面的实际形状相对于理想形状的准确精度，它由形状公差来控制，当实际的形状误差小于或等于形状公差时，即为合格。位置精度是指零件上的点、线、面要素的实际位置相对于理想位置的准确程度，它由位置公差来控制，当实际的位置误差小于或等于位置公差时，即为合格。形状公差和位置公差简称形位公差。国家标准中规定的控制零件形位公差的项目及符号如表 2-2 所示。

对于一般机床加工能够保证的形位公差要求，图样上不必标出，也不作检查。对形位公差要求高的零件，应在图样上标注。形位公差等级分 1～12 级(圆度和圆柱度分为 0～12 级)。同尺寸公差一样，等级数值越大，公差值越大。

表 2-2 形位公差项目及符号

分 类	项 目	符 号	分 类		项 目	符 号
形状公差	直线度	—	位置公差	定向	平行度	//
	平面度	▱			垂直度	⊥
					倾斜度	∠
	圆 度	○		定位	同轴度	◎
	圆柱度	⌭			对称度	⌯
					位置度	⌖
	线轮廓度	⌒		跳动	圆跳动	↗
	面轮廓度	⌓			全跳动	⌰

3. 表面粗糙度

无论用何种方法进行机械加工，在零件表面总会留下微细的凹凸不平的刀痕，出现交错起伏的微小的峰谷现象。在粗加工的表面上肉眼能看到，在精加工的表面上用放大镜或显微镜仍能观察到。这些微小峰谷的高低程度和间距状况称为表面粗糙度，它对零件表面的结合性能、密封、摩擦、磨损等有很大影响。

表面粗糙度的评定参数很多，最常用的就是轮廓算术平均偏差 R_a 和不平度平均高度 R_z，单位为 μm。

如图 2-11 所示，轮廓算术平均偏差为取样长度 l 范围内，补测轮廓上各点至中线距离绝对值的算术平均值。中线的两侧轮廓线与中线之间所包含的面积相等，即

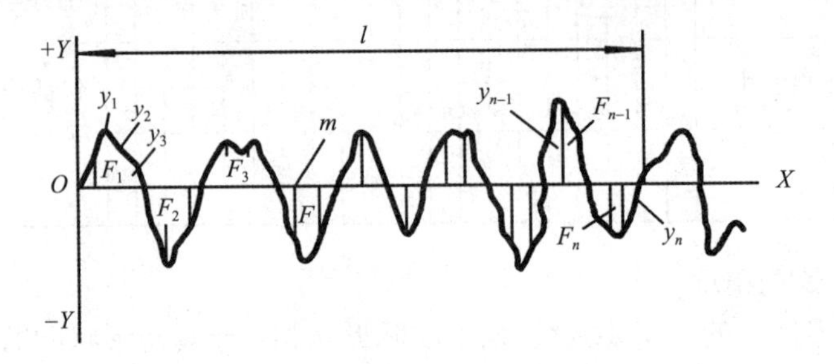

图 2-11 轮廓算术平均偏差

$$F_1 + F_2 + \cdots + F_{n-1} = F_1 + F_2 + \cdots + F_n$$

$$R_a = \frac{1}{L}\int_0^l |y| \, dx$$

或近似写成

$$R_a \approx \frac{1}{n}\sum_{i=1}^{n} |y_i|$$

一般零件的工作表面粗糙度 R_a 值在 0.4～3.2μm 范围内选择。非工作表面的粗糙度 R_a 值可以选得比 3.2μm 大一些，而一些精度要求高的重要工作表面粗糙度 R_a 值则比 0.4μm 小得多。一般说来，零件的精度要求越高，表面粗糙度值要求越小，配合表面的粗糙度值比非配合表面小，有相对运动的表面比无相对运动的表面粗糙度值小，接触压力大的运动表面比接触

压力小的运动表面粗糙度值小。而对于一些装饰性的表面则表面粗糙度值要求很小，但精度要求却不高。

与尺寸公差一样，表面粗糙度值越小，零件表面的加工就越困难，加工成本越高。

二、装配质量

任何机器都是由若干零件、组件和部件组成的。根据规定的技术要求，将零件组合成组件和部件，并进一步将零件、组件和部件组合成机器的过程称为装配。装配是机械制造过程的最后一个阶段，合格的零件通过合理的装配和调试，就可以获得良好的装配质量，从而能保证机器正常运转。

装配精度是装配质量的指标。主要有以下几项：

1. 零、部件间的尺寸精度

其中包括配合精度和距离精度。配合精度是指配合面间达到规定的间隙或过盈的要求。距离精度是指零、部件间的轴向距离、轴线间的距离等。

2. 零、部件间的位置精度

其中包括零、部件的平等度、垂直度、同轴度和各种跳动等。

3. 零、部件间的相对运动精度

指有相对运动的零、部件间在运动方向和运动位置上的精度。如车床车螺纹时刀架与主轴的相对移动精度。

4. 接触精度

接触精度是指两配合表面、接触表面和连接表面间达到规定的接触面积大小与接触点分布情况。如相互啮合的齿轮、相互接触的导轨面之间均有接触精度要求。

一个机械产品推向市场，需要经过设计、加工、装配、调试等环节。产品的质量与这些环节紧密相关，最终体现在产品的使用性能上，如图 2-12 所示。企业应从各方面来保证产品的质量。

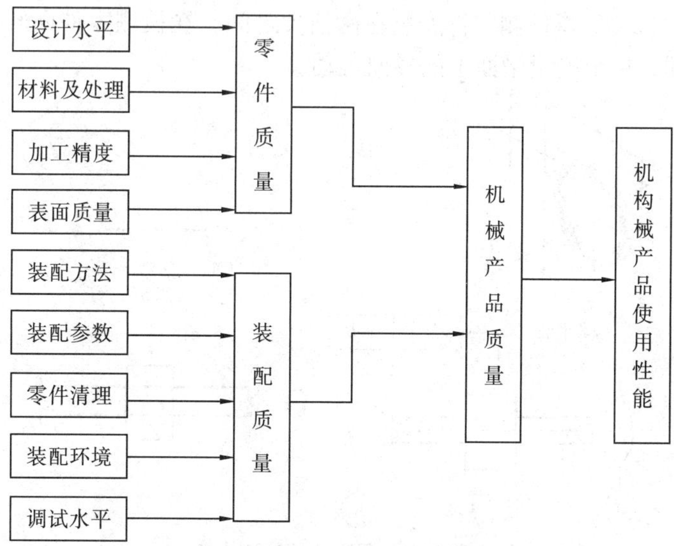

图 2-12　产品质量因果图

三、质量检测的方法

机械加工不仅要利用各种加工方法使零件达到一定的质量要求，而且要通过相应的手段来检测。检测应自始至终伴随着每一道加工工序。同一种要求可以通过一种或几种方法来检测。质量检测的方法涉及的范围和内容很多，这里做一简介。

1. 金属材料的检测方法

金属材料应对其外观、尺寸、理化三个方面进行检测。外观采用目测的方法。尺寸使用样板、直尺、卡尺、钢卷尺、千分尺等量具进行检测。理化检测项目较多，主要有：化学成分分析、金相分析、工艺性能试验、物理性能试验、化学性能试验、无损探伤等。

2. 尺寸的检测方法

尺寸1000mm以下、公差值大于0.009～3.2mm、有配合要求的工件（原则上也适用于无配合要求的工件），使用普通计量器具（千分尺、卡尺和百分表等）检测。常用量具的介绍见本章第四节。特殊情况可使用测距仪、激光干涉仪、经纬仪、钢卷尺等测量。

3. 表面粗糙度的检测方法

表面粗糙度的检测方法有样板比较法、显微镜比较法、电动轮廓仪测量法、光切显微镜测量法、干涉显微镜测量法、激光测微仪测量法等。在生产现场常用的是样板比较法。它是以表面粗糙度比较样块工作面上的粗糙度为标准，用视觉法和触觉法与被检表面进行比较，来判定被检表面是否符合规定。

4. 形位误差的检测方法

根据形面及公差要求的不同，形位误差的检测方法各不相同。下面以一种检测圆跳动的方法为例来说明形位误差的检测。

检测原则：使被测实际要素绕基准轴线作无轴向移动回转一周时，由位置固定的指示器在给定方向上测得的最大与最小读数之差。

检测设备：一对同轴顶尖、带指示器的测量架。

检测方法：如图2-13，将被测零件安装在两顶尖之间。在被测零件回转一周过程中，指示器读数最大差值即为单个测量平面上的径向跳动。

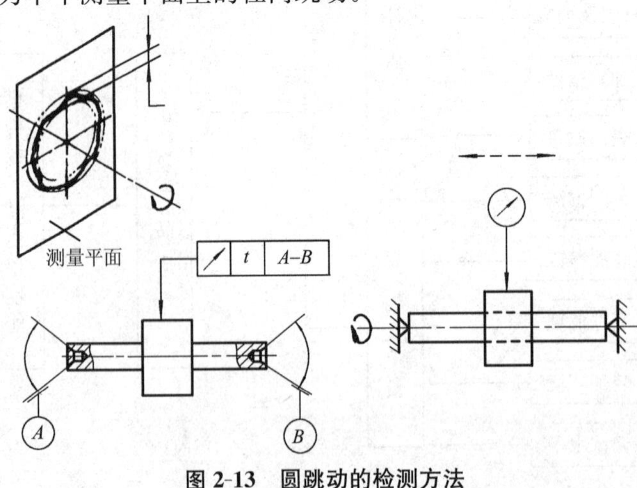

图2-13　圆跳动的检测方法

按上述方法，测量若干个截面，取各个截面上测得跳动量中的最大值，作为该零件的径向跳动。

第三节 产品加工工艺

在制造过程中，人们根据机械产品的结构、质量要求和具体生产条件，选择适当的加工方法，组织产品的生产。

一、产品的生产过程

机械产品的生产过程，是产品从原材料转变为成品的全过程。主要过程如图 2-14 所示。

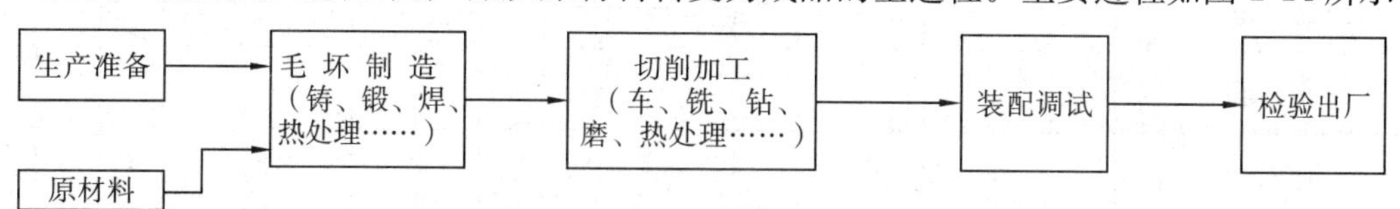

图 2-14 产品的生产过程

产品的各个零部件的生产不一定完全在一个企业内完成，可以分散在多个企业，进行生产协作。如螺钉、轴承的加工常常由专业生产厂家完成。

二、产品的加工方法

机械产品的加工根据各阶段所达到的质量要求不同可分为毛坯加工和切削加工两个主要阶段。热处理工艺穿插其间进行。

1. 毛坯加工

毛坯成形加工的主要方法有铸造、锻造和焊接。

(1) 铸造：熔炼金属、制造铸型，并将熔融金属浇入铸型，凝固后获得一定形状和性能的铸件的成形方法。如柴油机机体、车床床身等。

(2) 锻造：对坯料施加外力使其产生塑性变形，改变尺寸、形状及改善性能，用以制造机械零件、工件或毛坯的成形方法。如航空发动机的曲轴、连杆等都是锻造成形的。

(3) 焊接：通过加热或加压，或两者并用，并且用或不用填充材料，使焊件达到原子结合的一种加工方法。一般用于大型框架结构或一些复杂结构，如轧钢机的机架、坦克的车身等。

铸造、锻造、焊接加工往往要对原材料进行加热，所以也称这些加工方法为热加工（严格说来应是在再结晶温度以上的加工）。

2. 切削加工

切削加工用来提高零件的精度和降低表面粗糙度，以达到零件的设计要求。主要的加工方法有车削、铣削、镗削、磨削等。

车削加工是应用最为广泛的切削加工之一，主要用于加工回转体零件的外圆、端面、内孔，如轴类零件、盘套类零件的加工。铣削加工也是一种应用广泛的加工形式，主要用来加工零件上的平面、沟槽等。钻削和镗削主要用于加工工件上的孔，钻削用于小孔的加工，镗削用于大孔的加工，尤其适用于箱体上轴承孔孔系的加工。刨削主要用来加工平面，由于加工效率低，一般用于单件小批量生产。磨削通常作为精密加工，经过磨削的零件表面粗糙度数值小，精度高。因此，也作为重要零件上主要表面的终加工。表 2-3 和表 2-4 分别列出各种加工方法的加工精度和表面粗糙度 R_a 值，以供参考。

表 2-3　各种加工方法的大致加工精度

加工方法	公差等级(IT)																	
	01	0	1	2	3	4	5	6	7	8	9	10	11	12	13	14	15	16
研　磨																		
珩																		
圆　磨																		
平　磨																		
金刚石车																		
金刚石镗																		
拉　削																		
铰　孔																		
车																		
镗																		
铣　削																		
刨、插削																		
钻　孔																		
滚压、挤压																		
冲　压																		
压　铸																		
粉末冶金成形																		
粉末冶金烧结																		
砂型铸造、气割																		
锻　造																		

注：本表主要摘自方若愚等编《金属机械加工工艺人员手册》。

表 2-4　普通材料和一般生产过程所得到的典型粗糙度值

方　法	粗糙度值 R_a(μm)												相当于旧国际表面光洁度
	50	25	12.5	6.3	3.2	1.6	0.8	0.4	0.2	0.1	0.05	0.025	
火焰切割													▽2～▽3
去皮磨													▽2～▽4
锯													▽2～▽5
刨、插削													▽3～▽7
钻　削													▽3～▽5
化学铣													▽4～▽6
电火花加工													▽5～▽6
铣　削													▽4～▽7
拉　削													▽5～▽7
铰　孔													▽5～▽8
镗、车削													▽4～▽7
滚筒光整													▽7～▽9
电解磨削													▽7～▽9
滚压抛光													▽8～▽9
磨　削													▽6～▽10
珩　磨													▽7～▽12
抛　光													▽8～▽13
研　磨													▽8～▽14
超精加工													▽9～▽13
砂型铸造													▽2～▽3
热滚轧													▽2～▽3
锻													▽3～▽5
永久模铸造													▽5～▽6
熔模铸造													▽5～▽6
挤　压													▽5～▽7
冷轧拉拔													▽5～▽7
压　铸													▽6～▽7

注：1. 符号：用粗实线为常用平均范围，虚线为不常应用。

2. 表中最后一列是根据表中粗实线数值与《表面光洁度》旧国标对照后得到的大致对应关系。

第四节　机械加工常用量具

量具是用来测量零件线性尺寸、角度以及检测零件形位误差的工具。为保证被加工零件的各项技术参数符合设计要求，在加工前后和加工过程中，都必须用量具进行检测。选择使用量具时，应当适合于被检测量的性质，适合于被检测零件的形状、测量范围。通常选择的量具的读数精度应小于被测量公差的 0.15 倍。

量具的种类很多，这里仅介绍常用的几种。

一、量具的种类

1. 游标卡尺

游标卡尺是一种比较精密的量具(如图2-15)。其结构简单,可以直接量出工件的内径、外径、长度和深度等。游标卡尺按测量精度可分为0.10mm、0.05mm、0.02mm三个量级。按测量尺寸范围有0~125mm、0~150mm、0~200mm、0~300mm等多种规格。使用时根据零件精度要求及零件尺寸大小进行选择。

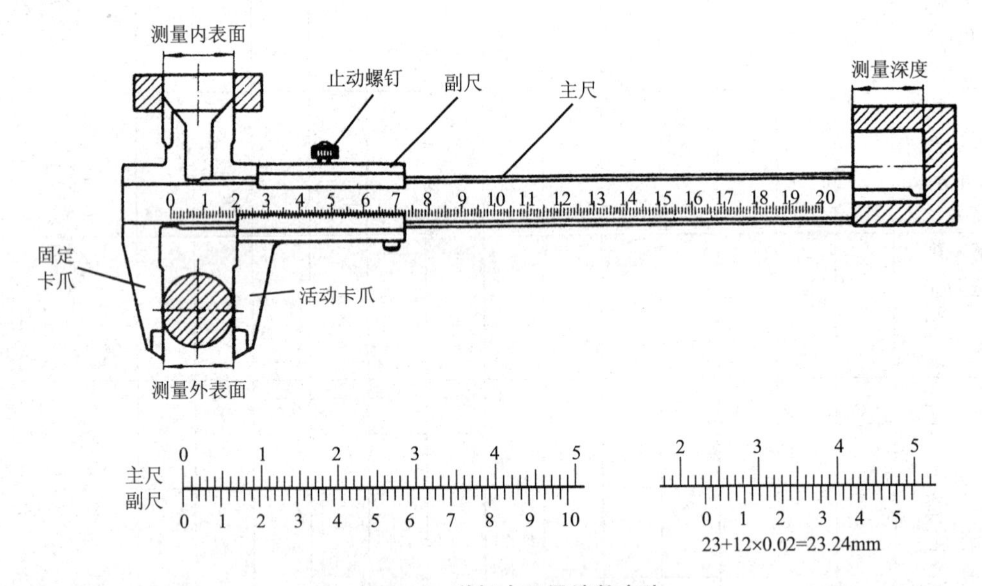

图2-15 游标卡尺及读数方法

图2-15所示游标卡尺的读数精度为0.02mm,测量尺寸范围为0~150mm。它由主尺和副尺(游标)两部分组成。主尺上每小格为1mm,当两卡爪贴合(主尺与游标的零线重合)时,游标上的50格正好等于主尺上的49mm。游标上每格长度为49/50=0.98mm。主尺与游标每格相差0.02mm。

测量读数时,先由游标以左的主尺上读出最大的整毫米数,然后在游标上读出零线到与主尺刻度线对齐的刻度线之间的格数,将格数与0.02相乘得到小数,将主尺上读出的整数与游标上得到的小数相加就得到测量的尺寸。

游标卡尺使用注意事项:

(1) 检查零线。使用前应先擦净卡尺,合拢卡尺,检查主尺和游标的零线是否对齐。如不对齐,应送计量部门检修。

(2) 放正卡尺。测量内外圆时,卡尺应垂直于工件轴线,两卡爪应处于直径处。

(3) 用力适当。当卡爪与工件被测量面接触时,用力不能过大,否则会使卡爪变形,加速卡爪的磨损,使测量精度下降。

(4) 准确读数。读数时视线要对准所读刻线并垂直尺面,否则读数不准。

(5) 防止松动。未读出读数之前游标卡尺离开工件表面时,必须先将止动螺钉拧紧。

(6) 严禁违规。不得用游标卡尺测量毛坯表面和正在运动的工件。

图 2-16 是专门用于测量深度和高度的游标尺。游标高度尺除用来测量高度外，也可用于精密划线。

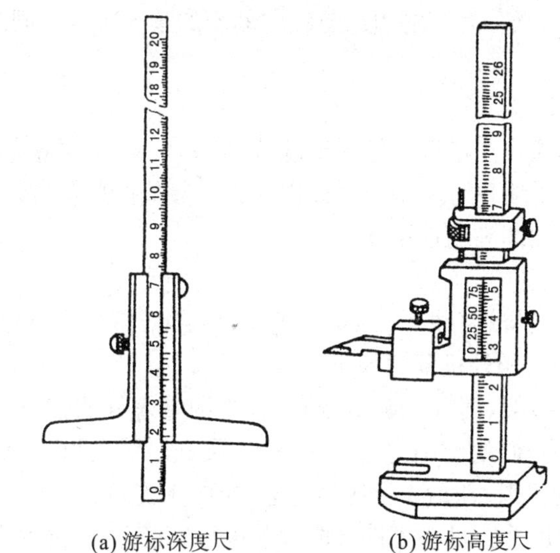

(a) 游标深度尺　　(b) 游标高度尺

图 2-16　游标深度尺和游标高度尺

2. 百分尺(又称分厘卡)

百分尺是用微分套筒读数精度为 0.01mm 的测量工具(图 2-17)。百分尺的测量精度比游标卡尺高，习惯上称之为千分尺。按照用途可分为外径百分尺和深度百分尺。外径百分尺按其测量范围有 0～25mm、25～50mm、50～75mm 等各种规格。

图 2-17 是测量范围为 0～25mm 的外径百分尺。弓形架的左端有固定砧座，右端的固定套筒在轴线方向刻有一条中线(基准线)，上下两排刻线互相错开 0.5mm，形成主尺。微分套筒左端圆周上均布 50 条刻线，形成副尺。微分套和螺杆连在一起，当微分套筒转动一周，带动测量螺杆沿轴向移动 0.5mm，如图 2-18 所示。

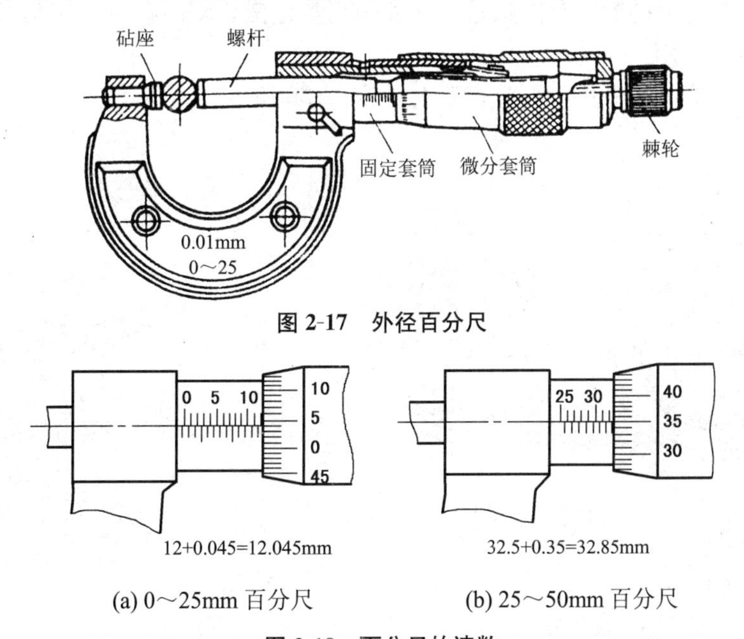

图 2-17　外径百分尺

(a) 0～25mm 百分尺　　(b) 25～50mm 百分尺

图 2-18　百分尺的读数

因此,微分套筒转过一格,测量螺杆轴向移动的距离为 0.5/50=0.01mm 当百分尺的测量螺杆与固定砧座接触时,微分套筒的边缘与轴向刻度的零线重合。同时,圆周上的零线应与中线对准。

百分尺的读数方法:

(1) 读出距离微分套筒边缘最近的轴向刻度数(应为 0.5mm 的整数倍)。

(2) 读出与轴向刻度中线重合的微分套筒周向刻度数值(刻度格数×0.01mm)。

(3) 将两部分读数相加即为测量尺寸。

百分尺使用注意事项:

(1) 校对零点。将砧座与螺杆擦拭干净,使它们相接触,看微分套筒圆周刻度零线与中线是否对准,如没有,将百分尺送计量部门检修。

(2) 测量。左手握住弓架,用右手旋微分套筒,当测量螺杆快接近工件时,必须使用右端棘轮(此时严禁使用微分套筒,以防用力过度测量不准或破坏百分尺)以较慢的速度与工件接触。当棘轮发出"嘎嘎"的打滑声时,表示压力合适,应停止旋转。

(3) 从百分尺上读取尺寸。可在工件未取下前进行,读完后松开百分尺,亦可先将百分尺锁紧,取下工件后再读数。

(4) 被测尺寸的方向必须与螺杆方向一致。

(5) 不得用百分尺测量毛坯表面和运动中的工件。

3. 百分表

百分表的刻度值为 0.01mm,是一种精度较高的比较测量工具。它只能读出相对的数值,不能测出绝对数值。主要用来检验零件的形状误差和位置误差,也常用于工件装夹时精密找正。

百分表的结构如图 2-19 所示,当测量头向上或向下移动 1mm 时,通过测量杆上的齿条和几个齿轮带动大指针转一周,小指针转一格。刻度盘在圆周上有 100 等分的刻度线,其每格的读数值为 0.01mm;小指针每格读数值为 1mm。测量时大、小指针所示读数变化值之和即为尺寸变化量。小指针处的刻度范围就是百分表的测量范围。刻度盘可以转动,供测量时调整大指针对零位刻线之用。

百分表使用时应装在专用的百分表架上,如图 2-20 所示。

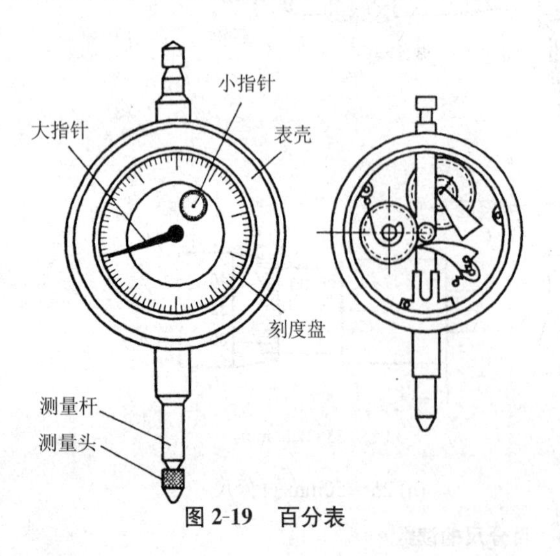

图 2-19　百分表

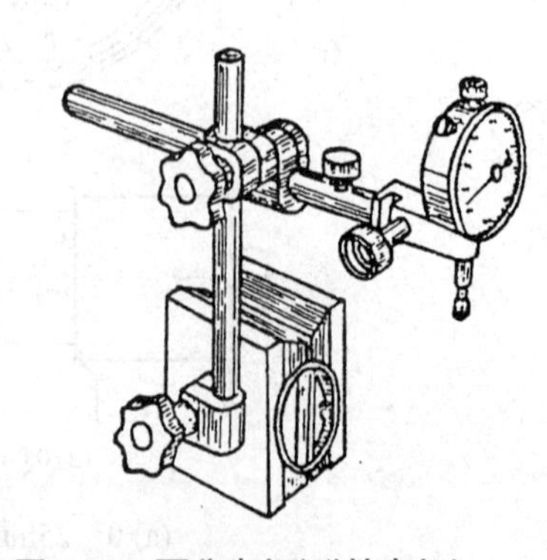

图 2-20　百分表架(磁性表架)

百分表使用注意事项：

(1) 使用前，应检查测量杆的灵活性。具体做法是：轻轻推动测量杆，看其能否在套筒内灵活移动。每次松开手后，指针应回到原来的刻度位置。

(2) 测量时，百分表的测量杆要与被测表面垂直，否则将使测量杆移动不灵活，测量结果不准确。

(3) 百分表用完后，应擦拭干净，放入盒内，并使测量杆处于自由状态，防止表内弹簧过早失效。

4. 内径百分表

内径百分表(图 2-21)是百分表的一种，用来测量孔径及其形状精度，测量精度为0.01mm。内径百分表配有成套的可换测量插头及附件，供测量不同孔径时选用。测量范围有6～10mm、10～18mm、18～35mm 等多种。测量时百分表接管应与被测孔的轴线重合，以保证可换插头与孔壁垂直，最终保证测量精度。

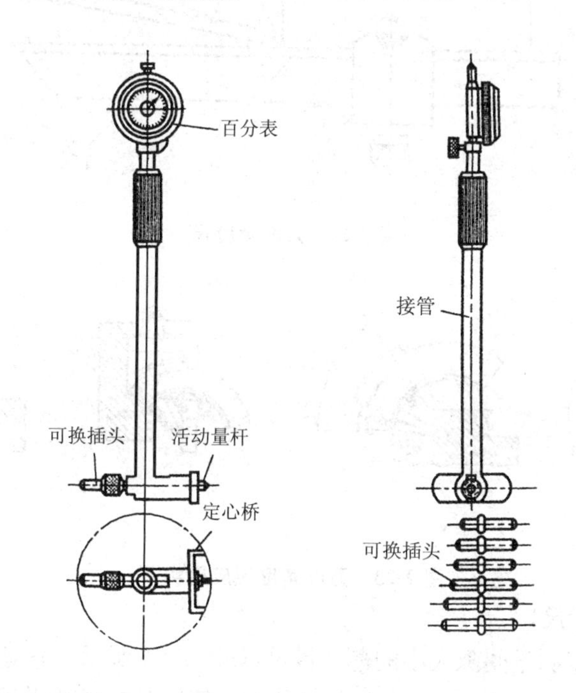

图 2-21　内径百分表

5. 万能角度尺

万能角度尺是用来测量零件角度的。万能角度尺采用游标读数，可以测任意角度，如图 2-22 所示。扇形板带动游标可以沿主尺移动。角尺可用卡块紧固在扇形板上。可移动的直尺又可用卡块固定在角尺上。基尺与主尺连成一体。

万能角度尺的刻线原理与读数方法和游标卡尺相同。其主尺上每格一度，主尺上的 29°与游标的 30 格相对应。游标每格为 29°/30＝58′。主尺与游标每格相差 2′，也就是说，万能角度尺的读数精度为 2′。

测量时应先校对万能角度尺的零位。其零位是当角尺与直尺均装上，且角尺的底边及基尺均与直尺无间隙接触时，主尺与游标的“0”线对齐。校零后的万能角度尺可根据工件所测角度的大致范围组合基尺、角尺、直尺的相互位置，可测量 0°～320°范围的任意角度，如

图 2 -23 所示。

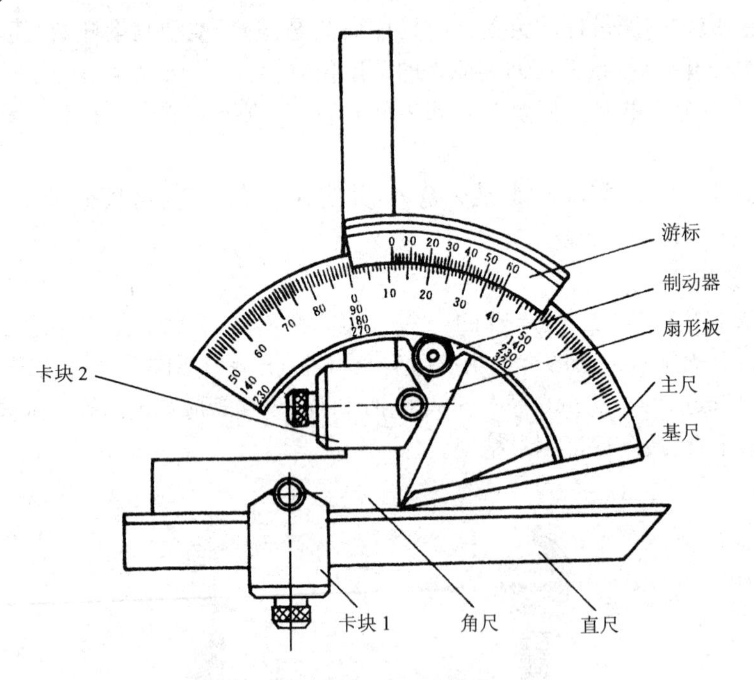

图 2-22　万能角度尺

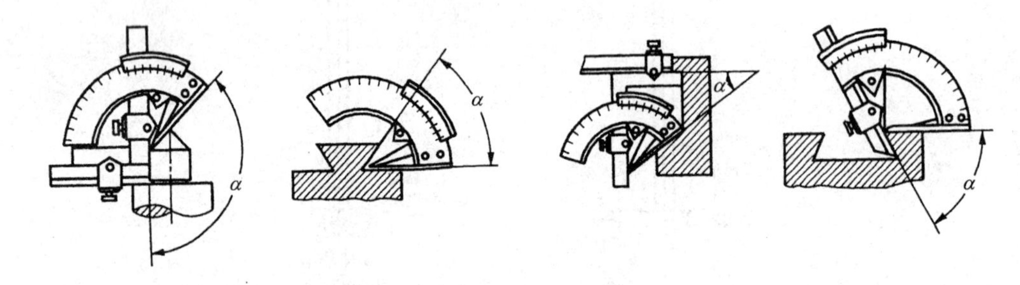

图 2-23　万能角度尺应用实例

6. 塞尺(又称厚薄尺)

塞尺是用其厚度来测量间隙大小的薄片量尺,如图 2-24 所示。它是一组厚度不等的薄钢片。钢片的厚度为 0.03～0.3mm,印在每片钢片上。使用时根据被测间隙的大小选择厚度接近的钢片(可以用几片组合)插入被测间隙。能塞入钢片的最大厚度即为被测间隙值。

使用塞尺时必须先擦净尺面和工件,组合成某一厚度时选用的片数越少越好。另外,塞尺插入间隙时不能用力太大,以免折弯尺片。

7. 刀口形直尺(简称刀口尺)

刀口形直尺是用光隙法检验直线度或平面度的量尺,如图 2-25 所示。如果工件的表面不平,则刀口形直尺与工件表面间有间隙存在。根据光隙可以判断误差状况,也可用塞尺检验缝隙的大小。

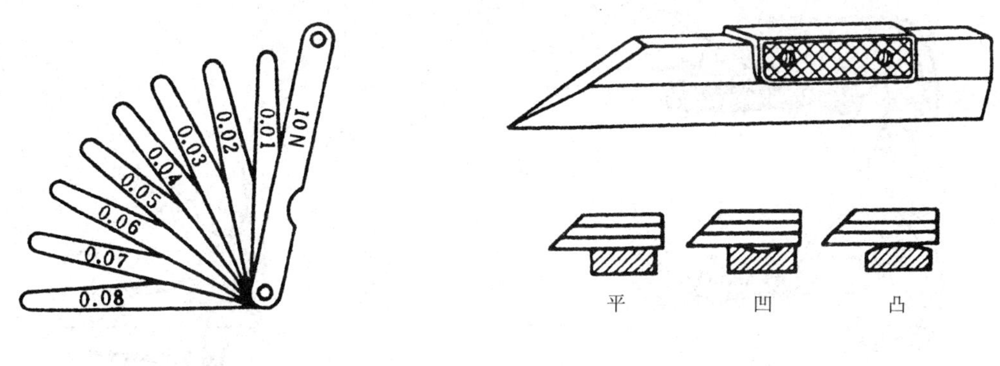

图 2-24　塞尺　　　　图 2-25　刀口形直尺及其应用

8. 直角尺

直角尺的两边成准确 90°，是用来检查工件垂直度的非刻线量尺。使用时将其一边与工件的基准面贴合，然后使其另一边与工件的另一表面接触。根据光隙可以判断误差状况，也可用塞尺测量其缝隙大小，如图 2-26 所示。直角尺也可以用来保证划线垂直度。

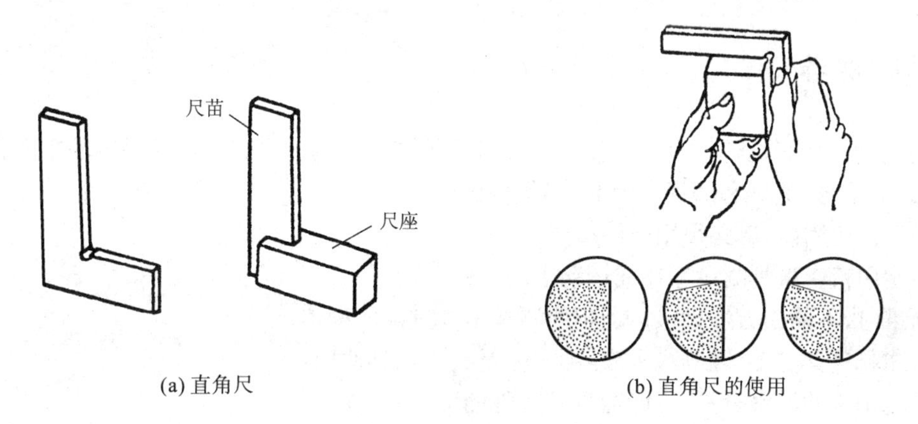

(a) 直角尺　　　　(b) 直角尺的使用

图 2-26　直角尺及其应用

9. 塞规与卡规

塞规与卡规是用于成批大量生产的一种定尺寸专用量具，如图 2-27 所示，通称为量规。

塞规是用来测量孔径或槽宽的。它的两端分别称为“过规”和“不过规”。过规的长度较长，直径等于工件的下限尺寸(最小孔径或最小槽宽)。不过规的长度较短，直径等于工件的上限尺寸。用塞规检验工件时，当过规能进入孔(或槽)时，说明孔径(槽宽)大于最小极限尺寸；当不过规不能进入孔(或槽)时，说明孔径(或槽宽)小于最大极限尺寸。工件的尺寸只有当过规进得去，而不过规进不去时，才说明工件的实际尺寸在公差范围之内，是合格的。否则，工件尺寸不合格。

卡规是用来检验轴径或厚度的。和塞规相似，也有过规和不过规两端，使用的方法亦和塞规相同。与塞规不同的是：卡规的过规尺寸等于工件的最大极限尺寸，而不过规的尺寸等于工件的最小极限尺寸。

量规检验工件时，只能检验工件合格与否，而不能测出工件的具体尺寸。量规在使用时省去了读数的麻烦，操作极为方便。

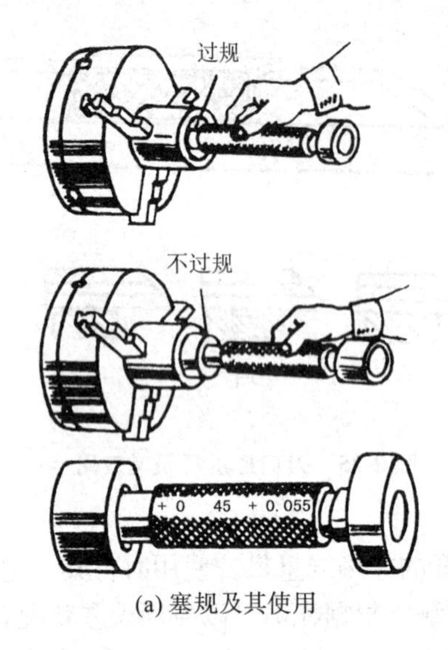

(a) 塞规及其使用

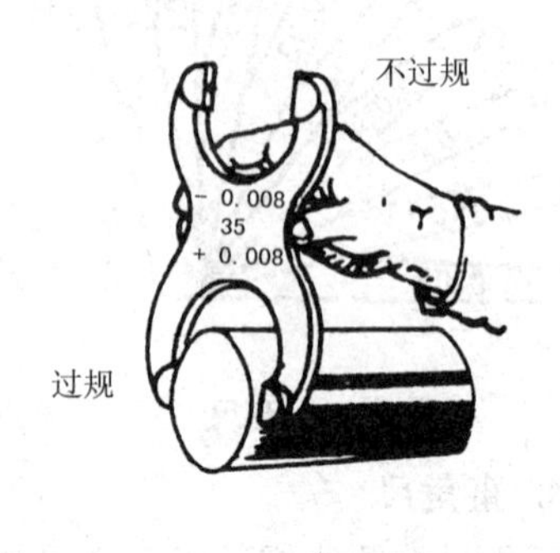

(b) 卡规及其使用

图 2-27 量规

二、量具的保养

量具的精度直接影响到检测的可靠性，因此，必须加强量具的保养。量具保养的重点在于预防量具破损、变形、锈蚀和磨损。因此，必须做到以下几点：

(1) 量具在使用前、后必须用棉纱擦干净。

(2) 不能用精密量具测量毛坯或运动中的工件。

(3) 测量时，不能用力过猛、过大，不能测量温度过高的物体。

(4) 不能将量具与工具混放、乱放，不能将量具当工具使用。

(5) 不能用脏油清洗量具，不能给量具注脏油。

(6) 量具用完后必须擦洗干净，涂油并放入专用的量具盒内。

第五节　基准、定位、夹具

一、基准

1. 基准的概念

机械零件可以看作一个空间的几何体，是由若干点、线、面等几何要素所组成的。零件在设计、制造的过程中必须指定一些点、线、面，用来确定其他点、线、面的位置，这些作为依据的几何要素称为基准。基准可以是在零件上具体表现出来的点、线、面，也可以是实际存在，但又无法具体表现出来的几何要素，如零件上的对称平面、孔或轴的中心线等。

2. 基准的分类

按照作用的不同,基准分为设计基准和工艺基准两类。设计基准是零件设计图纸上所用的基准。工艺基准是在零件加工、机器装配等工艺过程中所用的基准。工艺基准又分为工序基准、定位基准、测量基准和装配基准。其中定位基准用具体的定位表面体现,并与夹具保持正确接触,保证工件在机床上的正确位置,最终加工出位置正确的工件表面。

图 2-28 所示的零件,顶面 A 是表面 B、C 和孔 D 轴线的设计基准;孔 D 的轴线是孔 E 的轴线的设计基准。而表面 B 是表面 A、C、孔 D 及孔 E 加工时的定位基准。定位基准常用符号"—^—"来表示。

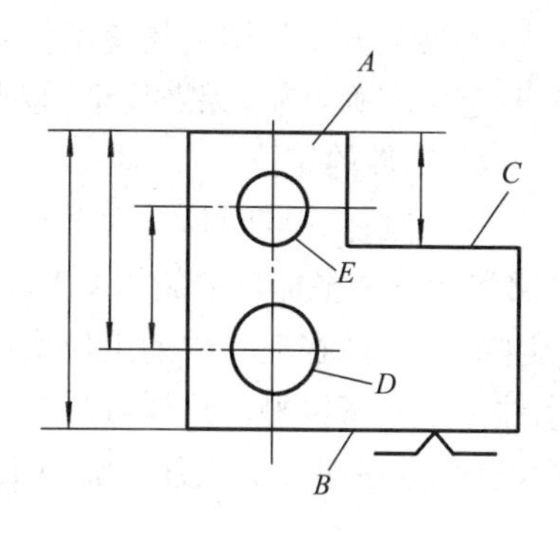

图 2-28　零件的基准

二、工件的定位

1. 工件的装夹

工件要进行切削加工,首先要将工件装夹在机床上,保持与刀具之间正确的相对运动关系。工件在机床上的装夹分定位和夹紧两个过程。定位就是使工件在机床上具有正确的位置。工件定位后必须夹紧,以保证工件在重力、切削力、离心惯性力等的作用下保持原有的正确位置。工件的装夹必须先定位后夹紧。

通常,工件的装夹有以下三种方法:

(1) 直接找正装夹

直接找正是指利用百分表、划针等在机床上直接找正工件,使其获得正确位置的定位方法,如图 2-29(a)。这种方法的定位精度和操作效率取决于所使用工具及操作者的技术水平。一般说来,此法比较费时,多用于单件、小批量生产或要求位置精度特别高的工件。

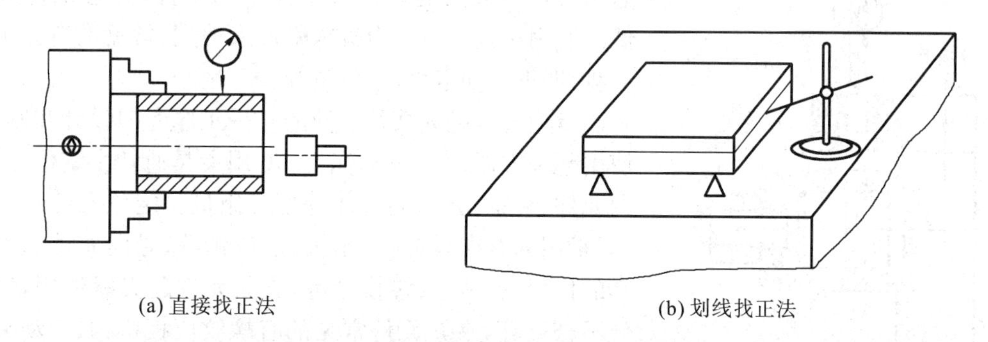

(a) 直接找正法　　(b) 划线找正法

图 2-29　工件的找正装夹

(2) 划线找正装夹

划线找正是在机床上用划针按毛坯或半成品上待加工处的划线找正工件,获得正确位置的方法,如图 2-29(b)。这种找正装夹方式受划线精度和找正精度的限制,定位精度不高。主要用于批量较小、毛坯精度较低及大型零件等不便使用夹具的粗加工。

(3) 在夹具中装夹

夹具装夹是利用夹具使工件获得正确的位置并夹紧。夹具是按工件专门设计制造的，装夹时定位准确可靠，无需找正，装夹效率高，精度较高，广泛用于成批生产和大量生产。

2. 工件的定位

一个刚体在空间具有六个自由度，如图 2-30。这些自由度分别是沿三个坐标轴的平移***X***、***Y***、***Z***和绕三个坐标轴的旋转***X***、***Y***、***Z***。工件的定位就是对工件的某几个自由度或全部加以限制(消除)。工件在夹具中的定位实际上就是使工件上体现定位基准的定位表面与夹具上的定位元件保持紧密接触。这样就限制了工件应该被限制的自由度，在夹具及机床上具有正确的位置，也就能够加工出位置正确的工件表面。

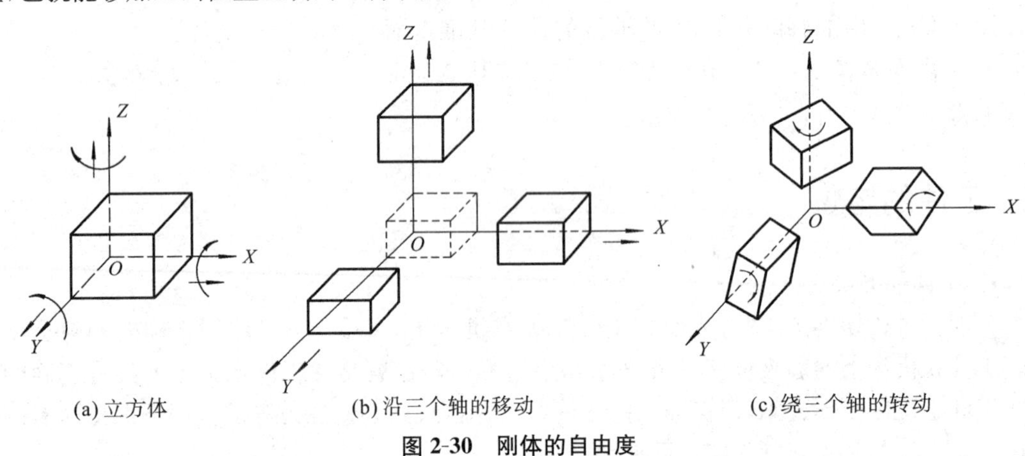

(a) 立方体　　(b) 沿三个轴的移动　　(c) 绕三个轴的转动

图 2-30　刚体的自由度

三、夹具

机床上用来装夹工件的夹具可分为两类，一类是通用夹具，另一类是专用夹具。

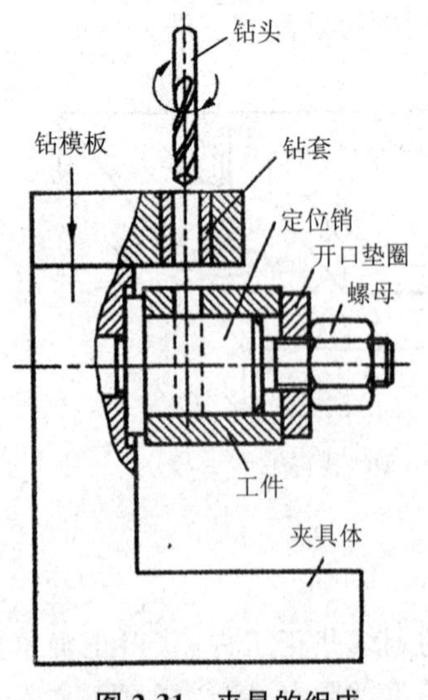

图 2-31　夹具的组成

通用夹具使用范围较广，能够装夹多种尺寸的工件。但通用夹具一般只能装夹形状简单的工件，并且工件效率较低。通用夹具一般作为机床附件来使用，常见的有三爪定心卡盘、四爪单动卡盘、平口钳等。

专用夹具是为某种工件的某一工序专门设计和制造的，使用起来方便、准确、效率高。专用夹具通常由定位元件、导向元件、夹紧元件、夹具体等部分组成。定位元件起定位作用，常用的有支承钉、支承板、定位销等；导向元件起引导刀具的作用，有钻套、镗模套等；夹紧元件起夹紧作用，保证定位不被破坏，夹紧元件常见的有螺纹压板机构、气动夹紧机构、液压夹紧机构等。定位元件、导向元件、夹紧元件都装在夹具体上，一起构成了夹具。夹具最终还要正确地安装在机床的工作台上，这样就保证了工件在机床上的正确位置，使刀具与工件之间保持正确的运动关系，如图 2-31 所示。

思 考 题

1. 零件的质量指标有哪些方面？为什么要对零件提出质量要求？
2. 常用的量具有哪几种？试选择测量下列尺寸的量具。
   未加工面：$\varnothing 50$
   已加工面：$\varnothing 30$；$\varnothing 25\pm 0.03$；$\varnothing 22\pm 0.2$
3. 游标卡尺使用前为何要对零？
4. 比较游标卡尺、百分表及量规的使用特点。
5. 工件的装夹有哪几种方法？其特点是什么？

第三章　金属切削的基本理论

学习目标

1. 了解切削运动、切削要素、切削刀具及金属切削的过程与控制等；
2. 要求熟悉金属切削刀具的种类及刀具材料的构成；
3. 熟悉切削刀具集合参数的选择；
4. 掌握切削液的选用。

第一节　切削运动与切削要素

一、切削加工内容

切削加工是指依靠刀具与工件之间的相对运动，利用机床和切削工具从工件表面切去多余的金属，使其尺寸、形状和相互位置精度以及表面质量达到设计要求的一种加工方法。切削加工分为钳工和机械加工两种。

钳工一般是由工人用手动工具对工件进行切削加工。钳工加工工具简单，加工性质灵活、方便、经济，所以即使与机械加工相比劳动强度大、效率低，但仍不会被机械加工完全替代，是切削加工中不可缺少的一部分。

机械加工简称机加工，是由工人操作机床进行切削加工的。切削加工按其所用切削工具的类型又可分为刀具切削加工和磨料切削加工。刀具切削加工的主要方式有车削、钻削、镗削、铣削、刨削等；磨料切削加工的方式有磨削、珩磨、研磨、超精加工等。

研究金属切削的基本理论，掌握切削过程中出现的诸如切削变形、切削力、切削热与切削温度、刀具磨损等物理现象及其变化规律，有利于控制和改善金属的切削过程，保证加工精度和表面质量，提高切削效率，降低生产成本。

二、切削运动

切削运动是指在切削过程中刀具与工件之间的相对运动，它包括主运动和进给运动。

1. 主运动

主运动是指刀具切削刃及其邻近的刀具表面切入工件材料，导致被切削层转变为切屑所需要的最基本运动，它是由机床或人力提供的，是刀具和工件之间的主要相对运动。它是切削加工中速度最高，消耗功率最大的运动，如图 3-1 所示 v_c 为主运动方向。

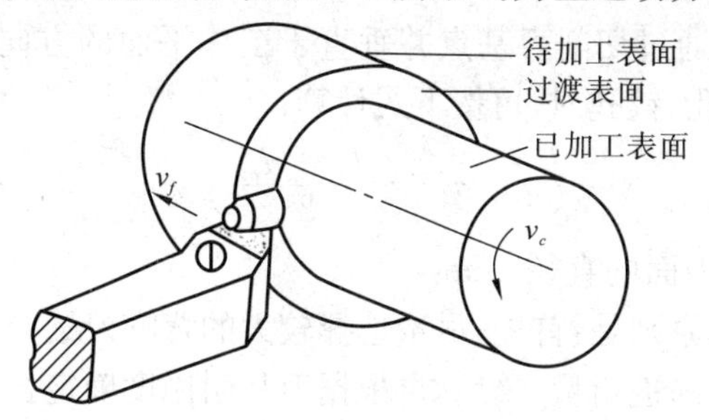

图 3-1　切削运动和加工表面

2. 进给运动

进给是指使切削工具不断切下切屑所需要的运动，它使刀具与工件之间产生相对运动，加上主运动，即可不断地或连续地切削，并得出具有所需几何特性的已加工表面。

通常，切削加工中的主运动只有一个，而进给运动可能有一个或数个。主运动和进给运动可以由刀具和工件分别完成，也可以由刀具单独完成；这两种运动可以同时进行，也可以交替进行。

3. 工件上的表面

在整个切削过程中，工件上有三个特征表面，他们是不断变化着的。

(1) 待加工表面：工件上有待切除的表面。

(2) 已加工表面：工件上经刀具切削后产生的表面。

(3) 过渡表面：切削刃正在切削的表面。该表面的位置始终在待加工表面与已加工表面之间不断变化。如图 3-1 所示。

三、切削要素

切削要素包括切削用量和切削层参数。

1. 切削用量

切削用量包括切削速度、进给量和背吃刀量三个要素。切削用量选择的合理与否，对切削加工的生产率和加工质量有着显著的影响。

(1) 切削速度

切削速度是指切削刃上选定点相对于工件的主运动的瞬时速度。亦即主运动的线速度，单位为 m/s。当主运动是旋转运动时，切削速度为

$$v_c = \frac{\pi d_w n}{1000 \times 60}$$

式中：n——工件的转速，r/min；

d_w——工件待加工表面的直径，mm。

(2) 进给量 f

进给量 f 是刀具在进给运动方向上相对于工件的位移量，用刀具或工件每转或每行程的位移量来表述和度量，单位为 mm/r 或 mm/行程。切削刃上选定点相对工件的进给运动的瞬

时速度,称为进给速度 v_f,单位是 mm/s。

(3) 背吃刀量

背吃刀量(a_p)是指在通过切削刃基点并垂直于工作平面的方向上测量的吃刀量,单位是 mm。如车外圆、镗孔、扩孔、铰孔时,可按下式计算:

$$a_p = \frac{d_w - d_m}{2}$$

式中:d_m——工件已加工表面的直径,mm。

选择切削用量的基本原则是:首先,尽量选择较大的背吃刀量;其次,在工艺装备和技术条件允许的情况下选择最大的进给量;最后,再根据刀具耐用度确定合理的切削速度。

2. 切削层参数

切削层是指刀具与工件相对移动一个进给量时,相邻两个过度表面之间的切削层。切削层的轴向剖面称为切削横截面,如图 3-2 所示。切削层参数包括切削宽度、切削厚度和切削面积三个主要参数。

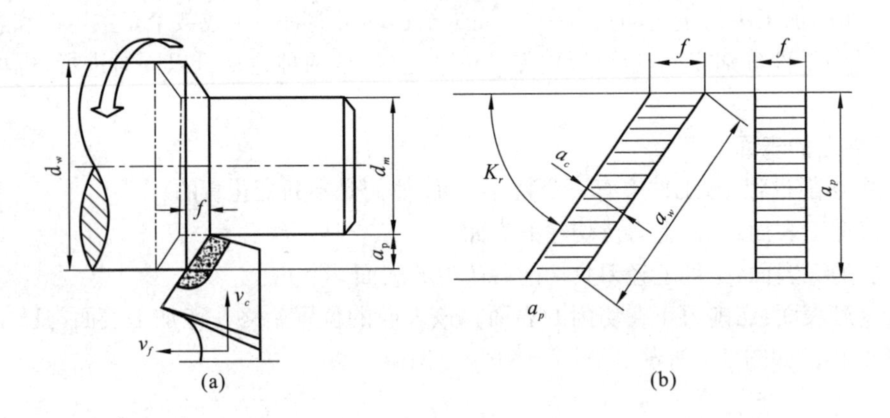

图 3-2　切削层参数

(1) 切削层公称宽度

切削层公称宽度(a_w)是指刀具主切削刃与工件的接触长度,单位是 mm。它在垂直于主运动方向上的截面内测量,若车刀主偏角为 K_r,则

$$a_w = \frac{a_p}{\sin K_r}$$

(2) 切削层公称厚度

切削层公称厚度(a_c)是指刀具或工件每移动一个进给量时,刀具切削刃的两个相邻位置之间的距离,单位是 mm。车外圆时

$$a_c = f \sin K_r$$

(3) 切削层公称面积

切削面积(A_c)是指切削层横截面的面积,单位是 mm^2,即

$$A_c = f a_p = a_c a_w$$

第二节　金属切削刀具

在机械加工过程中，金属刀具直接参与切削过程，它影响着加工质量和劳动生产率，在切削加工中占有重要地位。根据工件和机床的不同，刀具的类型、结构、材料和几何参数也不相同。

一、刀具的种类

刀具种类很多，根据用途和加工方法不同，可分类如下：

(1) 按加工方式分为车刀、铣刀、钻头、铰刀、镗刀、拉刀、螺纹刀具、齿轮刀具、砂轮等。

(2) 按结构方式分为整体式、焊接式、机夹式、可转位式等。

(3) 按刀具的刃形分为单刃刀具、多刃刀具、成形刀具等。

(4) 按国家标准分为标准刀具、非标准刀具。

二、刀具材料

在金属切削加工中，刀具材料的切削性能直接影响着生产效率、工件的加工精度和已加工表面质量、刀具消耗和加工成本。刀具材料的发展在一定程度上推动着金属切削加工工艺的进步。

1. 对刀具切削部分材料的基本要求

刀具切削部分在切削过程中，承受很大的切削力和冲击力，并且在很高的温度下进行工作，摩擦十分剧烈。为保证切削的进行，刀具切削部分材料必须具备以下基本要求：

(1) 高硬度

刀具材料的硬度必须高于被切削工件的硬度，常温硬度必须在 62HRC 以上。

(2) 高耐磨性

耐磨性是表示刀具材料抵抗磨损的能力。它取决于材料本身的硬度、化学成分和金相组织。一般来说，刀具材料硬度越高，耐磨性越好。金相组织中碳化物越多、颗粒越细、分布越均匀，其耐磨性越好。

(3) 足够的强度和韧性

刀具切削时要承受很大的压力、冲击和振动，刀具材料必须具有足够的抗弯强度 σ_{bb} 和冲击韧性 α_K。一般用刀具材料的抗弯强度 σ_{bb} 表示它的强度大小；用冲击韧性 α_K 表示其韧性的大小，它反映刀具材料抗脆性断裂、崩刃的能力。

(4) 高的热硬性

热硬性是指刀具在高温下仍能保持高硬度的性能，通常用红硬性表示。热硬性越好，允许的切削速度越高。因此，它是衡量刀具材料性能的重要指标。

(5) 良好的工艺性和经济性

为便于制造刀具，要求刀具材料具有良好的工艺性能，如锻造、磨削、热处理、焊接等性能。同时，价格较经济。

2. 常用刀具材料

刀具材料的种类主要为工具钢、硬质合金、陶瓷、超硬材料四大类。目前在我国使用最多的是高速钢和硬质合金。各类材料的主要物理力学性能见表 3-1。

表 3-1　各种材料的物理力学性能

材料种类 \ 材料性能		硬度	抗弯强度/Gpa	冲击韧度/(kJ/m²)	热导率/[W/(m·K)]	耐热性/℃
碳素工具钢		60～65HRC 81.2～83.9HRA	2.45～2.74		67.2	200～250
高速钢		63～70HRC 83～86.6HRA	1.96～5.88	98～588	1.67～25	600～700
合金工具钢		63～66HRC	2.4		41.8	300～400
硬质合金	YG6	8935HRA	1.45	30	79.6	900
	YT14	90.5HRA	1.2	7	733.5	900
陶瓷	Al_2O_3　AM	>91HRA	0.45～0.55	5	19.2	1200
	Al_2O_3+TiC　T8	93～94HRA	0.55～0.65			
	Si_3N_4　SM	91～93HRA	0.75～0.85	4	38.2	1300
金刚石	天然金刚石	10000HV	0.21～0.49		146.5	700～800
	聚晶金刚石　复合刀片	6500～8000HV	2.8		100～108.7	700～800
立方氮化硼	烧结体	6000～8000HV	1		41.8	1000～1200
	立方氮化硼　复合刀片 FD	≥5000HV	1.5			>1000

(1) 工具钢

① 优质碳素工具钢

它淬火后有较高的硬度，容易磨得锋利，但其热硬性差，在 200～250℃时，硬度就明显下降，因此，仅用于一些手工或切削速度较低的刀具。常见的牌号有 T10A、T12A 等。

② 合金工具钢

它较碳素工具钢有较高的热硬性和韧性，其热硬性温度一般为 300～350℃，仅用于切削速度较低的场合。常见的牌号有 CrWMn、9CrSi 等。

③ 高速钢

它是含有 W(钨)、Mo(钼)、Cr(铬)、V(钒)等合金元素较多的工具钢，俗称白钢、风(锋)

钢。热硬性温度可达550～600℃，强度、韧性、工艺性均较好，热处理变形小，刃磨后切削刃比较锋利，可制造各种刀具，尤其是复杂刀具，如成形车刀、铣刀、钻头、拉刀、齿轮刀具等。加工材料范围也很广泛，如钢、铁和有色金属等。常用的牌号有：W18Cr4V（简称W18）、W6Mo5Cr4V2（简称M2）、W9Mo3Cr4V（简称W9）等。

(2) 硬质合金

硬质合金是由硬度和熔点都很高的金属碳化物（如WC、TiC、TaC、NbC等）和金属黏结剂（Co、Ni、Mo等）研制成粉末，按一定比例混合、压制成形，在高温高压下烧结而成。

由于硬质合金中含有大量金属碳化物，其硬度、熔点都很高，化学稳定性也好，因此，硬质合金的硬度、耐磨性、耐热性都很高，硬度可达89～93HRA，热硬性温度高达900～1000℃，允许的切削速度比高速钢高4～7倍，但抗弯性和冲击韧度较高速钢低。硬质合金由于切削性能优良，已成为主要的刀具材料，一般制成各种形状的刀片焊接或夹固在刀体上使用。一些形状复杂的刀具如麻花钻、齿轮滚刀、铰刀、拉刀等也日益广泛采用此材料。

(3) 陶瓷刀具材料

主要有两大类，即氧化铝（Al_2O_3）基陶瓷材料和氮化硅（Si_3N_4）基陶瓷材料。

陶瓷刀具的硬度达91～95HRA，超过硬质合金，其耐磨性为一般硬质合金的5倍。耐热性高，在1200℃时仍保持80HRA，而且化学稳定性好，与钢不易亲和，抗黏结、抗扩散能力较强，又具有较低的摩擦因数。但陶瓷刀的最大缺点是抗弯强度低、抗冲击性能差，刀片易破损。

陶瓷刀具主要用于高速精加工和半精加工冷硬铸铁、淬硬钢等。

(4) 超硬材料

超硬材料主要有人造金刚石和立方氮化硼。人造金刚石是在高温高压下由石墨转化而成的，其硬度接近于10000HV，是目前人工制成的硬度最高的高度材料。立方氮化硼是由六方BN在高温高压下加入氮化剂转变而成的。其硬度高达8000～9000HV，耐磨性好，耐热性高达1400℃。

第三节　切削刀具的几何参数

金属切削的刀具种类繁多，形状各异，但从刀具切削部分的几何特征来看，却具有共性。外圆车刀的切削部分的形态可看做是各种刀具切削部分的基本形态。

一、刀具的组成

如图3-3所示是常见的直头外圆车刀，它由刀柄和刀头（刀体和切削部分）组成。刀头用于切削，刀柄是刀具上的夹持部分。其切削部分（刀头）包括以下几个部分。

(1) 前面A_γ。刀具上切屑流经的刀面。

(2) 后面A_α。切削过程中，刀具上与过渡表面相对的刀面。

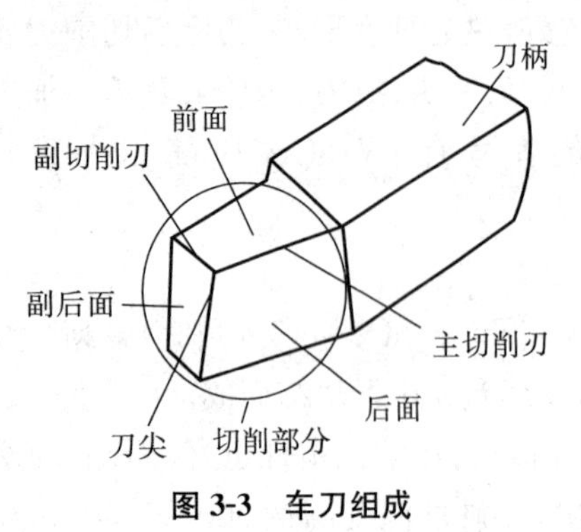

图 3-3 车刀组成

(3) 副后面 A_α'。切削过程中,刀具上与已加工表面相对的刀面。

(4) 主切削刃 S。刀具前刀面(前面)与后刀面(后面)的交线,它担负着主要的切削工作。至少有一段切削刃用来在工件上切出过渡表面。

(5) 副切削刃 S'。刀具前刀面与副后刀面的交线。它配合主切削刃完成切削工作,并形成已加工表面。

(6) 刀尖。主、副切削刃的连接处相当少的一部分切削刃,它可以是一个点、直线或圆弧形状的一小部分切削刃。

二、刀具角度坐标平面参考系

要表示刀具切削部分各个面、刃的空间位置,就必须将刀具置于一空间坐标平面参考系内。该参考系包括参考坐标平面和测量坐标平面。

1. 参考坐标平面

(1) 基面。通过切削刃上选定点,垂直于主运动方向的平面,记作 p_r。

(2) 切削平面。通过切削刃上选定点,包括切削刃或切于切削刃(曲线刃)且垂直于基面的平面,记作 p_s。

2. 测量坐标平面

(1) 正交平面。通过切削刃上选定点并同时垂直于基面和切削平面的平面,记为 p_o。

(2) 法平面。通过切削刃上选定点并垂直于切削刃的平面,记作 p_n。

3. 坐标平面参考系

(1) 正交平面参考系。由 p_r、p_s、p_o组成的平面参考系,如图 3-4 所示。

(2) 法平面参考系。由 p_r、p_s、p_n组成的平面参考系,如图 3-5 所示。

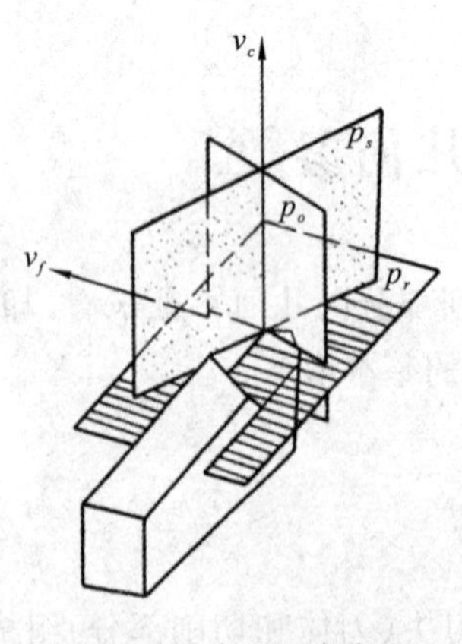

图 3-4 正交平面参考系

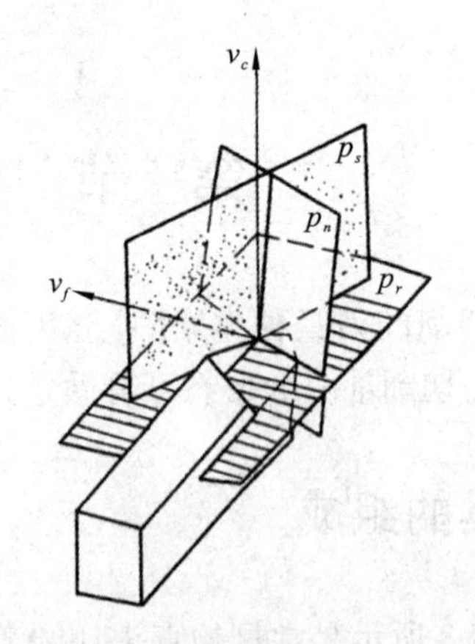

图 3-5 法平面参考系

三、刀具的标注角度

刀具的标注角度是刀具设计、制造、刃磨和测量的依据。下面简要介绍在正交平面参考系中的刀具标注角度，如图 3-6 所示。

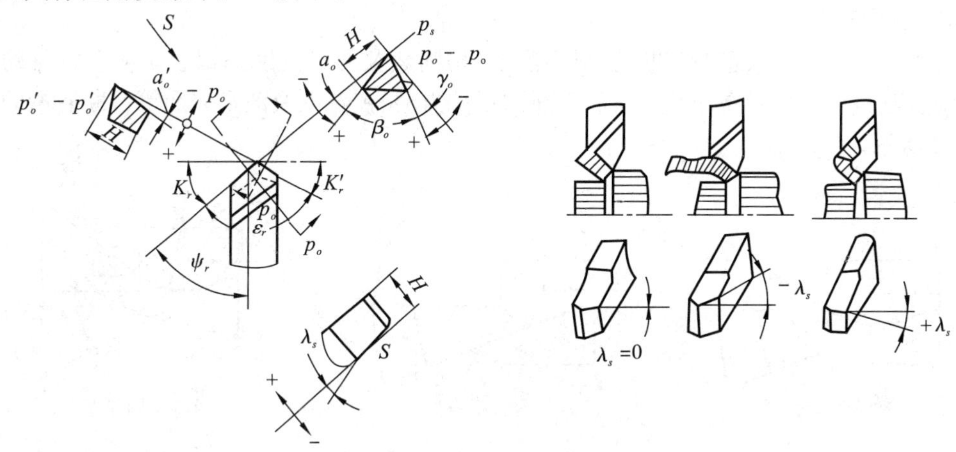

图 3-6　刀具的标注角度

1. 基面 p_r 内测量的角度

主偏角——主切削刃在基面 p_r 上的投影与进给方向之间的夹角，记为 K_r。

副偏角——副切削刃在基面 p_r 上的投影与进给方向之间的夹角，记为 K_r'。

2. 切削平面 p_s 内测量的角度

刃倾角——在主切削平面 p_s 内测量的主切削刃 S 与基面 p_r 间的夹角，记为 λ_s；有正负之分，刀尖位于切削刃的最高点时，λ_s 为＋，反之为－。

3. 正交平面 p_o 内测量的角度

前角——在正交平面 p_o 内测量的前刀面 A_γ 与基面 p_r 间的夹角，记为 γ_o。有正负之分，前刀面 A_γ 位于基面之上时，γ_o 为－，反之为＋。

后角——在正交平面 p_o 内测量的后刀面 A_α 与切削平面 p_s 间的夹角，记为 α_o。

上述 5 个角度就确定了主切削刃及前、后刀面的方位，其中 γ_o、λ_s 确定前刀面方位，K_r、α_o 确定后刀面方位，K_r、λ_s 确定主切削刃的方位。

四、刀具几何参数的合理选择

1. 刀具几何参数的内容

(1) 切削刃的形状

它直接影响切削刃各点工作角度的变化，影响切削刃受力状况。以车刀为例，有直线、折线、圆弧、波形、刀尖过渡、分段等。

(2) 切削刃区剖面形式

它主要影响切削时的温度、振动等。主要有：锋刃、负倒棱、消振棱、倒圆刃、刃带等。如图 3-7 所示。

图 3-7 刃区剖面形状

(3) 刀面形式

它影响切屑的变形、卷屑和断屑，对切削刃、切削热及刀具的磨损都有影响。常见的刀面形式有：前刀面上的卷屑槽、断屑槽，后刀面的双重刃磨、铲背以及波形刀面等。断屑槽的形式如图 3-8 所示。

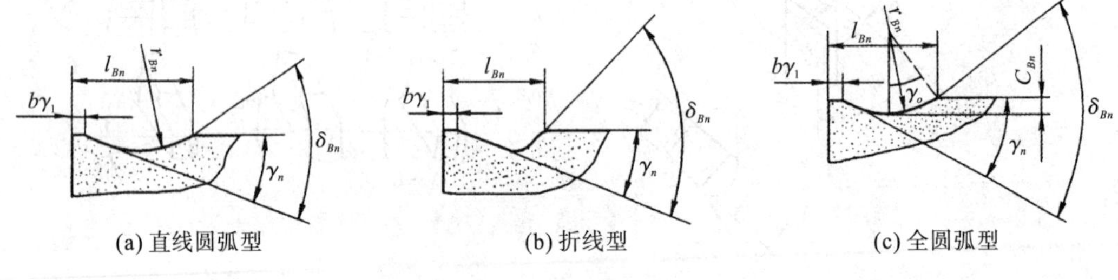

图 3-8 断屑槽形式

(4) 刀具几何角度

即刀具的基本角度：γ_o、α_o、K_r、K_r'、λ_s 等，它对保证零件的加工质量和提高生产效率是十分重要的。

2. 刀具角度的选择

(1) 前角 γ_o

增大前角，切屑易流出，可使切削力降低，切削轻快，但前角过大时，会削弱刀刃强度及散热能力，使刀具的寿命降低。当加工塑性材料、工件材料硬度较低、刀头材料韧性较好或精加工时，前角值可取大些；当加工脆性材料、工件材料硬度较高、刀头材料韧性较差或粗加工时，前角值可取小些。

(2) 后角 α_o

增大后角，可减少刀具后面与工件之间的摩擦，但后角过大时，刀刃强度将降低，散热条件变差，刀具容易损坏。一般，当加工塑性材料和精加工时，后角可取大些。

(3) 主偏角 K_r

在切削深度和进给量不变的情况下，增大主偏角，可使切削力沿工件轴向力加大，径向力减小，有利于加工细长轴并减小振动。但是，由于主刀刃参加切削工作的长度减小，刀刃单位长度上切削力加大，散热性能下降，刀具磨损加快。

(4) 刃倾角 λ_s

增大刃倾角有利于提高刀具承受冲击的能力。当刃倾角为正值时，切屑向待加工方向流动；当刃倾角为负值时，切屑向已加工面方向流出。

第四节 金属切削过程及控制

一、金属的切削过程与三个变形区

金属切削过程是指在机床上，利用刀具并通过刀具与工件之间的相对运动，从工件上切下多余的金属，从而形成切屑和已加工表面的过程。揭示切削过程的变化规律，是研究切削力、切削热、刀具磨损及加工表面质量的基础。

在刀具切削刃附近的切削层，传统上将其分为三个变形区域，如图 3-9 所示。

(1) 第一变形区，指靠近刀具前方，*OA* 与 *OM* 二曲面之间的变形区域。塑性变形从始滑移面 *OA* 开始至终滑移面 *OM* 终了，之间形成 *AOM* 塑性变形区，称为第一变形区(Ⅰ)。该区的变形量最大，消耗大部分切削功率，并产生大量的切削热。常用它来说明切削过程的变化情况。

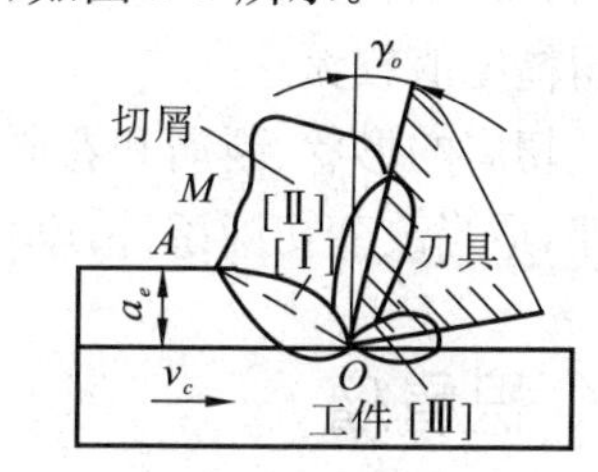

图 3-9 切削过程的三个变形区

(2) 第二变形区，与前面接触的切屑底层内产生的变形区，称为第二变形区(Ⅱ)。

(3) 第三变形区，刀具与已加工表面的表层金属在主切削刃及后刀面的挤压、摩擦作用下，与后刀面接触的区域将产生塑性变形，将第一变形区的塑性变形扩展到切削层的下方金属，这一区域称为第三变形区(Ⅲ)。

综上所述，金属切削过程的实质就是被切金属连续受刀具的挤压和摩擦，产生弹性变形、塑性变形，最终使被切金属与母体分离形成切屑的过程。

二、切屑的类型

根据金属切削时切削层变形的特点和变形后形成切屑的外形不同，会出现四种不同类型的切屑，如图 3-10 所示，其中(a)、(b)、(c)三种切屑是切削塑性金属时得到的切屑，(d)是切削脆性金属时得到的切屑。

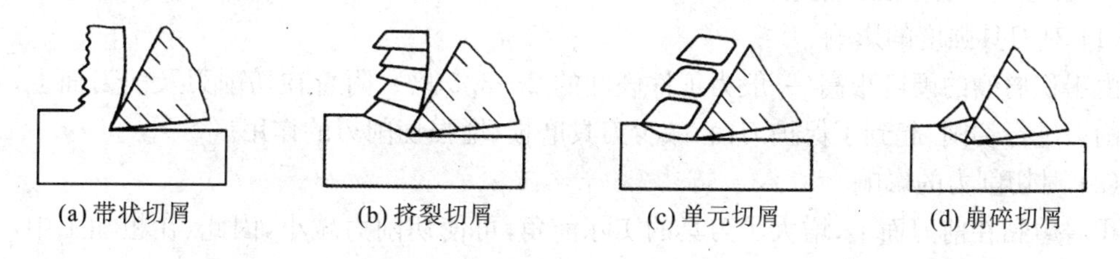

图 3-10 切屑形式

1. 带状切屑

带状切屑是内表面光滑，外表面呈毛茸状的连续状切屑。通常，用较大前角刀具高速、小切削厚度切削塑性材料时易产生带状切屑。形成带状切屑时，切削过程平稳，波动小，已加工表面粗糙度值小，但切屑连续不断，会缠绕在刀具或工件上，不够安全，故需采取断屑措施。

2. 挤裂切屑

挤裂切屑是内表面有时出现裂纹，外表面呈锯齿状的连续带状切屑。这种切削过程有轻微的振动，已加工表面粗糙度值较前者大。其产生条件与前者相比，切削速度、刀具前角均有减小，切削厚度有所增加。

3. 单元切屑

单元切屑的形状呈粒状，裂纹贯穿切屑。这种切削过程不平稳，产生较大振动，使已加工表面粗糙度值增大，切削力波动大。其产生条件与前者相比，切削速度、前角进一步减小，切削厚度进一步增加，是在加工塑性材料时较少见的一种切屑状态。

4. 崩碎切屑

在加工铸铁和黄铜等脆性材料时，切削层金属未经明显的塑性变形就突然崩碎，而形成崩碎屑、粉状屑、片状屑、针状屑等。其切削过程振动较大，切削力集中作用在刀刃处，已加工表面粗糙度值较大。

切屑的形状、断屑和卷屑的难易，主要受工件材料性能的影响，通过认识各类切屑形成的规律，适当改变切削条件，就可以使切屑的变形得到控制，达到预期的切屑形状。

三、积屑瘤

在一定的切削速度下，加工塑性材料时，在刀具的前刀面上靠近刀刃的部位，常发现黏附着一小块很硬的金属，它包围切削刃，覆盖刀具的部分前面，这块金属称为积屑瘤，如图 3-11 所示，其组织和性质既不同于工件材料，又不同于刀具材料，硬度很高，处于稳定状态时，能代替切削刃进行切削。

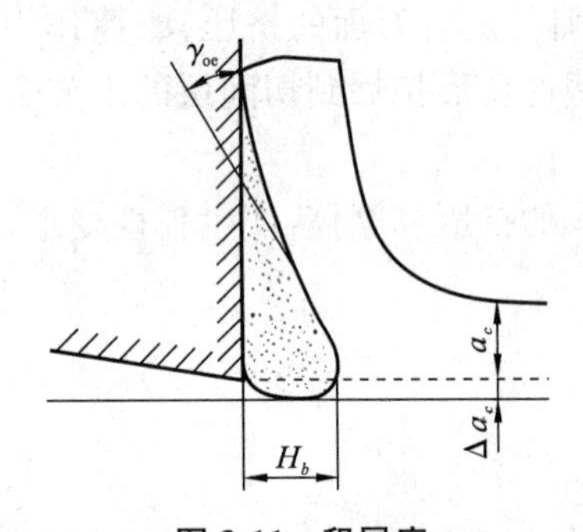

图 3-11 积屑瘤

1. 积屑瘤的形成

切削加工时，在切屑流经前刀面过程中，由于极大的变形产生的高温和极大的压力使切屑在前刀面上流动速度变慢而导致“滞流”，当滞流层冷作硬化后，形成了能抵抗切削力作用而不从刀面上脱落的刀瘤核，滞流层在刀瘤核上不断地堆积，形成了刀瘤。当刀瘤长到一定的程度时，不再继续生长，便形成了一个完整的积屑瘤。

2. 积屑瘤对切削加工的影响

(1) 对刀具强度的影响

由于积屑瘤的硬度很高(一般为工件硬度的 2～3.5 倍)，附着在切削刃及前刀面上，可代替切削刃进行切削，起到了保护刀面、减少刀具磨损、增强切削刃的作用。

(2) 对切削力的影响

积屑瘤黏在前刀面上，增大了刀具的实际前角，可使切削力减小，因此，在粗加工中，可利用它来保护切削刃。

(3) 对已加工表面的影响

由于积屑瘤顶部的不稳定性，时生时灭，会造成切削厚度的波动，这将影响工件的尺寸精度，而且其碎片随机性散落，可能会黏附在已加工表面上，从而会使已加工表面变得粗糙。因此，在精加工时应避免形成积屑瘤。

3. 避免产生积屑瘤的措施

当工件材料一定时，影响积屑瘤形成的主要因素有切削速度、进给量、刀具材料、前角及切削液等，可以采用以下措施避免产生积屑瘤：

（1）降低工件材料的塑性，提高硬度，以减少滞留层的形成。

（2）采用低速或高速切削、减少进给量、增大刀具前角可减少积屑瘤的形成。

（3）适当地使用切削液以降低切削温度也有利于防止积屑瘤的产生。

四、切屑的控制

在长时间切除塑性金属材料的加工中形成的切屑，有可能缠绕在刀具、工件或机床的构件上。若不加控制，就会危害操作者，导致刀具损坏或工件报废，以及使自动机床停止运转。因此，在切屑流出时，要求可靠地控制它的流向、卷曲和折断。

1. 切屑的卷曲和流向

如图 3-12 所示，切屑在流出过程中，受到前刀面的挤压和摩擦作用，切屑底层的金属变形最为严重。沿前面产生滑移时，切屑底层的伸长量较上层大，因而使得在沿切屑厚度 h_{ch} 方向出现变形速度差，于是切屑一边流出，一边向上卷曲，最后从 C 点离开前面。

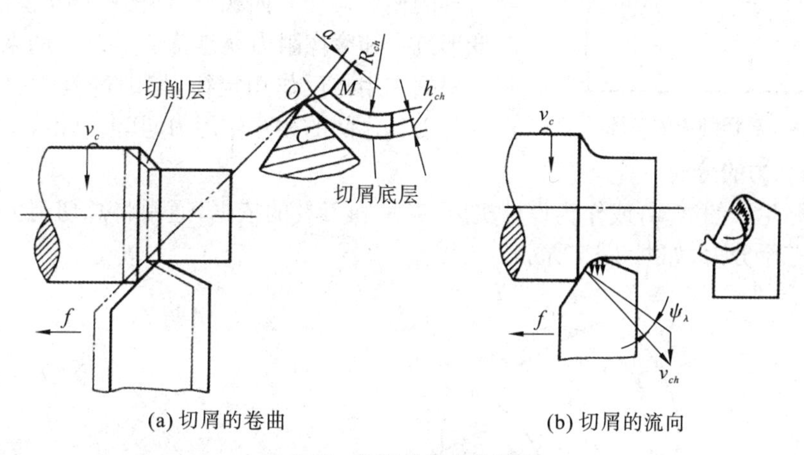

(a) 切屑的卷曲　　(b) 切屑的流向

图 3-12　切屑的卷曲和流向

在切削加工时，经常需要控制切屑流出方向。切屑的流向与加工条件有关，实验证明，切屑流出方向与正交平面形成一个出屑角度 φ_λ，这个角度的大小与主偏角 K_r、刃倾角 λ_s 等有密切关系。

2. 断屑的原因和屑形

卷曲的切屑流出时，碰到刀具的后面或工件上，切屑因受阻而应变增加，当某断面应力超过其强度极限时，切屑便折断，其过程如图 3-13 所示。亦即在流动过程中遇障碍物产生弯曲力矩而折断。切屑若在流动过程中未与刀具或工件相碰，则有可能形成长的带状切屑，或经卷屑槽形成螺旋形切屑后，靠自身重量甩断。

在实际生产中，通常认为 C 形屑、“6”字形屑和短螺旋形屑较为理想。

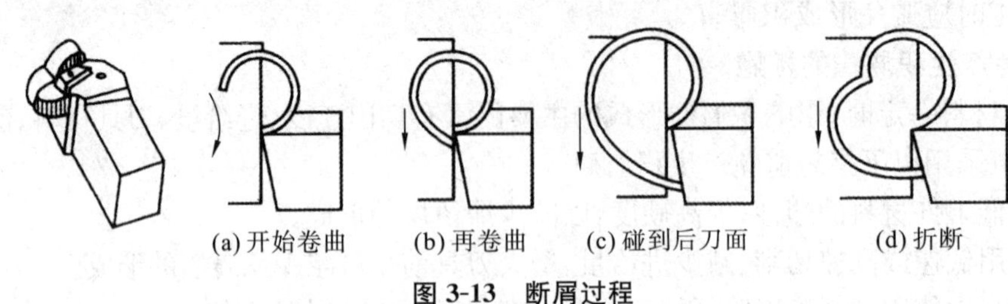

图 3-13　断屑过程

五、切削力

切削时将刀具切入工件，使工件发生变形而成为切屑所需要的力，称为切削力。切削力对机床、夹具和刀具的设计和使用，都具有很重要的意义。

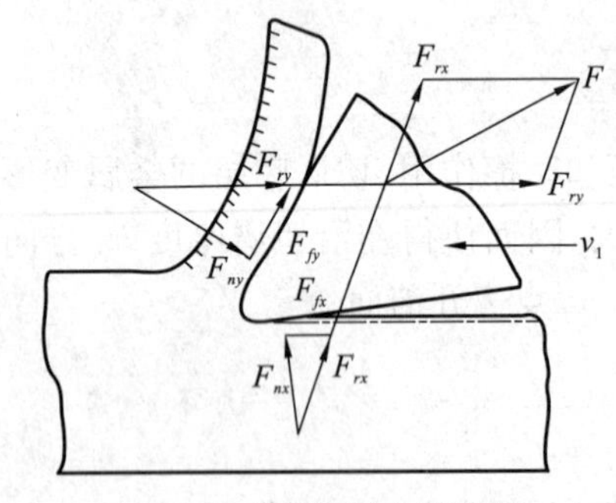

图 3-14　总切削力的来源

1. 总切削力的来源

在切削过程中，被切层金属产生弹性变形和塑性变形，就有变形抗力作用在刀具上，其方向分别与前面、后面垂直，图 3-14 中的 F_{nx} 和 F_{ny}；切屑与刀具前面相摩擦，以加工表面与刀具后面相摩擦，产生了摩擦阻力，其方向与刀具的相对运动方向相反，即图中的 F_{fx} 和 F_{fy}。这里的变形抗力和摩擦阻力就是总切削力 F 的来源。

根据作用与反作用定律，切削过程中的总切削力是工件与刀具之间的相互作用力，其大小相等，方向相反。

2. 总切削力的分解

为了实际生产的需要，或作为设计机床、夹具和刀具的依据，通常将总切削力分解为具有既定方向的三个分力，如图 3-15 所示。

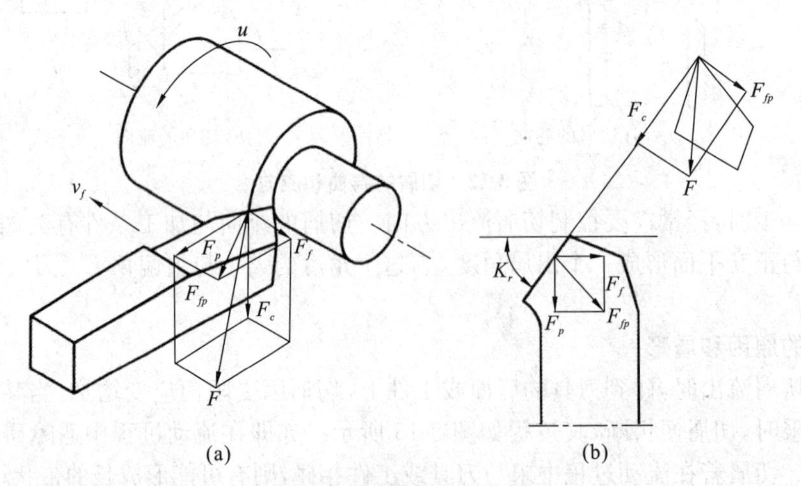

图 3-15　总切削力的分解

(1) 切削力

切削力(F_c)是指总切削力在主运动方向上的正投影，它消耗的功率最多，是计算机床动力、设备强度和刚度、刀具强度的基本依据。

(2) 进给力

进给力(F_f)是指总切削力在进给运动方向上的正投影,它是用以设计和校验走刀机构的主要依据。

(3) 背向力

背向力(F_p)是指总切削力在垂直于进给运动方向上的分力,它作用在工艺系统刚度最薄弱的方向上,容易引起振动和形状误差,是设计和校验工艺系统刚度和精度的基本数据。

总切削力与各切削分力之间的关系式为

$$F = \sqrt{F_c^2 + F_f^2 + F_p^2} \quad 或 \quad F^2 = F_c^2 + F_f^2 + F_p^2$$

3. 影响切削力大小的因素

在切削加工过程中,凡对切削过程中的变形和摩擦有影响的因素,都会对总切削力产生影响,其中主要是工件材料的力学性能、刀具的几何角度、切削用量和切削液等因素。

(1) 工件材料

工件材料的强度、硬度越高,切削时变形抗力越大,总切削力也越大。如果材料的强度、硬度大致相同,而塑性、韧性较大的材料,其总切削力也较大。

(2) 刀具角度

刀具角度中,对总切削力影响较大的是前角(γ_o)和主偏角(K_r)。前角适当增大,能减小切削变形,排屑也较顺利,使总切削力减小。主偏角对总切削力的影响较小,但对进给力和背向力的分配比例影响较明显。由图 3-15 可知

$$F_f = F_{fp}\sin K_r$$

$$F_p = F_{fp}\cos K_r$$

因此,当主偏角增大时,进给力会增大,而背向力则会减小,这对防止工件弯曲变形是有利的。

(3) 切削用量

切削用量中的进给量和背吃刀量越大,切削面积也就越大,切屑又宽又厚,切削力亦随之增大。切削速度对总切削力的影响不大。

(4) 切削液

合理使用切削液,可以减小材料的变形抗力和摩擦阻力,使总切削力减小。

六、切削热与切削温度

切削热是指在切削过程中,由变形抗力与摩擦阻力所消耗的能量而转变的热能。切削热主要来源于三方面:一是切削层剪切滑移变形区的弹性变形和塑性变形产生的热,这是切削热的主要来源;二是切屑塑性滑动变形区的切屑底层与刀具前面的剧烈摩擦产生的热;三是工件弹性挤压变形区的已加工表面与刀具后面挤压和摩擦产生的热。

切削塑性金属时,切削热主要来源于剪切滑移变形区和塑性滑动变形区;切削脆性金属时,切削热主要来源于剪切滑移变形区和弹性挤压变形区。

切削热和它产生的切削温度是刀具磨损和影响工件质量的重要原因。切削温度过高,会使刀头软化,磨损加剧,寿命下降;工件和刀具受热膨胀,会导致工件精度超差,影响加工精度,特别是在加工细长轴、薄壁套时,更应注意热变形的影响。

切削速度对切削温度的影响最明显,因此,在选择切削用量时,一般选用大的背吃刀量或

进给量,比选用大的切削速度更有利于降低切削温度。合理选择刀具材料及几何参数可以减少切削热的产生和加快热量的导出。在生产实践中,为了有效地降低切削温度,经常使用切削液,切削液能带走大量的热,对降低切削温度的效果显著,同时还能起到润滑、清洗和排屑及防锈的作用。常见的切削液有:

(1) 水溶液

水溶液主要成分是水,加入防锈剂即可,主要用于磨削。水溶液的主要作用是冷却。

(2) 乳化液

乳化液是由水和油再加乳化剂均匀混合而成的。

乳化液既能起冷却作用,又能起润滑作用。浓度低的乳化液冷却、清洗作用较强,适合于粗加工和磨削时使用;浓度高的乳化液润滑作用较强,适合于在精加工时使用。

(3) 切削油

切削油主要是由矿物油,再加入动、植物油和油性或极压添加剂配制而成的混合油。

切削油的主要作用是润滑,它可大大减少切削时的摩擦热,降低工件的表面粗糙度。加入添加剂后,油膜能耐高温、高压,润滑作用可显著增强。

切削液应根据工件材料,刀具材料,加工方法和技术要求等具体情况进行选择。

高速钢刀具耐磨性较差,需采用切削液。通常粗加工时,主要以冷却为主,可采用3%～5%的乳化液;精加工时,主要是改善加工表面质量,降低刀具磨损,减小表面粗糙度,可采用15%～20%的乳化液或极压切削油。硬质合金刀具耐热性好,通常不使用切削液。若使用切削液,需连续、充分地供给,以防因骤冷骤热,导致刀片产生裂纹。

切削铸铁一般不使用切削液,切削铜合金和有色金属时,一般不用含硫的切削液,以免腐蚀工件表面,切削铝合金时不用切削液,切削镁合金时,严禁使用乳化液作切削液,以防止发生燃烧事故,但可使用煤油或含4%的氟化钠溶液作切削液。

第五节　刀具的磨损和寿命

在切削过程中,一方面,刀具从工件上切下金属,另一方面,刀具本身也逐渐被工件和切屑磨损。磨损在加工中的表现为一把新刃磨的刀具,经过一段时间的切削后,工件的已加工表面粗糙度值增大,尺寸超差,切削温度升高,切削力增大,并伴有振动,此时,刀具已磨损。

一、刀具磨损的形态

刀具失效的形式有正常磨损和非正常磨损两类:

(1) 正常磨损

分前刀面磨损(月牙洼磨损)和后刀面磨损。

(2) 非正常磨损

指生产中突然出现崩刃、卷刃或刀片破裂的现象。

二、刀具磨损的三个阶段

1. 初期磨损阶段

如图 3-16,磨损过程较快,时间短,这是由于新刃磨的刀具表面有高低微观不平,造成尖峰很快被磨损。

2. 正常磨损阶段

刀具表面经过初期磨损,表面变得光洁,摩擦力减少,使磨损速度减慢,刀具的磨损量基本与时间成正比。

3. 剧烈磨损阶段

刀具经正常磨损后,切削刃已变钝,切削力、切削温度急剧升高,刀具性能急剧下降,加工质量显著恶化。

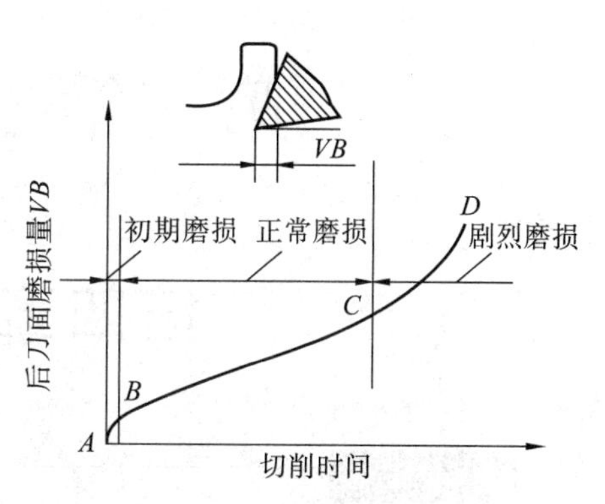

图 3-16　刀具的磨损阶段

在生产中,为合理使用刀具,保证加工质量,刀具磨损应避免到达剧烈磨损阶段,在这个阶段到来之前,就应及时更换刀具(或切削刃)。一般规定,用便于测量的后刀面的磨损量(VB 数值)作为刀具磨钝的标准。

思　考　题

1. 金属切削过程中的切削要素有哪些?各要素对切削过程有何影响?
2. 常用刀具材料有哪些?刀具材料应具备的性能是什么?
3. 刀具切削部分是怎样构成的?各构成部分的意义是什么?
4. 切削过程中的三个变形区是怎样定义的?
5. 简要介绍积屑瘤的形成原因,并说明避免积屑瘤产生的办法。
6. 试述断屑的原因以及影响断屑的因素。
7. 简要介绍切削液的作用、种类及选用方法。

第三篇　机械加工方法

第四章　车 削 加 工

学习目标

1. 了解车床的种类及其附件的安装方法；
2. 熟悉车刀的组成、结构、刃磨和安装方法；
3. 掌握车削加工的一般操作方法；
4. 尽可能掌握典型零件(蜗杆)的车削方法。

第一节　概　　述

一、车削加工的工艺范围和工艺特点

车削加工就是在车床上以工件的旋转运动作主运动，车刀的直线运动作进给运动，切去工件上多余的金属层，以达到图纸要求的一种切削加工。

1. 车削加工的工艺范围

车削加工在机械加工中占有重要的地位，加工的范围很广，它可以车外圆、车端面、车台阶、切槽或切断、钻中心孔、钻孔、铰孔、车内孔、攻螺纹、车螺纹、车圆锥面、车特形面、滚花等，如图 4-1 所示。

如果在车床上安装其他附件和夹具，还可以进行磨削、珩磨、抛光、车多边形等。车床上加工的各种零件具有一个共同的特点——带有回转表面，而这类零件在机器中所占比例是比较大的。

2. 车削加工的工艺特点

(1) 车削属于等截面(即切削宽度、切削厚度均不变，其中，粗车时毛坯余量的不均匀可忽略不计)的连续切削，因此切削过程平稳，具备了高速切削和强力切削的重要条件，生产效率较高。

(2) 车削加工应用范围广泛，能很好地适应工件材料、结构、精度、表面粗糙度及生产批量

的变化。既可车削各种钢材、铸件等金属,又可车削玻璃钢、尼龙、胶木等非金属。对不易进行磨削的有色金属零件的精加工,可采用金刚石车刀进行精细车削来完成。

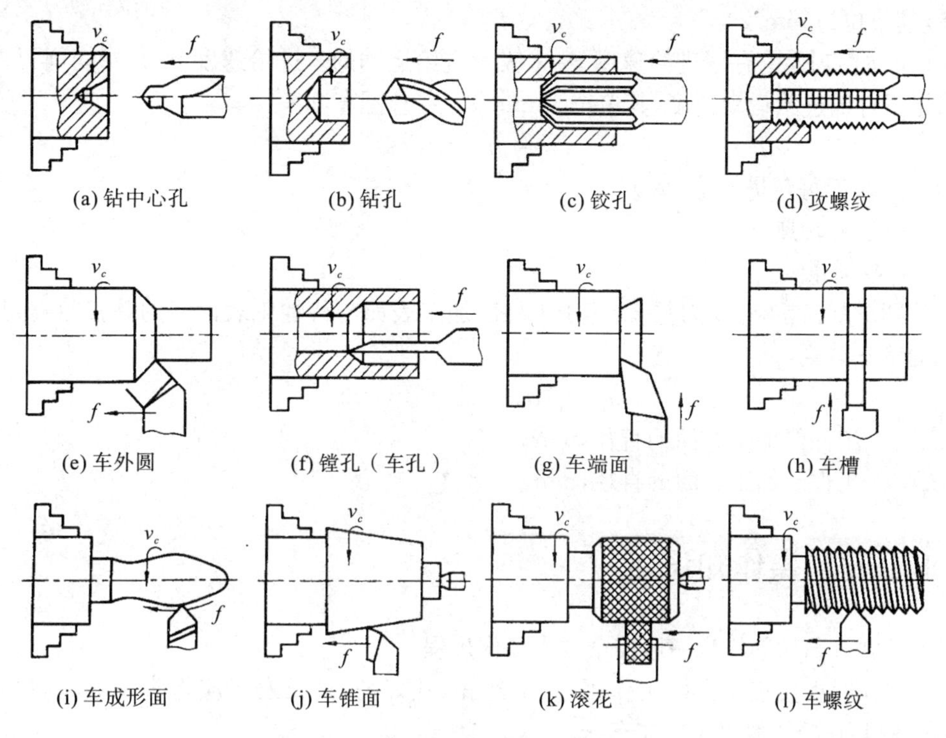

图 4-1　车床上所能完成的主要工作

(3) 车刀一般为单刃刀具,其结构简单、制造容易、刃磨方便、装夹迅速。同时,便于根据加工要求选择刀具材料和刃磨合理的刀具角度。有利于保证加工质量、提高生产效率和合理降低生产成本。

(4) 在对不易断屑的塑性材料进行切削时,除合理地选择刀具几何角度和切削用量外,还应考虑断屑问题。

(5) 车削加工多用于粗加工或半精加工,其精度范围一般在 IT11～IT6,表面粗糙度值 R_a 可达 12.5～0.8μm。在精密级和高精密车床上利用合适的刀具还可完成高精度零件(如计算机磁盘的盘基)的超精密加工。

二、切削用量

切削用量是切削速度、进给量和背吃刀量三者的总称。

(1) 切削速度 v_c

切削加工时,切削刃上选定点相对于工件的主运动速度。切削刃上各点的切削速度可能是不同的。当主运动为旋转运动时,工件或刀具最大直径处的切削速度由下式确定:

$$v_c = \pi dn/1000 \ (\text{m/min})$$

式中:d——完成主运动的工件或刀具的最大直径,mm;

n——主运动的转速,r/min。

(2) 进给量 f

工件或刀具的主运动每转一转或每走一行程时，工件和刀具两者在进给运动方向上的相对位移量。如外圆车削的进给量 f 是工件每转一转时车刀相对于工件在进给运动方向上的位移量，其单位为 mm/r。

在切削加工中，也有用进给速度 v_f 来表示进给运动的。进给速度 v_f 是指切削刃上选定点相对于工件的进给运动速度，其单位为 mm/s。在外圆车削中：

$$v_f = fn \text{ (mm/s)}$$

式中：f——车刀每转进给量，mm/r；

n——工件转速，r/s。

(3) 背吃刀量 a_p

对外圆车削而言，背吃刀量 a_p 等于工件已加工表面与待加工表面间的垂直距离，其中外圆车削的背吃刀量：

$$a_p = (d_w - d_m)/2 \text{ (mm)}$$

式中：d_w——工件待加工表面的直径，mm；

d_m——工件已加工表面的直径，mm。

三、车工安全操作知识

(1) 遵守金属切削机床一般安全技术操作规程。

(2) 工作时要按规定穿好工作服，扣上纽扣，扎好袖口；长发者应将头发盘起，戴上工作帽，并塞进帽内；严禁戴手套操作车床。

(3) 操作时，头部不应与工件靠得太近，以防切屑溅入眼中；当铁屑为崩碎状切屑时，必须戴防护眼镜。装卸工件和换刀时刀架要移开，距卡盘和工件的距离适当。

(4) 开车切削前，工件及刀具装夹不仅要位置正确，还须确保夹牢可靠，夹紧后立即取下扳手。开车前，必须检查并熟悉各手柄位置、作用及操作方法。

(5) 清除切屑应采用专用拉钩，严禁用量具、扳手或徒手直接清除切屑。

(6) 车床开动时，不允许测量工件；停车时不允许用手直接制动卡盘，以免造成伤害。

(7) 严禁开车后变换主轴转速，在 C620 车床上变换主轴速度或测量工件时，必须关闭主电机电源；在 C616 或 C6132 机床上变换主轴速度或测量工件时，必须将离合器手柄打在空挡位置。

(8) 应按要求选择顶尖，加工细长工件要用中心架或跟刀架。长棒料在床头后面伸出超过 200mm 时，必须加托架，必要时加装防护栏杆，以防甩动发生危险。加工偏心工件时，必须加平衡铁，安装要稳固可靠，刹车不能过猛。

(9) 攻丝或套扣必须使用专门工具，不准一手扶板牙架，一手开车。

(10) 切大料时不要完全切断，应留有足够的余量卸下来再砸断，以免切断时掉下来伤人。小料切断时不能用手接。

(11) 合理布置工作场地，工具及量具摆放位置适当，毛坯、半成品和成品应分别堆放。

(12) 熟悉车床的润滑部位及润滑加油方法，做好日常保养和定期一级保养。

第二节　车床及其附件

一、车床的种类

车床是用来进行车削加工的机床，它在金属切削机床中所占的比重最大，占金属切削机床总台数的 1/3～1/2。

车床的种类很多，大致可分为卧式车床、立式车床、转塔车床、仿形车床、多刀车床、自动车床、半自动车床、仪表车床、数控车床和车削中心等。其中，CA6140 型卧式车床是加工范围很广的万能性车床，如图 4-2 所示。

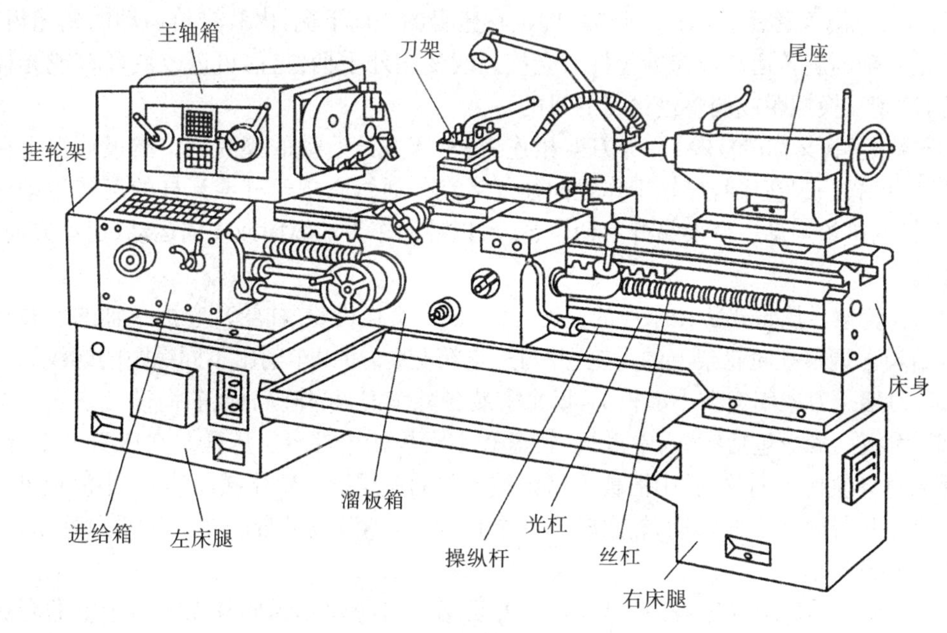

图 4-2　CA6140 型卧式车床

我国机床的型号，是按照 1995 年 8 月实施的 GB/T15375－1994《金属切削机床型号编制方法》编制的。每一台机床的型号都必须反映出机床的类别、结构特性和主要技术参数等。通用机床的类代号见表 4-1。

表 4-1　通用机床的类代号

类别	车床	钻床	镗床	磨床			齿轮加工机床	螺纹加工机床	铣床	刨插床	拉床	特种加工机床	锯床	其他机床
代号	C	Z	T	M	2M	3M	Y	S	X	B	L	D	G	Q
读音	车	钻	镗	磨	二磨	三磨	牙	丝	铣	刨	拉	电	割	其

如:CA6140 型卧式车床中的代号和数字的含义为:

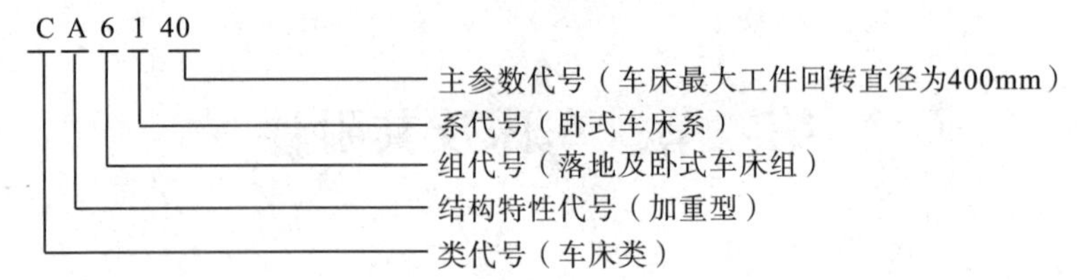

二、CA6140 型卧式车床组成部分及主要技术参数

1. 主要部件及功用

(1) 主轴箱(又称床头箱)。主轴箱固定在床身的左上部,内装主轴及部分变速齿轮,它将电动机的旋转运动传递给主轴,并通过夹具带动工件一起旋转。改变箱外手柄位置,可使主轴得到正、反转不同的多种转速。

(2) 进给箱(又称走刀箱)。进给箱固定在床身的左前下侧,内装进给运动的变速齿轮,通过挂轮把主轴的旋转运动传递给丝杠或光杠。改变箱外手柄位置,可以改变丝杠或光杠的转速,进而达到变换螺距或调整进给量的目的。

(3) 溜板箱(又称滑板箱)。与刀架相连,是车床进给运动的操纵箱。溜板箱固定在床鞍的前侧,随床鞍一起在床身导轨上作纵向往复运动。通过它把丝杠或光杠的旋转运动变为床鞍、中滑板的进给运动。变换箱外手柄位置,可以控制车刀的纵向或横向运动(运动方向、启动或停止)。

(4) 挂轮架。挂轮架装在床身的左侧,其上装有交换齿轮(挂轮),它把主轴的旋转运动传递给进给箱。调整挂轮轮架上的齿轮,并与进给箱配合,可以车削出不同螺距的螺纹。

(5) 刀架。刀架固定在小滑板上,用来安装各种车刀,可作纵、横、斜向进给。

(6) 滑板。滑板包括床鞍、中滑板、转盘和小滑板四个部分。床鞍装在床身外组导轨上,并可沿床身导轨作纵向移动;中滑板可沿床鞍上部的燕尾形导轨作横向移动;小滑板可沿转盘上部的燕尾形导轨作纵向移动;转盘转动一个角度后,小滑板可带动车刀作斜向移动,用以车削较短的外圆锥面。

(7) 尾座。尾座装在床身内组导轨上,并可沿床身导轨作纵向移动。尾座上的套筒锥孔内可安装顶尖、钻头、铰刀、丝锥等刀、辅具,用来支承工件钻孔、铰孔、攻螺纹等。

(8) 床身。床身是车床的基础零件,它固定在左、右床腿上,用来支承车床上的各主要部件,并使它们在工作时保持准确的相对位置。床身上的两组导轨为床鞍和尾座的纵向移动提供准确的导向。

(9) 丝杠。丝杠主要将进给运动传给溜板箱,完成螺纹车削。它是车床上主要的精密件之一,为长期保持丝杠的精度,一般不用丝杠作自动进给。

(10) 光杠。光杠将进给箱的运动传递给溜板箱,实现床鞍、中滑板的纵向、横向自动进给。

(11) 操纵杆。操纵杆是车床的控制机构的主要零件之一。在操纵杆的左端和溜板箱的右侧分别装有一个操纵手柄,操作者可以方便地操纵手柄以控制车床主轴的正转、反转或停车。

概括起来就是:三箱三杠(杆)两架,一板一座一身。

2. 主要技术参数

床身上最大工件回转直径(主参数,mm)	400
刀架上最大工件回转直径(mm)	200
最大棒料直径(mm)	∅47
最大工件长度(第二主参数,mm)	750,1000,1500,2000
最大加工长度(mm)	650,900,1400,1900
主轴转速范围(r/min)	正转 24 级:10～1400
	反转 12 级:14～1580
进给量范围(mm/r)	纵向 64 级:0.028～6.33
	横向 64 级:0.014～3.165
标准螺纹加工范围(44 种)	米制 $t=1\sim192$mm
	英制 $\alpha=2\sim24$ 牙/in
模数螺纹(39 种)	$m=0.25\sim48$mm
径节螺纹(37 种)	$D_P=1\sim96$ 牙/m
主电动机功率	7.5kW,2800r/min
快速移动电机	0.25kW,2800r/min
工作精度	圆度 0.01mm,精车平面平面度 0.02/400mm,
	表面粗糙度 2.5～1.25μm

3. CA6140 型卧式车床传动系统

车床传动系统包括主运动传动链和进给运动传动链两部分。其传动系统图及说明见本章后的附录。机床传动系统图能清晰地表示机床传动系统中各个零件及其相互连接关系,是分析机床运动、计算机床转速和进给量的重要工具,为简单表达其传动关系用传动系统框图表示,如图4-3。

为安全起见,在机床内设置互锁机构,保证在同一时间内三种传动路线:纵向进给、横向进给及车螺纹只能接通一种。

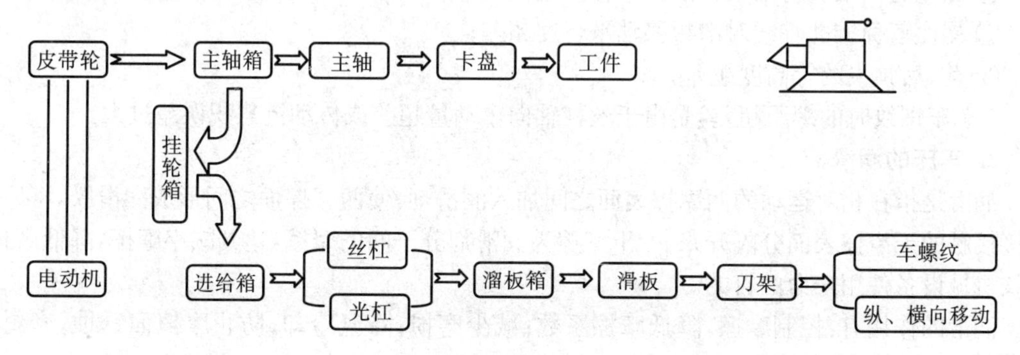

图 4-3　车床的传动系统框图

三、普通车床的精度及一级保养

1. 车床精度对加工质量的影响

机床精度包括静态精度和工作精度两种。

静态精度是指在未承受工作负荷的条件下以及机床不运动或很低速度运动的情况下，测得的机床原始精度。它包括机床的几何精度、传动精度、定位精度等方面。几何精度是指机床在静态条件下某些基础零部件工作面的几何形状精度、运动部件的运动轨迹精度和部件之间及相对运动轨迹精度等。它是评定机床精度的主要标准。

工作精度是指机床工作状态下的精度，是机床在运动状态和切削力作用下的精度，它是以机床加工出的工件精度高低来考核的。卧式车床的工作精度有：精车外圆时的圆度、圆柱度、表面粗糙度；精车平面时的平面度、表面粗糙度；精车螺纹时的螺距误差等。

车削时，工件加工误差由车床精度误差引起的原因主要有以下 7 种。

(1) 工件圆度超差，原因是车床主轴前、后轴承间隙过大或主轴轴颈圆度超差。

(2) 工件圆柱度超差，原因是车床主轴轴线与滑板移动平行度超差或导轨严重磨损。

(3) 工件母线的直线度超差，原因是车床导轨不直或严重磨损，滑板移动的直线度超差；若用小滑板车外圆，是由于小滑板导轨不直使小滑板移动的直线度超差；若采用两顶尖车削外圆时，其原因是前、后顶尖等高度超差。

(4) 工件表面有振纹，原因有 3 种：

① 主轴轴承磨损或间隙过大。

② 大、中、小滑板间隙某一处过大。

③ 主轴窜动量超差。

(5) 车平面时，平面度超差，其原因是主轴箱主轴轴线对中滑板移动的垂直度超差或主轴轴向窜动超差。

(6) 车床上钻、扩、铰孔时，产生锥度或孔径扩大，其原因有 3 种：

① 尾座套筒轴线对滑板移动的平行度超差；

② 尾座套筒锥孔轴线对滑板移动平行度超差；

③ 前、后顶尖的等高度超差。

(7) 车螺纹时的螺距超差，是由于丝杠轴向窜动量超差或传动链累积误差过大。

2. 车床的润滑

润滑是指在相对运动的两摩擦表面之间加入润滑剂，使两摩擦面之间形成润滑膜，将原来直接接触的干摩擦表面分隔开来，变干摩擦为润滑剂分子间的摩擦，达到减小摩擦，降低磨损、延长机械设备使用寿命的目的。

润滑的作用有：控制摩擦，降低摩擦系数；减少磨损；降温冷却；防止摩擦面锈蚀；密封作用；传递动力和减振作用等。

为保证车床的加工精度需要对车床所有的有相对运动或外露滑动的零部件进行保养和润滑。车床上常用的润滑方式有以下几种：

(1) 浇油润滑。车床外露的滑动表面，如床身导轨面，中、小滑板导轨面等，擦净后用油壶或油枪加油润滑。

(2) 溅油润滑。车床各箱体内的零件，一般是利用甩油盘或齿轮的转动把润滑油蘸起并飞溅至各处实现润滑。

(3) 油绳润滑。将绒线浸在油槽内，利用毛细管作用把油引到所需润滑的部位。如车床进给箱润滑，图 4-4(a)所示。

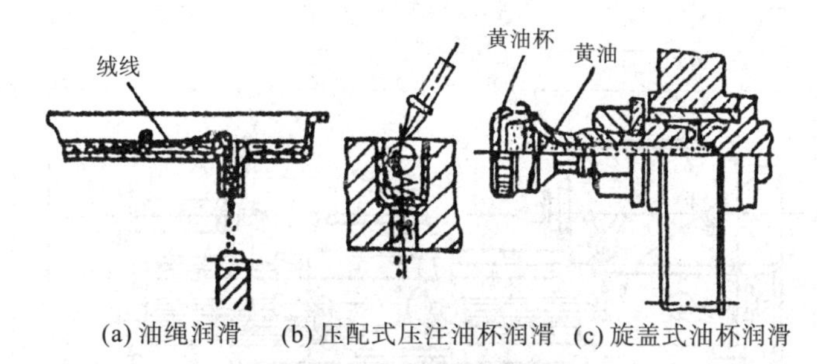

(a) 油绳润滑　(b) 压配式压注油杯润滑　(c) 旋盖式油杯润滑

图 4-4　润滑的几种方式

(4) 压配式压注油杯(弹子油杯)润滑。尾座和中滑板、小刀架的进给丝杠轴承处，一般采用压配式压注油杯(弹子油杯)润滑。如图 4-4(b)所示，用手推式油枪的油嘴把油杯的钢珠压下后，手推油枪筒身，润滑油在一定的压力下射入油杯。

(5) 旋盖式油杯润滑。交换齿轮架的中间齿轮采用润滑脂润滑，如图 4-4(c)所示，先在黄油杯中装满工业润滑脂，旋转油杯盖，润滑脂就会被挤入轴承套内。

(6) 油泵循环润滑。它是依靠车床内的油泵供应充足的油量来润滑的。车床主轴箱内有一个单柱塞泵，在车床运转时依靠杠杆上的打油轴承压缩柱塞泵，将主轴箱油池内的润滑油抽上来，润滑主轴轴承、摩擦离合器等润滑点，润滑油从润滑部位又流回主轴箱底的油池，形成循环润滑。CA6140 型卧式车床润滑系统位置示意如图 4-5 所示。

3. 普通车床的一级保养

一般情况下，车床正常运转 500 小时后，按规定需进行一级保养。一级保养工作以操作者为主，维修人员配合进行。保养时必须先切断电源，然后按如下要求和顺序进行：

(1) 主轴箱的清洗

① 清洗滤油器和油箱，使其无杂物；

② 检查主轴和螺母有无松动；

③ 紧固螺钉应锁紧；

④ 调整摩擦片间隙及制动器。

(2) 挂轮箱清洗

① 清洗齿轮、轴套，注入新油脂；

② 调整齿轮啮合间隙；

③ 检查轴与套磨损情况。

(3) 进给传动部件清洗

① 清洗刀架；

② 清洗长丝杠、光杠和操纵杠；

③ 清洗中、小滑板塞铁和丝杠螺母，并调整其间隙。

(4) 尾座清洗

清洗尾座，保持内外配合面光滑清洁。

(5) 润滑系统清洗

① 清洗冷却泵、滤油器、盛液盘、油绒绳、油毡,保证油孔、油路清洁畅通;

② 检查油质状况,油杯配齐全,油窗要明亮。

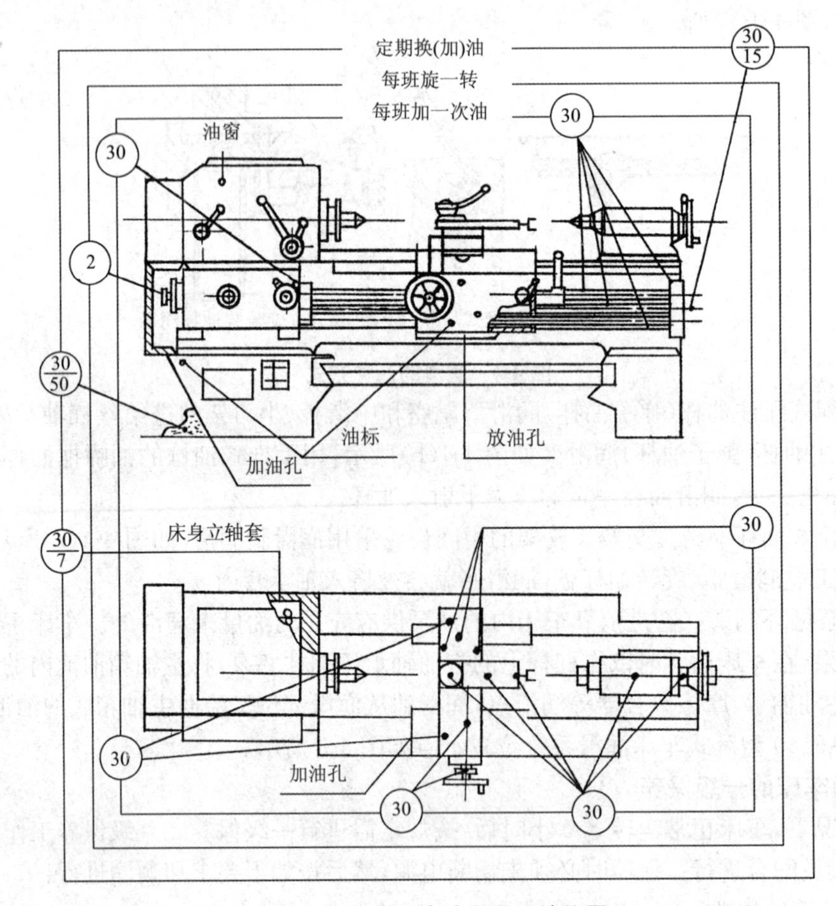

图 4-5 CA6140 车床润滑系统位置

(6) 电器装置清扫

清扫电动机和电器箱。电器装置各部件应紧固,并清洁整齐。

(7) 外保养

① 清洁机床外表及各罩盖,要求内外清洁,无锈蚀,无油污;

② 检查并补齐螺钉、手柄等;

③ 清洗机床附件。

四、车床附件

在安装工件时,应使工件相对于车床主轴轴线有一个确定的位置,并能使工件在受到外力(如重力、切削力和离心力等)的作用时,仍能保持其既定位置不变。为了便于安装形状各异、大小不同的工件,车床上常备有卡盘、花盘、顶尖、中心架、跟刀架等附件。

1. 卡盘

卡盘在主轴前端,形式有三爪自定心卡盘和四爪单动卡盘两种。

(1) 三爪自定心卡盘

① 三爪自定心卡盘的构造

三爪自定心卡盘的构造如图 4-6 所示。卡盘体 1 内装有三个小锥齿轮 2,转动其中任何一个小锥齿轮都可以使与它啮合的大锥齿轮 3 旋转。大锥齿轮背面的平面螺纹与三个卡爪背面的平面螺纹相啮合。当大锥齿轮旋转时,三个卡爪就在卡盘体的径向槽内同步地向心或离心移动,以夹紧工件或松开工件。卡爪一般采用淬硬钢,可分离的卡爪亦可将卡爪上部分用软钢制成。三爪自定心卡盘能自动定心,装夹工件后一般不需找正。由于制造精度和使用中安装及磨损的影响以及铁屑堵塞等原因,三爪自定心卡盘的定心精度(即定位表面的轴线与机床回转轴线的同轴度)为 0.05～0.15mm。

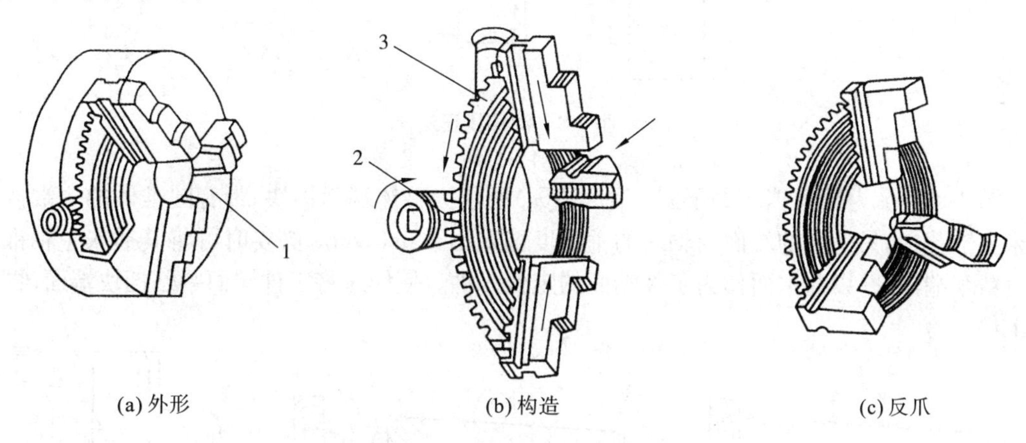

图 4-6 三爪定心卡盘的构造

1. 卡盘体 2. 小锥齿轮 3. 大锥齿轮

② 三爪自定心卡盘的应用

三爪自定心卡盘的夹紧力较小,一般仅适用于夹持表面光滑的圆柱形、六角形截面的工件。三爪自定心卡盘装夹工件的形式,如图 4-7(a)所示,它夹持圆棒料比较牢固,一般无需找正。利用卡爪反撑内孔(图 4-7(b))以及利用反爪夹持大工件外圆(图 4-7(e)),一般应使端面贴紧卡爪端面。当夹持外圆而左端又不能贴紧卡爪时(图 4-7(d)),应对工件进行找正,用锤轻击,直至工件径向圆跳动和端面圆跳动符合要求时,再夹紧工件。

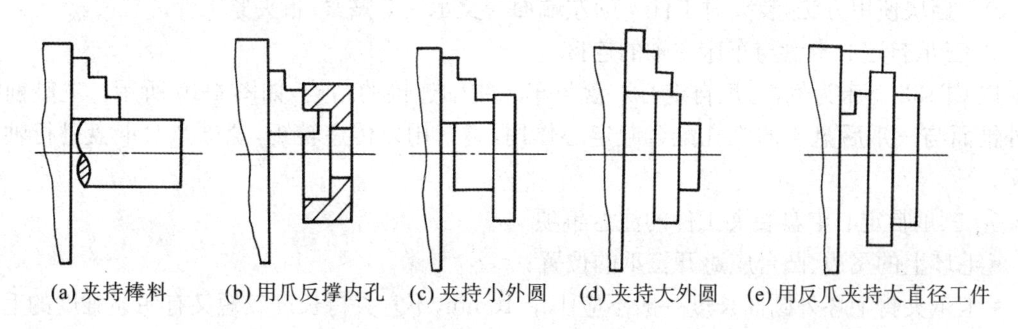

图 4-7 三爪自定心卡盘装夹工件的形式

已粗车过端面和外圆的工件夹紧时,可采用如图 4-8 所示的方法找正。在刀架上夹一铜棒(或铝棒等软金属),将工件轻轻夹持在三爪自定心卡盘上,开动车床低速旋转,使铜棒接触工件端面或外圆,并略加压力,使工件表面与铜棒完全接触为止,停车后再夹紧工件。

零件数量较多时，为了减少找正时间，可在工件与卡盘之间加一平行垫块。加工盘形或套类零件时，在车削一端面或内孔之后车削另一端面时，为了保证两端面的平行度要求或内孔与端面的垂直度要求，可采用端面挡块找正法。

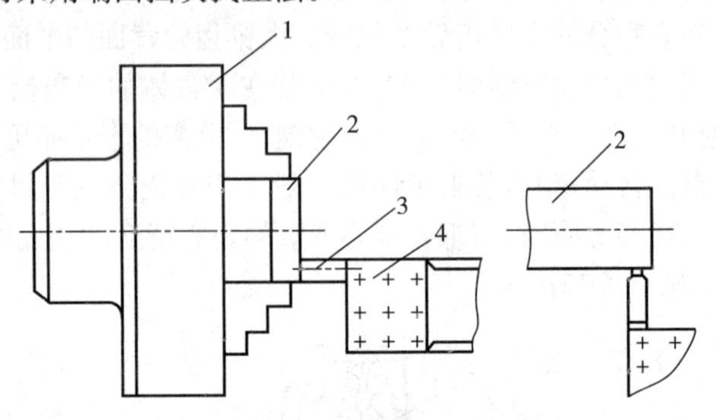

图 4-8　铜棒找正法

1. 卡盘　2. 工件　3. 铜棒　4. 刀架

图 4-9 所示为端面挡块的形式。图 4-9(a)所示为整体端面挡块，带有圆锥体的一端插入车床主轴孔中，另一端的端面与轴线的垂直度偏差小于 0.01mm，必要时可将其插入主轴锥孔之后精车端面，并以此端面作为工件端面的定位元件。使用时将工件端面紧贴挡块端面，再夹紧工件。

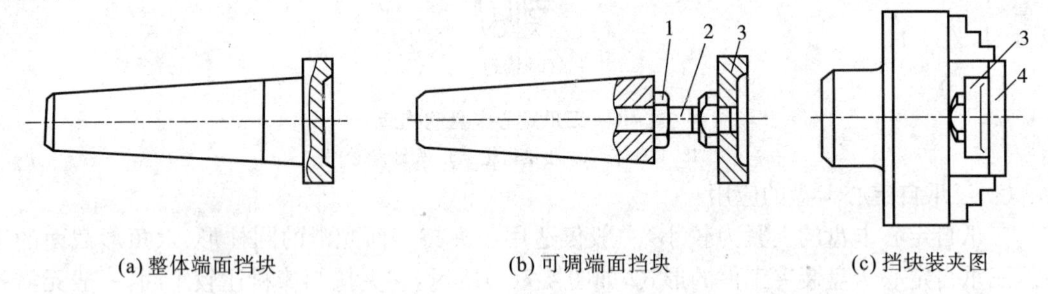

(a) 整体端面挡块　(b) 可调端面挡块　(c) 挡块装夹图

图 4-9　端面挡块

1. 螺母　2. 螺杆　3. 支承块　4. 工件

图 4-9(b)为可调的端面挡块结构，其特点是支承块 3 的位置可根据需要进行调整。图 4-9(c)为挡块使用方法，装夹时工件 4 的左端面与支承块 3 贴紧，再夹紧工件。

③ 三爪自定心卡盘与车床主轴的连接

以 C6132 车床为例，三爪自定心卡盘与车床主轴连接的结构，如图 4-10 所示。主轴前端的外锥面与三爪后盘 4 的锥孔配合起定心作用，键 3 用以传递转矩，螺母 2 对卡盘进行轴向锁紧。

④ 三爪自定心卡盘装夹工件的注意事项

• 毛坯上的飞边、凸台应避开三爪的位置；

• 卡爪夹持毛坯外圆面长度一般不应小于 10mm，不宜夹持长度较短又有明显锥度的毛坯外圆；

• 工件找正后必须夹牢；

• 夹持棒料或圆筒工件，悬伸长度一般不宜超过直径的 3 倍，以防止工件弯曲、顶落而造成打刀事故；

• 工件装夹后，卡盘扳手必须随即取下，以防开车后扳手撞击床面后飞出，造成人身事故。

(2) 四爪单动卡盘

① 四爪单动卡盘的结构

四爪单动卡盘的外形如图 4-11 所示。卡盘体上有四条径向槽，四个卡爪安置在槽内，卡爪背面以螺纹与螺杆相配合。螺杆端部设有一方孔，当用卡盘扳手转动某一螺杆时，相应的卡爪即可移动。将卡爪调转 180°安装即成反爪，也可根据需要使用一个或两个反爪，而其余的仍用正爪。

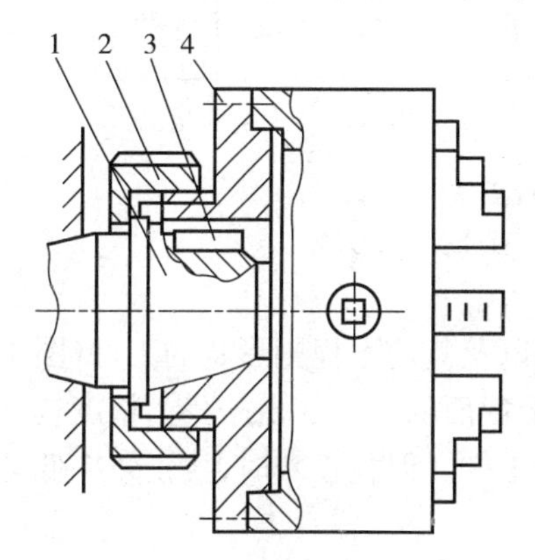

图 4-10　三爪自定心卡盘与车床主轴连接的结构

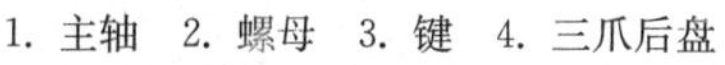
1. 主轴　2. 螺母　3. 键　4. 三爪后盘

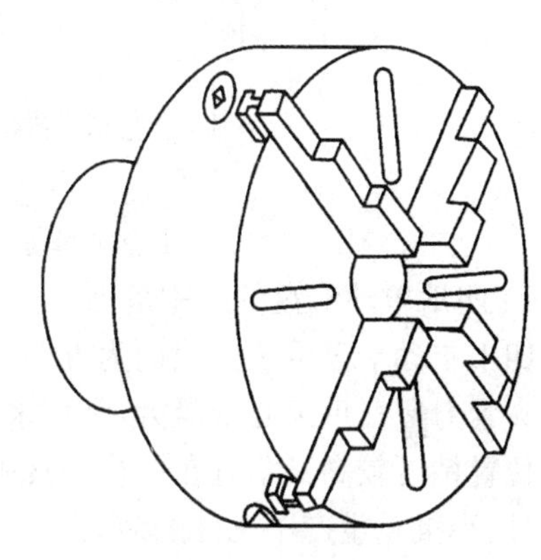

图 4-11　四爪单动卡盘

② 四爪单动卡盘的应用

四爪单动卡盘不能自动定心，用其装夹工件时，为了使定位基面的轴线对准主轴旋转中心线，必须进行找正。找正精度取决于找正工具和找正方法。

用划线盘按工件内、外圆找正(图 4-12(a))，按工件已划的加工线找正(图 4-12(b))，这两种方法的定心精度较低，为 0.2～0.5mm。

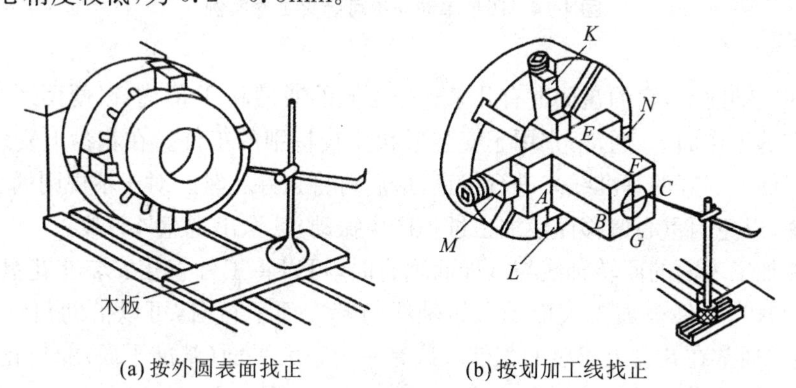

(a) 按外圆表面找正　　(b) 按划加工线找正

图 4-12　划线盘找正工件

用百分表按工件已精加工过的表面找正(图 4-13)，其定心精度可达 0.02～0.01mm。用百分表找正轴类工件时(图 4-13(a))，先找靠卡盘一端的外圆表面，旋转卡盘及调整卡爪，使百分表读数在 0.02mm 之内；然后移动床鞍，将百分表移至工件另一端，再旋转卡盘并用铜棒敲动此端的外表面，使百分表读数在 0.02mm 之内；最后，再找靠卡盘一端的外圆表面和另一端的外圆表面，经过反复多次找正，直至符合要求为止。

图 4-13(b)是用百分表找正盘类工件端面圆跳动的情况。找正时,百分表指针的压入量一般在 0.5mm 内,否则会影响灵敏度,降低找正精度。

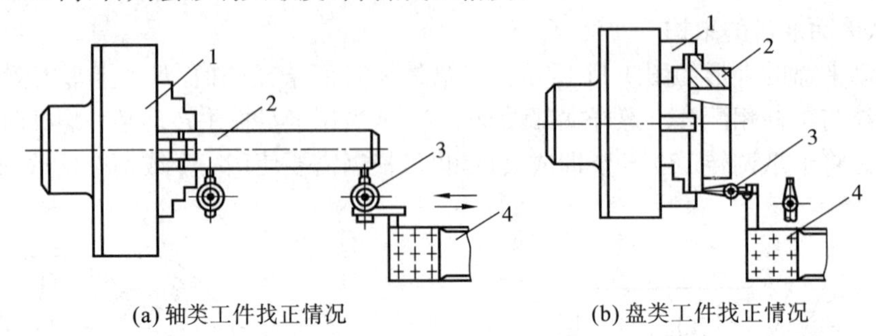

(a) 轴类工件找正情况　　(b) 盘类工件找正情况

图 4-13　百分表找正法

1. 四爪单动卡盘　2. 工件　3. 百分表　4. 刀架

③ 四爪单动卡盘的适用范围

四爪单动卡盘可装夹截面为方形、长方形、椭圆以及其他不规则形状的工件(图 4-14)。由于其夹紧力比三爪定心卡盘大,常用来安装较大圆形截面的工件。由于找正精度较高,常用来装夹位置精度较高又不宜在一次装夹中完成加工的工件。但找正费时,找正效率低,因而只适宜单件、小批量生产中工件的装夹。

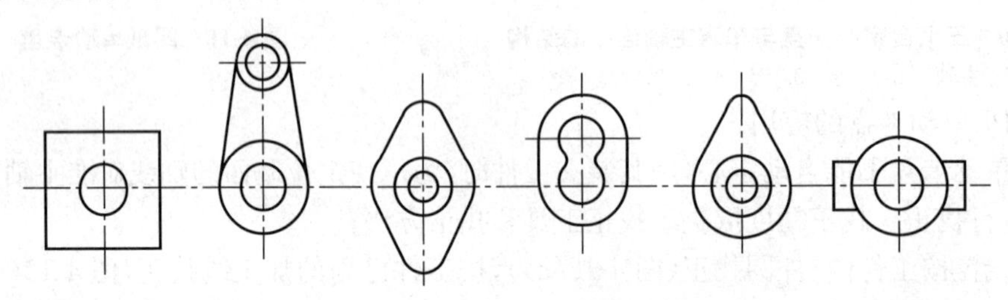

图 4-14　四爪单动卡盘可装夹工件实例

2. 花盘

花盘装在主轴前端,它的盘面上有几条长短不同的通槽和 T 形槽,以便用螺栓、压板等将工件压紧在它的工作面上,通常,它用于安装形状比较特别的工件。在花盘上安装工件时,应根据预先在工件上划好的基准线来进行找正,最后再将工件压紧。对于不规则的工件,应加平衡块予以平衡,以免因重心偏移而使加工过程产生振动,甚至出现意外事故。

当工件被加工表面的回转轴线与基准面垂直时,可以将工件直接安装在花盘的工作平面上(图 4-15(a));当工件被加工表面的回转轴线与基准面平行时,可以借助角铁来固定工件(图 4-15(b))。通常在花盘上安装的工件应该有一个较大平面(基准平面)能与花盘或角铁的工作平面贴合或间接贴合。

3. 顶尖、拨盘和鸡心夹头

顶尖有前顶尖和后顶尖之分。顶尖的锥角一般都为 60°,顶尖的作用就是确定中心,并承受工件的重力和切削力。

前顶尖通常装在一个专用标准锥套内,再将锥套插入车床主轴锥孔中(图 4-16(a)),也可以将一段钢料直接夹在三爪自定心卡盘上车出锥角来代替前顶尖(图 4-16(b)),这样的前顶尖准确、方便,但从卡盘上卸下来后,再次使用时必须重车一刀,以保证顶尖锥面的轴线与车床主轴的旋转轴线重合。

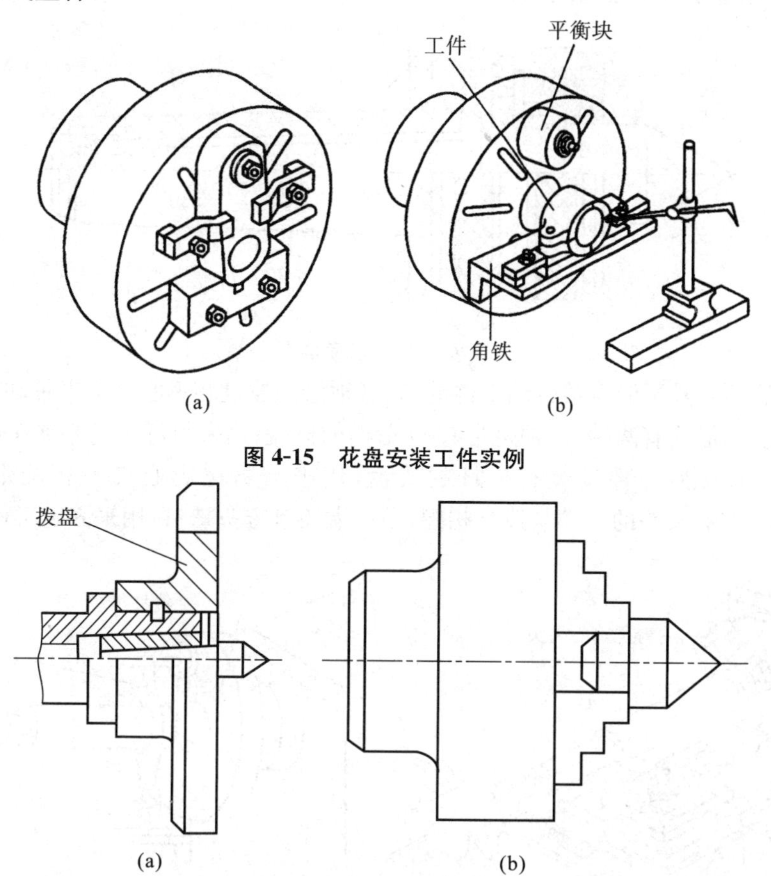

图 4-15　花盘安装工件实例

图 4-16　前顶尖

后顶尖是插在车床尾座套筒内使用的。后顶尖有死顶尖和活顶尖两种。死顶尖常用的有普通顶尖、镶硬质合金顶尖和反顶尖等(图 4-17)。死顶尖的定心精度高、刚性好。但由于顶尖与工件中心孔之间相对运动产生的剧烈摩擦易导致顶尖严重磨损,甚至“烧”坏,所以,常用镶硬质合金的顶尖或对工件中心孔进行研磨,以减小摩擦。死顶尖一般用于工件精度要求较高,低速加工的场合。

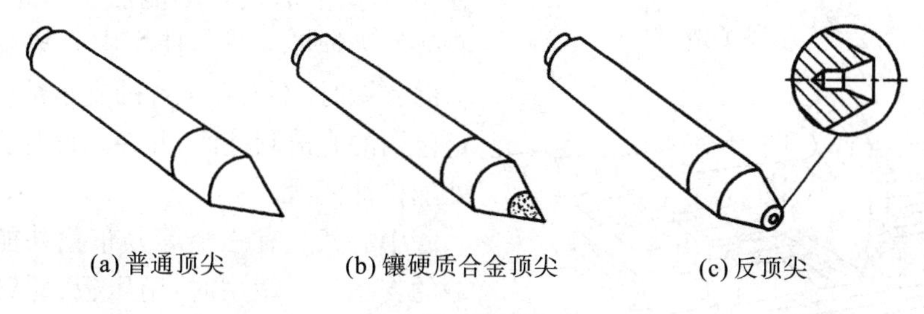

(a) 普通顶尖　(b) 镶硬质合金顶尖　(c) 反顶尖

图 4-17　死顶尖

活顶尖内部装有滚动轴承,转动灵活(图 4-18)。顶尖与工件一起转动,没有摩擦,避免了顶尖和工件中心孔的磨损,能承受较高转速下的加工,但支承刚性较差,且存在累积误差,使用一段时间后,这种误差将随着活顶尖内部各零件的磨损逐渐加重而日益增大。所以,活顶尖适宜于工件加工精度要求不太高的场合。

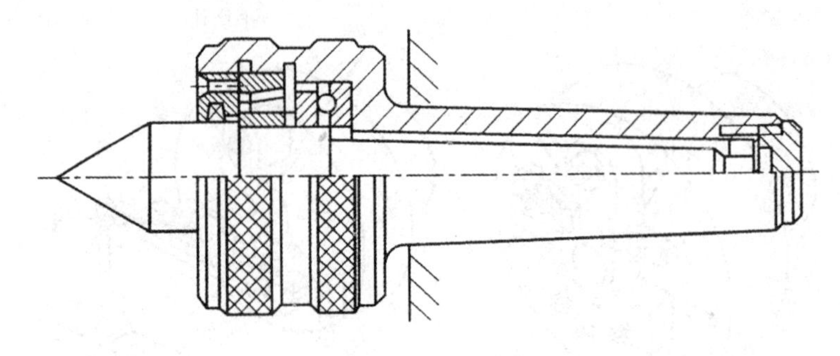

图 4-18　活顶尖

一般前、后顶尖是不能直接带动工件的，它必须借助拨盘和鸡心夹头来带动旋转。拨盘装在车床主轴上，其形式有两种：一种是带有 U 形槽的拨盘，用来与弯尾鸡心夹头相配带动工件旋转(图 4-19(a))；另一种是装有拨杆的拨盘，用来与直尾鸡心夹头相配带动工件旋转(图 4-19(b))。鸡心夹头的一端与拨盘相配，另一端装有方头螺钉，用来固定工件。

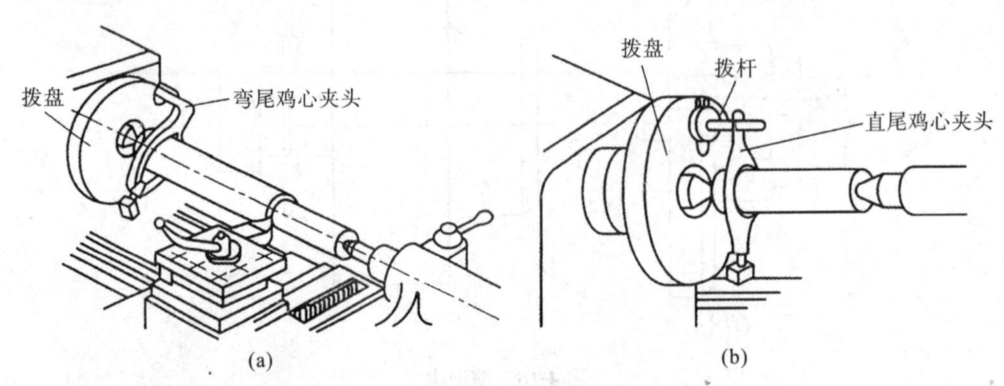

图 4-19　用鸡心夹头装夹工件

4. 中心架与跟刀架

轴类零件长度与直径之比(L/d)大于 20 时，即为细长轴。加工细长轴时，为了防止其弯曲变形，必须使用中心架或跟刀架作为辅助支承。较长的轴类零件在车端面、钻孔或车孔时，无法使用后顶尖，如果单独依靠卡盘安装，势必会因工件悬伸过长而产生弯曲，安装刚性很差，容易引起振动，甚至不能加工。此时，必须用中心架作为辅助支承。使用中心架或跟刀架作为辅助支承时，都要在工件的支承部位预先车削出定位用的光滑圆柱面，并在工件与支承爪的接触处加机油润滑。

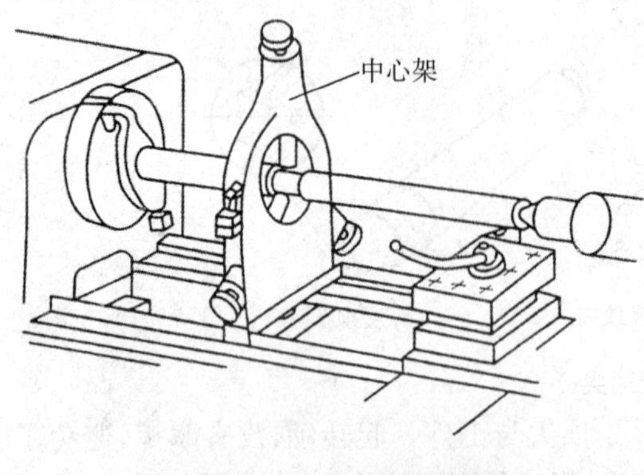

图 4-20　中心架的应用

中心架上有三个等分布置并能单独调节伸缩的支承爪。使用时，用压板、螺钉将中心架固定在床身导轨上，调节支承爪，使工件轴线与主轴轴线重合，且支承爪与工件表面的接触应松紧适当，如图 4-20 所示。

跟刀架上一般有两个单独调节伸缩的支承

爪，它们分别安装在工件的上面和车刀的对面，如图 4-21(a)所示。加工时，跟刀架的底座用螺钉固定在床鞍的侧面，并与车刀一起随床鞍作纵向移动。每次走刀前应先调整支承爪的高度，使之与已车的小圆柱面重新保持松紧适当的接触。这种跟刀架由于只有两个支承爪，所以安装刚性差，加工精度低，不适宜高速切削。另外还有一种具有三个支承爪的跟刀架(图 4-21(b))，它的安装刚性较好，加工精度较高，并能适用于高速切削。

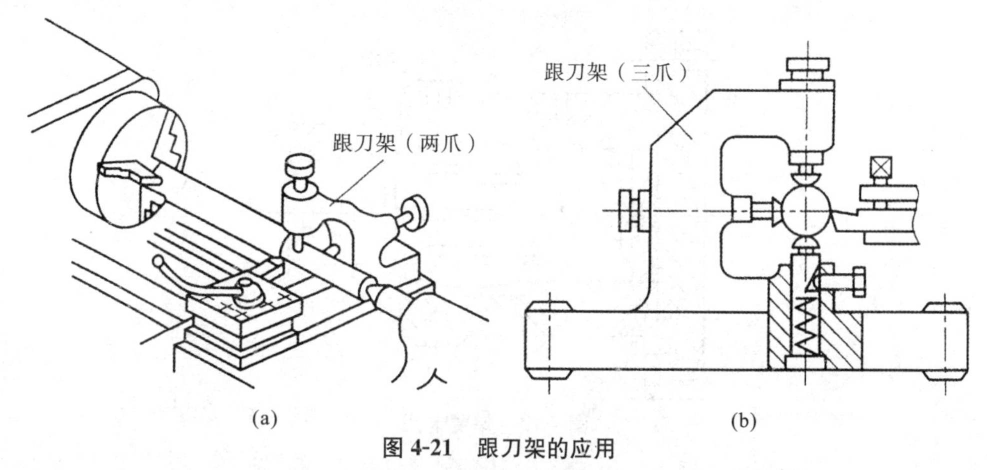

图 4-21　跟刀架的应用

使用中心架或跟刀架时，必须先调整尾座套筒轴线与主轴轴线的同轴度。就定位精度而言，中心架要高于跟刀架；就一次车削长度而言，跟刀架要好于中心架。

5. 心轴与弹簧卡头

工件的内外圆表面的位置精度要求较高时，采用夹紧心轴。心轴可以分为实心心轴和胀套心轴两类，而实心心轴又分为圆柱形、圆锥形等心轴，如图 4-22 所示。

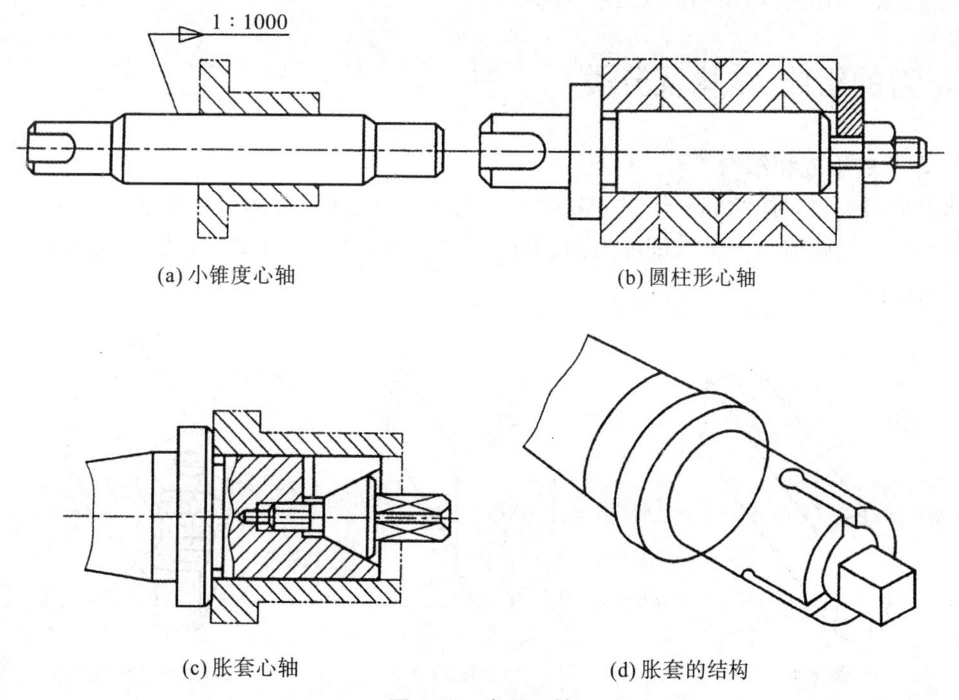

图 4-22　常用心轴

使用心轴装夹工件时，应将工件全部粗车完后，再将内孔精车好，然后以内孔为定位精基准，用心轴装夹来精加工外部各表面。

弹簧卡头主要用于以外圆表面为定位基准的工件的夹紧。此时，常常是工件外圆表面结构简单，而内孔表面结构较复杂的情况（图 4-23）。弹簧套筒在压紧螺母的压力下向中心均匀收缩，使工件获得准确的定位和牢固的夹紧，从而获得较高的位置精度。

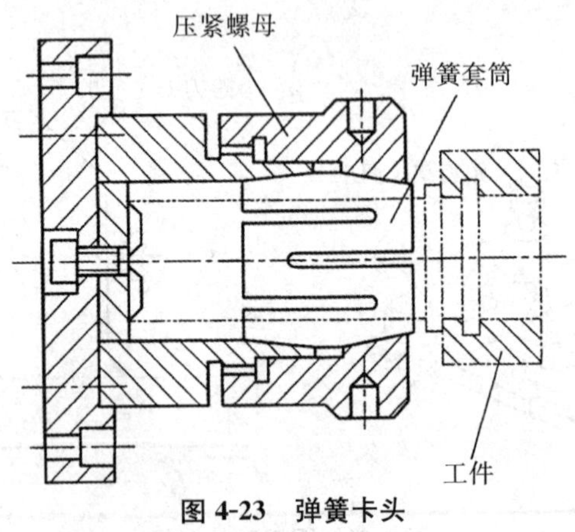

图 4-23　弹簧卡头

第三节　车　　刀

车刀是金属切削加工中应用最为广泛的刀具之一，它直接参与车削加工过程。掌握车刀的组成、特点及刃磨方法是做好车工的基础。

一、车刀的组成、结构及分类

1. 车刀的组成和结构

车刀由刀头和刀体两部分组成。其中刀头承担切削工作，刀体用于安装。刀头概括起来可表述为“三面、两刃和一尖”，即前刀面、主后刀面、副后刀面、主切削刃、副切削刃和刀尖，如图4-24(b)所示。

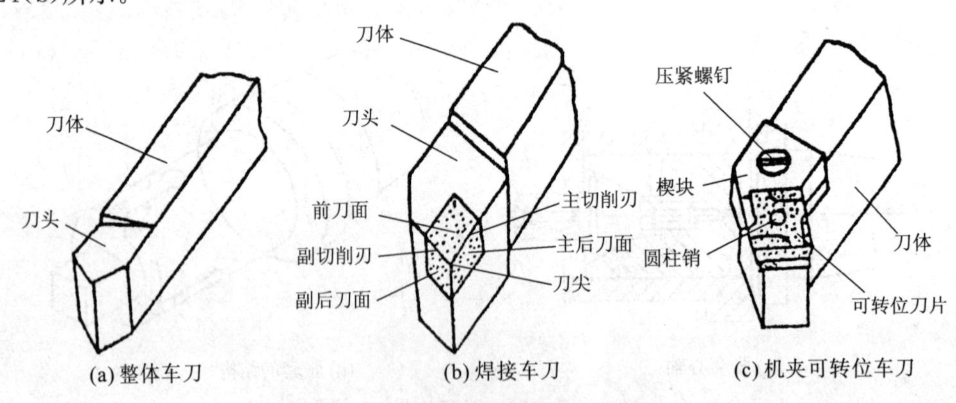

图 4-24　车刀的组成和结构形式

2. 车刀的分类

车刀的种类很多，概括起来有以下几种：

按用途分——外圆车刀、端面车刀、螺纹车刀、成形车刀、切断刀等。

按切削部分的材料分——整体式车刀、焊接车刀和机械夹固式车刀等，如图 4-24 所示。

(1) 整体车刀

其刀头的切削部分参数靠刃磨获得，其刀体多用高速钢锻成，也有用标准高速钢刀条坯制造，一般用于单件生产。

(2) 焊接车刀

将一定形状的硬质合金刀片用黄铜、紫铜或其他特制的焊料焊接在刀头槽部，不同种类的车刀应选用不同规格和材质的刀片，其结构简单、紧凑、刚性好、抗震性好，但因焊接应力集中可能产生裂纹。

(3) 机械夹固式车刀

机械夹固式车刀又可分为机夹可重磨车刀和机夹可转位车刀。

① 机夹可重磨车刀。用机械夹固的方法将普通刀片紧固在相应规格的刀体头部槽中，刀片磨损后可拆下单独刃磨，没有焊接式刀具的焊接应力，避免刀片产生裂纹，刀柄可反复使用，但制造要求高，成本高。

② 机夹可转位车刀。又称机夹不可重磨车刀，是将不同规格和材质的可转位硬质合金刀片，用机械夹固的方法紧固在相应规格的刀体头部槽中。当某刀刃磨损后，只需松卸刀片，转换另一刀刃再紧固，即可使用，其重复定位精度高，因此加工精度高、使用寿命长、效率高。

二、车刀的刃磨

1. 砂轮的选择

常用的磨刀砂轮有两种：一种是氧化铝砂轮(呈白色)，另一种是碳化硅砂轮(呈绿色)。氧化铝砂轮的磨粒韧性好，比较锋利，硬度稍低，用来刃磨高速钢刀具。碳化硅砂轮的磨粒硬度高，切削性能好，但较脆，用来刃磨硬质合金刀具。

目前，较多的工厂还采用人造金刚石砂轮刃磨刀具，这种砂轮的磨粒硬度较高，强度较高，导热性好，自锐性好。除可刃磨硬质合金刀具外，还可磨削玻璃、陶瓷等高硬度材料。

2. 刃磨的步骤和方法

车刀的刃磨有机械刃磨和手工刃磨两种。机械刃磨效率高，质量稳定，操作方便，主要用于刃磨标准刀具。手工刃磨比较灵活，对磨刀设备要求不高，这种刃磨方法在一般工厂较为普遍。对于车工来说，手工刃磨是必须掌握的基本技能。

现以主偏角为 90°的焊接式硬质合金车刀为例，介绍其刃磨的步骤和方法。

(1) 先磨去车刀前面、后面和副后面等处的焊渣，并磨平车刀的底平面。磨削时应采用粗粒度的氧化铝砂轮。

(2) 粗磨后面和副后面的刀杆部分，其后角应比刀片处的后角大 2°～3°，以便刃磨刀片处的后角，仍用氧化铝砂轮磨削。

(3) 粗磨刀片上的后面和副后面，粗磨出来的后角、副后角应比所要求的后角大 2°左右，刃磨方法如图 4-25 所示，刃磨时应采用粗粒度的碳化硅砂轮。

(4) 磨前面,磨出车刀的前角和刃倾角,磨削时应采用碳化硅砂轮。

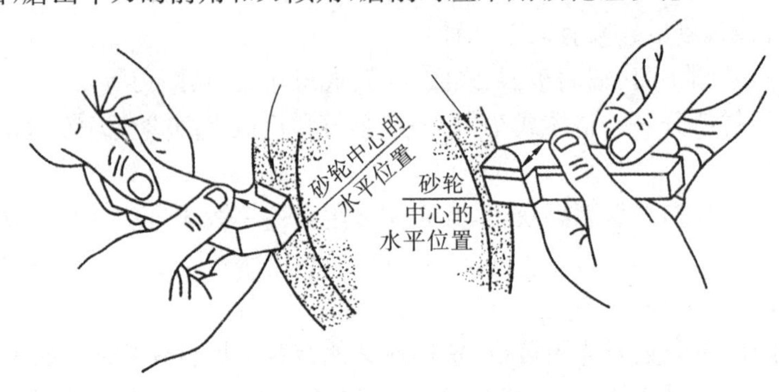

图 4-25 粗磨后面、副后面

(5) 磨断屑槽。为了使断屑容易,通常要在车刀的前面上磨出断屑槽。断屑槽常用的形式有两种,即直线形和圆弧形。刃磨圆弧形断屑槽,必须先把砂轮的外圆与平面的相交处修整成相应的圆弧。刃磨直线形断屑槽,其砂轮的外圆与平面的相交处必须修理得比较尖锐。刃磨时,刀尖可向上或向下磨削(图 4-26)。磨削断屑槽时应注意,刃磨时的起点位置应和刀尖、主切削刃离开一小段距离,以防止将刀尖和切削刃磨坍;磨削时用力不能过大,应将车刀沿刀杆向上下缓慢移动。砂轮同上。

(6) 精磨后面和副后面。将车刀底平面靠在调整好角度的台板上,并使刀刃轻轻靠住砂轮的端面上进行刃磨(图 4-27)。刃磨过程中,车刀应左右缓慢移动,使砂轮磨损均匀。砂轮粒度应选 180 号～220 号的碳化硅砂轮或金刚石砂轮。

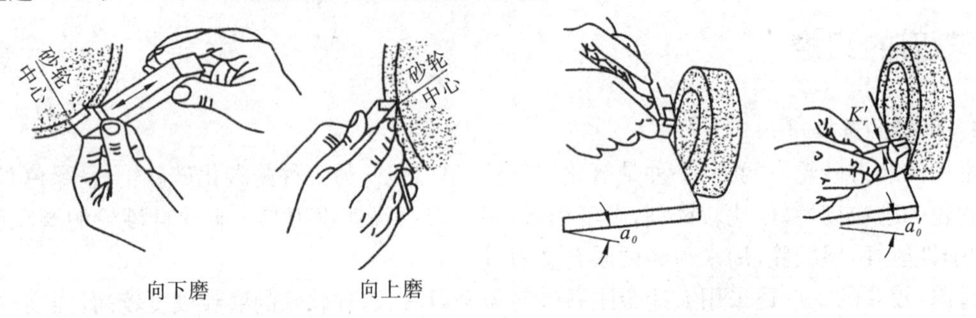

图 4-26 磨断屑槽

图 4-27 精磨后面、副后面

(7) 磨负倒棱。加工钢料的硬质合金车刀一般要磨出负倒棱,其倒棱的宽度 $b_{r1}=(0.5\sim0.8)f$,倒棱前角 $\gamma_{o1}=-5°\sim-10°$。刃磨负倒棱时,用力要轻微,车刀沿主切削刃的后端向刀尖方向摆动。刃磨时,应采用细磨粒的碳化硅砂轮或金刚石砂轮。

(8) 磨过渡刃。过渡刃有直线形和圆弧形两种,刃磨方法与精磨后面时基本相同。对于车削较硬材料的车刀,也可以在过渡刃上磨出负倒棱。对于大进给量车削的车刀,可以用同样的方法在副切削刃上磨出修光刃。采用的砂轮与精磨后面时所用的砂轮相同。

(9) 研磨。对精加工用车刀,为了保证工件表面加工质量,常对车刀进行研磨。研磨时,用油石加些机油,然后在刀刃附近的前面和后面以及刀尖处贴平进行研磨,直到车刀表面光洁,看不出磨削痕迹为止。这样既可使刀刃锋利,又能增加刀具的耐用度。

3. 刃磨刀具时的注意事项

(1) 握刀姿势要正确,手指要稳定,不能抖动。

（2）磨碳素钢、合金钢及高速钢刀具时，要经常浸水冷却，不能让刀头烧红，否则，刀头会失去其硬度。

（3）磨硬质合金刀具时，不要对刀头进行冷却，否则，突然冷却会使刀片碎裂，可将刀体部分入水冷却。

（4）在盘形砂轮上磨刀时，尽量避免使用砂轮的侧面；在杯形砂轮上磨刀时，不准使用砂轮的内圈。

（5）刃磨时，应将刀具往复移动，不要长时间停在砂轮的某一处，否则，会使砂轮表面磨成凹槽，不便于刃磨其他刀具。

4. 刃磨刀具时的安全问题

（1）刃磨时不能用力过大，否则，会使手打滑触及砂轮而受伤。

（2）刃磨时，人应站在砂轮的侧面，不能在砂轮正面，且须戴上防护眼镜，以防飞屑伤眼。

（3）砂轮必须装有防护罩。

（4）砂轮旋转平稳后才能刃磨。

（5）托架与砂轮之间的空隙不能太大（小于3mm），否则，容易使刀具嵌入中间而挤碎砂轮发生危险。

（6）磨刀具的砂轮，不允许磨削其他物件。

（7）禁止两人同时在同一砂轮上刃磨。

三、车刀的安装

车刀的安装正确与否，直接影响到切削能否顺利进行和工件的加工质量。如果车刀安装不正确，即使车刀的各个角度刃磨都是合理的，在切削过程中，其工作角度也会发生改变。所以在安装车刀时，必须遵守以下几点：

（1）车刀悬伸部分要尽量缩短。一般悬伸长度为车刀厚度的1～1.5倍。悬伸过长，车刀切削时刚性差，容易产生振动、弯曲甚至折断，影响加工质量。

（2）车刀一定要夹紧，否则，车刀飞出将造成难以想像的后果，必要时可加套管扳紧。

（3）车刀刀尖一般应与工件旋转轴线等高，否则，将使车刀工作时的前角和后角发生改变（图4-28）。车外圆时，如果车刀刀尖高于工件旋转轴线，则使前角增大，后角减小，从而加剧后面与工件之间的摩擦；如果车刀刀尖低于工件旋转轴线，则使后角增大，前角减小，从而使切削不顺利。在车削内孔时，其角度的变化情况正好与车外圆时相反。

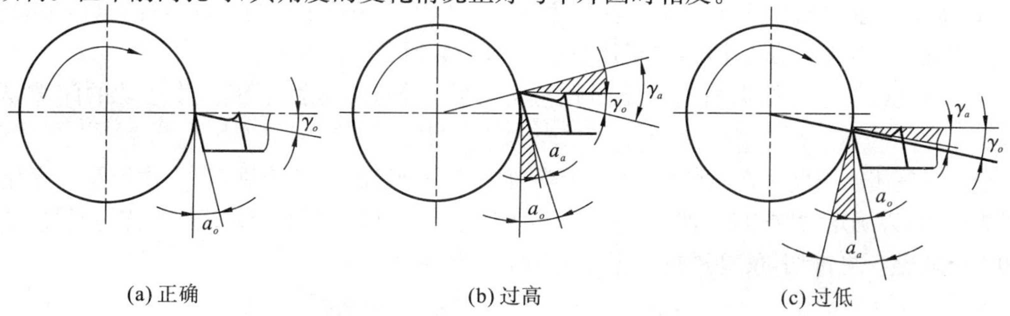

图4-28　装刀位置对前、后角的影响

(4) 车刀刀杆中心线应与进给运动方向垂直(图 4-29(b)),否则将使车刀工作时的主偏角和副偏角发生改变。主偏角减小(图 4-29(c)),进给抗力增大;副偏角减小(图 4-29(a)),加剧摩擦。

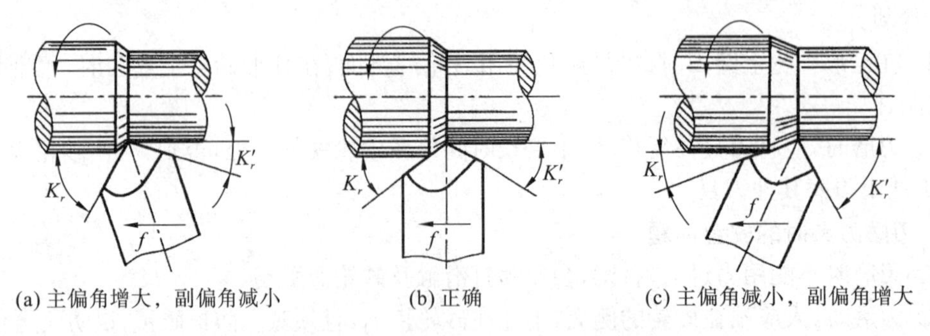

(a) 主偏角增大，副偏角减小　(b) 正确　(c) 主偏角减小，副偏角增大

图 4-29　车刀装偏对主、副偏角的影响

第四节　车削加工方法

车削加工范围非常广泛,主要用于加工各种回转体零件,如:车外圆、车端面、切槽与切断、孔加工、车锥面、车成形面、车螺纹、滚花和盘绕弹簧等。

一、车削步骤

(1) 刀架极限位置检查。刀架用来夹持车刀并使其作纵向、横向或斜向进给运动,滑板与溜板箱相连,带动车刀沿床身导轨作纵向移动。切削之前,检查刀架的极限位置,保证工件在被切削尺寸范围内,车刀切至工件左端极限位置时,卡盘或卡爪不会碰撞刀架或车刀;反向退刀时滑板不与尾座相碰。车刀切至工件小外圆根部时,卡爪撞及小刀架导轨,检查方法是当工件和车刀安装好之后,手摇刀架将车刀移至工件左端应切削的极限位置;用手缓慢转动卡盘,检查卡盘或卡爪有无撞及刀架、车刀或刀尖的可能。检查反向移动滑板至工件右极端加工位置时,刀架与尾座有无碰撞。若无撞及,即可开始加工;否则,应对工件、小刀架或车刀的位置作适当的调整。

(2) 调整主轴速度。根据公式主轴转速 $n=1000v/\pi D$,其中 D 为工件直径;v(m/min)为所选切削速度,得到主轴转速后,将机床变速手柄调整到恰当位置上。

(3) 调整进给量。根据所选进给量调整进给箱手柄,并检查车床有关运动的间隙是否合适。

(4) 调整切削深度。在切削时,不管是粗车还是精车,都要一边试切,一边测量。车削开始时先试切,以确定背吃刀量,然后可合上自动进给手柄进行切削。试切方法就是通过:试切→测量→调整→再试切,反复进行直至达到加工尺寸要求。

二、车端面

车端面时，应注意以下事项：

(1) 工件装夹在卡盘上，必须校正它的平面和外圆，校正时可用划针盘找正。

(2) 安装端面车刀时，刀尖必须准确对准工件的旋转中心，否则将在端面中心处车出凸台，并易崩坏刀尖。

(3) 可用 45°、60°、75°、90°车刀加工，加工时一般由工件外边向工件中心走刀，对于有孔的工件，常用 90°右偏刀由中心向外进给。

(4) 粗车切削深度 2～4mm，精车时 0.2～1mm。粗车时进给量 0.3～0.5mm/r，精车时 0.1～0.2mm/r，切削速度粗车时低、精车时高。

(5) 由于切削速度由外向中心逐渐减小，会影响端面的表面粗糙度，因此，其切削速度应比车外圆时略高。

(6) 车端面时应先倒角，尤其是铸件表面的硬皮极易损坏刀尖，所以，首次背吃刀量要大于工件的硬皮深度。

(7) 零件结构不允许用右偏刀车削时，可用左偏刀车端面。

(8) 车削大的端面时，应注意防止因刀架移动而产生凸凹现象，应将方刀架部分与大滑板与床身紧固。其测量可用钢直尺或刀口尺。

三、车外圆、台阶

1. 车外圆

如图 4-30 所示，圆柱形表面是构成各种零件形状最基本表面之一，外圆车削是最基本，最常见的工作。

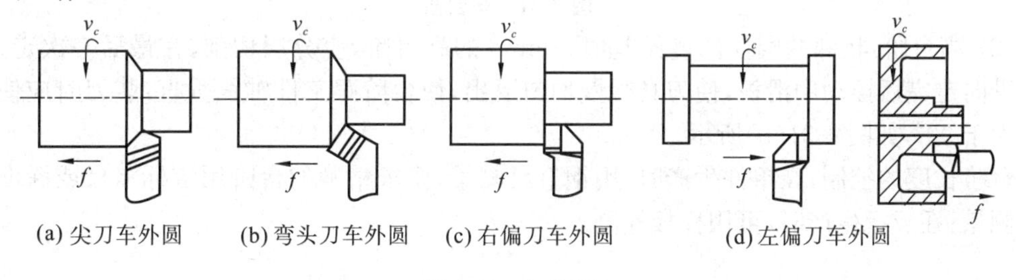

图 4-30　车外圆

外圆车削一般分为粗车和精车两个阶段。

(1) 粗车。精车外圆是把毛坯上的多余部分(即加工余量)尽快车去，这时不要求工件达到图样要求的尺寸精度和表面粗糙度。车削前，应检查毛坯尺寸，选择切削用量；确定切削长度，选定测量基准后确定加工位置，并作出标记；首次进给结束后，横向退刀，并将大滑板退回原位停车；检测工件尺寸，通常用游标卡尺、千分尺、游标深度尺和钢直尺测量，粗车时必须留精车余量 0.5～2mm。

为适应粗车切削深度大、进给速度快、切削速度低的特点，要求车刀有足够的强度，每次走刀车去较多的余量，可选用主偏角为 45°、75°、90°的几种粗车刀。为了增加刀头强度，前角、后角应选小些。常用不同的外圆车刀车外圆,尖刀主要用于粗车、车削无台阶或台阶不大的工件、倒角;弯头车刀,则多用于车外圆、端面、倒角、45°斜面;90°的右偏刀,可车削垂直台阶的外圆表面、细长轴外圆等。外圆车削常采用多次分层的车削顺序进行。

(2) 精车。精车是把工件经过粗车后留有的少量余量车去,使工件达到图纸上规定的尺寸精度和表面粗糙度。精车时切去的金属较少,要求车刀锋利,刀刃平直光洁,刀尖处可修磨出修光部分,切削时切屑流向工件待加工表面。为了适应精车特点:切削速度高,切削深度小,进给速度慢,刀具可选用较大前角和后角。90°精车刀在加工工件时径向力小,多用来加工细长轴。

2. 车台阶

台阶车削实际是车端面和车外圆的综合,车削时需兼顾外圆尺寸精度和台阶长度要求。台阶根据相邻两圆柱体直径差大小,可分为低台阶和高台阶两种。

(1) 低台阶:相邻两圆柱体直径差值<5mm 的台阶可以用一次走刀车出,但由于台阶面应跟工件轴线基本垂直,所以必须用 90°偏车刀车削,装刀时要使主刀刃跟工件轴线垂直,如图 4-31(a)所示。

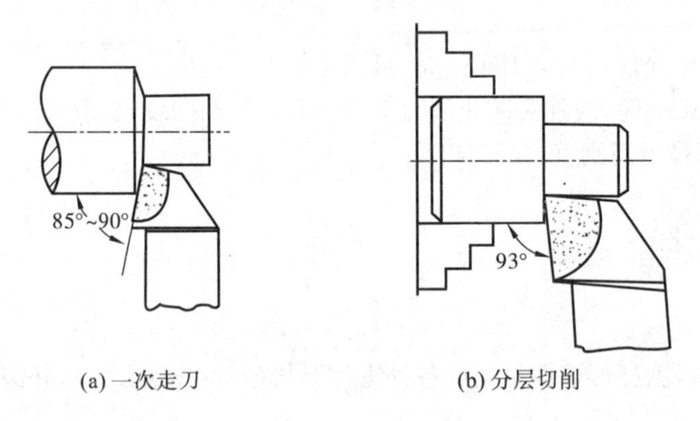

(a) 一次走刀　(b) 分层切削

图 4-31　车台阶

(2) 高台阶:相邻两圆柱体直径差值>5mm 的高台阶,应分层切削,在最后一次走刀时,车刀纵向走完后摇动中滑板,使刀具缓慢均匀退出,使台阶跟工件轴线垂直,装刀时应使主偏角略大于 90°,如图 4-31(b)所示。

台阶长度的控制,在单件生产时,用钢直尺测量,要求精确的台阶用游标卡尺或深度游标卡尺测量;在成批生产时,可用样板检测。

四、切槽和切断

1. 切槽

在车床上可切外槽、内槽、端面槽等,如图 4-32 所示。

(1) 刀宽的控制

对于宽度≤5mm 的窄槽,可将主切削刃磨制成 3~5mm 宽或与槽等宽,太窄的刀具强度不够,容易断裂;太宽易引起振动并浪费材料。

(2) 切槽方法

槽形可一次切出,深度用刻度盘控制。较宽的槽,用切刀分几次横向进给,在槽底和两侧均留余量，最后精车至尺寸。切刀为左右偏刀的综合，可同时车削左右两个端面。

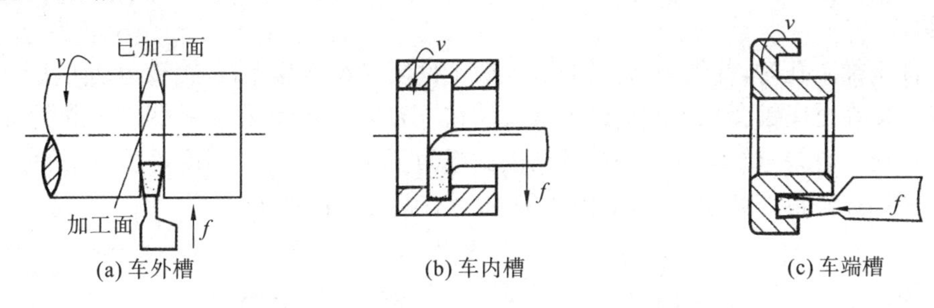

(a) 车外槽　(b) 车内槽　(c) 车端槽

图 4-32　车槽的形状

2. 切断

主要用于圆棒料按尺寸要求下料或把加工完的工件从坯料上切下来，如图 4-33 所示。

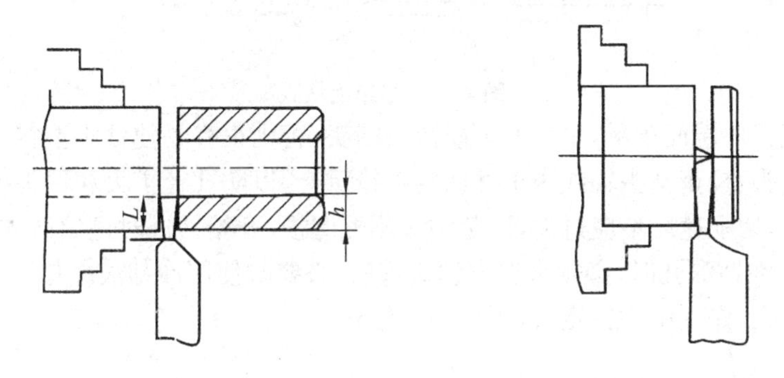

图 4-33　切断方法

(1) 装刀要求

切断时用切断刀，其外形及参数与切槽刀相似，由于切刀工作情况特殊，特作要求如下：

① 由于切断刀窄长，刀头长度大于被切工件半径，刚性差；而且工作时伸入工件内部，散热及排屑条件差，易折断。因此，安装切刀时，刀杆不宜伸出方刀架过长。

② 切刀中心线必须与工件中心线垂直且刀尖与工件中心等高。

③ 为保证工艺系统的刚性，工件的切断处与卡盘距离小于工件外径，切断时刀架不能触碰卡盘。

(2) 切断方法

① 进给量选择

不同刀具材料采用进给量不同，高速钢刀切钢件，取较小进给量，$f=0.05\sim0.1$mm/r；硬质合金切刀切钢件，进给量稍大，$f=0.1\sim0.2$mm/r。切削中手动进给要均匀，快要切断时，须放慢横向进给速度。

② 冷却液选用

为降低切削温度须使用冷却液冷却，切削塑性材料时采用乳化液冷却；切脆性材料一般不用冷却，必要时可用煤油冷却。

五、孔类加工

在机器中有许多零件因为支撑和配合的需要，必须是圆柱孔作配合的孔，一般都要求较高的尺寸精度和较低的粗糙度，圆柱孔可以通过钻、镗、扩、铰来加工。

1. 钻孔

在工件上加工孔时，首先用钻头钻孔，一般工件装夹在卡盘上，其旋转运动为主运动；钻头或钻夹头安装在尾座锥套孔内或借助夹具安装在方刀架上，摇动尾座手柄或大滑板纵向走刀，使钻头实现纵向直线进给运动。钻孔的精度一般为 IT11～IT12。精度要求不高的孔，可以用钻头直接钻出而不再作其他加工，如图 4-34 所示。钻孔方法如下：

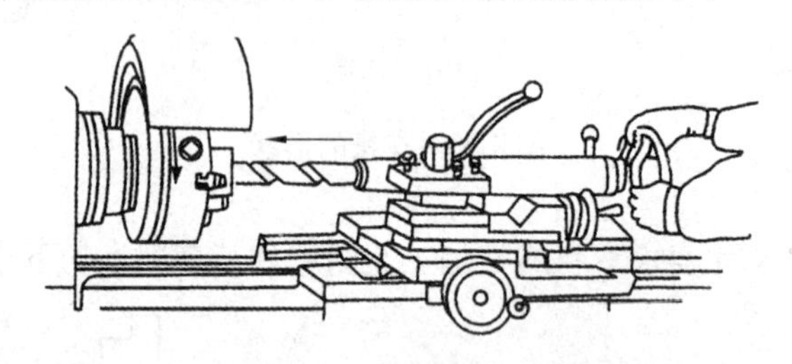

图 4-34　车床上钻孔

(1) 首先把工件端面车平，中心处不能留有凸头，否则很容易使钻头歪斜。

(2) 装夹钻头，校正钻头轴线跟工件回转轴线重合，以防孔径扩大和钻头折断。

(3) 钻削时，切削速度不应过大，以免钻头剧烈磨损；开始钻进时进给必须缓慢，以便钻头准确钻入工件。在钻深孔时，必须常退出钻头排屑，必要时使用冷却液冷却。

(4) 对于小孔，先用中心钻定心，再用钻头钻孔。

2. 扩孔

扩孔是用扩孔刀具将工件原有的孔径扩大。在车床上可利用钻头、扩孔钻和铰刀进行扩孔和铰孔，实现对孔的半精加工和精加工。一般工件的扩孔可用麻花钻，对于精度要求较高、表面粗糙度较好的孔，可用扩孔钻扩孔。采用"钻-扩-铰"工艺是孔加工的典型方案之一，多用于单件小批量生产中细长孔的加工。

3. 车内孔

铸造、锻造和钻出的孔常需扩大孔径，达到要求的尺寸精度、表面粗糙度和纠正原始孔的轴线偏差还需车内孔。车内孔的加工范围很广，不仅可粗加工，也可精加工，精度可达 IT7～IT8，表面粗糙度 $R_a=5\sim1.25\mu m$，精细车内孔可以达到更小($R_a<1\mu m$)，如图 4-35 所示。

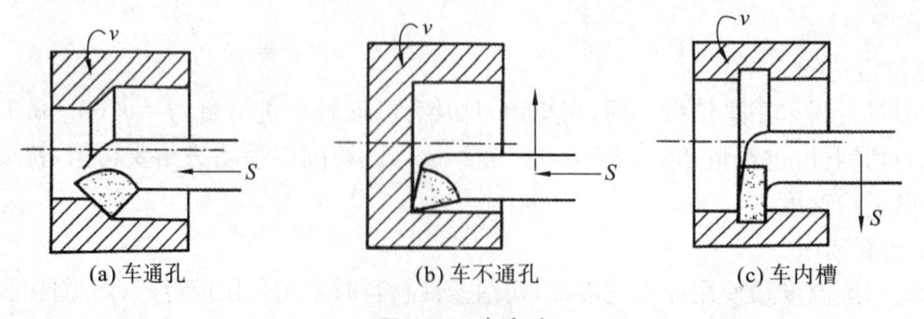

(a) 车通孔　(b) 车不通孔　(c) 车内槽

图 4-35　车内孔

车孔操作又可分为车通孔、车不通孔(盲孔)和车内槽等。车孔应注意以下的事项：

(1) 主偏角的选用。车通孔一般用普通内孔车刀，为减小车孔时径向切削分力，即减小刀杆弯曲变形，一般主偏角 $K_r=60°\sim70°$。车台阶孔和盲孔用盲孔车刀，俗称清根车刀，其主偏角 $K_r=95°$左右。

(2) 刀尖一般应略高于工件旋转中心，以减小振动，避免扎刀，影响车孔质量。若工件孔与外圆有同轴度要求，应尽可能一次安装完成。

(3) 刀杆截面应尽可能大而合理，伸出长度尽量减少，以增加刚性，减少车孔误差。

(4) 车台阶孔和盲孔时，当纵向进给至孔的末端后，再转为横向进给，即可获得车削孔的内端面与孔壁垂直并两面衔接良好。

(5) 若内台阶较长或孔较深，可采用在刀杆上作标记或安置铜片等方法以控制车刀进入孔的尺寸。

(6) 为保证车孔质量，精车时一定要采用试切方法，所选用背吃刀量和进给量比外圆加工量更小。

(7) 测量孔径时，应先擦净孔内的切屑，然后用游标卡尺、内径百分表或圆柱塞规进行检验。

4. 铰孔

铰孔是精加工小孔的主要方法，铰刀是一种尺寸精确的多刃刀具。刚性比内孔刀好。铰孔公差等级可达IT7～IT8，表面粗糙度可达$R_a=2.5\sim1\mu m$。铰孔前一般经过车内孔，铰孔时切削速度应选低一些，用手动进行铰孔时，要注意进给的均匀性，否则会影响孔的表面粗糙度。

六、车圆锥面

在机械工程中常常使用圆锥面配合，圆锥面通常分为外圆锥面与内圆锥面。圆锥面具有可传递较大扭矩、配合紧密、拆卸方便、多次拆装仍能保持准确的对中性的特点。因此，圆锥面广泛应用于要求定位准确，能传递一定扭矩和经常拆卸的配件上。例如：车床主轴孔与顶尖的配合；车床尾座锥孔和麻花钻锥柄的配合。如图4-36所示，加工圆锥面时，除了尺寸精度，形位精度和表面粗糙度外，还有角度或锥度的精度要求。在车床加工圆锥主要有四种方法：转动小滑板法、偏移尾座法、机械靠模法与宽刀法。

1. 转动小滑板法

如图4-37所示，在车削大角度、短小的外圆锥时，可用转动小滑板的方法。

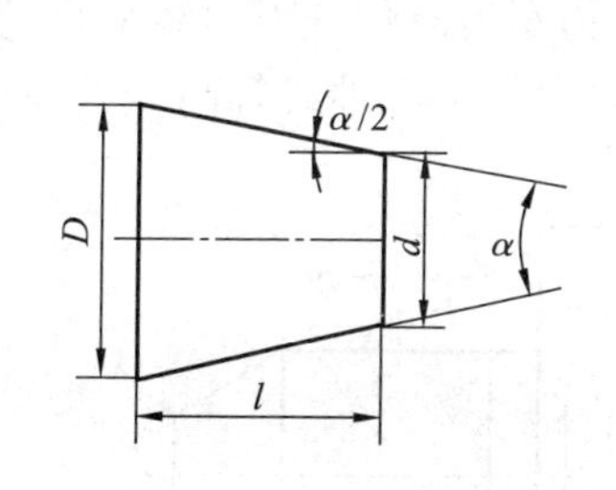

图 4-36　圆锥体主要尺寸

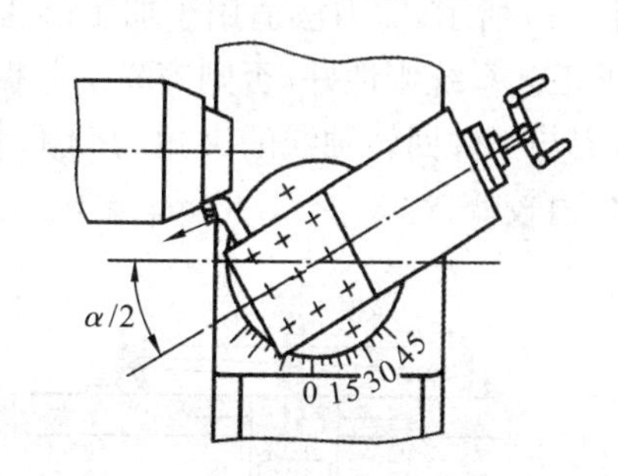

图 4-37　转动小滑板法车圆锥

当内外圆锥面的圆锥角为α时，将小刀架下的转盘顺时针或逆时针扳转$\alpha/2$角后再锁紧。切削时采用手动进给，当缓慢而均匀地转动小刀架手柄时，刀尖沿着圆锥面的母线移动，使车刀的运动轨迹和所要车削的圆锥母线平行，从而加工出所需要的圆锥面。用小刀架转位法车圆锥面操作简单，可加工任意锥角的内外圆锥面，但锥面母线长度受小刀架行程的限制。这种方法行程短，只能手动进给，劳动强度大，加工出的工件表面粗糙度较差，R_a 值为 6.3～3.2μm，只适用于单件小批生产中要求精度较低和长度较短的圆锥面。

2. 偏移尾座法

如图 4-38 所示，用两顶尖装夹工件车削圆柱体时，大滑板走刀是平行主轴轴线移动，当尾架横向移动一个距离 s 后，工件旋转轴线跟纵向走刀相交成一个角度 $\alpha/2$，因此，工件就成了外圆锥。为保证顶尖与中心孔有良好的接触状态，最好使用球顶尖。

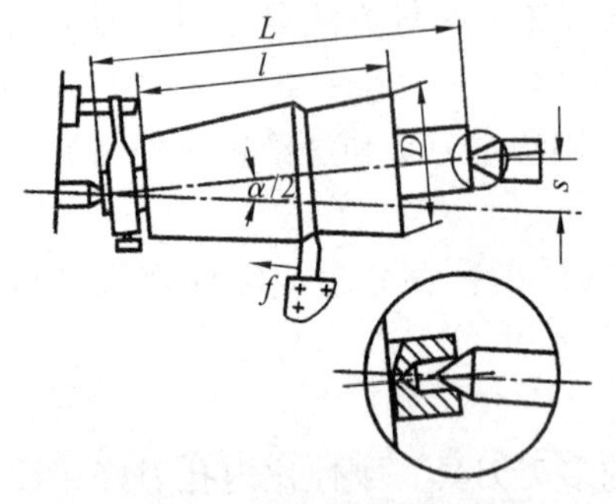

4-38　偏移尾座法车锥面

偏移尾座法的优点：

(1) 任何普通车床都可使用。

(2) 微量偏移尾座即可实现加工轴类零件或安装在心轴上的盘套类零件的圆锥面加工。

(3) 既可手动进给又可自动进给，自动进给时，粗糙度 R_a 值可达 6.3～1.6μm。加工精度较高。

(4) 能车长的圆锥(可达车床规格规定的长度)。

缺点：因顶尖在中心孔中歪斜，接触不良，所以中心孔磨损快；因受尾架偏移量的限制，只适合加工锥度较小(±10°内)，长度较长的工件。

后顶尖偏移方法：松开固定螺钉，拧松(紧)调节螺钉，即可使尾座体沿尾座导轨向左(右)移动。

尾座体沿尾座导轨向左(右)移动量 S：

$$S = L(\tan(\alpha/2))$$

式中：L——工件总长度；α——锥面的圆锥角。

3. 机械靠模法

如图 4-39 所示，对于长度较长，精度要求较高的锥体，一般可用靠模法车削。靠模装置能使车刀纵向进给的同时还横向进给，从而使车刀的移动轨迹与被加工零件的圆锥线平行。

靠模法加工优点：用锥度靠板调整锥度准确、方便、自动走刀、锥面质量好，可加工内、外圆锥。

缺点：靠模装置调节范围较小，一般在 12°以下。

4. 宽刀法

如图 4-40 所示，宽刀法适用于加工圆锥面较短、精度要求不高且批量大的零件内外圆锥面，但要求工艺系统刚性好，否则容易引起振动。刃磨宽刃车刀时保证刀刃线平直，安装车刀时应使刀刃与工件回转轴线的夹角为圆锥半角 $\alpha/2$，且刀尖与工件轴线等高。工件加工表面粗糙度 R_a 值较低，达 3.2～1.6μm。

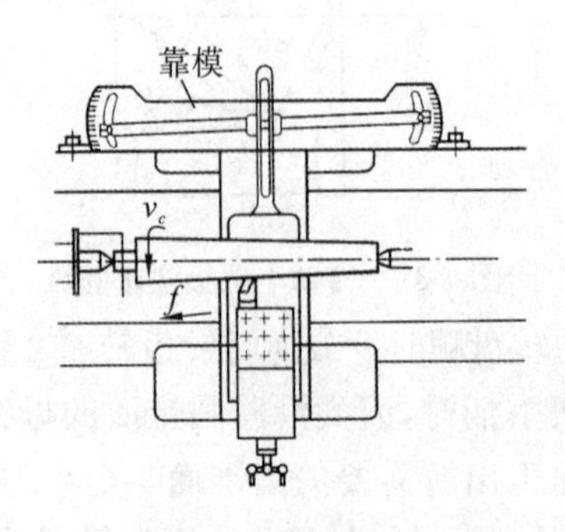

图 4-39　机械靠模法车圆锥

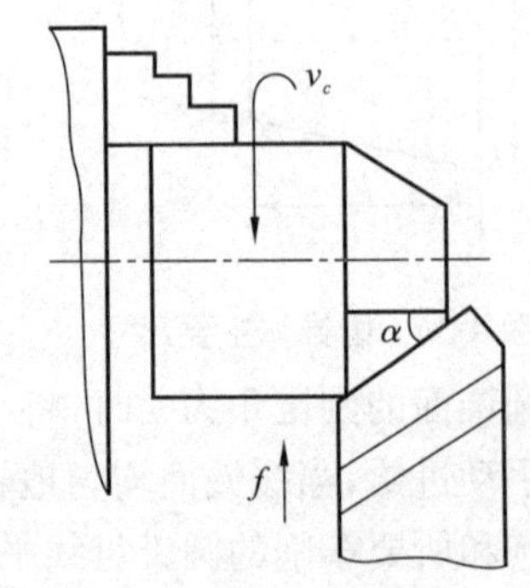

图 4-40　宽刀法

七、车成形面

在车床上车削成形面常用以下三种方法。

1. 双向车削法

数量少或单件特形面零件，可采用双手控制法进行车削，具体操作如下：

(1) 按成形面形状用切刀将工件依次粗车成很多台阶。

(2) 双手控制圆弧车刀同时作纵向和横向进给，车去台阶棱部并使工件外形与图纸相似。

(3) 用样板检验，经多次修整和检验直至形状和尺寸均符合要求。

(4) 用锉刀或砂布打磨，使其表面光滑粗糙度 R_a 值达到 12.5～3.2μm。

双向车削法特点：要求操作者技能较高，但不需要特殊设备与器具。

适用范围：多用于单件小批生产、加工精度要求不高的成形面。

2. 成形刀车削法

数量较多、长度较短的特形面零件，可用成形刀车削。具体要求如下：

(1) 因为工件的精度主要靠刀具保证，所以成形刀形状必须跟工件表面形状相同。

(2) 车削中只需一次横向进给即可车削成形，也可先用切刀将毛坯按成形面形状车成许多台阶，再用成形刀精车成形。

(3) 进给时，进给量要小，否则易引起振动。

成形刀法特点：生产效率高；因刀刃较长，车削时易产生振动；车刀刃磨较困难。

适用范围：适用于工艺系统刚性好、生产批量较大、接触弧长度较短的简单成形面。

3. 靠模法

靠模车削成形面与靠模法车圆锥面相似，因需安装靠模，故要对车床作些简单的改变：

(1) 将靠模安装在床身后面，车床中滑板与横向丝杠脱开，其端部连接板上装有滚柱，当大滑板作纵向自动进给时，滚柱即沿靠模的曲线槽移动，从而带动中滑板和车刀作曲线移动而车出成形面。

(2) 车削前，小刀架应偏转 90°，并作横向移动，以调整车刀位置和控制背吃刀深度。

靠模车削法特点：操作简单，生产率高，但需要制造专用靠模。

适用范围：适用于大批量生产中形状较为简单，长度较大的成形面。

八、滚花

为增加工件的摩擦力或使工具、仪器表面美观，常用滚花法在工件上加工出网状或直线形的花纹。其原理是用滚花刀挤压工件表面，使其表面产生塑性变形而形成花纹。为保证加工顺利，应注意如下事项：

(1) 因滚花刀较钝，加工时靠挤压成形，因此应选较低转速和进给量，滚花轮先径向挤压工件后，再作纵向进给，直到车削成形。

(2) 加工过程中，应经常加注润滑油并及时清除切屑，以免损坏滚花刀、防止细微铁屑堵塞在滚花刀内而产生乱纹。

(3) 花纹分直纹和网纹两种，每种花纹又有粗纹、中纹和细纹之分。其中单轮滚花刀用于滚直纹，双轮滚花刀用于滚网纹，两轮分别为左旋斜纹和右旋斜纹。另外还有一种六轮滚花刀，是由三对粗细不等的斜纹轮组成，供需要时使用。

九、车螺纹

螺纹是指在圆柱面（或圆锥面）上，沿着螺旋线所形成的，具有相同剖面的连续凸起和沟槽。外表面上形成的螺纹称为外螺纹；内表面上形成的螺纹称为内螺纹。

1. 螺纹分类

螺纹按不同的分类方法可分为以下六种：

(1) 按用途，分为连接螺旋和传动螺纹。

(2) 按牙形，分为三角形、方牙、梯形和锯齿形螺纹。

(3) 按螺旋线方向，分为右旋和左旋螺纹。

(4) 按螺旋线线数，分为单头和多头螺纹。

(5) 按母体形状，分为圆柱螺纹和圆锥螺纹。

(6) 按制式，分为公制螺纹和英制螺纹。

标准螺纹都有很好的互换、通用性。方牙螺纹、梯形螺纹、锯齿螺纹、公制蜗杆（模数螺纹）和英制蜗杆（径节螺纹）等一般用在传动上，因此精度要求较高，且它们螺距和螺纹升角较大。所以车削时比三角形螺纹难加工。

三角形螺纹因其规格用途不同，分普通螺纹、英制螺纹和管螺纹。普通螺纹（公制）是我国应用最广泛的一种，牙形角为60°。

2. 普通螺纹的标注和尺寸计算

(1) 普通螺纹分粗牙、细牙螺纹。

粗牙普通螺纹用字母“M”及公称直径表示，如M16、M20等。细牙螺纹用字母“M”及公称直径×螺距表示，如M16×1.5、M10×1等。螺纹旋向用“左”“右”表示，未注明旋向的为右旋螺纹。

牙形、直径、螺距（或导程）、旋向、头数称为螺纹五要素。

当螺杆和螺母相配对，以上五点必须相同。

(2) 螺纹计算。普通螺纹的基本牙形如图4-41所示，为螺纹轴向截面，既可看作外螺纹，也可看作内螺纹的基本牙形。螺纹的牙形是在高为 H 的正三角形（称原始三角形）上截去顶部和底部形成的。

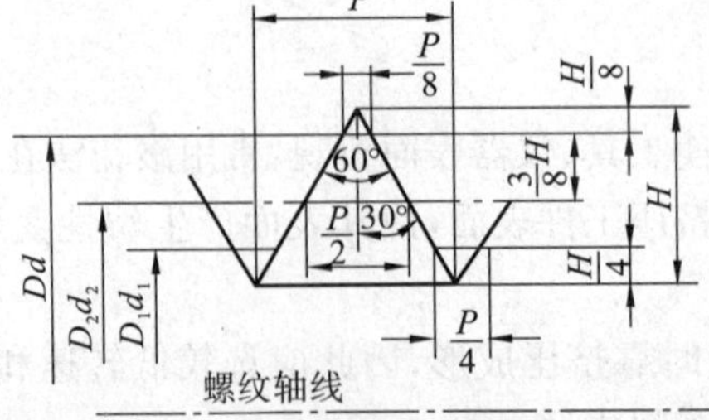

D，内螺纹的大径（公称直径）；

d，外螺纹的大径（公径直径）；D_2，内螺纹中径；d_2，外螺纹中径；

D_1，内螺纹小径；d_1，外螺纹小径；P，螺距；H，原始三角形高度

图4-41 普通螺纹各部分的名称

基本尺寸是设计给定的尺寸。螺纹各直径的基本尺寸由螺纹的基本牙形、公称直径与螺距来确定。

① 原始三角形高度(H)

$$H=\frac{P}{2}\times\cot\left(\frac{\alpha}{2}\right)=\frac{P}{2}\cot 30^\circ=0.866P$$

② 实际高度 h

$$h=H-H/8-H/8=0.866P-0.124P\approx 0.65P$$

螺纹在加工时,螺距不同背吃刀量也不同,用实际高度 h 计算。进刀深度必须遵守由多到少原则。

【例 1】 计算 M24 的螺纹进刀深度。

解:M24 为粗牙普通螺纹,其螺距为标准螺距,经查表可知为 3mm。则实际高度

$$h=0.65P=0.65\times 3=1.95\text{mm}。$$

3. 螺纹刀的安装和车床调整

(1) 螺纹车刀是一种成形刀具,车刀刃磨是否正确,直接影响螺纹的加工质量。因此对车刀有几点要求:

① 车刀的刀尖角直接影响螺纹的牙形角,当车刀的纵向前角($v_{纵}$)为零时,刀尖角应等于螺纹的牙形角。

② 车刀的左右切削刃必须是直线。

③ 车刀切削部分应具有较好的表面粗糙度。

在用高速钢车刀低速切削螺纹时,如果纵向前角等于零度,切屑排出困难,车出的螺纹表面粗糙。因此常采用 $v_{纵}=5^\circ\sim10^\circ$的螺纹车刀使切削顺利。

在螺纹加工时,螺纹截面形状靠车刀来保证。不同形状的螺纹必须用不同形状的刀具。

螺纹车刀安装是否正确,对车出的螺纹质量有很大影响,为了使螺纹牙形半角相等,必须用样板对刀。车刀刀尖必须与工件中心等高,否则螺纹截面将有改变。

(2) 车床调整,要注意以下几点:

① 保证工件螺距 P,根据工件螺距大小,查找车床铭牌,选定进给箱手柄更换齿轮,即可获得所需螺距。

② 加工螺纹时必须由丝杠传动。

③ 避免乱扣。车螺纹时,需经过多次进刀才能车成,在加工中,必须保证车刀总落在已车出的螺纹槽内,否则就会“乱扣”,工件成为废品。为了避免乱扣,应注意螺纹加工时,车床丝杠螺距 $P_{丝}$ 与工件螺距 P 是整数倍时才能用开合手柄,如不是整数倍须用正反车切削加工。加工之前,调整中小刀架间隙不要过紧或过松,以移动均匀,平稳为好。切削过程中,如果换刀,应重新对刀。

4. 车削螺纹注意事项

(1) 车削螺纹时切削深度要小,每次走刀后应记刻度,作为下次进刀基数。

(2) 按螺纹车削长度及时退刀。

(3) 为了避免乱扣,必须确定工件是否乱扣,如乱扣则用正反车法切削。

5. 螺纹加工方法和步骤

车削螺纹常分低速车削和高速车削两种方法。

低速车削普通螺纹，常用高速钢车刀；并且粗车、精车分开。低速车削螺纹精度高，表面粗糙度值小，但车削效率低，低速车削时，应根据机床和工件的刚性、螺距的大小，选择不同的进刀方法。低速车削普通螺纹主要有直进法、左右切削法和斜进法三种方法。

(1) 直进法。车螺纹时，用中滑板垂直进刀，两个刀刃同时进行切削。

采用直进法车削，容易获得准确的牙型，但车刀两切削刃同时切削，切削力较大，容易产生振动和扎刀现象，因此常用于脆性材料、螺距小于 1mm 或最后精车的普通三角形螺纹。

(2) 左右切削法。车螺纹时，除了用中滑板进给外，同时利用小滑板的刻度把车刀左、右微量进给，经重复切削几次工作行程即车好螺纹，因只有一个刀刃切削，故车削比较平稳，此法适用于塑性材料和大螺距螺纹的粗车、精车。

采用左右切削法车削，车刀单刃车削，不仅排屑顺利，而且还不易扎刀。精车时，车刀左右进给量 f 要小于 0.05mm，否则易造成牙底过宽或牙底不平。

(3) 斜进法。粗车螺纹时，除中滑板横向进给外，小滑板可只向一个方向微量进给，这样重复几次行程即把螺纹车削成形。

斜进法也是单刃车削，不仅排屑顺利，不易扎刀，且操作方便，但只适用于粗车，精车时必须用左右切削法，才能保证加工精度，且切削速度小于 0.8m/s，车刀左右进给量小于0.05mm，并加注切削液，使螺纹两侧面获得较低的表面粗糙度。为避免“扎刀”现象，应优先选用弹性刀杆。

高速车削普通螺纹时，生产率比低速切削可提高 10 倍以上，精度和粗糙度都较好，应用较广泛。车削时用硬质合金车刀，只能采用直进法，而不能采用左右切削法，使切屑垂直于螺纹轴线方向排出或卷成球状较好，否则高速排出的切屑会把螺纹另一侧拉毛。高速直进法车削，切削力较大，为防止振动和扎刀，应优先选用弹性刀杆。另外高速车削普通螺纹时，由于车刀的挤压，易使工件胀大，所以车削外螺纹前的工件直径一般比公称直径要小(约小 $0.13P$)。

【例 2】 M24×2 细牙普通螺纹车削方法

解：M24×2 螺纹为细牙普通螺纹，采用高速钢车刀低速车削，用斜进法加工，根据计算进刀深度为 1.3mm，1.3mm 不能一次加工完，必须分次进刀，假定机床的中滑板和小滑板的每格刻度分别为 0.05mm，则中滑板横向进刀格数为 26 格，小滑板进刀格数约为 9 格，次数、格数如表 4-2 所示。

表 4-2　车削 M24 细牙普通螺纹进刀次数和格数表

次数	中滑板(格)	小滑板(格)	次数	中滑板(格)	小滑板(格)
1	2	1	8	2	0.5
2	2	1	9	2	0.5
3	2	1	10	2	0.5
4	2	1	11	2	0.5
5	2	1	12	2	0.5
6	2	1	13	2	0.5
7	2	1			

具体操作步骤为(图 4-42)：

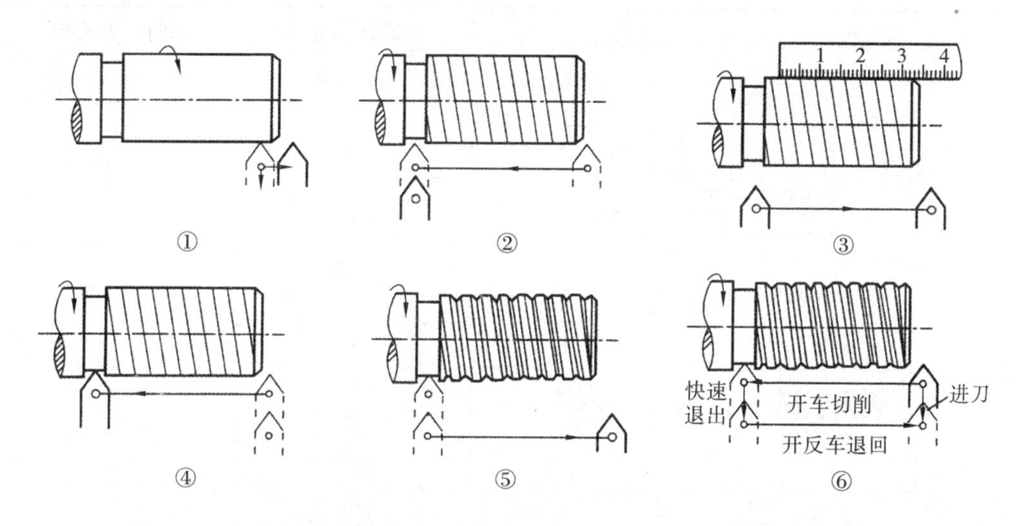

图 4-42　螺纹加工方法和步骤

① 启动车床，让车刀与工件外圆表面轻微接触，记下刻度盘读数向右退出车刀。

② 按下丝杠开合螺母手柄，在工件表面上车出一条螺旋线，横向退出车刀，停车。

③ 开反车使车刀退至工件右端，停车，用钢直尺检测螺距是否正确。

④ 利用刻度盘调整切屑深度，开车切削，车削钢件时加机油润滑。

⑤ 车刀将行至终了时，应做好退刀停车准备，先快速退出车刀，然后停车，开反车退回刀架。

⑥ 再次横向进刀，继续切削。

6. 螺纹测量方法

在三角形螺纹的测量中常用的量具为扣规和螺纹量规。

(1) 扣规：用来测量螺纹螺距的量具。

(2) 螺纹量规：分塞规和环规两种，塞规检验内螺纹，环规检验外螺纹，塞规和环规由通规和止规两件组成一副。螺纹加工完成后通规过去、止规过不去为合格，否则工件为废品。这种方法除检验中径外，还同时检验牙型和螺距，称综合测量法。

十、蜗杆的车削

蜗杆蜗轮(俗称蜗轮副)常用于传递空间两轴交错 90°的传动，即直角交错传动。蜗杆蜗轮适用于减速运动的传递机构中。蜗杆材料常用中碳钢或中碳合金钢，齿面淬硬至 HRC46～48。为提高传动效率，减少齿面磨损，蜗轮材料采用青铜制造，蜗轮副分米制和英制两种。英制蜗杆的齿形角为 14°30′，其径节以 D_P表示。米制蜗杆的齿形角为 20°(即压力角等于 20°)，其齿形分轴向直廓(阿基米德螺线，ZA 蜗杆)和法向直廓(ZN 蜗杆)两种。蜗轮齿形一般在齿轮机床上加工，而蜗杆齿形在车床上车削加工。

1. 米制蜗杆各部分参数及尺寸计算

米制蜗杆的工作图、各部分参数及尺寸计算如表 4-3 所示。

表 4-3　米制蜗杆的工作图及各部分尺寸计算表

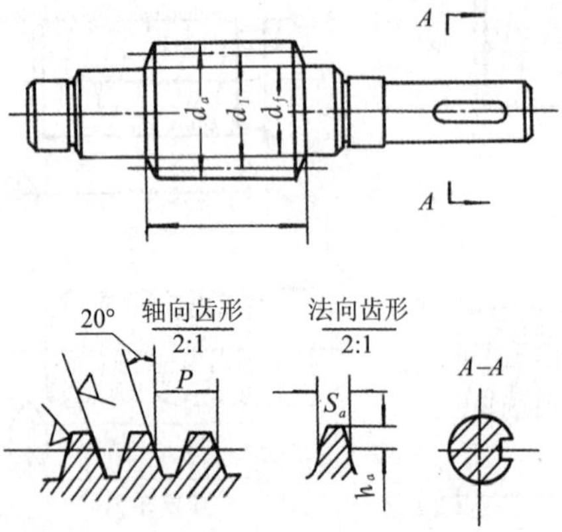

蜗杆形式		轴向直廓蜗杆
轴向模数		m_x
头　数		Z_1
螺旋方向		右旋
导程角		γ
精度等级		
配偶蜗轮	件号	
	齿数	Z_2
量针测量距		
量针直径		d_D

名称		计算公式
轴向模数(m_x)		基本参数
齿形角(α)		$\alpha=20°$
轴向齿距(P_x)		$P_x=xm_x$
导程(P_Z)		$P_Z=Z_1P_x=Z\pi m_x$
全齿高(h)		$h=2.2m_x$
齿顶高(h_{a1})		$h_{a1}=m_x$
齿根高(h_{f1})		$h_{f1}=1.2m_x$
分度圆直径(d_1)		$d_1=qm_x=d_{a1}-2m_x$
齿顶圆直径(d_{a1})		$d_{a1}=d_1+2m_x$
齿根圆直径(d_{f1})		$d_{f1}=d_1-2.4m_x$ 或 $d_{f1}=d_{a1}-4.4m_x$
导程角(γ)		$\tan\gamma=\frac{P_Z}{\pi d_1}=m_xZ_{1/}d_1$
齿顶宽(S_a)	轴向	$S_a=0.843m_x$
	法向	$S_{an}=0.843m_x\cos\gamma$
齿根槽宽(e_f)	轴向	$e_f=0.6973m_x$
	法向	$e_{fn}=0.697m_x\cos\gamma$
齿厚(s)	轴向	$S_x=\frac{\pi m_x}{2}=\frac{1}{2}P_x$
	法向	$S_n=\frac{\pi m_x}{2}\cos v=\frac{1}{2}P_x\cos\gamma$
直径系数(q)		$q=d_1/m_x=q\times m_x$

2. 车蜗杆时交换齿轮的计算和机床调整

在 CA6140 卧式车床上车削蜗杆，一般不需要进行交换齿轮计算。

只要将挂轮反装，也就是使用32、100、97，如图4-43所示。根据被加工蜗杆的模数选择进给箱铭牌（模数螺纹一栏）中所标注的各手柄位置即可。

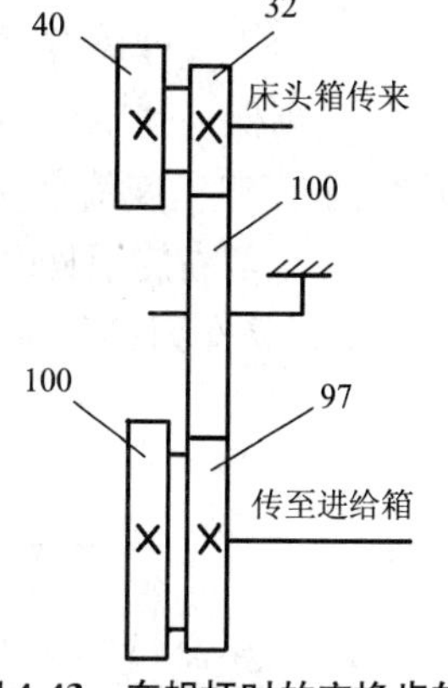

图4-43　车蜗杆时的交换齿轮

在无进给箱的车床上车削蜗杆，或有时为了提高蜗杆或螺纹的精度，可用减少传动链和提高车床母丝杠精度的办法。即改装车床，由主轴通过交换轮直接带动车床丝杠，这时就需要进行交换轮计算。

车蜗杆时的挂轮方法与车削一般螺纹时相同，其计算公式为

$$i = P_z/P_{丝} = m_x\pi/P_{丝} = (Z_1/Z_2)\times(Z_3/Z_4)$$

式中：P_z——蜗杆导程，mm；

$P_{丝}$——丝杆螺距，mm。

由于蜗杆的导程是蜗杆头数 Z_1 与 m_x 和 π 的乘积，不是一个整数值，因此给挂轮计算带来很多麻烦。为了计算方便，π值可用表4-4所列的近似分式来代替。

表4-4　π的近似分式

π 值	误 差
π≈3.14159…	
$\pi\approx3.14286=\frac{22}{7}$	+0.0012644
$\pi\approx3.14182=\frac{32\times27}{25\times11}$	+0.0002254
$\pi\approx3.14173=\frac{19\times21}{127}$	+0.0001395
$\pi\approx3.1415929=\frac{5\times71}{113}$	+0.0000002

一般车床交换齿轮无71齿、113齿，需要自制或定制。

3. 蜗杆车刀

蜗杆车刀与梯形螺纹车刀基本相同，但是，一般蜗杆的导程角较大，精度要求较高。蜗杆车刀用高速钢制成；在刃磨蜗杆车刀时，应考虑导程角对车刀前角和两侧后角的影响；加工时应分粗车和精车进行。

(1) 蜗杆（右旋）粗车刀

蜗杆（右旋）粗车刀的角度及形状应按下列原则选择：

① 车刀左右切削刃之间的夹角应小于两倍齿形角。

② 为便于左右切削并留有精加工余量，刀头宽度应小于齿根槽宽。

③ 切削钢料时，应磨有10°～15°的背前角，即：$\gamma_p=10°\sim15°$。

④ 背后角 $\alpha_p=6°\sim8°$。

⑤ 左刃后角 $\alpha_{fl}=(3°\sim5°)+\gamma$；右刃后角 $\alpha_{fR}=(3°\sim5°)-\gamma$。

⑥ 刀尖适当倒圆。

蜗杆粗车刀基本几何参数如图4-44(a)所示。

(2) 蜗杆精车刀

蜗杆精车刀的刃磨原则是：

① 车刀左右切削刃之间的夹角应等于两倍齿形角。

② 刀头宽度应等于齿根槽宽。

③ 为保证切削顺利，两侧切削刃应磨有较大前角（$\gamma_0=10°\sim15°$）的卷屑槽，并要求切削刃平直、表面粗糙度值小（必要时刀具刃磨后进行研磨两侧后角和前角，保证切削刃平直光滑）。

④ 车削右旋蜗杆时，左刃后角 $\alpha_{fl}=(3°\sim5°)+\gamma$；右刃后角 $\alpha_{fR}=(3°\sim5°)-\gamma$。

蜗杆精车刀的基本几何参数如图 4-44(b)所示。

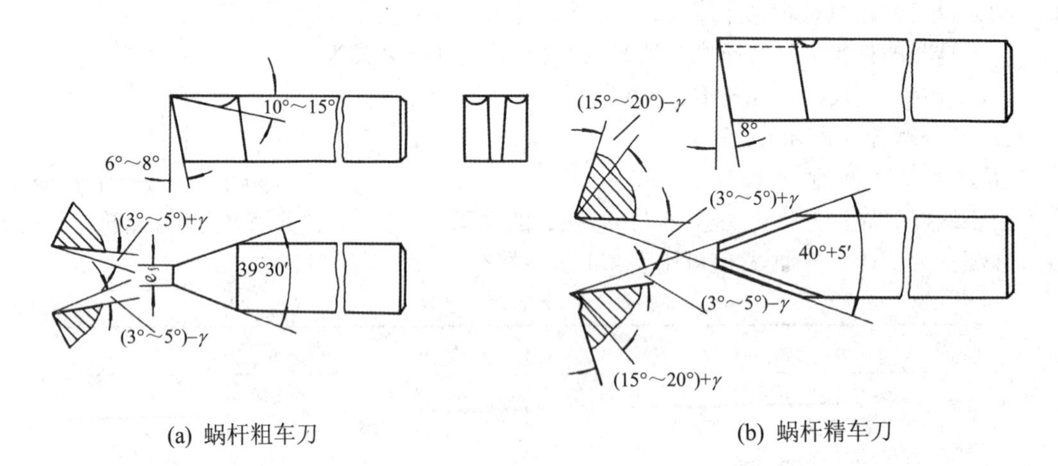

(a) 蜗杆粗车刀　　(b) 蜗杆精车刀

图 4-44　蜗杆车刀

根据上述原则刃磨的车刀，省时省力，排屑顺利，可获得较小的齿面粗糙度和较高的齿形精度，应注意车刀前端刀刃不能进行切削，只能精车两侧齿面。

4. 蜗杆车刀的装夹

由于蜗杆的齿形分轴向直廓和法向直廓两种。因此，装夹车刀时必须注意：图样上注明是轴向直廓蜗杆，装刀时，车刀左右刀刃组成的平面应与工件轴心线重合；若工件齿形为法向直廓蜗杆，装刀时，车刀左右刀刃组成的平面应垂直于齿面。实践中，为了使粗车轴向直廓蜗杆时切削更加顺利，刀头应倾斜装夹；精车时，刀头一定要水平装夹，以保证其齿形精度。车削法向直廓蜗杆时，刀头必须倾斜安装，采用按导程角调节的刀杆更为理想。

5. 蜗杆的车削方法

蜗杆因导程较大，一般采用低速切削。车削时应分为粗车和精车两个阶段进行。

(1) 粗车蜗杆齿形

粗车时主要有以下三种方法：

① 左右切削法。粗车时为了防止三个刀刃同时参加切削而造成扎刀现象，一般可采用左右切削法。

② 切槽法。当模数 $m_x>3$ 时，粗车时可先用略小于蜗杆齿根槽宽的切槽刀将蜗杆车至根圆直径。

③ 分层切削法。当模数 $m_x>5$ 时，粗车可用分层切削法，以减少车刀的切削面积，使切削顺利进行。

(2) 精车蜗杆齿形

精车时用带卷屑槽的精车刀用直进法将齿面车削成形。精车前必须先用切槽刀将蜗杆的齿根圆直径车至尺寸，防止三个切削刃同时参与切削。

思 考 题

1. 普通车床能加工哪些表面?

2. 试介绍你所操作的车床型号、组成部分及主要技术参数。

3. 试介绍你所操作的车床各手柄名称与作用、机床润滑点的位置与要求。

4. 为什么要对车床进行一级保养? 你熟悉其内容吗?

5. 试述车刀的种类及用途。

6. 试分析刃磨外圆车刀的方法及各角度正确与否。

7. 使用C6140车床加大切深时,刻度盘转过40格时,工件直径减小多少? 若多转过2格,如何处理? 为什么?

8. 三爪卡盘装夹工件有何特点?

9. 试述刀架的组成,为什么要检查刀架的极限位置?

10. 试切的目的是什么? 结合你的体会说明其步骤。

11. 对于加工面与非加工面并存,而且加工余量又不均匀的坯件,如何正确装夹?

12. 普通车床上装夹工件一般有几种方法? 各有何特点? 分别适用于什么场合?

13. 试分析粗车与精车有何区别。

14. 车床上孔加工的方法有哪些? 各应用于什么场合?

15. 试分析在车床上切槽和车孔与车削外圆有何不同。

16. 在车床上车螺纹时,如何保证螺纹截形角、螺距和中径符合要求?

17. 在车床丝杠螺距$P=12$mm时,车削螺距$P=3.5$mm、4mm、12mm、24mm时,是否会产生乱扣? 如果产生怎样克服?

18. 精车轴向直廓蜗杆时,车刀应如何装夹?

19. 车细长轴时,常采用哪些增加刚性的措施? 为什么?

【附录】 CA6140型卧式车床传动系统图

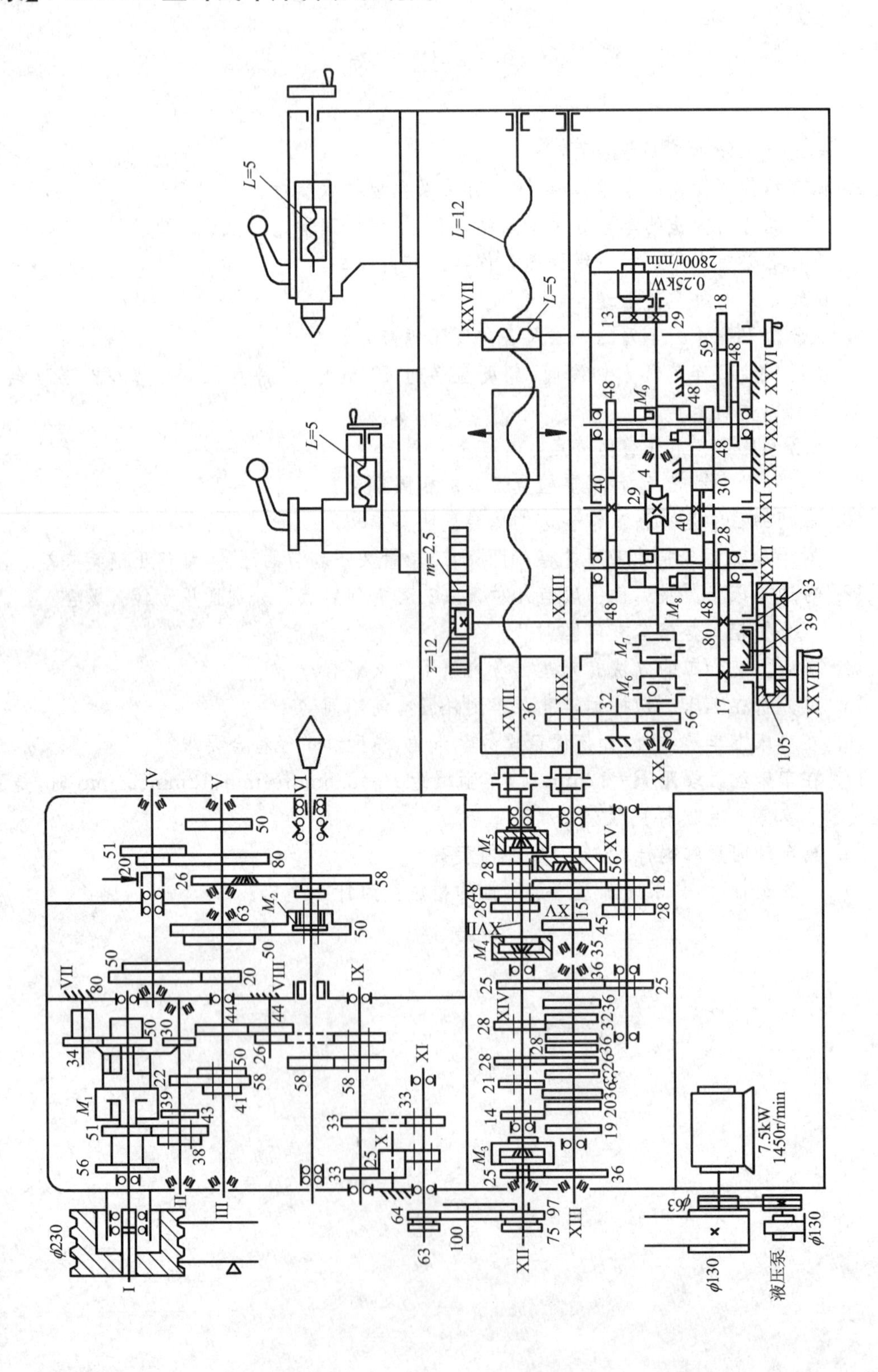

第五章　铣削加工

学习目标

1. 了解铣床的种类、常用铣床的特点及其附件的种类和装夹方法；
2. 熟悉铣刀的种类、几何参数、刃磨和安装方法；
3. 掌握铣削的基本加工方法；
4. 掌握典型零件的加工方法。

第一节　概　　述

一、铣削加工的工艺范围和工艺特点

铣削加工是指用铣刀在铣床上(也可以在加工中心等机床上)对工件进行的加工，以铣刀的旋转运动作主运动，与工件或铣刀的进给运动相配合，切去工件上多余材料的一种切削加工，是目前应用最广泛的切削加工方法之一。

1. 铣削加工的工艺范围

铣床在金属切削机床中所占的比重很大，约占金属切削机床总台数的1/4。铣削加工之所以在金属切削加工中占有较大的比重，主要是因为在铣床上配以不同的附件及各种各样的刀具，可以加工形状各异、大小不同的多种表面。如平面、台阶面、特形面、沟槽、键槽、螺旋槽、分度零件(齿轮、花键轴等)、切断等，如图5-1所示。

此外，配上其他附件和专用夹具，在铣床上还可以进行钻孔、铰孔以及铣削球面等。

2. 铣削加工的工艺特点

(1) 铣刀是一种多刃回转刀具，加工时，同时切削的刀齿较多，就其中一个刀齿而言，其切削加工特点与车削加工基本相同，但就整体刀具来说，铣削时同时参加切削的刀齿较多，切削刃的作用总长度较长，铣削速度也较高，既可以采用阶梯铣削，又可以采用高速铣削，故铣削加工的生产效率较高。

(2) 铣刀的每一个刀齿都相当于一把车刀，铣削时，切削过程是连续的，但每个刀齿的切削都是断续的。在刀齿切入或切出工件的瞬间，会产生刚性冲击和振动，当振动频率与机床自振频率一致时，振动就会加剧，造成刀齿崩刃，甚至损坏机床零部件。另外，由于铣削厚度周期性的变化(图5-2)，可导致切削力的周期性变化，也会引起振动，从而使加工表面的表面粗糙度

值增大。

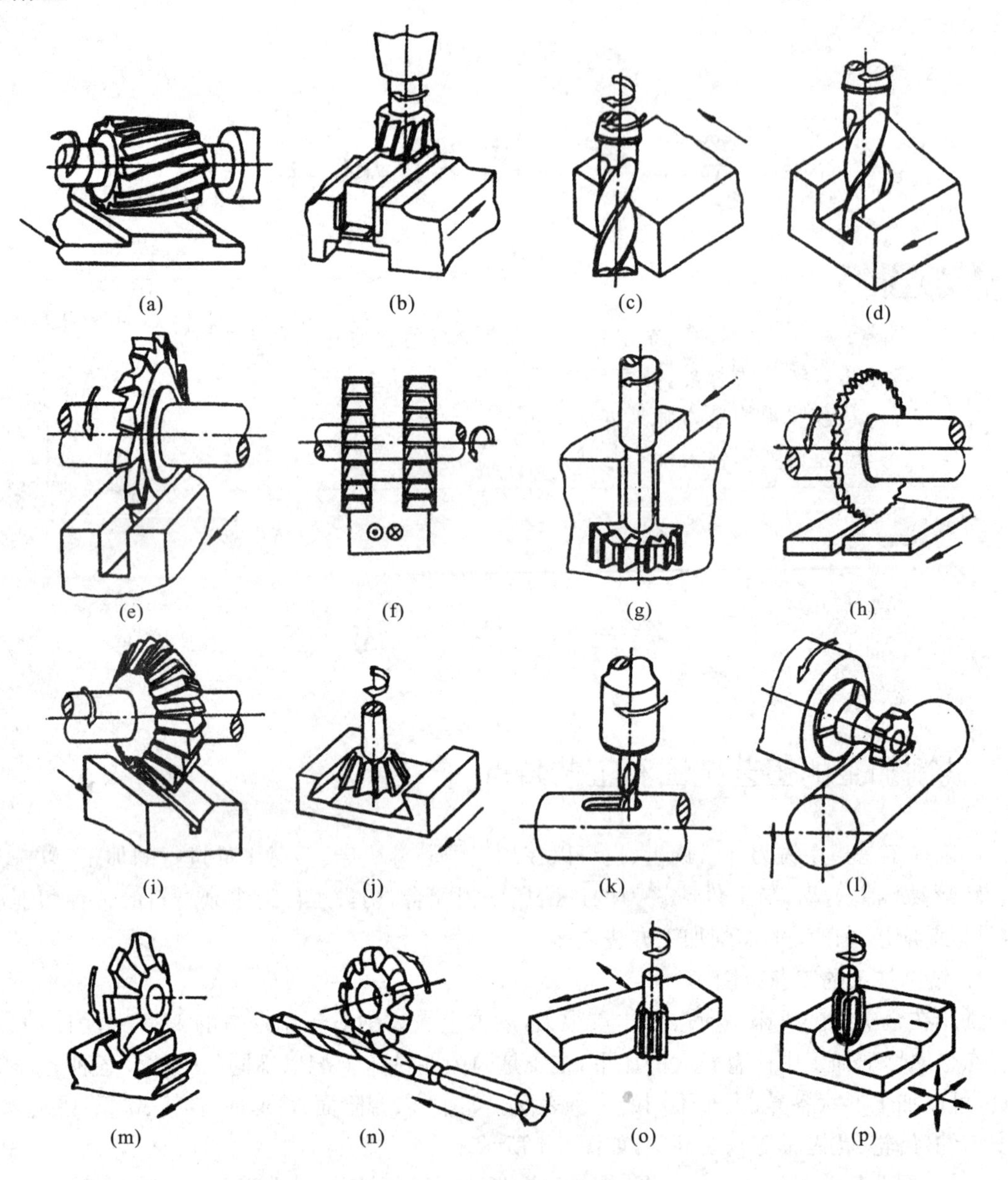

图 5-1　常见的铣削加工工作

(a)、(b)、(c) 铣平面　(d)、(e) 铣沟槽　(f) 铣台阶　(g) 铣 T 形槽　(h) 铣狭缝　(i)、(j) 铣角度槽　(k)、(l) 铣键槽　(m) 铣齿形　(n) 铣螺旋槽　(o) 铣曲面　(p) 铣立体曲面

(3) 铣削加工主要用于零件的粗加工和半精加工，其精度范围一般在 IT11～IT8，表面粗糙度值 R_a 在 12.5～0.4μm。两平行平面之间的尺寸精度可达 IT9～IT7，直线度可达 0.08～0.12mm/m。

(4) 铣削时，每个刀齿都是短时间的周期性切削，虽然有利于刀齿的散热和冷却，但周期性的热变形将会引起切削刃的热疲劳裂纹，造成切削刃剥落和崩碎。

(5) 铣刀每个刀齿的切削都是断续的，切屑比较碎小，加之刀齿之间又有足够的容屑空间，故铣削加工排屑容易。

综上所述，铣削加工具有较高的生产效率、适应性强、排屑容易，但冲击振动较大。

铣削加工的应用范围广泛，特别是在平面加工中，是一种生产效率较高的加工方法，在成批大量生产中，除加工狭长平面以外，几乎都可以用铣代刨。

二、铣削用量要素

铣削用量包括铣削速度 v_c、进给量 f、背吃刀量 a_p 和侧吃刀量 a_e 四个要素，如图 5-2 所示。

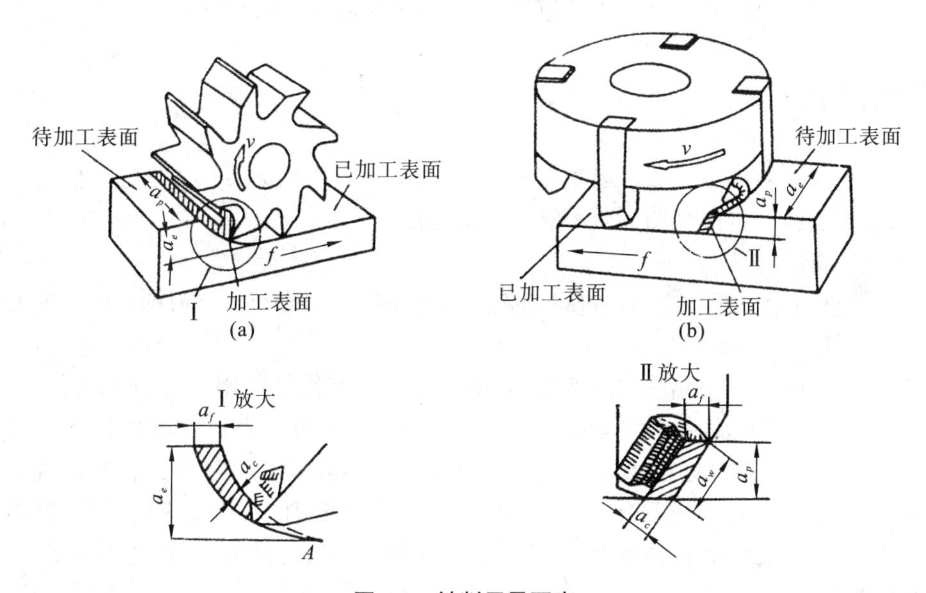

图 5-2　铣削用量要素

1. 铣削速度 v_c

铣削速度是指铣刀主运动的线速度，即铣刀最大直径处的圆周瞬时线速度，其值按以下公式计算：

$$v_c = \frac{\pi d n}{1000}\ (\mathrm{m/min})$$

式中：d——铣刀直径，单位是 mm；

n——铣刀转速，单位是 r/min。

2. 铣削进给量

铣削进给量是指工件在进给运动方向上相对刀具的移动量。由于铣刀为多刃刀具，因此，可分为每齿进给量 a_f，每转进给量 f 和每分钟进给量 v_f。

(1) 每齿进给量 a_f：每转一个刀齿时，在进给方向上工件相对于铣刀的移动量。

(2) 每转进给量 f：铣刀每转一转时，在进给方向上工件相对于铣刀的移动量。

(3) 每分钟进给量 v_f：它表示每分钟时间内，在进给方向上工件相对于铣刀的移动量，单位为 mm/min。

一般铣床铭牌上所指出的进给量为每分钟进给量 v_f，它表示每分钟时间内，工件相对铣刀的移动量，单位为 mm/min。

3. 背吃刀量 a_p

背吃刀量为平行于铣刀轴线方向测量的切削层尺寸，单位为 mm。端铣时为切削层深度，周铣时为被加工表面的宽度。

4. 侧吃刀量 a_e

侧吃刀量是垂直于铣刀轴线方向测量的切削层尺寸，单位为 mm。端铣时为被加工表面的宽度，周铣时为切削层深度。

选择铣削用量的一般原则：在保证加工质量和工艺系统刚性允许的条件下，首先选择较大的背吃刀量和侧吃刀量，其次是较大的进给量，最后才是较大的铣削速度。

三、铣削方式

铣削时，同一个被加工表面可以采用不同的铣削方式、不同的刀具来适应不同工件材料和其他切削条件的要求，以提高切削效率和刀具耐用度。

1. 端铣和周铣

用分布于铣刀端平面上的刀齿进行的铣削称为端铣。用分布于铣刀圆柱面上的刀齿进行的铣削称为周铣。

端铣与周铣相比，由于端铣刀副切削刃、倒角刀尖具有修光作用，易使加工表面获得较小的表面粗糙度值。此外，端铣时主轴垂直于工作台，刚性好，可采用较大切削用量，因此生产率较高。但由于铣刀刀齿的切入、切出形成冲击，切削过程容易发生振动，这种冲击也加剧了刀具的磨损和破损，往往导致硬质合金刀片的碎裂。在平面铣削中，端铣应用广泛，但周铣可以加工成形表面和组合表面，且铣削时，铣刀在切离工件的一段时间内，可以得到一定冷却，因此散热条件较好。

2. 顺铣和逆铣

按照铣削时主运动速度方向与工件进给方向的相同或相反，周铣又分为顺铣和逆铣两种方式，如图 5-3 所示。

(1) 顺铣

铣刀切出工件时的切削速度方向与工件的进给方向相同的铣削方式称为顺铣。

顺铣时，每个刀齿的切削厚度由最大逐渐减至零，避免了逆铣时刀齿的挤压、滑行现象，同时切削力始终压向工作台，避免了工件的上下振动，因而可提高铣刀耐用度和加工表面质量，铣刀寿命比逆铣可提高 2～3 倍。但由于工作台纵向进给丝杠与螺母间存在间隙，使铣削过程产生振动和进给量不均匀，严重时还会出现扎刀等现象，故顺铣应用受到局限。在没有丝杠螺母间隙消除装置的一般铣床上，宜采用逆铣加工。另外，顺铣不适用于加工带硬皮的工件。

(2) 逆铣

在铣刀与工件已加工面的切点处，铣刀切入工件时的切削速度方向与工件的进给方向相反的铣削方式称为逆铣。

逆铣时每个刀齿的切削层厚度都是从零逐渐增大，铣刀刃口钝圆半径大于瞬时切削厚度时，刀具实际切削前角为负值，刀齿在加工表面上挤压、滑行切不下切屑，使这段表面产生严重的冷硬层。下一个刀齿切入时，又在冷硬层上挤压、滑行，使刀具磨损加剧，且影响已加工表面质量，增加已加工表面的硬化程度。由主切削刃直接形成加工表面，加工后的表面由许多近似的圆弧组成，表面粗糙度较大。同时，逆铣时，垂直铣削分力将工件上抬，不利于工件加紧，易引起振动，这是逆铣的不利之处。但逆铣时水平切削分力的方向与工件进给方向相反，工作台不会发生窜动现象，铣削过程较平稳。

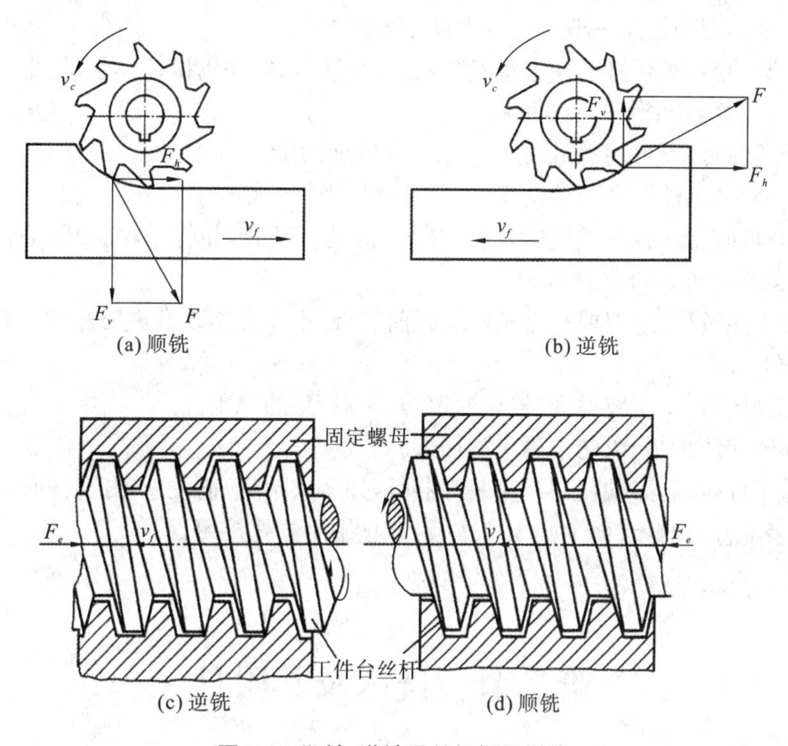

图 5-3　顺铣、逆铣及丝杠螺母间隙

3. 对称铣削与不对称铣削

端铣时，根据铣刀相对于工件安装位置不同，可分为对称铣削、不对称逆铣和不对称顺铣。

(1) 对称铣削

铣刀轴线位于铣削弧长的对称中心位置，铣刀每个刀齿切入和切离工件时切削厚度相等，称为对称铣削。这种铣削方式具有较大的平均切削厚度，在用较小的 a_f 铣削淬硬钢时，为使刀齿超越冷硬层切入工件，应采用对称铣削。

(2) 不对称逆铣

铣刀轴线位于铣削弧长的对称中心位置，铣刀每个刀齿切入和切离工件时切削厚度不相等，称为不对称铣削。在不对称铣削中，若切入时的切削厚度小于切出时的切削厚度，称之为不对称逆铣。这种铣削在切入时切削厚度最小，切入冲击较小，适用于端铣普通碳钢和高强度低合金钢。

(3) 不对称顺铣

在不对称铣削中，若切入时的切削厚度大于切出时的切削厚度，称之为不对称顺铣。这种铣削在切出时切削厚度最小，用于铣削不锈钢和耐热合金时，可减少硬质合金的剥落磨损，提高切削速度 40%～60%。

四、铣工安全操作知识

(1) 遵守金属切削机床一般安全技术操作规程。

(2) 铣床开动前,必须将工件定位安装稳固,装好刀具,并用拉杆拉紧;检查工件是否与铣刀相碰,调整好工作台与滑座移动间隙。

(3) 铣床运转时,不可用手触摸工件、刀具和清除切屑。

(4) 装卸、测量工件以及调整铣床主轴转速时,必须停车。

(5) 使用自动走刀时,必须先检查行程限位器是否可靠,并将手轮脱开,手轮保险弹簧不得拆除,铣床工作时人不可离开机床。

(6) 吃刀不能过猛,进刀要在与工件接触前进行,不准突然改变进刀速度。有限位撞块时应预先调整好。

(7) 操作铣床时,一定要遵守"停车变速,开车对刀"的原则。

(8) 必须安装防护板,以防切屑飞溅伤人。

(9) 笨重工件装卸,必须使用专用装卸器具,如多人抬运,需注意彼此协同。

(10) 拆装立铣刀时,台面上必须垫木板,禁止用手去托接刀盘。

第二节　铣床及其附件

一、铣床的种类

铣床的种类很多,常用的有立式万能升降台铣床、卧式万能升降台铣床、仿形铣床、工具铣床和龙门铣床等,其中前面两种应用最多。

二、卧式万能升降台铣床

图 5-4 所示为 X6132 型卧式万能升降台铣床,是一种常用铣床,它的结构比较完善,变速范围大,刚性好,操作方便。其主轴与工作台面平行,呈水平位置。工作台除可以上下、左右、前后移动外,还能在水平面内转动一个角度(±45°)。

1. 铣床的型号

以 X6132 型铣床为例说明铣床型号中代号和数字的含义。

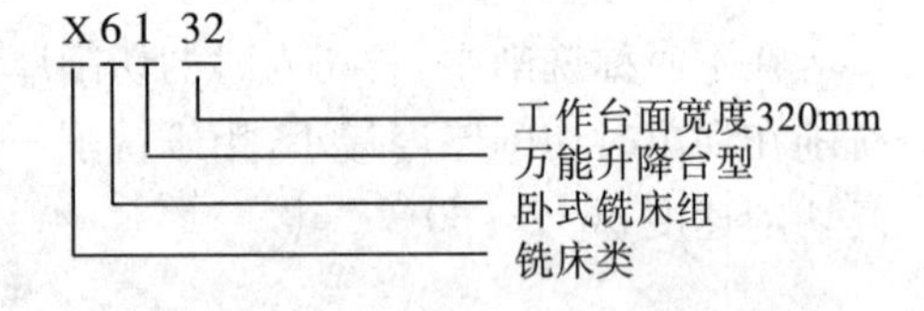

X6132 型号表示工作台面宽度为 320mm 的卧式万能升降台铣床。

2. 铣床主要部件及其功用

(1) 主轴变速机构。主轴变速机构的操纵部分设在床身的左侧。它的作用是将主传动电动机的固定转速通过其齿轮变速机构，变换成 18 级不同的转速传递给主轴，以满足不同的铣削要求。

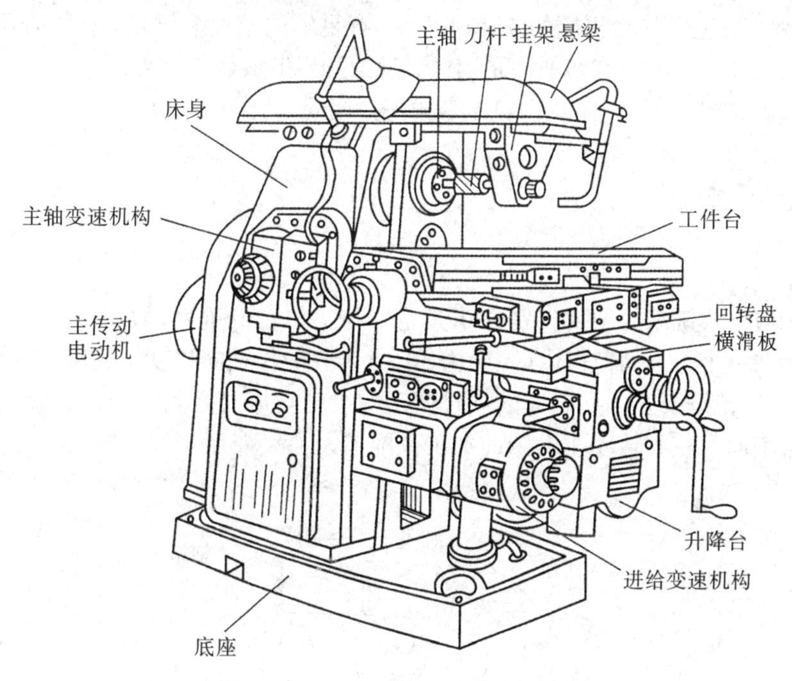

图 5-4　X6132 型卧式万能升降台铣床

(2) 主轴。主轴是一根空轴，与工作台面平行。主轴前端有锥度为 7∶24 的锥孔，用于安装铣刀或铣刀刀杆的锥柄，锥柄内有螺纹孔，它和由主轴后端穿入的螺栓连接，使之与主轴固连。主轴前端面还有两个端面键，与刀杆锥柄上的键槽相配，起传递转矩的作用。为了使铣削平稳，一般在主轴中部装有飞轮。

(3) 床身。床身用来支承和连接铣床各部件，安装在底座上。床身正面有燕尾形垂直导轨，供升降台上下移动，其顶部有燕尾形水平导轨，可以调整悬梁的悬伸长度。床身内部有主轴及其变速机构、电气设备和油泵等部件。

(4) 悬梁。悬梁用来安装挂架，以支承刀杆的一端，增强刀杆的刚性，挂架在悬梁上的位置，可以通过悬梁上的导轨进行调整，以适应不同长度刀杆的需要。

(5) 升降台。升降台装在床身正面的垂直导轨上，其中部由丝杠与底座螺母相连接，用于带动其上的横滑板、回转盘和工作台一起作上下移动。升降台内部装有进给电动机和进给变速机构。

(6) 横滑板。横滑板装在升降台的上面，用于带动工作台作横向移动。

(7) 回转盘。回转盘在横滑板与工作台之间，用来带动工作台在水平面内转动一定的角度，其最大转角可达±45°。

(8) 工作台。工作台装在回转盘的上面，用来安装工件和夹具，并作纵向(或斜向)进给运动。工作台面上有三条 T 形槽，可用 T 形螺栓来安装工件或夹具。这三条 T 形槽的侧面与工作台进给运动方向平行，尤其是中间一条，其平行度较高，一般用作工件、夹具及铣床附件的定位基准。工作台面四周的沟槽与切削液的回油路相通，形成循环回路系统。

(9) 进给变速机构。进给变速机构装在升降台内部，它将进给电动机的固定转速通过其齿轮变速机构变换成 18 级不同的转速，使工作台获得多种不同的进给速度，以满足不同的铣削需求。

(10) 底座。底座是整台机床的支承部件，具有足够的刚度和强度，床身和升降丝杠的螺母固定在其上。底座上还装有切削油泵，其内腔贮存有切削液。

XA6132 型万能铣床传动系统图见本章末尾的附录。

三、其他铣床简介

1. 立式铣床

立式铣床与卧式铣床的主要区别在于其主轴与工作台面垂直，如图 5-5 所示。它的主轴可以通过手动在一个不大的范围内(一般为 60～100mm)作轴向移动。这种铣床刚性好、生产效率高，只是加工范围要小一些。有的立式铣床的主轴与床身之间有一回转盘，盘上有刻度，主轴可在垂直平面内左右转动 45°，因此加工范围扩大了。

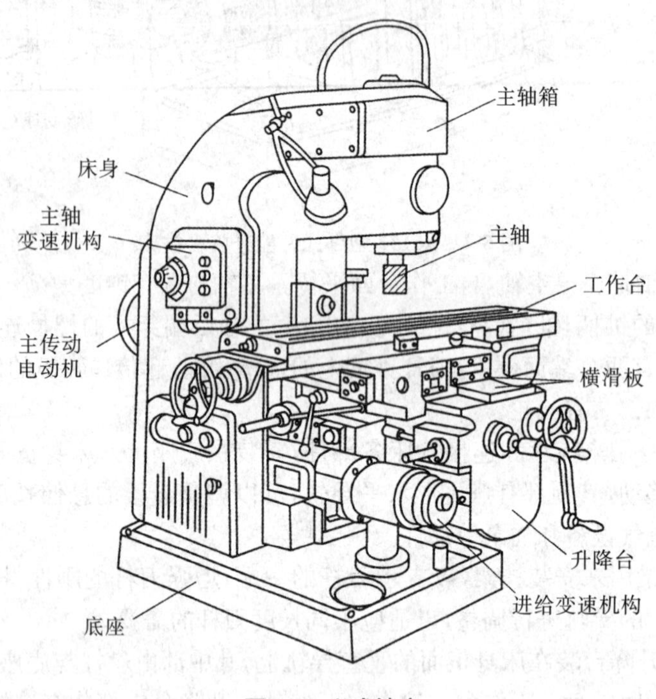

图 5-5　立式铣床

2. 龙门铣床

龙门铣床是一种大型高效通用铣床，如图 5-6 所示。工件固定在工作台上，随工作台一起作纵向运动。立铣头安装在横梁上，可随横梁沿立柱导轨升降，也可以沿横梁导轨横向移动；卧铣头安装在立柱上，可沿其升降。每个铣头都装有独立的电动机、变速机构、主轴和操纵机构。龙门铣床能进行多刀、多工位的铣削加工，刚度好，适用于强力切削，主要用于铣削大中型工件的平面、斜面、沟槽等，既可对工件进行粗铣和半精铣，也可进行精铣，生产效率很高。

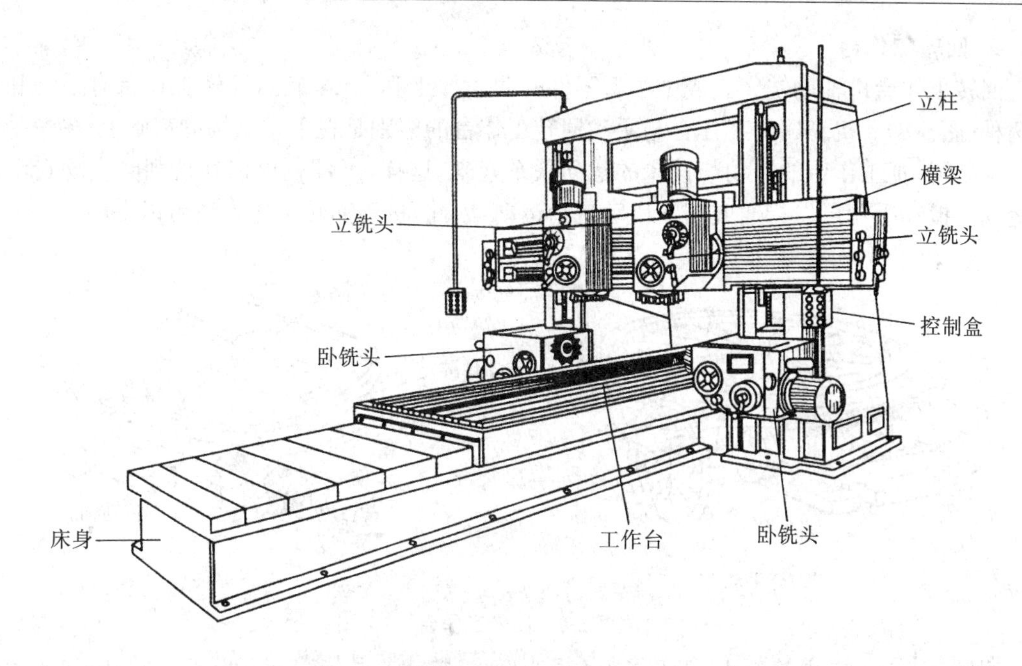

图 5-6 龙门铣床

四、铣床附件

为了扩大加工范围、提高生产效率，常在铣床上配置相应的附件，主要有机床用平口虎钳、回转工作台、万能分度头、立铣头、万能铣头、铁床插头等。

1. 机床用平口虎钳

机床用平口虎钳本身精度以及与底座底面的相互位置精度均较高，底座下面还有两个定位键。安装时，以工作台面上的T形槽定位。机床用平口虎钳适用于以平面定位和夹紧的中小型零件。常用的机床用平口虎钳有普通机床用平口虎钳和可倾机床用平口虎钳两种。图5-7(a)所示为普通机床用平口虎钳，其钳身可以绕底座中心轴回转360°。图5-7(b)所示为可倾机床用平口虎钳，其钳身除可以绕底座中心轴回转360°以外，还能倾斜一定的角度。

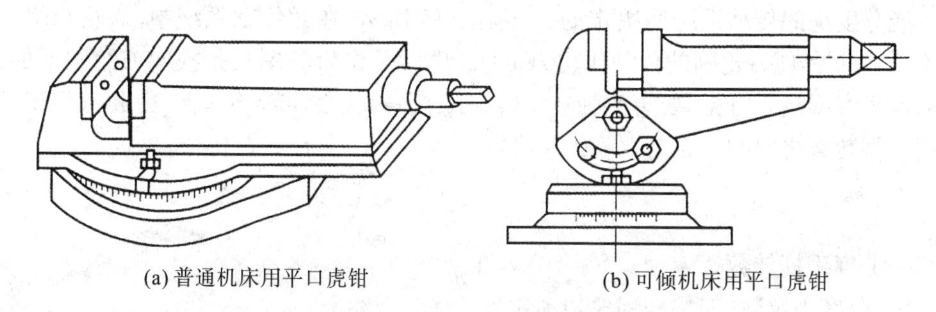

(a) 普通机床用平口虎钳　　(b) 可倾机床用平口虎钳

图 5-7 常用的机床用平口虎钳

机床用平口虎钳的规格是以钳口宽度来确定的，常用的有100mm、125mm、160mm、200mm和250mm等。

2. 回转工作台

回转工作台可辅助铣床完成中小型零件的曲面加工和分度加工，回转工作台有手动和机动两种(图 5-8)。机动回转工作台与手动回转工作台的区别是在手动结构的基础上，多一个机械传动装置，把工作台的转动与铣床的运动联系起来，这样，工件就可以在铣削时实现自动进给运动。扳动手柄可以接通或切断机动进给运动，因此，机动回转工作台也可以手动。

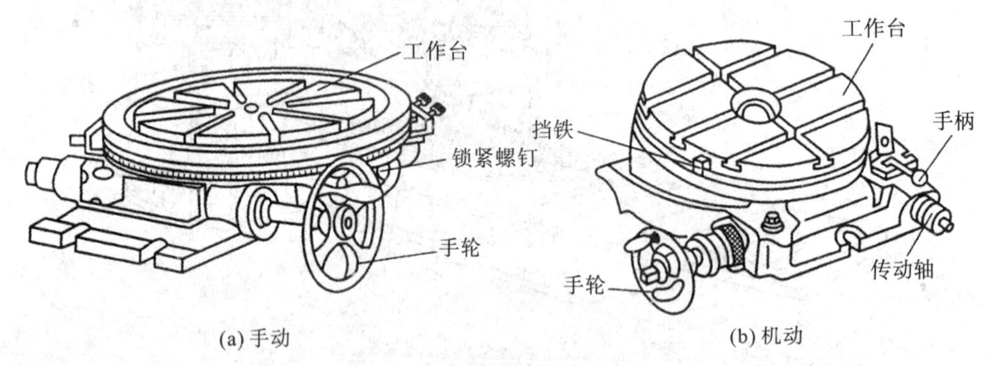

图 5-8　回转工作台

回转工作台的规格是以工作台直径来确定的，常用的有 250mm、320mm、400mm、500mm 等。

3. 万能分度头

万能分度头是铣床的重要附件(图 5-9)，在铣床上加工某些零件(如齿轮、花键轴、带螺旋槽的零件等)和切削工具(如丝锥、铰刀、麻花钻等)时，都要使用万能分度头。使用时将万能分度头的基座固定在铣床工作台上。基座上有回转体，回转体侧面有分度盘，分度盘两面都有若干圈数目不同的等分小孔，转动手柄，通过万能分度头内部的传动机构带动主轴转动。手柄在万能分度盘的孔圈上应转过的圈数和孔数，可以根据工件的需要进行计算确定，让工件完成等分或不等分分度。

分度头的分度方法有简单分度法、角度分度法、差动分度法和直线移动分度法等，常用的分度方法有简单分度法和角度分度法两种，下面介绍其计算方法。

(1) 简单分度法。分度时，首先要了解工件等分数与分度手柄转数之间的关系，而这个关系是由万能分度头的传动系统所决定的。如图 5-10 所示，在此传动系统中，蜗轮与蜗杆的传动比为 40∶1，而其他齿轮副的传动比均为 1∶1，也就是说齿轮副只是换向或结构上的需要，对总传动比没有影响。可见，要想主轴转 1 转，分度手柄就必须转 40 转。由此可得工件等分数与分度手柄转数之间的关系为

$$n = \frac{40}{Z}$$

式中：n——分度手柄转数；

　　40——分度头定数(即蜗杆蜗轮传动比)；

　　Z——工件等分数。

国产 FW125 万能分度头共备有两块分度孔盘，孔盘上有数圈均匀分布在圆周上的定位小孔，它们是帮助分度手柄作非整数圈转动时定位用的，其孔圈分别为：

第一块正面　24、25、28、30、34、37

第一块反面　38、39、41、42、43
第二块正面　46、47、51、53、54
第二块反面　57、58、59、62、66

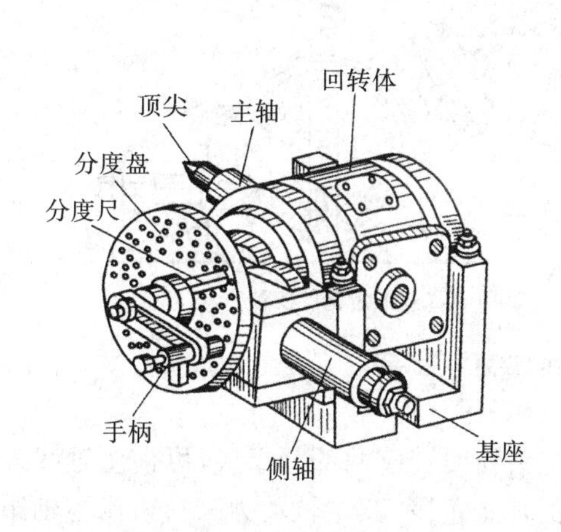

图 5-9　万能分度头

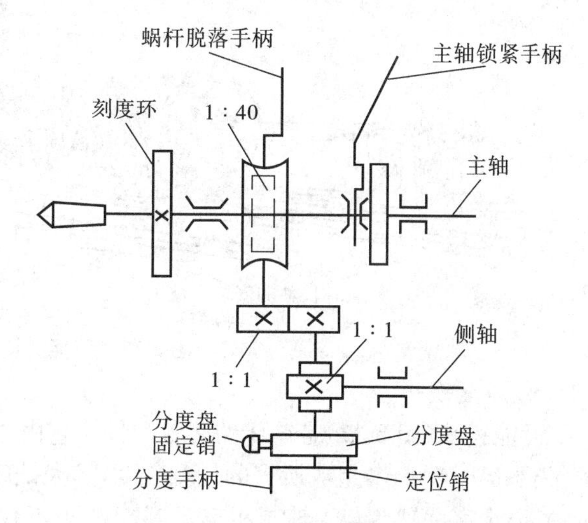

图 5-10　万能分度头传动系统图

【例 1】　铣一槽数 $Z=21$ 的工件，求每铣一条槽后分度手柄应转过的转数。

解：根据公式 $n=40/Z$ 可得

$$n=40/21=1+19/21=1+38/42$$

式中，整数部分不变，将分数部分扩大，使其分母与分度盘上某一孔圈的孔数相等。

即选用分度盘上孔数为 42 的孔圈，每铣一条槽后，分度手柄应旋转 1 转，再转过 38 个孔距。

(2) 角度分度法。角度分度法是简单分度法的另一种形式，它是以工件所需分度的角度为依据来进行分度的。已知分度手柄转 40 转，主轴转 1 转(即 360°)，若分度手柄转 1 转，则主轴只转过 $360°/40=9°$，由此可得

$$n=\frac{\theta}{9°}$$

式中：θ——工件所需转过的角度。

【例 2】　工件上需要铣两条夹角为 111°的槽，问铣好一条槽后，分度手柄应转过的转数。

解：根据公式 $n=\frac{\theta}{9°}$ 可得

$$n=\frac{111°}{9°}=12+\frac{3}{9}=12+\frac{1}{3}=12+\frac{22}{66}$$

即铣好一条槽后，分度手柄在 66 孔圈上旋转 12 转，再转过 22 个孔距，方可铣第二条槽。

分度时，为避免数错孔数，可利用分度头上的分度尺定位。为使精度最高，计算结果变成最简分数后，以分母为基础在可选范围内选取最大数的孔圈。

万能分度头主轴可随回转体在 −6°～90°(水平方向)之间回转成任意角度，这样就可以将工件相对于工作台面扳成所需要的角度，在万能分度头的前端有主轴，主轴前端有标准锥孔，可插入顶尖，外部有螺纹可以装卡盘、拨盘和鸡心夹头，用来夹持不同的工件，如图 5-11 所示。

4. 立铣头

立铣头(图 5-12)装在卧式铣床上，可以起到立式铣床的作用，扩大其加工范围。立铣

头可以在垂直平面内回转 360°，其主轴与铣床主轴之间的传动比一般为 1∶1，故两者的转速相同。

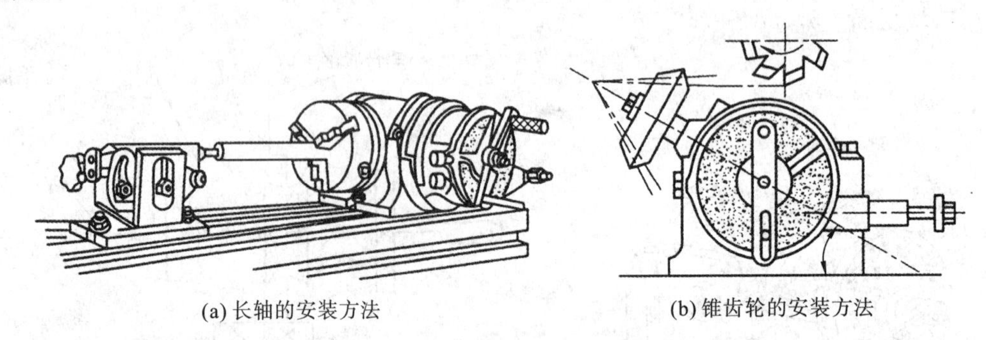

(a) 长轴的安装方法　　(b) 锥齿轮的安装方法

图 5-11　万能分度头的应用

5. 万能铣头

万能铣头(图 5-13)是铣床的必备附件。它由立铣头和回转座两部分组成，可使主轴线绕 X、Y 两个方向回转，组成所需的任意角度，扩大铣床的加工范围；其主轴动力来自机床主轴箱主轴，以十字联轴节与主轴箱相连。万能铣头不仅能完成立铣、平铣工作，而且可在工件一次装夹中，进行各种角度的多面、多棱、多槽的铣削，特别适用于单件、小批工件的加工及维修加工。

6. 铣床插头

铣床插头(图 5-14)装在卧式铣床上，可以进行中小型工件内孔、单键、多键和方孔的插削。铣床插头在垂直平面内可以回转±90°，其主轴与铣床主轴之间的传动比一般为 1∶1。

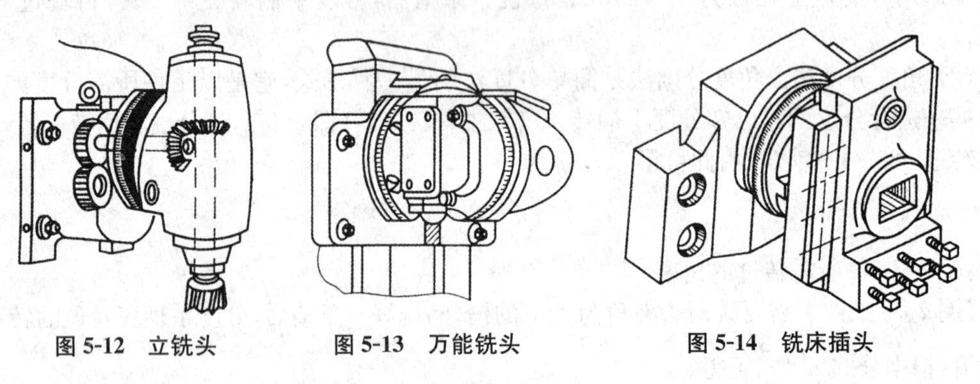

图 5-12　立铣头　　**图 5-13　万能铣头**　　**图 5-14　铣床插头**

第三节　铣　　刀

通用规格的铣刀已标准化，一般均由专业工具厂生产。铣刀种类很多，一般按用途分类，也有按齿背形式等分类的。现介绍几种按用途分类的常用铣刀的特点及其适用范围。

1. 圆柱铣刀

圆柱铣刀如图 5-15 所示，螺旋形切削刃分布在圆柱表面，没有副切削刃，主要用在卧式铣床上铣平面。螺旋形的刀齿切削时是逐渐切入和脱离工件的，所以切削过程较平稳，一般适宜于加工宽度小于铣刀长度的狭长平面。

一般圆柱铣刀都用高速钢制成整体的,根据加工要求不同有粗齿、细齿之分,粗齿的容屑较大,用于粗加工,细齿用于精加工。铣刀外径较大时,常制成镶齿的。

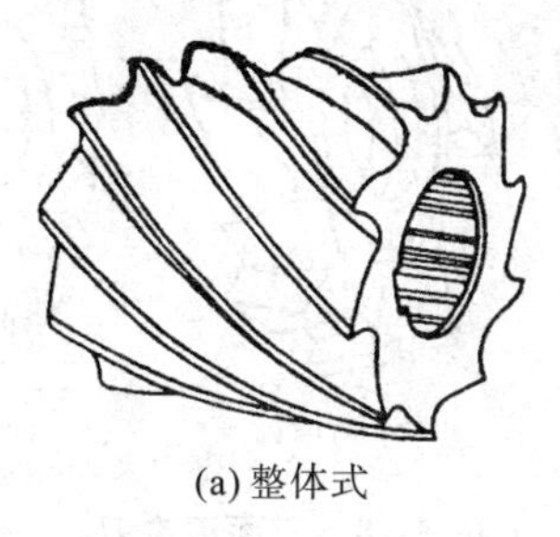

(a) 整体式　　　　(b) 镶齿式

图 5-15　圆柱铣刀

2. 端铣刀

端铣刀如图 5-16 所示,其切削刃位于圆柱的端部,圆柱(或圆锥)面上的刃口为主切削刃,端面刀刃为副切削刃,铣刀的轴线垂直于被加工表面,故适用于在立式铣床上加工平面。用端铣刀加工平面,同时参加切削的刀齿较多,又有副切削刃的修光作用,已加工表面粗糙度小,因此可以用较大的切削用量,在大平面铣削时都采用端铣刀铣削,生产率高。

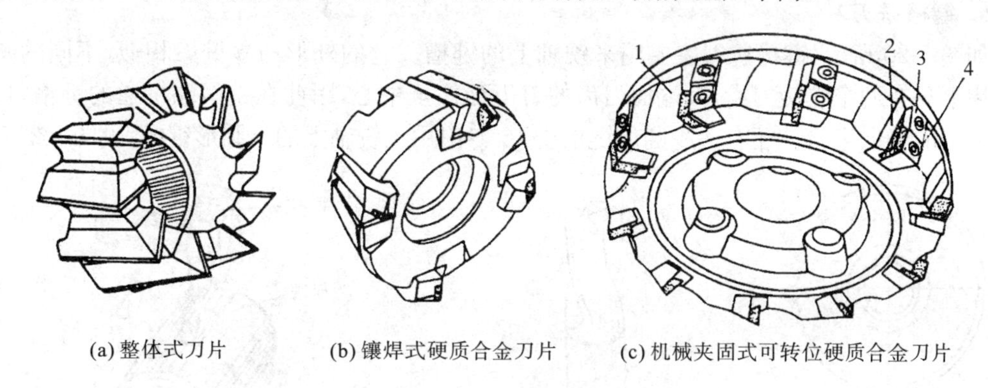

(a) 整体式刀片　　(b) 镶焊式硬质合金刀片　　(c) 机械夹固式可转位硬质合金刀片

图 5-16　端铣刀

1. 不重磨可转位夹具　2. 定位座　3. 定位座夹板　4. 刀片夹板

小直径端铣刀用高速钢做成整体的,大直径的是在刀体上装焊接式硬质合金刀,或采用机械夹固式可转位硬质合金刀片。

3. 立铣刀

立铣刀相当于带柄的、在轴端有副切削刃的小直径圆柱铣刀,因此既可以作圆柱铣刀用,又可利用端部的副切削刃起端铣刀的作用。立铣刀柄部装夹在立铣头主轴中可以铣狭平面、直角台阶、平底槽等,应用很广。另外还有粗齿大螺旋角立铣刀、玉米铣刀、硬质合金波形刃立铣刀等,立铣刀的直径较大,可以采用大的进给量,生产率很高,图 5-17 为各种立铣刀的外形。

4. 三面刃铣刀

三面刃铣刀又称盘铣刀,见图 5-18。在刀体的圆周上及二侧环形端面上均有刀刃,所以称为三面刃铣刀。它主要用于卧式铣床上加工台阶面和一端或二端贯穿的浅沟槽。三面刃铣刀的圆周刀刃为主切削刃,侧面刀刃是副切削刃,只对加工侧面起修光作用。

三面刃铣刀有直齿(图 5-18(a))和交错齿(图 5-18(b))两种,后者能改善两侧的切削性能。直径较大的三面刃铣刀常采用镶齿结构(图 5-18(c))。

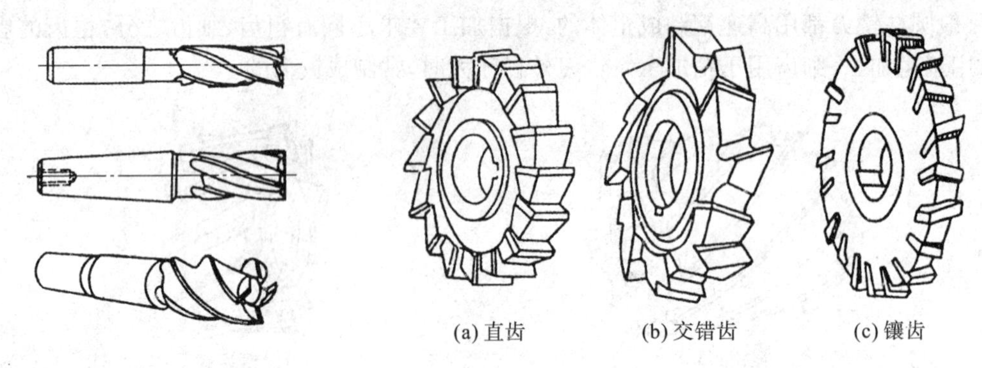

图 5-17　立铣刀　　图 5-18　三面刃铣刀

5. 锯片铣刀

如图 5-19 所示，锯片铣刀本身很薄，只在圆周上有刀齿，它用于切断工件和铣狭槽。为避免夹刀，其厚度由边缘向中心减薄使两侧形成副偏角。

还有一种切口铣刀，它的结构与锯片铣刀相同，只是外径比锯片铣刀小，齿数更多，适宜在较薄的工件上铣狭的切口。

6. 键槽铣刀

如图 5-20 所示，键槽铣刀主要用来铣轴上的键槽。它的外形与立铣刀相似，不同的是它在圆周上只有两个螺旋刀齿，其端面刀齿的刀刃延伸至中心，因此在铣两端不通的键槽时，可以作适量的轴向进给。还有一种圆形键槽铣刀，专门用于铣轴上的半圆形键槽，见图 5-21。

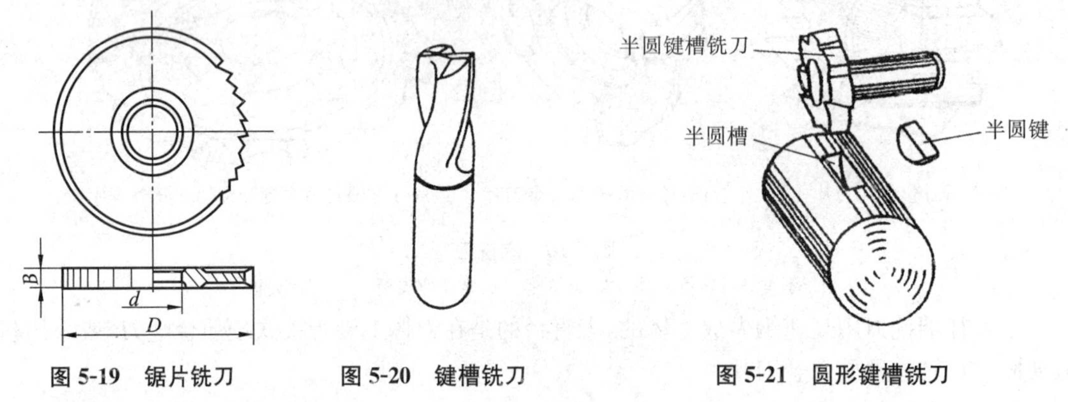

图 5-19　锯片铣刀　　图 5-20　键槽铣刀　　图 5-21　圆形键槽铣刀

此外还有角度铣刀、成形铣刀、T 形槽铣刀、燕尾槽铣刀、仿形铣用指形铣刀等特种铣刀，见图 5-22。

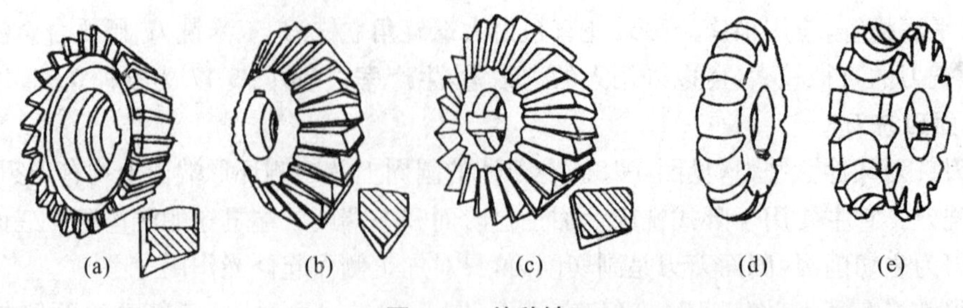

图 5-22　特种铣刀

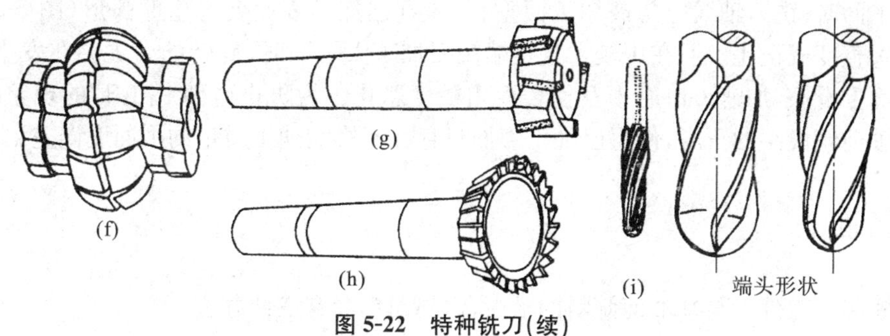

图 5-22　特种铣刀(续)

(a)、(b)、(c) 角度铣刀　(d)、(e)、(f) 成形铣刀　(g) T 形槽铣刀　(h) 燕尾槽铣刀　(i) 指形铣刀

第四节　铣削加工方法

铣削加工的范围很广，主要有铣平面、铣斜面、铣阶台、铣键槽、铣 T 形槽、铣特形面、铣螺旋槽和钻镗孔等。

一、铣平面

铣平面是铣床加工中最基本的工作。图 5-23 所示是各种铣平面的方法。

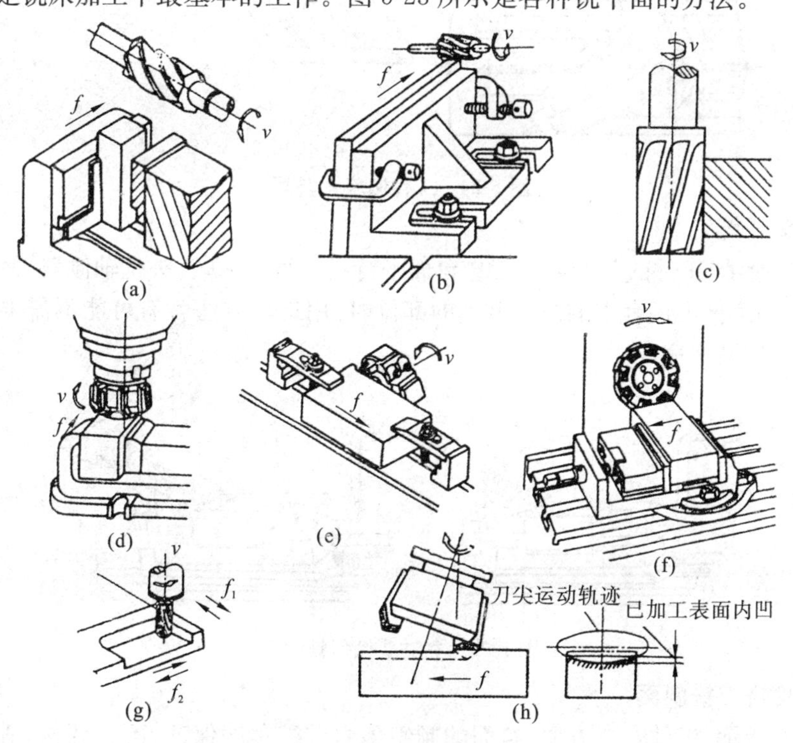

图 5-23　铣平面

(a)、(b) 周铣平面　(c) 周铣侧面　(d) 端铣平面　(e)、(f) 端铣侧面　(g) 周铣凹台　(h) 端铣平面的平面度误差和“扫刀”

端铣平面时,铣刀轴线应与被加工面垂直,否则已加工表面会产生凹弧形(图 5-23(h)),其程度与垂直度成正比。但在用较大直径端铣刀加工大平面时,旋转的刀尖会在发生回弹的已加工表面上滑擦,加速刃口磨损及使表面粗糙度恶化。为防止这种“扫刀”的现象的发生,通常将主轴前倾极小的角度,使得已加工表面只存在不影响加工质量的平面度误差。

二、铣斜面

斜面实际是工件上与基准面倾斜的平面,铣斜面一般有三种方法:

1. 工件倾斜

如图 5-24 所示,加工时将工件基准面倾斜成所需角度,使被加工面与铣床工作台面平行或垂直,然后用与铣平面相同的方法进行加工。

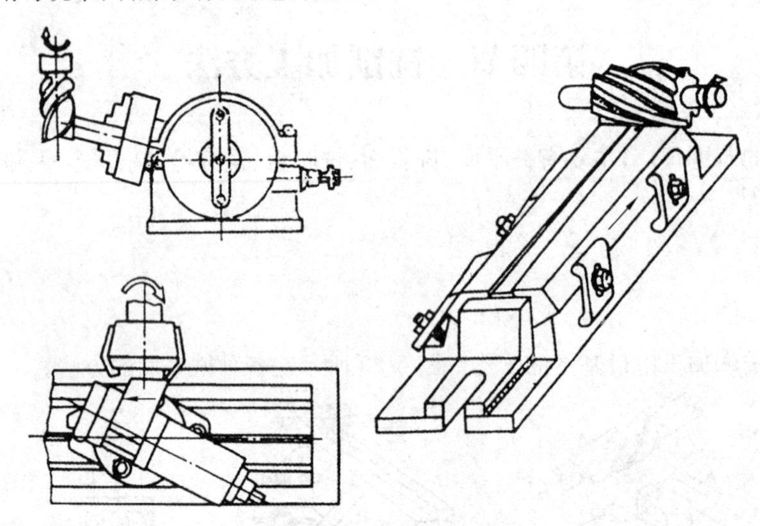

图 5-24 工件倾斜铣斜面

2. 立铣头倾斜

如图 5-25 所示,工件的基准面与工作台面平行或垂直,将立铣头主轴倾斜,使其与被加工面斜度一致。当工件上还有别的需要铣削的部位时,用这种方法就有可能不需再次调整工件位置,而在一次安装中完成。

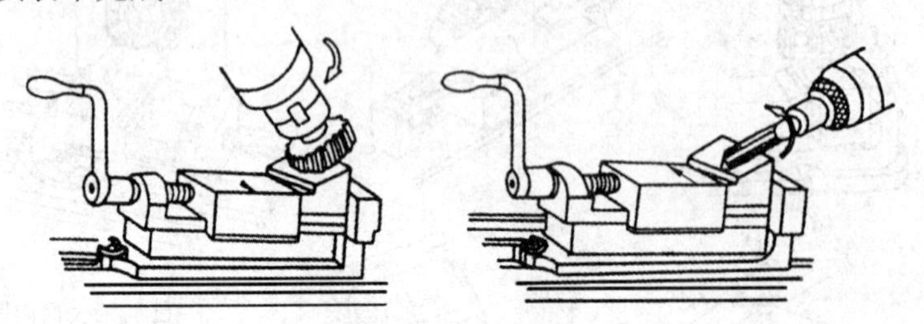

图 5-25 立铣头倾斜铣斜面

3. 用角度铣刀铣斜面

如图 5-26 所示,工件安装方便,斜面的倾斜角由铣刀角度保证,不必调整,适用于在卧式铣床上加工较狭的斜面。

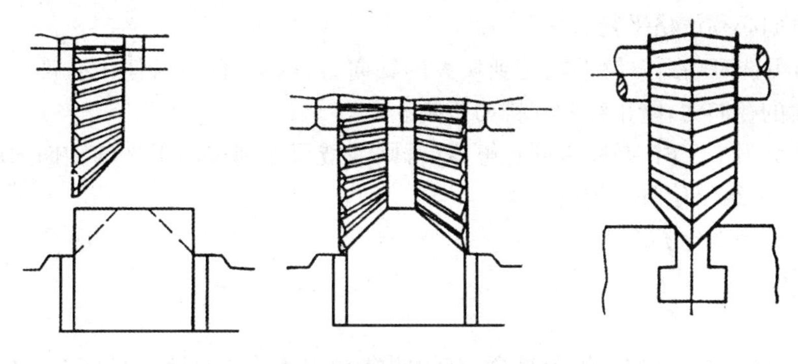

图 5-26　用角度铣刀铣斜面

三、铣阶台

同时铣相互垂直的二相交平面称为铣阶台，一般用三面刃铣刀或立铣刀加工，也可用圆柱形齿的端铣刀进行加工(图 5-27)。各种铣刀加工时主切削工作都是由圆周刀齿完成，端面刀齿只起修光作用。

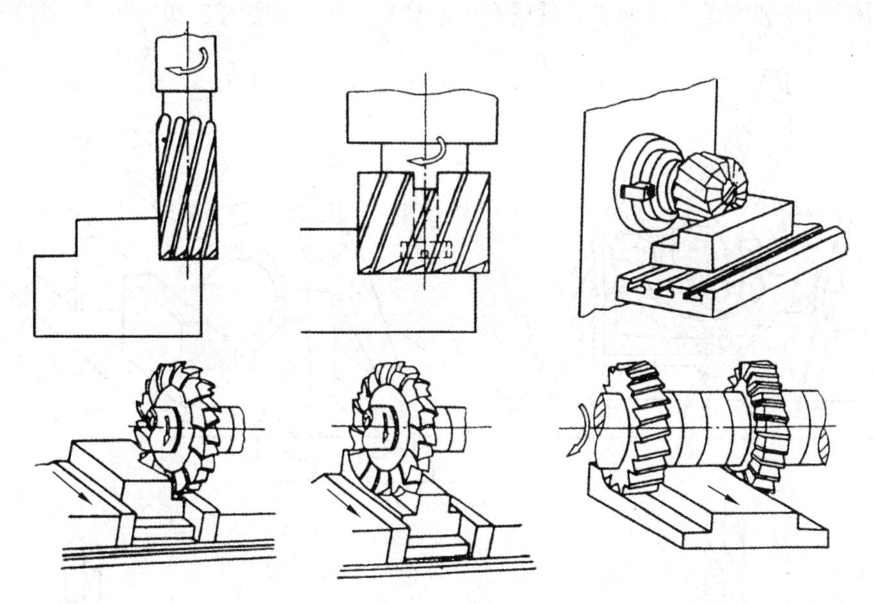

图 5-27　铣阶台

用三面刃铣刀铣阶台时，由于铣刀的直径大，对排屑、冷却有利，可以选用较大的切削用量，生产率高。但加工中应注意以下三点：

(1) 铣削时工作台进给方向必须与铣刀的轴线垂直，否则会使阶台的垂直面出现如图 5-28 所示的倾斜和不平直的现象。

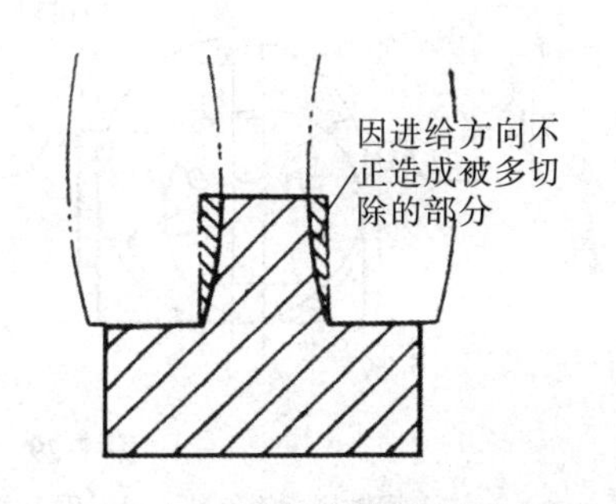

图 5-28　铣阶台时工作台进给方向不正

(2) 工作台进给方向可以通过矩形工作台上三条 T 形槽的中间一条槽的两侧来测量，因为按规定该槽两侧与纵向进给方向必须严格平行。

(3) 三面刃铣刀端面刀齿不能受到较大的轴向力，以免打刀，若使用立铣刀加工，则不应使其受到过大的径向力，防止细的立铣刀折断。

用直柄立铣刀加工时，必须夹得足够紧，否则当铣刀受到拉向工件的轴向力时，就会把铣刀逐渐拉向工件，结果使阶台越铣越深。

四、铣键槽

轴类零件上的键槽有的在轴向贯穿，有的两端封闭或一端封闭。贯穿的键槽可以用三面刃铣刀加工，一端封闭的可用立铣刀或键槽铣刀加工，两端均封闭的只能用键槽铣刀加工。

加工键槽，不但要保证槽宽的精度，而且还要保证键槽的位置精度。批量生产时工件安装位置一般由夹具保证，加工前刀具与夹具相对位置调整好后，不再变动。但由于工件直径有差异，安装方法不当就会使不同直径的工件中心偏离原来调整好的位置，结果使键槽位置亦产生偏差。轴类工件加工时的方法有多种，图 5-29 是用轴用虎钳和 V 形铁安装的方法，还可用分度头卡盘与尾座顶尖配合安装。当轴径不同时，如用平口钳（图 5-29(c)）或用 V 形铁（图 5-29(b)）的安装方法会使加工后键槽有中心位置偏差，如按图 5-29(e)安装则没有中心位

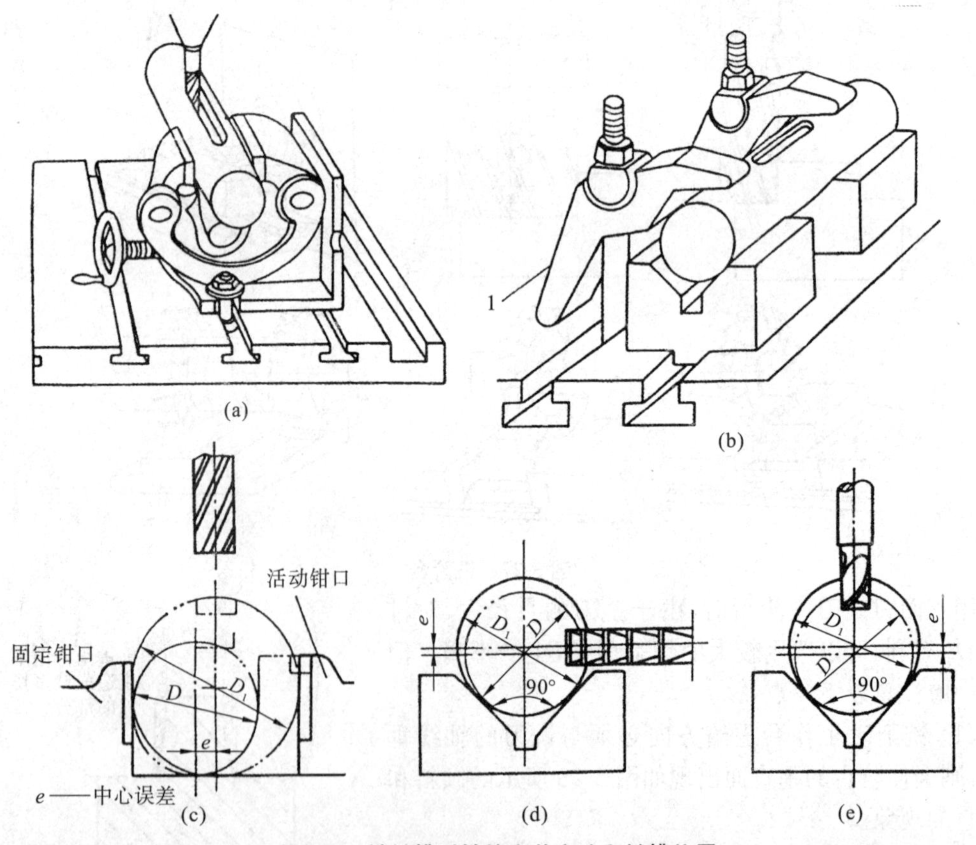

图 5-29　铣键槽时轴的安装方法和键槽位置

(a) 用轴用虎钳安装　(b) 用 V 形铁和压板安装　(c)、(d)、(e) 不同安装方法键槽位置误差分析

置偏差。铣刀直径(或宽度)应等于键槽宽度的最小尺寸,并应使铣刀刀齿偏摆量小于0.01mm,防止刀齿偏摆量过大而引起槽宽尺寸增大。单件加工时一般采用直径(或宽度)较小的铣刀分别对槽的两侧面进行加工。

五、铣T形槽

铣T形槽要分成三个步骤:先用立铣刀或三面刃铣刀铣直槽,然后再用T形槽铣刀铣平槽,最后用90°角度铣刀进行倒角(图5-30)。

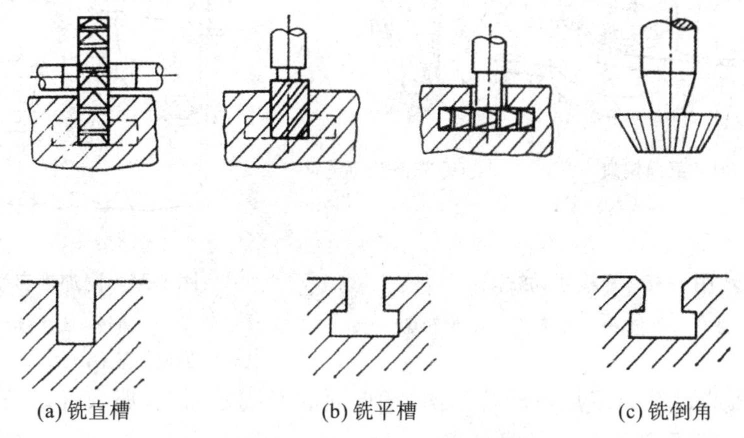

(a) 铣直槽　　(b) 铣平槽　　(c) 铣倒角

图5-30　T形槽的铣削步骤

铣T形槽的水平槽时,由于排屑困难,热量不易散失,刀具会早期磨损,而且T形槽铣刀的颈部比较细,容易折断。因此切削用量不宜过大,加工过程要注意防止切屑堵塞。在工件结构允许的条件下,可将T形槽的直槽部分加工得比平槽底稍深一点,这样在铣平槽时可改善切削条件。

六、铣特形面

有些工件的周边轮廓是曲线或曲线与直线的组合,如图5-31所示的压板、扇形板、圆周凸轮等。若曲面的母线是较短的直线,则可以在立式铣床上用立铣刀加工,图5-32为这些工件的一般加工方法。

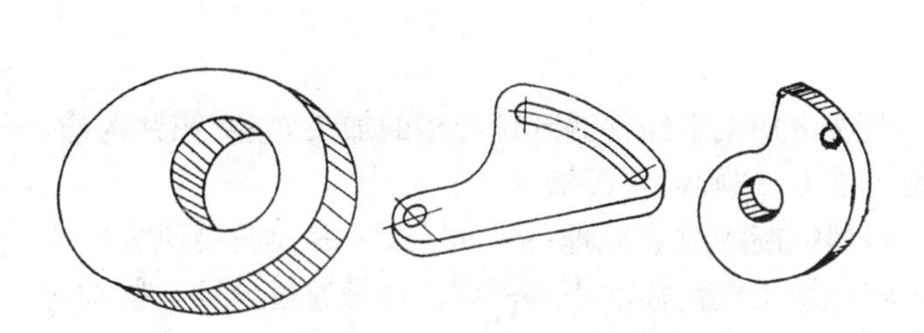

图5-31　周边具有曲线轮廓的工件

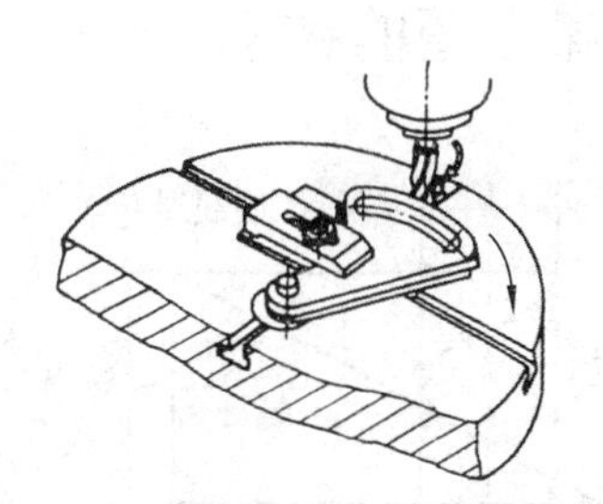

图5-32　用立铣刀加工周边曲线的一般方法

如用手动进时给按划线铣出周边轮廓，或将工件装在回转工作盘上使工作盘回转，铣出圆弧以工作台移动加工出直线。成批生产时，可利用靠模用手动进给铣削（图 5-33），或利用附加靠模装置进行自动铣削（图 5-34）。

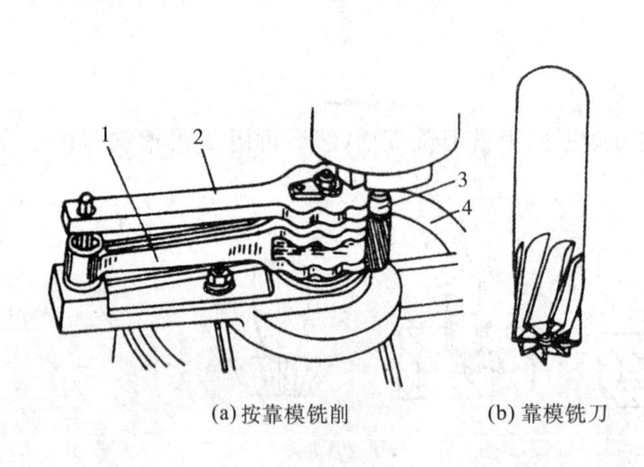

图 5-33　靠模手动铣削

1. 工件　2. 靠模　3. 铣刀　4. 回转盘

图 5-34　附加半自动靠模设备

1. 重锤　2. 滚轮　3. 靠模　4. 靠模装置工作台　5. 工件　6. 立铣刀

若工件表面是如图 5-35 所示的特形面，特形面的母线是曲线，那么就要采用成形铣刀在卧式铣床上加工（图 5-36）。

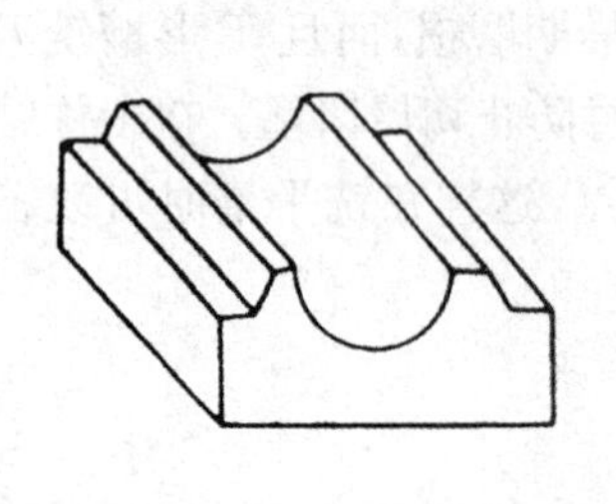

图 5-35　具有特形面的工件

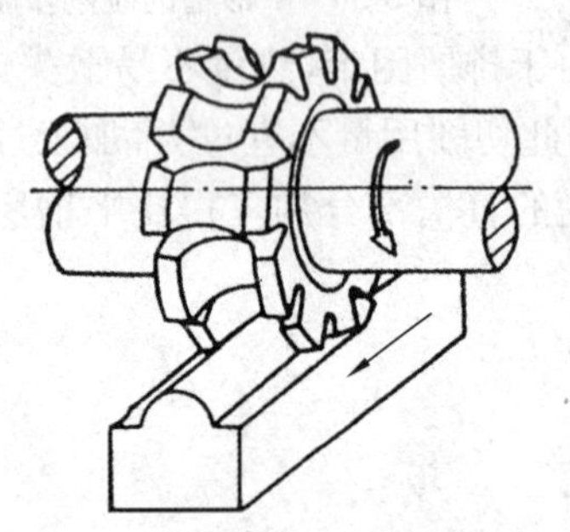

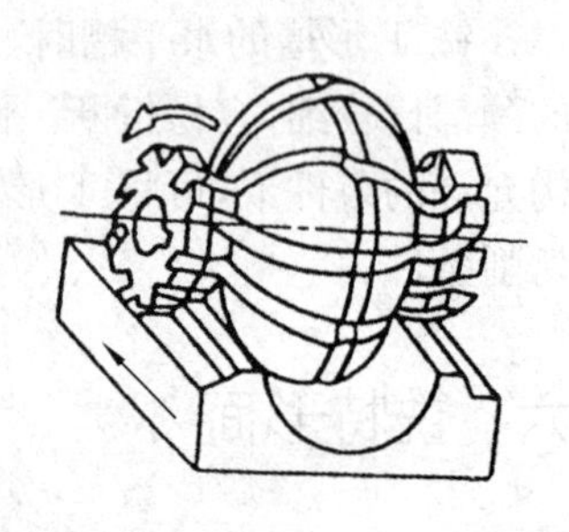

图 5-36　在卧式铣床上加工特形面

如工件表面是立体曲面，则必须在立体仿形铣床、立体数控铣床上用指形铣刀进行加工。

七、螺旋槽的铣削

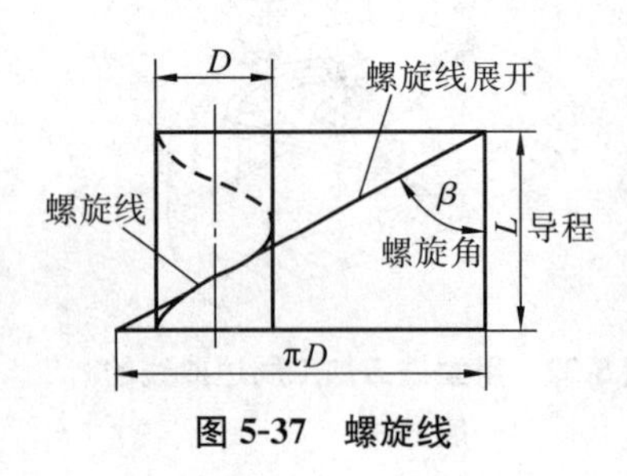

图 5-37　螺旋线

在铣床加工中经常遇到螺旋槽的加工，如麻花钻沟槽、螺旋齿铣刀、螺旋齿轮齿槽等。

根据螺旋的成形原理（图 5-37），铣螺旋槽要使分度头主轴转一周工作台移动一定距离。这是通过分度头侧轴与工作台纵向丝杠之间用一定传动的挂轮连接起来而达到的。

图 5-38 为铣螺旋槽时万能分度头与纵向丝杠间的传动关系，根据螺旋槽的参数求出挂轮的齿数。

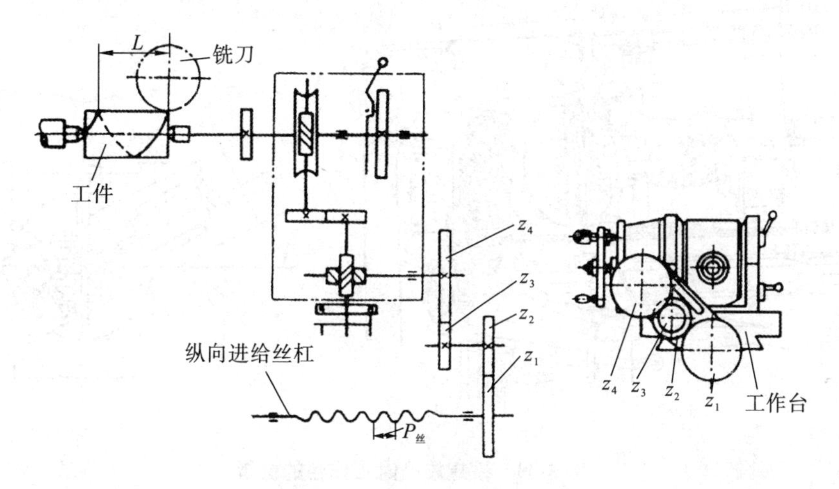

图 5-38 铣螺旋槽的传动关系

【例 3】 在 X62W 卧式万能铣床上铣削右螺旋槽，其螺旋角 β 为 32°，工件外径为 75mm，试调整机床和选择挂轮。

解：先求导程 L：

$$L = \pi D\cot\beta = 3.1416 \times 75\cot 32^\circ \approx 377(\mathrm{mm})$$

再求挂轮齿数：

$$\frac{z_1}{z_2}\frac{z_3}{z_4} = \frac{40P_{丝}}{L} = \frac{40 \times 6}{377} \approx \frac{7}{11} = \frac{7 \times 1}{5.5 \times 2} = \frac{70}{55} \times \frac{30}{60}$$

式中，$P_{丝}$——纵向丝杠螺距(mm)。

计算结果：$z_1=70$、$z_2=55$、$z_3=30$、$z_4=60$。

用盘形铣刀铣削时，铣刀的平面应与螺旋槽的切线方向一致，这样能使螺旋槽的截形和铣刀的截形一致。因此，必须把万能铣床的工作台转动一个螺旋角 β(图 5-39)。另外为了消除铣刀侧刃对螺旋槽形的干涉而引起过切(图 5-40)，避免槽形产生加工误差，应采用双角铣刀铣削，且其直径在刀具强度足够的条件下应尽量小。

在圆柱体上有两条或更多等分的螺旋线时，称为多线螺旋线，如麻花钻和键槽铣刀就是具有双线螺旋线的工件，螺旋齿铣刀、铰刀就是多线螺旋工件，在多线螺旋线中相邻两螺旋线的轴向距离称螺距，用 P 表示，螺旋线的线数用 K 表示，在一个工件上导程、螺距和线数的关系可用下式表示：

$$L = KP$$

如果加工多线螺旋槽，在铣完一条槽后，必须把工件转过 $1/K$ 转再铣下一条槽。此时工件的分度只能采用简单分度法或近似分度法。

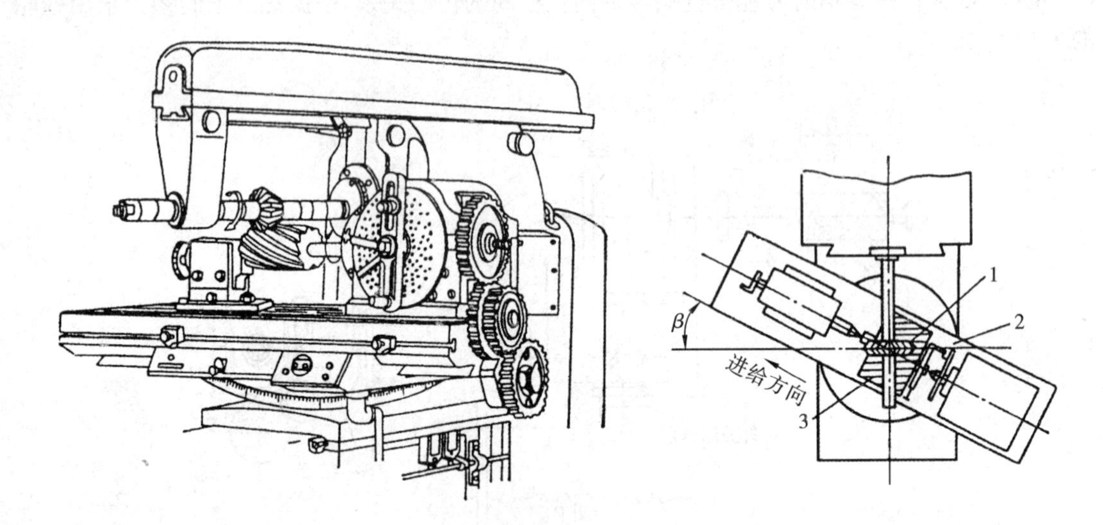

图 5-39　铣螺旋槽时工作台的位置

1. 铣刀　2. 工作台　3. 斜齿轮

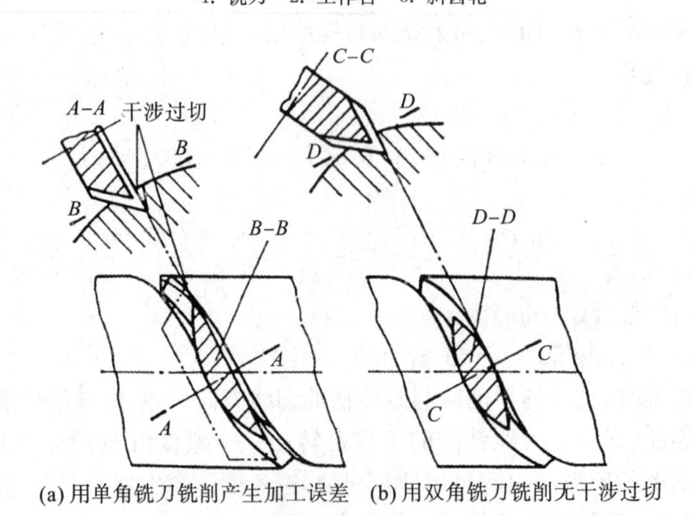

(a) 用单角铣刀铣削产生加工误差　(b) 用双角铣刀铣削无干涉过切

图 5-40　铣螺旋槽时铣刀干涉引起过切

第五节　圆柱齿轮齿形加工

齿轮齿形的加工方法很多。但基本上分成形法和展成法两类。成形法是利用刀刃形状和齿槽形状相同的刀具在普通铣床上切制齿形的方法，有铣齿、成形插齿、拉齿等，其中，最常用的方法是铣齿；展成法是利用齿轮刀具与被切齿轮的互相啮合运动而切出齿形的方法，有滚齿、插齿、珩齿等，其中最常用的方法是滚齿和插齿。成形法加工齿轮，其齿轮精度比展成法加工齿轮精度低，但它不需要专用齿轮加工机床和昂贵的展成刀具。

一、铣齿

1. 铣齿原理

如图 5-41 所示，铣齿是用成形齿轮铣刀在铣床上直接切削出齿轮的方法。在卧式铣床上，利用万能分度头和尾架顶尖装夹工件，用与被切齿轮模数相同的盘状模数铣刀铣削，切削完一个齿槽，用分度头按齿数进行分度，再铣下一个齿槽。

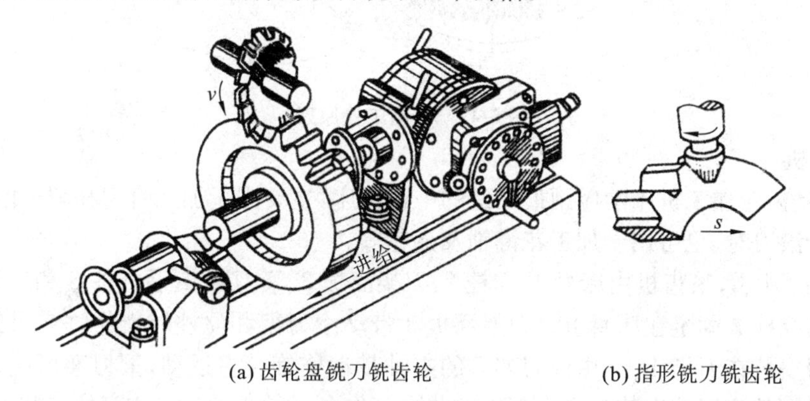

(a) 齿轮盘铣刀铣齿轮　　(b) 指形铣刀铣齿轮

图 5-41　铣齿轮

常用成形铣刀类型有盘状铣刀和指形铣刀。用盘状铣刀铣齿时，首先将齿坯装在相应的心轴上，然后在卧式万能铣床工作台上用分度头和尾座的顶尖安装。用选定的铣刀铣完一个齿槽后，对工件分度，再继续逐个铣出齿槽。

2. 铣齿加工特点

(1) 生产成本低。加工方便，刀具(模数铣刀)结构简单，制造容易，不需专用齿轮机床，在普通铣床上即能完成齿面加工。

(2) 加工精度低。由于刀具存在原理性的齿形误差以及铣齿时工件、刀具的安装误差和分齿误差，铣齿的精度较低，一般为 9～10 级的精度，齿面粗糙度 R_a 值为 6.3～3.2μm。

(3) 加工范围较广。可加工直齿、斜齿和人字齿圆柱齿轮，也可加工齿条和锥齿直齿轮。

(4) 生产率低。铣齿时，由于每铣一个齿槽均须重复进行切入、切出、退刀和分度等工作，辅助时间长，因此生产率低。主要用于某些转速低、精度要求低的单件小批生产和机修工作中。

二、滚齿

1. 滚齿原理

用齿轮滚刀按展成法加工齿轮、蜗轮等齿面的加工方法称为滚齿。

如图 5-42 所示，滚齿的工作原理与蜗轮和蜗杆传动的原理一致。滚刀的形状相当于一个蜗杆，为了形成切削刃，在垂直于螺旋线的方向开出沟槽，并经铲齿成形。刀齿具有前角与后角，成为齿轮滚刀。沿着滚刀刀槽的一排刀齿，在滚刀的螺旋线法向截面上，其切削刃近似于齿条的齿形。滚切时，就像一个无限长的齿条在缓慢移动，滚刀与工件的相对运动可以假想为齿条和齿轮的啮合，滚刀的刀齿又沿着螺旋线的切线方向进行切削，实现在齿坯上切出齿廓的运动。齿条与同模数的任意齿数的渐开线齿轮能正确啮合，所以滚刀滚切同一模数的任意齿数的齿轮，均可加工出所需齿廓的齿轮。

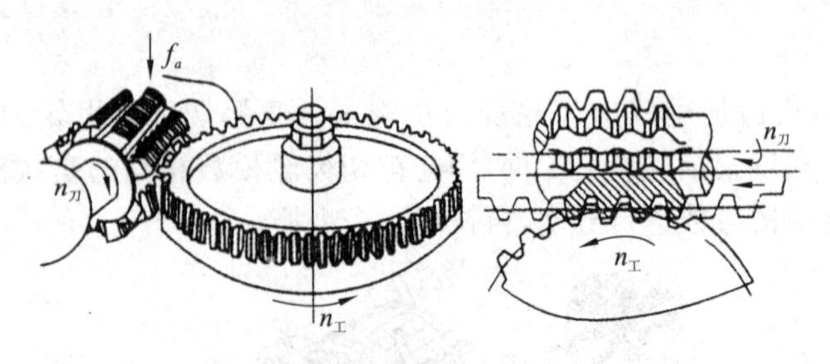

图 5-42　滚齿工作原理

2. 滚齿机

滚齿机是齿轮加工机床中应用最广泛的一种机床，主要用于加工直齿和斜齿圆柱齿轮，此外，使用蜗轮滚刀时，也可用于加工花键轴及链轮等。

如图 5-43 所示，滚齿机由床身 1、立柱 2、刀架溜板 3、滚刀架 5、后立柱 8 和工作台 9 等主要部件组成，立柱 2 固定在床身上。刀架溜板 3 带动滚刀架和立柱导轨作垂向进给运动或快速移动，滚刀安装在刀杆 4 上，由滚刀架 5 的主轴带动作旋转主运动，滚刀架可绕自己的水平轴线转动，以调整滚刀的安装角度。工件安装在工作台 9 的心轴 7 上或直接安装在工作台上，随同工作台一起作旋转运动。后立柱上的支架 6 可通过轴套或顶尖支承工件心轴的上端，以提高滚切工作的平稳性。

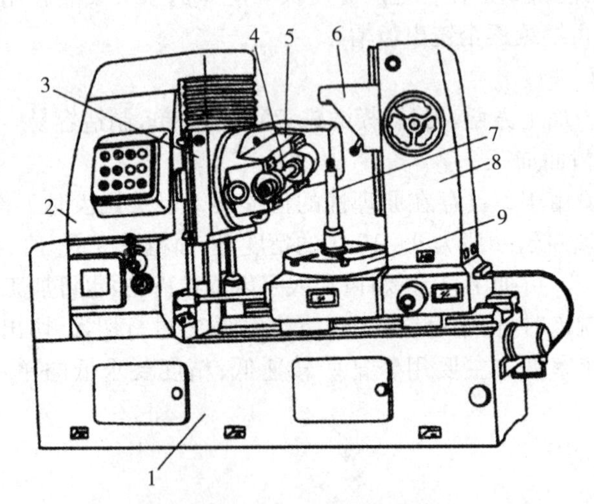

图 5-43　Y3150E 型滚齿机外形

1. 床身　2. 立柱　3. 溜板　4. 刀杆　5. 滚刀架
6. 支架　7. 心轴　8. 后立柱　9. 工作台

在滚齿机上加工出一个完整的齿轮，必须具备四种运动：

(1) 主运动：是滚刀的旋转运动。

(2) 展成运动(分齿运动)：是保证滚刀和被切齿轮之间准确啮合关系的运动。

(3) 垂直进给运动：是实现在齿坯整个宽度上切出齿槽的运动。

(4) 径向进给运动：是实现在齿坯上切出合乎要求的全齿高的运动。需沿工件径向调整切齿深度(即径向进刀)。

3. 滚齿加工特点

(1) 加工精度高。滚齿是利用展成原理进行齿轮加工的方法,与铣齿相比,没有原理性齿形误差,因此,加工精度比铣齿高,一般为 8～7 级,高的到可达 5～4 级;齿面的表面粗糙度 R_a 值为 3.2～0.8μm,最小可达到 0.4μm。

(2) 生产效率高。滚齿是多刃刀具的连续切削加工,生产率在一般情况下比铣齿、插齿高。

(3) 滚刀通用性强。每一模数的滚刀可以滚切同一模数任意齿数的齿轮。

(4) 适用性好。适于滚切直齿、斜齿圆柱齿轮和蜗轮,但不能加工内齿轮,且不适宜间距较近的阶台齿轮的滚切。

三、插齿

1. 插齿原理

用插齿刀按展成法加工内、外齿轮或齿条等齿面的加工方法,称为插齿。

如图 5-44 所示,插齿是按展成法原理,利用一对圆柱齿轮相啮合来加工齿面。插齿刀实质上是一个端面磨有前角、齿顶及齿侧均磨有后角的齿轮。插齿时,插齿刀沿工件轴向作直线往复运动以完成切削主运动,刀具和工件轮坯作"无间隙啮合"的进给运动,在轮坯上逐渐切出齿廓。加工过程中,刀具每往复一次,仅切出工件齿槽的一小部分,齿廓曲线是在插齿刀多次相继的切削中,由刀刃各瞬时位置的包络线所形成的。

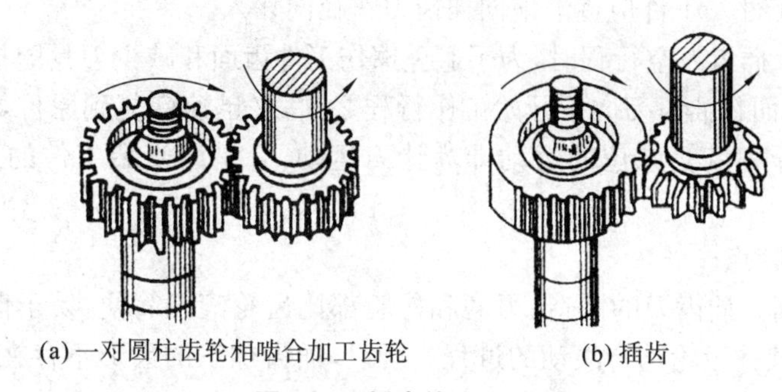

(a) 一对圆柱齿轮相啮合加工齿轮　(b) 插齿

图 5-44　插齿的工作原理

2. 插齿机

插齿机主要用于加工直齿圆柱齿轮,尤其适用于加工在滚齿机上不能滚切的内齿轮和多联齿轮。

图 5-45 所示为 Y5132 型插齿机外形。它由床身 1、立柱 2、刀架 3、主轴 4、工作台 5、溜板 7 等部件组成。Y5132 型插齿机加工外齿轮最大分度圆直径为 320mm,最大加工齿轮宽度为 80mm;加工内齿轮最大外径为 500mm,最大宽度为 50mm。

加工直齿圆柱齿时,插齿机应具有如下运动:

(1) 主运动。插齿机的主运动是插齿刀沿其轴线所作的直线往复运动。在一般立式插齿机上,刀具垂直向下时为工作行程,向上为空行程。

(2) 展成运动。加工过程中插齿刀和工件必须保持一对圆柱齿轮的啮合运动关系,即在插齿刀转过一个齿时，工件也转过一个齿。工件与插齿刀所作的啮合旋转运动即为展成运动。

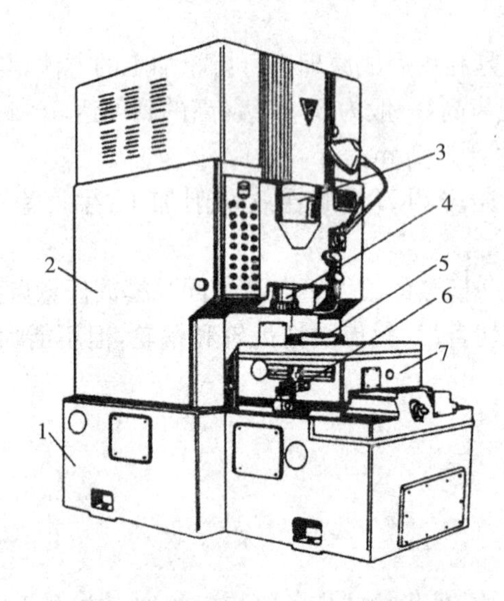

图 5-45　Y5132 型插齿机

1. 床身　2. 立柱　3. 刀架　4. 主轴　5. 工作台　6. 挡块支架　7. 溜板

(3) 圆周进给运动。圆周进给运动是插齿刀绕自身轴线的旋转运动，其旋转速度的快慢决定了工件转动的快慢，也直接关系到插齿刀的切削负荷、被加工齿轮的表面质量、机床生产率和插齿刀的使用寿命。

(4) 径向切入运动。开始插齿时，如插齿刀立即径向切入工件至全齿深，将会因切削负荷过大而损坏刀具和工件。工件应逐渐地向插齿刀作径向切入。

(5) 让刀运动。插齿刀空行程时，为了避免擦伤工件齿面和减少刀具磨损，刀具和工件间应让开一小段距离，而在插齿刀向下开始工作行程之前，又迅速恢复到原位，以便刀具进行下一次切削，这种让开和恢复原位的运动即为让刀运动，它是由安装工件的工作台移动来实现的。

3. 插齿的工艺特点

(1) 加工精度高。插齿刀的制造、刃磨和检验都比齿轮滚刀简便，易于保证制造精度，插齿过程相当于一对圆柱齿轮啮合滚动的过程。所以，插齿加工的齿形不存在理论误差。但插齿机分齿运动的传动链接较滚齿机复杂，传动误差较大。插齿的加工精度比铣齿高，一般为 8～7 级，齿面粗糙度值 R_a 一般为 1.6～0.8μm，甚至可达 0.4～0.2μm。

(2) 由于插齿刀本身制造时的齿距累积误差、刀具的安装误差及插齿机上带动插齿刀旋转的蜗轮的齿距累积误差，使插齿刀旋转时，会出现较大的转角误差。因此插齿加工的公法线长度变动较滚齿大。

(3) 生产效率低。插齿刀往复运动有返回行程，即为断续切削，运动方向的改变存在死点而影响速度的提高，因此，在一般情况下，适用于单件小批生产，但生产率低于滚齿。

(4) 适用性较好。适于加工内、外啮合的直齿圆柱齿轮、多联齿轮、扇形齿轮和齿条。插齿机安装附件后还可加工内、外斜齿圆柱齿轮和齿条。用插齿方法加工斜齿轮需要有专用靠模，极不方便。

(5) 不宜加工斜齿圆柱齿轮，不能加工蜗轮。

第六节　中等复杂零件的铣削

中级铣工必须掌握中等复杂零件的铣削方法，本节将介绍两种典型中等复杂零件即离合器和凸轮的装夹及加工方法。

一、铣削离合器

离合器是装在主动轴与从动轴之间，用来使两者分离和平顺结合的机构。离合器有齿式离合器（或称牙嵌离合器）和摩擦离合器两种，前者靠端面齿相互嵌入对方的齿槽传动，后者靠摩擦传动。齿式离合器有矩形、尖齿、锯形、梯形、螺旋齿等，这里仅介绍常见的矩形齿离合器和尖齿离合器的计算及加工方法。

1. 矩形奇数齿离合器的铣削

(1) 计算铣刀最大宽度：

$$B=\frac{d}{2}\sin\frac{180^\circ}{z}(\mathrm{mm})$$

式中：d——离合器孔径(mm)；

z——离合器齿数。

(2) 将铣刀一侧对准工件中心(图 5-46(a))，铣削时，铣刀应铣过槽 1 和 3 的一侧，分度后再铣槽 2 和 4 的一侧（每次进给同时铣出两个齿的不同侧面），这样依次铣削即可。

(3) 加工离合器齿侧间隙的方法：

① 将离合器的各齿侧面都铣成偏移中心一个距离 e（图 5-46(b)），可在对刀时调整铣刀侧刃，使其超过中心 $e=0.1\sim0.5$mm 来达到。这种方法不增加铣削次数，但由于齿侧面不通过中心，离合器结合时齿侧只有外圆处接触，影响承载能力，所以这种方法只适用于要求不高的离合器。

② 将齿槽角铣得略大于齿面角（图 5-46(c)），这种方法是在离合器铣削之后，再使离合器转过一个角度 $\Delta\theta=1^\circ\sim2^\circ$，再铣一次，把所有齿的同名侧铣切去一些来达到。此法也适用于齿槽角大于齿面角的宽齿槽离合器，此时 $\Delta\theta=\frac{\text{齿槽角}-\text{齿面角}}{2}$。用这种方法铣削离合器其齿侧面仍是通过轴心的径向平面，齿侧面贴合较好，所以一般用于要求较高的离合器加工。

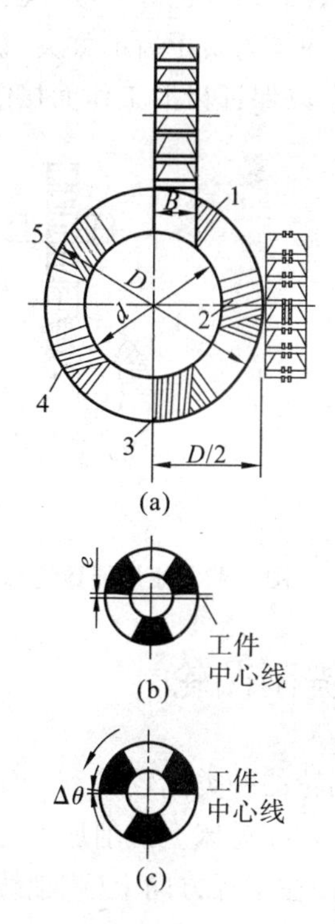

图 5-46　矩形奇数齿离合器的铣削

2. 矩形偶数齿离合器的铣削

(1) 矩形偶数齿离合器的对刀方法和铣刀宽度的选择与奇数齿离合器相同。

(2) 偶数离合器铣削时,每次只能铣削一个槽的一侧,而不能通过整个端面,并且还要防止切伤对面的齿。因此用盘形铣刀铣削偶数齿离合器时,要注意盘形铣刀直径的选择。

(3) 当各齿的同一侧铣完后,将工件转过一个齿槽角(即分度头手柄转过$\frac{20}{z}$),使齿的另一侧与铣刀侧刃平行,再将工作台横向移动一个铣刀宽度距离。使齿的另一侧对准铣刀的另一侧,这样依次进行铣削即可,如图 5-47 所示。

(4) 为确保偶数齿离合器的齿侧留有一定间隙,一般齿槽角比齿面角铣大 2°～4°。

3. 尖齿离合器的铣削

(1) 选用对称双角铣刀,其廓形角 θ 与离合器齿形角 ε 相等,如图 5-48 所示。

(2) 对刀时,应使双角铣刀刀尖通过工件轴心。

(3) 计算分度头扳角 φ:

$$\cos\varphi = \tan\frac{90^\circ}{z}\cos\frac{\theta}{2}$$

式中:θ——双角铣刀廓形角;

z——离合器齿数。

(4) 铣削尖齿离合器时,不论其齿数是奇数还是偶数,每分度一次只能铣出一条齿槽。为保证离合器结合良好,一对离合器应使用同一把铣刀加工。调整吃刀深度,应按大端齿深在外径处进行。为防止齿形太尖,往往采用试切法调整吃刀深度,使齿顶宽度留有 0.2～0.3mm 的平面,以保证齿形工作面接触。

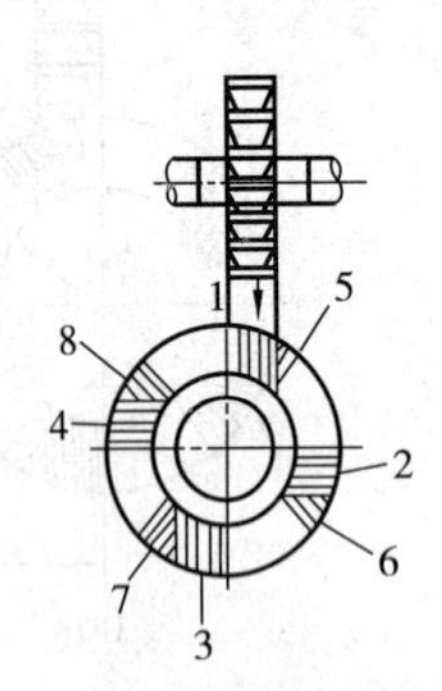

图 5-47 矩形偶数齿离合器的铣削

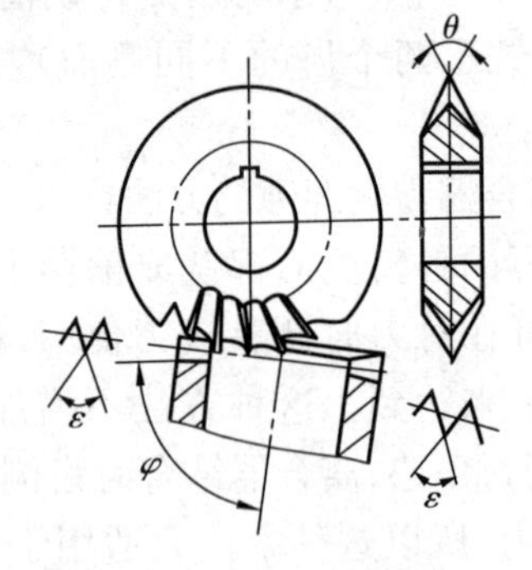

图 5-48 尖齿离合器的铣削

二、铣削凸轮

凸轮的种类比较多,常用的有圆盘凸轮和圆柱凸轮等。

通常在铣床上铣削加工的是等速凸轮,等速凸轮就是当凸轮周边上某一点转过相等的角度时,便在半径方向上(或轴线方向上)移动相等的距离。等速凸轮的工作型面一般都采用阿基米德螺旋面。

1. 等速圆盘凸轮的铣削

等速圆盘凸轮的铣削方法通常有两种，即垂直铣削法和扳角度铣削法。

(1) 垂直铣削法

① 这种方法用于仅有一条工作曲线，或者虽然有几条工作曲线，但它们的导程都相等，并且所铣凸轮外径较大，铣刀能靠近轮坯而顺利切削的场合(图 5-49(a))。

② 立铣刀直径应与凸轮推杆上的小滚轮直径相同。

③ 分度头交换齿轮轴与工作台丝杠的交换齿轮的计算公式：

$$i = \frac{40P_{丝}}{P_h}$$

式中：40——分度头定数；

$P_{丝}$——工作台丝杠螺距；

P_h——凸轮导程。

④ 圆盘凸轮铣削时的对刀位置必须根据从动件的位置来确定。

若从动件是对心直动式的圆盘凸轮(图 5-49(b))，对刀时应将铣刀和工件的中心连线调整到与纵向进给方向一致；若从动件是偏置直动式的圆盘凸轮(图 5-49(c))，则应调整工作台，使铣刀对中后再偏移一个距离，这个距离必须等于从动件的偏距 e，并且偏移的方向也必须和从动件的偏置方向一致。

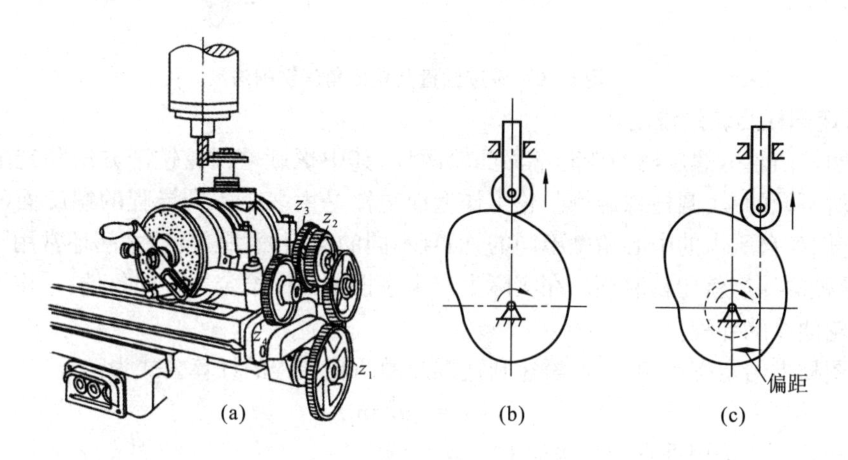

图 5-49　等速圆盘凸轮垂直铣削法

(2) 扳角度铣削法

这种方法用于有几条工作曲线，且各条曲线的导程不相等，或者凸轮导程是大质数、零星小数，选配齿轮困难等场合，如图 5-50 所示。

分度头主轴与工作台扳角度计算方法如下：

① 计算凸轮的导程 P_h，选择 P_h'(P_h'可以由自己决定，但应大于 P_h 并能分解因子)。

② 计算分度头转动角度 α：

$$\sin\alpha = \frac{P_h}{P'_h}$$

③ 计算传动比(按选择的 P_h'计算)：

$$i = \frac{40P_{丝}}{P'_h}$$

④ 计算立铣刀的转动角度β:

$$\beta = 90^\circ - \alpha$$

⑤ 计算铣刀长度:

$$l = a + H\cot\alpha + 10(\text{mm})$$

式中:a——凸轮厚度,mm;

10——多留出的切削刃长度。

⑥ 铣削加工工艺与垂直铣削法相似。

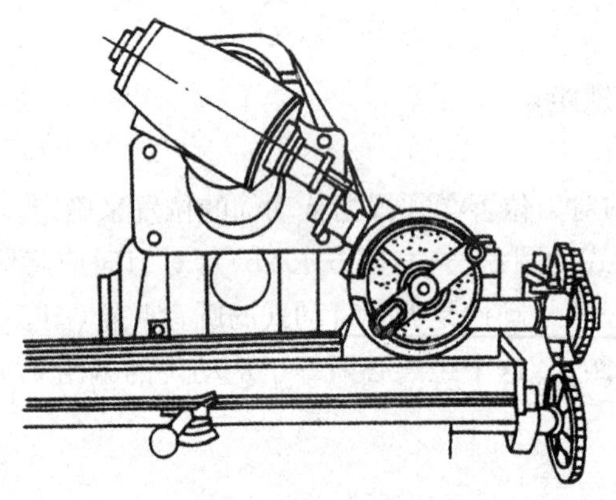

图 5-50 等速圆盘凸轮扳角度铣削法

2. 等速圆柱凸轮的铣削

等速圆柱凸轮分螺旋槽凸轮和端面凸轮两种,其中螺旋槽凸轮铣削方法和铣削螺旋槽基本相同。所不同的是,圆柱螺旋槽凸轮工作型面往往是由多个不同导程的螺旋面(螺旋槽)所组成的,它们各自所占的中心角是不同的,而且不同的螺旋面(螺旋槽)之间还常用圆弧进行连接,因此导程的计算就比较麻烦。在实际生产中应根据图样给定的不同条件,采用不同的方法来计算凸轮曲线的导程。

加工图样上给定螺旋角β时,等速圆柱螺旋槽凸轮导程的计算公式为

$$P_h = \pi d\cot\beta$$

等速圆柱凸轮一般采用垂直铣削法加工:

(1) 铣削等速圆柱凸轮的原理与铣削等速圆盘凸轮相同,只是分度头主轴应平行于工作台(图 5-51(a))。

(2) 铣削时的调整计算方法与用垂直铣削法铣削等速圆盘凸轮相同。

(3) 圆柱凸轮曲线的上升和下降部分需分两次铣削。如图 5-51(b),AD段是右旋,BC段是左旋。铣削中以增减中间轮来改变分度头主轴的旋转方向,即可完成左、右旋工作曲线。

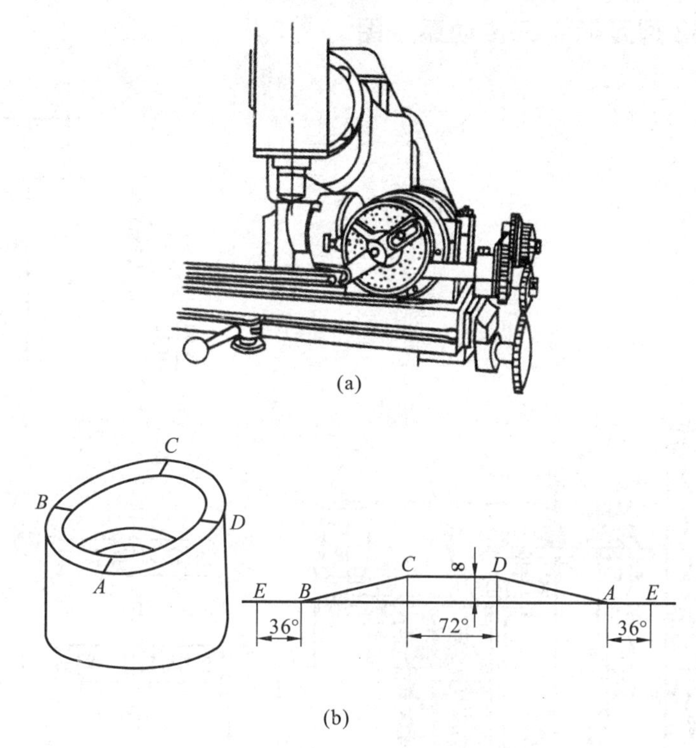

图 5-51　等速圆柱凸轮的铣削垂直铣削法

思　考　题

1. 简述铣削加工的工艺特点及应用。

2. 试分析顺铣与逆铣的特点及应用。

3. 试比较车削加工与铣削加工的主运动和进给运动。

4. 简述卧式万能升降台铣床各主要部件及手柄的名称和功用。

5. 如何理解并严格执行铣床操作安全规程。

6. 试现场解说铣床主轴转速和进给量的调整方法及注意事项。

7. 指出圆柱铣刀、面铣刀、三面刃铣刀和键槽铣刀的主、副切削刃,并说明其结构特点及用途。

8. 试述铣平面和台阶面常用的装夹方法。

9. 试比较立铣刀与键槽铣刀在结构上有何不同,为什么?

10. 铣平面、台阶面、轴上封闭键槽各应选用何种铣刀?并说明操作方法和步骤。

11. 简述加工 T 形槽的操作步骤。

12. 试分析铣削加工 $m=3$、$Z=30$ 的直齿圆柱齿轮的加工方法。

13. 滚齿与插齿相比,有何异同点?

【附录】 XA6132 型万能铣床传动系统图

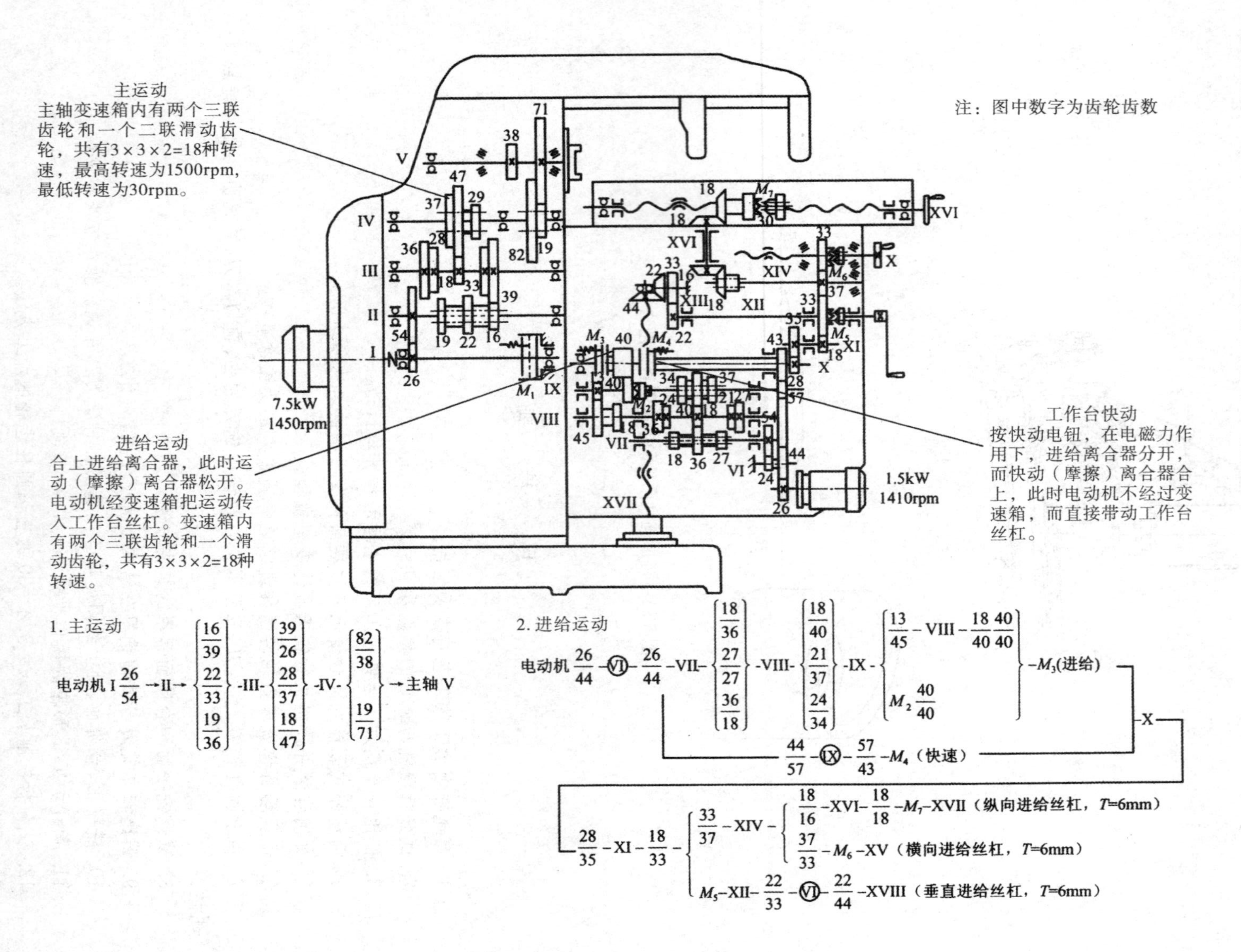

第六章　镗 削 加 工

学习目标

1. 了解镗孔刀具的特点、镗床的分类方法和镗床的结构形式；
2. 掌握镗削一般加工方法，善于分析影响镗削质量的原因，并能找到避免或减小加工误差的对策。

第一节　概　　述

一、镗削加工工艺范围

镗削是工件安装在工作台上，刀具随镗床主轴作回转切削运动。进给运动根据机床类型不同而不同，由主轴进给或工作台进给。例如图6-1是卧式镗床的外观图，它由前立柱2、主轴箱1、床身8、下滑座7、上滑座6、工作台5、后立柱10等部分组成。加工时，刀具安装在主轴3或主旋盘4上，由主轴箱获得各种转速和进给量。主轴箱沿前立柱导轨可以上下移动，以适应不同高度工件的加工要求。

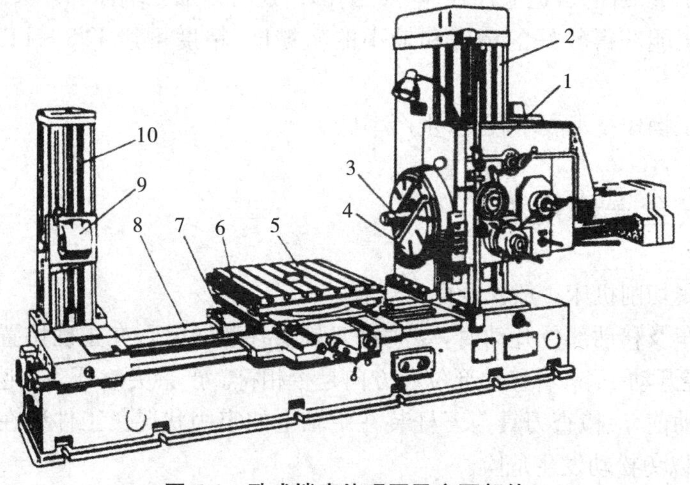

图6-1　卧式镗床外观图及主要部件

1. 主轴箱　2. 前立柱　3. 镗轴　4. 平旋盘　5. 工作台　6. 上滑座　7. 下滑座　8. 床身　9. 后支承架　10. 后立柱

工件安装在工作台上，可随下滑座、上滑座一起作纵向或横向移动。此外，工作台还可以绕上滑座6的圆导轨在水平面内调整至一定的角度位置。当切削端面时，把刀具装在平旋盘4的径向刀架中，刀具旋转的同时作径向进给，完成端面加工，如图6-2(c)。

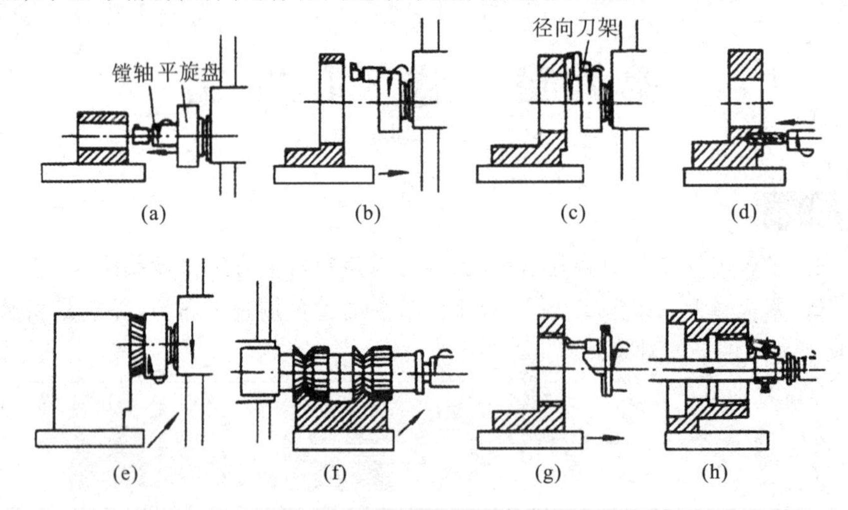

图6-2　镗床的主要加工方法

(a) 镗小孔　(b) 镗大孔　(c) 车端面　(d) 钻孔　(e) 铣平面　(f) 铣成形面　(g)、(h) 加工螺纹

镗削加工工艺范围广，镗床精度高和刚度大，并有微量进给装置可以实现微量进给。因此镗削加工精度较高，一般作为半精加工和精加工。

1. 镗削加工工艺范围

镗削加工工艺范围是镗削工件上尺寸精度和位置精度较高的孔和孔系，特别适于多孔的箱体类零件的加工，此外，还可以用铣刀加工平面及各种沟槽；进行钻孔、扩孔、铰孔；加工大端面及短外圆柱面；加工内外环形槽及内外螺纹等，如图6-2所示。

2. 镗削特点

(1) 镗削主要是加工外形复杂的大型零件上直径较大的孔及孔系。

(2) 镗削加工灵活性大，适应性强，除加工孔外，还可以加工端面和外圆。

(3) 镗削加工能获得较好的精度和较小的粗糙度，精度可达IT8～IT7，R_a 值为1.6～0.8μm。

(4) 镗削加工操作技术要求较高，生产率低。

二、镗床工安全操作规程

(1) 遵守金属切削机床一般安全操作规程。

(2) 每次开车及移动部位开动时，要注意刀具及各手柄是否在正确位置上。扳快速移动手柄时，要先轻轻开动一下，看移动部位和方向是否相符。严禁突然开动快速移动手柄。

(3) 机床开动前，应检查刀具与刀杆装在主轴上的牢固状况。工件装在工作台上必须用压板、虎钳夹牢，以免松动发生危险。

(4) 安装刀具时，紧固螺丝凸出部分不准超过镗刀回转半径。

(5) 装卸刀具、夹具和测量工件时，应把工作台或主轴移到安全位置。镗孔、扩孔时不准将头靠近加工孔观察吃刀情况，更不准隔着转动的镗杆取东西。机床在运转时严禁将头、手伸入工件内。

(6) 使用平旋刀盘或自制刀盘进行切削时，螺丝要上紧，不准站在对面或伸头查看，以防刀盘螺丝和斜铁甩出伤人；要特别注意防止绞住衣服造成事故。

(7) 启动工作台自动回转时，必须将镗杆缩回，工作台上禁止站人。

第二节　镗床及其附件

一、镗床的分类及型号

镗床根据结构特点、加工精度、自动化程度等大致分为四类，普通镗床、坐标镗床、专用镗床和数控镗床。其中普通镗床的控制精度为 0.02～0.1mm，坐标控制是由百分表测杆装置块规实现的。通常用于对箱体等大型零件上孔及面的加工，如普通卧式镗床、普通立式镗床、普通铣镗床、转塔式镗(铣、钻)床等。坐标镗床是一种高精密机床，主要用于镗削高精度的孔，特别适用于加工相互位置精度很高的孔系，如钻模、镗模等的孔系。此外，还可用于精密刻度，样板划线，孔距及直线尺寸的测量等。而专用镗床是专门加工某一类工件的镗床，主要用于大批量生产的工业部门，如汽车、拖拉机等生产部门。数控镗床是一种由电子计算机控制的镗床，具有加工精度高、效率高、自动化程度高等特点。

镗床的型号编制，是金属切削机床型号编制的一部分，它反映了镗床的具体类型、主要规格及结构特点等内容。镗床用字母“T”来表示，镗床的名称、类、组、型别及主参数分类如表 6-1 所示。

表 6-1　镗床的名称、类、组、型号及主参数分类表(部分)

组	型　号	机床名称	主参数折算系数	主参数	第二主参数
深孔镗床	20				
	21	深孔钻镗床	1/100	最大镗孔深度	最大镗孔直径
	22	深孔镗床	1/100	最大镗孔深度	最大镗孔直径
	23				
坐标镗床	40				
	41	单柱坐标镗床	1/10	工作台工作面宽度	工作台工作面长度
	42	双柱坐标镗床	1/10	工作台工作面宽度	工作台工作面长度
	46	卧式坐标镗床	1/10	工作台工作面宽度	工作台工作面长度

续表

组	型　号	机床名称	主参数折算系数	主参数	第二主参数
立式镗床	50				
	51	立式镗床	1/10	最大镗孔直径	最大镗孔深度
	52				
	53	转塔式钻镗床	1/10	最大镗孔直径	最大镗孔深度
	54	坐标立式钻镗床	1/10	最大镗孔直径	最大镗孔深度
	55	转塔式镗铣床	1/10	最大镗孔直径	最大镗孔深度
卧式镗床	60				
	61	卧式镗床	1/10	主轴直径	
	62	落地镗床	1/10	主轴直径	
	63	卧式镗铣床	1/10	工作台工作面宽度	工作台工作面长度
	64	卧式坐标镗铣床	1/10	主轴直径	
	65	刨台式卧式镗床	1/10	主轴直径	
	66				
	67	加大工作台横向行程卧式镗床	1/10	主轴直径	
	68	转塔卧式镗铣床	1/10	最大镗孔直径	轴数
	69	落地镗铣床	1/10	镗轴直径	铣轴直径
金刚镗床	70	单面卧式金刚镗床	1/10	工作台工作面宽度	工作台工作面长度
	71	双面卧式金刚镗床	1/10	工作台工作面宽度	工作台工作面长度
	72	立式金刚镗床	1/10	最大镗孔直径	
汽车拖拉机修理用镗床	80	镗缸机	1/10	最大镗孔直径	最大镗孔深度
	81	主轴瓦镗缸机	1/10	最大镗孔直径	最大镗孔深度
	82	连杆瓦镗缸机	1/10	最大镗孔直径	最大镗孔深度
	83	镗制动鼓机	1/10	最大镗孔直径	
	84				

下面以 TM6110 和 THK6380 为例，来说明镗床型号的阅读方法。

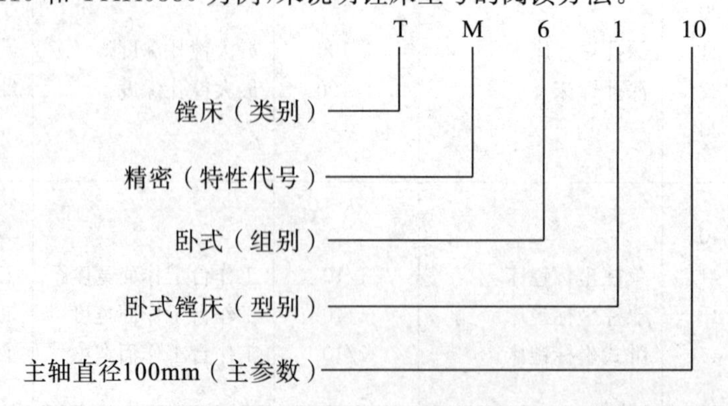

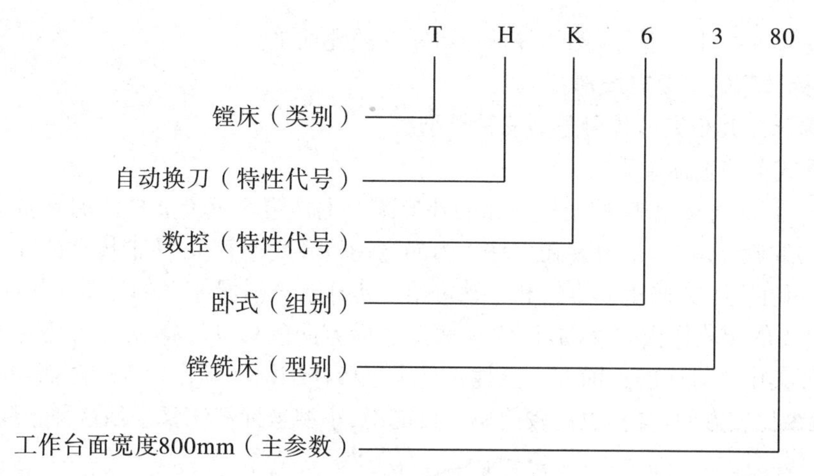

T68 型是按 1957 年编制方法编制的定型产品，一直沿用至今。它表示主轴直径为 85mm 的卧式镗床(凡卧式镗床主轴直径为 85mm、125mm 规格的，规定在编制型号时，先舍去尾数 5，再取其直径的 1/10 作为主参数)。

二、卧式铣镗床

一些箱体零件，如机床的主轴箱、变速箱等，往往需要加工数个尺寸大且不同的孔，它们对孔间距精度、同轴度、垂直度、平行度以及孔的精度等要求高，而且大多数孔的中心线和箱体的基准面平行。如在立式钻床和摇臂钻床上加工，必须有一定量的工艺装备保证。但在卧式铣镗床或坐标镗床上加工则非常方便，其工艺范围非常广泛，如图 6-2 所示，所以又称为万能镗床，其外观及各组成部分见图 6-1。

T68 卧式镗床的技术规格

主轴直径	85mm
主轴最大行程	600mm
平旋盘径向刀架最大行程	170mm
主轴中心线至工作台面距离	30～80mm
工作台纵向最大行程	1140mm
工作台横向最大行程	850mm
工作台面积	1000mm×800mm

三、坐标镗床

坐标镗床是一种高精度机床，主要用于加工精密孔系。坐标镗床的特点是具有工作台、主轴箱等移动部件的精密坐标测量装置，能实现工件和刀具的精密定位。因此，坐标镗床不仅可以保证被加工孔达到很高的几何精度和尺寸精度，而且还可以保证孔的位置精度。

坐标镗床的工艺范围很广，可进行镗孔、扩孔、钻孔、铰孔以及精铣平面，可进行精密刻度、划线，还可进行孔距及直线尺寸的精密测量等工作。

坐标镗床可适用于工具车间加工孔距精度要求很高的钻模及镗模，还可适用于生产车间成批地加工精密孔距的零件，例如各种箱体零件的孔加工。

1. 坐标镗床的主要布局形式

坐标镗床按其布局形式可分为三种类型。

(1) 立式单柱坐标镗床

图 6-3 为 T4163B 型单柱坐标镗床的外形图。主轴箱 5 可沿立柱 4 的导轨上下移动调整位置。主轴的旋转运动，是由装在立柱 4 内的电动机经变速箱及 V 带传动的。主轴经主轴套筒带动，并可在上下方向机动进给和手动进给。工作台 3 沿滑座 2 的导轨可作纵向移动，滑座 2 可沿床身 1 的导轨作横向移动，即实现两个坐标方向的移动。操纵机构及两个坐标方向的测量装置都集中在机床的正前方。立柱 4 是个矩形柱结构。工作台 3 的正面与两个侧面都是敞开的，操纵比较方便，结构也比较简单。目前中、小型坐标镗床常采用这种布局。

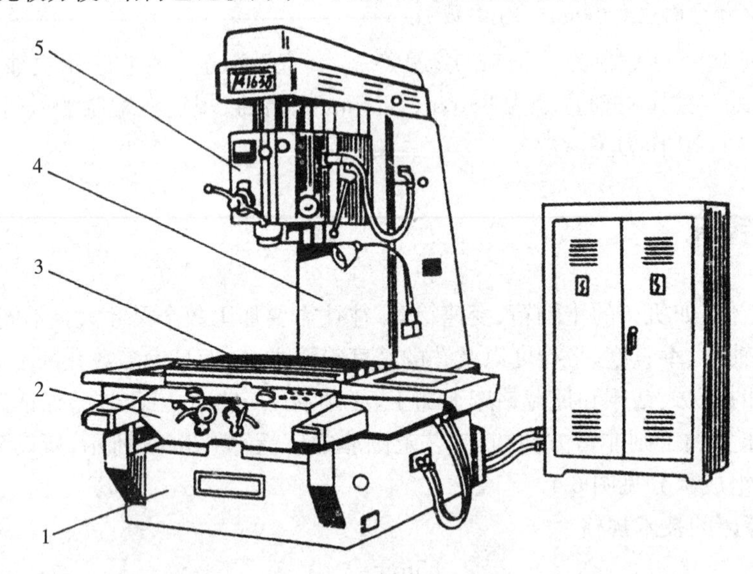

图 6-3　T4163B 型立式单柱坐标镗床外形图

1. 床身　2. 滑座　3. 工作台　4. 立柱　5. 主轴箱

由于立式单柱坐标镗床工作台依次实现两个坐标方向的移动，使工作台和床身之间的层次增多，从而削弱了刚度。此外，主轴箱悬臂装在立柱上，工作台尺寸愈大，主轴中心线离立柱也就愈远，给保证主轴加工精度增加了困难。因此，大型坐标镗床常采用双柱式。

(2) 立式双柱坐标镗床

图 6-4 是立式双柱坐标镗床外形图。机床两个坐标方向的移动，分别由主轴箱 2 沿横梁 1 的导轨作横向移动和工作台 4 沿床身 5 的导轨作纵向移动来实现。横梁 1 可沿立柱 3 的导轨作上下移动，以适应不同高度工作的要求。立柱 3 是双柱框架式结构，刚性好；工作台 4 与床身 5 之间的结构层次比单柱式少，增强了刚性；主轴中心线悬伸距离也较小，对保证加工精度有利。对于工作台面宽度大于 630mm 的坐标镗床，这些优点更显突出。

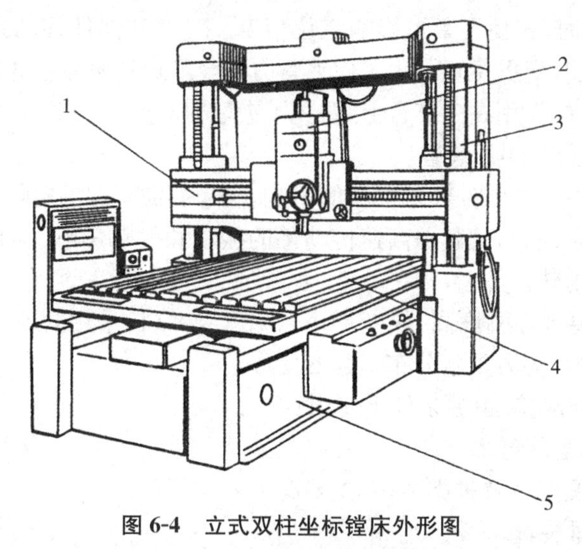

图 6-4　立式双柱坐标镗床外形图

1. 横梁　2. 主轴箱　3. 立柱　4. 工作台　5. 床身

(3) 卧式坐标镗床

图 6-5 是卧式坐标镗床的外形图。由于主轴轴线平行于工作台台面，所以称“卧式”。

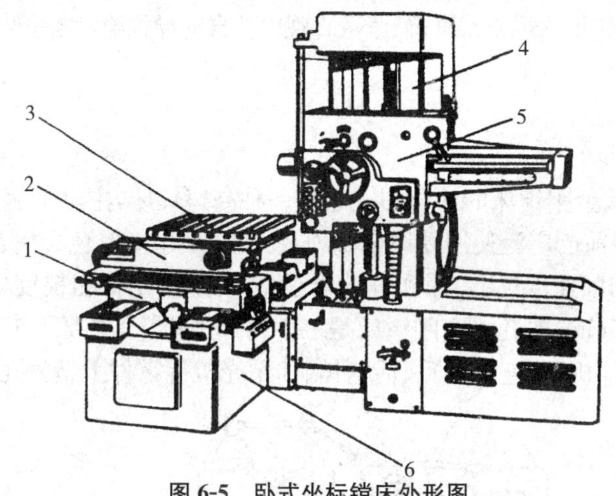

图 6-5　卧式坐标镗床外形图

1. 横向滑座　2. 纵向滑座　3. 回转工作台　4. 立柱　5. 主轴箱　6. 床身

机床两个坐标方向的移动，分别由横向滑座 1 沿床身 6 的导轨作横向移动和主轴箱 5 沿立柱 4 的导轨上下移动来实现。3 是回转工作台，可在水平面内回转一定的角度，进行精密分度。加工时的进给运动由纵向滑座 2 和主轴轴向移动实现。其特点是：主轴是卧式，再利用精密回转工作台 3 转过 180°，可以方便地加工箱体两端箱壁上的孔，生产效率高，可省去镗模等复杂的工艺装备，装夹工件也方便。近年来这类坐标镗床得到了迅速发展。

2. 坐标镗床的主要特点

(1) 采用高精度和高刚度的主轴组件。

(2) 能达到高的定位精度。通常采用下列措施保证定位精度：

① 为提高移动部件(工作台、滑座及主轴)的位移精度(位移准确，不产生爬行)，采用滚动导轨或防爬润滑油的滑动导轨。

② 移动部件夹紧时，避免夹紧力影响定位精度。当移动部件移动到某一坐标位置时，必须将它夹紧，以免加工时变更位置。为了使夹紧力不会影响到该部位的定位位置，往往采取一些措施，使夹紧力不直接作用在工作台上，避免了夹紧力对定位的影响。

③ 采用高精度的位置测量装置。

(3) 尽量减少振动和发热对机床工作的影响。振动和热变形影响机床的加工质量，在机床传动和结构中应特别注意，尤其是高速传动件的振动和发热影响。如可采用分离式传动及减少热源(照明)的辐射热。

(4) 要求整机主要部件刚度高、热变形小。如床身、立柱采用含 Ni 铸铁。所有铸件应经充分时效处理，以减少内应力重新分布引起的变形。

(5) 坐标镗床应在隔振、恒温条件下使用。

3. 坐标镗床的测量装置

坐标镗床的坐标测量装置种类很多，主要有下列几种：

(1) 精密丝杠测量装置。

(2) 光屏-金属(或玻璃)刻线尺光学坐标测量装置。

(3) 光栅坐标测量装置。

以上几种测量装置及工作原理可参看有关书籍。随着科学技术的不断发展，测量装置和测量方法不断改进，正向着使用方便、对线准确、读数直观以及自动寻找绝对零位装置的方向发展。

四、金刚镗床

图 6-6 是单面卧式金刚镗床的外形图。它是一种高速镗床，主轴的旋转速度很高，因采用金刚石镗刀而得名，目前已广泛使用硬质合金刀具，主要用于对有色金属合金与铸铁工件内孔精加工。其特点是：切削速度高、切深和进给量很小，可加工出低粗糙度(1. 6～0. 4μm)、高尺寸精度(0. 003～0. 005mm)的孔。金刚镗床是一种精加工机床，主要用于成批大量生产中(如汽车厂、拖拉机厂、柴油机厂)连杆轴瓦、活塞销、油泵壳机等零件上精密孔的加工。

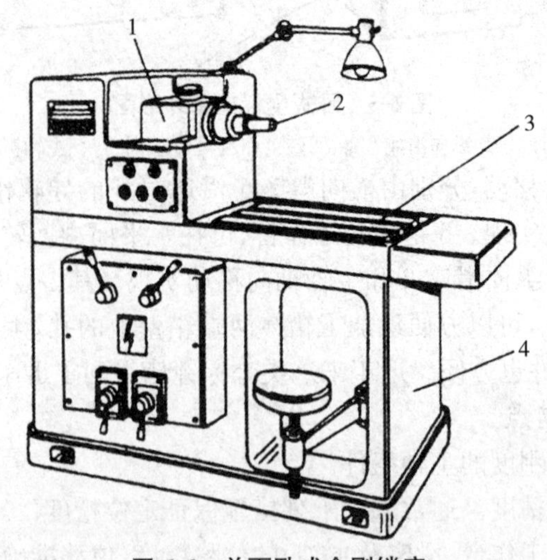

图 6-6　单面卧式金刚镗床

1. 主轴箱　2. 主轴　3. 工作台　4. 床身

图 6-6 中，机床由主轴箱 1、工作台 3 和床身 4 等主要部件组成。主轴箱 1 固定在床身 4 上，主轴 2 的高速旋转是主运动，工作台 3 沿床身 4 的导轨作平稳的低速纵向移动以实现进给运动。金刚镗床的主轴短而粗，刚度较高，传动平稳无振动，这是它能加工出低粗糙度和高精度孔的重要条件。这种机床加工时，工件应安装在夹具中，适用于成批及大量生产。但在单件、小批生产中，往往没有夹具，工件安装困难且费时。

因为金刚镗床主轴短而粗，所以不能在同一工位中加工距离较远的同轴孔。

金刚镗床的种类很多，按其布局形式可分为单面、双面和多面；按主轴的位置分为立式、卧式和倾斜式；按主轴的数量分为单轴、双轴和多轴，具体采用何种形式，取决于工件的加工工艺要求。

第三节　镗孔刀具

镗刀种类较多，按切削刃的数量可分为单刃镗刀和双刃镗刀；按用途可分为内孔镗刀、端面镗刀；按结构可分为整体式单镗刀、铣镗刀头、固定式镗刀块等。

一、单刃镗刀

单刃镗刀可分为整体和机夹式单刃镗刀。

如图 6-7(a)、(b)为整体式单刃镗刀，其切削部分和刀杆、刀柄做成一体。其刀头的切削部分采用高速钢整体制成，或采用硬质合金刀片焊接而成。刀柄有圆柱直柄和圆锥柄两种。其结构紧凑，体积小，可以镗削各类小孔、盲孔、台阶孔和外圆，利用万能刀架或平旋盘滑座可以镗削大直径孔，切削端面及槽等。

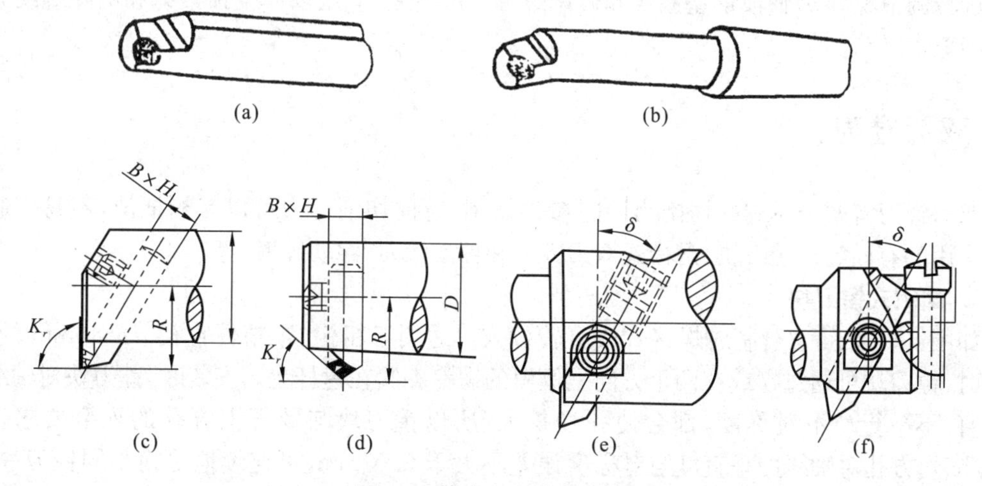

图 6-7　镗床上用的单刃镗刀

图 6-7(c)、(d)、(e)、(f)为镗床上用的机夹式单刃镗刀，具有结构简单、制造方便、通用性好等特点。为了使镗刀头在镗杆内有较大的安装长度，并具有足够的位置安装压紧螺钉和调

节螺钉，在镗盲孔或阶梯孔时，镗刀头在镗杆内的安装倾斜角 δ 一般取 10°～45°；镗通孔时取 $\delta=0°$。

在设计盲孔镗刀时，应使压紧螺钉不妨碍镗刀进行切削。通常镗杆上应设置调节直径的螺钉。镗杆上装刀孔通常对称于镗杆轴线，因而镗刀头装入刀孔后，刀尖高于工件中心，使切削时工作前角减小、后角增大。所以在选择镗刀的前、后角时要相应增大前角、减小后角。

上述镗刀尺寸调节较费时，调节精度不易控制。随着生产发展和精度需要，开发了许多新型微调镗刀。图 6-8 所示为在坐标镗床和数控机床上使用的一种微调镗刀，它具有调节尺寸容易、调节精度高、能用于粗、精加工等优点。

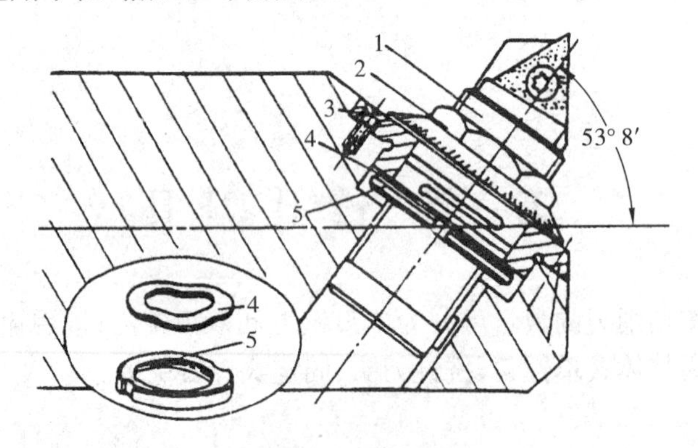

图 6-8　微调镗刀

1. 镗刀头　2. 微调螺母　3. 螺钉　4. 波形垫圈　5. 调节螺母　6. 固定座套

微调镗刀是用螺钉 3 通过固定座套 6、调节螺母 5 将镗刀头 1 连同微调螺母 2 一起压紧在镗杆上。调节时，转动带刻度的微调螺母 2，使镗刀头径向移动达到预定尺寸。镗盲孔时，镗刀尖在镗杆上倾斜 53°8′。微调螺母的螺距为 0.5mm，微调螺母上刻线 80 格，调节时，微调螺母每转过一格，镗刀头沿径向移动量为

$$\triangle R=(0.5/80)\sin 53°8'=0.005\ (\text{mm})$$

旋转调节螺母 5，使波形垫圈 4 和微调螺母 2 产生变形，用以产生预紧力和消除螺纹副的轴向间隙。

二、双刃镗刀

双刃镗刀有两个对称的切削刃同时参加切削，背向切削分力可以互相抵消，不易引起振动。常用的有固定式镗刀块、滑槽式双刃镗刀和浮动铰刀(浮动镗刀)等。

1. 固定式镗刀块

如图 6-9 所示，它可制成焊接式或可转位式。适用于粗镗、半精镗直径 $d>40$mm 的孔。工作时，镗刀块可通过楔或在两个方向上倾斜的螺钉夹紧在镗杆上。安装时，镗刀块对轴线的不垂直、不平行与不对称度，都会使孔径扩大，所以镗刀块与镗杆上方孔的配合要求很高(H7/h6)，方孔对轴线的垂直度与对称度误差不大于 0.01mm，可连续地更换不同镗刀块，对孔进行粗镗、半精镗、锪深孔或端面等。镗刀块适用于批量生产加工箱体零件孔系。

2. 滑槽式双刃镗刀

图 6-10 为滑槽式双刃镗刀。镗刀头 3 凸肩置于刀体 4 凹槽中，用螺钉 1 将它压紧在刀体

上。调整尺寸时，稍微松开螺钉1，拧动调整螺钉5，推动镗刀头上销子6，使镗刀头3沿槽移动来调整尺寸。其镗孔范围为25～250mm。目前广泛用于数控机床。

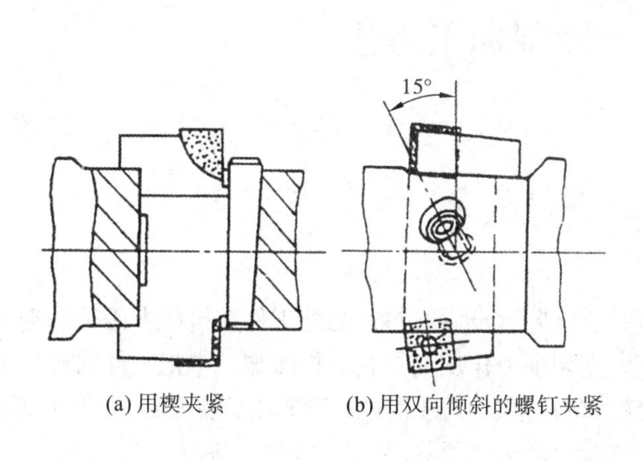

图 6-9 固定式镗刀块及其装夹

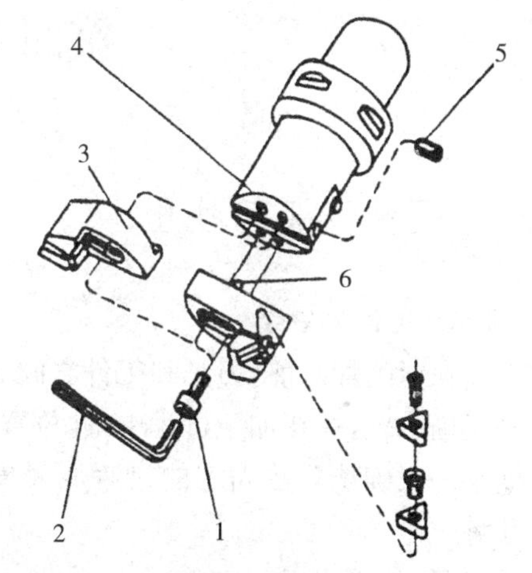

图 6-10 滑槽式双刃镗刀

1. 螺钉 2. 内六角扳手 3. 镗刀头 4. 刀体 5. 调整螺钉 6. 销

3. 浮动镗刀(浮动铰刀)

图6-11为可调式硬质合金浮动镗刀。它在调节尺寸时，稍微松开紧固螺钉2，转动调节螺钉3推动刀体，可使直径增大。目前生产的浮动镗刀直径为20～330mm，其调节量为2～30mm。镗孔时，将浮动镗刀装入镗杆的方孔时，无需夹紧，通过作用在两侧切削刃上的切削力来自动定心，因此它能自动补偿由于刀具安装误差和机床主轴偏差造成的加工误差，能达到加工精度IT7～IT6，表面粗糙度1.6～0.2μm。浮动铰刀无法纠正孔的直线性误差和位置误差，因此要求预加工孔的直线性好，$R_a \leqslant 3.2\mu m$。浮动铰刀结构简单、刃磨方便，但操作费事，加工孔径不能太小，镗杆上方孔制造困难，切削效率低，因此适用于单件、小批生产中加工直径较大的孔。

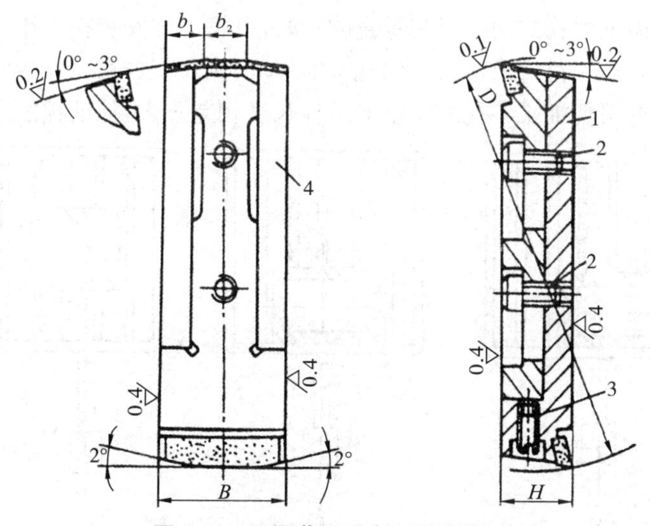

图 6-11 可调节硬质合金浮动镗刀

1. 上刀体 2. 紧固螺钉 3. 调节螺钉 4. 下刀体

第四节　镗削加工方法

一、工件安装与找正

1. 工件的安装

在镗削加工前,刀具和工件之间必须调整到一合理的位置,为此工件在机床上必须占据某一正确位置,并在加工过程中,此位置不因受切削力作用而变化。机械加工中把工件在机床占据某一正确位置并固定的过程叫做安装。在镗削加工过程中,工件的安装方法主要有以下几种。

(1) 底平面安装

利用工件底平面安装,是镗削加工最常用的安装方法之一。一般来说,工件的底面面积比较大,而且大都经过不同程度的粗、精加工,可直接安装在镗床工作台上;若工件底面是毛坯面,则可用楔形垫块或辅助支承安装在镗床工作台上。

工件直接安装在镗床工作台上时,必须检查底平面与工作台面的接触情况,如有的部位有间隙,说明底面不平整。若不采取措施消除间隙,立即夹紧,工件必然会产生变形,影响镗孔精度。若镗削工件的精度要求较高,是最后一道工序,应请钳工重新刮研底面或采取其他措施进行精加工,以保证安装精度;若镗削工作精度要求不高或是粗镗工序,可将底面用薄纸片或废塞尺填平,再夹紧、加工。

工件安装在工作台上时,应注意在工作台面上的安放位置,应既便于加工,又要使镗床主轴悬伸长度尽量短。若一次安装加工几个面上的孔,工作台到任一加工位置时,主轴的悬伸量都不能过长,以免影响加工精度。在加工中小工件时,应注意工件的形体特征和加工的孔面数量。若加工一个侧面上的孔或两个互相垂直的孔时,可将工件安装在工作台的一角或一端,如图 6-12(a)、(b)所示;若工件四个侧面上的孔都需镗削,则可安放在工作台中间的合适位置,如图 6-12(c)所示,这样可使加工各孔的主轴的悬伸长度相差不大,保证镗削质量。

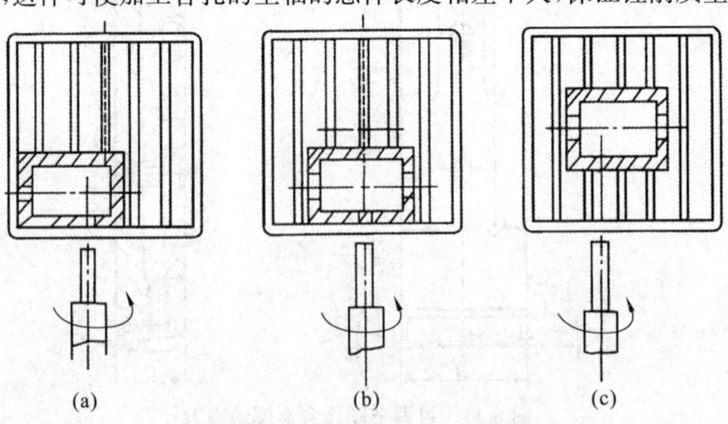

图 6-12　工件在工作台上的安装位置

工件直接装在工作台上以后，若工件具有已加工过的侧面，可利用工作台上的T形槽，装上与主轴轴线垂直的定位挡块与工件侧面靠紧，以减少安装时间。

(2) 侧面安装

有些工件，需要镗削的面或孔对于底面有平行度和垂直度的要求，其形体结构无法直接安装在镗床工作台上，可利用镗床专用的大型角铁，以工件的侧平面定位安装，如图6-13所示。若遇到大型工件需要侧平面安装时，可加辅助支承，以平衡由于工件重引起的颠覆力矩，如图6-14所示。

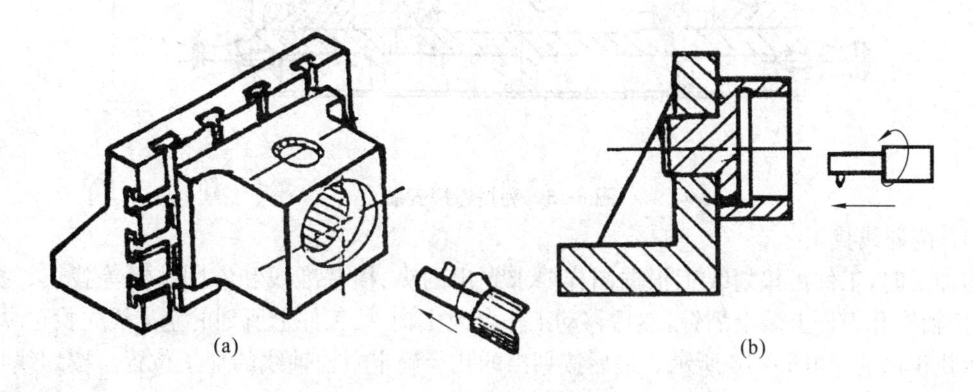

图6-13 侧平面定位安装

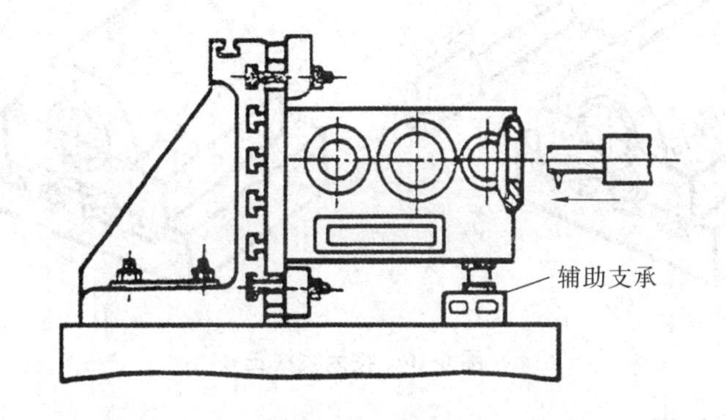

图6-14 侧平面加辅助支承安装

用侧平面安装时，必须特别注意工件重量的影响，安装表面垫正，并与角铁面贴实，防止镗削时振动。同时要特别注意安全。

(3) 利用镗模安装

对于箱体、支架等零件，为了保证加工要求和安装方便可以设计一镗床夹具进行安装，如图6-15所示。其特点是零件的加工精度受机床精度影响较小。

2. 工件的找正

工件安装在工作台上位置是否正确，必须按照图样要求，用划针、百分表或其他工具，确定工件相对于刀具的正确位置和角度，此过程称工件的找正。找正的方法很多，大批量生产中，可用夹具直接定位找正。在小批量生产中，一般应用简单的定位元件，如方铁、V形铁、定位板等。

在卧式镗床上不用定位元件时,有以下几种找正方法。

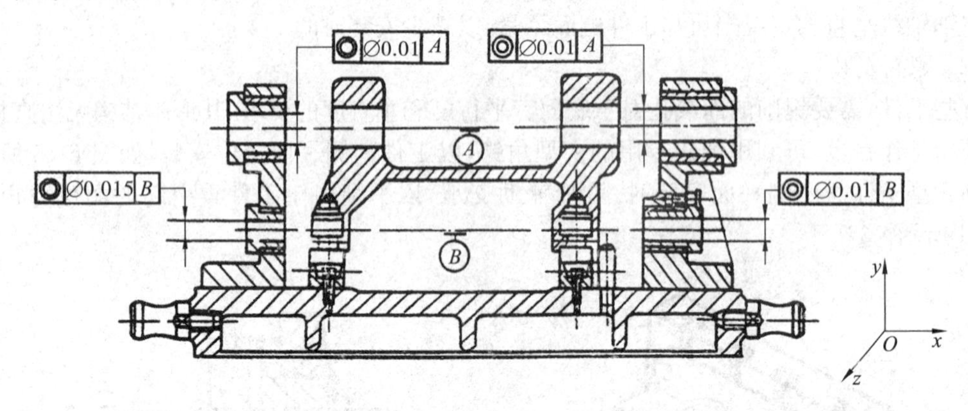

图 6-15　利用镗模安装

(1) 按划线找正

粗加工时,工件可按划线工根据图样要求划出的纵、横基准线和镗削孔径等找正。找正时,在主轴锥孔刀杆上装上划针,然后移动工作台或主轴,按工件上所划的基准线先找正纵向,然后再找正横向,如图 6-16 所示。最后按划出的孔径确定主轴轴线的加工位置。按划线找正的精度较低,适用于加工部位精度要求不高的场合。

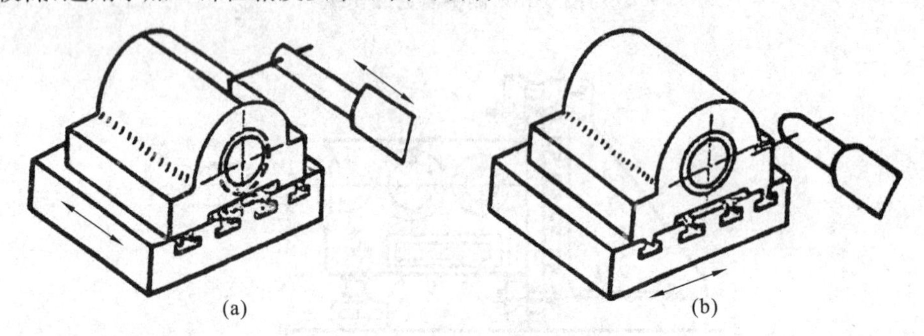

图 6-16　按划线找正

(2) 按粗加工面找正

对于有一定精度要求的镗削工件,往往镗孔前,先在其他机床上将工件侧面或底面的前端铣(或刨)出一个较长平面,作为镗削加工找正用的粗基准面,用镗床主轴和工作台按工件已知加工出的侧平面及前端面进行找正即可。找正时既可使用划针,也可使用百分表,如图 6-17 所示。

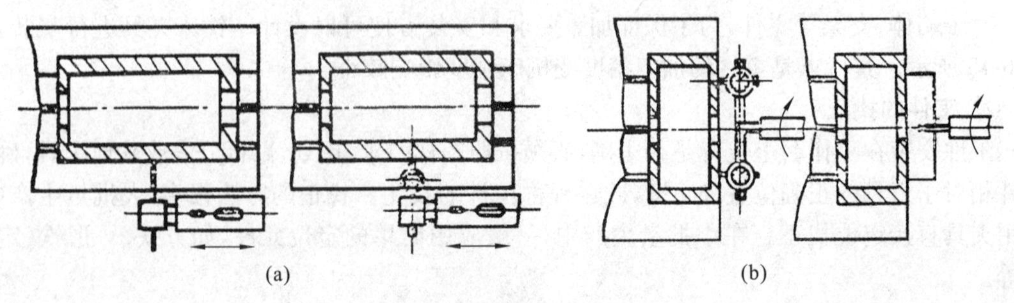

图 6-17　按粗加工面找正

（3）按精加工面找正

精度要求高的工件，其基准面必须经过精加工，按精基准用百分表找正，其找正方法与按粗加工平面找正方法相同，还可以用块规作侧面找正，如图 6-18 所示，若工件定位精度要求更高时，如加工高精度坐标镗床的箱体，还应该用百分表找正有关的已加工表面，以提高找正精度。有时也用高精度镗模或其他工艺装备来获得高的找正精度。

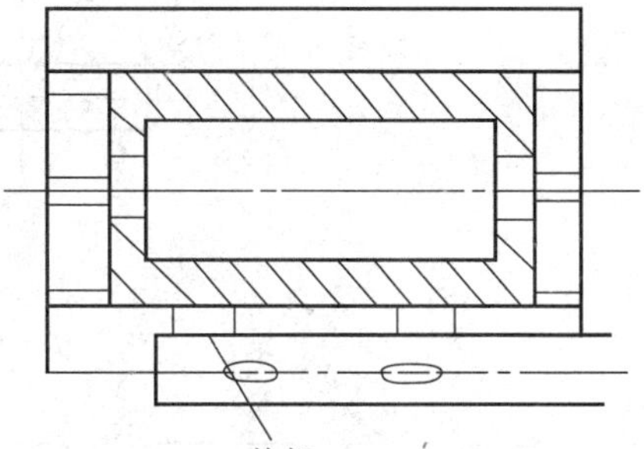

图 6-18　利用块规找正

（4）按已加工的孔找正

对于已加工孔，但无侧面或底面可作为工艺定位基准的工件，且镗孔精度要求又较高时，可用工件已有的孔进行找正。已有孔径较小时，可将测量心轴插入工件已加工孔中，用百分表对心轴的侧母线及上母线沿轴向进行找正。已有孔径较大，且轴向尺寸又足够长时，可在镗床主轴刀杆上装上百分表，直接对孔壁的侧母线及上母线进行找正，如图 6-19 所示。

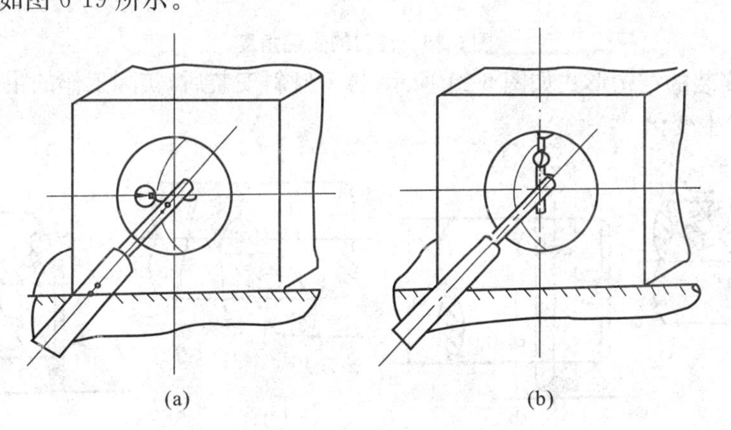

图 6-19　按已加工的孔找正

在上述两种情况校正以后，再找正主轴与工件上已加工孔的同轴度，可使机床主轴连同百分表作缓慢回转，根据零件上的孔（或心轴外圆）进行同轴度找正。

二、镗刀的安装及镗削用量的选择

1. 镗刀的安装

镗刀的安装直接影响镗刀实际工作角度，影响镗孔质量。因此，应根据加工工件的结构、镗杆的刚性及工艺要求，采取适当的安装形式，使其具有合理的安装角度和安装高度。

（1）镗刀的安装角度

镗刀的安装角度是指镗刀轴线与镗杆径向截面之间的夹角，如图 6-20 所示。镗盲孔时，镗刀需要倾斜安装。镗通孔时，则可垂直镗刀杆安装，这时安装角度 $\delta_{安}=0°$，若镗刀杆系统刚性强，也可垂直安装；刀杆系统刚性差，则需倾斜安装。目的是为了增强刀具系统刚性，并使镗刀压紧螺钉具有足够的位置。一般情况下，倾斜安装角度 $\delta_{安}$ 多采取 30°。如果镗刀杆短而粗，镗削直径大、长度短的孔时，镗刀可与镗刀杆轴线垂直安装。

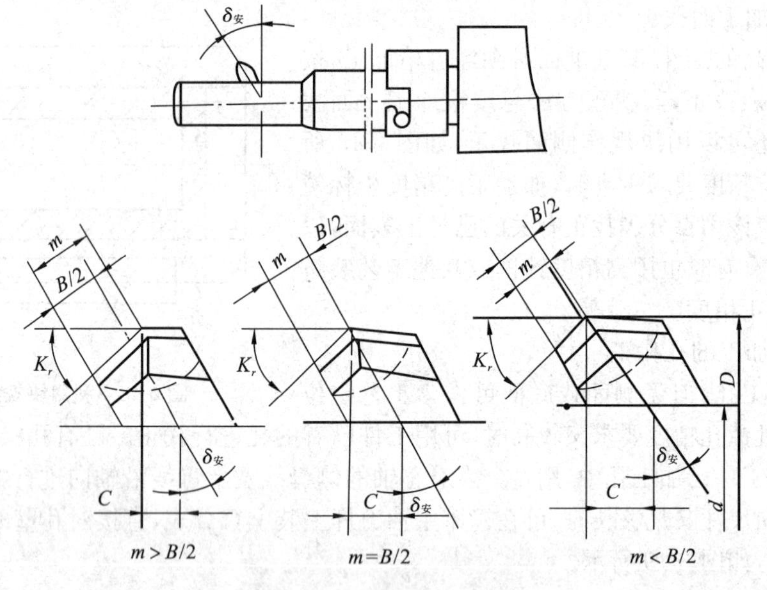

图 6-20　镗刀的安装角度

单刃镗刀安装的结构形式如图 6-21 所示，镗刀倾斜安装后，实际工作的主偏角 K_r 和副偏角 K_r' 也相应发生变化。

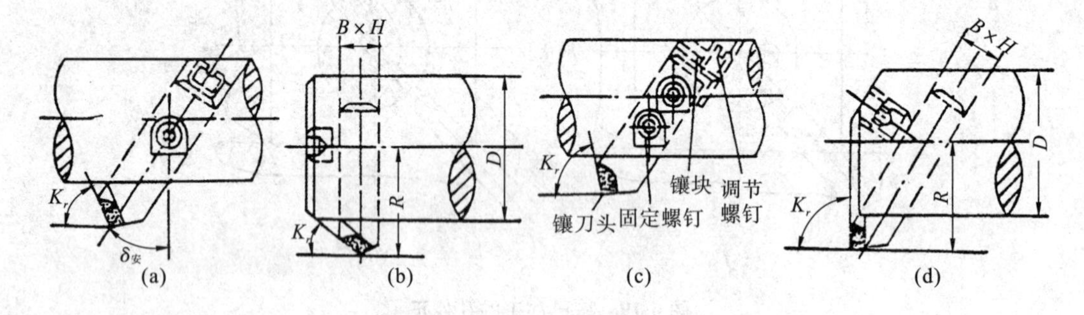

图 6-21　单刃镗刀安装的结构

镗刀块的安装方式与单刃镗刀有所不同。由于镗刀块多数镗削大直径的通孔，镗刀杆直径较粗，浮动镗刀块又用作精加工，所以通常镗刀块与镗刀杆垂直安装。

(2) 镗刀的安装高度

镗刀的安装高度是指镗刀刀尖对于所镗孔轴线的高出量 h，如图 6-22 所示。镗削中等直径的孔时，镗刀的安装高度 h 可取孔直径的 1/20。

镗刀的安装高度影响实际工作的前角 γ_o 和后角 α_o。镗刀安装高度与实际前、后角的变化关系如图 6-23 所示。

若镗刀安装高度低于镗孔轴线(安装高度为负)，由于工件材质不均和切削力的变化，可能造成镗刀“楔入”工件而破坏镗削表面。通常镗刀安装稍高于镗孔轴线，这时镗刀的实际前角减小，实际后角增大，刃磨镗刀时应注意。

(3) 镗刀头的悬伸量

镗刀头的悬伸量是指镗刀头由镗杆支承面中伸出的长度，如图 6-22 所示。为了不降低刀具系统的刚性，镗刀头的伸出长度不宜太长。镗刀头的悬伸量可参考下式确定：

$$l=\frac{D-d}{2}\approx(1\sim1.5)H$$

式中：l——镗刀头的悬伸量(mm)；

D——工件镗孔直径(mm)；

d——镗杆直径(mm)；

H——镗刀截面高度(mm)。

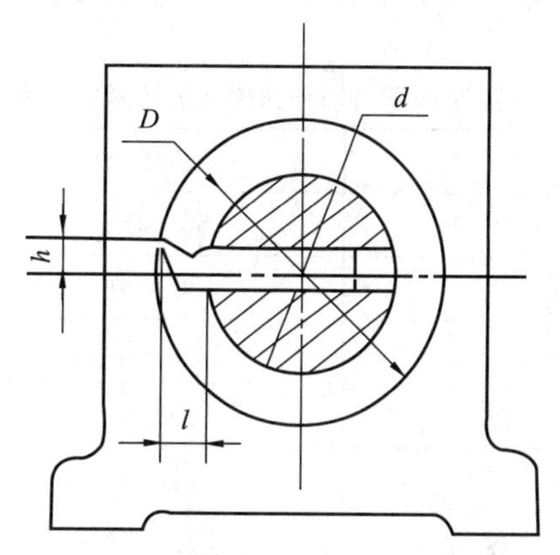

图 6-22　镗刀的安装高度和悬伸量

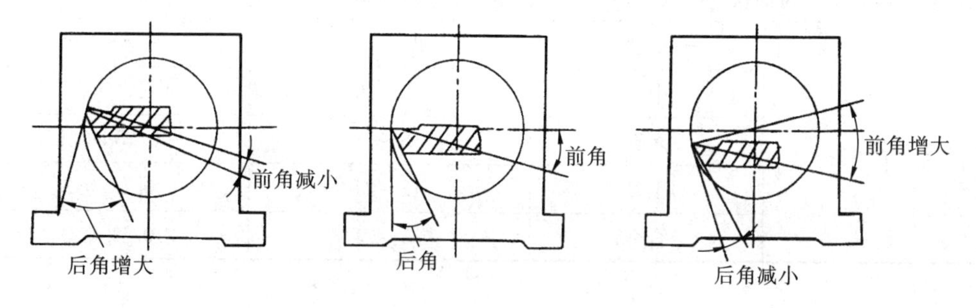

图 6-23　镗刀安装高度对前、后角影响

2. 镗削量的选择

(1) 背吃刀量 a_p 的选择

在粗加工时，除留下粗加工的工作量外，应尽可能减少余量切除次数。在工艺系统刚度足够的前提下，背吃刀量尽量选大些。若一次不能切除，应按先多后少的原则选择背吃刀量。镗削表层有硬皮的铸、锻件时，应尽量使背吃刀量超过硬皮或冷硬层的厚度。

精加工时，应逐步减小切削深度或查经济精度有关表格，以利于提高工件的加工精度和表面质量。

(2) 进给量 f 的选择

镗孔的进给量有两种：即每转进给量 $f_{转}$ 和每分进给量 $f_{分}$。由于进给量的大小影响切削力和表面粗糙度，所以进给量的选择应根据工艺系统的刚度，强度及表面粗糙度的要求等方面来考虑。

粗加工时，限制进给量的因素是切削力，应根据系统刚度大小去选择 f。

精加工时，进给量应根据表面粗糙度的要求来选择。若表面粗糙度要求较小，进给量应选择小些，反之，可选大些。但不宜选得过小，否则会使实际切削厚度不均，反而影响工件表面粗糙度。

(3) 切削速度 v 的选择

切削速度主要根据工件材料和刀具材料及进给量选择。粗加工时，在 a_p 及 $f_{转}$ 选定的基础上，应根据刀具耐用度的要求及机床功率的大小来选定切削速度。精加工时，一般由于 a_p 及 $f_{转}$ 都较小，$F_{切}$ 不会太大，机床功率是足够的，切削速度应主要根据刀具耐用度的要求来确定。表 6-2 给出了高速钢刀切削速度及进给量的参考数值。表 6-3 为不同刀具材料相对高速钢的切削速度折算表。

表 6-2　高速钢镗刀切削速度及进给量的参考数值

材　料		v(m/min)	f (mm/r)
铝、铝合金		60～120	0.1～0.7
黄铜、青铜(软)		30～90	0.1～0.5
青铜(高抗拉强度)		21～28	0.2～0.4
铸　铁	软	30～45	0.3～1
	中硬	21～30	0.3～0.6
	硬	12～18	0.2～0.5
可锻铁		24～28	0.1～0.6
钢	低碳	24～45	0.4～0.8
	中碳	18～30	0.3～0.5
	高碳	15～18	0.15～0.4
	工具	12～24	0.1～0.3
	合金	15～21	0.1～0.3

表 6-3　不同刀具材料相对高速钢的切削速度折算表

刀具材料	修正系数
高速钢	1
YG8	6
YG6	7.5
YG5	4
YT15	6
YT30	10
W1	12
T10、T12	0.4～0.5

镗削用量选择顺序，首先应尽量选择大的 a_p，其次是选择大的 $f_{转}$，最后根据已定的 a_p 和 $f_{转}$、刀具的耐用度及机床功率，选择合理的切削速度 v。

3. 镗削加工阶段划分

对于精度要求高的孔，要经过粗镗、半精镗、精镗的工艺阶段，才能达到精度要求。

(1) 粗镗

主要是对毛坯孔或钻、扩后的孔进行粗加工。其目的是用较大的背吃刀量和进给量切去铸、锻件孔的表面硬层、镗扩孔的大部分余量，再用适当切削用量镗削，使工件孔具有一定的精度，为半精镗和精镗进行预加工，是提高镗削精度的一个重要环节。

粗镗时，一般为半精镗和精镗留有单边为 3～4mm 的加工余量。对于精密的箱体零件，粗镗后还必须进行回火或时效处理，以消除粗镗加工后的内应力，然后才能进行精镗。

为了保证粗加工的生产效率并使所镗的孔具有一定的精度，要求粗镗刀锋利，以减小切削力；刃倾角常取负值，以提高刀尖强度及抗冲击性。

(2) 半精镗

半精镗是精镗的前道工序，目的是切去粗镗时留下来的余量。半精镗通常至少分两次镗削，第一次镗去余量的不均匀部分，最后镗去半精镗的全部余量。留给精镗的余量一般为 0.2～0.4mm。对于精度要求不高的孔，也可不设半精镗工序。

(3) 精镗

精镗是在粗镗、半精镗的基础上，以较高的切削速度和较小的进给量，切除精镗或半精镗留下来的较少余量，以得到较高的尺寸精度和光整的内孔表面。精镗的目的，是保证所镗孔获得图样要求的较高的尺寸精度、形状精度和较小的表面粗糙度。

精镗长孔(深孔)时，可采用工作台送进方式镗孔，以提高孔轴线的直线度；对于某些要求较高的孔，应分两次走刀完成精镗；对于要求较高的箱体件，精镗前还应将夹压螺钉及压板稍作调整，减小夹紧力后，再进行镗削，以减少精镗时工件的变形。精镗时切削用量不能过小，通常 $a_p \geqslant 0.10$mm，$f_{转} \geqslant 0.05$mm/r，否则刀具磨损严重。精镗镗刀应保证锋利，前角应取大些，以减小切削变形、切削力和减少切削热；后角应取大些，以减少镗刀和工件表面的摩擦；刃倾角应取正值，使切屑流向待加工表面；刃尖处应有修光刃，以获得光整的内孔表面。

粗镗、半精镗和精镗加工阶段的划分，取决于镗孔精度、工件材料及工件的具体结构。

三、孔的镗削方式

1. 主轴送进式镗孔

主轴一方面作旋转运动(主运动)，另一方面沿其轴线作进给运动，如图 6-24 所示。随着主轴的送进，主轴的悬伸长度和变形将不断增加，使主轴刚度下降，孔的尺寸精度和形状精度也随之降低，孔和孔系轴线的形位误差增大。

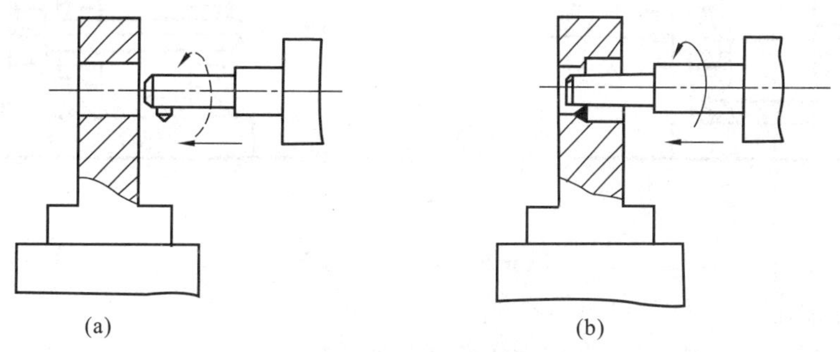

图 6-24　主轴送进式镗孔

2. 工作台送进式镗孔

工作台送进式镗孔是主轴只作旋转运动，工作台带动工件沿机床导轨作进给运动，如图6-25所示。用这种方式镗孔，可以保证在加工中镗刀杆的悬伸长度不变，镗杆刚度不变，镗削精度相对较高。孔轴线的直线度取决于工作台纵向进给的直线度。

工作台送进式镗孔适用于精度要求较高的孔加工。但必须说明，上述两种方式镗孔各有利弊，可根据机床精度、工件结构形状、工艺要求、系统刚度进行选用。

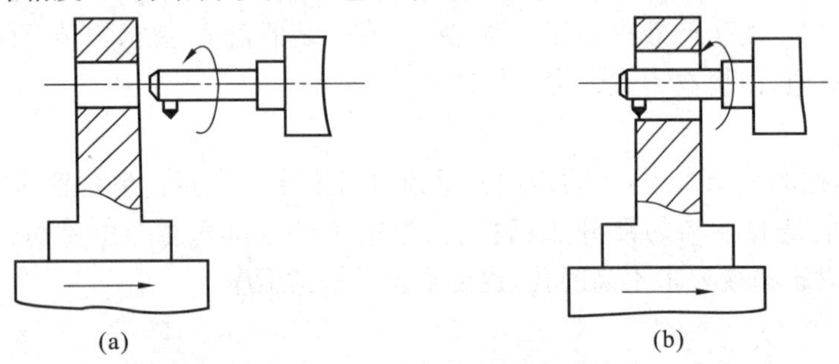

图 6-25　工作台送进式镗孔

3. 悬伸镗杆镗孔

镗杆前端(靠近后立柱一端)没有支承的镗杆为悬伸镗杆，用这种镗杆进行孔的镗削加工，就是悬伸镗杆镗孔，如图 6-26 所示。用悬伸镗杆镗孔时，镗杆悬伸长度应尽量短，以提高系统刚度。悬伸镗杆镗孔广泛应用于大直径浅孔及端面孔的加工。

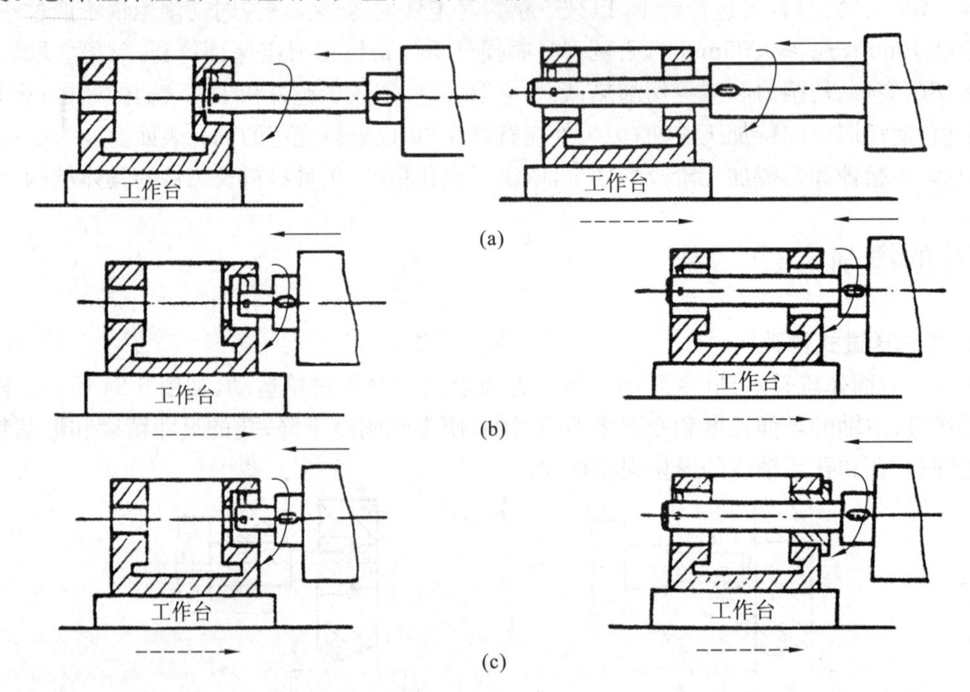

图 6-26　悬伸镗杆镗孔

4. 通镗杆镗孔

镗杆前端(靠近后立柱一端)有支承的镗杆为通镗杆，如图 6-27 所示。当工件同一轴线上的孔相距较远，用悬伸镗杆镗孔困难或难以保证质量时，则可将镗杆支承在后立柱的导套上进行通镗杆镗孔，使系统刚度大大增加。这一方法在镗削深孔或同轴孔间距离较大的工件时普遍采用。

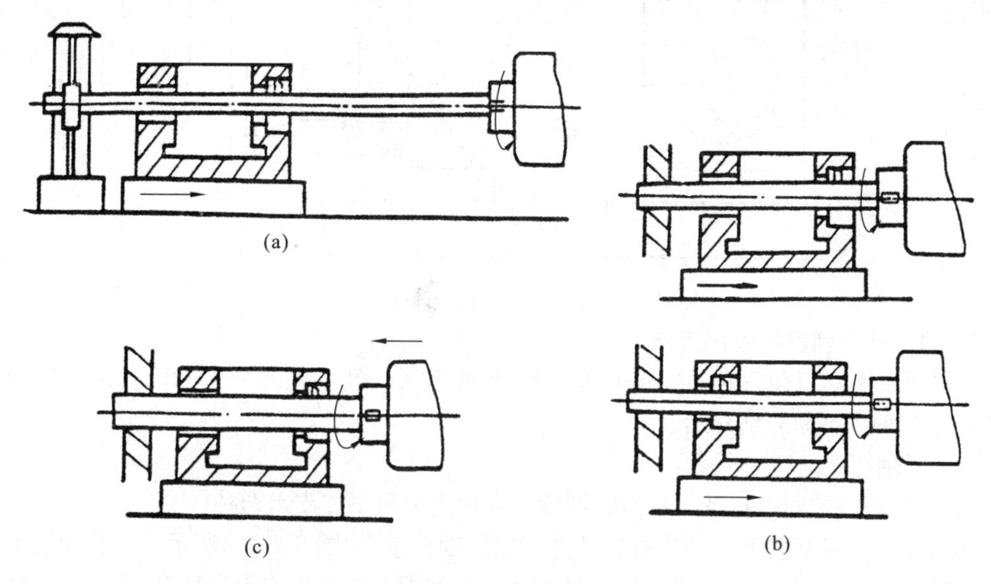

图 6-27 通镗杆镗孔

综上所述，悬伸镗杆镗孔和通镗杆镗孔各有所长。在工艺系统刚度较好的条件下，应尽可能采用悬伸镗杆镗孔。由于悬伸镗孔的旋转速度不受镗杆支承轴承的限制，可以提高镗削速度，从而提高生产效率。在镗端面孔，镗刀试镗，测量等方面都很方便。通镗杆镗孔，在加工大直径深孔和孔间距较大的同轴孔系时，能发挥较好作用，获得较高同轴度。缺点是装卸、调整时间长而且不能使用端镗工具，使用范围受到限制。

四、保证镗孔精度的方法

1. 单孔精度镗削法

单孔镗削的基本方法是试切法。它是利用镗床的坐标装置，经试切来逐次校正误差，使主轴轴线与镗孔要求轴线趋于重合，以达到图样要求的一种方法。在单件小批生产中，试切法应用得很普遍。

如图 6-28 所示，镗削一直径为∅70H7 的孔，用试切法，先按划线工划出的镗孔线留出余量，通镗一刀，若余量较小则镗出一段浅的止口孔，然后根据划线孔和所镗止口孔偏心量 e 的大小和方向，利用主轴箱的升降和移动工作台的坐标位置，对偏心量 e 作调整，使其消除或减小，再重新试镗，经反复校正，直至主轴轴线与∅70H7 孔的轴线重合，然后留出精镗余量 0.10～0.20mm进行孔的通镗，最后进行孔的光整精镗。镗削时注意控制孔的尺寸精度和表面粗糙度。

试切法不需要精密的测量工具及对刀装置，工艺装备简单。但这种方法操作费时，孔的精度较低，对工人的技术水平要求较高。

用试切法镗孔时，背吃刀量和进给量都不宜过小，一般 a_p 不少于 0.1mm，$f_{转}$ 不少于 0.03mm/r。若两者过小，试切时镗刀头不是处在切削状态，而是处于摩擦状态，会使镗刀磨损严重，影响镗孔表面质量。

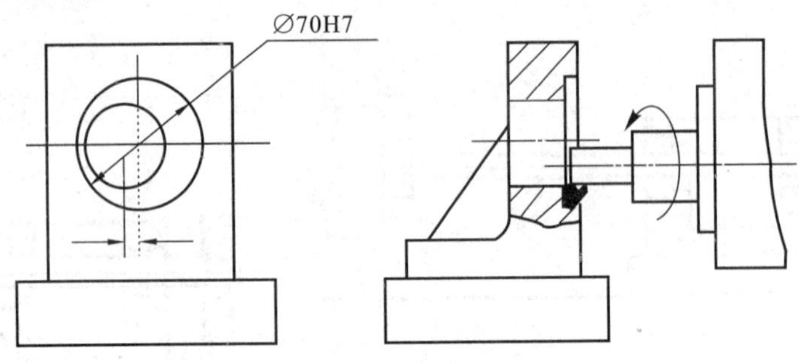

图 6-28　试切法镗孔

2. 保证孔系精度的镗削方法

工件上具有相互位置关系要求的若干孔，称为孔系。孔系主要分为同轴孔系、平行孔系、垂直孔系三种。下面分别介绍。

(1) 同轴孔系的镗削

① 悬伸镗杆镗同轴孔系。悬伸镗杆镗孔有加支承和不加支承两种。

镗杆不加支承从孔壁一端进行镗孔并镗完同轴孔系，如图 6-26(a)所示。在孔间距不大的中小箱体上，加工平行孔系也可采用这种方法。悬伸镗杆镗孔生产效率高，但由于镗杆悬伸较长，镗出的孔精度不高。

悬伸镗杆用导向支承套镗孔。当箱体的两壁间距较大，或镗几个同轴孔时，可以将第一个孔镗好后，在该孔内装入一个导向套，用其支承镗杆，继续镗削工件上余下的同轴孔，如图 6-26(c)所示。这样可以减小镗杆变形，相应减少了孔的同轴度和圆度误差。

② 通镗杆镗同轴孔系。当同一轴线上有两个以上的同轴孔，而且同轴度要求较高时，宜用通镗杆镗削，如图 6-27 所示。由于通镗杆的镗杆前增加支承，镗刀系统刚度提高，镗孔质量及同轴度也相应提高。采用该法镗孔时，在镗之前必须调整至支承套轴线与主轴回转轴线重合。该方法调整时间长，加工精度与调整精度有关。

③ 调头镗法。当箱体壁相距较远时，宜采用调头镗法。即在工件的一次安装下，当镗出箱体一端的孔后，将工作台回转，再镗另一端同轴孔系，它的优点是镗杆悬伸短，刚性好，镗孔时可选较大的切削用量，且不用夹具和长刀杆，准备周期短、生产效率高。但需要调整工作台的回转精度和调头后主轴应处的正确位置，比较麻烦又费时。

调头镗的调整方法如下：首先校正工作台回转轴线与机床主轴轴线相交，定好坐标原点，其方法如图 6-29(a)所示。将百分表固定在工作台上，回转工作台 180°，分别测量主轴两侧，使其误差小于 0.01mm，记下此时工作台在 X 轴上的坐标值作为原点的坐标值。再调整工作台的回转定位误差，保证工作台精确地回转 180°，其方法如图 6-29(b)所示。先使工作台紧靠在回转定位机构上，在台面上放一平尺，通过装在镗杆上的百分表找正平尺的一侧面后将其固定，再回转工作台 180°，测量平尺的另一侧面，调整回转定位机构，使其回转定位误差小于 0.02mm/1000mm。

当完成上述调整准备工作后，就可进行镗削。先将工件正确安装在工作台上，用坐标法加工好一端的孔，记下各孔到坐标原点的坐标值。再将工作台回转 180°，用坐标法加工另一端的孔，要求各孔到坐标原点的坐标值与调头前相应的同轴孔到坐标原点的坐标值大小相等、方向相反，其误差小于 0.01mm，这样就可以得到较高的同轴度。

(2) 平行孔系的镗削

工件上若干轴线相互平行的孔构成平行孔系。这种孔系，除各孔自身精度要求外，还要求各孔轴线平行，以及各孔轴线与基面间的距离精度和平行度要求。常见的加工方法有三种。

① 试切法镗平行孔。如图6-30所示，为三孔平行孔系。加工时，首先将第一孔按图样要求镗到直径 D_1，再根据划线将主轴调到第二个孔的中心处，并将2孔镗到直径 $D'_2 < D_2$，然后量出两孔中心距 $A_1 = D_1/2 + D'_2/2 + L_1$。再根据 A_1 与图纸要求的两孔中心距 A 的差值，进一步调整主轴的位置，进行第二次试镗，直到中心距符合图纸要求后，再将该孔镗到图纸规定的直径 D_2。如此依次镗削其他孔。试切法镗孔的精度及生产效率均较低，适用于单件小批生产。

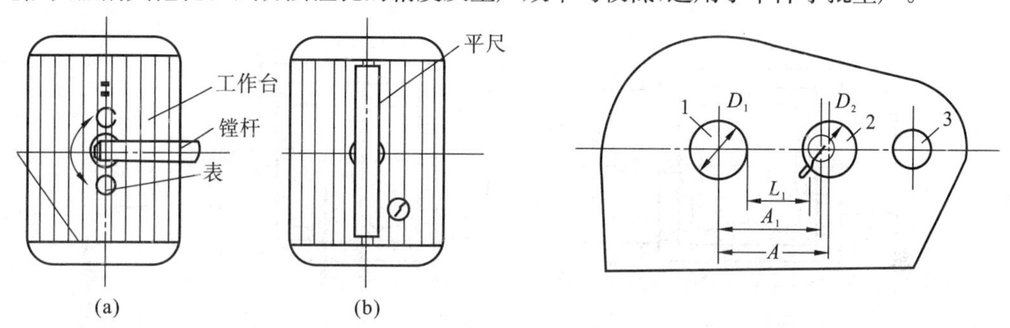

图6-29　调头镗的调整方法　　　图6-30　试切法镗平行孔系

② 坐标法镗平行孔系。坐标法镗孔，是把被加工孔系间的位置尺寸换算成直角坐标的尺寸关系，用镗床上的标尺或其他装置来确定主轴中心坐标。当位置精度要求不高时，可直接采用镗床上的游标尺放大镜测量装置，其误差为±0.1mm；当位置精度要求较高时，要采用块规与百分表来调整主轴位置，其误差为±0.02mm，但操作不便。近年来多数镗床上已增设精密的读数装置，镗杆三个方向的移动距离，都可直接从读数装置中获得。

③ 利用镗模(或镗模板)镗平行孔系。在成批生产中，普遍应用镗模来加工中小型箱体的平行孔系，如图6-31所示，可较好地保证孔系的精度，生产效率也高。用该法加工孔系时，镗模与镗杆都要求有足够的刚度，镗杆与机床主轴浮动连接，故可降低对机床精度的要求。镗杆两端由镗模套支承，孔的位置精度由镗模的精度保证。

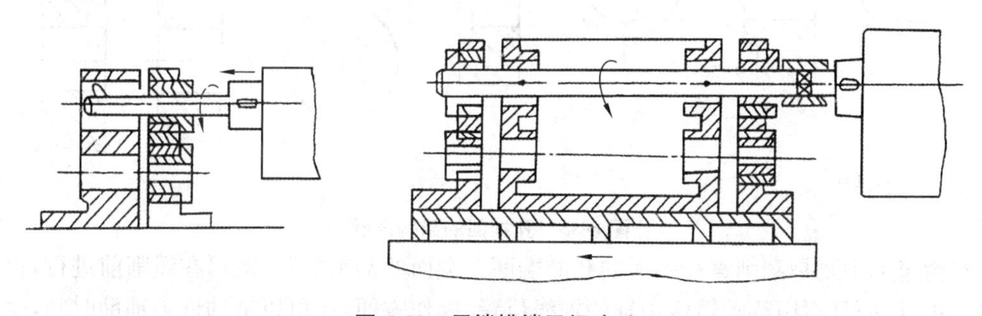

图6-31　用镗模镗平行孔系

(3) 垂直孔系的镗削

垂直孔系加工的技术要求是：除了孔自身的精度要求外，主要技术要求是相互垂直两孔轴线的垂直度，以及两孔轴线间的距离精度和位置精度。在卧式镗床上加工垂直孔系，通常是先镗好一条轴线上的同轴孔，然后将工件转90°，调好主轴中心坐标位置，再加工相互垂直的另一条轴线上的各孔。通常方法有三种。

① 回转法镗垂直孔系。工件上一个方向的孔加工好后，利用回转工作台，带动工件转90°，再加工垂直方向上的孔。垂直度靠机床工作台的回转定位精度保证。

② 端面校正法镗垂直孔系。利用已经加工好的端面作为校正基面，来保证一组垂直孔的精度要求。如图 6-32 所示，当镗好 1 孔时，同时加工 A 面使其与 1 孔轴线垂直。镗 2 孔时，只需校正 A 面，使之与主轴轴线或机床导轨平行，这样镗出的孔便同 1 孔相垂直。

③ 心轴校正法镗垂直孔系。如图 6-32 所示，若结构上没有 A 面这样的转换基面，则可利用已加工好的 1 孔作为校正基准，转位后校正心轴 B，使主轴与心轴垂直，镗出的 2 孔也与 1 孔相垂直。

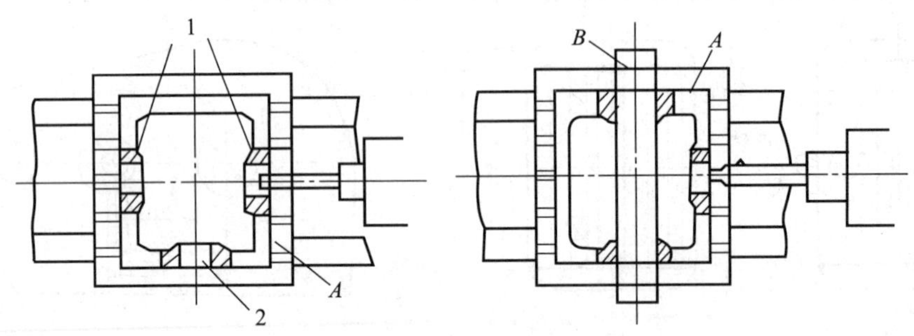

图 6-32　利用端面及心轴校正法镗垂直孔系

五、端面的镗削

1. 圆柱孔端面的结构形状

镗工在镗孔中，经常会遇到孔端面的刮削加工。孔端面常见的结构形状，有单孔凸平面、单孔凹平面、双孔凸平面和双孔凹平面等多种，如图 6-33 所示。

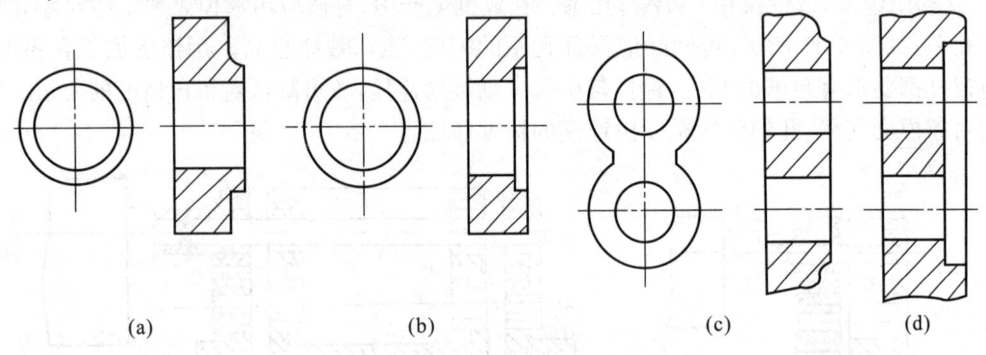

图 6-33　孔端面的结构形状

在镗床上主要是刮削直径不大的孔的端面。端面的刮削加工，既可在镗削前进行，也可在镗孔后进行，而且不用移动镗床主轴的轴线位置，操作方便，还可以节约许多辅助时间，生产效率高。刮削端面的精度，能满足一般精度工件垂直度的要求，所以应用较广。

2. 端面刮削刀杆的支承方式

孔端面刮削时，刀杆的支承方式有两种。一种是刀杆不加支承，直接刮削，如图 6-34 所示。这种方法用于镗孔的端面刮削。另一种是利用内孔或衬套作支承，进行孔端面的刮削。当孔径不大时，刀杆直接装入内孔，并且有一定的配合间隙；当孔径较大时，利用衬套来支承刀杆，衬套外圆与已镗孔配合，衬套的内孔与刀杆应有 0.01mm 的间隙配合，如图 6-35 所示。这种方法用于镗孔后的端面刮削。

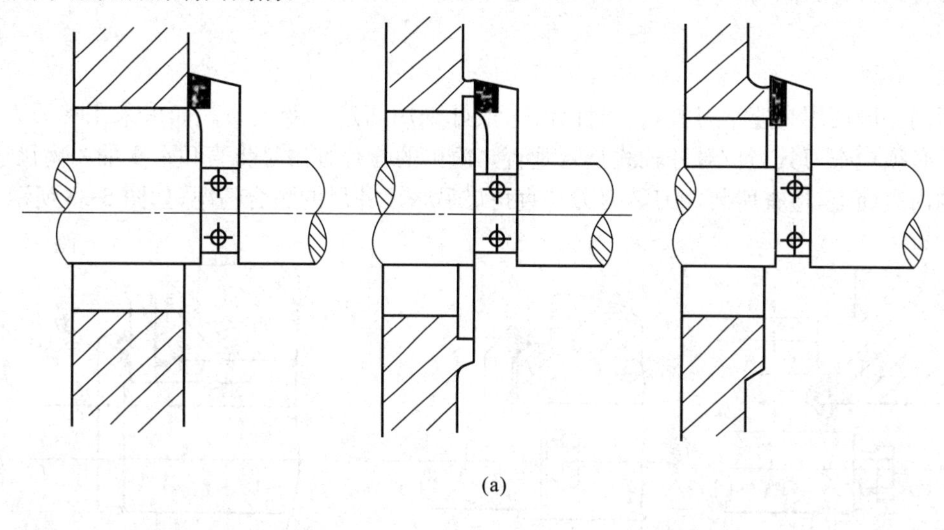

(a)

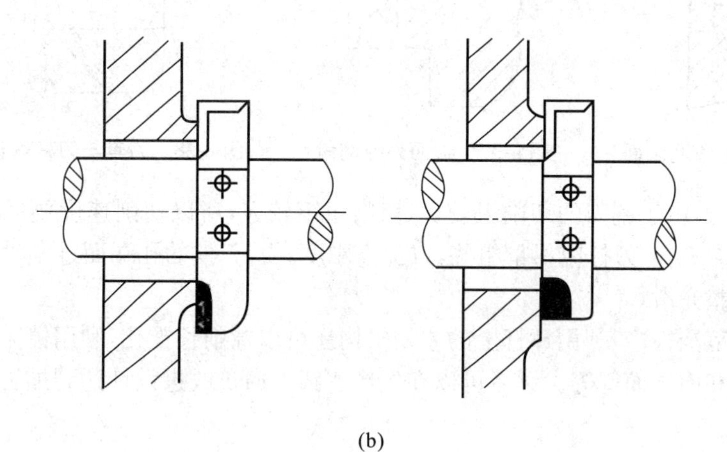

(b)

图 6-34　刀杆不加支承

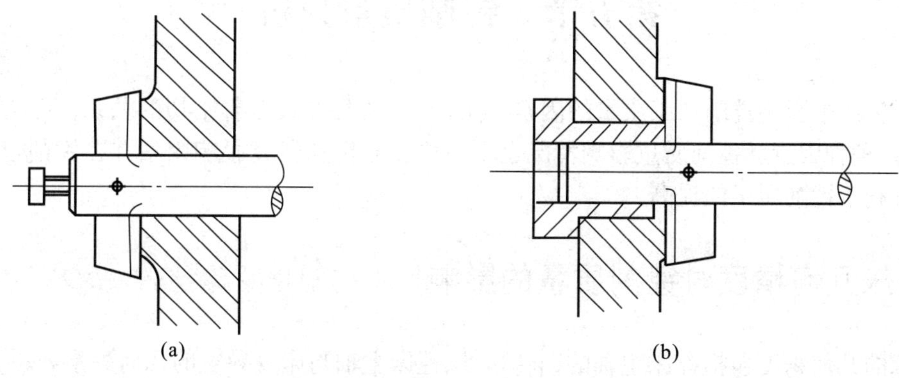

(a)　(b)

图 6-35　用内孔或衬套支承刀杆

(1) 粗刮

粗刮一般使用硬质合金刀具。若孔的端面较大，可用 90°偏刀分段切除余量，如图 6-36 所示(图中1、2、3为三个刮削阶段)。若孔的端面是凸起面,且端面外缘处较硬,可先用45°偏刀副刀刃将凸台外缘倒角,如图6-37所示。这样可以保护精刮时使用的高速钢刀具,提高其耐用度。

(2) 精刮

精刮一般使用高速钢刀具,若条件允许,最好采用高速钢双刃刀。如果采用单刃刀刮削,加工前必须检查刀具刃口对杆轴线是否垂直。简单的检查方法是将直角尺1的一内尺边紧贴在孔的内表面上,检查所装镗刀2刀刃与直角尺另一尺外尺的贴合情况,如图6-38所示。

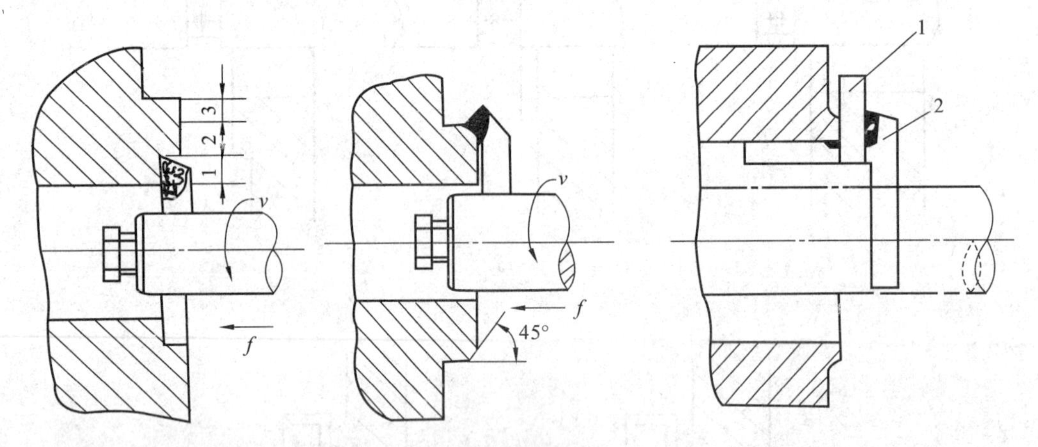

图6-36　分段刮削面　　**图6-37　端面外缘倒角**　　**图6-38　刀具与刀杆垂直程度的检查**

精刮端面时,由于刮刀的切削刃较长,切削扭矩较大,所以切削速度要低。刀具后角尽可能小些,可取4°~8°。刀杆应尽量粗些,以提高刚度。若工件的孔端面过宽时,可分段刮削,但接刀处必须平整光滑。

镗削加工范围很广,利用镗杆上的差动机构还可以镗削长锥孔,利用镗床上的平旋盘还可以镗削外球面和内球面等等。读者可以在生产实践中通过改进设计达到加工要求。

第五节　镗削质量分析

实际生产中影响镗削加工质量的因素很多,并与镗孔方式有着密切的关系。随着镗孔方式的不同,种种因素对镗削质量影响情况也不一样。分析和研究影响因素并在镗削过程中加以控制有利于镗削质量的提高。

一、机床几何精度对镗削质量的影响

机床的几何精度包括镗床主轴的回转精度、镗床主轴与床身导轨的几何关系等。

1. 镗床主轴回转精度对镗削质量的影响

镗床主轴回转精度是指镗床主轴实际回转轴线与理想回转轴线相符合的程度,一般用轴心线回转运动误差来表示。在镗削加工时,主轴的回转运动误差产生的轴向误差引起被加工零件端面的加工误差，使端面不平并与孔中心不垂直，但对孔径向尺寸无影响，而回转运动误差所产生的径向误差将直接影响加工零件的孔圆度误差和表面粗糙度。

2. 镗床主轴中心线与导轨的几何关系对镗削质量的影响

镗床主轴中心线如果与镗床上滑座横向导轨的运动方向不垂直，将直接产生被加工孔与端面(定位面)的垂直度误差，镗床主轴中心线如果与工作台纵向运动方向不平行，将会产生镗孔的中心线与工件底平面不平行，与孔端面不垂直。当立柱导轨导向楔铁接触面不均匀时，也会产生镗轴中心线在垂直面上偏斜，造成上述误差。

3. 立柱导轨精度对加工精度的影响

立柱导轨是主轴箱升降运动的基准，立柱导轨应与床身导轨保持垂直状态。如果立柱导轨精度下降，将会在两个互相垂直的方向上产生与工作台面的垂直度误差，同时使主轴轴线在水平面内和垂直面内产生偏斜。以上误差将使镗孔中心线与工件底平面或侧平面产生平行度误差，并使孔距精度下降，如果加工平面将使该平面与基准面不垂直。

二、镗杆受力变形的影响

镗杆受力变形是影响镗孔加工质量的主要原因之一。尤其当镗杆与主轴刚性连接采用悬臂镗孔时，镗杆的受力变形最为严重，现以此为例进行分析。

悬臂镗杆在镗孔过程中，受到切削力矩 M、切削力 F_r 及镗杆自重 G 的作用，如图 6-39 所示，切削力矩 M 使镗杆产生弹性扭曲，主要影响工件的表面粗糙度和刀具的寿命；切削力 F_r 和自重 G 使镗杆产生弹性弯曲(挠曲变形)，对孔系加工精度的影响严重，下面分析 F_r 和 G 的影响。

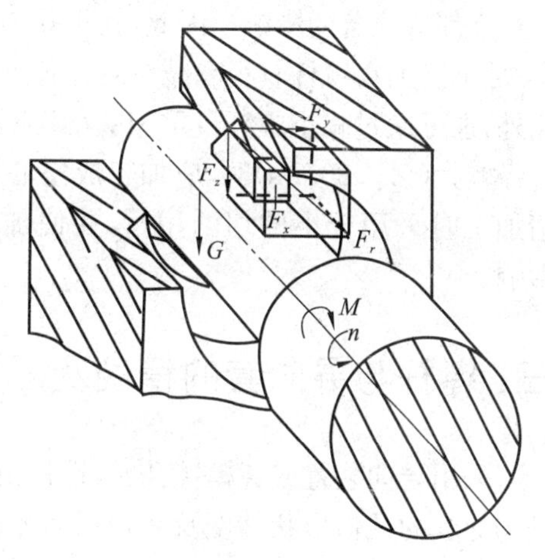

图 6-39　镗杆的受力分析

1. 由切削力 F_r 所产生的挠曲变形

作用在镗杆上的切削力 F_r，随着镗杆的旋转不断地改变方向，由此而引起的镗杆挠曲变形 f_F 也不断地改变方向，如图 6-40 所示，使镗杆的中心偏离了原来的理想中心。由图可见，当切削力不变时，刀尖的运动轨迹仍然呈正圆，只不过所镗出孔的直径比刀具调整尺减少了 $2f_F$，f_F 的大小与切削力 F_r 和镗杆的伸出长度有关，F_r 愈大或镗杆伸出愈长，则 f_F 就愈大。但应该指出，在实际生产中由于实际加工余量的变化和材质的不均，切削力 F_r 是变化的，因此刀尖运动轨迹不可能是正圆。同理，在被加工孔的轴线方向上，由于加工余量和材质的不均，或者采用镗杆进给时，镗杆的挠曲变形也是变化的。

2. 镗杆自重 G 所产生的挠曲变形

镗杆自重 G 在镗孔过程中，其大小和方向不变。因此，由它所产生的镗杆挠曲变形 f_G 的方向也不变。高速镗削时，由于陀螺效应，自重所产生的挠曲变形很小；低速精镗时，自重对镗杆的作用相当于均布载荷作用在悬臂梁上，使镗杆实际回转中心始终低于理想回转中心一个 f_G 值。G 愈大或镗杆悬伸愈长，挠曲变形就愈大，如图 6-41 所示。

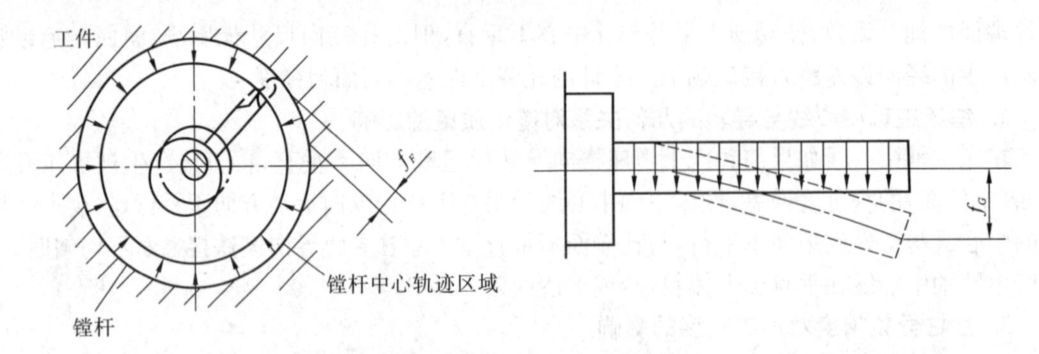

图 6-40　切削力对镗杆挠曲变形的影响　　图 6-41　自重对镗杆挠曲变形的影响

3. 镗杆在自重 G 和切削力 F_r 共同作用下的挠曲变形

事实上，镗杆在每一瞬间所产生的挠曲变形，都是切削力 F_r 和自重 G 所产生的挠曲变形的合成。可见在 F_r 和 G 的综合作用下，镗杆的实际回转中心偏离了理想回转中心。由于材质的不均、加工余量的变化、切削用量的不一以及镗杆伸出长度的变化，使镗杆的实际回转中心在镗孔过程中作无规律的变化，从而引起了孔系加工的各种误差；对同一孔的加工，引起圆柱度误差；对同轴孔系引起同轴度误差；对平行孔系引起孔距误差和平行度误差。粗加工时，切削力大，影响比较显著；精加工时，切削力小，影响也就比较小。

从以上分析可知：镗杆在自重和切削力作用下的挠曲变形，对孔的几何形状精度和相互位置精度都有显著的影响。因此，在镗孔中必须十分注意提高镗杆的刚度，可采取下列措施：第一，尽可能加粗镗杆直径和减少悬伸长度；第二，采用导向装置，使镗杆的挠曲变形得以约束。此外，也可通过减小镗杆自重和减小切削力对挠曲变形的影响来提高孔系加工精度。镗杆的直径较大（$\varnothing \geqslant$80mm）时，应加工成空心，以减轻重量；合理选择定位基准，使加工余量均匀；精加工时采用较小的切削用量，并使加工各孔所用的切削用量基本一致，以减小切削力的影响。

三、镗杆与导向套的精度及配合间隙的影响

采用导向装置或镗模镗孔时，镗杆由导套支承，镗杆的刚度较悬臂时大大提高。此时，镗杆与导套的几何形状精度及其相互的配合间隙，将成为影响孔系加工精度的主要因素之一，现分析如下：

由于镗杆与导套之间存在着一定的配合间隙，在镗孔过程中，当切削力 F_r 大于自重 G 时，不管刀具处在什么切削位置，切削力都可以推动镗杆紧靠在与切削位置相反的导套内表面上。这样，随着镗杆的旋转，镗杆表面以一固定部位沿导套的整个内圆表面滑动。因此，导套内孔的圆度误差将引起被加工孔的圆度误差，而镗杆的圆度误差对被加工孔的圆度没有影响。

精镗时，切削力很小，通常 $F_r < G$，切削力 F_r 不能抬起镗杆。随着镗杆的旋转，镗杆轴颈表面以不同部位沿导套内孔的下方摆动，如图 6-42 所示。显然，刀尖运动轨迹为一个圆心低于导套中心的非正圆，直接造成了被加工孔的圆度误差；此时，镗杆与导套的圆度误差也将反映到被加工孔上而引起圆度误差。当加工余量与材质不匀或切削用量选取不一样时，使切削力发生变化，引起镗杆在导套内孔下方的摆幅也不断变化。这种变化对同一孔的加工，可能引起圆柱度误差，对不同孔的加工，可能引起相互位置的误差和孔距误差。所引起的这些误差的

大小与导套和镗杆的配合间隙有关：配合间隙愈大，在切削力作用下，镗杆的摆动范围愈大，所引起的误差也就愈大。

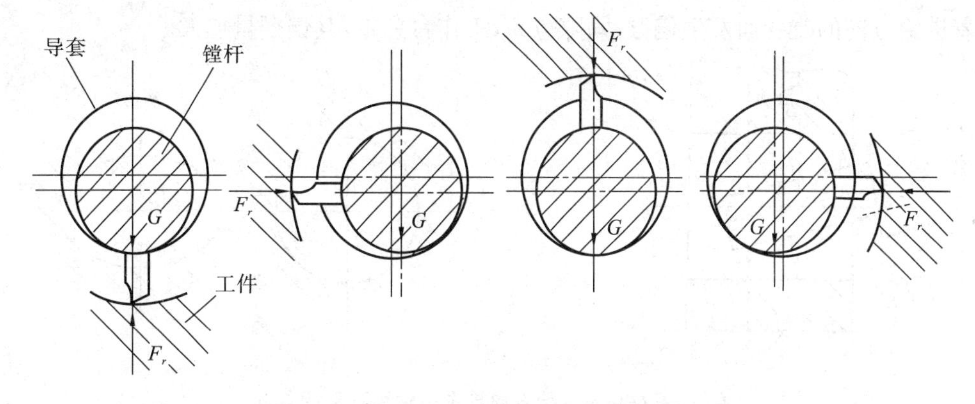

图 6-42 当 $F_r < G$ 时镗杆在导套下方的摆动

综上所述，在有导向装置的镗孔中，为了保证孔系加工质量，除了要保证镗杆与导套本身必须具有较高的几何形状精度外，尤其要注意合理地选择导向方式和保持镗杆与导套合理的配合间隙，在采用前后双导向支承时，应使前后导向的配合间隙一致。此外，由于这种影响还与切削力的大小和变化有关，因此在工艺上应如前所述，注意合理选择定位基准和切削用量，精加工时，应适当增加走刀次数，以保持切削力的稳定和尽量减少切削力的影响。

四、机床进给方式的影响

镗孔时常有两种进给方式：由镗杆直接进给；由工作台在机床导轨上进给。进给方式对孔系加工精度的影响与镗孔方式有关，当镗杆与机床主轴浮动连接采用镗模镗孔时，进给方式对孔系加工精度无明显的影响；而采用镗杆与主轴刚性连接悬臂镗孔时，进给方式对孔系加工精度有较大的影响。

悬臂镗孔时，若以镗杆直接进给(图6-43(a))，在镗孔过程中随着镗杆的不断伸长，刀尖处的挠曲变形量愈来愈大，使被加工孔愈来愈小，造成圆柱度误差；同理，若用镗杆直接进给加工同轴线上的各孔，则造成同轴度误差。反之，若镗杆伸出长度不变，而以工作台进给(图 6-43(b))，在镗孔过程中，刀尖处的挠度值不变(假定切削力不变)。因此，镗杆的挠曲变形对被加工孔的几何形状精度和孔系的相互位置精度均无影响。

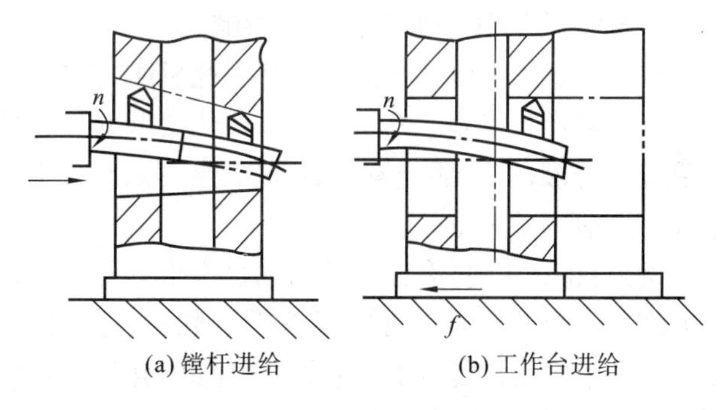

(a) 镗杆进给 (b) 工作台进给

图 6-43 机床进给方式的影响

但是，当用工作台进给时，机床导轨的直线度误差会使被加工孔产生圆柱度误差；使同轴线上的孔产生同轴度误差。机床导轨与主轴轴线的平行度误差，使被加工孔产生圆度误差：如图 6-44 所示，在垂直于镗杆旋转轴线的截面 A-A 内，被加工孔是正圆；而在垂直于进给方向的截面 B-B 内，被加工孔为椭圆。不过所产生圆度误差在一般情况下是极其微小的，可以忽略不计。例如当机床导轨与主轴轴线在 100mm 上倾斜 1mm，对直径为 100mm 的被加工孔，所产生的圆度误差仅为0.005mm。此外，工作台与床身导轨的配合间隙对孔系加工精度也有一定影响，因为当工作台作正、反向进给时，通常是以不同部位与导轨接触的，这样，工作台就会随着进给方向的改变而发生偏摆，间隙愈大，工作台愈重，其偏摆量愈大。

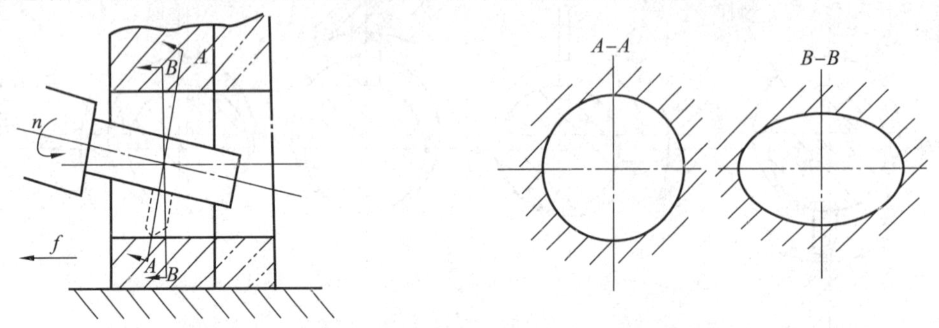

图 6-44　进给方向与主轴轴线不平行

因此，当镗同轴孔系时，会产生同轴度误差；镗相邻孔系时，则会产生孔距误差和平行度误差。

比较以上两种进给方式，在悬臂镗孔中，镗杆的挠曲变形较难控制，而机床的工作台进给，采用合理的操作方式，比镗杆进给较易保证孔系的加工质量。因此，在一般的悬臂镗孔中，特别是当孔深大于200mm时，大都采用工作台进给，但当加工大型箱体时，镗杆的刚度好，而用工作台进给十分沉重，易产生爬行，反而不如镗杆直接进给快，此时宜用镗杆进给；另外，当孔深小于200mm时，镗杆悬伸短，也可直接采用镗杆进给。

五、切削热和机床磨损

箱体零件的壁薄且不均匀，加工中切削热和夹紧力对孔系的加工精度有较大的影响，必须引起注意。

1. 热变形对孔系加工精度的影响

在加工过程中所产生的热必将引起机床、刀具、工件等工艺系统的变形，引起所镗的工件尺寸和几何形状误差。加工过程中的热变形分为两部分：一部分是切削区的切削热引起的工艺系统的变形；另一部分为传动系统、照明光源产生的热引起的工艺系统的变形。粗加工、半精加工以前一种为主。

例如：粗加工时，有大量的切削热产生。同样，热量传递到箱体的不同壁厚处，会有不同的温升产生。薄壁处的金属少，温度升得快；厚壁处的金属多，温度升得慢。粗加工后如果不等工件冷却下来就进行精加工，那么薄壁处的温度高，向外膨胀的热变形量大；而厚壁处的温度低，向外膨胀的热变形量小。这样加工中在孔内薄壁处实际切去的金属要比厚壁处少。如果孔加工后成正圆，那么冷却下来后就会产生圆度误差。因此，箱体孔粗精加工通常都分开进行，粗加工后，待工件充分冷却后再行精加工，以消除工件热变形的影响。

2. 床身导轨的磨损对加工质量的影响

床身平面导轨的上平面和侧平面的磨损或导向楔铁松动，会造成导轨在垂直方向和水平方向的直线度误差。用滑座纵向进给镗孔时，该误差必然影响到镗削的孔上，产生孔中心线在垂直方向和水平方向的直线度误差。用主轴进给镗孔时，由于滑座在床身导轨的各个位置上停留，所以，床身导轨的直线度误差会使所镗孔出现类似的误差。

当楔铁松动时，会造成滑座在水平面内的转角误差，并将使镗孔同基准面产生垂直度或平行度误差。

3. 下滑座导轨的磨损对加工质量的影响

下滑座有上下两层导轨，导轨间应保证垂直度。如果上下导轨磨损或导向楔铁松动，将会产生两导轨的直线度和垂直度误差。因而引起孔与孔之间、孔与基面之间的平行度误差。

镗孔中影响质量的因素及解决办法见表 6-4。

表 6-4　镗孔中影响质量的因素及解决办法

质量问题	影响因素	解决办法
尺寸精度超差	精镗的切削深度没掌握好	调整切削深度
	镗刀块刀刃磨损，尺寸起变化 镗刀块定位面间有脏物 垫片选择不当	更换合格的镗刀块 消除脏物重新安装 重新选择合格垫片
	铰刀直径选择不对 切削液选择不对	试铰后选择合适直径的铰刀 调换切削液
	镗杆刚性不足有让刀	改用粗的镗杆或减小切削用量
	机床主轴径向跳动过大	调整机床
表面粗糙度不合格	镗刀刃口磨损	重新刃磨镗刀刃口
	镗刀几何角度不当	合理改变镗刀几何角度
	切削用量选择不当	合理调整切削用量
	铰刀用钝或有损坏 没有用切削液	改换铰刀 使用合适的切削液
	镗杆刚性太差，有振动	改用粗镗杆或镗杆支承形式
圆柱度超　差	用镗杆送进时，镗杆的挠曲变形	采用工作台送进，增强镗杆的刚性，改善刀具角度；减少切削用量
	用工作台送进时，床身导轨的直线度超差	正确维修机床
	刀具的磨损	提高刀具的耐用度；合理地选择切削用量
	刀具的热变形	使用冷却液；降低切削用量；合理选择刀具角度
圆度超差	主轴的回转精度超差	正确维修，调整机床
	工作台送进方向与主轴轴心线不平行	正确维修，调整机床
	镗杆与导向套的几何形状精度及配合间隙超差	使镗杆和导向套的几何形状符合技术要求并控制合适的配合间隙
	加工余量不均匀 材质不均匀	适当增加走刀次数；合理安排热处理工序；精加工采用浮动镗削
	极薄切削条件下，多次重复走刀形成积屑瘤	控制精加工走刀次数及切削深度；采用浮动镗削
	夹紧变形	正确选择夹紧力、夹紧方向和着力点
	铸造内应力较大	进行人工时效，粗加工后停放一段时间
	热变形	粗、精加工分开，注意充分冷却

续表

质量问题	影响因素	解决办法
同轴度超差	镗杆的挠曲变形	减少镗杆的悬伸长度，采用工作台送进、调头镗；增加镗杆刚性，采用导向套或后立柱支承
	床身导轨的平直度超差	正确维修机床，修复导轨精度
	床身导轨与工作台的配合间隙太大	适当调整导轨与工作台间的配合间隙；镗同轴孔时采用同一送进方向
	加工余量不均匀，不一致，切削用量不均衡	尽量使各孔的余量均匀一致；切削用量相近；增强镗杆刚性；适当降低切削用量，增加走刀次数
平行度超差	镗杆挠曲变形	增强镗杆刚性；采用工作台送进
	工作台与床身导轨的不平行性	正确维修机床

思　考　题

1. 试述镗削与车削过程有何异同之处。
2. 试述镗床主要用途。T68 镗床有哪些主要运动？
3. 试述镗刀的种类。浮动镗刀的工作原理及用途是什么？
4. 为什么金刚石镗刀可实现镜面镗削？
5. 何谓镗刀的安装高度及悬伸量？它对镗削有什么影响？
6. 为了保证粗镗生产率和一定的加工精度，对粗镗刀有什么要求？
7. 单刃镗刀安装时，设置安装角的目的是什么？一般为多大？
8. 试分析精镗时，采取悬伸法镗孔，工件将出现何种误差。
9. 在精密镗床上，为什么镗杆轴精度比轴孔精度低？
10. 在镗削加工时，如何保证孔间位置精度？

第七章　磨 削 加 工

学习目标

1. 了解磨削加工的特点及工艺范围；
2. 了解砂轮的结构和特性，熟悉砂轮的装拆、平衡与修整方法；
3. 了解外圆磨床、内圆磨床和平面磨床的结构及其附件安装方法；
4. 掌握以上三种磨床加工工件的方法。

第一节　概　　述

一、磨削加工的工艺范围和工艺特点

磨削加工是用磨具或磨料以较高的线速度对工件表面进行加工的方法。磨具按形状可分为磨轮（砂轮）和磨条。砂轮表面的磨粒其外露部分形似参差分布的棱角，这些棱角相当于具有负前角的微小刀刃，有的尖锐有的圆钝，砂轮高速旋转时无数尖锐的微刃以极高的速度从工件表面刻切下一条条极细微的切屑（图 7-1），已加工表面的残留面积高度极小，其间圆钝的磨粒则起着挤光和熨压作用，进一步降低了表面粗糙度。

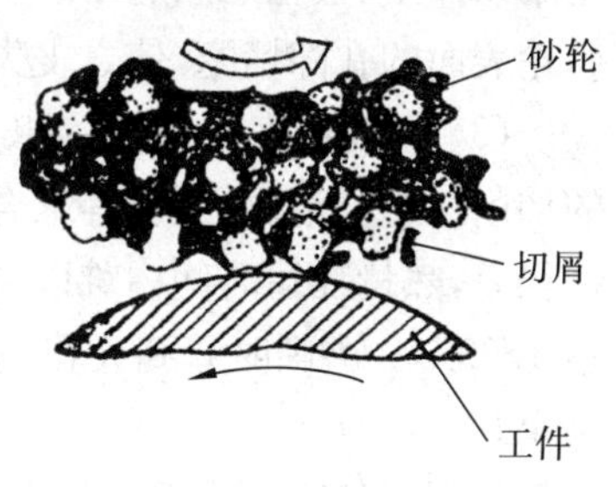

图 7-1　磨削原理

1. 磨削加工工艺范围

磨削时砂轮的主运动没有形成运动的作用，工件表面的形成根据表面形状不同由砂轮工作部分形状和机床相应进给运动实现，常见的磨削加工工艺范围有外圆磨削、内圆磨削、平面磨削、成形磨削、齿轮磨削、螺纹磨削等，如图 7-2 所示，磨削加工是应用最为广泛的精加工方法。

2. 磨削加工的工艺特点

（1）能经济地获得高的加工精度和小的表面粗糙度。磨削时的切削量极少，磨床一般具有较高的精度，并有精确控制微量进刀的功能，所以能使工件获得高的加工精度。由于磨削的切除能力较低，因此一般要求零件在磨削之前，要用其他切削方法先切除毛坯上的大部分加工余量。

磨削加工精度等级通常可达 IT6～IT4，表面粗糙度为 R_a1. 25～0. 02μm。精密磨削时精

度等级可达 IT5 以上，表面粗糙度为 $R_a 0.16 \sim 0.01\mu m$。

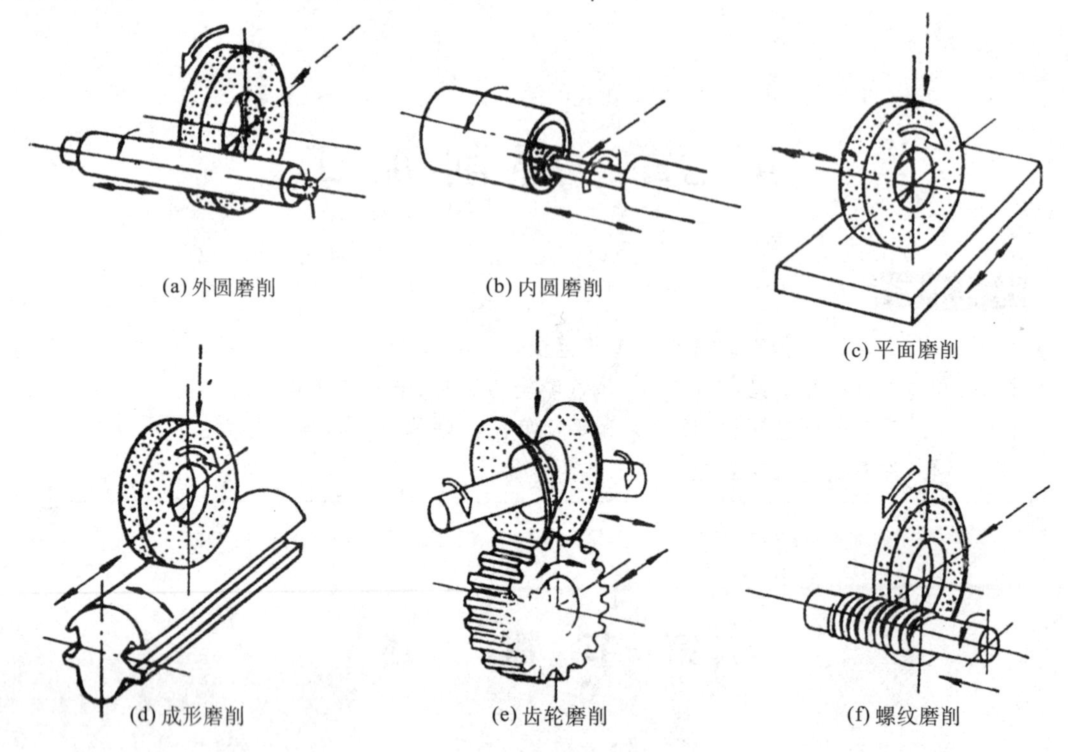

图 7-2 磨削加工工艺范围

(2) 砂轮磨料具有很高的硬度和耐热性，因此，能够磨削一些硬度很高的金属和非金属材料，如淬火钢、硬质合金、高强度合金、陶瓷材料和各种宝石等。这些材料用一般金属切削刀具是难以加工、甚至无法加工的。但是，磨削不宜加工软质材料，如钝铜、纯铝等。因为磨屑易将砂轮表面的孔隙堵塞，使之丧失切削能力。

(3) 磨削速度大、磨削温度高。磨削时砂轮的圆周速度可达 35～50m/s，磨粒对工件表面的切削、刻划、滑擦、熨压等综合作用，会使磨削区在瞬间产生大量的切削热。由于砂轮的导热性很差，热量在短时间内难以从磨削区传出，所以该处的温度可达 800～1000℃，有时甚至高达 1500℃。磨削时看到火花，就是炽热的微细磨屑飞离工件时，在空气中急速氧化、燃烧的结果。

磨削区的瞬时高温会使工件表层力学性能发生改变，如烧伤、脱碳、淬硬工件表面退火，改变金相组织等，影响加工表面质量；还会使导热差的工件表层产生很大的磨削应力，甚至由此产生细小的裂纹。因此，在磨削过程中，必须进行充分的冷却，以降低磨削温度。

(4) 径向磨削分力较大。磨削力与其他切削力一样，也可以分解为径向、轴向、切向三个互相垂直的分力。由于砂轮与工件间的接触宽度大，同时参与切削的磨粒多，加之磨粒的负前角切削等影响，径向切削分力很大(一般为切向分力的 1.5～3 倍)。在其作用下，机床-夹具-砂轮-工件构成的工艺系统会产生弹性变形从而影响加工精度。为消除这一变形所产生的工件形状误差，可在磨削加工最后进行一定次数无径向进给的光磨行程。

(5) 砂轮有自锐性。在车、铣、刨、钻等切削加工中，如果刀具磨钝，则必须重新刃磨后才能继续进行加工。而磨削则不然，磨削中，磨粒本身由尖锐逐渐磨钝，使切削作用变差，切削力变大，当切削力超过结合剂强度时，磨钝的磨粒在磨削力的作用下会发生崩裂而形成新的锋利刃口；或是自动从砂轮表面脱落下来，露出里层的新磨粒，从而保持砂轮的切削性能，继续进行磨削。砂轮的上述特性称为自锐性。但是，单纯靠自锐性不能长期保持砂轮的准确形状和切削性能，必须在工作一段时间后，专门进行修整，以恢复砂轮的形状和切削性能。

（6）磨削过程复杂，砂轮可看作多齿刀具，且刀齿形状和分布随机。且磨削加工能量消耗大，加工时，磨粒对工件表面的切削、刻划、滑擦、熨压等综合作用会产生较大的塑性变形，使加工表面出现硬化及留有残余应力。

二、磨削用量

由于砂轮转动只起基本切削作用，而不参与形成工件表面，因此还需有相应的形成母线及导线的形成运动和切入运动。以外圆纵进磨削为例，其磨削用量相应有：$\nu_{轮}$、$\nu_{工}$、$f_{纵}$、a_P四项。

1. 磨削速度 $\nu_{轮}$（砂轮圆周速度）

当其他要素不变时，提高砂轮圆周速度 $\nu_{轮}$ 会使单位时间内参与切削的磨粒数目增多，每一磨粒切去的切屑更微细。同时，工件表面上被切出的凹痕数量增加，相邻两凹痕间的残留高度减小，从而降低了表面粗糙度。就此而言，砂轮圆周速度越高越好。但是，砂轮圆周速度不能太高，因为它受到砂轮平衡精度和砂轮结合剂强度的限制。砂轮圆周速度太高则离心力太大，易使砂轮碎裂；另一方面，砂轮速度太高时机床容易振动，使加工表面产生振痕。一般，砂轮的圆周速度不超过 35m/s，磨床的砂轮主轴转速一般是不变的，所以都规定了最大砂轮直径。

2. 工件圆周速度 $\nu_{工}$

工件圆周速度 $\nu_{工}$ 增加，生产效率提高，但磨削厚度、工件表面残留高度、磨削力及工件变形增大，使加工精度和表面粗糙度变差；如过小，则工件表面和砂轮接触时间增长，工件表面温度上升，容易引起工件表面烧伤。

工件圆周速度 $\nu_{工}$ 可按下式确定：

$$\nu_{工} = \left(\frac{1}{80} \sim \frac{1}{160}\right) \times 60\nu_{轮}$$

式中：$\nu_{工}$——工件圆周速度（m/min）；

$\nu_{轮}$——砂轮圆周速度（m/s）。

例如

$$\nu_{轮} = 35\text{m/s}$$

则

$$\nu_{工} = \left(\frac{1}{80} \sim \frac{1}{160}\right) \times 60 \times 35 = 13 \sim 26(\text{m/min})$$

粗磨时，为了提高生产率，$\nu_{工}$ 取较大值。精磨时，为了获得小的表面粗糙度，$\nu_{工}$ 取低些。磨削细长轴时，为避免工件因转速高、离心力大产生弯曲变形和引起振动，$\nu_{工}$ 应更低些。

3. 纵向进给量 $f_{纵}$

与 $\nu_{工}$ 的影响相似，一般粗磨钢件时 $f_{纵}=(0.4\sim0.6)B$，精磨钢件时 $f_{纵}=(0.2\sim0.3)B$，式中 B 为砂轮宽度。

4. 横向进给量(磨削深度)a_P

磨削深度增加,磨削力增大,工件变形也大,使加工精度降低。一般,粗磨时取 $a_P=0.01\sim0.06$mm,精磨时取 $a_P=0.005\sim0.02$mm。钢件取较小值,铸铁取较大值;短粗件取大值,细长件取小值。

三、磨工安全操作知识

(1) 遵守金属切削机床工一般安全操作规程和砂轮机安全操作规程。

(2) 工作前应检查砂轮有无缺损、裂纹,安装是否牢靠,开空车运转无异常后方可使用。

(3) 除内圆磨床外,砂轮在工作时都要罩上牢固的防护罩。机床开动后人要站在侧面,不要正对砂轮旋转方向。

(4) 工件要装夹牢固。在外圆磨床上磨削细长工件时要用中心架;在平面磨床上磨削工件时,工件要压牢;用电磁平台时要吸工件的大平面;在磨削接触面积小、高度较高的工件时要加垫铁;同时磨削多个工件时,工件要靠紧垫好,以防工件歪斜飞出或挤破砂轮。

(5) 禁止将砂轮急剧接触工件,以免砂轮碎裂。应留有空隙、缓慢进给、平稳接触,严禁冲撞砂轮。移动工作台前,应先将砂轮脱开。在砂轮未退离工件前,不得停止转动。

(6) 修整砂轮时,应设法固定金刚石,禁止拿在手上修整,以免伤手。

(7) 磨不通头的工件时,必须将砂轮的行程留有一定的余地。

(8) 无心磨床的砂轮上面和后面应加防护挡板,防止工件弹出;禁止用金属棒推送工件,应用木质推料棒。严禁在无心磨床上磨削弯曲工件。

(9) 内圆磨床的砂轮在工作中发生破裂时,不应马上退出砂轮,应使其停止转动后再处理。

(10) 在平磨过程中严禁加冷却液,应待砂轮和工件冷却后方可加冷却液继续加工。

(11) 湿砂轮在停车前,应先关冷却液,待砂轮所吸存的冷却液甩尽后,方可停止砂轮转动。

第二节　磨　　床

磨削主要在磨床上进行,磨床通常以砂轮回转和工件移动或回转作为它的表面成形运动,一般磨具旋转为主运动,工件或磨具的移动为进给运动。工厂里使用的磨床种类很多,常用的有:外圆磨床(包括万能外圆磨床、普通外圆磨床等)、内圆磨床(包括普通内圆磨床、行星内圆磨床等)、平面磨床(包括卧轴矩台平面磨床、立轴矩台平面磨床等)、无心磨床、工具磨床和其他磨床。

一、M1432A 型万能外圆磨床

图 7-3 为 M1432A 型万能外圆磨床。万能外圆磨床与普通外圆磨床的不同,在于它不但

能磨削外圆柱面、外圆锥面，还可使用机床上附设的内圆磨头来磨削内圆柱面、内圆锥面等。此外头架还能偏转一定角度以磨削大锥面。

1. 机床的主要技术参数

参数		数值
外圆磨削直径	用中心架	∅8～∅60mm
	不用中心架	∅8～∅320mm
外圆最大磨削长度(共三种规格)		1000;1500;2000mm
内圆磨削直径		∅30～∅100mm
内孔最大磨削长度		125mm
外圆磨砂轮尺寸(外圆×宽度×内孔)		400mm×50mm×203mm
外圆磨砂轮主轴转速		1670r/min
头架主轴转速	6 级	25;50;80;112;160;224(r/min)
内圆磨头主轴转速	2 级	10000;15000(r/min)
砂轮架回转角度		±30°
头架回转角度		90°
上工作台最大回转角度	顺时针	3°
	逆时针	7°;6°;5°
工作台纵向移动速度(液压无级调速)		0.05～4m/min
机床外形尺寸(长×宽×高)		(3200;4200;5200)mm×(1800～1500)mm×1420mm

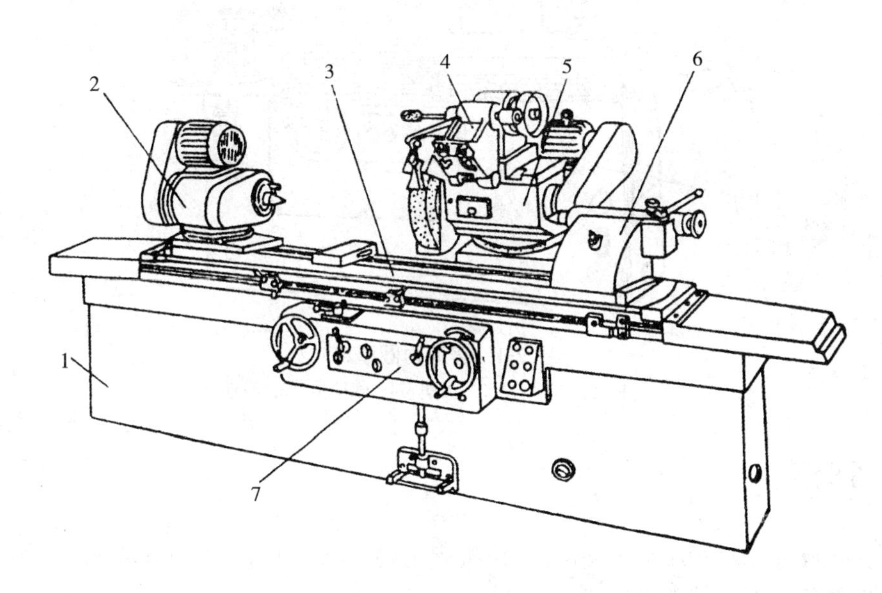

图 7-3　M1432A 型万能外圆磨床外形

1. 床身　2. 头架　3. 工作台　4. 内圆磨头　5. 砂轮架　6. 尾架　7. 控制箱

2. 机床的组成部件及运动

M1432A 型万能外圆磨床由床身、工作台、头架、砂轮架、内圆磨头、尾架、控制箱等部件组成。

床身 1(图 7-3)是机床的基础支承件。床身的纵向导轨上装有工作台 3。工作台由上下两个台面构成。下台面的底面以—V—矩形组合导轨与床身导轨相配合，由液压系统驱动沿床身导轨作纵向进给运动,也可作手柄进给或调整。上台面相对于下台面可在水平面方向偏转一定角度,用以磨削长圆锥面。上台面上装有头架2和尾座6。头架可绕垂直轴逆时针偏转0°~90°,用以磨削锥度较大的圆锥面。尾座在台面上可以作纵向位置调整。装有外圆磨砂轮主轴和内圆磨头4的砂轮架5安装在横向滑板上,并可随同滑板沿床身横向导轨作横向进给运动。外圆磨和内圆磨砂轮主轴分别由各自的电动机经带传动旋转。内圆磨头4以铰链连接方式装在砂轮架的上方,磨削内孔时,可将其扳转到下方工作位置。砂轮架可绕垂直轴偏转±30°,以便磨削大锥度短圆锥表面。

二、普通内圆磨床

普通内圆磨床外形如图7-4所示。头架3装在工作台2上,可随同工作台一起沿床身1的导轨作纵向往复运动。头架还可水平偏转一定角度,以磨削锥孔。头架主轴带动工件旋转,作圆周进给运动。砂轮架4上装有砂轮主轴,砂轮架可手动或液压驱动,沿滑板座5作横向进给运动。工作台每完成一次纵向往复运动,砂轮架作一次间歇的横向进给。

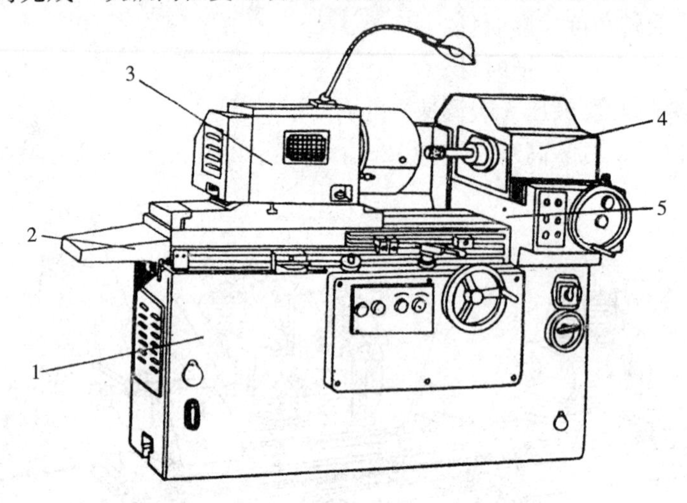

图7-4 普通内圆磨床

1. 床身 2. 工作台 3. 头架 4. 砂轮架 5. 滑动座

三、平面磨床

图7-5所示为M7120A型平面磨床,该机床主要由床身10、工作台8、立柱6、滑板座3、砂轮架2及砂轮修整器5等部件组成。

砂轮主轴由内装式异步电动机直接驱动。砂轮架2可沿滑板座3上的燕尾导轨作横向间歇或连续进给运动,这个进给运动可以由液压驱动,也可由手轮4作手动进给。转动手轮9,可使滑板座3连同砂轮架2沿立柱6的导轨作垂直移动,以调整切削深度。工作台8由液压驱动沿床身10顶面上的导轨作纵向往复运动,其行程长度、位置及换向动作均由工作台前面T形槽内的撞块7控制,转动手轮1,也可使工作台8作手动纵向移动,工作台上可安装电磁吸盘或其他夹具。

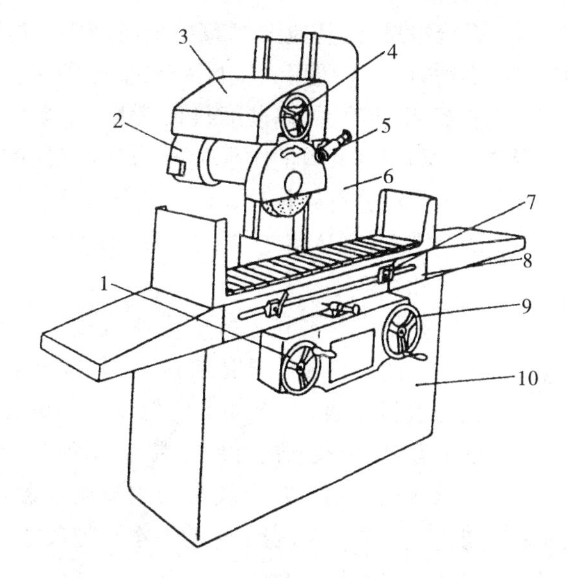

图 7-5　M7120A 型平面磨床

1. 工作台纵向移动手轮　2. 砂轮架　3. 滑板座　4. 砂轮横向进给手轮　5. 砂轮修整器
6. 立柱　7. 撞块　8. 工作台　9. 砂轮垂直进给手轮　10. 床身

M7120A 型平面磨床主要技术参数如下：

磨削工件最大尺寸(长×宽×高)	630mm×200 mm×320mm
工作台纵向移动最大距离	780mm
砂轮架横向移动量	250mm
工作台移动速度	1～18m/min
砂轮尺寸(外径×宽度×内径)	250mm×25mm×75mm

第三节　砂　　轮

一、砂轮的构造和特性

1. 砂轮的构造

砂轮是一种用结合剂把磨粒黏结起来，经压坯、干燥、焙烧及车整而成，具有很多气孔，而用磨粒进行切削的工具，如图 7-6 所示。可见，砂轮是由磨料、结合剂和气孔所组成的。

2. 砂轮的特性

砂轮的特性由磨料、粒度、结合剂、硬度及组织等五个参数决定。

(1) 磨料

是构成砂轮的基本材料。它直接担负着切削工作，要经受切削过程中剧烈的挤压、摩擦及高温作用。因此，必须具有高硬度、耐热性、耐磨性和相当的韧性，还应有比较锋利的棱角。

磨料分天然磨料和人造磨料两大类。天然磨料为金刚砂、天然刚玉、金刚石等，天然金刚

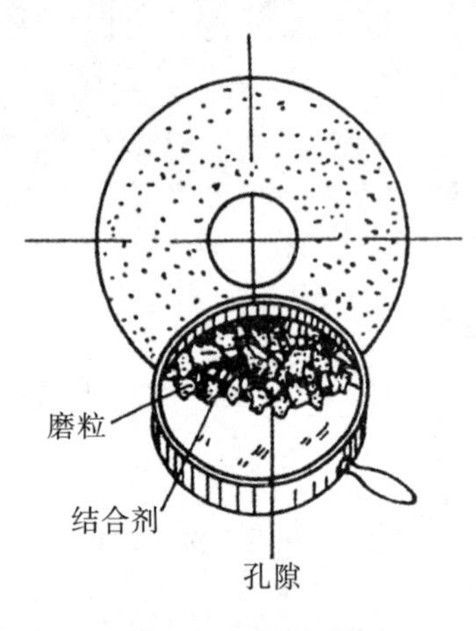

图 7-6　砂轮的构造

石价格昂贵，其他天然磨料杂质较多，性质随产地而异，质地较不均匀，故主要用人工磨料来制造砂轮。目前常用的磨料有刚玉系、碳化物系、高硬磨料系三大类。

刚玉系磨料的主要成分为氧化铝（Al_2O_3）。碳化物系磨料的主要成分有碳化硅（SiC）、碳化硼（B_4C），高硬磨料系主要有人造金刚石（TR）和立方氮化硼（CBN）等。

（2）粒度

是指磨料颗粒尺寸的大小程度。粒度有两种表示方法：颗粒较大的用机械筛选法来区分，粒度号以每英寸筛网长度上筛孔的数目来表示，例如 80# 粒度是指磨粒刚刚可通过每英寸长度上有 80 个孔眼的筛网。粒度号为 4＃～240＃，粒度号愈大，表示颗粒愈细。颗粒较小的用显微镜测量法来区分，微细磨粒（称微粉）用实际尺寸表示粒度粗细，如 W40 即表示它的基本颗粒尺寸为 40～28μm，“W”表示微粉。

砂轮粒度选择准则是：

① 精磨时，应选用磨料粒度号较大或颗粒直径较小的砂轮，以减小已加工表面粗糙度。

② 粗磨时，应选用磨料粒度号较小或颗粒较粗的砂轮，以提高磨削生产率。

③ 砂轮速度较高时，或砂轮与工件接触面积较大时选用颗粒较粗的砂轮，以减少同时参加磨削的颗粒数，以免发热过多而引起工件表面烧伤。

④ 磨削软而韧的金属时，用颗粒较粗的砂轮，以免砂轮过早堵塞；磨削硬而脆的金属时，选用颗粒较细的砂轮，以增加同时参加磨削的磨粒数，提高生产率。

（3）结合剂

结合剂的作用是将磨粒黏合在一起。结合剂的性能决定了砂轮的强度、耐冲击性、耐腐蚀性和耐热性。国产砂轮常用的结合剂有四种：陶瓷结合剂、树脂结合剂、橡胶结合剂、金属结合剂。

（4）硬度

砂轮的硬度是指在砂轮中的磨粒磨削时从砂轮表面脱落的难易程度，也反映磨粒与结合剂的黏固程度。硬度高，磨粒不易脱落；硬度低，磨粒容易脱落。

砂轮的硬度主要取决于结合剂的黏结能力与其在砂轮中所占比例的大小，而与磨料的硬度无关。同一种磨料，可以做出不同硬度的各种砂轮。一般来说，砂轮组织较疏松时，砂轮硬度低些。树脂结合剂砂轮的硬度比陶瓷结合剂的低些。

砂轮的硬度对于磨削生产率和加工表面质量的影响很大。如果砂轮过软，磨粒还未磨钝已从砂轮上脱落，砂轮损耗大，形状不易保持，使工件的精度难以控制，加工表面也容易被脱落的磨粒划伤。如果砂轮过硬，磨粒磨钝后仍不脱落，这就会使磨削力和磨削热增加，使切削效率和工件表面质量降低，甚至造成工件表面的烧伤和裂纹。若砂轮的硬度适中，磨粒磨钝后，会由于砂轮具有自锐性而自行脱落，露出新的锋利的磨粒，从而使磨削效率提高，工件表面质量好。

砂轮硬度的选用原则是：

① 工件材料愈硬，应选用愈软的砂轮。这是因为硬材料易使磨粒磨损，需用较软的砂轮

以使磨钝的磨粒及时脱落。磨削软材料时磨粒不易变钝,应采用较硬的砂轮,以充分利用磨粒的切削能力,延长砂轮的耐用度。但是磨削有色金属(铝、黄铜、青铜等)、橡皮、树脂等软材料,却也要用较软的砂轮。这是因为这些材料易使砂轮堵塞,选用软些的砂轮可使堵塞处较易脱落,露出锋锐的新磨粒。

② 砂轮与工件磨削接触面积大时,磨粒参加切削的时间较长,较易磨损,应选用较软的砂轮。

③ 半精磨和粗磨时,需用较软的砂轮,以免工件发热烧伤。但精磨和成形磨削时,为了在较长时间内,能保持砂轮的形状,则应选择较硬的砂轮。

④ 砂轮气孔率较低时,为防止砂轮堵塞,应选用较软的砂轮。

⑤ 树脂结合剂砂轮由于不耐高温,磨粒容易脱落,其硬度可比陶瓷结合剂砂轮选高 1～2 级。

⑥ 磨削导热性差的材料(如不锈钢、硬质合金)及薄壁、薄片零件时,为避免工件烧伤或变形,应选较软砂轮。

(5) 组织

砂轮的组织是指砂轮中磨粒、结合剂和孔隙三者体积的比例关系。磨粒在砂轮总体积中所占有的体积百分数(即磨粒率)称为砂轮的组织号。磨料的粒度相同时,组织号越大,磨粒所占的比例愈大,孔隙愈小,砂轮的组织愈紧密,反之,组织号越小,则组织疏松,见图 7-7。

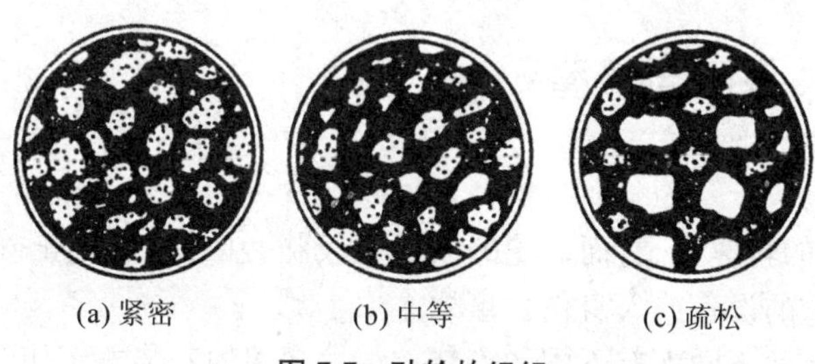

图 7-7 砂轮的组织

砂轮组织的疏密,影响磨削加工的生产效率和表面质量。砂轮组织号小,组织紧密的砂轮,磨粒之间的容屑空间小,排屑困难,砂轮易被堵塞,磨削效率低,但砂轮单位面积上磨粒数目多,可承受较大磨削压力,易保持形状,并可获得较小的表面粗糙度,故适用于重压力下磨削如手工磨削、成形磨削和精密磨削。砂轮组织号大,组织疏松的砂轮,不易被磨屑堵塞,切削液和空气能带入磨削区域,可降低磨削区域的温度,减少工件因发热引起的变形和烧伤,故适用于粗磨、平面磨、内圆磨等磨削接触面积较大的工序,以及磨削热敏感性较强的材料、软金属和薄壁工件。

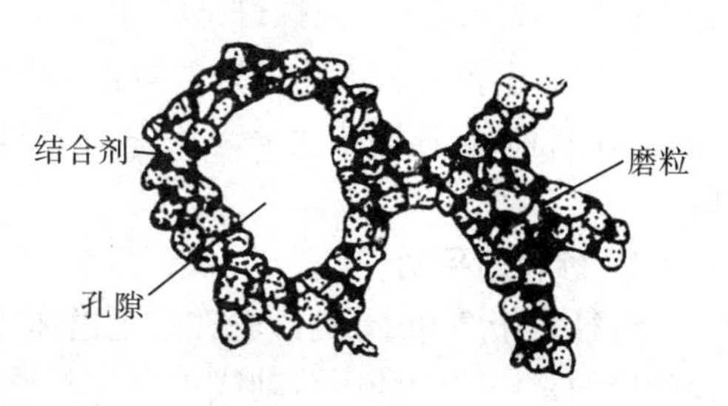

图 7-8 大孔隙砂轮

当所磨材料软而韧(如银钨合金)或硬而易裂(如硬质合金)时,最好采用大孔隙砂轮,见图 7-8,这种砂轮的孔隙尺寸可达 0.7～1.4mm。

二、砂轮的标志

为了适应在不同类型的磨床上磨削各种形状和尺寸工件的需要，砂轮有许多种形状和尺寸。砂轮的标志印在砂轮端面上。其顺序是：形状代号、尺寸、磨料、粒度号、硬度、组织号、结合剂、线速度。

砂轮标志方法示例：

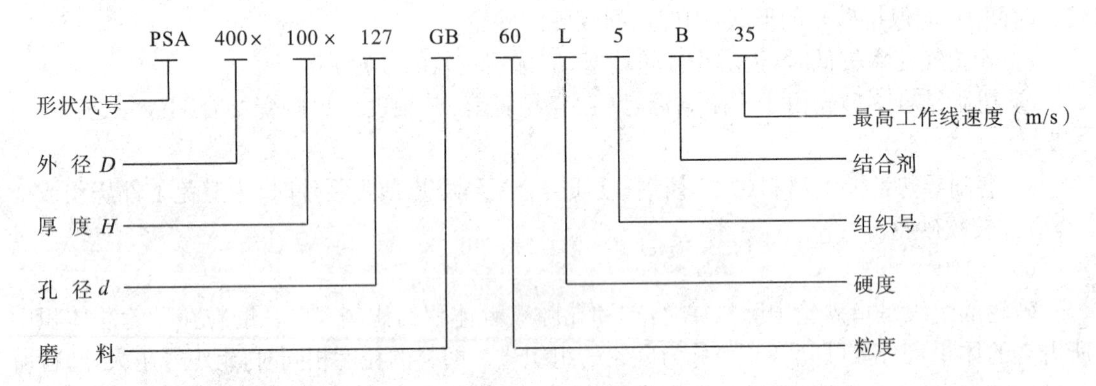

小尺寸的砂轮（直径小于 90mm）一般可只在砂轮上标志粒度和硬度。

三、砂轮的装拆、平衡与修整

1. 砂轮的装拆

由于砂轮工作时的转速很高，而砂轮的质地又较脆。因此，必须正确地装拆砂轮，以免砂轮碎裂飞出，造成严重的设备或人身伤亡事故。

砂轮由于形状、尺寸不同而有不同的安装方法。常用的安装方法如图 7-9 所示。

砂轮安装前必须仔细地检查外观，不允许砂轮上有裂纹和损伤。

装拆砂轮必须注意压紧螺母的螺旋方向。在磨床上，为了防止砂轮工作时其压紧螺母在磨削力的作用下自动松开，对砂轮轴端的螺旋方向作如下规定：逆着砂轮旋转方向拧转螺母是旋紧；顺着砂轮旋转方向螺母是松开。

在磨床上拆卸较大的带法兰盘的砂轮时，应先拆下紧固螺母，再采用专用的卸砂轮工具（图 7-10）将砂轮连同法兰一起从主轴上卸下，然后再松开砂轮紧固螺母，把砂轮从法兰盘上取下。

2. 砂轮的平衡

直径大于 200mm 的砂轮在装上磨床主轴之前，必须认真地进行平衡的调整（图 7-11），以使砂轮的重心与它的回转轴线重合。不平衡的砂轮在高速旋转时会产生离心力，使主轴振动，从而影响加工质量，甚至使砂轮碎裂，造成严重事故。

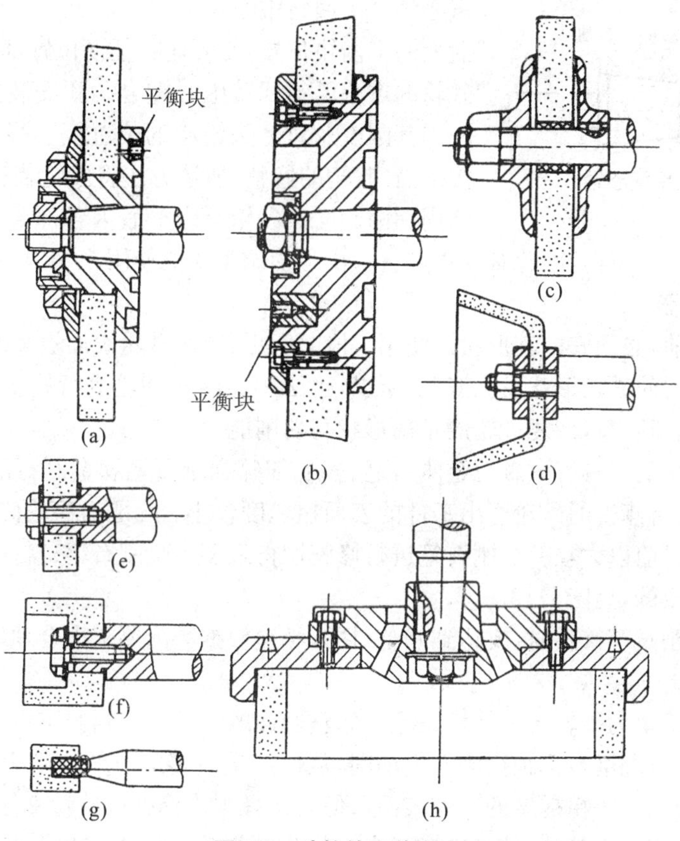

图 7-9　砂轮的安装方法

(a)、(b) 用台阶法兰盘安装砂轮　(c) 用平面法兰安装砂轮　(d) 用螺母垫圈安装砂轮
(e)、(f) 内圆磨削用砂轮的安装　(g) 内圆磨削用砂轮的黏结法安装　(h) 筒形砂轮的安装

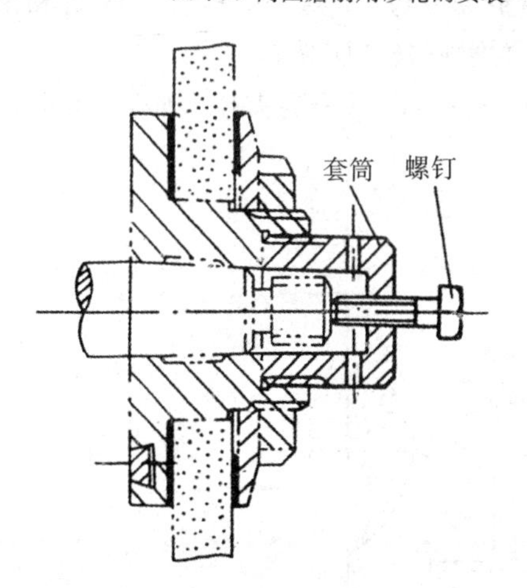

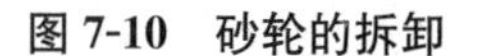

图 7-10　砂轮的拆卸

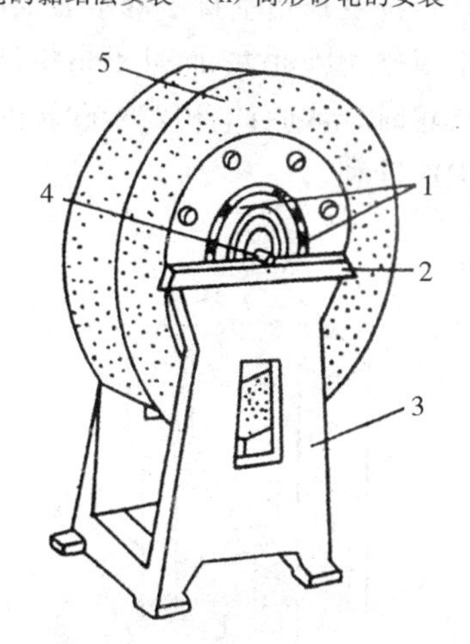

图 7-11　砂轮的平衡

1. 平衡块　2. 平衡滚道　3. 平衡架　4. 心轴　5. 砂轮

砂轮的平衡是通过调整砂轮法兰盘上的环形槽内平衡块的位置来实现的。平衡前先将装好砂轮的法兰盘安装在平衡心轴(图 7-12)上，再把砂轮连同平衡心轴一起放到已调整好水平的平衡架上。砂轮由于不平衡，将连同心轴在平衡滚道上自由滚动，当砂轮停止滚动时，它的

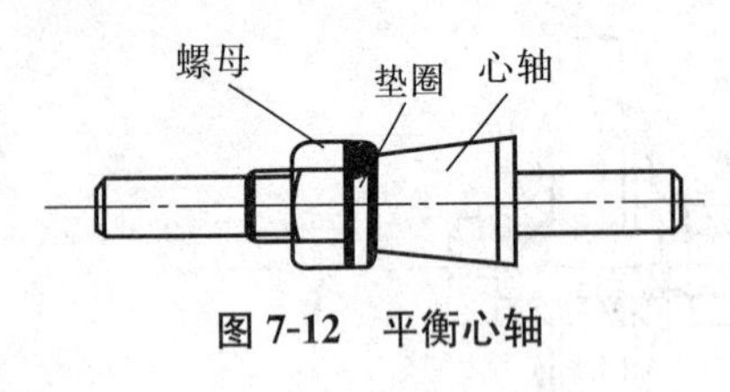

图 7-12　平衡心轴

重心将处于回转中心正下方的垂线上。不断调整砂轮法兰盘上的平衡块位置,使砂轮在任何位置都能平衡,此时说明砂轮的重心已与回转中心重合。新安装的砂轮虽已平衡,但因其圆度及对磨头轴心的位置度不很正确,使用前必须按下面(砂轮的修整)所述方法将砂轮装在机床上再次修整圆周和两侧面。砂轮经修整后因各部分修去的重量不同,于是又产生了新的不平衡,因此必须再进行一次平衡调整才能使用。

3. 砂轮的修整

新砂轮使用前,必须修整其形状。使用一段时间后,因为砂轮表面被堵塞影响切削能力及磨粒脱落的不均匀使砂轮形状发生变化,所以,也必须适时对砂轮进行修整,切去表面上一层磨粒,露出锋利的新磨粒,恢复砂轮的正确形状与切削能力。

砂轮修整常用的工具有大颗粒金刚石笔、多粒细碎金刚石笔和金刚石滚轮。多粒金刚石笔修整效率较高,所修整的砂轮磨出工件的表面粗糙度较小。金刚石滚轮修整效率更高,适于修整成形砂轮。目前以大颗粒金刚石笔进行修整用得最多。金刚石笔是将大颗粒的金刚石镶焊在笔杆尖端制成的,见图 7-13。

用大颗粒金刚石笔修整时,要达到修整目的,必须根据磨削要求来合理地选择修整进给量和修整深度。

砂轮修整进给量为砂轮转一转修整笔沿修整表面的移动量。当修整进给量小于磨粒的平均直径的,砂轮上每颗磨粒都被金刚石笔切削,从而产生较多的有效切削刃,使砂轮具有较好的切削性能,能磨出较小粗糙度的工作表面。但若选择很小修整进给量来修整粗磨用的砂轮,修整后,磨削时会产生大量热,使磨削表面出现烧伤与振痕。所以在粗磨和半精磨时,为了避免烧伤,可选用较大砂轮修整进给量。

砂轮修整深度是指垂直于修整表面的切入深度。修整深度过大,整个磨粒将会脱落和击碎,这样,不仅砂轮磨耗大,而且不易将砂轮修得平整,从而影响磨削质量。

修整砂轮时,金刚石笔相对于砂轮的位置应如图 7-14 所示,以避免笔尖扎入砂轮,同时也可保持笔尖的锋利。

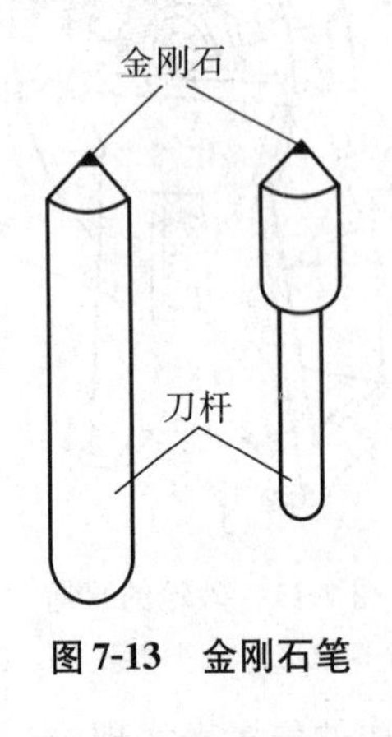

图 7-13　金刚石笔

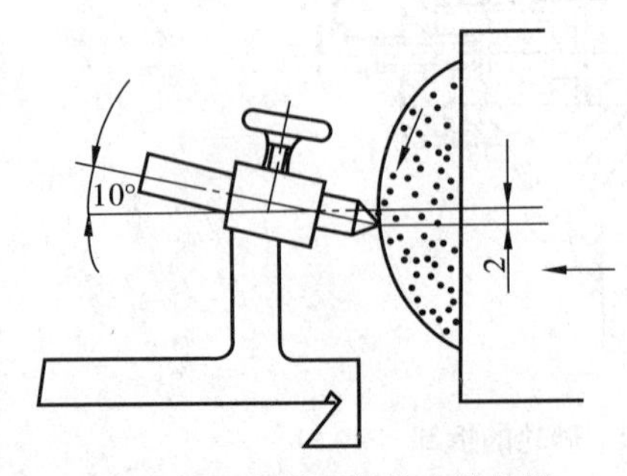

图 7-14　金刚石笔的安装位置

第四节 磨削加工方法

一、外圆磨削

外圆磨削是磨工最基本的工作内容，在普通或万能外圆磨床上磨削轴、套筒及其他类型零件上的外圆柱表面及台阶端面，是最常见的磨削工作，见图 7-2(a)。

1. 工件的装夹

外圆磨床上常用装夹工件的方法有以下几种：

(1) 用前、后顶尖装夹

这是最常用的装夹方法。装夹时，利用工件两端的顶尖孔，把工件支承在磨床的头架及尾座顶尖上，由头架上的拨盘经夹紧在工件上的夹头带动旋转(图 7-15)。这种装夹方法的特点是装夹迅速方便，加工精度高。此时磨床上的顶尖都是固定不转动的，磨削时，工件以顶尖孔为定位基准在顶尖上转动，遵循基准统一原则，因此可以获得高的精度。

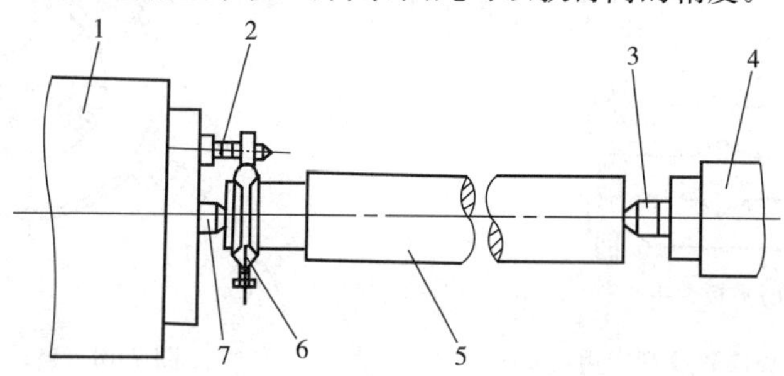

图 7-15 用前、后顶尖装夹工件

1. 头架 2. 拨杆 3. 尾顶尖 4. 尾座 5. 工件 6. 夹头 7. 头架顶尖

由于工件是以顶尖孔为基准在顶尖上转动的，因此顶尖孔的优劣直接影响着工件的磨削质量。顶尖孔的圆度误差会反映到工件的外圆表面产生同样的误差，顶尖孔 60°锥角的角度误差及两顶尖孔的同轴度误差，会导致顶尖孔与顶尖接触不良，使磨削出来的外圆产生圆度误差并使各段外圆表面产生同轴度误差；顶尖孔的表面粗糙度大，或有毛刺、划痕、碰伤等缺陷，会加剧孔与顶尖之间的摩擦及发热；经过热处理的工件，顶尖孔常发生变形，表面可能有氧化皮及污垢，这些都会影响磨削质量。所以，磨削加工前，一般要先对顶尖孔进行修整。加工质量要求高的工件，要在不同的磨削阶段间多次修整顶尖孔。

精度要求不高的顶尖孔，可以用多棱硬质合金顶尖刮研。刮研可以在顶尖孔研磨机上进行，也可以在车床上进行。精度要求较高的顶尖孔，可以在车床上用修整成顶尖状的油石或橡胶砂轮研磨(图 7-16)。对尺寸较大或精度要求高的顶尖孔，可以用铸铁顶尖研磨。

用前、后顶尖装夹工件磨削外圆时，工件需用夹头带动旋转。常用的夹头如图 7-17 所示。

图 7-18 所示为一种能自动夹紧工件的夹头。将夹头套在工件上，由于拉簧 2 的作用，使

杠杆 4 围绕圆环 6 上的销 5 逆时针转动，杠杆上的偏心面便将工件初步夹紧在两个可调螺钉 1 的顶端上。把工件连同夹头装上磨床，开动头架转动时，拨盘上的拨杆便推动杠杆 4 作逆时针旋转，使工件越夹越紧。拆卸工件时，只要顺时针扳动杠杆，即可松开夹头，取下工件。

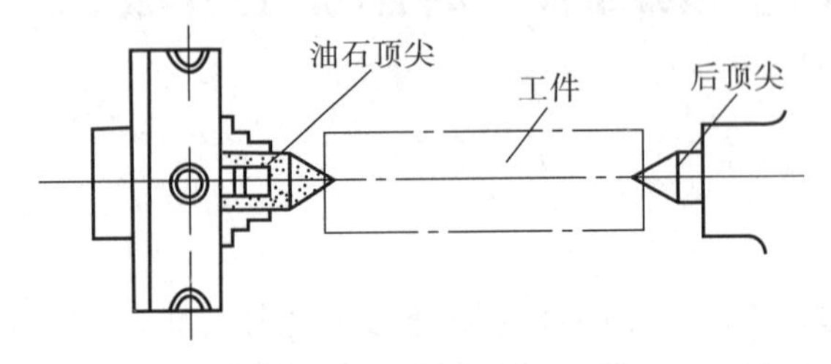

图 7-16　用油石研磨顶尖孔

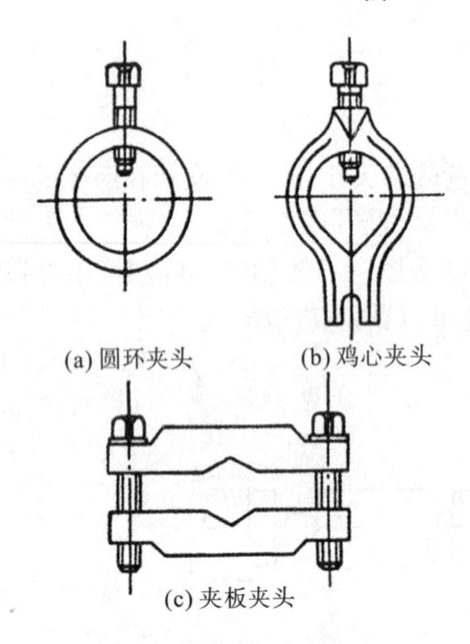

图 7-17　外圆研磨削常用夹头

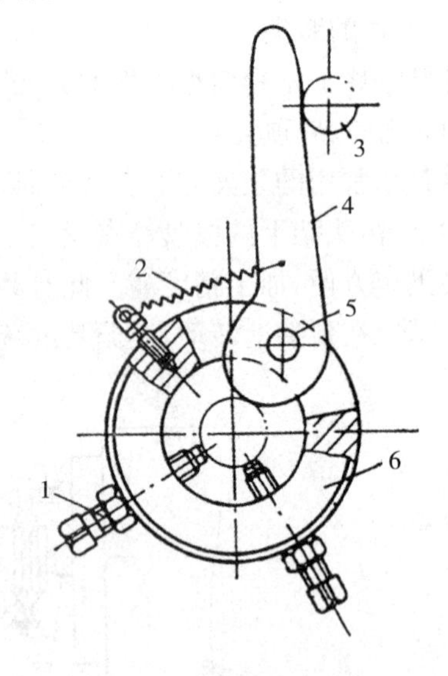

图 7-18　自动夹紧夹头

1. 可调螺钉　2. 拉簧　3. 拨杆　4. 杠杆　5. 销　6. 圆环

磨削细长轴时，由于工件刚性差，容易产生弯曲变形和振动，使磨出的工件呈腰鼓形，表面有振纹，为减少工件的变形和振动，可使用中心架(图 7-19)。中心架有开式和闭式两种(图 7-20)，开式与车床跟刀架相似，只有两个支承块，磨削时以便砂轮通过。闭式用于台阶轴或不能用尾顶尖支承的轴类零件磨削时的支承。

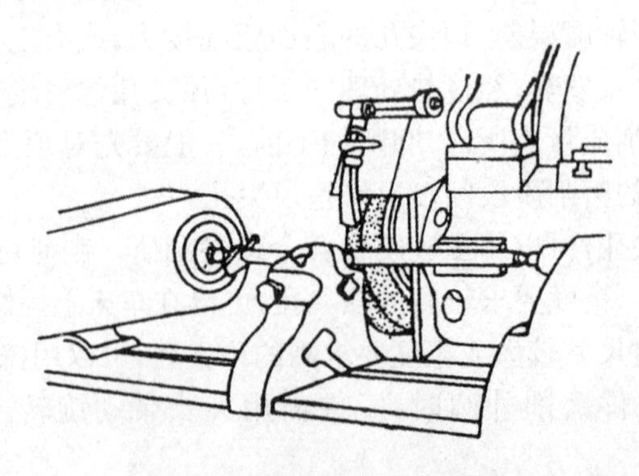

图 7-19　磨床中心架的使用

(2) 用心轴装夹

磨削套类零件外圆时，经常采用心轴装夹。常用心轴有以下几种：

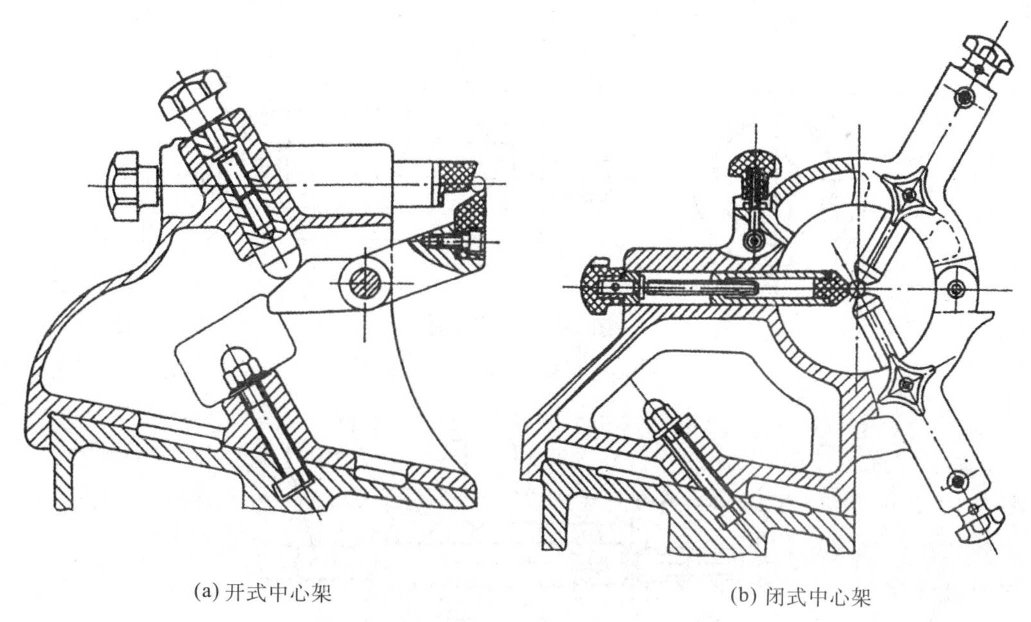

(a) 开式中心架　　(b) 闭式中心架

图 7-20　磨床中心架

① 小锥度心轴。这种心轴的定位面是锥度很小的(1/1000～1/8000)圆锥面(图 7-21)。依靠主轴与工件内孔表面的弹性变形，使工件均匀地胀紧在心轴圆锥面上。这种装夹方法的工件内外圆的同轴度误差在 0.005mm 以内。但由于工件内孔有公差，工件在心轴上的轴向位置变动较大，磨削时控制轴向尺寸不便。如果工件内孔公差较大，则必须把心轴做得很长，从而使得心轴的刚性很差，如果工件定位面长度很短，则工件不稳固。所以这种心轴只适用于内孔精度较高，尺寸不大、定位长度大于内孔直径的零件。

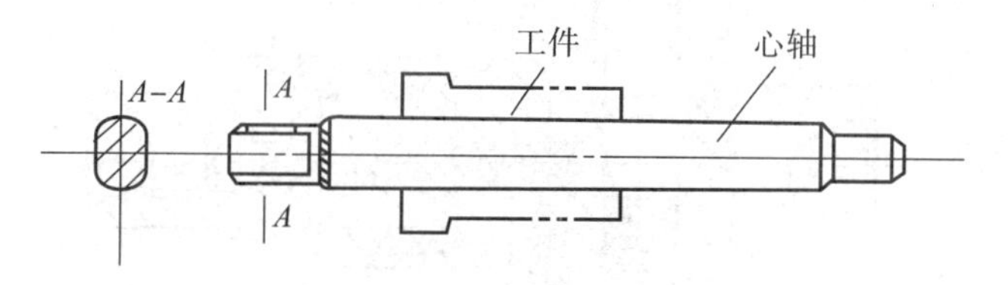

图 7-21　锥度心轴

② 台肩心轴。这种心轴是以其外圆柱面和台肩端面定位(图 7-22)，便于控制工件的轴向位置。由于工件内孔和心轴外圆均有制造误差，二者间的间隙会造成工件安装时的偏心，导致磨削后的外圆与内孔不同轴。因此，带台肩圆柱心轴只能用于内孔和外圆同轴度要求不太高的零件的磨削。

③ 可胀心轴。图 7-23 为筒夹式可胀心轴。旋紧螺钉 5，就能把锥套 4 压向开有轴向槽的具有弹性的筒夹 2 的锥孔内，使筒夹的簧瓣胀开，将工件胀紧在心轴上。图 7-24 为液性塑料心轴。在心轴体 1 上装有薄壁套筒 5，工件 6 装在薄壁套筒上。心轴体上有孔道与套筒的环形凹槽相通，在孔道与凹槽中充满了液性塑料。液性塑料在常温下是一种半透明冻胶状物质，具有一定的弹性和流动性。旋紧螺钉 3，通过柱塞 2、皮碗 4，将压力由液性塑料均匀地作用在

薄壁套筒的内壁上，使其外径增大，将工件夹紧。这种心轴定心精度较高，可达0.005～0.01mm，工件装夹迅速方便，但是心轴的制造比较复杂，所以适用于加工零件批量较大的场合。

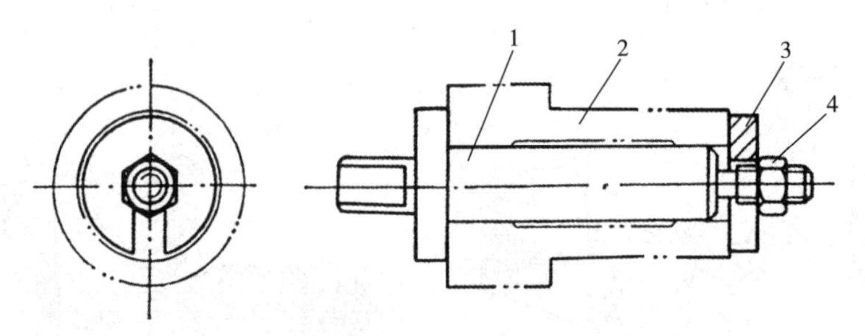

图 7-22　台肩心轴

1. 心轴　2. 工件　3. C形垫圈　4. 螺母

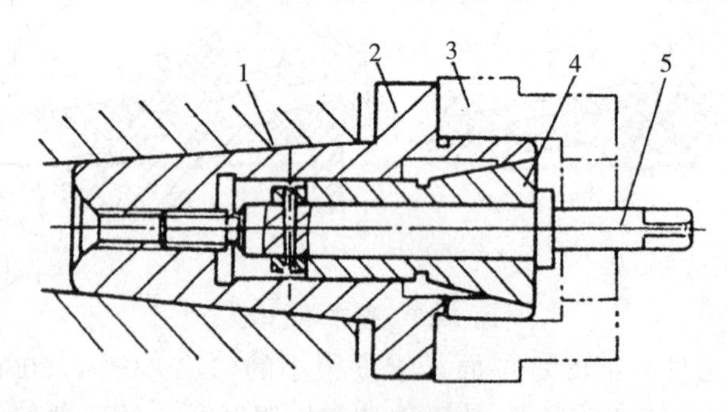

图 7-23　筒夹式可胀心轴

1. 磨床头架主轴　2. 筒夹　3. 工件　4. 锥套　5.螺钉

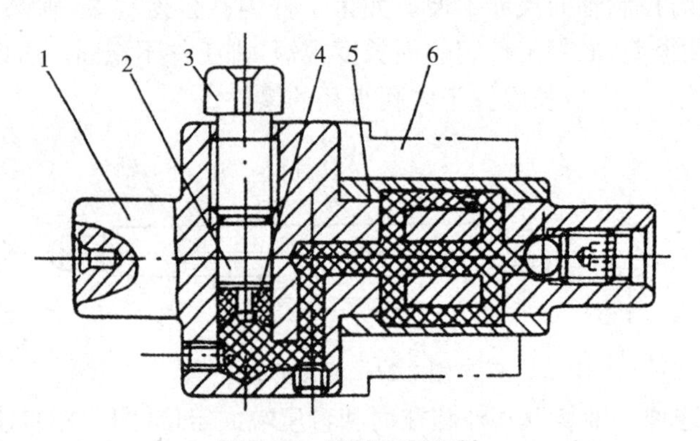

图 7-24　液性塑料心轴

1. 心轴体　2. 柱塞　3. 螺钉　4. 皮碗　5. 薄壁套筒　6. 工件

(3) 用卡盘装夹

磨削端面上不能打顶尖孔的短工件(如套筒)时，可用三爪自定心或四爪单动卡盘装夹。如果要求磨削平面与其他表面有位置精度要求时，必须找正后才能磨削。由于卡盘爪回转时的径向圆跳动、端面圆跳动等误差都会反映到被磨削的工件表面上。因此，用卡盘装夹工件获得的磨削精度低于用前、后顶尖装夹的情况。

(4) 用卡盘和顶尖装夹工件

当工件较长，且有一端不能打机顶尖孔时，可用卡盘和顶尖装夹工件。装夹时，除需找正卡盘端工件的径向圆跳动外，还必须校正头架主轴中心与尾座中心同轴并与纵向进给方向在同一垂直平面内。

2. 外圆表面的一般磨削方法

(1) 纵磨法

磨削时，工件作圆周进给运动，并随工作台作往复纵向进给，当每次纵向行程或往复行程结束后，砂轮作一次横向进给，磨削余量经多次进给后磨去，见图 7-25。

采用纵磨法磨削时，砂轮全宽上的磨粒工作情况是不一样的：处于纵向进给方向前端部分的磨粒起主要的切削作用；后端部分的磨粒主要起磨光作用，所以磨削效率低，但能获得较小的表面粗糙度。

纵磨法广泛应用于单件小批生产及零件的精磨。

(2) 横磨法(切入磨法)

工件无纵向进给运动，宽于工件磨削表面的砂轮慢速向工件横向进给，直至磨到要求的尺寸(图 7-26)。

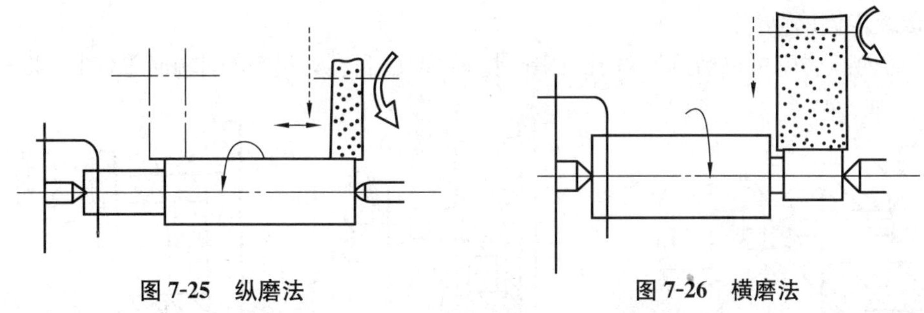

图 7-25　纵磨法　　　　图 7-26　横磨法

横磨法可以充分发挥砂轮上各处磨粒的切削能力，磨削效率高。但是，由于砂轮相对于工件没有纵向移动，当砂轮因修整得不好或磨损不均匀，而使外形不正确时，会影响工件的形状精度。另外，因砂轮磨削面宽，磨削力大，磨削温度高，当冷却液供应不充足时，工件表面易烧伤。

横磨法主要用于批量生产中，磨削刚性好的工件上较短的外圆表面和回转成形表面。

(3) 综合磨削法

综合磨削法是横磨法和纵磨法的综合应用，即先用横磨法将工件分段粗磨，相邻两段间有一定量的重叠(图 7-27)，各段留精磨余量，然后，用纵磨法进行精磨。

这种方法综合了横磨法生产率高，纵磨法加工质量好的优点，适于磨削表面长度约为砂轮宽度 2～3 倍的轴类零件。

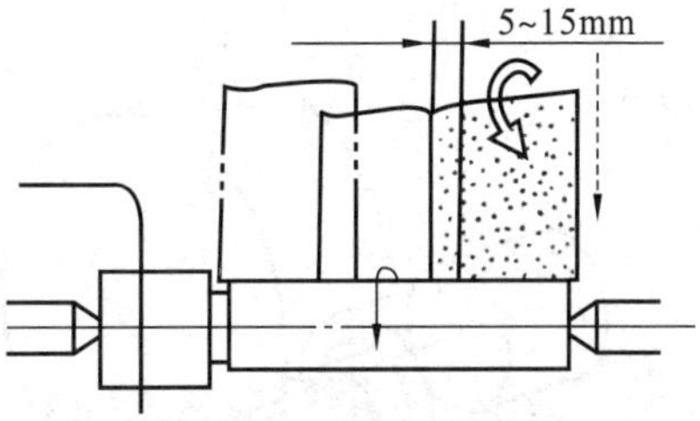

图 7-27　综合磨削法

(4) 深磨法

深磨法的特点是全部磨削余量(0.3～0.5mm)在一次纵向进给中磨去。磨削时，工件的圆周进给速度和纵向进给速度都很慢，砂轮修整成具有前锥部分(图 7-28(a))或阶梯形(图 7-28(b))。

这种方法的生产率比纵磨法高，但修整砂轮比较复杂，而且工件的结构必须保证砂轮有足够的切入和切出长度时才能采用。

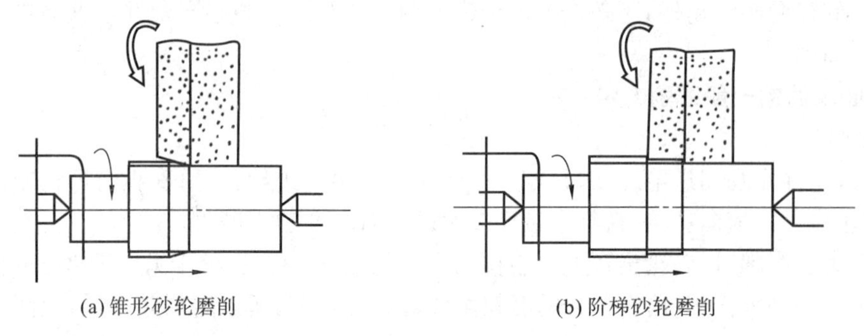
(a) 锥形砂轮磨削　　(b) 阶梯砂轮磨削

图 7-28　深磨法

二、内圆磨削

内圆磨削可在万能外圆磨床及内圆磨床上进行。

1. 普通内圆磨削

在普通内圆磨床可以磨削圆柱孔、圆锥孔、阶梯孔、盲孔，还能磨削端面等(图 7-29)。

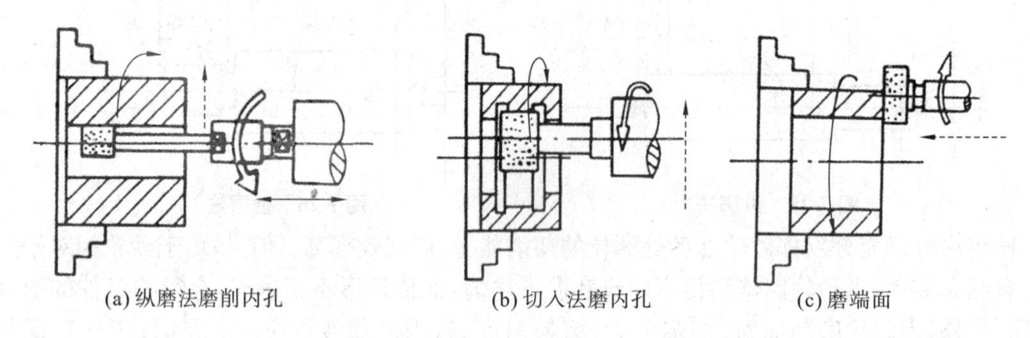
(a) 纵磨法磨削内孔　　(b) 切入法磨内孔　　(c) 磨端面

图 7-29　普通内圆磨床的磨削方法

2. 无心内圆磨削

无心内圆磨削的工作原理如图 7-30 所示。工件 3 以外圆定位，支承在滚轮 1 和导轮 4 上，压紧轮 2 使工件紧靠导轮，由导轮带动工件旋转，作圆周进给运动(f_1)。砂轮除高速旋转外，还作纵向进给运动(f_2)和周期性的横向进给运动(f_3)。加工完毕后，压紧轮沿箭头 A 方向抬离工件表面，以便装卸工件。

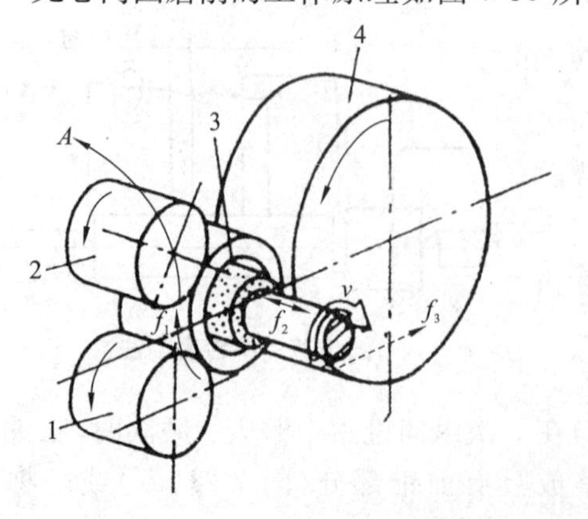

图 7-30　无心内圆磨削的工作原理

1. 滚轮　2. 压紧轮　3. 工件　4. 导轮

无心内圆磨削适用于大量生产条件下，加工内外圆要求同轴的薄壁零件的内孔，如轴承环等。

3. 行星式内圆磨削

行星式内圆磨削的工作原理如图 7-31(d)所示。工件固定不转动，砂轮除高速自转外，还围绕着工件内孔轴线作公转，以实现圆周进给运动。

周期性地加大砂轮的公转半径，可完成横向进给运动。纵向进给运动可以由工件或砂轮完成。

行星式内圆磨削适合磨削大型的或形状不对称，不适于旋转的工件上的内孔，也可以磨削这类工件上的凸肩、外圆。

随着数控技术的发展，已出现由数控装置驱动完成所要求形状轨迹的运动，利用行星磨头来磨削型腔或外成形表面的连续轨迹坐标磨床。

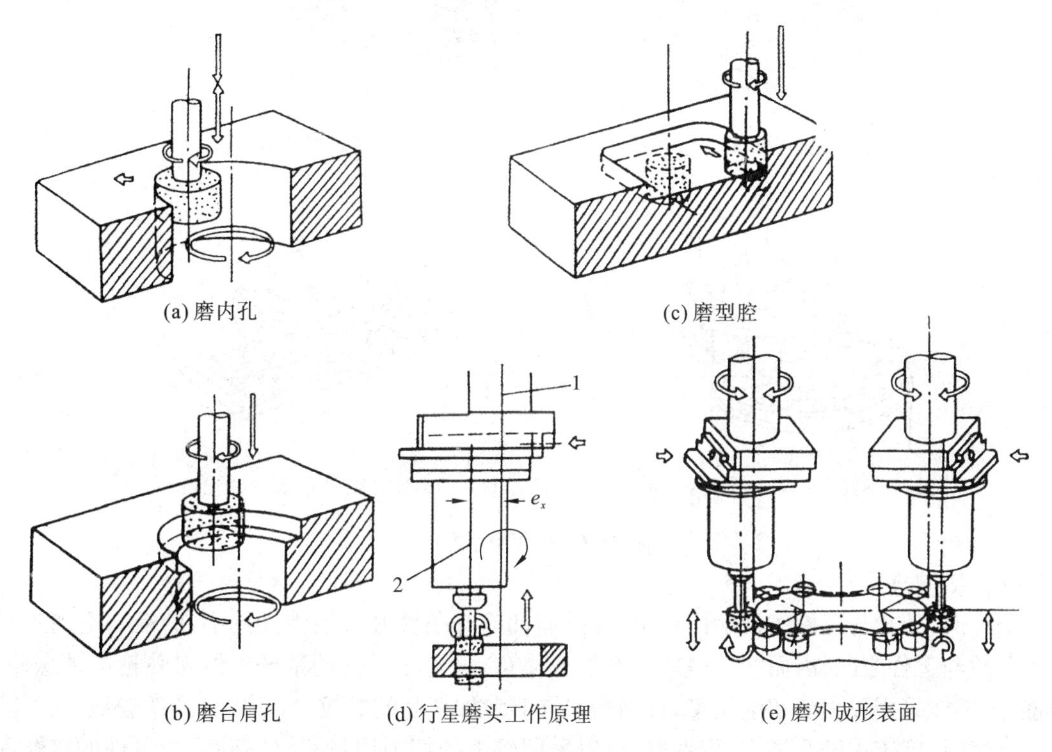

图 7-31　行星式磨削的工作原理

1. 主轴回转中心　2. 磨轮轴　e_x：磨轮轴、偏心量（可调）

磨削内圆时，由于工件内孔直径尺寸的限制，当磨孔直径较小时，砂轮直径更小，尽管转速高达每分钟几万转，切削速度仍很难达到正常的磨削速度（30～35m/s）；直径较细、悬伸较长的砂轮轴刚性差，易弯曲变形，产生振动；砂轮与加工表面接触面积较外圆磨削大，切削负荷和发热量都较大，而冷却液又很难注入磨削区，散热条件差，排屑困难，磨屑易堵塞砂轮，使其切削能力降低。

鉴于以上种种原因，内圆磨削不但生产率较低，而且加工精度和表面粗糙度也都较外圆磨削差。内圆磨削主要用于淬硬工件高精度内孔的精加工。

三、平面磨削

常见的平面磨削方式有四种，如图 7-32 所示。

平面磨削加工精度等级可达 IT7～IT5，表面粗糙度为 $R_a0.8 \sim 0.2\mu m$.

图 7-32(a)、(b)所示为利用砂轮的圆柱面进行磨削（即周磨）。图 7-32(c)、(d)所示为利用砂轮的端面进行磨削（即端磨），其砂轮直径通常大于矩形工作台的宽度和圆形工作台的半径，

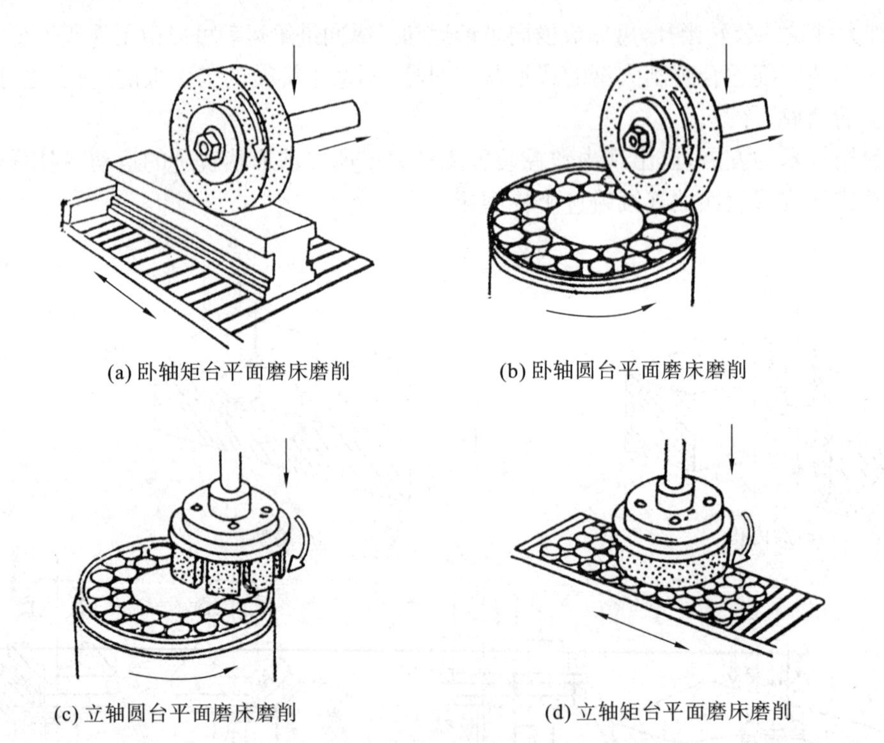

(a) 卧轴矩台平面磨床磨削　　(b) 卧轴圆台平面磨床磨削

(c) 立轴圆台平面磨床磨削　　(d) 立轴矩台平面磨床磨削

图 7-32　平面磨削方式

所以无需横向进给。

周磨时，砂轮与工件的接触面积小，且排屑和冷却条件好。工件发热小，磨粒与磨屑不易落入砂轮与工件之间，因而能获得较高的加工质量，适合于工件的精磨。但因砂轮主轴悬伸，刚性差，不能采用较大的切削用量，且周磨时同时参加切削的磨粒少，所以生产率较低。

端磨时，磨床主轴受压力，刚性好，可以采用较大的切削用量，另外，砂轮与工件的接触面大，同时参加切削的磨粒多，因而生产率高。但由于磨削过程中发热量大，冷却、散热条件差，排屑困难，所以加工质量较差。故端磨适于粗磨。

1. 磨平行面

磨削钢、铁等磁性材料的平行面时，工件一般用电磁吸盘装夹。电磁吸盘是利用磁力吸牢工件。这种方法装卸工件方便、迅速、牢固可靠，能同时装夹许多工件。由于定位基准面被均匀地吸紧在台面上，从而能很好地保证加工平面与基准面的平行度。

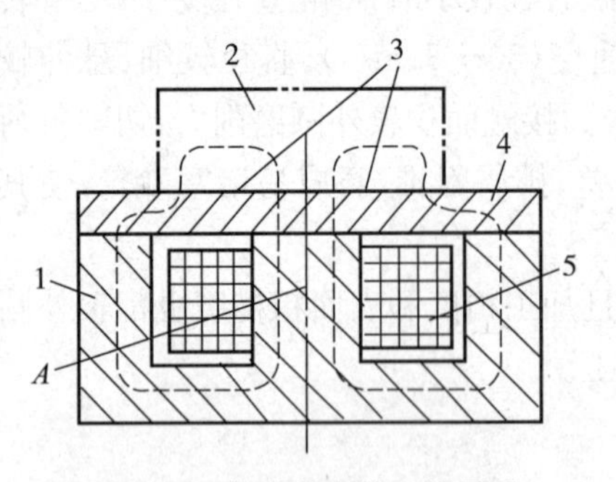

图 7-33　电磁吸盘的工作原理

1. 吸盘体　2. 工件　3. 隔磁体　4. 盖板　5. 线圈

电磁吸盘工作原理如图 7-33 所示。当线圈 5 通过直流电时，芯体 A 被磁化。磁化线(图中虚线所示)由芯体经过盖板 4—工件 2—盖板 4—吸盘体 1—芯体 A 而闭合，把工件吸住。

在磨削垫圈、样板等薄片形工件时，由于工件刚性差，磨削面与安装面温差大，很容易产生翘曲现象。所以磨削时要采取各种措施来减少工件的发热，如选用较软的砂轮、及时修整砂轮使它经常保持锋利、采用较小的磨削深度和较高的进给速度以及供应充分的切削液等。磨削过程中还应将工件多翻身安装几次，交替地磨削两平面。

薄片形工件常常在磨削前已翘曲。如果将翘曲的工件直接用电磁盘吸住磨削，那么由于工件刚性较差，吸紧时工件变形消失，磨完放松时工件又恢复原状（图 7-34），翻身磨削也是一样，因而难以得到平直的平面。为了消除上述现象，可在工件和电磁吸盘之间放一层厚约 0.5mm 的橡皮垫，当工件被吸紧时，橡皮垫被压缩，工件的变形被抵消一部分而变小，这样工件的弯曲部分被磨掉一部分，磨出的平面较平直。这样经过多次正反面交替的磨削即可获得较高的平面度（图 7-35）。

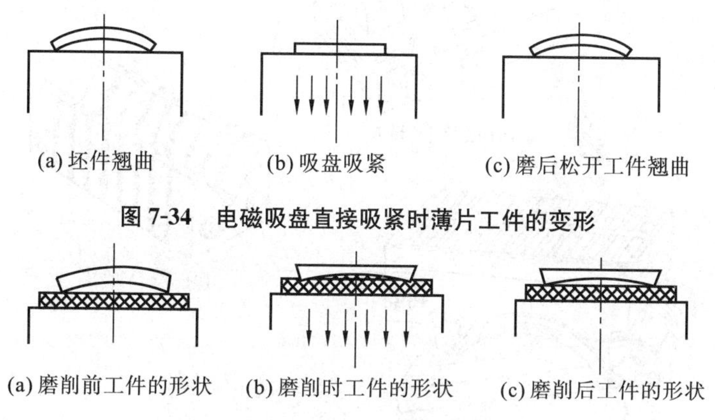
(a) 坯件翘曲　(b) 吸盘吸紧　(c) 磨后松开工件翘曲

图 7-34　电磁吸盘直接吸紧时薄片工件的变形

(a) 磨削前工件的形状　(b) 磨削时工件的形状　(c) 磨削后工件的形状

图 7-35　垫橡皮垫磨削薄片工件

2. 磨垂直面

在平面磨床上磨削垂直面的几种典型方法如图 7-36 所示。

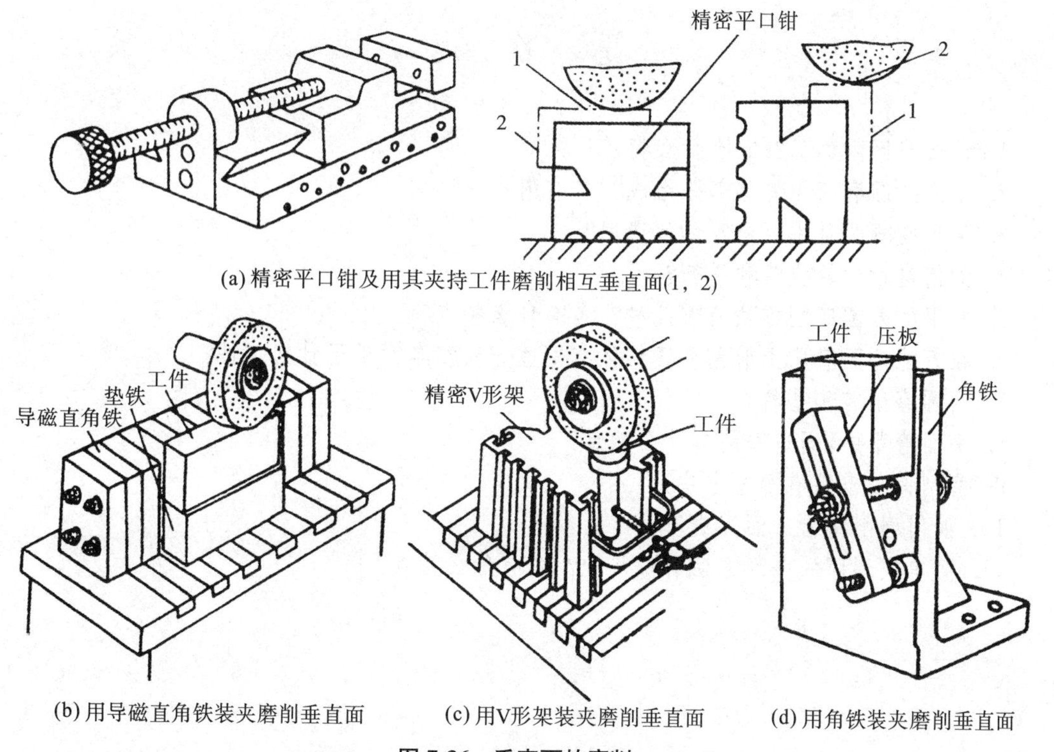

(a) 精密平口钳及用其夹持工件磨削相互垂直面(1，2)

(b) 用导磁直角铁装夹磨削垂直面　(c) 用V形架装夹磨削垂直面　(d) 用角铁装夹磨削垂直面

图 7-36　垂直面的磨削

3. 磨斜面

磨削时须将工件随同夹具(或机床附件)吸附在电磁吸盘上,常用的附件有正弦平口钳、正弦电磁吸盘和导磁V形架等(图7-37)。

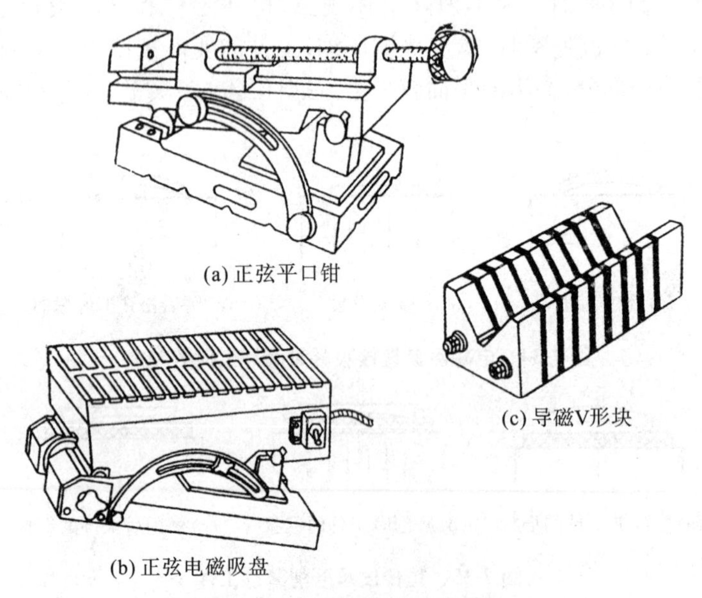
(a) 正弦平口钳

(b) 正弦电磁吸盘

(c) 导磁V形块

图7-37　磨斜面用机床附件

思　考　题

1. 什么叫磨削加工?它有什么特点?
2. 万能外圆磨床由哪些部分组成?各有何作用?
3. 砂轮有哪些基本要素?如何选用?
4. 如何进行砂轮安装和平衡?
5. 常用的外圆磨削方法有哪几种?各有什么特点?
6. 在万能外圆磨床上磨削外圆锥体有哪些方法?各适用于什么工件?
7. 内圆磨削有哪些特点?
8. 平面磨削中,周边磨削有什么特点?
9. 磨削偏心零件有哪些方法?
10. 如何磨削错齿三面刃铣刀?
11. 简单成形面的磨削方法有哪几种?各有什么特点?

第八章　钳　　工

学习目标

1. 熟悉钳工操作安全知识、钳工加工范围以及各种加工方式的加工方法；
2. 掌握钳工的基本操作技能，如锉削、錾削、钻孔等。

第一节　概　　述

一、钳工基础知识

钳工是以手工操作为主，利用简单的加工工具完成工件和设备的加工、装配与维修等操作。

钳工的加工范围有划线、錾削、锉削、刮削、锯削、钻孔、扩孔、锪孔、铰孔、攻螺纹、套螺纹、研磨、装配等。

钳工分为普通钳工、工具钳工、模具钳工和机修钳工等。

由于钳工的操作工具简单，所以具有灵活、适应性广的特点，但劳动强度大，生产率低。随着机械工业的发展，钳工操作也将不断提高机械化程度，以减轻劳动强度和提高劳动生产率。

二、钳工操作安全知识

(1) 钳台上的台虎钳安装要牢靠，钳台要配装安全网。台虎钳装夹工件时应用手扳动手柄，不要用锤子锤击手柄或随意套上长管子扳手柄。台虎钳的丝杠、螺母和其他活动表面要时常加油并保持清洁。

(2) 使用砂轮机时必须待砂轮正常工作后再进行磨削，磨削时要防止刀具或工件与砂轮发生剧烈的撞击或施加过大的压力，砂轮表面跳动严重时，应及时用修正器修整，砂轮机的搁架与砂轮外圆间的距离一般保持在3mm以内。操作者使用砂轮机时应站在砂轮的侧面或斜侧面。

(3) 常用的机械设备要合理使用，经常维护保养，发现问题及时报修。

(4) 清除切屑时要用刷子，不可用手直接清除，更不准用嘴吹，以免伤到手指或眼睛。

(5) 起重、搬运、吊装较大工件或精度较高工件时，应尽量以专职起重人员为主，避免发生安全事故。

(6) 使用的电动工具要有绝缘保护及安全接地。

(7) 使用工具注意事项如下：

① 手锤使用

• 木柄要选用无裂纹的硬木质材料制成。
• 锤头卷边或不平应修理好后再用。
• 锤柄和锤头不应沾有油脂，否则易从手中滑掉。
• 工作前应注意附近人员的安全。

② 錾子使用

• 錾子的顶端应保持清洁，不准沾上油脂，避免敲打时滑出。
• 錾子尾端卷边时必须修理后方可使用。
• 使用錾子时，禁止对面站人。
• 使用錾子要握紧，以免锤头打在手上。

③ 锉刀的使用

• 不得使用无木柄或木柄松动的锉刀。
• 锉刀手柄松动时，必须装牢固才能使用。
• 锉刀不得当作手锤或撬棍使用。
• 锉屑不得用嘴吹、手抹，必须用刷子清理。
• 使用锉刀不可用力过猛，以防折断。

④ 手锯使用

• 使用手锯时，锯条不可安装太紧或太松。
• 使用手锯往返运动必须在同一条直线上，并当心锯条折断。
• 工件一定要夹紧，以免工件松动折断锯条。
• 工件快锯断时，不可用力过大，防止工件掉下砸伤足部。

第二节 划　　线

一、划线及其作用

划线是根据图纸的要求，利用划线工具在工件表面划出加工界线的操作。

划线分为平面划线和立体划线。在工件同一平面内划线称为平面划线；在工件多个平面内划线称为立体划线。

划线的作用为：

(1) 确定加工余量，使后续加工有明确的尺寸界线。

(2) 通过划线检查毛坯的外形尺寸是否合乎要求，及时剔除不合格毛坯。

(3) 通过划线进行划正和借料，做到合理分配各加工表面的余量，保证各加工面位置精度。

二、划线工具及应用

1. 划线平板

划线的基准工具是划线平板。它由铸铁制成，上面是划线的基准平面，所以要求非常平直和光滑，平板要安放牢固，上面应保持水平，以便能稳妥地支撑工件，平板不准碰撞和用锤敲击，以免使准确度降低，平板若长期不使用，应涂油防锈，并用木板护盖。

2. 千斤顶

千斤顶用于在平板上支撑工件，其高度可以调节，以便找正工件，通常用三个千斤顶支撑工件。

3. V形铁

用于支持工件的圆柱面，如图8-1所示。

4. 划线方箱

划线方箱是用于夹持工件、能根据需要转换位置的划线工具，如图8-2所示。它是一个空心的箱体，工件固定在方箱上，翻转方箱便可把工件上互相垂直的线在一次安装中全部划出来。

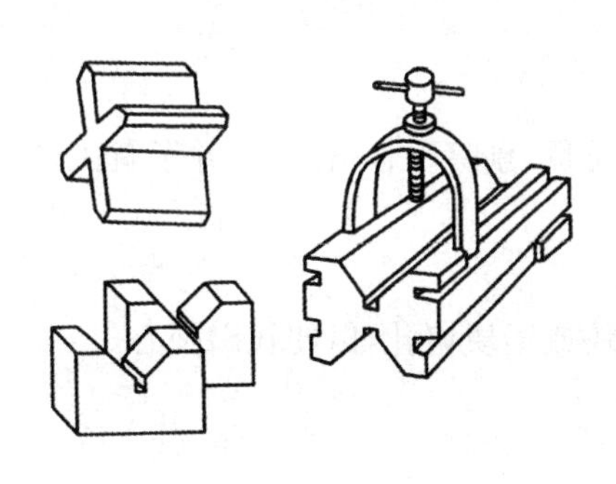

图8-1　V形铁

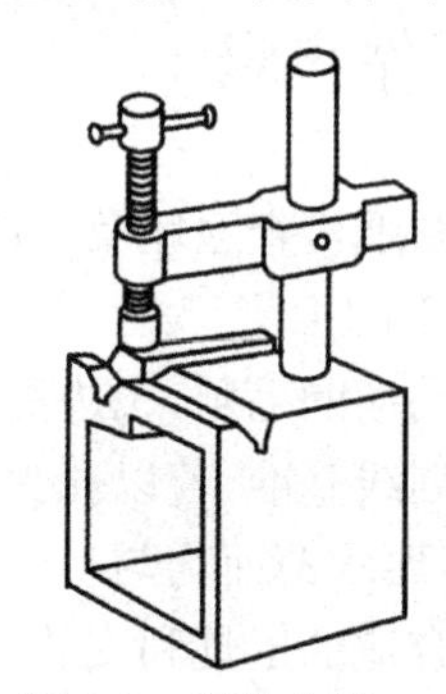

图8-2　划线方箱

5. 样冲

样冲是用以在工件上打出样冲眼的工具，如图8-3所示。划好的线段和钻孔前的圆心都需打样冲眼，以防擦去所画线段和便于钻头定位。

6. 划规及划卡

划规即圆规，是划线工具，可用于划圆、量取尺寸和等分线段，如图8-4所示。划卡又称为单脚规，用以确定轴及孔的中心位置，也可用来划平行线，如图8-5所示。

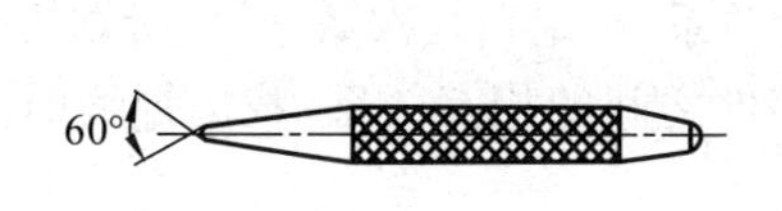

图8-3　样冲

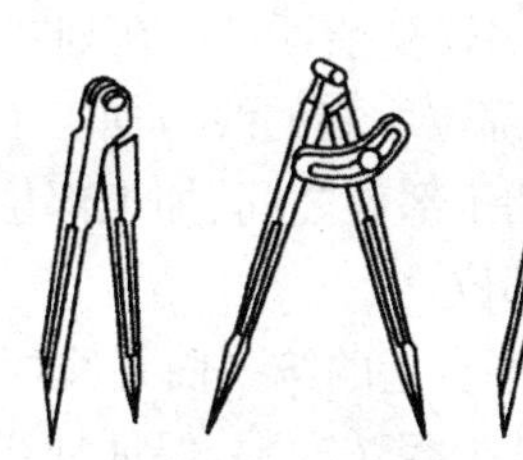

图8-4　划规

7. 高度游标卡尺

高度游标卡尺是用游标读数的高度量尺,也可用于半成品的精密划线,如图 8-6 所示。但不可对毛坯划线,以防损坏硬质合金划线脚。

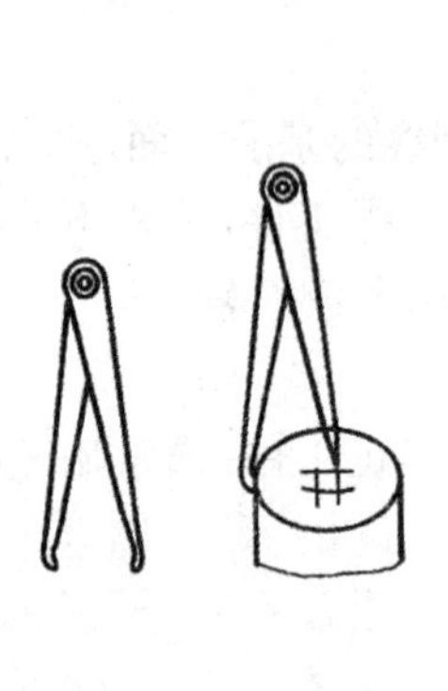

图 8-5 划卡

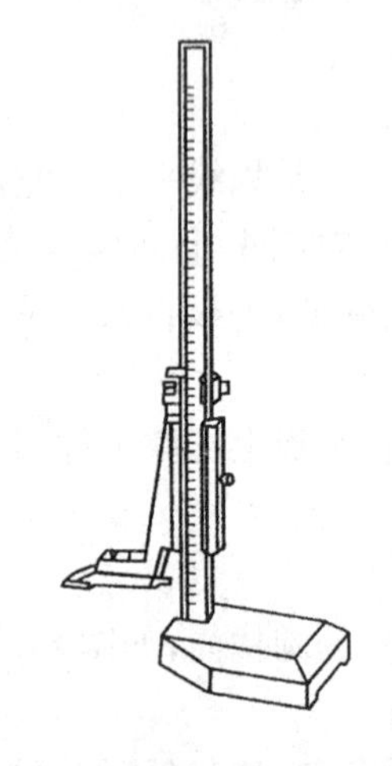

图 8-6 高度游标卡尺

三、划线操作步骤

(1) 对照图纸检查毛坯及半成品尺寸和质量,剔除不合格产品,并了解工件上需要划线的部位和后继加工的工艺。

(2) 去除毛坯的毛刺、飞边等。

(3) 确定划线基准,若以孔为基准,用木块或铅块堵孔,以便找出圆心。

(4) 涂料,要求薄而均匀。

(5) 选用合适的工具和安放工件位置。

(6) 检查。

(7) 打上样冲眼。

四、箱体划线

1. 箱体划线的方法

箱体划线,除按照一般划线方法找正和选择基准面外,尚应注意以下几点:

(1) 箱体划线比较复杂,所以,在划线前需认真掌握图纸要求,对照工件毛坯,检查毛坯质量。要研究各加工部位所划的线与加工工艺之间的关系,确定划线次数,避免所划线被加工掉而重画;并分析各加工部位之间、加工部位与装配零件之间的相互关系,找出划线时的安放位置、基准面及找正部位。

(2) 箱体置于平台上的第一面划线,称为第一划线位置,它应该是待加工的孔和面最多的一面,这样有利于减少翻转次数,保证划线质量。翻转后的另一面,则称为第二划线位置……

(3) 箱体划线一般都要划出十字校正线,即在划每一条线时,在四个面上都要划出,供下道划线和车、刨、铣等切削加工时校正工件位置用。十字校正线必须划在长而平直的部位,线条越长，校正越正确；所划平面越平直，校正也越方便。在生产实践中，常以基准轴孔的轴线划在箱体的四个面上，作为十字校正线。

在毛坯工件上，如果划线的是刨加工十字校正线，则在工件经过刨削以后再次划线时，必须以已加工面为基准面，则十字校正线需要重划。

(4) 对某些箱体工件划垂直线时，为了避免和减少翻转次数，可在平台上放一块角铁，经过校正，使角铁垂直面至工件两端中心等距，把划针盘底座靠住角铁，即能划出垂直线。

(5) 某些箱体，内壁不需要加工，且装配齿轮等零件的空间又较小，在划线时，要特别注意找正箱体内壁，以保证经过划线和加工后的箱体能够顺利装配。

经过上述研究分析后，就可以进行划线了。

2. A150 减速箱箱体划线实例

A150 减速箱属于一种速比较大、散热性好、稳定性高的减速箱。图 8-7 是减速箱的箱体图，从图中可以看出，蜗轮容纳在$\varnothing$300mm 的非加工孔中，划线时，首先要考虑：$\varnothing$300mm 的毛坯孔与$\varnothing$140mm 的加工孔应尽可能同心，使蜗轮装配后不至于碰孔壁；蜗轮与蜗杆的两轴线应互相垂直而不相交，它们的啮合中心距为 150±0.1mm，蜗杆中心至$\varnothing$140mm 孔端面为 $110^{-0.14}$mm，这些都是保证蜗轮、蜗杆正常啮合的条件，这些条件，应该通过划线来取得(其允差则由加工来保证)。

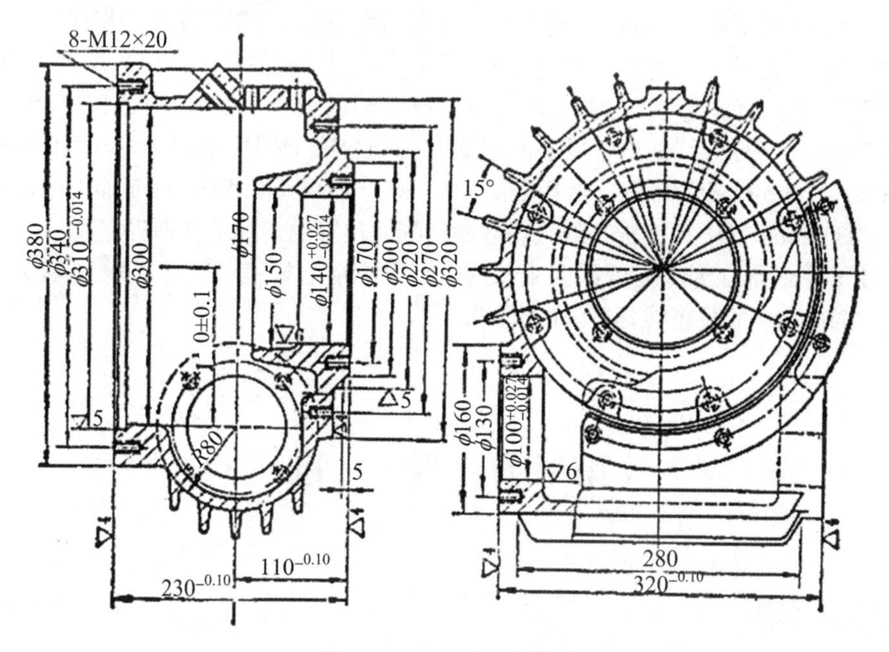

图 8-7 A150 减速箱箱体

(1) 将箱体如图 8-8(a)所示安放在平台上，调整斜铁，用划针盘校平$\varnothing$300mm 毛坯孔上下孔壁与平台面平行，并要求$\varnothing$160mm 外缘凸台与平台面等高(保证加工后：$\varnothing$300mm 毛坯孔与$\varnothing$140mm 加工孔基本同心，蜗杆孔的壁厚均匀一致)，接着检查 A、B 面使留有足够的加工余量。然后根据$\varnothing$300mm 孔的上下孔壁和$\varnothing$170mm 凸台，划出$\varnothing$140mm 孔的第一位置线 I-I，并在距 I-I 线 150mm 处划出$\varnothing$100mm 孔的第一位置线 II-II，至此第一划线位置的划线工作即告完成。

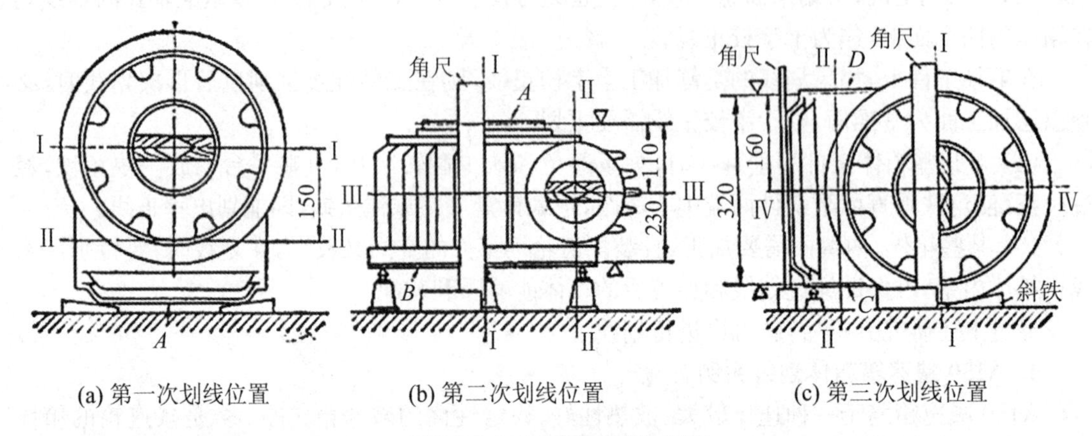

图 8-8　A150 减速箱箱体划线

(2) 将箱体翻转 90°并旋转，如图 8-8(b)所示，安放在平台上的三个千斤顶上，用角尺校正 I-I 线与平台面垂直，确定图示的左右位置，再用划针校平∅160mm 外缘凸台两端与平台面的距离基本相等。然后根据∅160mm 凸台，划出∅100mm 孔的第二位置线 III-III，III-III 线与 II-II 线的两个交点的连线，即为∅100mm 孔的轴线。再依 III-III 线上移 110mm，划出 A 面加工线，依 A 面加工线下移 230mm，划出 B 面加工线，即完成第二划线位置的划线工作。

(3) 将箱体再翻转 90°，如图 8-8(c)所示安放在平台上，调整斜铁。用角尺校正 III-III、I-I 位置线，分别与平台面垂直，并兼顾 C、B 面使留有足够的加工余量，接着依据∅300mm 毛坯孔壁和∅170mm 外缘凸台，划出∅140mm 孔的第二位置线 IV-IV，IV-IV 线与 I-I 线两个交点的连线，即为∅140mm 孔的轴线。然后依 IV-IV 线上移 160mm，划出 D 面加工线，再依 D 面加工线下移 320mm，划出 C 面加工线，这样，第三划线位置的划线工作即告完成。

(4) 用样冲在加工线、位置线及相交点上均匀冲上样孔，并用划规划圆∅140mm、∅310mm、∅100mm 的校正线，同样冲上样孔。

第三节　錾　　削

一、概念及作用

利用手锤敲击錾子，对金属进行切削加工的操作称为錾削。

錾削的作用是錾削或錾断金属，使其达到零件尺寸和形状的要求。例如：从不平整的、粗糙的工件表面或毛坯材料上錾削多余的金属；把板料或条料錾成几块；錾平焊接边缘以及修整沟槽、油槽等。

二、錾削的工具及应用

1. 工具

手锤:手锤是钳工最常用的工具之一。锤头用碳钢锻成并两端淬硬,它由锤头、木柄及锲铁组成。

錾子:常用的有平錾(扁錾)和槽錾(窄錾),如图 8-9 所示。平錾用于錾平面和錾断金属,它的刃宽为 10～15mm;槽錾用于錾槽,它的刃宽约为 5mm。

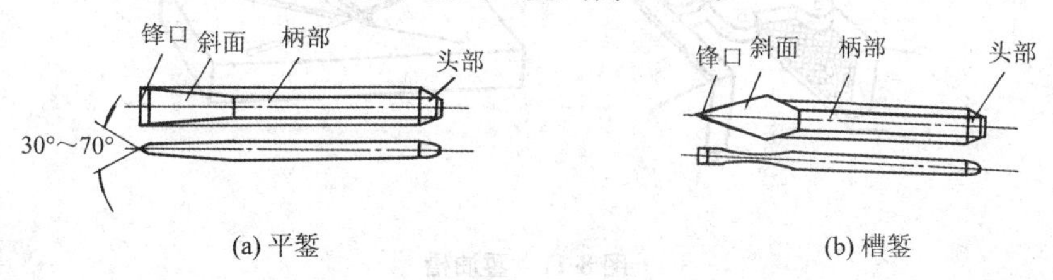

图 8-9　錾子

2. 錾削的姿势

錾削操作劳动强度大,易于疲劳,所以操作姿势要放松,便于发力,站立位置与手臂摆动轨迹如图 8-10 所示。

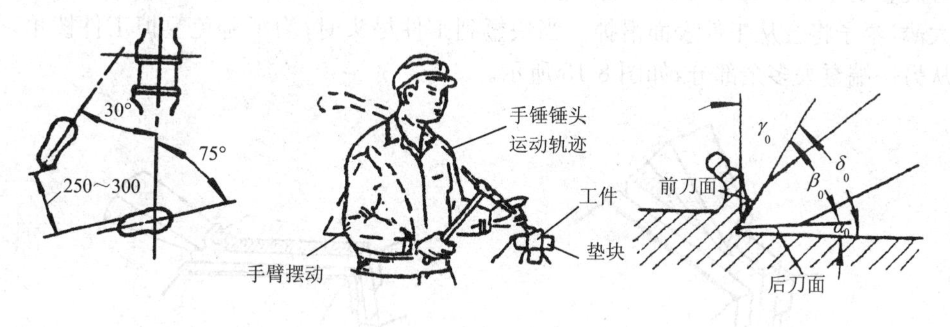

图 8-10　錾削的姿势

三、錾削操作及其实例

1. 錾削方法

起錾时,錾子要有一定斜度,但角度不宜太大,也不宜太小,角度大了容易崩刃,角度小了不易切入且容易打滑。精錾时,角为 3°～5°;细錾时,夹角应大些。当快錾到终点时,要掉转工件,从另一边錾掉剩余部分。

2. 錾削操作的注意事项

工件装夹时要夹紧;勿用手触摸錾头,以免錾头沾油后锤击时打滑,保证锤头与锤柄间没有松动。

3. 錾削实例

(1) 錾槽

錾槽一般可分为錾削油槽和键槽。錾削油槽的方法以在轴瓦上錾出油槽为例:先在轴瓦上划出油槽线；较小的轴瓦可夹在虎钳上进行，但夹力不能过大，以防轴瓦变形；錾削时，錾子应随轴瓦曲面不停移动，使錾出的油槽深浅均匀，如图 8-11 所示。

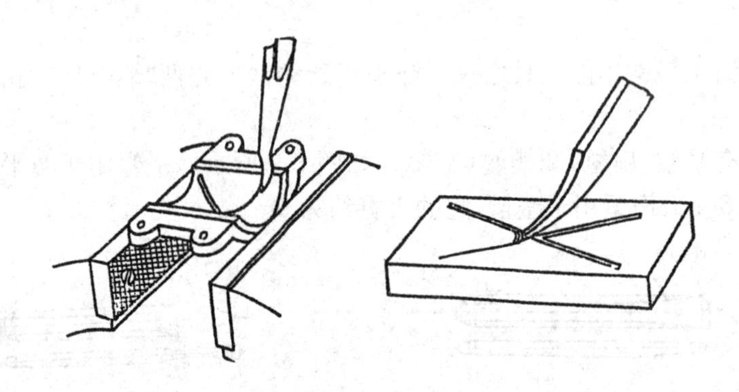

图 8-11　錾油槽

(2) 平面的錾削

平面的錾削要先划出尺寸界限，被錾削工件的宽度应窄于錾刃的宽度。夹持工件时，界限应露在钳口的上面，但不宜太高，如图 8-12 所示。

每次錾削厚度为 0.5～1.5mm，一次錾得过厚，不但消耗大量体力，也会将工件錾坏；如果錾得太薄，錾子将会从工件表面滑掉。当快錾到工件尽头时，为了避免錾掉工件棱角，须调转方向从另一端錾去多余部分，如图 8-13 所示。

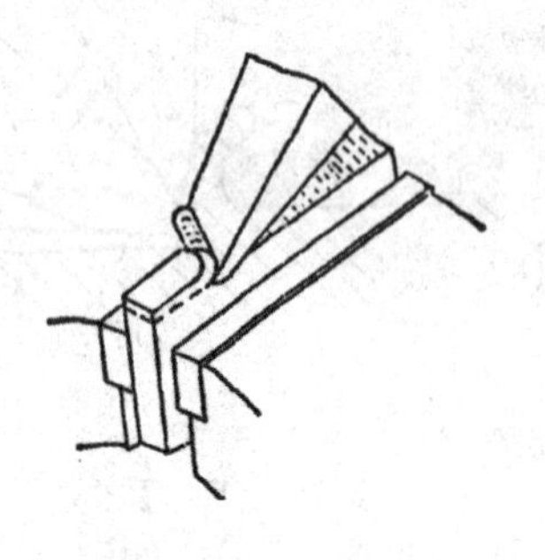

图 8-12　錾平面

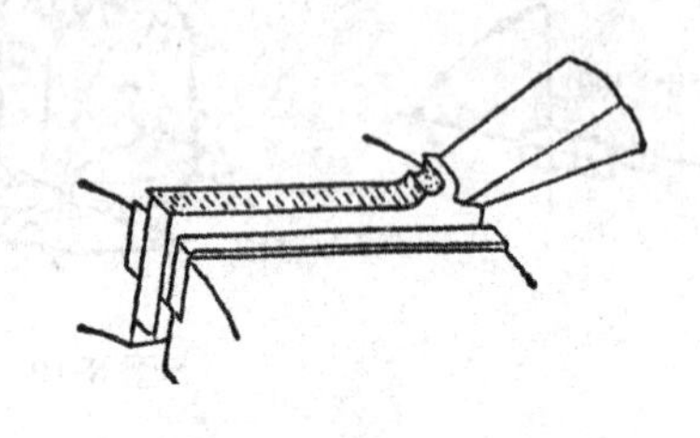

图 8-13　掉转方向

第四节　锯　　削

一、锯削

用手锯削断工件或锯出沟槽的操作称为锯削。

手锯具有方便、简单和灵活的特点。其应用大体有锯断各种原材料或半成品；锯掉工件上的多余部分；在工件上锯槽等。

二、手锯

手锯由锯弓和锯条两部分组成。

1. 锯弓

锯弓是用来夹持和拉紧锯条的工具，有固定式和可调式两种。

可调式锯弓的弓架分前后两段，由于前段在后段套内可以伸缩，因此可以安装几种长度规格的锯条。

2. 锯条及锯路

锯条是用 T10A 钢制成的。锯条的规格以锯条两端安装孔间的距离表示，常用的锯条长为 300mm。

锯条制造时，锯齿按一定形状左、右错开，排列成一定的形状，称为锯路，如图 8-14 所示。

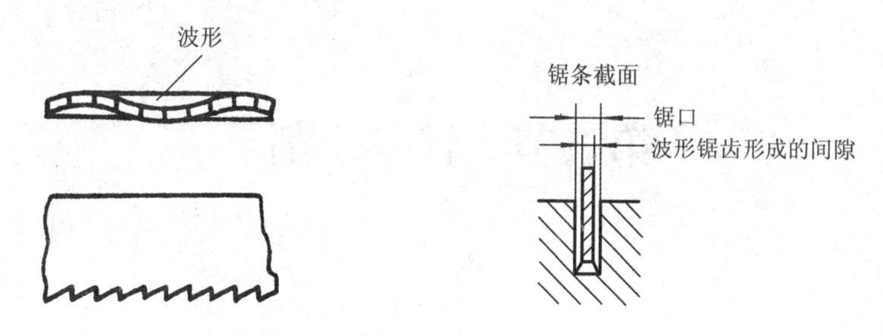

图 8-14　锯齿形状及锯路

锯路的作用是使锯缝宽度大于锯条背部厚度，以防止锯削时锯条夹在锯缝中，减少锯条与锯缝的摩擦阻力，并使排屑顺利，锯削省力，提高工作效率。

三、锯削的操作与实例

1. 操作方法

锯削方法是右手握住锯柄，左手握住锯弓的前端。推锯向前运动，锯齿起切削作用，要给以适当压力。向回拉时，不切削，应将锯稍微提起。锯削时应控制锯条运动的有效长度，应以锯条整体锯削。

锯削起锯时，锯条与工件表面倾角约为 10°，最少要有三个齿同时接触工件。

2. 锯削实例

锯削时工件的夹持应做到工件伸出钳口部分要短，锯缝尽量放在钳口的左侧；较小的工件，既要夹牢，又要防止工件的变形；较大的工件，不能用虎钳夹持时，要在原地放稳妥。

（1）锯削圆钢

若断面要求较高，应从起锯开始由一个方向锯到结束；若断面要求不高，则可以从几个方向起锯，使锯削面变小，容易锯入，工作效率高。

（2）锯削扁钢

为了得到整齐的锯缝，应从扁钢较宽的面下锯，这样，锯缝深度较浅，锯条不致卡住。

（3）锯削钢管

薄壁管子应夹持在两块 V 形木衬垫之间，以防夹扁或夹坏表面。

(4) 锯削深缝

应将锯条转过 90°重新安装，把锯弓转到工件旁边。当锯弓横过来后锯弓高度仍不够时，也可将锯条转过 180°把锯条锯齿安装在锯弓内进行锯削，如图 8-15 所示。

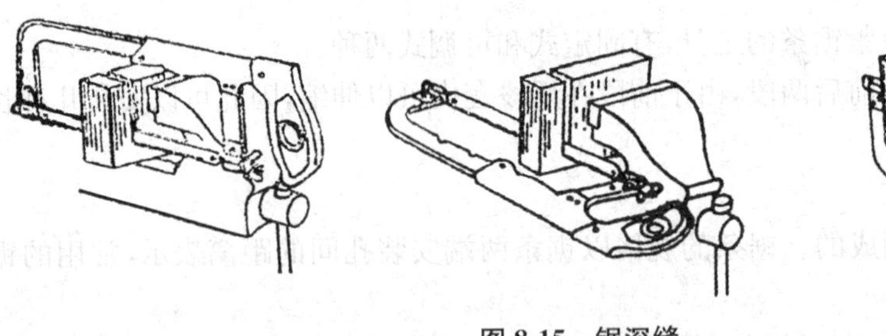
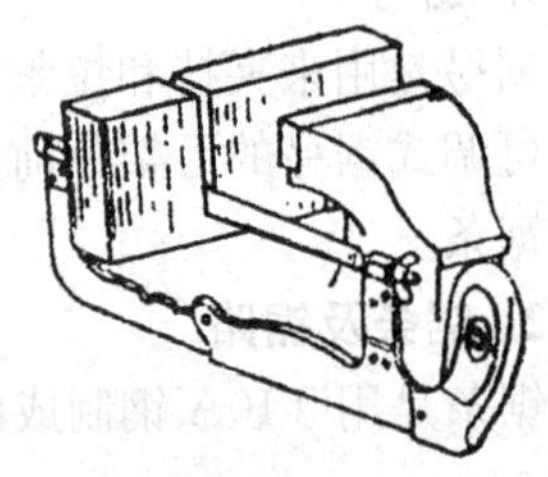

图 8-15　锯深缝

第五节　锉　削

一、锉削

锉削是用锉刀从工件表面锉掉多余金属的操作。

锉削加工操作简单，但技艺较高，工作范围广。锉削可对工件表面上的平面，曲面，内、外圆弧面，沟槽以及其他复杂表面进行加工。锉削加工尺寸精度可达 IT8～IT7，表面粗糙度 R_a 值可达 0.8μm。

二、锉削工具

锉刀是用以锉削的工具。常用 T12A 或 T13A 制成，经热处理淬硬 60～62HRC。

锉刀的锉纹多制成双纹，锉削时切削是碎断，使锉削省力，锉面不易堵塞，锉面比较光滑，如图 8-16 所示。

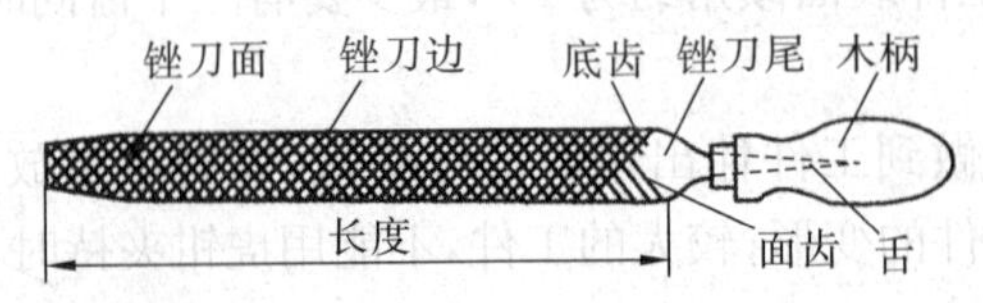

图 8-16　锉刀构造

根据锉刀工作部分截面的形状，锉刀可分为平锉、半圆锉、方锉、三角锉及圆锉等，如图 8-17 所示。

锉刀的粗细由锉刀面上单位长度内的齿数判断。每 10mm 上 4～12 齿为粗齿，适用于粗加工或锉铜和铝等有色金属；13～23 齿为中齿，适用于锉削余量小的表面；30～40 齿为细齿；

适用于锉光表面或硬金属。

图 8-17　锉刀工作部分截面

三、锉削操作方法

1. 工件装夹

工件必须牢固地装夹在台虎钳钳口的中间，并略高于钳口。夹持已加工表面时，应在钳口与工件间垫以铜片或铝片。易变形和不便于直接装夹的工件，可以用其他辅助材料设法装夹。

2. 选择锉刀

锉削前，应根据金属材料的硬度、加工余量的大小、工件的表面粗糙度要求及工件的形状来选择锉刀，加工余量小于 0.2mm 时，宜于细锉。

3. 锉刀的握法

依锉刀的大小不同采用相应的握法，如图 8-18 所示。一般用右手握木柄，大拇指放在其上，其余四指从下面配合握紧。左手则依锉刀大小和用力的轻重，分别采用掌心全按、五指全按或拇指、食指、中指轻按。对于窄长面的工件进行轴向轻锉时，可采用四指轻按。小锉刀只需一只手握住即可。

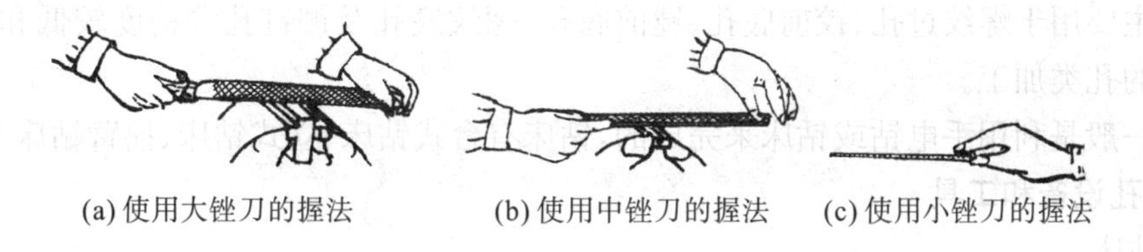

(a) 使用大锉刀的握法　(b) 使用中锉刀的握法　(c) 使用小锉刀的握法

图 8-18　锉刀握法

4. 锉削姿势

锉削站立的姿势与錾削相似。

5. 平面锉削的基本方法

粗锉时用交叉锉法如图 8-19(a)所示，这样不仅锉得快，而且可以利用锉痕判别加工部分是否锉到尺寸。平面基本锉平后，可用顺锉法（如图 8-19(b)）进行锉削，以降低工件表面粗糙度，并获得正直的锉纹。最后，可用细锉刀或光锉刀以推锉法（如图 8-19(c)）修光。

6. 检验

锉削时，工件的尺寸可用钢直尺和卡钳（或卡尺）检验。工件的平直及直角部分可用 90°角尺根据是否能透过光线来检查。

在锉削中，最重要的是对锉配方法的掌握，在本章最后一节中，将举例详细介绍。

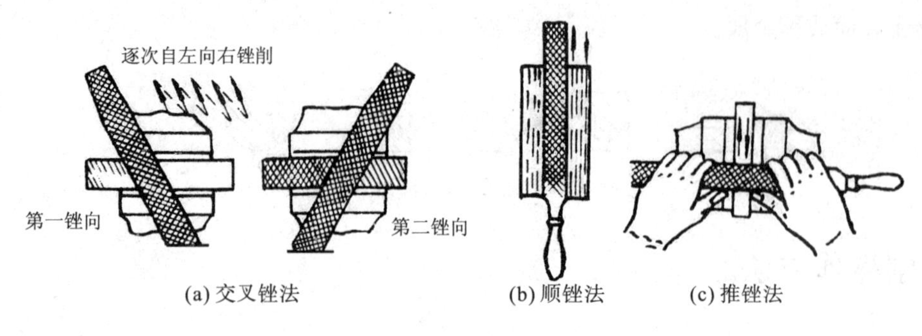

(a) 交叉锉法　(b) 顺锉法　(c) 推锉法

图 8-19　锉削方法

第六节　孔　加　工

各种零件上的孔加工，除一部分由车、镗、铣等机床完成外，很大一部分是由钳工利用各种钻床和工具来完成的。钳工加工孔的方法一般指的是钻孔、扩孔、铰孔和锪孔。

一、钻孔

用钻头在实体材料上加工孔称为钻孔。

钻孔主要用于螺纹过孔、铰前底孔、镗前底孔、螺纹底孔及铆钉孔等精度较低和表面质量要求不高的孔类加工。

钻孔一般是利用手电钻或钻床来完成的，钻床有台式钻床、立式钻床、摇臂钻床等。

1. 钻孔设备和工具

(1) 钻床

① 台式钻床。台钻由底座、工作台、立柱、主轴、进给手柄等组成，主轴进给是手动的。它是一种放在工作台上使用的钻床，质量轻，移动方便，转速高，适于加工小型工件上直径小于13mm 的孔。

② 立式钻床(简称立钻)。结构上比台钻多了主轴变速箱和进给箱，因此主轴的转速和走刀量变化范围较大，而且可以自动进刀。此外，立钻刚性好，功率大，允许采用较大的切削用量，生产率较高，加工精度也较高，适于用不同的刀具进行钻孔、扩孔、锪孔、攻螺纹等多种加工。由于立钻的主轴对于工作台的位置是固定的，加工时需要移动工件，对大型或多孔工件的加工十分不便，因此立钻适于在单件小批量生产中加工中、小工件。

③ 摇臂钻床。它有一个能绕立柱旋转的摇臂，摇臂带动主轴箱可沿立柱垂直移动。主轴箱还能在摇臂上横向移动。这样就能方便地调整刀具位置，以对准被加工孔的中心。此外，主轴转速范围和走刀量范围很大，因此适于对笨重的大型、复杂工件及多孔工件的加工。

④ 其他钻床。其他钻床中用得较多的有深孔钻床和数控钻床等。

深孔钻床用于钻削深度与直径比大于 5 的孔。它类似卧式车床，主轴水平装置。由于工件较长，为便于装夹及加工，减少孔中心的偏斜，以工件旋转为主运动，钻头作轴向移动。这种钻床常用来加工枪管孔、炮筒孔及机床主轴孔等。

数控钻床是把普通钻床由人工控制的各个部件的运动指令用数控语言编成加工程序存放在控制介质上，通过数控系统对机床加工过程进行自动控制，以完成工件上复杂孔系的加工。如电子仪表行业的印刷电路板的孔采用数控钻床加工，其加工精度和效率相比其他钻床大大提高。

(2) 钻头

钻头是一种标准刀具。钻孔时，钻头通过两条对称排列的切削刃对材料进行切削，完成孔加工。钻头有扁钻、中心钻和麻花钻等几种，应用最多的是麻花钻。

① 麻花钻的材料、结构及规格

麻花钻是由刃具厂按国家统一标准生产的。其材料是碳素工具钢或高速钢，经过热处理，硬度为 62～65HRC，切削温度在 600℃以下不会丧失其硬度。其切削部分还有用硬质合金制成的麻花钻。麻花钻主要由工作部分(切削部分和导向部分)、颈部和柄部组成，如图 8-20 所示。

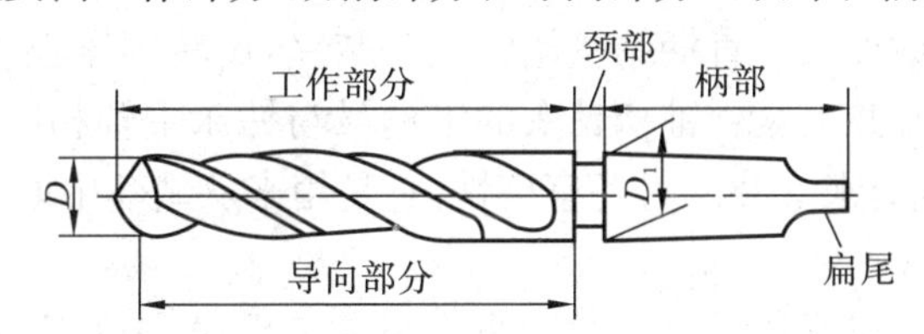

图 8-20　麻花钻构造

切削部分：包括横刃和两个主切削刃，即一尖(钻心尖)三刃(两条切削刃和一条横刃)担负切削工作，如图 8-21 所示。

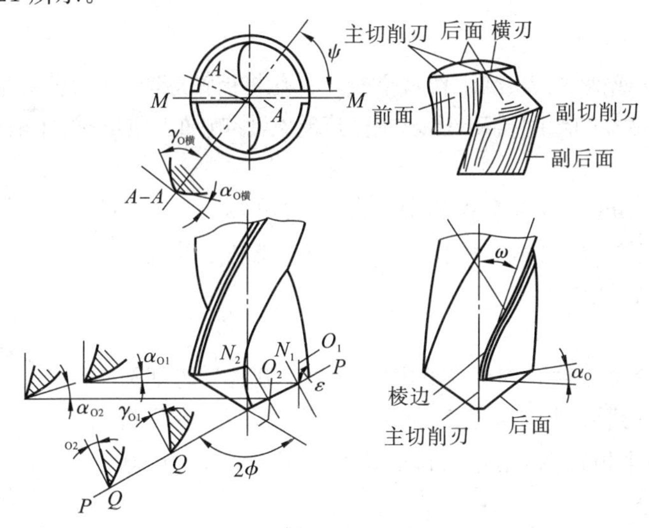

图 8-21　麻花钻几何角度

导向部分：由螺旋槽、刃带、齿背和钻尖组成。螺旋槽的作用是形成切削刃和前角，容纳和排除切屑，输入冷却润滑液；刃带是沿螺旋槽高出 0.5～1.0mm 的部分，起着减小钻头与孔壁间摩擦力，修光孔壁和导引钻头的作用；钻头上低于刃带的部分叫齿背；钻头的两条螺旋槽之间的空心部分叫钻心，它的作用是保持钻头的强度和刚度。

颈部：是为了便于磨削尾部而设的退刀槽，钻头的规格、材料标号大都刻在颈部。

柄部：柄部与钻床主轴连接，传递机床动力。

② 麻花钻的刃磨与修磨

刃磨:在砂轮上修磨钻头的切削部分,以得到所需的几何形状及角度,叫钻头的刃磨,如图 8-22 所示。

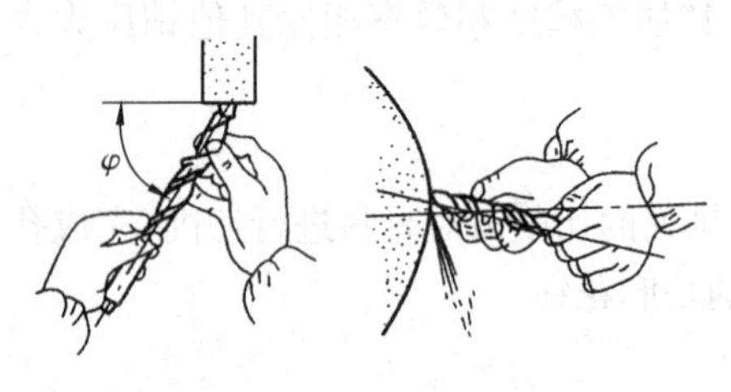

图 8-22 钻头的刃磨

刃磨的操作要点:钻刃摆平轮面靠,钻轴左斜出顶角,由刃向背磨后面,上下摆动尾别翘,左右刃面交替磨,两边对称要确保。

修磨:为适应不同的钻削状态,而达到不同的钻削目的,在砂轮上对麻花钻原有的切削刃、边和面进行修改磨削,以得到所需的几何形状,叫做麻花钻的修磨。横刃经修磨后,减少了轴向阻力和挤刮现象,定心作用也得到改善。横刃修磨时,钻轴左倾 15°,尾柄下压 55°,要求两条主切削刃平直、对称和等长。

(3) 钻头夹具

常用的钻头夹具有钻夹头。直柄钻头用钻夹头装夹,旋转固紧扳手,可带动螺纹环转动,因而使三个夹爪自动定心并夹紧。锥柄钻头的锥柄号与钻床主轴相同时可直接装夹;当小于时,可选取用合适的过渡套来安装。另备有楔铁,它是用来从钻套中取下钻头的工具。

2. 钻孔操作方法

工件上的孔径圆及检查圆均需打上样冲眼作为加工界线,中心眼应打大些。钻孔时先用钻头在孔的中心锪一小窝(约占孔径的 1/4),检查小窝与所划圆是否同心。如稍有偏离,可用样冲将中心冲大矫正或移动工件矫正。如偏离较多,可用窄錾在偏斜相反方向凿几条槽再钻,便可以逐渐将偏斜部分矫正过来。

(1) 钻通孔

工件下面应垫铁或把钻头对准工作台空槽。在孔将被钻透时,进给量要小,变自动进给为手动进给,避免钻头在钻穿的瞬间抖动,出现"啃刀"现象,影响加工质量,损坏钻头,甚至发生事故。

(2) 钻大孔

直径 D 超过 30mm 的孔应分两次钻。第一次用(0.5～0.7)D 的钻头先钻,再用所需直径的钻头将孔扩大。这样,既利于钻头负荷分担,也有利于提高钻孔质量。

(3) 斜面钻孔

在圆柱面和倾斜表面钻孔时最大的困难是"偏切削",切削刃上的径向抗力使钻头轴线偏斜,不但无法保证孔的位置,而且容易折断钻头,对此一般采取平顶钻头,由钻心部分先切入工件,而后逐渐钻进,如图 8-23 所示。

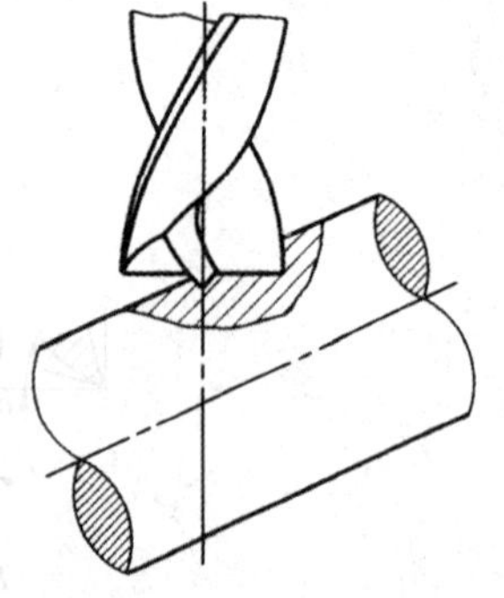
图 8-23 斜面钻孔法

二、铰孔、锪孔和扩孔

1. 铰孔

为了提高孔的精度和孔壁的表面粗糙度,用铰刀对孔进行精加工,叫做铰孔。

在机械零件中,对精度和粗糙度要求比较高的孔,可用铰孔方法来加工,其精度可达 IT7～IT8,表面粗糙度可达 0.8μm。圆柱形或圆锥形孔都可用铰刀铰孔,例如设备上的定位销孔等。

铰孔所用工具是铰刀和铰杠。铰刀有手用铰刀和机用铰刀。其切削刃前角为0°，并有较长的修光部分，因此加工精度高，表面粗糙度值低。铰刀组成如图8-24所示。

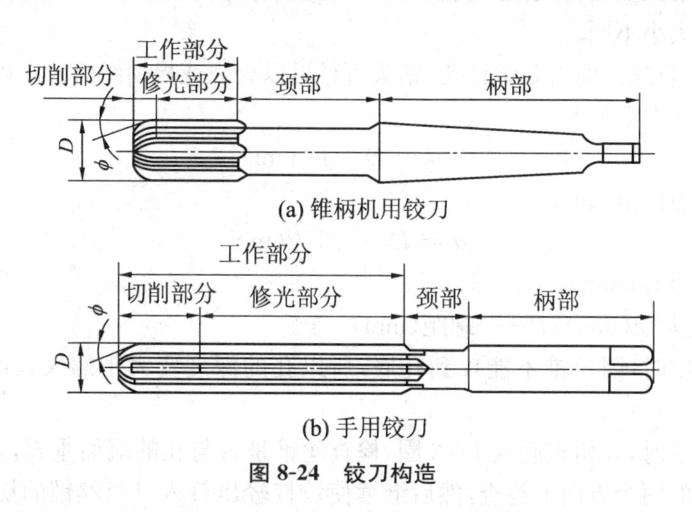

(a) 锥柄机用铰刀

(b) 手用铰刀

图8-24　铰刀构造

2. 锪孔

所谓锪孔就是用锪钻在孔端加工出圆柱形埋头孔、锥形埋头孔或平面的加工过程。锪孔的操作与钻孔大致相同，只是在刃具上有所不同，锪孔用多刃的刀具。

锪孔的形式有：

① 锪圆柱形埋头孔

用来锪孔口倒角，锪螺钉和铆钉的锥形埋头孔。这种锪钻顶角有60°、90°、120°三种。

② 圆柱形埋头锪钻

用来锪螺钉圆柱形埋头孔，为了保持原孔与埋头锪孔同心，这种锪钻切削部分的前端导柱应与原孔配合适当，并且在加工时应加润滑油。

③ 孔端平面锪钻

用于锪螺帽和铆钉的支承平面，其端面上有切削刃，刀杆切削部分的前端有导柱插入原孔内，以保持加工平面与原孔的垂直度。

3. 扩孔

扩孔所用刀具是扩孔钻或麻花钻。扩孔钻的结构与麻花钻相似，但切削刃有3～4个，钻心大，刚度较好，导向性好，切削平稳，扩孔可校正孔的轴向偏差。扩孔精度可达IT10，表面粗糙度一般为6.3μm。扩孔既可作为终加工，也可作为铰孔前的预加工。扩孔在钻床上进行，加工余量为0.5～4mm。

第七节　攻螺纹与套螺纹

一、攻螺纹

攻螺纹是用丝锥加工出内螺纹的操作。丝锥是在外螺纹上开出轴间槽形成切削刃。切削部分起主要的切削作用，而中间的定径部分，则起修光螺纹和引导丝锥的作用。

每种尺寸的手用丝锥一般由两支组成一套，分别称为头攻和二攻。两支丝锥的区别在于切削部分的锥度大小不同。

攻螺纹操作：攻螺纹前需要预钻孔，钻头直径可以查表或根据经验公式计算：

加工钢料及塑性金属时

$$d = D - P(\text{mm})$$

加工铸铁及脆性金属时

$$d = D - 1.1\,P(\text{mm})$$

式中：d——钻头直径(mm)；

D——螺纹大径(mm)；P——螺距(mm)。

攻不通孔螺纹时，因丝锥不能攻到孔底，所以孔的深度要大于螺纹长度，一般增加量为 $0.7D$。

用头攻攻螺纹时，开始先旋入1～2圈，检查丝锥是否与孔的端面垂直，及时用目测或90°角尺在相互垂直的两个方向上检查，然后继续使铰杠轻压旋入。当丝锥的切削部分已经切入工件后，即可以只转动而不加压。每转一圈应反转1/4圈，以便使切屑断落。

在钢料工件上攻螺纹应加机油润滑，攻铸铁件可用煤油。

二、套螺纹

套螺纹是用圆板牙切出外螺纹的操作。

1. 板牙和板牙架

板牙是加工外螺纹的刀具，可按螺纹规格选用。板牙架是用来夹固板牙传递扭矩的专用工具。

2. 套螺纹操作

套螺纹前应检查圆杆直径，由经验公式 $d_0 \approx d - 0.13P$ 计算得到，其中 d_0 为圆杆直径，d 为螺纹外径，P 为螺距。套螺纹前的圆杆端部应倒角，使板牙容易对准工件中心，同时也容易切入。工件伸入钳口的长度，在不影响要求长度的前提下，应尽量短一些。

第八节　刮削与研磨

一、刮削

用刮刀从工件表面刮去较高点，再用标准检具(或与之相配的合格工件)涂色检验的反复加工过程称为刮削。刮削用来提高工件表面的形位精度、尺寸精度、接触精度、传动精度和细化表面的粗糙度，使工件表面组织紧密，并能形成比较均匀的微浅凹坑，创造良好的存油条件。

二、刮削的工具及操作

1. 刮削工具

刮刀是刮削工作的主要刀具，一般采用 T10A 工具钢或弹性好的 GCr15 轴承钢锻造、加工、热处理及刃磨制成。刮刀的刃部要求有较低的表面粗糙度，合理的角度和刃口形状，硬度在 60HRC 以上。

刮刀分平面刮刀（图 8-25）和曲面刮刀（图 8-26）两种。

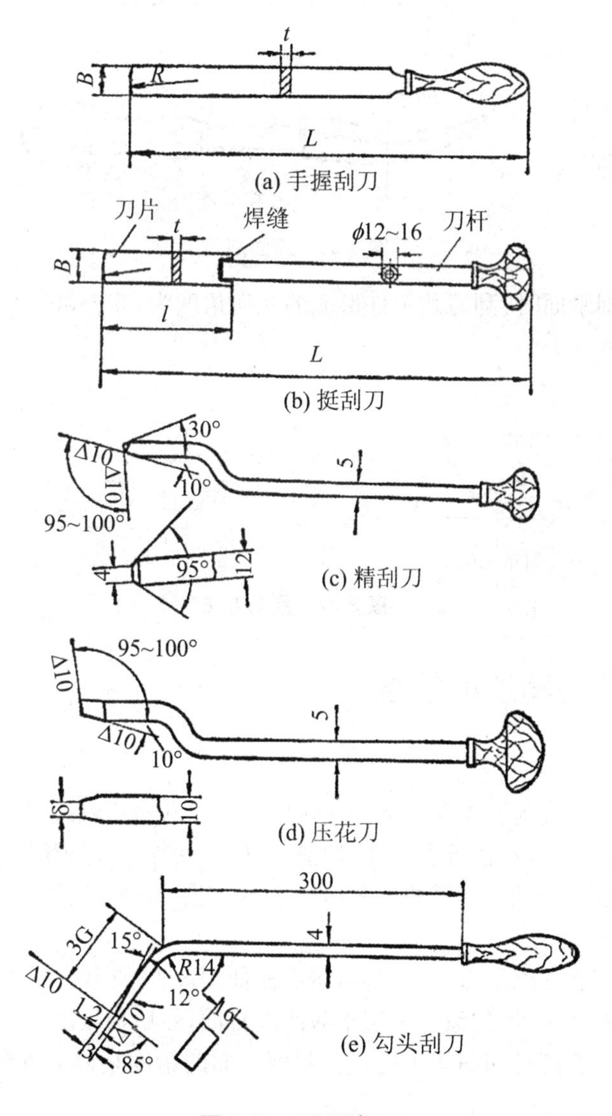

图 8-25　平面刮刀

2. 操作方法

平面刮削的方法有手刮法和挺刮法两种。

用三角刮刀刮削曲面时，采用正前角刮削，如图 8-27(a)所示。

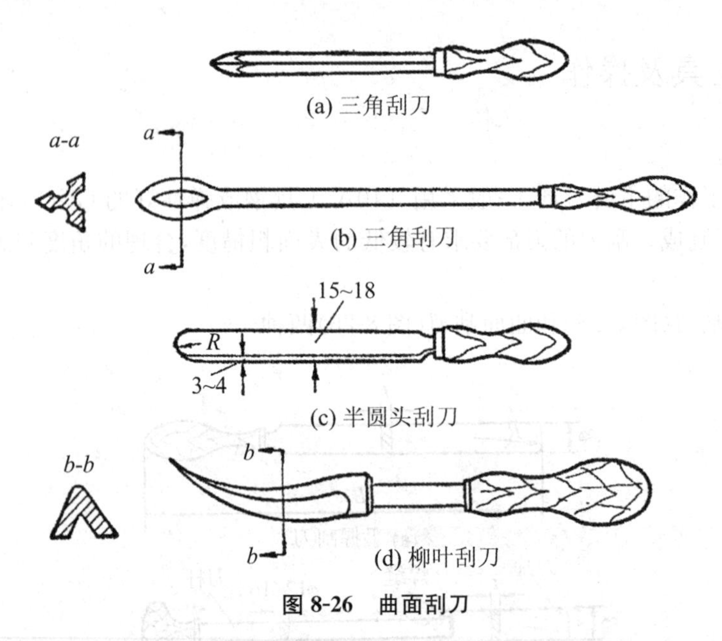

图 8-26　曲面刮刀

采用手刮法刮削平面时，刮刀和工件形成的几何角度为 25°～30°为宜，刮削采用负前角刮削，如图 8-27(b)所示。

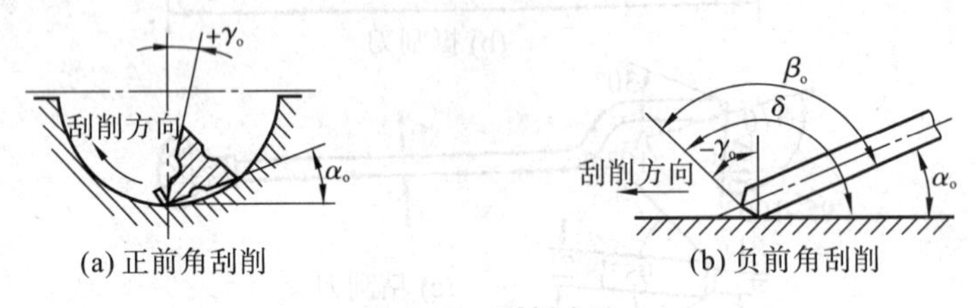

图 8-27　刮削方法

三、显示剂与刮削精度的检查

1. 显示剂

显示剂是用来反映待刮表面与基准件互研后其上面的高点或接触面积的涂料。

常用的显示剂有红丹粉、普鲁士蓝油、烟墨油、松节油等。红丹粉用于黑色金属的刮削；普鲁士蓝油用于刮削铜、铝工件；烟墨油用于白色金属，如铝等；松节油用于平板刮削。

2. 刮削精度的检验

刮削表面的精度通常以研点法来检验，研点法如图 8-28 所示。

将工件刮削表面擦净，均匀涂上一层很薄的红丹油，然后与校准工具相配研。工件表面上凸起点经配研后被磨去红丹油而显出亮点。刮削表面的精度是以 25mm×25mm 的面积内贴合点的数量与分布疏松程度来表示的。

四、原始平板的刮削

刮削一块平板可以在标准平板上用合研显点方法刮削，如缺少标准平板，则可以用三块平

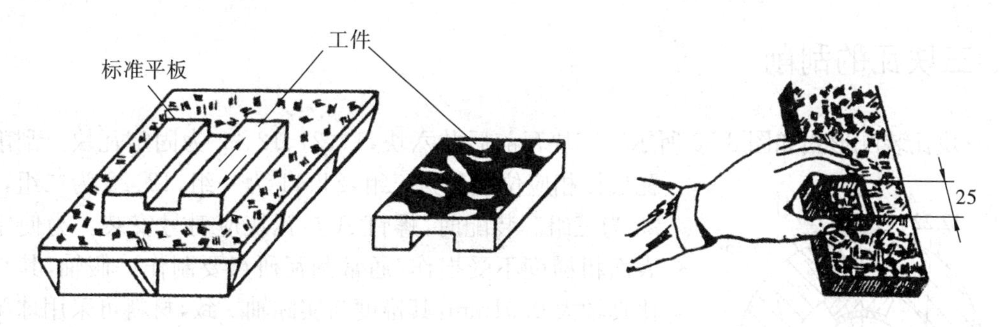

图 8-28　研点法

板互研互刮的方法，刮成精密的平板。用后一种方法刮成的平板称为原始平板。

其刮削方法：先将三块平板单独进行粗刮，去除机械加工的刀痕和锈斑等，然后将三块平板分别编号为 1、2、3，按编号次序进行刮削，其刮削步骤按图 8-29。

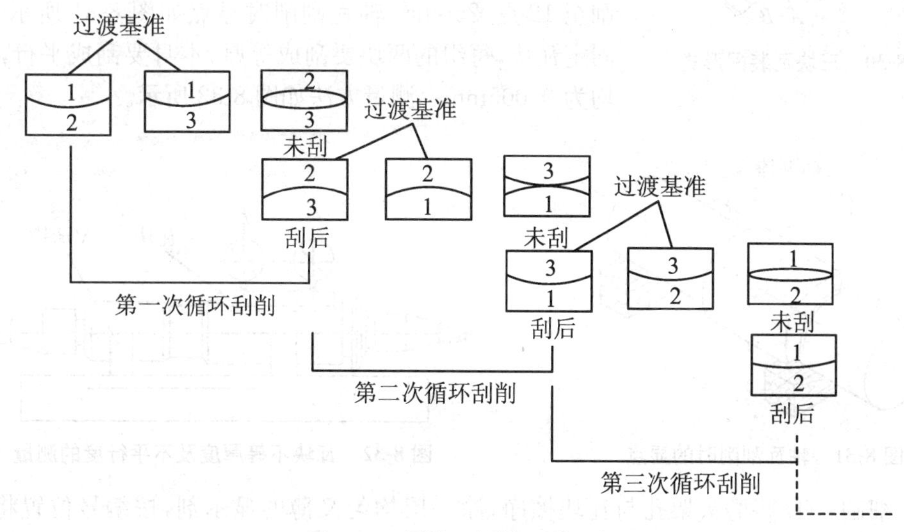

图 8-29　原始平板循环刮研法

(1) 一次循环。先设 1 号平板为基准，与 2 号平板互研互刮，使 1、2 号平板贴合。再将 3 号平板与 1 号平板互研，单刮 3 号平板，使之相互贴合，然后，2 与 3 号平板互研互刮，这时 2 号和 3 号平板的不平度略有消除。

(2) 二次循环。在上次 2 号与 3 号平板互研互刮的基础上，按顺序以 2 号平板为基准，1 号与 2 号平板互研，单刮 1 号平板，然后 3 号与 1 号平板互研互刮，这时 3 号和 1 号平板的不平度进一步消除。

(3) 三次循环。在上一次的基础上，按顺序以 3 号为基准，2 号与 3 号平板互研，单刮 2 号平板。然后 1 号与 2 号平板互研互刮，这时 1 号和 2 号平板的不平度又进一步消除。

如果在上述正研过程中出现扭曲现象，这时须采用对角研进行显点来刮削，重复几次以上循环，平板就可达到所需精度要求。

五、三块瓦的刮削

三块瓦装配形式如图 8-30 所示。三块瓦前后共六块，11、21、12、22 为固定瓦块。刮削将瓦块按相应位置分为三组，21、11 为一组，12、22 为二组，13、23 为三组。装配时，螺钉 A 与瓦块应对号安装。为使主轴表面粗糙度不受损伤，通常刮瓦研点要制作一假轴，其直径比真轴大 0.01mm，其锥度与实际轴一致，材料可采用球墨铸铁，表面粗糙度 R_a1.6μm。刮削过程分粗刮、细刮和精刮，具体操作步骤如下：

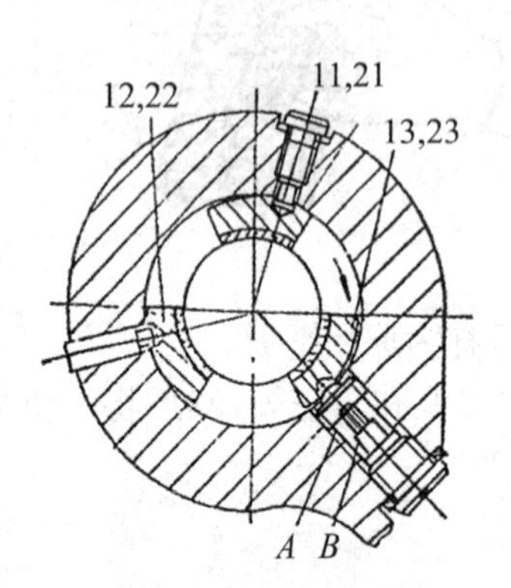

图 8-30　三块瓦装配形式

(1) 粗刮。

① 将瓦块工作面轻刮一遍。② 瓦块涂色，在假轴上研刮至 12 点/25mm²，轴瓦刮削时显点如图 8-31 所示。③ 对固定瓦块，每组的两块要刮成等厚，本身要刮成平行，其精度均为 0.005mm。测量方法如图 8-32 所示。

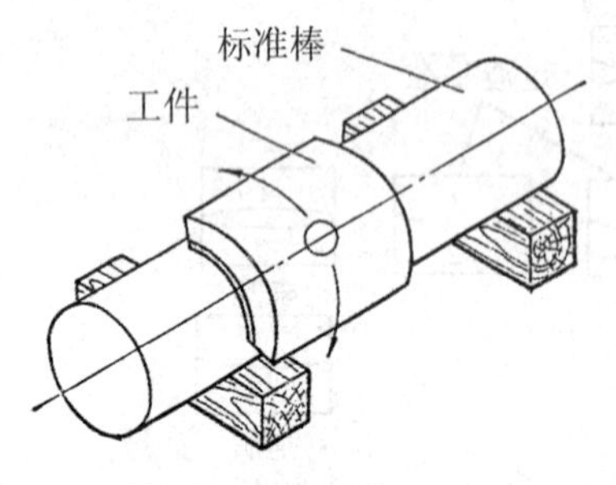

图 8-31　轴瓦刮削时的显点

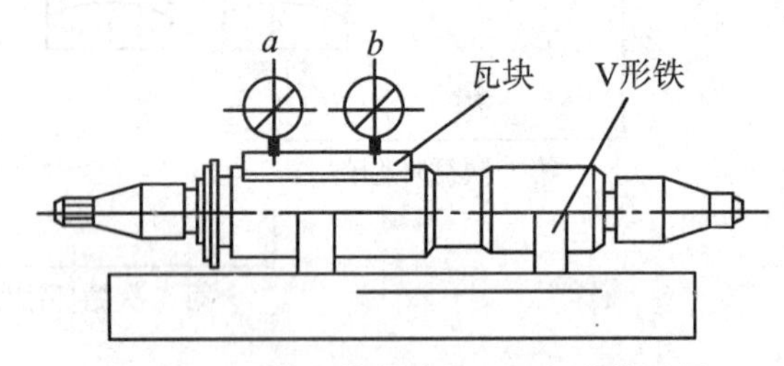

图 8-32　瓦块不等厚度及不平行度的测量

(2) 细刮。① 将磨头架孔与瓦块擦净，涂一层均匀又薄的显示剂，按编号位置将瓦 12、22、11、21 装入头架孔中。② 将假轴及瓦块 13、23 装上后，调整前后螺钉 A。前后螺钉 A 拧紧力要一致，但不宜过紧。③ 按工作方向旋转假轴 5～8 转，研点后拆下假轴及瓦块细刮。要求交叉刮点，刀花光细，点数应达大于 20 点/25mm²。④ 用实际轴装配研点检验瓦块与其接触情况，若接触不良。再用实际轴精刮数遍。

(3) 精刮。① 若用实际轴研点与假轴研点接触相同，可用假轴研点精刮；若不相同，则用实际轴研刮。② 瓦块涂显示剂要硬、薄，螺钉 A 拧紧力要小，刀花要轻刮，选择亮点刮，直至接触点达 30 点/25mm²左右。③ 刮低瓦块一条边深 0.15～0.40mm，宽 3～4mm，以便工作中形成油楔。

六、研磨

用研磨工具和研磨剂从工件上磨去一层极薄金属的加工称为研磨。

研磨尺寸误差可控制在 0.001～0.005mm 范围内，表面粗糙度 R_a 值为 0.08～0.1μm，最高可达 0.006μm，而形位误差可小于 0.005mm。

1. 研磨剂

研磨剂由磨料和研磨液混合而成，其中磨料起切削作用；研磨液用以调和磨料，并起冷却、润滑和加速研磨过程的化学作用。目前，工厂大多用研磨膏，使用时用油稀释。

2. 研磨方法

研磨平面是在研磨平板上进行的。

研磨时，用手按住工件并加一定压力 P，在平板上按“8”字形轨迹移动或作直线往复运动，并不时地将工件调头或偏转位置，以免研磨平面倾斜。研磨外圆面时，是将工件装在车床顶尖之间，涂以研磨剂，然后套上研磨套进行的。研磨时工件转动，用手握住研磨套作往复运动，使表面磨出 45°交叉网纹。研磨一段时间后，应将工件掉头再进行研磨。

第九节　矫正与弯形

一、矫正

用手工或机械消除材料的不平、不直、翘曲或工件变形的操作叫矫正。矫正是利用金属材料的塑性变形，将原来不平、不直、翘曲和弯曲的工件或材料变得平直，塑性差的材料不适用于矫正。

针对工件不同的变形情况进行矫正工作，可分为伸张法矫直，扭转法矫正，弯曲法矫正和延展法矫正。

二、弯形

将坯料弯成所需要形状的操作称为弯形。

板料、棒料、条料、钢丝或管子经弯形后，可以得到我们所需要的形状，以制成各种制品。弯形操作要求所用的材料有较好的塑性。弯形后，材料的外层伸长，内层缩短，中间的中性层长度不变。

弯形分冷弯和热弯两种。

1. 冷弯

在常温下进行的弯形操作叫冷弯。一般当板料的厚度在 5mm 以下，管料的直径在 ϕ12mm 以下，钢丝的直径在 ϕ3mm 以下时，采用冷弯。

2. 热弯

将材料加热到“红热”状态下，进行弯形的操作叫热弯。材料环境温度高，屈服强度会降低，连续变形的能力会提高，对于相同强度变形弯曲力会减小。板料的厚度≥5mm，管料的直径≥12mm，钢丝直径≥3mm 时，常采用热弯。

第十节　装　　配

一、装配基础知识

设备修理的装配就是把经过修复的零件以及其他全部合格的零件按照一定的装配关系，一定的技术要求，有序地装配起来，并达到规定精度要求和使用性能要求的整个工艺过程。

装配包括组装、部装和总装。装配质量的好坏直接影响设备的精度、性能和使用寿命，它是全部修理过程中很重要的一环。

装配工作的一般要求：

(1) 必须熟悉装配图、装配工艺文件和技术要求，了解每个零件的功能和相互间的连接关系。确定装配方法、顺序及所需工具、夹具。

(2) 装配零件要清洗干净。及时清除在装配工作中由于补充加工如配钻、攻螺纹等所产生的切屑，清理装配表面如棉绒毛、切屑等，以免影响装配质量。

(3) 装配前，要对所有零件、部件按技术要求进行检查。对于重要的旋转零件，如带轮、齿轮等，应按规定进行平衡试验。在装配过程中，要随时对装配质量进行检查，以防全部装配完后再返工。

(4) 对所有耦合件和不能互换的零件，应按拆卸、修理或制造时所作的标记，成对或成套地进行装配，确保装配质量。

(5) 配合关系要适宜。对固定连接的零件，除要求具有足够的连接强度外，还应保证其紧密性。对滑动配合的零件，应具有较小的允许间隙，滑动要灵活自如。

(6) 所有附设的锁紧制动装置，如弹簧垫圈、保险垫片、制动铜丝等都要配齐。开口销、保险垫片及制动铜丝，一般不允许重复使用。

(7) 两连接零件结合面间，不允许放置图样上没有的或结构本身不需要的衬垫。

(8) 装配中，力的作用点要正确，用力要适当。

二、安装设备前清洗注意事项

零件在装配时，必须对再用零件和新换零件进行清理与洗涤，这是机械设备修理中的一个重要环节，它直接影响到机床的修理、装配质量。

(1) 安装设备前，首先应进行表面(如工作台面、滑动面及其他外表面等)清洗。

(2) 滑动面未清洗前，不得移动它上面的任何部件。

(3) 设备加工面的防锈油层，只准用干净的棉纱、棉布、木刮刀或牛角刮具清除，不准使用砂布或金属刮具。如为滑油脂，可用煤油清洗；如为防锈漆，可用香蕉水、酒精、松节油或丙酮清洗。

(4) 加工表面如有锈蚀，用油无法去除时，可用棉布蘸醋酸擦掉，但除锈后要用石灰水擦拭,使其中和,并用清洁棉纱或布擦干。

(5) 使用汽油或其他挥发性高的油类清洗时,勿使油液滴在机身的油漆面上。

(6) 凡需组合装配的部件,必须先把结合面清洗干净,涂在润滑油后才能进行装配。

(7) 设备清洗后,凡无油漆部分均需用清洁棉纱擦净,涂以全损耗系统用油防锈,并用防尘苫布罩盖好。

三、装配工艺概述

1. 装配工艺过程

(1) 装配前的准备工作

① 研究和熟悉装配图,了解设备的结构、零件和作用以及相互间的连接关系。

② 确定装配方法、顺序和所需要的装配工具。

③ 对零件进行清理和清洗。

④ 对某些零件要进行修配、密封试验或平衡工作等。

(2) 装配分类

装配工作分部装和总装。

① 部装就是把零件装配成部件的装配过程。

② 总装就是把零件和部件装配成最终产品的过程。

(3) 调试及精度检验

产品装配完毕,首先对零件或机构的相互位置、配合间隙、结合松紧进行调整,然后进行全面的精度检验,最后进行试车,检验运转的灵活性、工作时的升温、密封性、转速、功率等项性能。

(4) 涂油、装箱

为防止生锈,机器的加工表面应涂防锈油,然后装箱入库。

2. 装配方法

为了使相配零件得到要求的配合精度,按不同情况可以采取以下四种装配方法。

(1) 互换装配。在装配时各配合零件不经修配、选择或调整即可达到装配精度。

(2) 分组装配。在成批或大量生产中,将产品各配合副的零件按实测尺寸分组,装配时,按组进行互换装配以达到装配精度。

(3) 调整装配法。在装配时,用改变产品中可调整零件相对位置或选用合适的调整件,以达到装配精度。

(4) 修配装配法。在装配时,修去指定零件上预留修配量,以达到装配精度。

3. 装配工作要点

(1) 装配前应检查零件与装配有关的形状和尺寸精度是否合格,有无变形或损坏等,并注意零件上的标记,防止错装。

(2) 装配的顺序一般是从里到外,自下而上。

(3) 装配高速旋转的零件(或部件)要进行平衡试验,以防止高速旋转后的离心作用而产生振动,旋转的机构外面不得有凸出的螺钉或销钉头等。

(4) 固定连接的零部件,不允许有间隙,活动的零件能在正常间隙下灵活均匀地按规定方向运动。

(5) 各类运动部件的接触表面,必须保证足够的润滑。各种管道和密封部件装配后不得有渗油、漏气现象。

(6) 试车前,应检查各部件连接的可靠性和运动的灵活性。试车时应从低速到高速逐步进行,根据试车的情况逐步调整,使其达到正常的运动要求。

四、几种常用连接方式的装配

1. 螺纹连接的装配

(1) 螺纹连接的预紧

螺纹连接为了达到紧固而可靠的目的,必须保证螺纹间具有一定的摩擦力矩,此摩擦力矩是由施加拧紧力矩后产生的,即螺纹之间有了一定的预紧力,螺纹连接的拧紧力矩一般是由装配者按经验控制的。装配时控制螺纹拧紧力矩的方法主要有三种,包括利用专门的装配工具测定,测量螺栓的伸长和扭角等方法。

(2) 螺纹连接装配

装配时,螺纹配合应能用手自由旋动,螺栓、螺母各贴合表面要求平整光滑,且端面应与螺纹轴线垂直;对有预紧力要求的螺纹连接,要采用测力扳手控制扭矩。拧紧成组螺纹过程应按对角线或从中心向两边延伸的顺序,分 2～3 次逐步完全拧紧,使各个螺纹承受均匀的负荷,这样被连接件不易产生变形,保证装配质量。对于在交变载荷和振动条件下工件的螺纹连接,必须采用如图 8-33 所示类似的防松装置。

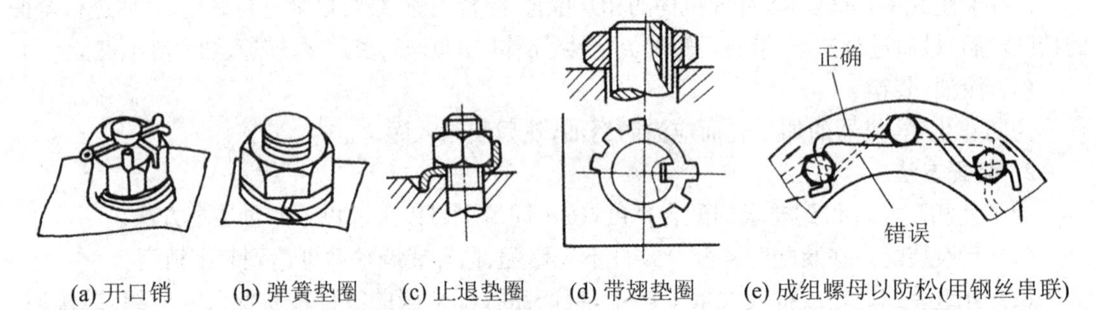

(a) 开口销　(b) 弹簧垫圈　(c) 止退垫圈　(d) 带翅垫圈　(e) 成组螺母以防松(用钢丝串联)

图 8-33　常用的几种螺母防松装置

2. 滚动轴承装配

滚动轴承是一种精密标准部件,其装配方法应根据轴承的结构、尺寸和轴承部件配合性质而定。装配时的压力应直接加在待配合的轴承套圈端面上,不允许通过滚动体传递压力。图 8-34 所示为滚珠轴承的装配简图。轴承部件的装配通常为较小的过盈配合,常用手锤或压力机压装。为使装入时,施力均匀,应采用垫套加压。当轴承与轴的配合过盈较大时,则将轴承悬在 80～90℃的油中加热后,提出进行热装。推力球轴装配时,要使紧环靠在与轴一起转动零件的平面端,松环靠在静止零件的平面端,其游隙可通过拼帽调节。

3. 键连接装配

在机械传动箱的传动轴上,通常装有齿轮、皮带轮、蜗轮等零件,并借助键连接传递扭矩,图 8-35 为平键装配示意图。装配时,先修锉键槽锐边毛刺,选取相应规格键坯,修锉键长和键侧,使其与轴上键槽相配,并压紧,然后试装入轮毂,若与轮毂键配合太紧,可修锉键槽,键与轮毂键槽两侧允许有一定的过盈量，但键顶面与轮毂间必须留一定的间隙。

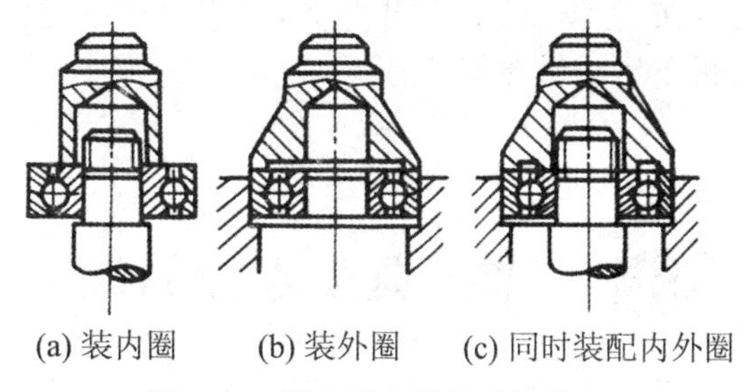

图 8-34　用套筒安装滚珠轴承

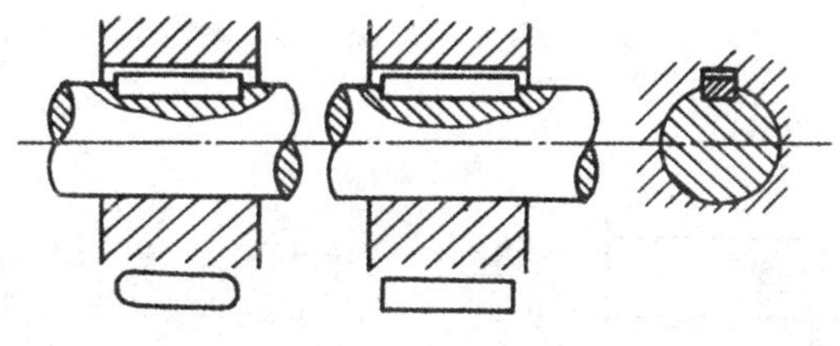

图 8-35　平键连接

4. 圆柱齿轮装配

圆柱齿轮传动装配的主要技术要求是保证齿轮传递运动的准确性，相啮合的轮齿表面接触良好和齿侧间隙符合规定等。为了检测装配后齿轮的运动精度，先将齿轮正确地安装在轴上，利用偏摆仪检测齿圈的径向和端面跳动是否在公差范围以内。若不合规定，在齿轮本身精度合格的条件下，当内孔为花键连接时，可将齿轮取下，相对于转轴转过一定角度，再正确地装在轴上；如齿轮和轴用单键连接，则可通过选配齿轮，来减少跳动的积累误差。保证齿轮啮合具有规定的侧隙要求，主要靠零件的制造精度保证或通过调整啮合齿轮的中心距达到。装配时，检测齿侧间隙可用塞尺直接测量，对于大模数齿轮可用压软金属和百分表直接测量，相互啮合齿轮的接触精度，则用涂色法通过空运转进行检测。运转时，被动齿轮应作轻微的制动，以得到应有的接触压力。装配时各种常见的接触斑点情况如图 8-36 所示。

图 8-36　用涂色法检查齿轮啮合情况

当接触斑点的位置正确，而接触面积偏小时，可在齿面上加研磨剂进行短时间的空运转跑合研磨，扩大其接触面积，跑合研磨后，必须对齿轮箱作一次彻底的清洗工作。

五、拆卸操作

机器在运转磨损后，常需要进行拆卸修理或更换零件。拆卸时，应注意按其结构不同，预先考虑操作程序，以免先后倒置；应避免猛拆狠敲，造成零件损伤或变形。拆卸的顺序应与装配的顺序相反。一般应遵循先上后下、先外后内、先组件后零件的拆卸顺序。拆卸时，必须先辨清回松方向，保证所使用的工具不会损伤工件，尽量使用专用工具，严禁用手锤敲击工件表面。对拆下的零、部件必须按规律和次序安放整齐，并串套在一起，必要时做上记号，以免错乱；对易变形弯曲的零件拆下后应吊在架子上。

第十一节　典型零件的加工

一、八角榔头制作

1. 八角榔头平面图(图 8-37)

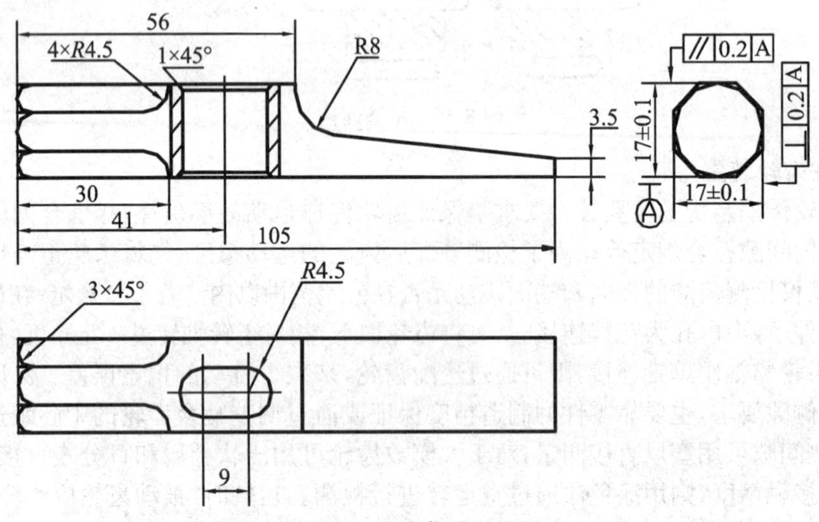

图 8-37　八角榔头平面图

2. 工艺过程

工序	操作内容	所用工具	注意事项	要求
1	取方料 20×20×105 锉削各平面	12″粗齿平锉、6″细齿平锉、6″直角尺、游标卡尺、台虎钳	1. 不准嘴吹铁屑； 2. 不准手摸锉削表面； 3. 操作时保持锉刀平衡； 4. 经常检查锉削表面及尺寸	1. 锉面平整，锉纹整齐； 2. 对面平行，邻面垂直
2	钻 2—∅9 孔，两工件合钻∅16 孔	钻头：∅9、∅16、立式钻床	1. 工件装夹牢固； 2. 钻孔刚开始和快通时，进刀要慢	

续表

工序	操作内容	所用工具	注意事项	要求
3	划线 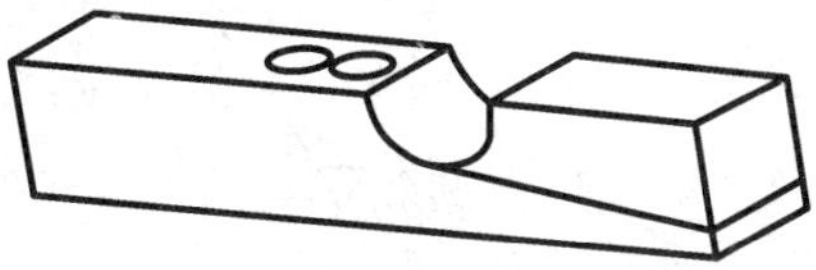	高度游标卡尺、划针	检查量具精度	线条清晰可见，无重复
4	沿所划线，锯并锉削成形 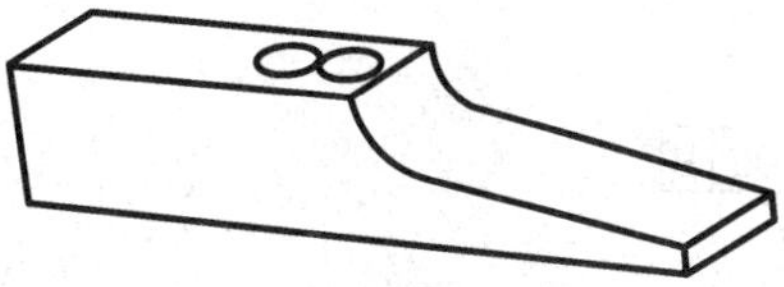	手锯、台虎钳	1. 安装锯条时，锯齿向前； 2. 掌握锯削要领，防止锯条折断； 3. 锯削时留锉削余量	不要破坏已钻∅16 非加工圆弧面
5	修锉 2－∅9 圆，成腰孔形 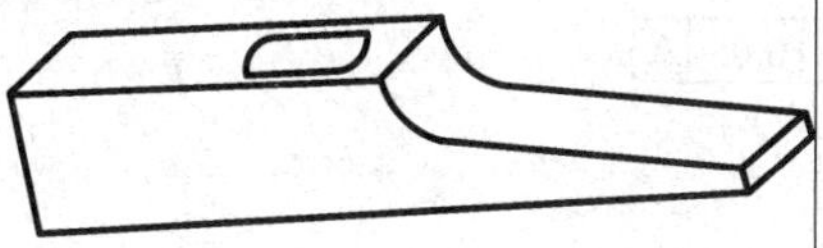	小圆锉、小方锉、台虎钳	不要破坏 2-∅9 非加工半圆弧面	
6	高度尺沿垂直方向划 30mm 线及 $R4.5$ 内圆弧面宽度线 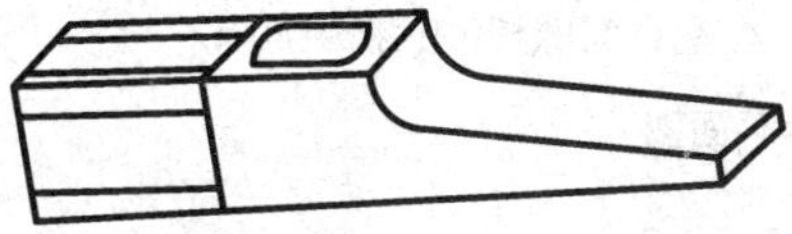	高度游标卡尺	检查量具精度	线条清晰可见，无重复
7	锉 $R4.5$ 内圆弧面 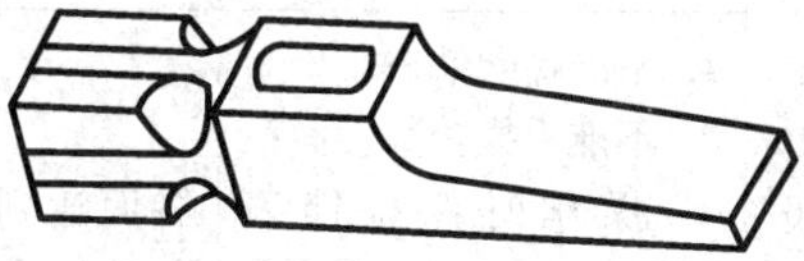	小圆锉	圆弧不得超过 30mm 长度线，各圆弧在面上高度和宽度均相等	
8	锉八角形面 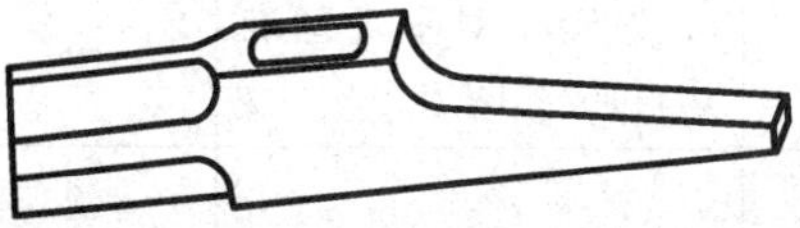	6″平锉、台虎钳	各倒角面长度和宽度均相等，棱边平行	
9	倒角及修锉各面，保证 $R_a6.4$	细齿锉刀	采用推锉法	锉纹一致
10	全面砂光	砂纸		

二、凹凸配合板件制作

1. 凹凸配合板件平面图(图 8-38)

其余 1.6

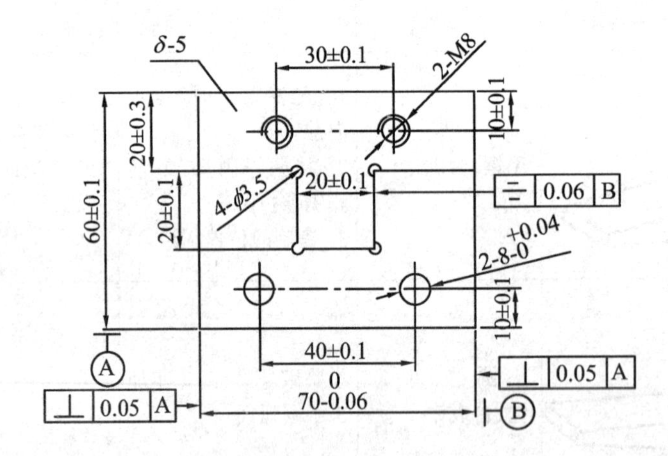

技术要求：
1. 工件所有锐边倒圆$R0.3$；
2. 工件表面不得有敲、轧伤痕；
3. 不许使用纱布或油石打光工件；
4. 配合间隙≤0.1(翻转180°)

图 8-38　凹凸配合板件平面图

2. 工艺过程

工序	操作内容	所用工具	注意事项	要求
1	取板料 45×75×5 锉削凸板外廓平面	12″粗齿平锉、6″细齿平锉、6″直角尺、游标卡尺、台虎钳	1. 不准嘴吹铁屑； 2. 不准手摸锉削表面； 3. 操作时保持锉刀平衡； 4. 经常检查锉削表面及尺寸； 5. 先锉一对垂直基准边，再锉另两边	各面达到尺寸精度及垂直度、表面粗糙度要求
2	划凸板凸台位置线	高度游标卡尺	1. 以两垂直基边为划线基准； 2. 检查量具精度	线条清晰可见，无重复

续表

工序	操作内容	所用工具	注意事项	要求
3	钻凸板上 2-∅3.5 孔 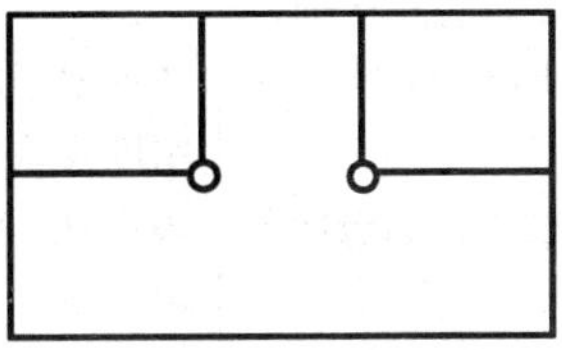	∅3.5 钻头、台式钻床、平口钳	1. 工件装夹牢固； 2. 钻孔刚开始和快通时，进刀要慢	
4	选择凸板一肩按划线留锉削余量，锯去一角，并粗、细锉削两垂直面 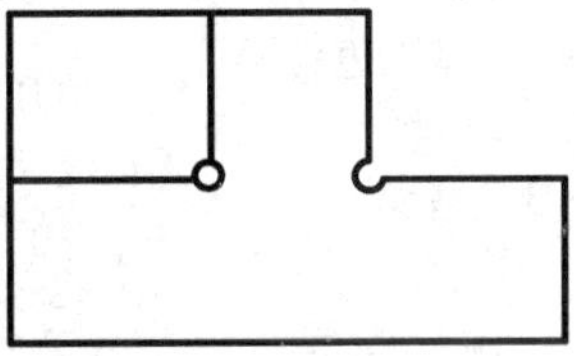	手锯、台虎钳、12″粗齿平锉、6″细齿平锉、6″直角尺、游标卡尺	1. 安装锯条时锯齿向前； 2. 掌握锯削要领，防止锯条折断； 3. 锯削时留锉削余量； 4. 操作时保持锉刀平衡； 5. 经常检查锉削表面及尺寸	各面达到尺寸精度及表面粗糙度要求
5	按凸板划线留锉削余量，锯去另一角，并粗、细锉两垂直面 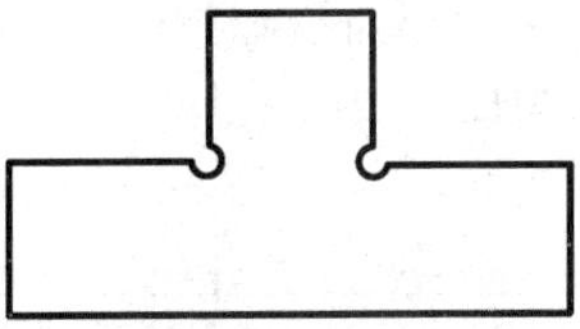	手锯、台虎钳、12″粗齿平锉、6″细齿平锉、6″直角尺、游标卡尺	1. 锯削时留锉削余量； 2. 经常检查锉削表面尺寸	各面达到尺寸精度及对称度、表面粗糙度要求
6	划凸板上 2-M8 螺纹孔中心线 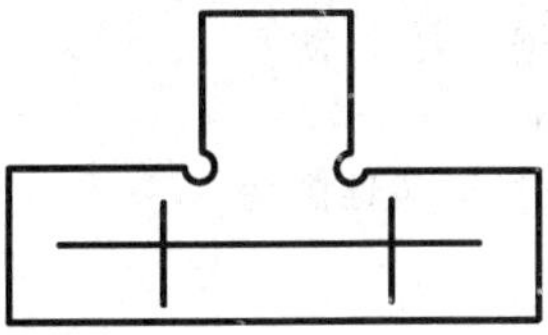	高度游标卡尺	检查量具精度	线条清晰可见，无重复
7	钻攻凸板上 2-M8 螺纹孔 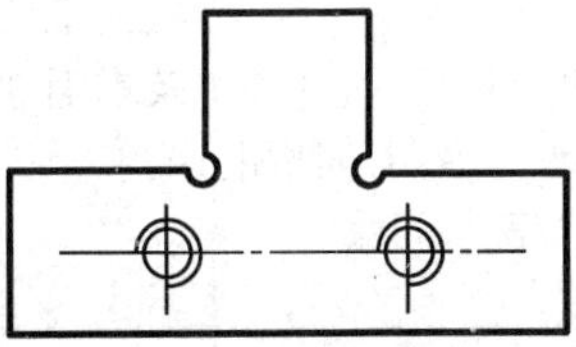	∅6.7 钻头、台式钻床、平口钳、M8 丝锥、绞手	1. 攻丝时先旋入 1～2 圈，应检查丝锥是否与孔的端面垂直； 2. 攻丝每转一圈应反转 1/4 圈，以便使切屑断落	两孔达到尺寸精度要求
8	凸板锐边倒圆 $R0.3$	细齿平锉、台虎钳等	各倒角面长度和宽度均相等	

续表

工序	操作内容	所用工具	注意事项	要求
9	取板料 45×75×5 锉削凹板外廓平面 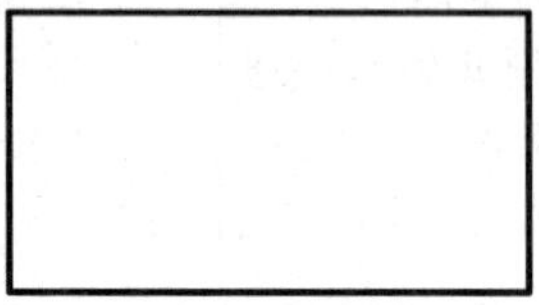	12″粗齿平锉、6″细齿平锉、6″直角尺、游标卡尺、台虎钳	1. 不准嘴吹铁屑； 2. 不准手摸锉削表面； 3. 操作时保持锉刀平衡； 4. 经常检查锉削表面及尺寸； 5. 先锉一对垂直基准边，再锉另两边	各面达到尺寸精度及垂直度、表面粗糙度要求
10	划凹板凹槽位置线 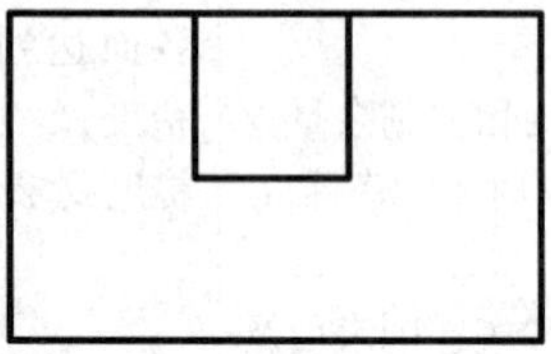	高度游标卡尺	1. 以两垂直基准边为划线基准； 2. 检查量具精度	线条清晰可见，无重复
11	钻凹板上 2-∅3.5 孔，及凹槽底边排孔 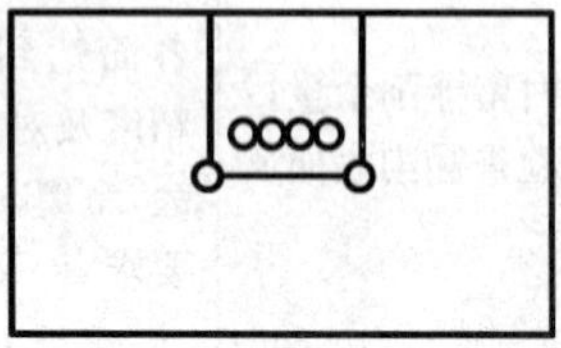	∅3.5 钻头、台式钻床、平口钳	1. 工件装夹牢固； 2. 钻孔刚开始和快通时，进刀要慢	
12	按划线留锉削余量，锯、錾去凹槽多余材料 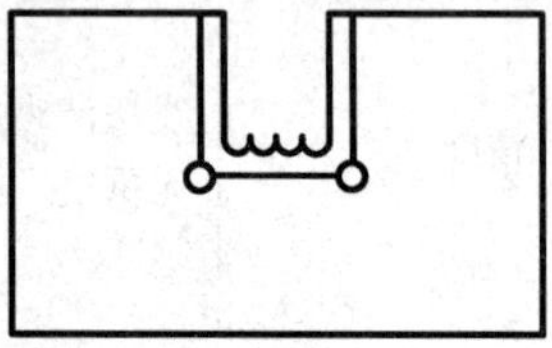	手锯、台虎钳	1. 安装锯条时锯齿向前； 2. 掌握锯削要领，防止锯条折断； 3. 锯、錾削时留锉削余量	
13	粗、细锉凹槽 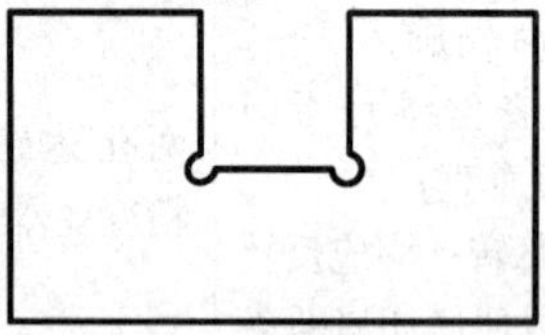	台虎钳、12″粗齿平锉、6″细齿平锉、6″直角尺、游标卡尺	1. 操作时保持锉刀平衡； 2. 经常检查尺寸，并通过控制尺寸及与凸件相配来保证配合间隙	保证配合精度及表面粗糙度要求
14	划凹板上 2-∅8 孔中心线 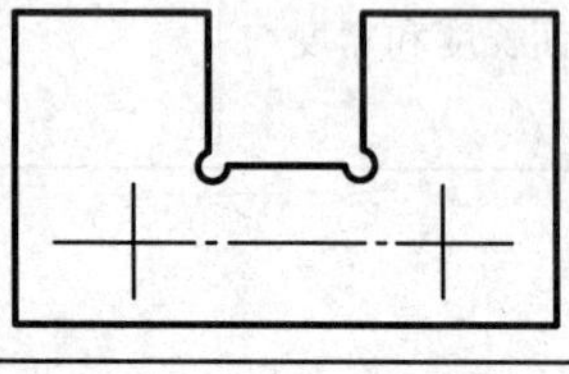	高度游标卡尺	检查量具精度	线条清晰可见，无重复

续表

工序	操作内容	所用工具	注意事项	要求
15	钻铰凹板上2－ϕ8孔	∅7.8钻头、台式钻床、平口钳、ϕ8铰刀、绞手	1. 工件装夹牢固； 2. 钻孔刚开始和快通时，进刀要慢； 3. 铰孔时进刀要慢，且不能反转	两孔达到尺寸精度及表面粗糙度要求
16	凹板锐边倒圆R0.3	细齿平锉、台虎钳	各倒角面长度和宽度均相等	

思　考　题

1. 试述游标卡尺的读数方法。
2. 试述量具的正确使用与保养的基本要求。
3. 简要叙述钳工加工安全知识。
4. 钳工划线的作用有哪些？基本步骤是什么？
5. 在不同的錾削精度要求下，錾子所应采用的角度有何不同？
6. 平面锉削的基本方法有哪些？在实际操作中应怎样选择锉削方法？
7. 什么叫做锯路？锯路有何作用？
8. 如何选用锯条？试述锯条损坏的现象、原因及改进措施。
9. 简要介绍麻花钻的组成及其刃磨方法。
10. 如何保证攻丝的质量？
11. 装配工作的一般要求有哪些？装配前应做哪些准备工作？

第九章　设备装配与拆卸

学习目标

1. 了解设备拆卸的一般原则、拆前准备工作、常用拆卸工具；
2. 掌握零部件拆卸的各种方法及典型设备、典型零件拆卸的技能。

第一节　概　　述

一、设备拆卸与装配的基本知识

设备拆卸与装配是机修钳工必须掌握的基本技能，拆卸与装配的好坏直接影响维修质量。

拆卸是机修工作中的一个重要环节，如果拆卸不当，不但会造成设备零件的损坏，而且会造成设备的精度丧失，甚至有时因一个零件拆卸不当使整个拆卸工作停顿，造成很大损失。拆卸工作简单地来讲，就是如何正确地解除零、部件在机器中相互的约束与固定形式，把零、部件有条不紊地分解出来。

装配是指设备修理的装配，就是把经过修复的零件以及其他全部合格的零件按照一定的装配关系，一定的技术要求，有序地装配起来，并达到规定精度要求和使用性能要求的整个工艺过程。装配包括组装、部装和总装。装配质量的好坏直接影响设备的精度、性能和使用寿命，它是全部修理过程中很重要的一环。

二、设备拆装安全技术操作规程

(1) 遵守钳工一般安全技术规程。

(2) 检修设备时，应先与操作者联系好，并切断电源、气源，挂上“正在修理，禁止开动”的警告牌。

(3) 拆卸机械时，要注意可能会弹出、滑动和坠落的零件，应先放松弹簧或加以支撑和先行拆卸，以防弹出或坠落伤人。装配竖直或重心不平衡的机件时，上螺丝应从上部和离重心近处开始。较重的零件必须上紧三个以上的螺丝方可松开吊索。

(4) 圆柱形零件装入穴孔或螺丝插入两法兰之间时，不准用手或手指插入孔中探索引导。

(5) 工作时工具、零件不得随意乱放，防止掉下伤人。

(6) 机具、设备上的安全防护装置未装好前不准试车，更不准移交生产部门。试车应由电工进行，先接通电源，再对设备各部分进行认真检查，确认内部没有遗留工具和杂物，且旋转和运动机件都安装牢固时方可试车。

第二节　常用的拆装工具

装配与修理常用工具如图 9-1 所示。这些工具看来简单，但实践证明，在装配与修理中，往往因为缺乏合适的工具，影响装配与修理的质量和进度。

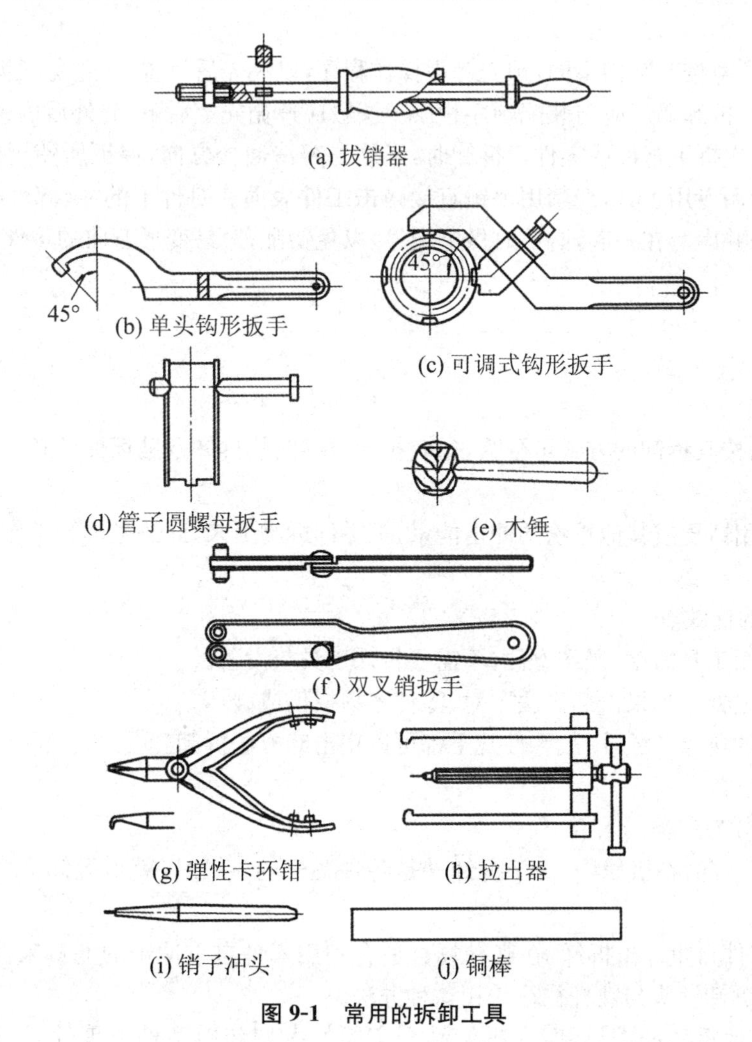

图 9-1　常用的拆卸工具

除以上工具外还有起子，俗称螺丝刀，它有直槽和十字槽两种。用于旋动螺钉头部，其规格是用刀体部分的长度表示的。常用有 4″，6″，8″，12″和 16″等。

扳手，它分为通用、专用和特殊用三类。通用扳手俗称活络扳手。其规格用扳手的长度“″”及相应开口最大宽度“mm”表示，如 4″－14，6″－19，8″－24，10″－30 等。专用扳手只能扳一种规格的螺母或螺栓。根据其用途不同分为开口扳手、整体扳手、成套套筒扳手、锁紧扳手和内六角扳手等。内六角扳手用于旋动 M3－M24 的内六角螺钉。其规格是用六角对边间距的尺寸表示。特殊扳手是根据某些特殊要求而制造的。

第三节　拆 卸 方 法

一、拆卸注意事项

拆卸时应注意按其结构不同，预先考虑操作程序，以免先后倒置；应避免猛拆狠敲，造成零件损伤或变形。拆卸顺序应与装配顺序相反。一般应遵循先上后下、先外后内、先组件后零件的拆卸顺序，依次拆下组件或零件。拆卸时，必须先辨清回松方向，保证所使用的工具不会损伤工件，尽量使用专用工具，严禁用手锤直接敲击工件表面。对拆下的零、部件必须按规律和次序安放整齐，并串套在一起，必要时做上记号，以免错乱；对易变形弯曲的零件拆下后应吊在架子上。

二、拆卸方法

设备拆卸，按其拆卸的方式可分为击卸、拉卸、压卸、热拆卸及破坏性拆卸。

1. 击卸

击卸是利用锤子或其他重物的冲击能量，把零件拆卸下来，此法是拆卸工作中最常用的一种方法。

(1) 击卸的优缺点

优点为使用工具简单，操作方便，不需要特殊工具与设备。

它的不足之处是如果击卸方法不对，零件容易损伤或破坏。

击卸适用的场合广泛，一般零件几乎都可以用击卸方法拆卸。

(2) 击卸分类

击卸大致分为三类：

① 用锤子击卸：在机修中，由于拆卸件是各种各样的，一般以就地拆卸为多，故使用锤子击卸十分普遍。

② 利用零件自重冲击拆卸：在某种场合适合利用零件自重冲击的能量来拆卸零件，例如一些锻压设备拆卸锤头与锤杆往往采用这种办法。

③ 利用其他重物冲击拆卸：在拆卸结合牢固的大型和中型轴类零件时，往往采用重型撞锤。

(3) 注意事项

由于击卸本身的特点是冲击，下面以锤击为例简述拆卸时必须注意的事项。

① 要根据拆卸件尺寸大小、重量以及结合的牢固程度，选择大小适当的锤子和注意用力

的轻重。如果击卸件重量大、配合紧，而选择的锤子太轻，零件不易击动，还容易将零件打毛。

② 要对击卸件采取保护措施，通常用铜棒、胶木棒、木棒及木板等保护被击的轴端、套端及轮缘等。如图 9-2 所示，图 9-2(a)所示为保护主轴的垫铁；图 9-2(b)所示是为了保护轴端顶尖孔而制作的平整垫铁；图 9-2(c)所示是为了保护轴端螺纹不受直接敲击，用螺母加垫套锁住轴的肩台，以减轻螺纹受力；图 9-2(d)所示是利用废套作垫套保护套端的情况。

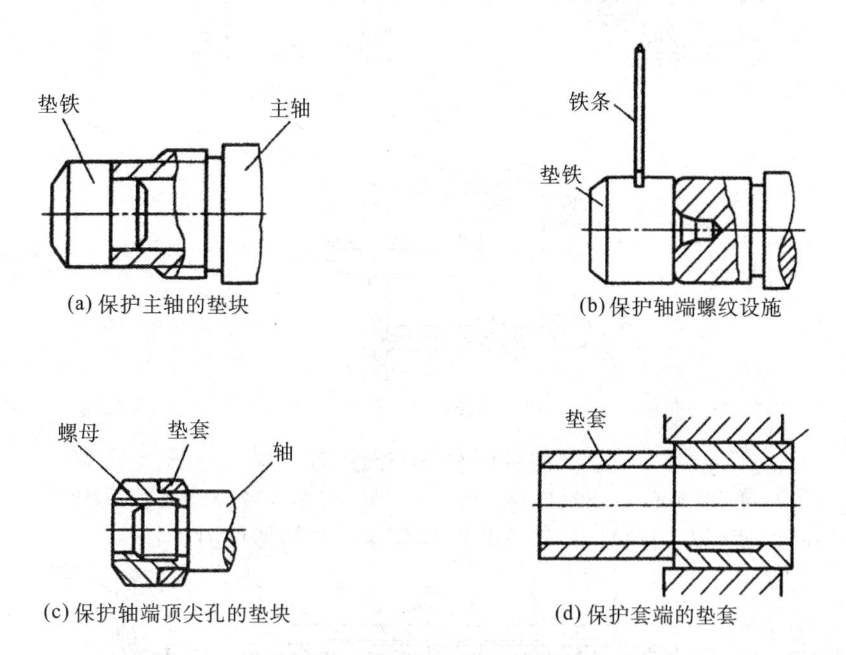

图 9-2　击卸保护示意图

③ 要先对击卸件进行试击，目的是考察零件的结合牢固程度，试探零件的走向。如听到坚实的声音，要立即停止击卸，然后检查，看是否是由于走向相反或由于紧固件漏拆而引起的。发现零件严重锈蚀时，可加些煤油加以润滑。

④ 要注意安全。击卸前应检查锤子柄是否松动，以防止猛击时锤子飞出伤人。要观察锤子所划过的空间是否有人或其他障碍物。击卸时为保证安全，如垫铁等不宜用手直接扶持的可用抱钳等夹持。

2. 拉卸

拉卸是使用专用拉具把零件拆卸下来的一种静力拆卸方法。

(1) 拉卸的优缺点

拉卸的优点是拆卸件不受冲击力，拆卸比较安全，不易破坏零件；其缺点是需要制作专用拉具。

拉卸是拆卸工作中的常用方法，尤其适用于精度较高，不许敲击的零件和无法敲击的零件。

(2) 拉卸的分类

① 轴端零件的拉卸：利用各种拉出器拉卸装于轴端的带轮、齿轮以及轴承等零件的情形，见图 9-3。拉卸时，拉出器拉钩应保持平行，钩子与零件接触要平整，否则容易打滑。为了防止打滑，可用具有防滑装置的拉出器，如图 9-3(c)所示。这种拉出器的螺纹套内孔与丝杠空套。使用时，将螺纹套退出几转，旋丝杠带动螺母外移，通过防滑板使拉钩将轴承扣紧后，再将螺纹

套旋紧抵住螺母，转动丝杠便可将轴承拉出。

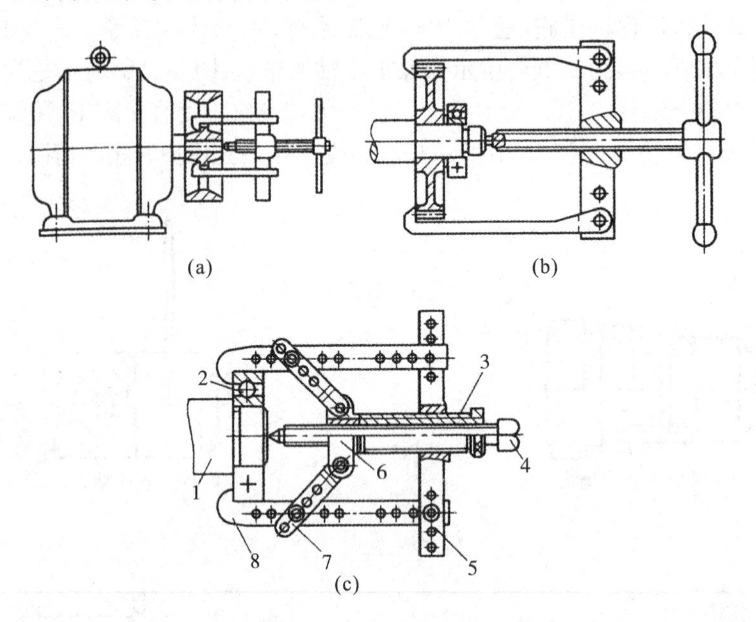

图 9-3　轴端零件的拉卸

1. 轴　2. 轴承　3. 螺纹套　4. 丝杠　5. 支臂　6. 螺母　7. 防滑板　8. 拉钩

② 轴的拉卸：使用专用拉具，拉卸 X62W 铣床主轴的情形见图 9-4。

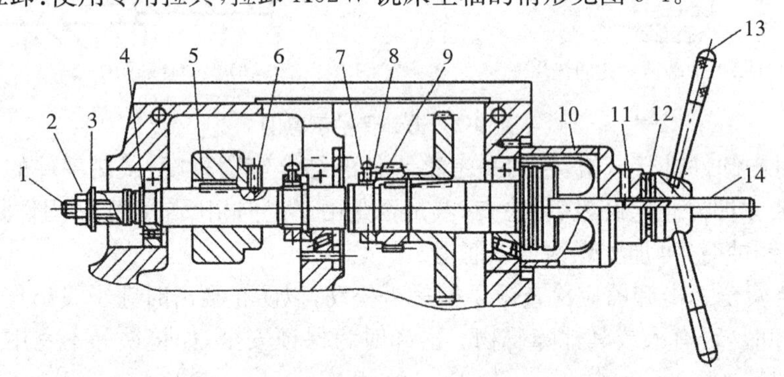

图 9-4　专用拉具拉卸主轴

1. 螺杆　2. 螺母　3. 垫圈　4. 弹性卡圈　5. 平键　6. 止动螺钉　7. 圆螺母
8. 紧固螺钉　9. 齿轮　10. 支撑体　11. 螺钉销　12. 推力球轴承　13. 手把　14. 拉杆

使用时，将拉杆 14 穿过主轴内孔，旋紧螺母 2，转动手把 3，就可将主轴拉出（注：转动手把前，应将主轴上定位零件松开）。

也常用拔销器拉卸有中心螺孔的传动轴，使用中应将连接螺栓拧紧。

③ 套的拉卸：拉卸套时需用一种特殊的拉具，可以拉卸一般套，也可拉卸轴两端孔径相等的套。

④ 钩头键的拉卸：钩头键是具有 1∶100 斜度的键，它能传递转矩，又能作轴向固定零件用。装配时将键用力打入，其结合牢固程度较大，如图 9-5 所示。常用锤子、錾子将键挤出，这样做，容易损坏零件，用图 9-6 所示的专用拉具，拆卸较为可靠，不易损坏零件。

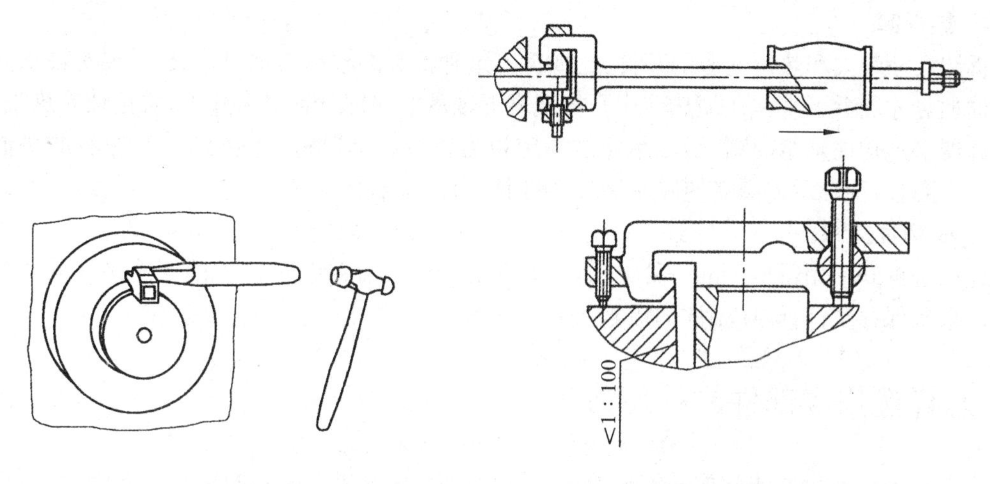

图 9-5　用錾子拆卸钩头键　　　　图 9-6　钩头键的两种拆卸方法

⑤ 绞击拉卸法：对于某些大型零件，必要时，可以利用吊车、绞车等结合锤击进行拆卸，如图 9-7 所示为利用绞车结合锤击的情形。

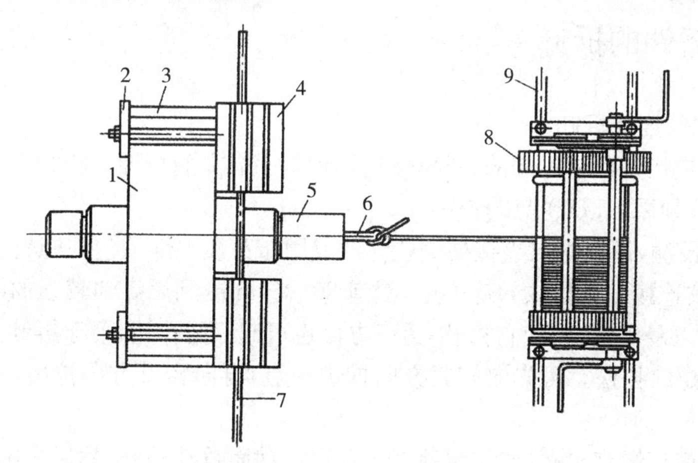

图 9-7　绞击拉卸法

1. 叶轮　2. 压板　3. 垫块　4. 工作台　5. 主轴　6. 吊环　7. 走条　8. 绞车　9. 地面走条

(3) 注意事项

在拉卸中，以轴、套的拉卸居多，下面以它们为例简述拉卸时需要注意的事项。

① 要仔细检查轴、套上的定位紧固件是否完全拆开。

② 查清轴的拆出方向。拆出方向一般总是轴的大端、孔的大端及花键轴的不通端。

③ 防止零件毛刺、污物落入配合孔内卡死零件。

④ 不需要更换的套一般不要拆卸，这样做可避免拆卸的零件变形。

⑤ 需要更换的套，拆卸时不能任意冲打，套端打毛后会破坏配合孔的表面。

3. 压卸

压卸也是一种静力拆卸方法，是在各种手压机、油压机上进行的。一般适用于形状简单的静止配合零件。在机修拆卸中，许多零件都不能在压机上拆卸，应用相对少些。

4. 热拆卸

拆卸尺寸较大和热盈配合的零件，比如拆卸这种情况的轴承与轴时，往往需要对轴承内圈用热油加热才能拆下来。在加热前用石棉把靠近轴承的那部分轴隔离开来，防止轴受热胀大，用拉卸器卡爪钩住轴承内圈，给轴承施加一定拉力。然后迅速将加热到100℃左右的热油浇注在轴承圈上，待轴承内圈受热膨胀后，即可用拉力器将轴承拉出。

5. 破坏性拆卸

此法是拆卸中用得最少的一种方法，只有在拆卸热压、焊接、铆接等固定连接件等情况才不得已采用保存主件，破坏副件的措施。

三、怎样选用零部件的拆卸方法

主要是根据零部件的结构和配合情况来选用合理的拆卸方法。如果是过渡配合，可采用击卸法；如果是过盈配合，则采用顶压法或热胀、冷缩法；对于精度较高、过盈量较小的配合可采用拉卸法；只是当必须拆卸固定连接件时，不得已才采用破坏性拆卸法。

四、典型零部件的拆卸

1. 锈死的螺纹连接拆卸

普通的螺纹连接是容易拆卸的，只要使用各种扳手向左旋拧即可松扣。而对于年久失修、锈死的螺纹连接，须采取以下措施拧松：

(1) 用煤油浸润，即在螺纹连接处浇些煤油或用布头浸上煤油包在螺钉上，使煤油渗入连接处，也可将螺纹连接件直接放入煤油中，浸泡20～30min，利用煤油较强的渗透力，渗入锈死部分。一方面可以浸润铁锈，使它松软；另一方面也可起润滑作用，便于拆卸。

(2) 试着将螺纹拧松。可先向旋紧方向拧进一点，再向相反方向拧出，这样反复地拧，直至松开。

(3) 用锤子敲打螺钉或螺母，使锈蚀部分受到震动而自动松开，然后拧出。

(4) 用喷灯将螺母加热，使其直径胀大，迅速拧出螺钉。

如果采用上面几种措施后仍然拆不下来，那就只好损坏螺钉或螺母了。

2. 断在孔中的螺钉拆卸

如果螺钉断在孔中，可采用以下方法拆卸：

(1) 在螺钉中钻孔，在孔中插入取钉器取出；或者在钻出的孔中攻反向螺纹，用反旋螺钉或丝锥拧出。

(2) 在螺钉中心钻一个尽可能大的孔，楔入一个锉成锥度的多角钢钎，转动钢钎即可拧出螺钉。

(3) 用钻头把整个螺钉钻掉，重新攻比原螺纹直径稍大的螺纹，配换相应的新螺钉。

3. 键连接拆卸

轴与轮的配合一般采用过渡配合。拆去轮子后，如果键的工作面良好，不需要换，一般都不要拆下来。如果键已经损坏，可用油槽铲铲入键的一端，然后把键剔出来；当键松动的时候，可用尖嘴钳拔出来。滑键上一般都有专门供拆卸用的螺纹孔，这时，可用适当的螺钉旋入孔中，顶住槽底轴面，把键顶出来。当键在槽中配合很紧，又需要保存完好，而且必须拆出的时候，可在键上钻孔、攻螺纹，然后用螺钉把它顶出来。这时，键上虽然开了一个螺孔，但对键的质量并无影响。

拆卸楔键时，要注意击冲的方向，可用冲子从键较薄的一端向外冲出。如果楔键带有钩头，可用钩子拉出，见图 9-6；如果没有钩头，可在键的端面开一螺纹孔，拧上螺钉把它拉出来。

4. 圆柱销拆卸

普通圆柱销，用冲子即可冲出。冲子的直径要比销钉直径小一些。打冲时，要猛而有力。

圆柱定位销，在拆去被定位的零件之后，常常留在主体上，如果没有必要，不必去拆它；必须拆下时，可用尖嘴钳拔出。

带有内螺纹的圆柱销，可找一个与内螺纹相同丝扣的螺钉，按图 9-8 所示的方法拧出。

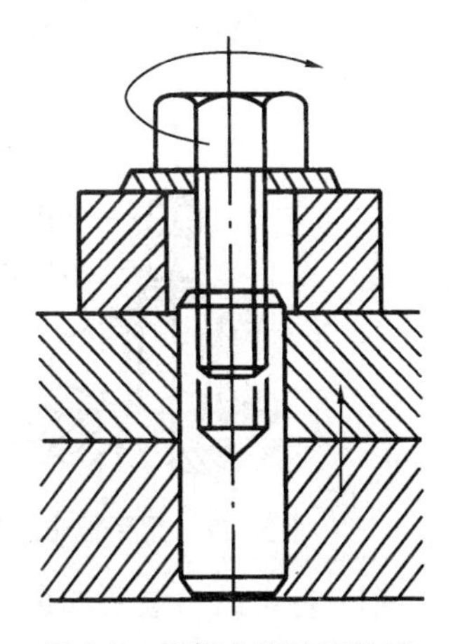

图 9-8　拆卸内螺纹圆柱销

5. 圆锥销拆卸

普通圆锥销，可用冲子冲出。不过，冲击时首先要弄清楚两端的直径，只能是由小端向直径大的一端冲出。所有冲子的直径都要比销钉的直径小一些，但也不能太小，以免将销钉的端头冲粗。当遇到销钉弯曲冲不出来时，可用钻头钻掉销钉。这时，所用钻头的直径应比销钉直径小一些，以免钻伤孔壁。

带螺尾的圆锥销，可按图 9-9 所示的方法拆出，也可用螺母旋出，如图 9-10 所示。

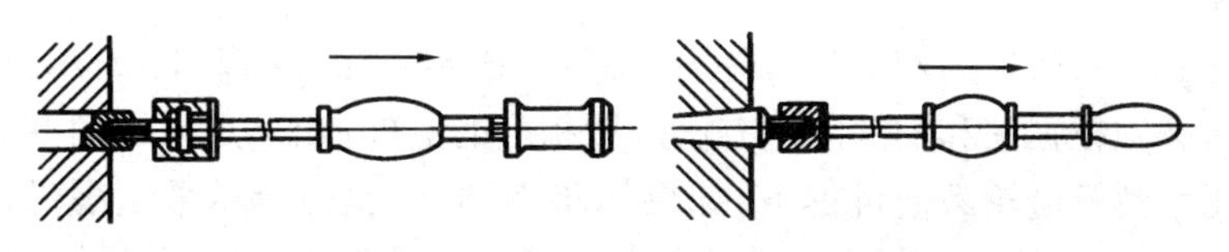

(a) 大端带有内螺纹锥销的拆卸　　(b) 带螺尾锥销的拆卸

图 9-9　用拔销器拆卸圆锥销

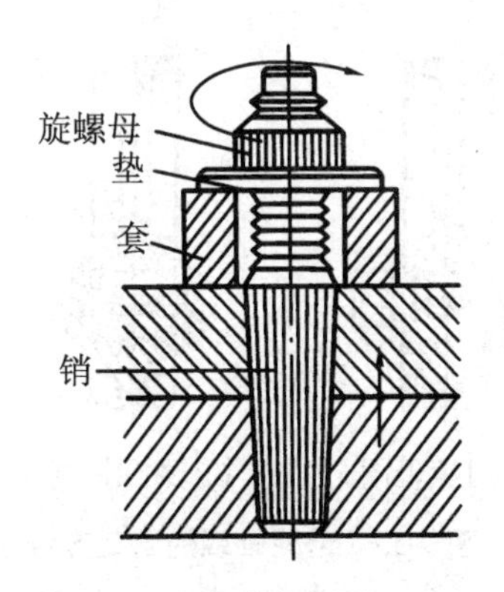

图 9-10　拆卸带螺尾的圆锥销

6. 轴类拆卸

轴的拆卸，一般可采用击卸法。较小的轴可用手锤和冲子（或铜棒）把轴冲出来。击卸时，冲子的直径要稍小于轴的直径，放在轴的端面并与轴的中心线重合。对于稍大的轴，如果用手锤直接打击比用冲子方便时，可用铜锤或铅锤；若用钢锤，必须加软质衬垫，以免损坏零件。

图 9-11 为采用手锤击卸的例子。击卸时，下面用垫块垫好，轴端加垫块保护，只要手锤选得合理，用力大小适当，很容易就可把轴拆卸下来。

7. 从轴上拆卸滚动轴承

滚动轴承与轴的配合采用的是过盈配合，因此利用击卸法就能把滚动轴承从轴上拆卸下来。图 9-12 是轴上拆卸滚动轴承的情况，其操作要点如下：

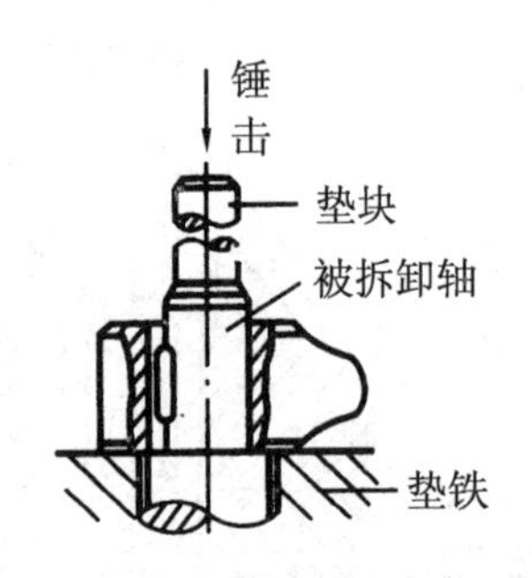

图 9-11 用手锤击卸轴件

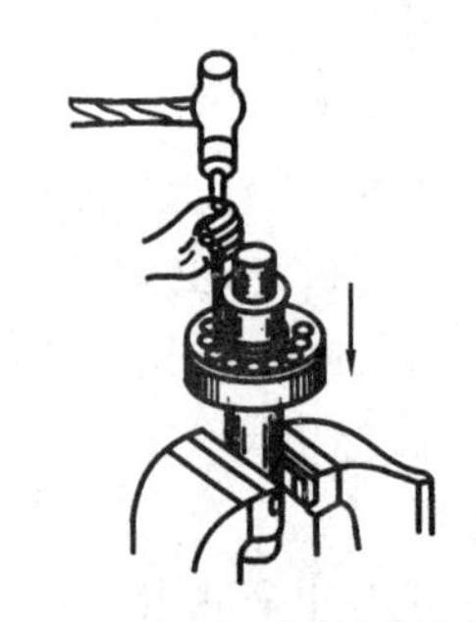

图 9-12 用击卸法拆卸滚动轴承

(1) 打击的力量要加在轴承内圈上，如果力量加在外圈上，就可能使滚动体在轨道上产生压痕，损坏轴承。

(2) 打击的力量不要太大，而且在一个部位上打一次后，就要移动冲子到另一个位置，这样才能使内圈圆周都受到均匀的打击。

8. 带轮拆卸

带轮装在轴上，一般采用加键过渡配合，轴端的固定方法如图 9-13 所示。要想把带轮从轴上拆卸下来，必须根据它和轴的固定方法采用相应的措施：如果是采用图 9-13(a)所示的锥体紧固方法，用手锤轻敲轮毂便可拆下；如果如图 9-13(b)、(c)所示采用螺母、螺钉的固定方法，拧下螺母和螺钉后，用压力机压出或用螺旋拉卸器拉出(图 9-14)；如果是采用图 9-13(d)所示的钩头楔键连接，可采用拆钩头楔键的方法拆卸。

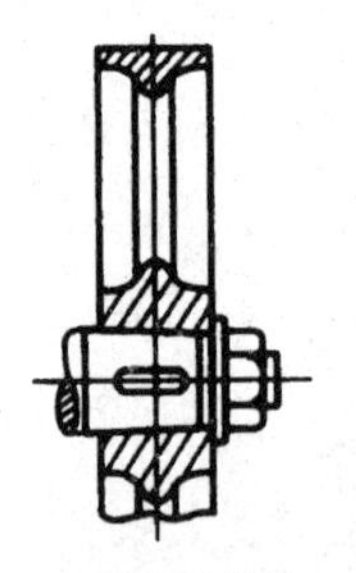

(a) 用锥体固定

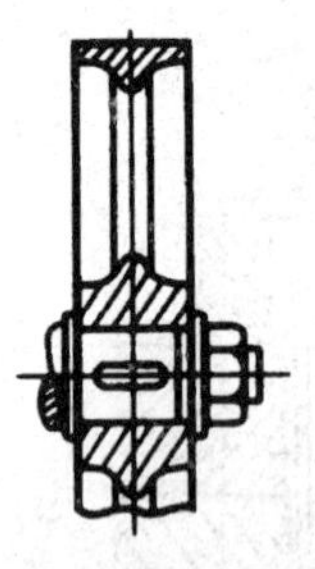

(b) 用螺母固定

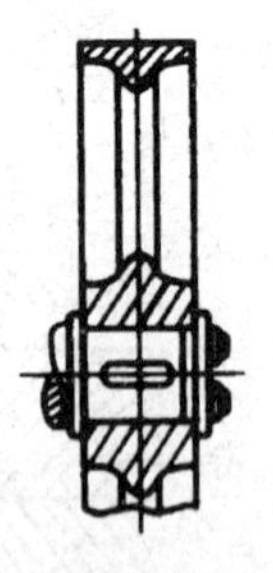

(c) 用螺钉固定

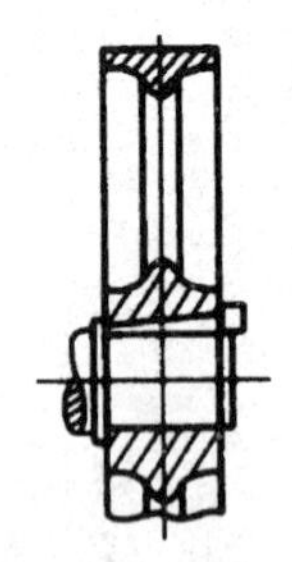

(d) 用钩头楔键固定

图 9-13 带轮轴端的固定方法

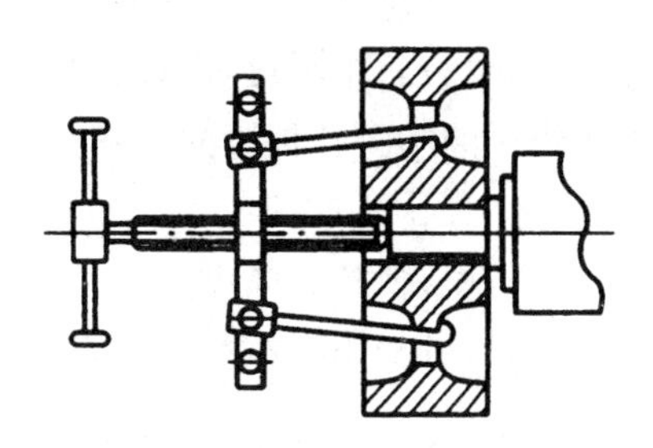

图 9-14　用螺旋拉卸器拆卸带轮

第四节　设备修理与装配

一、清洗

清洗，即借助于清洗设备和工具将清洗液作用于设备零部件表面，用适当的清洗方法清除和洗净零部件表面黏附的油脂、污垢及其他杂质，并使其达到一定清洁度的工艺过程。

1. 清洗液的种类和特点

清洗液可分为有机溶剂和化学清洗液两类。

有机溶剂包括：煤油、柴油、工业汽油、酒精、丙酮、乙醚、苯及四氯化碳等。其中，汽油、酒精、丙酮、乙醚、苯、四氯化碳的去污、去油能力强，清洗质量好，挥发快，适于清洗较精密的零部件，如光学零件、仪表部件等。

煤油和柴油同汽油相比，清洗能力不及汽油，清洗后干燥也较慢，但比汽油使用安全。

化学清洗液中的合成清洗剂对油脂、水溶性污垢等具有良好的清洗能力，且无毒、无公害、不燃烧、无腐蚀，成本低，以水代油，节约能源，正在被广泛利用。

碱性溶液是氢氧化钠、磷酸钠及硅酸钠按不同的浓度加水配制的溶液。用碱性溶液清洗时应注意：油垢过厚时，应先将其擦除；材料性质不同的工件不宜放在一起清洗；工件清洗后，应用水冲洗或漂洗干净，并及时使之干燥，以防残液损伤零件表面。

2. 清洗的步骤及方法

为了去除机件表面的旧油、锈层和漆皮，清洗工作常按以下步骤进行。

(1) 初步清洗

初步清洗包括去除机件表面的旧油、铁锈和刮漆皮等工作。清洗时，用专门的油桶把刮下的旧干油保存起来，以做他用。

① 去旧油。一般用竹片或软质金属片从机件上刮下旧油或使用脱脂剂。

脱脂方法：小零件浸在脱脂剂内 5～15min；较大的金属表面用清洁的棉布或棉纱浸蘸脱脂剂进行擦洗；一般容器或管件的内表面用灌洗法脱脂，每处灌洗时间不少于 15min；大容器的内表面用喷头淋脱脂剂进行冲洗。

② 除锈。轻微的锈斑要彻底除净，直到呈现出原来的金属光泽；对于中锈应除至表面平滑为止。应尽量保持接合面和滑动面的表面粗糙度和配合精度。除锈后，应用煤油或汽油清洗干净，并涂以适量的润滑油脂或防锈油脂。各种表面的除锈方法见表 9-1。

③ 去油漆。常用的去油漆方法有以下三种：

一般粗加工面都采用铲刮的方法；粗、细加工面可采用布头蘸汽油或香蕉水用力摩擦来去除；加工面高低不平（如齿轮加工面）时，可采用钢丝刷或用钢丝绳头刷。

（2）用清洗剂或热油冲洗

机件经过除锈去漆之后，应用清洗剂将加工表面的渣子冲洗干净。原有润滑脂的机件，经初步清洗后，如仍有大量的润滑脂存在，可用热油烫洗，但油温不得超过 120℃。

（3）净洗

机件表面的旧油、锈层、漆皮洗去之后，先用压缩空气吹（以节省汽油），再用煤油或汽油彻底冲洗干净。

表 9-1　各种表面的除锈方法

项次	表面粗糙度 $R_a/\mu m$	除锈方法
1	不加工表面	用砂轮、钢丝刷、刮具、砂布、喷砂或酸洗除锈
2	5.0～6.3	用非金属刮具磨石或 F150 的砂布蘸全损耗系统用油擦除或进行酸洗除锈
3	3.2～1.6	用细磨石或 F150（或 F180）的砂布蘸全损耗系统用油擦除或进行酸洗除锈
4	0.8～0.2	先用 F180 或 F240 的砂布蘸全损耗系统用油进行擦拭，然后再用干净的棉布（或布轮）蘸全损耗系统用油和研磨膏的混合剂进行磨光
5	＜0.1	先用 F280 的砂布蘸全损耗系统用油进行擦拭，然后用干净的绒布蘸全损耗系统用油和细研磨膏的混合剂进行磨光

注：1. 有色金属加工面上的锈蚀应用粒度号不低于 F150 的砂布蘸全损耗系统用油擦拭。轴承的滑动面除锈时，不应用砂布。

2. 表面粗糙度 $R_a>12.5\mu m$，形状较简单（没有小孔、狭槽、铆接等）的零部件，可用质量分数为 6％的硫酸或质量分数为 10％的盐酸溶液进行酸洗。

3. 表面粗糙度 R_a 为 6.3～1.6μm 的零部件，应用铬酸酐-磷酸溶液酸洗或用棉布蘸工业醋进行擦拭；铬酸酐-磷酸水溶解液配比和使用方法：

铬酸酐 CrO_3	150g/L
磷酸 H_3PO_4	80g/L
酸洗温度	85～95℃
酸洗时间	30～60min

4. 酸洗除锈后，必须立即用水进行冲洗，再用含氢氧化钠 1g/L 和亚硝酸钠 2g/L 的水溶液进行中和，防止腐蚀。

5. 酸洗除锈、冲洗、中和、再冲洗、干燥和涂油等操作应连续进行。

二、机械零件修复

1. 磨损零件的修换标准

在什么情况下磨损零件可以继续使用，在什么情况下必须更换，主要决定于零件的磨损程度及对设备精度、性能的影响。一般应考虑以下几个方面：

(1) 对设备精度的影响。有些零件磨损后影响设备精度，使设备在使用中不能满足工艺要求，如设备的主轴、轴承及导轨等基础零件磨损时，则会影响设备加工出的工件的几何形状，此时磨损零件就应修复或更换。当零件磨损尚未超出规定公差，继续使用到下次修理也不会影响设备精度时，则可以不修换。

(2) 对完成预定使用功能的影响。当零件磨损而不能完成预定的使用功能时，如离合器失去传递动力的作用，就该更换。

(3) 对设备性能的影响。当零件磨损降低了设备的性能，如齿轮工作噪声增大、效率下降、平稳性破坏，这时就要进行修换。

(4) 对设备生产效率的影响。当设备零件磨损，不能利用较高的切削用量或增加了空行程的时间及工人的体力消耗，从而降低了生产效率，如导轨磨损、间隙增加、配合零件表面研伤，此时就应更换。

(5) 对零件强度的影响。如锻压设备的曲轴、锤杆发现裂纹，继续使用可能迅速发生变化，引起严重事故，此时必须加以修复或更换。

(6) 对磨损条件恶化的影响。磨损零件继续使用，除将加剧磨损外，还可能出现发热、卡住和断裂等事故，如渗碳主轴的渗碳层被磨损，继续使用就会引起更加严重的磨损，因此必须更换。

2. 机械零件修复的要求

机械零件修复的要求有以下几点：

(1) 机械零件修复后必须保持原来零件所具有的强度、刚性和硬度。

(2) 零件修复后，应能恢复零件原有的尺寸、精度和表面质量。

(3) 修复后的零件，装在设备上，不能影响设备的精度、使用性能和加工质量。

(4) 零件修复后的耐用度至少要能维持一个修理周期。大修的零件，修复后要能维持一个大修周期；中、小修的零件，修复后要能维持一个中、小修周期。

(5) 零件的修复成本要低于新零件的制造成本。一般情况下，修复费用低于 2/3 制造零件的成本，才可认为是经济的。当然，其中要考虑因停机停产造成的经济损失等。

(6) 一般零件的修复时间，应比重新制作零件的时间要短。

3. 机械零件修复技术

(1) 钳工修复法

① 键槽

当轴或轮毂上的键槽只磨损或损坏其一时，可把磨损或损坏的键槽加宽，然后配制阶梯键。当轴或轮毂上的键槽全部损坏时，允许将键槽扩大 10%～15%，然后配制大尺寸键。当键槽磨损大于 15%时，可按原键槽位置将轴在圆周上旋转 60°或 90°，按标准重新加工键槽。加工前需把旧键槽用气、电焊填满并修整。

② 螺纹孔

当螺纹孔产生滑牙或螺纹剥落时，可先把螺孔钻去，然后攻出新螺纹。如损坏的螺孔不允许加大时，可配上螺塞，然后在螺塞上钻孔后，用丝锥攻出原规格的螺纹孔。

③ 铸铁裂纹修补

对铸件裂纹，在没有其他修复方法时，可采用加固法修复，如图 9-15 所示。一般用钢板加固，螺钉连接，脆性裂纹应钻止裂孔。

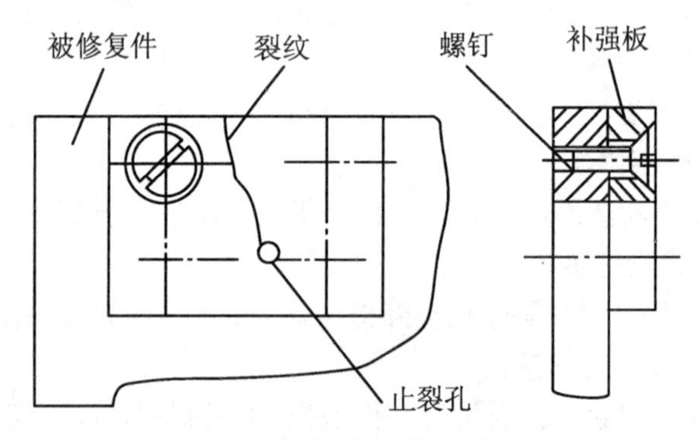

图 9-15　铸件裂纹用加固法修复

(2) 机械修复法

① 修理尺寸法

修理时不考虑原来的设计尺寸，采用切削加工或其他加工方法恢复失效零件的形状精度、位置精度、表面粗糙度和其他技术条件，从而获得一个新的尺寸，这个尺寸即称为修理尺寸。而与此相配合的零件则按这个修理尺寸制作新件或修复，这种方法称为修理尺寸法。

例如：在卧式车床横向进给机构中，当横向进给丝杠、螺母磨损后，将造成丝杠螺母配合间隙增大，影响传动精度。为恢复其精度，可采取修丝杠、换螺母的方法修复。修理丝杠时，可车深丝杠螺纹，减小外径，使螺纹深度达到标准值。此时丝杠的尺寸为修理尺寸，螺母应按丝杠修理尺寸重新制作。

确定修理尺寸时，首先应考虑零件的结构上的可能性和修理后零件的强度、刚度是否满足需要。如轴的尺寸减小量一般不超过原设计尺寸的 10%，轴上键槽可扩大一级；对于淬硬的轴颈，应考虑修理后能满足硬度要求等。

② 镶加零件法

相配合零件磨损后，在结构和强度允许的条件下，用增加一个零件来补偿由于磨损和修复去掉的部分，以恢复原配合精度，这种方法称为镶加零件法。

例如：箱体上的一般孔磨损后，可用扩孔镶套的方法进行修复。这时，套和箱体上的孔可用过盈配合连接或用过渡配合加骑缝螺钉紧固。

箱体或复杂零件上的内螺纹损坏后，可扩孔以后再加工直径大一级的螺纹孔来修复或考虑在其他部位新制螺纹孔。也可用扩孔后镶丝套的办法进行修复，如图 9-16 所示。

③ 局部更换法

有些零件在使用过程中，各部位可能出现不均匀的磨损，某个部位磨损严重，而其余部位完好或磨损轻微。在这种情况下，一般不宜将整个零件报废。如果零件结构允许，可把损坏的部分除去，重新制作一个新的部分，并以一定的方法使新换上的部分与原有零件的基本部分连接成为整体,从而恢复零件的工作能力,这种修理方法称局部更换法。

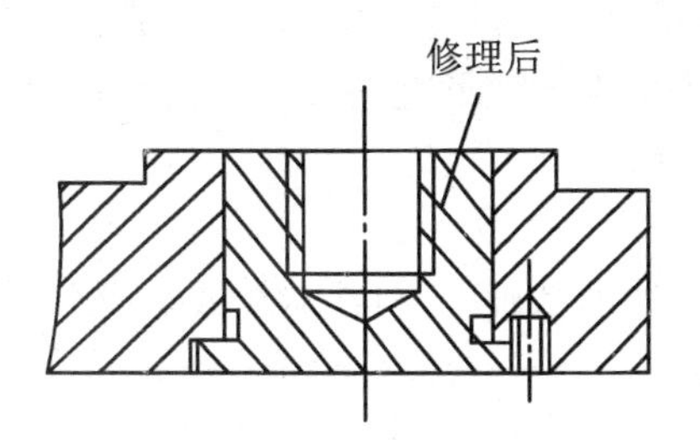

图 9-16　用镶丝套的办法修复螺纹孔

例如:多联齿轮和有花键孔的齿轮,当齿部损坏时,可用镶齿圈的方法修复,如图 9-17 所示。新齿圈可事先加工好,也可压入后再加工。连接方式用键或过盈连接,也可用紧固螺钉、铆钉或焊接等方法固定连接。

当不重要的低速大型齿轮($v<2$m/min,模数 $m>3$mm),折断一个或几个彼此相邻的轮齿时,可用镶齿法修复,如图 9-18 所示。齿形可进行铣削加工或钳工按样板锉修。

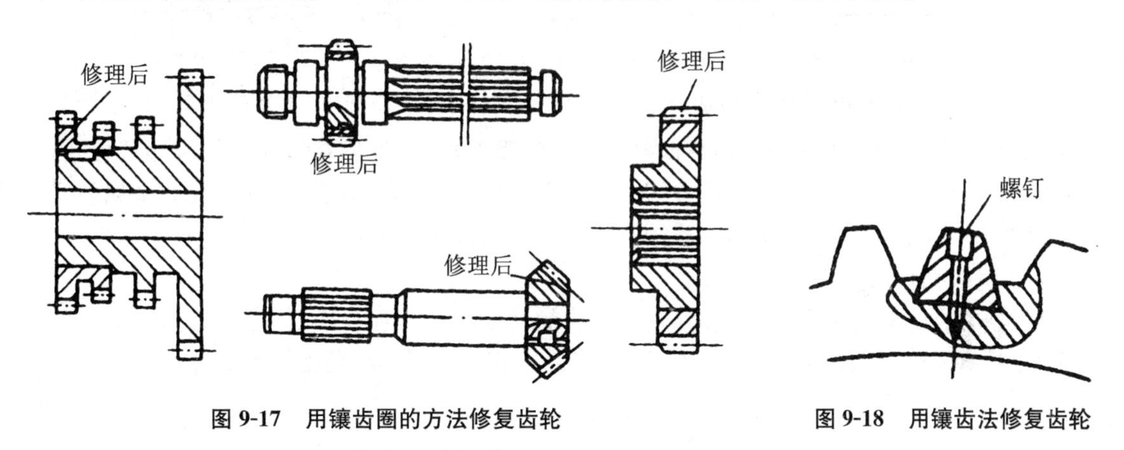

图 9-17　用镶齿圈的方法修复齿轮　　图 9-18　用镶齿法修复齿轮

④ 换位法

有些零件在使用时产生单边磨损,或磨损有明显的方向性,而对称的另一边磨损较小。如果结构允许,在不具备彻底对零件进行修复的条件下,可以利用零件未磨损的一边,将它换一个方向安装即可继续使用,这种方法称为换位法。

⑤ 塑性变形法

塑性变形法是利用外力的作用使金属产生塑性变形,恢复零件的几何形状,或使零件非工作部分的金属向磨损部分移动,以补偿磨损掉的金属,恢复零件工作表面原来的尺寸精度和形状精度。常用的方法有镦粗法、扩张法、缩小法、压延法和校正。

⑥ 金属扣合法

金属扣合法是利用扣合件的塑性变形或热胀冷缩的性质将损坏的机件重新牢固地连接成一体,达到修复目的的工艺方法。它主要适用于大型铸件裂纹或折断部位的修复。按照扣合的性质及特点,可分为强固扣合、强密扣合、优级扣合和热扣合四种工艺。

(a) 强固扣合法

强固扣合法是利用波形键的塑性变形,将产生裂纹或断裂的零件重新连接起来的工艺方法。它适用于修复壁厚 8～40mm,强度要求一般的薄壁零件。

修复工艺过程是:先在垂直于损坏零件的裂纹或折断面上,铣或钻出具有一定形状和尺寸的波形槽,然后把形状与波形槽相吻合的波形键镶入,在常温下铆击,使其产生塑性变形而充满槽腔并嵌入零件的基体之内。由于波形键的凸缘和波形槽相互扣合,将开裂的两边重新牢固连接为一整体,如图 9-19 所示。

(b) 强密扣合法

强密扣合法是在强固扣合法的基础上,再在裂纹或端面上用缀缝栓密封,如图 9-20 所示,它用于修复有密封要求的零件。

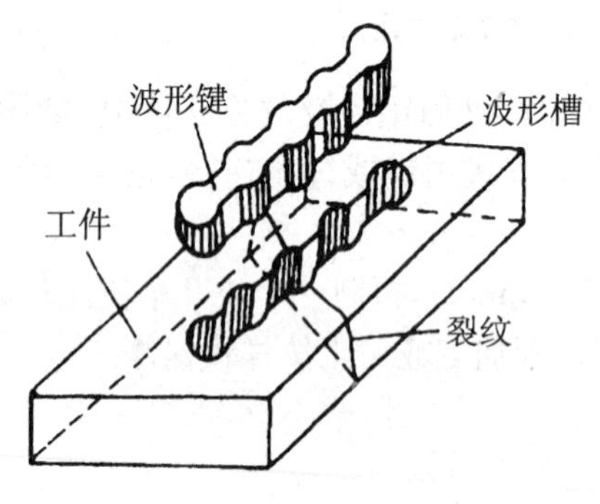

图 9-19　强固扣合法

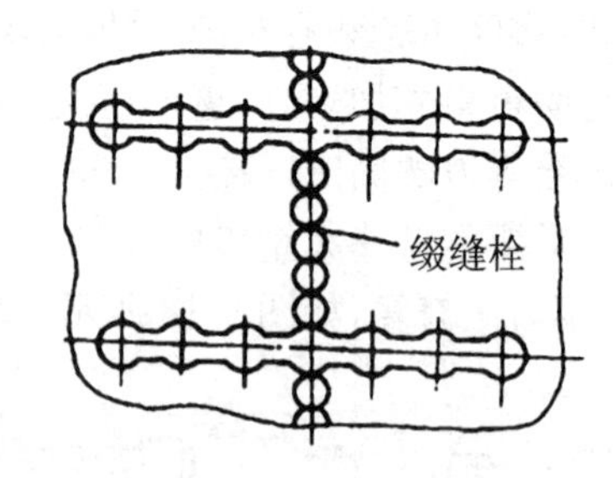

图 9-20　强密扣合法

修复时,先用波形键把损坏零件连接成一个牢固的整体,然后在裂纹上加工缀缝栓孔,缀缝栓孔要稍微切入已装好的波形键或缀缝栓,逐个铆紧缀缝栓,形成一条密封的"金属纽带",达到密封的目的。缀缝栓与机体的连接和波形键与机体连接相同。

(c) 优级扣合法

优级扣合法是在强固扣合法和强密扣合法的基础上镶入加强件,使载荷分布在更大的面积上,以提高零件承载能力,如图 9-21 所示,它用于修复承受重载荷的厚壁零件。

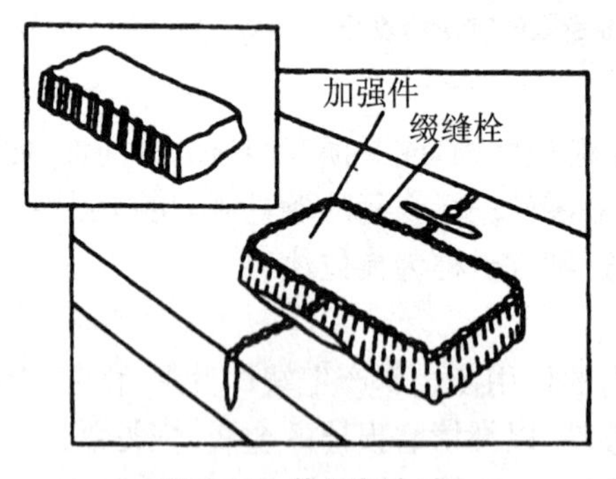

图 9-21　优极扣合法

加强件除砖形外还可制成其他形式,如图 9-22 所示。图 9-22(a)用于修复铸钢件;图 9-22(b)用于多方面受力的零件;图 9-22(c)可将开裂处拉紧;图 9-22(d)用于受冲击载荷的零件,靠近裂纹处不加缀缝栓,以保持一定的弹性。

(d) 热扣合法

热扣合法是利用扣合件热胀后冷缩的力量扣紧零件的裂纹或断面,如图 9-23 所示,主要用于修复大型飞轮、齿轮及重型设备的机身等。图 9-23(a)中的圆环状扣合件适用于修复轮廓

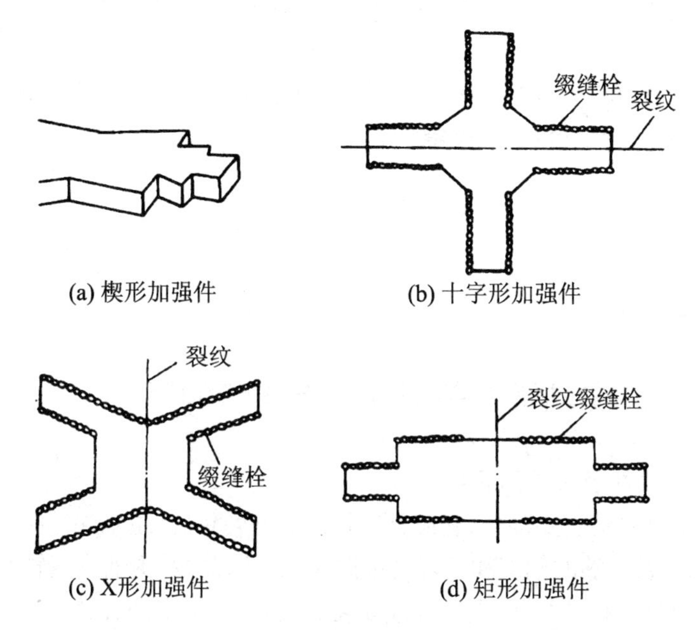

(a) 楔形加强件 (b) 十字形加强件

(c) X形加强件 (d) 矩形加强件

图 9-22 加强件

部分的损坏,图 9-23(b)中的工字形扣合件适用于零件壁部的裂纹或断裂。

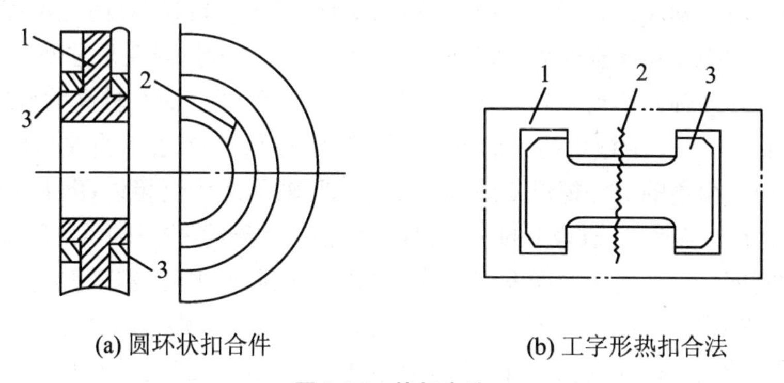

(a) 圆环状扣合件 (b) 工字形热扣合法

图 9-23 热扣合法

1. 零件 2. 裂纹 3. 扣合件

(3) 焊接修复法

焊接修复法是指通过焊接赋予机械零件以耐磨、耐腐的焊层或对机械零件进行必要修补的一种零件修复方法。

(4) 表面喷涂修复法

表面喷涂法是指将熔融状态的喷涂材料,通过高速气流使其雾化,喷射在零件表面上,形成喷涂层来修复零件的一种方法。

根据热源的不同,喷涂法分为电弧喷涂、火焰喷涂、等离子喷涂。

根据喷涂材料的不同,喷涂法分为金属喷涂和尼龙喷涂。

(5) 电镀修复法

电镀修复法是用电化学方法在镀件表面上沉积所需形态的金属覆盖层,从而修复零件的尺寸精度或改善零件表面性能。目前常用的电镀方法有镀铬、低温渡铁、电刷渡技术等。

(6) 胶接修复法

胶接修复法是利用胶粘剂进行黏接的一种修复方法。主要用于有铸造缺陷、断裂、磨损、尺寸超差、划伤及零件防腐和密封堵漏等地方。

三、装配

装配知识见第八章第十节。

四、CA6140 车床主轴箱主要部件的结构与调整

1. 主轴部件的结构及轴承的调整

主轴部件是主轴箱的主要部分,它应具有较高的回转精度(主轴端部径向跳动和轴向窜动不得大于 0.01mm)及足够的刚度和良好的抗振性能。因此,对主轴及其轴承要求较高。主轴前端可安装卡盘或过渡盘,用于装夹工件或安装夹具,并由其带动旋转。

CA6140 型车床的主轴组件采用了三支承结构,以提高其静刚度和抗振性。其前后支承处各装有一个双列圆柱滚子轴承 4(D3182121)和 1(E3182115),中间支承处则装有 E 级精度的 32216 型圆柱滚子轴承(图 9-24),它用作辅助支承,其配合较松,且间隙不能调整。由于双列圆柱滚子轴承的刚度和承载能力大,旋转精度高,且内圈较薄,内孔是锥度为 1∶12 的锥孔,可通过相对主轴轴颈轴向移动来调整轴承间隙,因而,可保证主轴有较高的旋转精度和刚度。前支承处还装有一个 60°接触角的双向推力角接触球轴承 3,用于承受左右两个方向的轴向力。向左的轴向力由主轴Ⅵ经螺母 5、轴承 4 的内圈、轴承 3 传至箱体;向右的轴向力由主轴 VI 经螺母 2、轴承 3、隔套 7、轴承 4 的外圈和轴承端盖 6 传至箱体。轴承的间隙直接影响主轴的旋转精度和刚度,因此,使用中如发现因轴承磨损使间隙增大时,需及时进行调整。前轴承 4 可用螺母 5 和 2 调整。调整时先拧松螺母 5,然后拧紧带锁紧螺钉的螺母 2,使轴承 4 的内圈相对主轴锥形轴颈向右移动,由于锥面的作用,薄壁的轴承内圈产生径向弹性变形,将滚子与内、外圈滚道之间的间隙消除。调整妥当后,再将螺母 5 拧紧。后轴承 1 的间隙可用螺母 11 调整,调整原理同前轴承。一般情况下,只调整前轴承即可,只有当调整前轴承后仍不能达到要求的旋转精度时,才需要调整后轴承。双向推力角接触球轴承 3 事先已调好,如工作以后由于间隙增大需调整时,可磨削两内圈间的调整垫圈 8,减小其厚度,以达到消除间隙的目的。主轴的轴承由油泵供给润滑油进行充分的润滑,为防止润滑油外漏,前后支承处都有油沟式密封装置。在螺母 5 和套筒 10 的外圆上有锯齿形环槽,主轴旋转时,依靠离心力的作用,把经过轴承向外流出的润滑油甩到轴承端盖 6 和 9 的接油槽里,然后经回油孔 a、b 流回主轴箱。

如图 9-25 所示,主轴上装有三个齿轮,最右边的是空套在主轴上的左旋斜齿轮,其传动较平衡,当离合器(M2)接合时,此齿轮传动所产生的轴向力指向前轴承,以抵消部分轴向切削力,减小前轴承所承受的轴向力。中间滑移齿轮以花键与主轴相连,该齿轮的图示位置为高速传动,当其处于中间空挡位置时,可用手拨动主轴,以便装夹和调整工件,当滑移齿轮移到最右

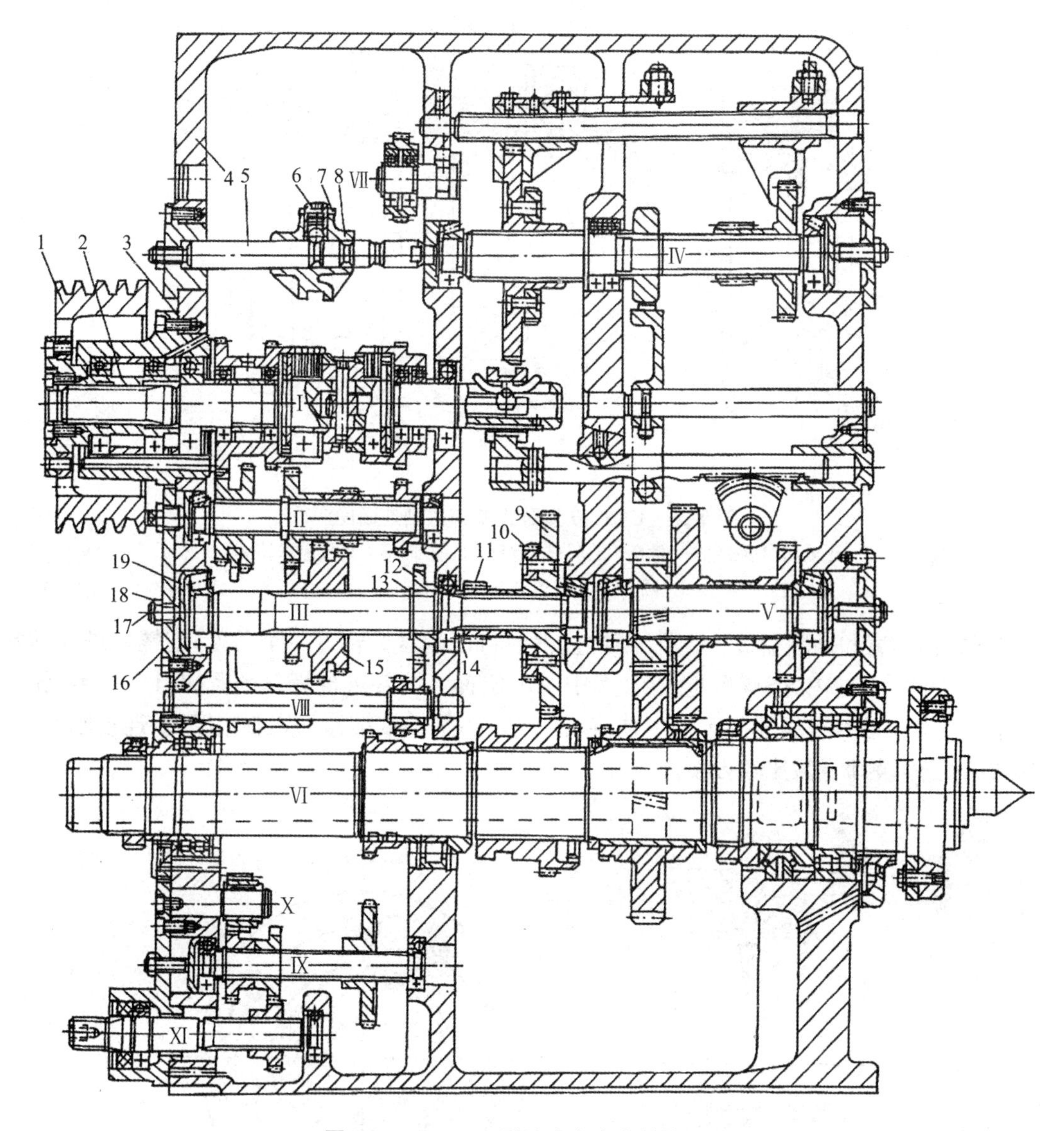

图 9-24　CA6140 型卧式车床主轴箱展开图

1. 带轮　2. 花键套筒　3. 法兰　4. 箱体　5. 导向轴　6. 调节螺钉
7. 螺母　8. 拨叉　9、10、11、12. 齿轮　13. 弹簧卡圈　14. 垫圈
15. 三联滑移齿轮　16. 轴承盖　17. 螺钉　18. 锁紧螺母　19. 压盖

边位置时，其上的内齿与斜齿轮上左侧的外齿相啮合，即齿式离合器(M2)接合，此时获低速传动。最左边的齿轮固定在主轴上，通过它把运动传给进给系统。

主轴是一空心的阶梯轴，其内孔用来通过棒料和卸顶尖用的铁棒或通过气动、电动或液压等夹紧驱动装置。主轴前端的 6 号莫氏锥度孔用来安装顶尖或心轴；主轴后端的锥孔是工艺孔。如图 9-26 所示，主轴前端的短法兰式结构用于安装卡盘或拨盘，它以短锥和轴肩端面作定位面。卡盘、拨盘等夹具通过卡盘座 4，用四个螺柱 5 固定在主轴上，由装在主轴轴肩端面上的圆柱形端面键 3 传递转矩。安装卡盘时，只需将预先拧紧在卡盘座上的螺柱 5 连同螺母

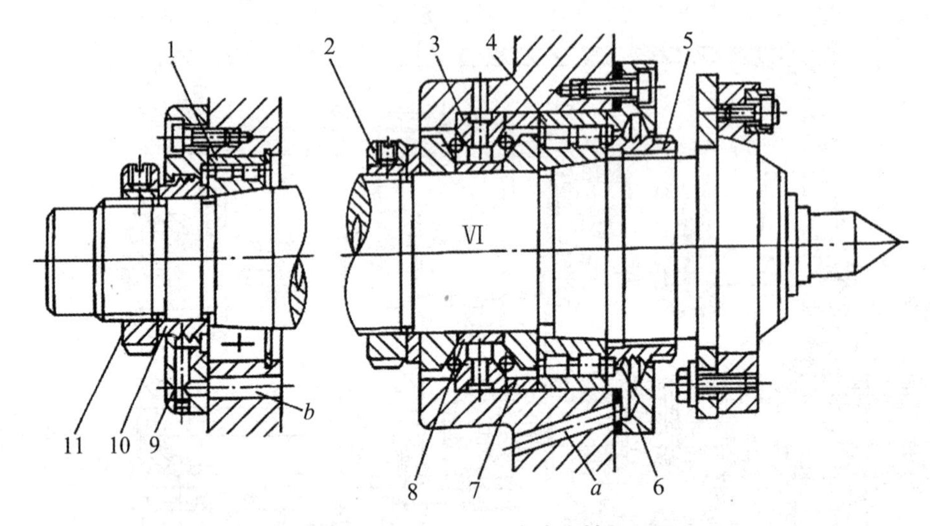

图 9-25　CA6140 型卧式车床主轴剖面图

1、4. 双列圆柱滚子轴承　2、5、11. 螺母　3. 双向推力角接触球轴承

6、9. 轴承端盖　7. 隔套　8. 调整垫圈　10. 套筒

6 一起从主轴轴肩和锁紧盘 2 上的孔中穿过，然后将锁紧盘 2 转过一个角度，使螺柱进入锁紧上宽度较窄的圆弧槽内，把螺母止住(如图中所示位置)，接着再把螺母 6 及螺钉 7 拧紧，就可使卡盘或拨盘座准确可靠地固定在主轴前端。这种主轴轴端结构的定心精度高，连接刚度好，卡盘悬长度短，装卸卡盘比较方便。

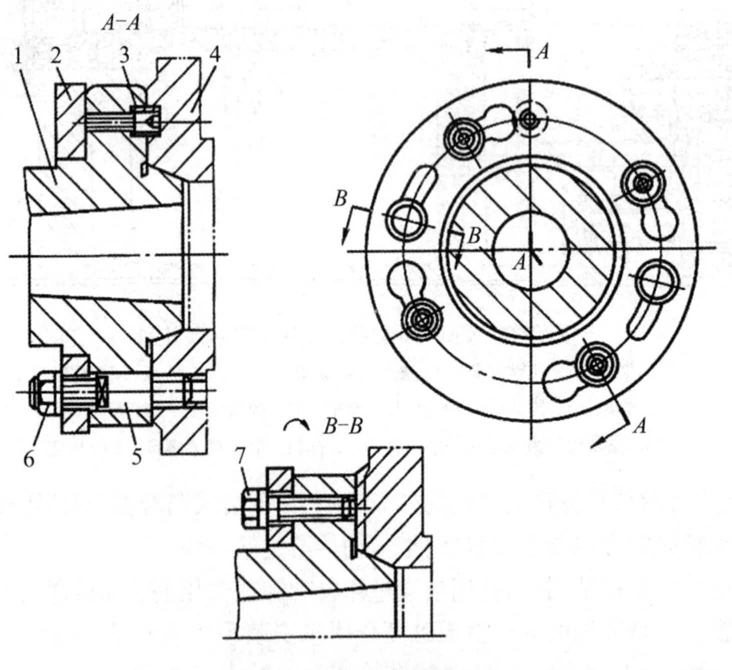

图 9-26　主轴前端结构形式

1. 主轴　2. 锁紧盘　3. 端面键　4. 卡盘座　5. 螺柱　6. 螺母　7. 螺钉

2. 传动轴结构及轴承的调整

主轴箱中的传动轴转速较高，一般采用深沟球轴承或圆锥滚子轴承来支承。传动轴上所有零件在轴上的轴向位置和传动轴组件在箱体上的轴向位置都必须加以限定，以防止工作过程中产生窜动现象，影响正常工作，现以图 9-24 中的轴Ⅲ为例说明其结构及轴承的调整。

花键轴Ⅲ较长，采用了三支承结构，两端为圆锥滚子轴承，中间为深沟球轴承。调整轴承间隙的过程是：松开锁紧螺母 18，拧动螺钉 17，推动压盖 19 及圆锥滚子轴承的外圈右移，消除了左端轴承间隙，然后轴组件向右移，由于右端圆锥滚子轴承的外圈被箱体上的台阶孔所挡，因而又削除了右轴承的间隙，并由此而限定了轴Ⅲ组件在箱体上的轴向位置。轴Ⅲ共有四个台阶，两端台阶分别安装圆锥滚子轴承，右端的第二个台阶分别串装有齿轮 9、10、11 及垫 14，垫圈 14 为调整环，以限定上述零件在其上的轴向位置。齿轮 12 右端面紧靠深沟球轴承内圈，左端由轴用弹簧卡圈 13 定位，从而限定了齿轮 12 的轴向位置。三联滑移齿轮 15 可以在轴上滑移，实现三种不同的工作位置，轴向位置不能限定。但必须有可靠而较准确的定位，其位置是通过导向轴 5 上的三个定位槽和在拨叉 8 上安装的弹簧钢珠实现三联滑移齿轮三种不同工作位置的确定。松开螺母 7，拧动有内六方孔的调节螺钉 6 可调节弹簧力的大小，以保证定位的可靠性。

3. 摩擦离合器

双向摩擦离合器 M1 装在轴Ⅰ上，其作用是控制主轴Ⅵ正转、反转或停止。制动器安装在轴Ⅳ上，当摩擦离合器脱开时，用制动器进行制动，使主轴迅速停止运动，以便缩短辅助时间。

摩擦离合器的结构如图 9-27 所示，分左离合器和右离合器两部分，左、右两部分的结构相似、工作原理相同。左离合器控制主轴正转，由于正转需传递的转矩较大，所以摩擦片的片数较多。右离合器控制主轴反转，主要用于退刀，传递的转矩较小，摩擦片的片数较少。图 9-27(a)表示的是左离合器的立体图，它是由外摩擦片 2、内摩擦片 3、压套 8、螺母 9、止推片 10 和 11 及空套齿轮 1 等组成。内摩擦片 3 装在轴Ⅰ的花键上，与轴Ⅰ一起旋转。外摩擦片 2 以其 4 个凸齿装入空套双联齿轮 1(用两个深沟球轴承支承在轴Ⅰ上)的缺口中，多个外摩擦片 2 和内摩擦片 3 相间安装。当用操纵机构拨动滑套 13 移至右边位置时，滑套将羊角形摆块 6 的右角压下，由于羊形摆块是用销轴 12 装在轴Ⅰ上，则羊角就绕销轴作顺时针摆动，其弧形尾部推动拉杆 7 向左，通过固定在拉杆左端的圆销 5，带动压套 8 和螺母 9a 左移，将左离合器内外摩擦片压紧在止推片 10 和 11 上，通过摩擦片间的摩擦力，使轴Ⅰ和双联齿轮联结，于是经多级齿轮副带动主轴正转。当用操纵机构拨动滑套 13 移至左边位置时，压套 8 右移，将右离合器的内外摩擦片压紧，空套齿轮 14 与轴Ⅰ联结，主轴实现反转。滑套处于中间位置时，左右离合器的摩擦片均松开，主轴停止转动。

摩擦离合器还可起过载保护作用。当机床超载时，摩擦片打滑，于是主轴停止转动，从而避免损坏机床零部件。摩擦片之间的压紧力是根据离合器应传递的额定转矩来确定的。当摩擦片磨损后压紧力减小时可通过压套 8 上的螺母 9 来调整。压下弹簧销 4(图 9-27，$B-B$ 剖面)，转动螺母 9 使其作小量轴向移动，即可调节摩擦片间的压紧力，从而改变离合器传递转矩的能力。调整妥当后弹簧销复位，插入螺母槽口中，使螺母在运转中不会自行松开。

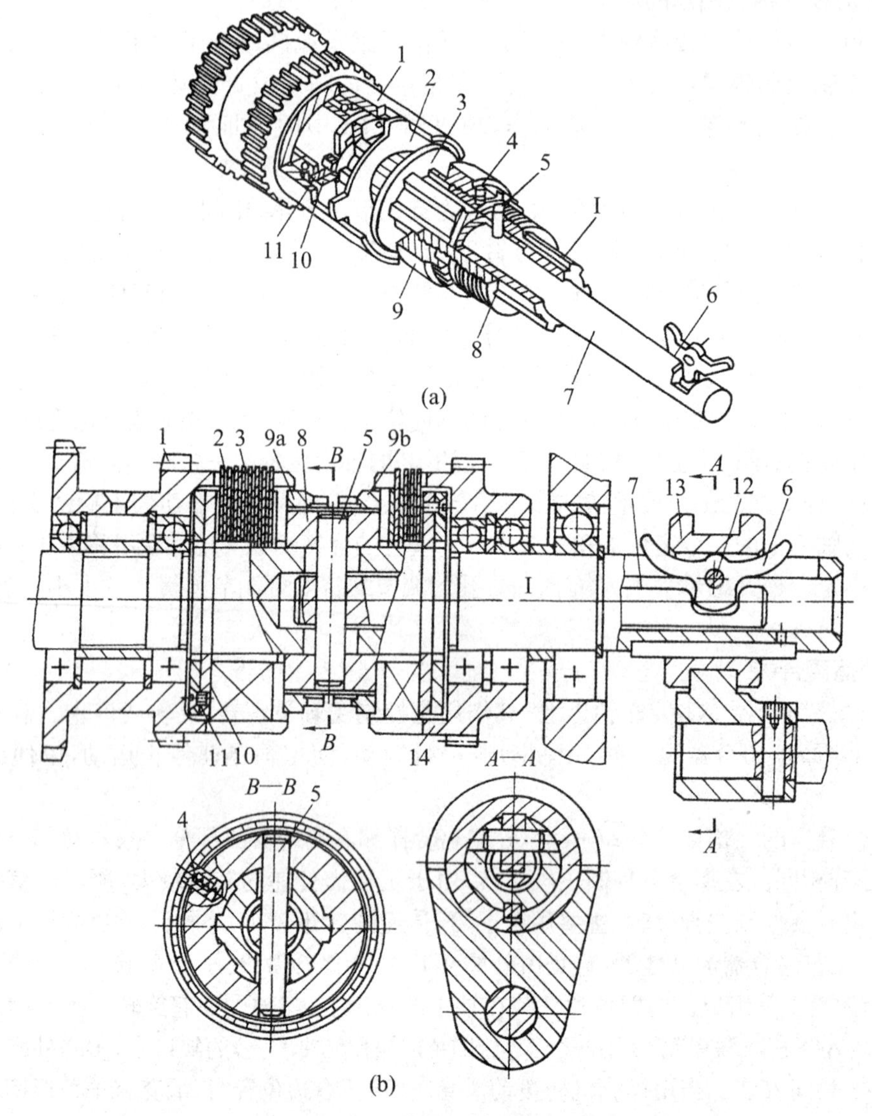

图 9-27　摩擦离合器结构

1. 双联空套齿轮　2. 外摩擦片　3. 内摩擦片　4. 弹簧销　5. 圆销　6. 羊角形摆块　7. 拉杆　8. 压套　9. 螺母　10、11. 止推片　12. 销轴　13. 滑套　14. 空套齿轮

五、普通卧式车床精度检测

1. 检测工量具

检测工量具有百分表、磁力表座、莫氏 4 号检验芯棒、莫氏 4 号顶尖、莫氏 5 号顶尖、框式水平仪、钢球、千分尺、精密螺纹检验工具、平盘及负荷检验所用的刀具。

2. 导轨直线性误差的测量

用框式水平仪测量车床导轨垂直平面内直线度，水平仪读数原理如图 9-28 所示。假定平板处于自然水平，在平板上放一根一米长的平行平尺，平尺上的水平仪的读数为 0，即水平状态。如将平尺右端抬起 0.02mm，相当于使平尺与平板面形成 4″的角度，如果此时水平仪的气泡向右移动一格，则该水平仪读数精度规格为每格 0.02/1000，读作千分之零点零二。车床导轨垂直平面内直线度的测量方法如下：

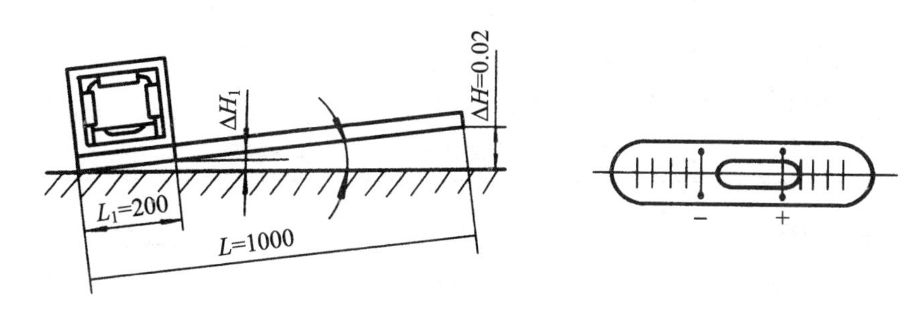

图 9-28　水平仪读数的几何意义

(1) 用一定长度的垫铁安放水平仪，不能直接将水平仪置于被测表面上。

(2) 将水平仪置于导轨中间，调平导轨。

(3) 将导轨分段，其长度与垫铁长相适应。依次首尾相接逐段测量，取得各段读数。根据气泡移动方向判断导轨倾斜方向，如气泡移动方向与水平仪移动方向一致，表示导轨向右上倾斜。

(4) 把各段测量读数逐点累积，画出导轨直线度曲线图。作图时，导轨的长度为横坐标，水平仪读数为纵坐标，根据水平仪读数依次画出各折线段，每一段的起点与前一段的终点重合。

例：长 1600mm 的导轨，用精度为 0.02/1000mm 的框式水平仪测量导轨在垂直平面内直线度误差。水平仪垫铁长度为 200mm，分 8 段测量。用绝对读数法，每段读数依次为：+1、+1、+2、0、−1、−1、0、−0.5。

取坐标纸，纵、横坐标分别按一定比例，画的导轨直线度曲线如图 9-29 所示。

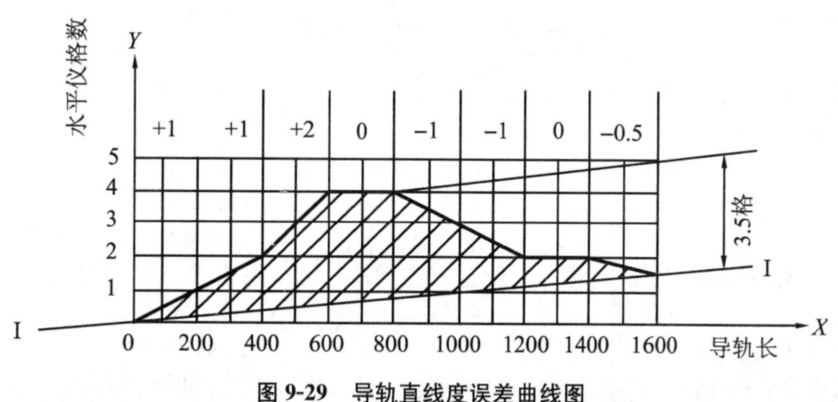

图 9-29　导轨直线度误差曲线图

(5) 导轨直线度误差值的确定。导轨直线度最大误差值是以导轨曲线两端连线上的最大坐标值来表示的。由图可知，最大误差值在导轨 600mm 处经计算最大误差值为 3.44 格，按公式计算：

$$\Delta = nil$$

式中：Δ——导轨直线度误差线性值 mm；

n——曲线图中最大误差格数；

i——水平仪的读数精度；

l——每段测量长度 mm。

$$\Delta = nil = 3.44 \times 0.02/1000 \times 200 = 0.014(\text{mm})$$

3. 普通卧式车床精度检测标准及方法

普通卧式车床精度检测标准及方法见表 9-2。

表 9-2　普通卧式车床精度检测标准及方法

序号	检验项目	简图	允差	实测
			mm	
G1	A:床身导轨调平 (a) 纵向 导轨在垂直平面内的直线度	(a)	$DC^{*} \leqslant 500$　0.01(凸) $500 < DC \leqslant 1000$　0.02(凸) $1000 < DC \leqslant 2000$　0.03(凸) 任意 250 测量长度上为 0.0075 任意 500 测量长度上为 0.015	
	(b) 横向 导轨应在同一平面内	(b)	水平仪的变化 0.04/1000	
G2	B:溜板 溜板移动在水平面内的直线度 在两顶尖轴线和刀尖所确定的平面内检验	(a)	$DC \leqslant 500$　0.015 $500 < DC \leqslant 1000$　0.02 $1000 < DC \leqslant 2000$　0.025	
G3	尾座移动对溜板移动的平行度： (a) 在水平面内 (b) 在垂直平面内	(b) (a) L=常数	$DC \leqslant 1500$ (a)和(b)0.03 任意 500 测量长度上为 0.02 $DC > 1500$ (a)和(b)0.04 任意 500 测量长度上为 0.03	(a) (b)

续表

序号	检验项目	简图	允差 mm	实测
G4	C:主轴 (a) 主轴轴向窜动 (b) 主轴肩支承面的跳动	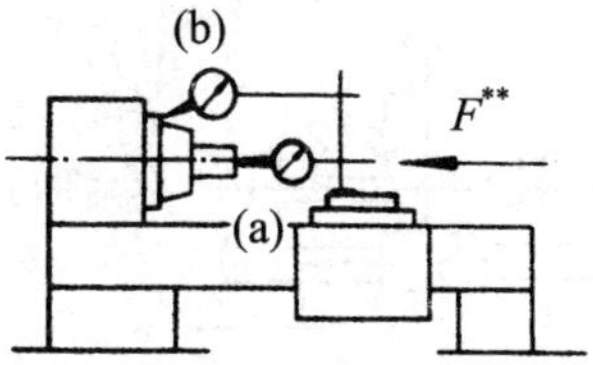	(a) 0.01 (b) 0.02 (包括轴向窜动)	(a) (b)
G5	主轴定心轴颈的径向跳动	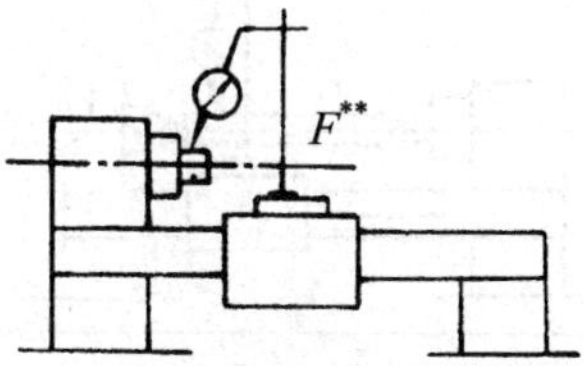	0.01	
G6	主轴轴线的径向跳动： (a) 靠近主轴端面 (b) 距主轴端面 $D_a/2$ 或不超过 300mm	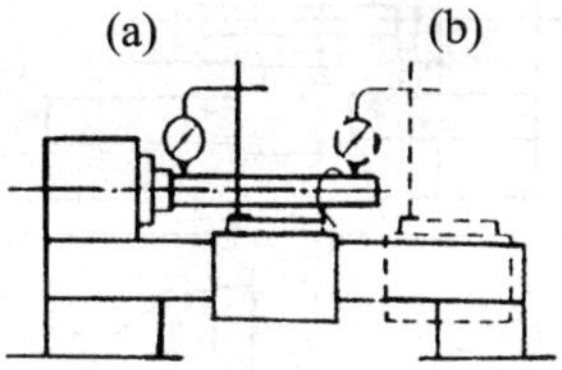	(a) 0.01 (b) 在 300 测量长度上为 0.02	(a) (b)
G7	主轴轴线对溜板纵向移动的平行度： 测量长度 $D_a/2$ 或不超过 300mm (a) 在水平面内 (b) 在垂直面内	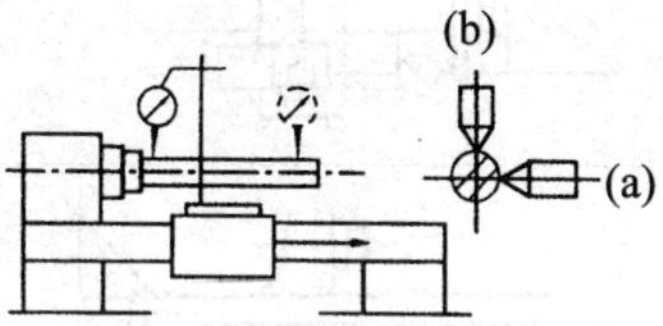	(a) 在 300 测量长度上为 0.015(向前) (b) 在 300 测量长度上为 0.02(向上)	(a) (b)
G8	主轴顶尖的径向调动	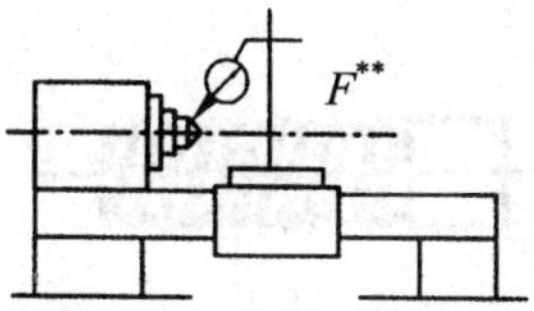	0.015	
G9	D:尾座 尾座套筒轴线对溜板移动的平行度： (a) 在水平面内 (b) 在垂直面内	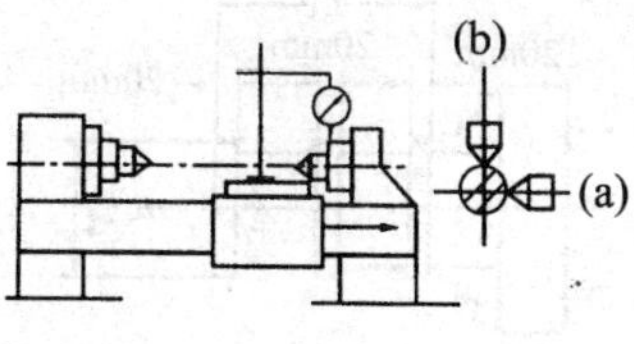	(a) 在 100 测量长度上为 0.015(向前) (b) 在 100 测量长度上为 0.02(向上)	(a) (b)

续表

序号	检验项目	简图	允差 mm	实测
G10	尾座套筒锥孔轴线对溜板移动的平行度： 测量长度 $D_a/4$ 或不超过 300mm (a) 在水平面内 (b) 在垂直面内	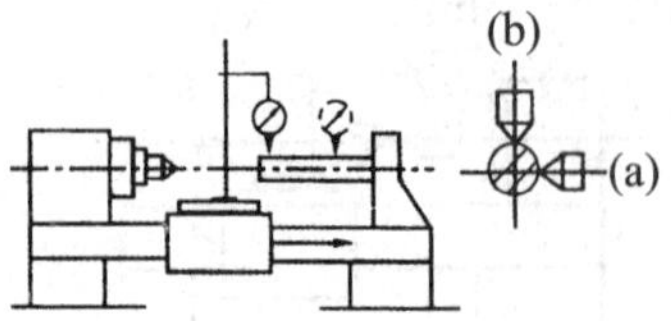	(a) 在 300 测量长度上为 0.03(向前) (b) 在 300 测量长度上为 0.03(向上)	(a) (b)
G11	E:顶尖 主轴和尾座两顶尖的等高度	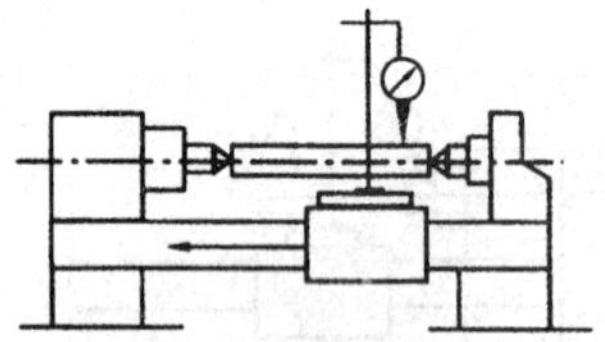	0.04 尾座顶尖高于主轴顶尖	
G12	F:小刀架 小刀架纵向移动对主轴轴线的平行度	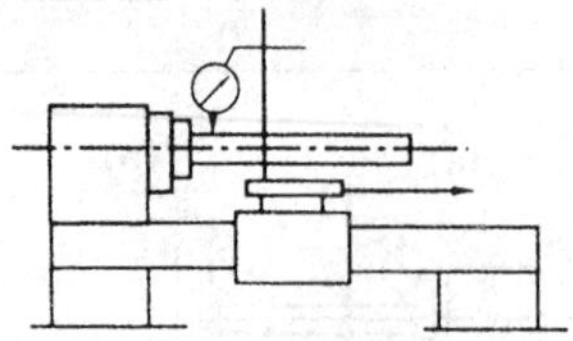	在 300 测量长度上为 0.04	
G13	G:横刀架 横刀架横向移动对主轴轴线的垂直度	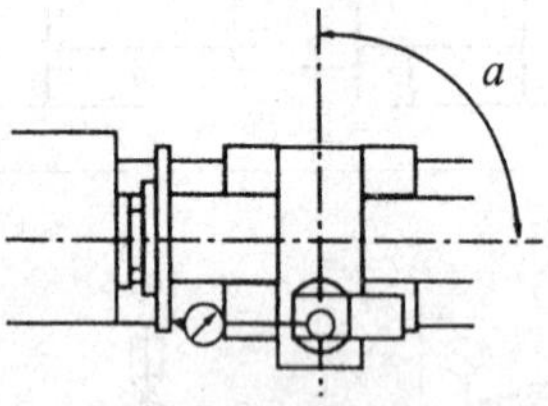	0.02/300 偏差方向 $a \geqslant 90°$	
G14	H:丝杠 丝杠的轴向窜动	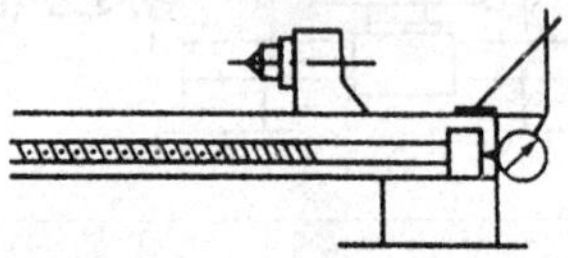	0.015	
G15	由丝杠所产生的螺距累积误差		(a) 在 300 测量长度上为 $DC \leqslant 2000$ 0.04 (b) 任意 60 测量长度上为 0.015	(a) (b)
P1	精车外圆 (a) 圆度 (b) 在纵截面内直径的一致性(应大直径靠近主轴端)	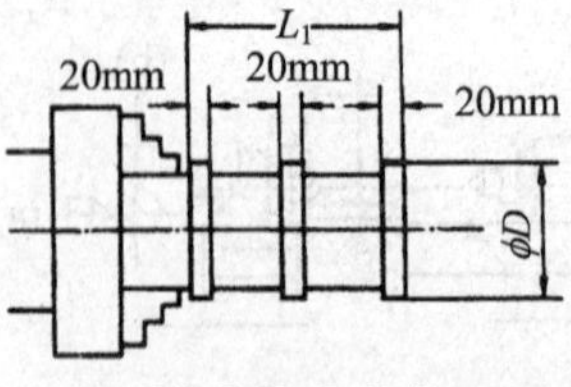 $D \geqslant D_a/8$　$L = D_a/2$	(a) 0.01 (b) 0.04 $L_1 = 300$ 粗糙度 相邻环带间的差值不应超过两端环带之间测量差值的 75%(只有两个环带时除外)	(a) (b)

续表

序号	检验项目	简图	允差 mm	实测
P2	精车端面的平面度（只许凹）	$D \geqslant \frac{D_a}{2}$　$L=D_a/8$	300 直径上为 0.025 粗糙度	
P3	精车 300mm 长螺纹的螺距累积误差		(a) 在 300 测量长度上为 $DC \leqslant 2000$ 0.04 (b) 任意 60 测量长度上为 0.015	(a) (b)

* DC＝最大工件长度。

* * 试件用易切钢和铸铁件。

思　考　题

1. 设备拆装的安全规程有哪些？
2. 机床拆卸的注意事项有哪些？
3. 拆卸的方法有哪些？
4. 零件为什么要清理和洗涤？
5. 清洗零件常用的方法有哪些？
6. 清洗液有哪些？其特点分别是什么？
7. 什么叫装配？为什么说装配工作好坏对产品质量起着决定性作用？
8. CA6140 车床主轴轴承调整方法是什么？
9. CA6140 车床摩擦离合器的调整方法是什么？
10. 水平仪的读数原理是什么？

第十章　数控加工技术

学习目标

1. 了解数控机床的组成、分类以及手工程序的编制步骤；
2. 掌握数控机床的工艺知识；
3. 掌握机床坐标轴的命名规定及机床坐标系的确定方法；
4. 掌握机床坐标系、机床零点、工件坐标系、工件零点等基本概念；
5. 掌握数控机床的对刀方法及刀具补偿的建立方法；
6. 掌握数控车床及数控铣床的编程方法。

第一节　数控机床概述

数字控制(Numerical Control)技术，简称为数控(NC)技术，是指用数字化信号对机床运动及其加工过程进行控制的一种方法。采用数控技术的控制系统称为数控系统。采用专用或通用计算机及控制软件来实现数控功能的数控系统称为计算机数控(CNC)系统。装备了数控系统的机床称为数控机床。

数控编程是指将加工零件的加工顺序，工件与刀具相对运动轨迹的尺寸数据，工艺参数(主轴转数、进给速度、进给量等)以及辅助操作(换刀、冷却液开关、工件夹紧松开)等加工信息，用规定的文字、数字、符号组成的代码，按一定格式编写成加工程序单的过程。

一、数控机床的组成

数控机床通常由程序载体、输入装置、数控装置、伺服系统、测量反馈系统和机床组成，如图10-1所示。

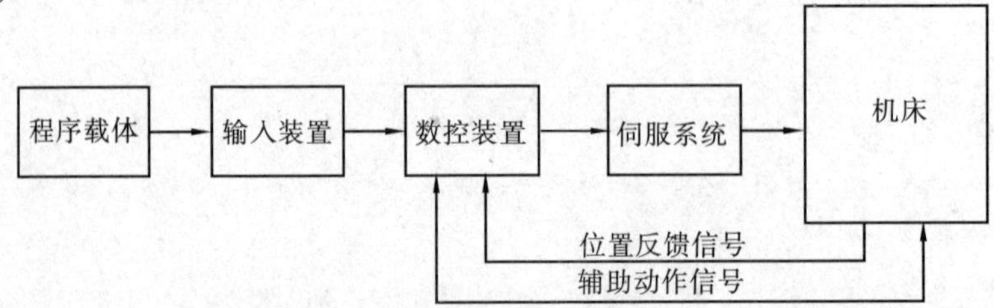

图10-1　数控机床的组成

1. 程序载体

通常编程人员将工件程序以一定的格式和代码存储在一种载体上，如穿孔带、磁带、磁盘或硬盘等，通过数控机床的输入装置，将程序信息输入到数控装置内。

2. 输入装置

输入装置的作用是将程序载体内的加工信息读入数控装置。根据程序载体的不同，输入装置可以是光电阅读机、录音机、软盘驱动器等。还可以不用程序载体，通过数控机床操作面板的键盘手工输入或将计算机上的加工程序传送到数控装置上。

3. 数控装置

数控装置是数控机床的核心。现代数控机床都采用计算机数控装置，一般由输入、信息处理和输出部分构成。它根据输入的程序和数据，完成数值计算、逻辑判断、输入输出控制等功能。

4. 伺服系统

伺服系统包括主轴驱动单元、进给驱动单元、主轴电机和进给电机等，它接受数控装置发来的各种动作命令，驱动机床执行机构的运动。它决定刀具和工件的相对位置，其性能是决定机床加工精度、表面质量和生产率的主要因素。

5. 测量反馈系统

测量反馈系统由检测元件和相应的电路组成，作用是检测机床的实际位置、速度等信息，并将其反馈给数控装置与指令信息比较和校正，构成系统的闭环控制。

6. 机床

机床包括主传动系统、进给系统及辅助装置等。对于数控加工中心，还有刀库、自动换刀装置(ATC)和自动托盘交换装置等，其目的是为了满足数控技术的要求和充分发挥机床的效能。

二、数控机床的分类

数控机床品种齐全，规格繁多，主要按以下方法进行分类：

1. 按工艺用途分类

(1) 普通数控机床

普通数控机床的自动化程度还不够完善，更换刀具和装夹工件仍由人工完成。根据机床的用途不同可分为数控车床、数控铣床、数控钻床、数控镗床、数控磨床、数控齿轮加工机床等。

(2) 加工中心

加工中心是装备有刀库和自动换刀装置的数控机床。加工中，工件经一次装夹后，加工中心能根据加工要求自动地更换刀具，连续对各加工面进行铣、镗、钻、扩、铰及攻螺纹等多工序加工。

(3) 多坐标数控机床

有些复杂形状的零件，用三坐标的数控机床还是无法加工，如螺旋桨、飞机机翼曲面等，需要三个以上坐标轴的合成运动才能加工出所需的形状。现在常用的有四个、五个、六个坐标的数控机床。

(4) 数控特种加工机床

如数控线切割机床、数控电火花加工机床、数控激光切割机床等。

2. 按运动方式分类

(1) 点位控制数控机床

点位控制是指数控装置只控制刀具或工作台从一点精确地移动到另一点，而点与点之间的运动轨迹不需严格控制，移动过程中刀具不进行任何加工。例如数控坐标镗床、数控钻床、数控冲床等。

(2) 点位直线控制数控机床

点位直线控制是指数控装置不仅控制刀具或工作台从一点准确地移动到另一点，而且控制在两点之间的运动轨迹是一条与各坐标轴平行或成45°的直线。它与点位控制的区别在于当机床移动部件运动时可以进行加工。例如简易数控车床、数控铣床等。

(3) 轮廓控制数控机床

轮廓控制是指数控装置能够对两个或两个以上的坐标轴同时进行连续控制。它不仅能控制移动部件准确地移动到目标点，还能控制整个加工过程中每一点的速度和位置，使机床将零件加工成符合要求的轮廓形状。例如数控车床、数控铣床、数控线切割机床、加工中心等。

3. 按伺服系统的控制方式分类

(1) 开环控制数控机床

开环控制系统中没有位置检测装置和反馈装置。由于不能对工作台的位移进行检测，因此机床的加工精度不高，其精度取决于伺服系统的性能及机床的传动精度，一般可达±0.02mm。图10-2(a)为步进电动机开环进给伺服系统原理图。

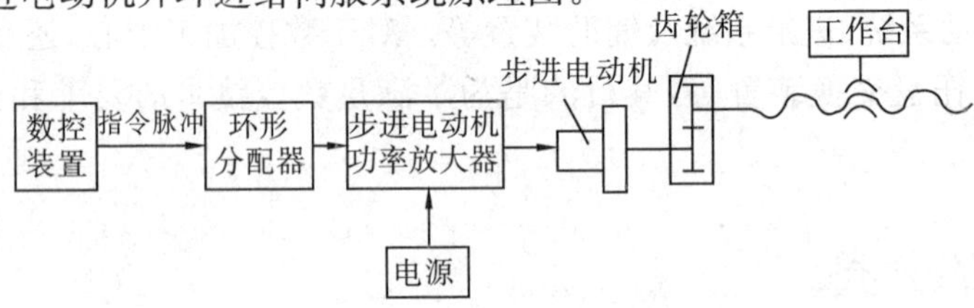

(a) 步进电动机开环进给伺服系统原理图

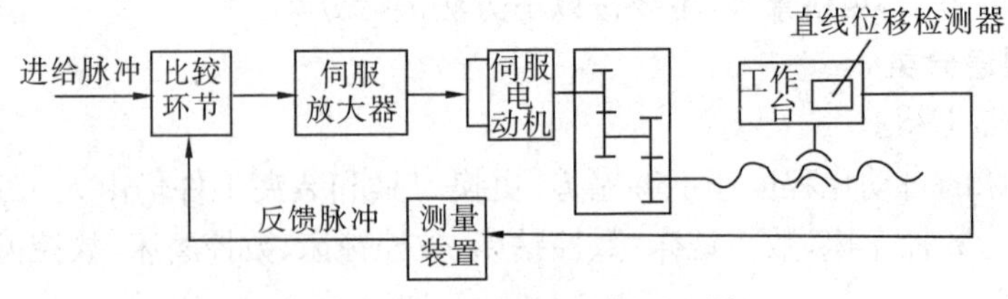

(b) 闭环进给伺服系统原理图

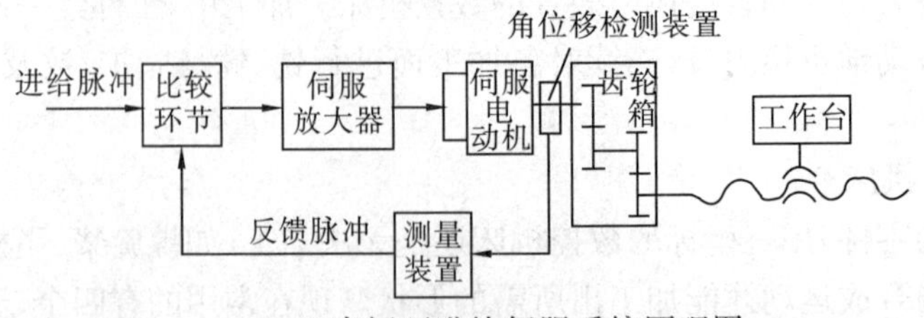

(c) 半闭环进给伺服系统原理图

图10-2　各种类型伺服系统原理图

(2) 闭环控制数控机床

闭环控制机床上具有检测装置和反馈装置。工作原理是：通过安装在工作台上的检测装置测出工作台的实际位移，经反馈装置将检测位移信号反馈到数控系统与输入信号进行比较，得到的差值进行放大和转换，以驱动工作台向减小误差的方向移动，直到消除误差为止，工作台停止移动。

由于闭环控制可以补偿机床传动机构的传动误差、间隙和干扰的影响，可获得很高的定位精度，一般可达±0.01mm，最高可达 0.001mm，主要用于高精度的数控机床。图 10-2(b)为闭环进给伺服系统原理图。

(3) 半闭环控制数控机床

半闭环控制也具有检测装置和反馈装置，与闭环控制不同的是：半闭环控制不是直接检测工作台的位移，而是检测丝杠或电动机转轴的转角，通过间接检测转角来确定工作台的位移。

由于这种系统没有将丝杠螺母副等传动机构包含在反馈环路中，不能补偿该部分传动机构的传动误差，使精度没有闭环控制高。但其调试方便，工作稳定性好，目前应用较为广泛。图 10-2(c)为半闭环进给伺服系统原理图。

三、手工程序的编制步骤

手工程序的编制步骤如图 10-3 所示。

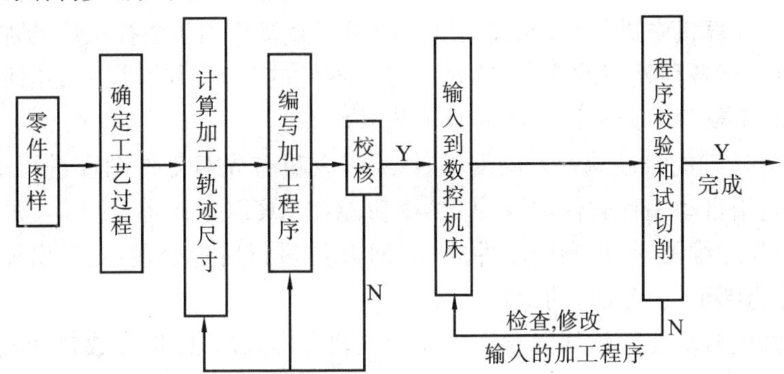

图 10-3　手工程序的编制步骤

1. 确定工艺过程

根据零件图样进行工艺分析，在此基础上选定机床、刀具和夹具，确定工件加工的工艺路线、工序及切削用量等工艺参数。这些与普通机床加工工件时的编制工艺规程基本是相同的。

2. 计算加工轨迹尺寸

根据零件图样上的尺寸、工艺要求及编程的方便，选定一个工件坐标系，在规定的坐标系内计算工件轮廓或刀具运动轨迹的坐标值，诸如几何元素的起点、终点、圆弧的圆心及其他基点、节点等坐标尺寸。在使用刀具补偿时，只需要计算工件的轮廓坐标值。不使用刀具补偿时，则必须计算刀具运动轨迹(刀具中心轨迹)的坐标值。

3. 编写加工程序

根据制订的加工工艺路线、切削用量、刀具号码、刀具补偿量、辅助动作及刀具运动轨迹等条件，再按照数控机床指令代码及编程格式编写程序。编写完毕，对编写的程序进行校核，检查坐标值是否错误、所编写的程序指令是否完全、格式是否符合要求等。

4. 输入到数控机床

把编写好的程序输入到数控机床中，具体输入方法有两种：一是在操作面板上进行输入；二是利用DNC（数据传输）功能，将计算机上编写的程序，由传输软件把加工程序输入到数控机床。

5. 程序校验和试切

所编写的程序必须经过进一步的校验和试切才能用于正式加工。通常可以采用空运行的方法进行程序校验，但在这种情况下只能校验程序格式是否正确、代码是否完整，不能校验移动的轨迹。

在具有图形显示的机床上，可以利用模拟加工图形显示来检查运动轨迹的正确性。

四、自动编程简介

自动编程又称计算机辅助编程，是利用计算机和相应的前置、后置处理程序对零件源程序进行处理，以得到加工程序单和数控带的一种编程方法。

自动编程根据编程信息的输入与计算机对信息处理方式的不同，可分为以自动编程语言为基础的自动编程方法和以计算机绘图为基础的自动编程方法。

用以语言为基础的自动编程方法进行编程时，编程人员依据所用数控语言来编写工件源程序，并将其输入计算机中进行编译处理，制作出可以直接应用于数控机床的加工程序。工件源程序是计算机进行各种处理的依据，其内容包括零件的几何形状、尺寸、几何元素间的相互关系（相交、相切、平行等）、刀具运动轨迹及工艺参数等。

用以CAD为基础的自动编程方法编程时，编程人员首先对工件图样进行工艺分析，确定构图方案，然后利用自动编程软件本身的CAD功能在CRT（显示器）上以人机对话的方式构建出工件的二维和三维图形，再利用软件的CAM功能进行后置处理，制作出加工程序。这种自动编程方式称为图形交互式自动编程。

目前，部分数控自动编程软件以专用数控加工软件形式出现，但多数自动编程软件自动编程模块的形式包含在CAM系统软件中。常用的含有自动编程模块的CAM软件有Master-CAM、Cimatron UG和Pro/Engineer等.

五、数控机床安全操作规程

1. 数控机床安全规程

（1）不经培训者严禁开机。

（2）不能随意自动运行不熟悉的程序。

（3）不要接触移动部件。

（4）出现意外情况，立即按急停按钮。

（5）机床工作中，在非人工状态下，不允许打开手动门。

（6）本机床出厂前注明的各种参数以及行程开关位置，不允许随意修改，以防发生重大事故。

(7) 机床进给系统皮带及垂向保险装置必须定期检查和更换。

(8) 做好日检、月检、季检、年检等检查。

(9) 按说明书的要求定期进行大修。

2. 数控机床操作规程

(1) 操作者工作前必须穿戴工作服，工作帽，并做好安全工作。

(2) 操作者必须熟悉该数控机床的各项性能和操作方法。

(3) 开机前应对数控机床进行全面细致的检查，确认无误后方可操作。

(4) 按顺序开、关机床。先开机床再开数控系统，先关数控系统再关机床。

(5) 开机过程中必须先进行返回机床参考点的操作，以建立机床坐标系。

(6) 开机后让机床空运转 15min 以上，使机床达到热平衡状态。

(7) 熟悉并审核程序，准备好工装、刀具，正确对刀，确定工件坐标系原点、设置好刀具补偿。

(8) 输入程序并试运行加工程序，检查加工状况、加工路线及加工精度。

(9) 启动机床进行加工时，必须再次做好安全检查工作，确保无误后，方可启动自动加工。

(10) 自动加工过程中，操作者自始至终监视运转状态，严禁离开机床，并应关好安全防护门。

(11) 出现异常情况，立即按紧急停止按钮，终止机床的所有运行和操作。

(12) 出现机床报警时，应根据报警号查找原因，及时排除。

(13) 每次重新自动运行程序，要按编程记录检查设置是否正确。

(14) 全部加工结束，做好清理工作并切断电源。

(15) 做好操作记录，故障维修记录。

第二节　数控加工工艺基础

在数控机床上加工零件，首先要对零件进行工艺分析，确定加工路线，选择切削用量、机床、刀具及定位夹紧方法，然后编制出零件的工艺规程程序单。并用数控机床能够接受的代码和规定的指令信息来表示，即将程序中的全部内容通过信息载体（即控制介质）输入到数控装置中，控制数控机床进行加工。从零件图样到控制介质的全过程，称为数控加工的程序设计。

一、工序的划分及加工顺序的安排

1. 工序的划分

在数控机床上加工工件，需要考虑工件整个加工工艺的安排，即工序的划分。

常用的数控机床加工零件的工序划分方法如下：

(1) 以一次安装、加工作为一道工序。

(2) 以同一把刀具加工的内容划分工序。

(3) 以加工部位划分工序。

(4) 以粗精加工划分工序。

2. 加工顺序的安排

在安排加工顺序时，应遵循以下几个原则：

(1) 上道工序的加工不能影响下道工序的定位与夹紧，中间穿插通用机床加工工序的也应该综合考虑。

(2) 以相同定位、夹紧方式加工或用同一把刀具加工的工序，最好连续加工，以减少重复定位次数、换刀次数与挪动压板次数。

(3) 遵循先粗加工后精加工、先主要面后次要面、先基准后其他的原则。

二、选择加工路线

走刀路线，也就是加工路线，是指数控机床在整个加工工序中刀具中心(严格说是刀位点)相对于工件的运动轨迹和方向。它不但包括了工步内容，也反映出工步顺序。加工中常要注意并防止刀具运动过程中与夹具或工件意外碰撞。确定走刀路线时应注意以下几点：

(1) 寻求最短加工路线。

(2) 最终轮廓一次走刀完成。

(3) 选择切入切出方向。

(4) 选择使工件加工后变形小的路线。

1. 孔类加工(钻孔、镗孔)

由于孔的加工属于点位控制，在设计加工路线时，要重视孔的位置精度。对位置精度要求较高的孔，应考虑采用单边定位的方法，否则有可能把坐标轴的反向间隙带入，直接影响孔的位置精度。

图 10-4 是精镗 4 个孔的两种加工路线示意图。图 10-4(a)X 向的反向间隙会使定位误差增加，从而影响Ⅳ孔与Ⅲ孔的位置精度。图 10-4(b)是在加工完Ⅲ孔后不直接在Ⅳ孔处定位，而是多运动了一段距离，然后折回来在Ⅳ孔处进行定位。由于定位方向一致，避免了反向间隙误差的带入，提高了Ⅲ孔与Ⅳ孔的孔距精度。

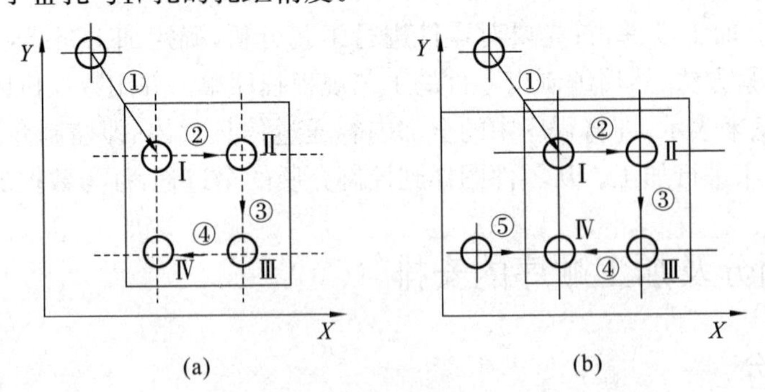

图 10-4 镗孔精加工路线示意图

2. 车削或铣削

在车削或铣削零件时，要选择合理的进、退刀位置和方向，尽量避免沿零件轮廓法向切入和进给中途停顿，进、退刀位置应选在不会产生干涉的位置。

在切入加工时，要安排刀具沿切向进入(图 10-5)，在加工完毕后，要安排一段沿切线方向的退刀距离，这样可以避免径向切入(出)时，由于进给方向改变、速度减慢而造成的零件表面加工质量降低，以及在取消刀补时，刀具与工件相撞而造成的工件和刀具报废。

在铣削内圆时也应该遵循沿切向切入的原则(图 10-6)，而且最好安排从圆弧过渡到圆弧的加工路线；切出时也应多安排一段过渡圆弧再退刀，这样可以减小接刀处的接刀痕，从而提高内圆的加工精度。

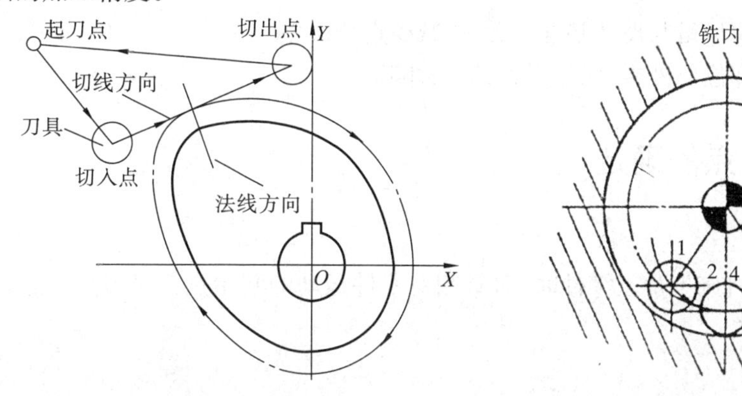

图 10-5 外轮廓加工时刀具的切入和切出　　图 10-6 内轮廓加工时刀具的切入和切出

另外，设计加工路线时应考虑尽量减少程序段，应有利于工艺处理。

3. 空间曲面的加工

图 10-7 所示为加工曲面时可能采取的 3 种走刀路线，即沿参数曲面的 U 向行切、沿 V 向行切和环切。

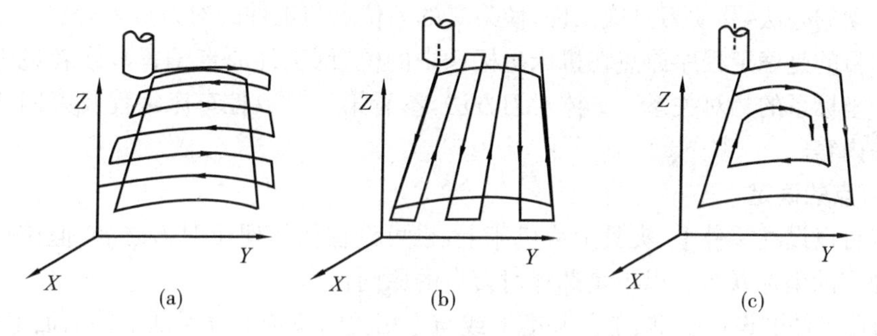

图 10-7 曲面轮廓走刀路线

对于直母线类表面，采用图 10-7(b)所示的方案显然更有利，每次沿直线走刀，刀位点计算简单，程序段少，而且加工过程符合直纹面的形成规律，可以准确保证母线的直线度。图 10-7(a)所示方案的优点是便于在加工后检验型面的准确度。因此实际生产中最好将以上两种方案结合起来。图 10-7(c)所示的环切方案主要应用在内槽加工中，在型面加工中由于编程麻烦一般不予采用。但在加工螺旋桨桨叶一类零件时，工件刚度小，采用从里到外的环切，有利于减少工件在加工过程中的变形。

三、确定零件的安装方法和选择夹具

根据工件的实际形状以及加工的要求确定工件的装夹方式，选择夹具并设计好工件的定位基准，然后完成工件的装夹与找正过程。

工件安装时要使零件的基准方向和 X、Y、Z 轴的方向一致，并且保证切削时刀具不会碰到夹具或机床，然后将零件找正、夹紧。在工件装夹过程中，要注意以下几点：

(1) 尽量选用组合夹具、通用夹具装夹工件，避免采用专用夹具。

(2) 尽量减少装夹次数，装夹零件要迅速方便，要多采用气动、液压夹具，以减少数控机床停机时间。

(3) 零件定位基准应尽量与设计基准重合，以减少定位误差。

(4) 零件上的加工部位要外露，以免因夹具而影响进给。

四、对刀点和换刀点的确定

1. 对刀点

对刀点是指在数控机床上加工零件时，刀具相对零件运动的起始点。对刀点应选择在对刀方便、编程简单的地方。

2. 刀位点

所谓刀位点，是指刀具上用于确定刀具在机床坐标系中位置的特定点。

平头立铣刀刀位点一般为端面中心，球头铣刀刀位点一般为球心，车刀刀位点为刀尖，钻头刀位点为钻尖。

3. 对刀

对刀就是使“对刀点”与“刀位点”重合的操作。该操作是工件加工前必需的步骤，即在加工前采用手动的办法，移动刀具或工件，使刀具的刀位点与工件的对刀点重合。

对刀的目的是确定程序原点在机床坐标系中的位置(工件原点偏置)，或者说确定机床坐标系与工件坐标系的相对关系。具体对刀方法，参看第三节数控车床编程及第四节数控铣床编程的相关内容。

4. 对刀点的确定

对刀点可以设在零件上、夹具上或机床上，也可设在任何便于对刀之处，但该点必须与程序原点有确定的坐标联系。以下是选择对刀点的原则：

(1) 选在零件的设计基准、工艺基准上或与之相关的位置上以保证工件的加工精度。

(2) 选在方便坐标计算的地方，以简化程序编制。

(3) 选在便于对刀、便于测量的地方，以保证对刀的准确性。

5. 换刀点的确定

换刀点是指在加工过程中进行换刀的地方，“换刀点”应根据工序内容合理安排。为了防止换刀时刀具碰伤工件，换刀点往往设在零件的外面。

五、选择刀具和确定切削用量

1. 数控加工刀具的选择

数控加工对刀具的选择比较严格，所选择的刀具应满足安装调整方便、刚性好、精度高、耐用度好的要求。

(1) 常用数控车刀种类和用途

常用数控车刀的种类、形状和用途，如图 10-8 所示。

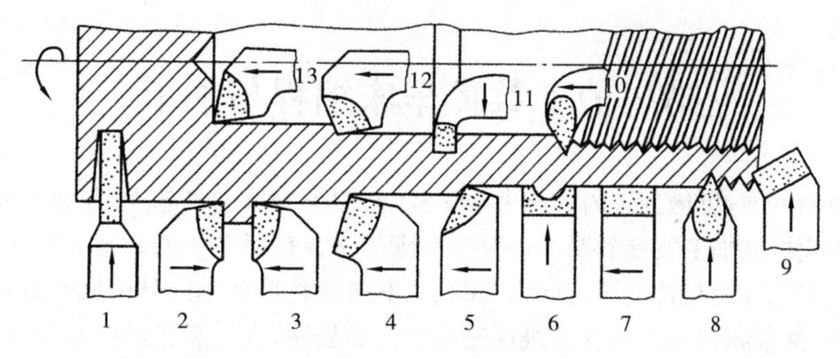

图 10-8　常用数控车刀的种类、形状和用途

1. 切断刀　2. 90°左偏刀　3. 90°右偏刀　4. 弯头车刀　5. 直头车刀　6. 成形车刀　7. 宽刃精车刀　8. 外螺纹车刀　9. 端面车刀　10. 内螺纹车刀　11. 内槽车刀　12. 通孔车刀　13. 不通孔车刀

(2) 常用数控铣刀的种类

数控机床上常用的铣刀有面铣刀、立铣刀、键槽铣刀、麻花钻、模具铣刀等，如图 10-9 所示。

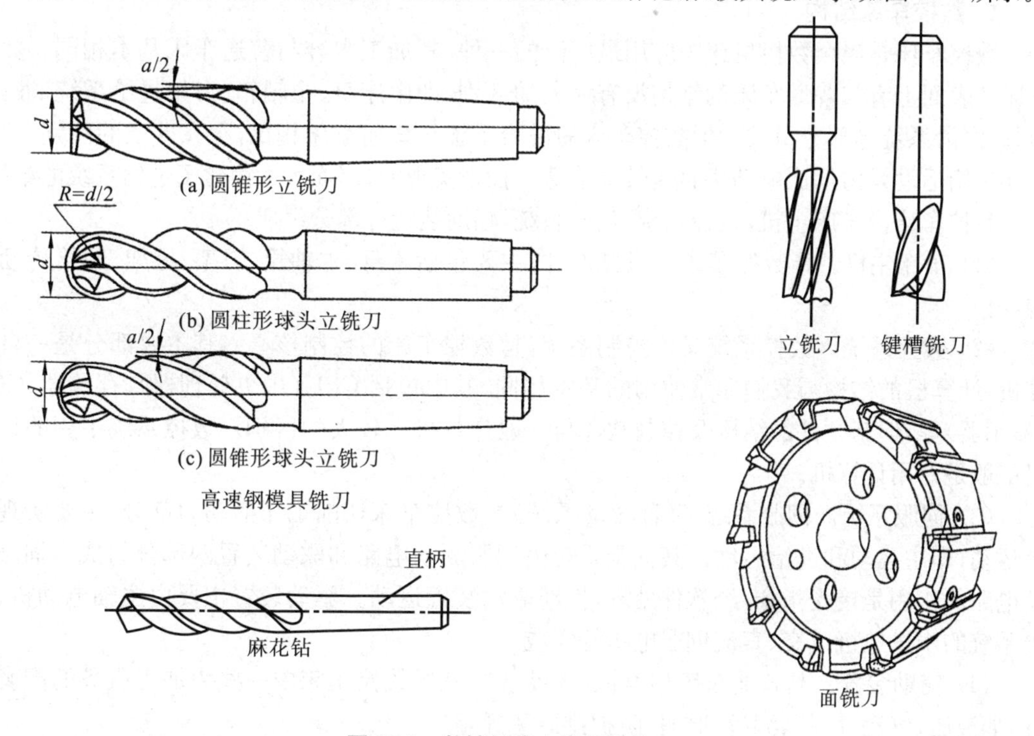

图 10-9　数控机床上常用的铣刀

2. 切削用量的选择

切削用量的选择应根据机床说明书和切削原理中的有关理论，并结合实际经验来确定。具体切削用量的选择方法，参看第三节数控车床编程及第四节数控铣床编程的相关内容。

第三节　数控车床编程与加工

随着工业的发展,机械加工内容越来越显复杂,加工难度越来越大,仅靠普通车床的加工已不能适应现代机械加工发展的要求。数控车床就是在普通车床的基础上发展起来的,其所用刀具及加工工艺过程与普通车床同出一源,所不同的是普通车床是由操作者双手操控一步步实现的,而数控车床的加工过程是按预先编制好的程序,在计算机的控制下自动执行,从而完成零件加工工艺过程的。

一、数控车床的结构与分类

1. 数控车床结构

数控车床是当今数控机床中应用最广泛的一种,其加工内容与普通车床基本相同。数控车床从表面上看与普通车床的结构没有太大的区别,即由床身、主轴箱、刀架进给系统、液压、冷却、润滑系统等部分组成。但数控车床的进给系统与普通车床相比,存在着质的区别,它的刀架进给运动是由伺服电动机直接带动滚珠丝杠来实现的,因而大大简化了进给系统的结构。

数控车床由车床主机,数控系统,伺服系统,辅助装置等部分组成。

(1) 车床主机。指数控车床的机械部件,主要包括床身、主轴箱、刀架、尾架、进给传动机构等。

(2) 数控系统。数控系统又称控制系统,是数控车床的控制核心。其主要部分是一台计算机,计算机的结构与我们通常使用的基本相同,其中包括 CPU(中央处理器)、存储器、CRT(显示器)等,但其硬件的结构及控制软件与一般计算机有较大的区别。数控系统中用的计算机一般是专用计算机。

(3) 伺服系统。伺服系统(又称驱动系统)是数控车床切削工作的动力部分,主要实现两个运动,即主运动和进给运动。其伺服系统由伺服驱动电路和驱动装置两部分组成。伺服驱动电路的作用是接受指令,经软件处理,推动驱动装置运动。驱动装置主要由主轴电动机、进给系统的步进电机或交、直流伺服电机等组成。

(4) 辅助装置。与普通车床相类似,辅助装置是指数控车床中一些为加工服务的配套部分,如液压、气动、冷却、润滑、照明、防护排屑装置等。

2. 数控车床的分类

数控机床发展很快,其造价远高于普通机床,因此,根据用户的使用要求及经济承受能力的不同,出现了各种不同装置和技术等级的数控车床。不同装置的数控车床都有其不同的特点,按照数控系统功能及技术水平或车床的机械结构,数控车床大致分为:

(1) 经济型数控车床

它一般是以普通车床的机械结构为基础,经过改进设计而得来的,也有一小部分是直接对普通车床进行改造得来的。此类车床的特点是结构简单,价格低廉,其功能也相对简单。

(2) 全功能型数控车床

就是我们通常所讲的"数控车床"。它的控制系统是全功能型的，带有高分辨率的 CRT，带有各种显示、图形仿真，刀具和位置补偿等功能，带有通信或网络接口。采用闭环或半闭环控制的伺服系统，可以进行多个坐标的控制。

(3) 车削中心

车削中心是以全功能型数控车床为主体，配备刀库、自动换刀器、分度装置、铣削动力头和机械手等部件，能实现多工序复合加工的机床。

另外，根据机床主轴配置方式的不同，数控车床可分为卧式数控车床(主轴轴线为水平旋转)和立式数控车床(主轴轴线为垂直放置)。

二、数控车床的加工特点

数控车床和普通车床相比其加工适应范围更广，适宜多品种小批量零件及回转表面复杂零件的加工，数控车床加工具有如下几个明显的特点。

(1) 可以加工轮廓形状特别复杂或尺寸难以控制的回转零件(如圆弧与圆弧间尺寸的连接，一些不能用方程描述的列表曲线零件)。因数控装置都具有直线和圆弧插补功能，有的数控装置具有某些非圆曲线插补功能。

(2) 加工零件精度高，零件的精度要求主要指尺寸、形状、位置和表面等的精度要求，其中的表面精度主要指表面粗糙度。

(3) 可以加工特殊螺旋的零件，这些螺旋零件是指特大螺距(或导程)、变(增、减)螺距，以及高精度的模数螺旋零件(如:圆柱、圆弧蜗杆)，端面、盘形螺旋零件等。

(4) 加工零件的尺寸一致性好，生产效率高，是普通车床所无法比拟的。

三、数控加工切削用量的选择

数控加工(车削)的切削用量包括:切削速度 v，背吃刀量 a_p，进给量 f。

1. 选择切削用量的一般原则

数控车削加工与普通车削加工工艺相似，分粗加工和精加工。数控加工对同一加工过程选用不同的切削用量会产生不同的切削效果。合理的切削用量应能保证工件的质量要求(加工精度和表面粗糙度)，在机床切削系统强度及刚性条件允许的情况下，充分利用机床效率，最大限度地发挥刀具的切削性能，并保证刀具有一定的使用寿命。所以合理地选择切削用量，对实现优质、高产、低成本及安全操作具有重要的作用。

2. 粗车加工切削用量的选择

粗车一般以提高生产效率为主，尽量减少加工时间，降低生产成本。适当提高切削速度 v，加大进给量 f 和背吃刀量 a_p 能提高生产效率，其中切削速度对刀具使用寿命影响最大，背吃刀量对刀具使用寿命影响最小。所以在选择粗车加工的切削用量时，应尽可能选大的背吃刀量 a_p(能减少走刀次数)，其次选择较大的进给速度(进给量 f，有利于断屑)，最后在刀具使用寿命和机床功率允许的条件下选择合理的切削速度 v。

3. 精车加工切削用量的选择

精车加工时切削用量主要是保证加工质量(尺寸精度和表面粗糙度)，兼顾生产效率和刀具使用寿命。因此，精车时应选用较小(合适)的背吃刀量 a_p 和进给量 f，在刀具材料允许的条件下，尽可能提高切削速度 v。

4. 数控车削切削用量推荐

表10-1是一些资料推荐的切削用量数据，供应用时参考，详细内容请查阅切削用量手册。

表10-1 数控车削切削用量推荐表

工件材料	加工内容	背吃刀量 a_p	切削速度 v	进给量 f	刀具材料
碳素钢 Ab>600MPa	粗加工	5～7	60～80	0.2～0.4	YT类
	精加工	2～3	80～120	0.2～0.4	
	精加工	2～6	120～150	0.1～0.2	
	钻中心孔		500～800r/min		W18Gr4V
	钻　孔		30	0.1～0.2	
	切　断	(宽度<5mm)	70～110	0.1～0.2	YT类
铸铁 200HBS以下	粗加工		50～70	0.2～0.4	YG类
	粗加工		70～100	0.1～0.2	
	切　断	(宽度<5mm)	50～70	0.1～0.2	

注意：主轴转速应根据零件上被加工部位的直径，并按零件和刀具的材料及加工性质等条件所允许的切削速度来确定。

四、数控车床编程基础

1. 数控系统功能

(1) 准备功能G代码

准备功能G代码是用地址字G和后面的两位数来表示的，见表10-2。

表10-2 准备功能G代码表

FANUC GT/OTE－A			
B:基本功能 O:选择功能			
代 码	组 号	功 能	GT
G00	01	快速定位	B
G01	01	直线插补	B
G02	01	圆弧插补(顺时针)	B
G03	01	圆弧插补(逆时针)	B
G04	00	暂停	
G32	01	螺纹切削	B
G40	07	取消刀尖半径补偿	O
G41	07	刀尖半径左补偿	O

续表

FANUC　GT/OTE−A			
B:基本功能　O:选择功能			
代　码	组　号	功　能	GT
G42	07	刀尖半径右补偿	O
G50	00	1. 坐标系设定；　2. 主轴最大速度限定	BO
G70	00	精加工复合循环	O
G71	00	外圆粗加工复合循环	O
G72	00	端面粗加工复合循环	O
G90	01	外圆切削循环	O
G92	01	螺纹切削循环	O
G94	01	端面切削循环	O
G98	05	每分钟进给量	B
G99	05	每转进给量	B

注:00 组 G 代码为非模态,其他均为模态 G 代码。

G 代码按其功能不同分为若干组。G 代码有两种模态:模态式 G 代码和非模态式 G 代码。00 组的 G 代码属于非模态的 G 代码,只限定在被指定的程序段中有效。其余组的 G 代码属于模态式 G 代码,具有续效性,在后续程序段中只要同组其他 G 代码未出现就一直有效。

不同组的 G 代码在同一个程序段中可以指令多个,但如果在同一个程序中指令了两个或两个以上属于同一组的 G 代码时,只有最后面的那个 G 代码有效。如果在程序中指令了 G 代码表中没有列出的 G 代码,则显示报警。

(2) 辅助功能

辅助功能是用地址字 M 及二位数字表示的,它主要用于机床加工操作时的工艺性指令。其特点是靠继电器的通断来实现其控制过程。

① M00:程序暂停。执行 M00 后,机床所有动作均被切断,重新按动程序启动按钮后,再继续执行后面的程序段。

② M01:任选暂停。执行过程和 M00 相同,只是在机床控制面板上的“任选停止”开关置于接通位置时,该指令才有效。

③ M02:主程序结束。切断机床所有动作,并使程序复位。

④ M03:启动主轴正转。

⑤ M04:启动主轴反转。

⑥ M05:主轴停止。

⑦ M08:切削液开。

⑧ M09:切削液关。

⑨ M30:程序结束,并返回子程序。

(3) N、F、T、S 功能

N 功能:程序段号(顺序号)。

F 功能：进给功能，表示进给速度，进给速度是用字母 F 和其后面的若干位数字来表示的。

① 每分钟进给量(G98)：系统在执行了一条含有 G98 的程序后，再遇到 F 指令时，便认为 F 所指定的进给速度单位为 mm/min。如 F25.4，即为 F25.4mm/min。

G98 被执行一次后，系统将保护 G98 状态，即使断电也不受影响，直至系统又执行了含有 G99 的程序段，G98 便被否定，而 G99 将发生作用。

② 每转进给量 G99：若系统处于 G99 状态，则认为 F 指定的进给速度单位为 mm/r。如 F0.2，即为 F0.2mm/r。

要取消 G99 状态，必须重新指定 G98。

T 功能：刀具功能；表示换刀功能，根据加工需要在某些程序段指令进行选刀和换刀。刀具功能是用字母 T 和其后的四位数字表示的。其中前两位为刀具号，后两位为刀具补偿号。每一刀具加工结束后，必须取消刀具补偿。

S 功能：主轴功能主要是表示主轴转速。主轴功能是用字母 S 和其后面的数字表示的。

① 恒线速度控制(G96)：G96 是接通恒线速度的控制指令。系统执行 G96 指令后，便认为用 S 指定的数值表示切削速度。如 G96 S200，表示切削速度是 200m/min。

在恒线速度控制中，数控系统根据刀尖所在处的 X 坐标值作为工件的直径来计算主轴转速。所以在使用 G96 指令前必须正确地设定工件坐标系。

② 主轴转速控制(G97)：G97 是取消恒线速度控制的指令。此时，S 指定的数值表示主轴每分钟的转数。如 G97 S1500，表示主轴转速为 1500r/min。

③ 主轴最高速度限定(G50)：G50 除有坐标系设定功能外，还有主轴最高转速设定的功能。即用 S 指定的数值设定主轴每分钟的最高转速。如 G50 S2000，表示把主轴最高速设为 2000r/min。

用恒线速度控制加工端面，锥度和圆弧时，由于 X 坐标不断变化，故当刀具逐渐移近工件旋转中心时，主轴转速会越来越高，工件有可能从卡盘中飞出。为了防止事故，有时必须限制主轴的最高转速，这时可使用 G50 S_指令达到此目的。

2. 坐标系统

(1) 机床坐标轴

数控车床是以机床主轴轴线方向为 Z 轴方向，刀具远离工件的方向为 Z 轴的正方向。X 轴位于与工件安装面相平行的水平面内，垂直于工件旋转轴线方向，刀具远离主轴轴线的方向为 X 轴的正方向。

(2) 机床原点、参考点及机床坐标系

机床原点为机床上的一个固定点，车床的机床原点定义为主轴旋转中心线与车头端面的交点。如图 10-10 所示，O 点即为机床原点。

参考点也是机床上的一个固定点。该点与机床原点的相对位置如图 10-10 所示(点 O' 即为参考点)，其固定位置由 Z 向与 X 向的机械挡块来确定。当进行回参考点(回零)的操作时，装在纵向和横向滑板上的行程开关碰到相应的挡块后，向数控系统发出信号，由系统控制滑板停止运动，完成回参考点的操作。

以机床原点为坐标原点，而建立一个 Z 轴与 X 轴的直角坐标系，则此坐标系就称为机床坐标系。机床通电后，不论刀架位于什么位置，此时显示器上显示的 Z 与 X 的坐标值均为零，当完成回参考点的操作后，则马上显示此时刀架中心(对刀参考点)在机床坐标系中的坐标值，就相当于数控系统内部建立了一个以机床原点为坐标原点的机床坐标系。

(3) 工件原点和工件坐标系

当给出零件图样后,应首先找出图样的设计基准点,其他各项尺寸均是以此点为基准进行标注的,该基准点称之为工件原点,以工件原点为坐标原点建立一个 Z 轴与 X 轴组成的直角坐标系,称为工件坐标系。

工件原点是人为设定的,设定的依据是既要符合图样尺寸标注习惯,又要便于编程。通常我们把工件原点选择在工件右端面,左端面或卡爪的前端面。将工件安装在卡盘上,则机床坐标系与工件坐标系是不重合的,而工件坐标系的 Z 轴一般与主轴轴线重合,X 轴随工件原点位置不同而异,各轴正方向与机床坐标系相同。以工件右端面为工件原点的工件坐标系,如图 10-11 所示。

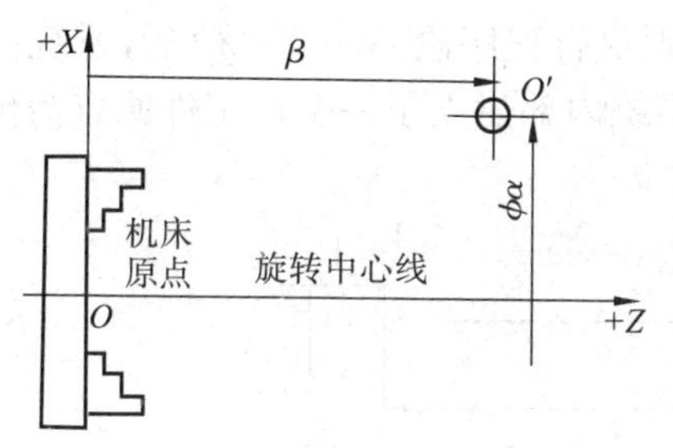

图 10-10 机床原点和参考点

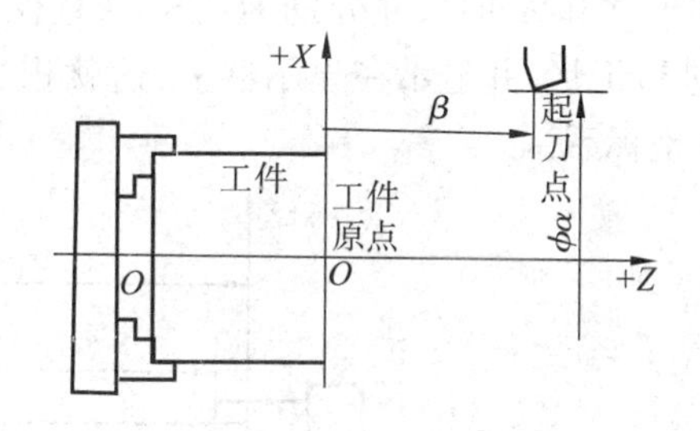

图 10-11 工件原点和工件坐标系

3. 绝对编程与增量编程

X 轴与 Z 轴移动量的指令方法有绝对指令和增量指令两种。绝对指令是用各轴移动到终点的坐标值进行编程,称为绝对编程法。增量指令是用各轴的移动量直接编程,称为增量编程法。

绝对编程时,用 X、Z 表示 X 轴与 Z 轴的坐标值:增量编程时,用 U、W 表示在 X 轴和 Z 轴的移动量。

如图 10-12 所示,增量指令时为 U40.0 W-60.0。绝对指令时为 X70.0 Z40.0,绝对编程和增量编程可在同一程序中混合使用,这样可免去编程时一些尺寸值的计算,如 X70.0 W-60.0。

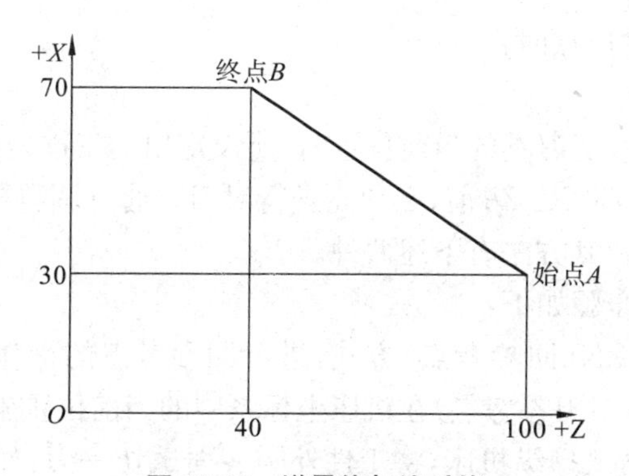

图 10-12 增量值与绝对值

五、基本编程方法

1. 坐标系设定(G50)

工件安装在卡盘上，机床坐标系与工件坐标是不重合的。为便于编程，应建立一个工件坐标系，使刀具在此坐标系中进行加工。

(1) 工件坐标系设定

G50 X_ Z_

该指令是规定刀具起刀点(或换刀点)至工件原点的距离。坐标值 X、Z 为刀尖(刀位点)在工件坐标系中的起始点(即起刀点)位置。如图 10-13 所示，假设刀尖的起始点距工件原点的 Z 向尺寸和 X 向尺寸分别为 β 和 α(直径值)，则执行程序段 G50 Xα Zβ 后，系统内部即对(α,β)进行记忆，并显示在显示器上，这就相当于系统内部建立了一个以工件原点为坐标原点的工件坐标系。

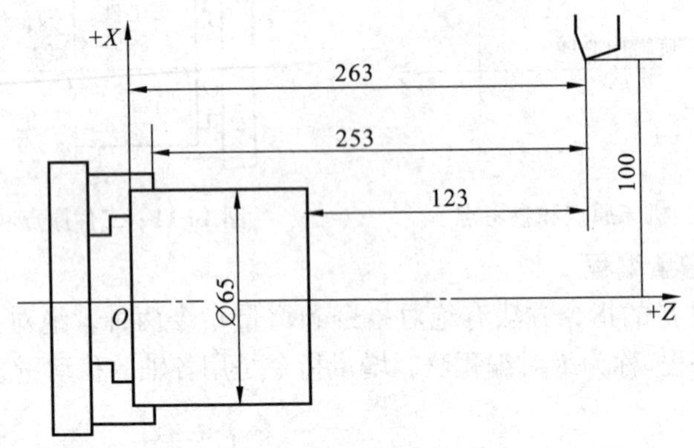

图 10-13　工件坐标系设定

例如图 10-13 所示坐标系设定，当工件左端面为工件原点时：

G50 X200.0 Z263.0

当以工件右端面为工件原点时：

G50 X200.0 Z123.0

当以卡爪前面为工件原点时：

G50 X200.0 Z253.0

显然，当 α、β 不同或改变刀具的当前位置时，所设定出的工件坐标系的工件原点位置也不同。因此在执行程序段 G50 Xα Zβ 前，必须先进行对刀。通过调整机床，将刀尖放在程序所要求的起刀点位置(α、β)上。其方法有下述两种。

① 试切对刀。具体步骤如下：

回参考点操作：用 ZRN(回参考点)方式，进行回参考点的操作，建立机床坐标系。此时 CRT 上将显示刀架中心(对刀参考点)在机床坐标系中的当前位置坐标值。

试切测量：用 MDI 方式操纵机床，将工件外圆表面试切一刀，然后保持刀具在横向(X 轴方向)上的位置尺寸不变，沿纵向(Z 轴方向)退刀；测量工件试切后的直径 D 即可知道刀尖在 X 轴方向上的当前位置坐标值，并记录 CRT 上显示的刀架中心(对刀参考点)在机床坐标系中 X 轴方向上的当前位置坐标值 X_t。用同样的方法再将工件右端面试车一刀，保持刀具纵向

(Z 轴方向)位置不变,沿横向(X 轴方向)退刀,同样可以测量试切端面至工件原点的距离(长度)尺寸 L,并记录 CRT 上显示的刀架中心(对刀参考点)在机床坐标系中 Z 轴方向上的当前位置坐标值 Z_t。

计算坐标增量:根据试切后测量的工件直径 D、端面距离长度 L 与程序所要求的起刀点坐标(α,β),算出将刀尖移到起刀点位置所需的 X 轴坐标增量 $\alpha-D$ 与 Z 轴坐标增量 $\beta-L$。

对刀:根据算出的坐标增量,用手摇脉冲发生器移动刀具,使前面记录的位置坐标值(X_t,Z_t)增加相应的坐标增量,即将刀具移至使 CRT 上所显示的刀架中心(对刀参考点)在机床坐标系中位置坐标值为($X_t+\alpha-D,Z_t+\beta-L$)为止。这样就实现了将刀尖放在程序所要求的起刀点位置(α,β)上。

建立工件坐标系:若执行程序段为 G50 Xα Zβ,则 CRT 将会立即变为显示当前刀尖在工件坐标系中的位置(α,β),即数控系统用新建立的工件坐标系取代了前面建立的机床坐标系。

例如图 10-13 所示,设以卡爪前端面为工件原点(G50 X200.0 Z253.0),若完成回参考点操作后,经试切,测得工件直径为 67mm,试切端面至卡爪前端面的距离尺寸为 131mm,而 CRT 显示的位置坐标值为 X265.763 Z297.421。为了将刀尖调整到起刀点位置 X200.0 Z253.0 上,只要将显示的位置 X 坐标增加 133(200－67),Z 坐标增加 122(253－131),即将刀具移到使 CRT 上显示的位置为 X398.763 Z419.421 即可。执行加工程序段 G50 X200.0 Z253.0,即可建立工件坐标系,并显示刀尖在工件坐标系中的当前位置 X200.0 Z253.0。

对具有刀具补偿功能的数控车床,其对刀误差还可以通过刀具偏移来补偿,所以调整机床时的要求并不严格。

② 改变参考点位置。通过数控系统参数设定功能或调整机床各坐标轴的机械挡块位置,将参考点设置在与起刀点相对应的对刀参考点上。这样在进行回参考点操作时,即能使刀尖到达起刀点位置。

(2) 坐标系平移

G50U_W_

该指令能把已建立起来的某个坐标系进行平移,其中 U 和 W 分别代表坐标原点在 X 轴和 Z 轴上的位移量。

如图 10-14 所示,在执行“G50 Uα Wβ”以前,系统所显示的坐标值为 $X=a,Z=b$,执行完该指令后,系统所显示的坐标值将变为 $X=\alpha+a,Z=b+\beta$,即相当于将坐标原点从 O 点平移到了 O' 点。由此可见,G50 的作用就是让系统内容用新的坐标值代替旧的坐标值,从而建立新的坐标系。工件坐标系一旦建立,就取代了原来的机床坐标系,反之,如果重新建立机床坐标系,又会取代旧的工件坐标系。应当注意,在机床坐标系中,坐标值是刀架中心点(对刀参考点)相对机床原点的距离;而在工件坐标系中,坐标值则是刀尖相对工件原点的距离。

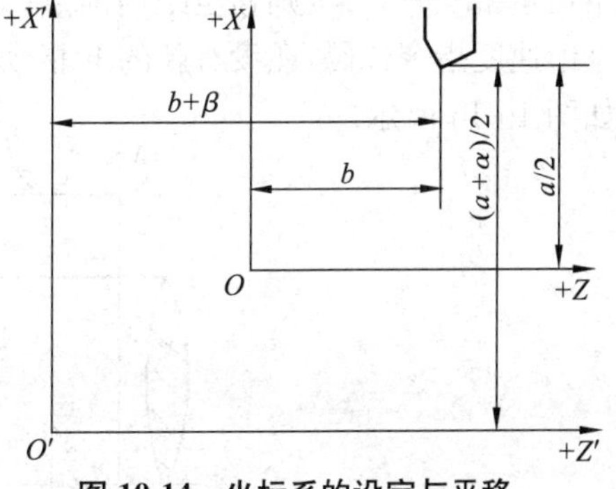

图 10-14　坐标系的设定与平移

2. 快速定位(G00)

G00 X(U)_ Z(W)_

采用绝对编程时,刀具分别以各轴快速进给速度移动到工件坐标系中坐标值为 X、Z 的点上；采用增量编程时，刀具则移动到距始点（当前点）距离为 U、W 值的点上。执行该指令时，刀具的进给路线可能为一折线，这与参数设定的各轴快速进给速度有关。

例如图 10-15 所示，若 X 轴的快速进给速度为 3000mm/min，Z 轴的快速进给速度为 6000mm/min，刀具的始点位于工件坐标系的 A 点。当程序为：

G50 X80.0 Z222.0　　　坐标系设定

G00 X40.0 Z162.0　　　A→B→C

（或：G00 U－40.0 W－60.0）

则刀具先沿 X 轴和 Z 轴同时移至 B 点，然后再沿 Z 轴移至 C 点。若此进给路线 A→B→C 不合适时，可将指令分两个程序段，两个轴分别移动：

G50 X80.0 Z222.0　　　坐标系设定

G00 Z162.0　　　A→D

X40.0　　　D→C

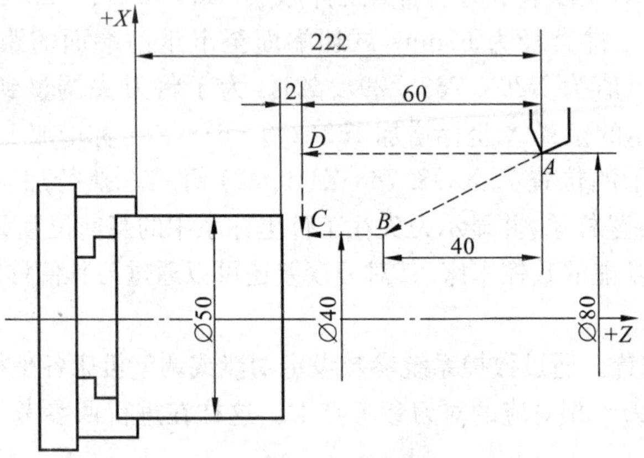

图 10-15　快速定位

3. 直线插补(G01)

G01 X(U)_ Z(W)_ F_

采用绝对编程时，刀具以 F 指令的进给速度进行直线插补，移至坐标值为 X、Z 的点上；采用增量编程时，刀具则移至距当前点（始点）距离为 U、W 值的点上。而 F 代码是进给路线的进给速度指令代码，在没有新的 F 指令以前一直有效，不必在每一个程序段中都写入 F 指令，如图 10-16 所示。

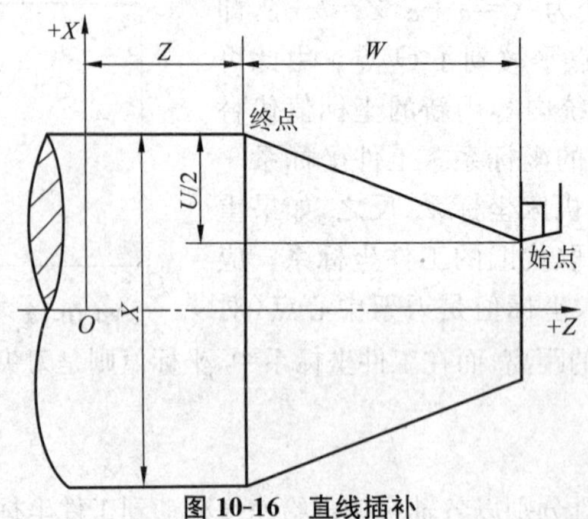

图 10-16　直线插补

例如图 10-17 所示：

绝对编程时，A→B

G01 X45.0 Z13.0 F30

增量编程时，A→B

G01 U20.0 W−20.0 F30

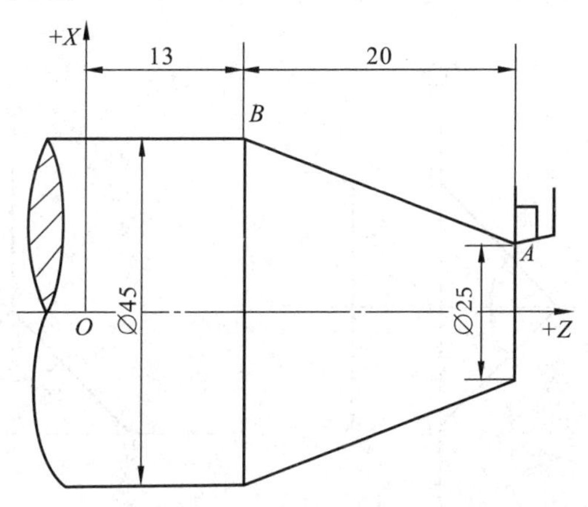

图 10-17　直线插补(绝对编程)

例如图 10-18 所示：

G01 Z10.0 F50 或 G01 W−182.0 F50

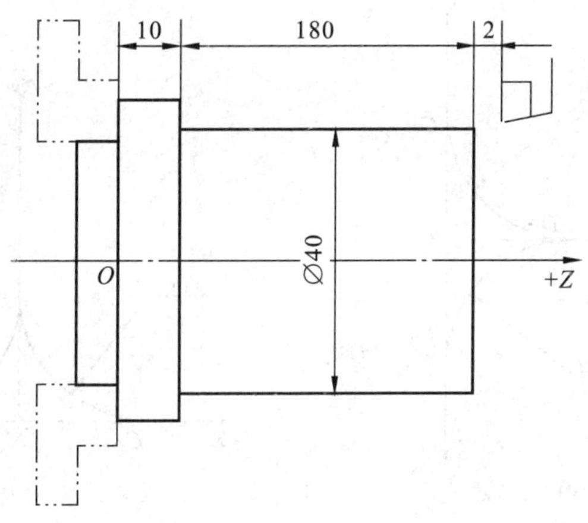

图 10-18　直线插补(增量编程)

4. 倒角与倒圆(G01)

回转体类零件的台阶和端面可用 G01 指令来实现倒角与倒圆。

(1) 倒角 Z→X

G01 Z(W)$\underline{b}$ I $\underline{\pm i}$

b 点的移动用绝对或增量指令，进给路线为：A→D→C，如图 10-19(a)所示。

(2) 倒角 X→Z

G01 X(U)$\underline{b}$ K $\underline{\pm k}$

b 点的移动用绝对或增量指令，进给路线为 A→D→C，如图 10-19(b)所示。

(3) 倒圆 Z→X

G01 Z(W)$\underline{b}$ R $\underline{\pm r}$

b 点的移动用绝对或增量指令，进给路线为 $A \to D \to C$，如图 10-19(c)所示。

(4) 倒圆 $X \to Z$

G01 X(U)$\underline{b}$ R $\underline{\pm r}$

b 点的移动用绝对或增量指令，进给路线为 $A \to D \to C$，如图 10-19(d)所示。

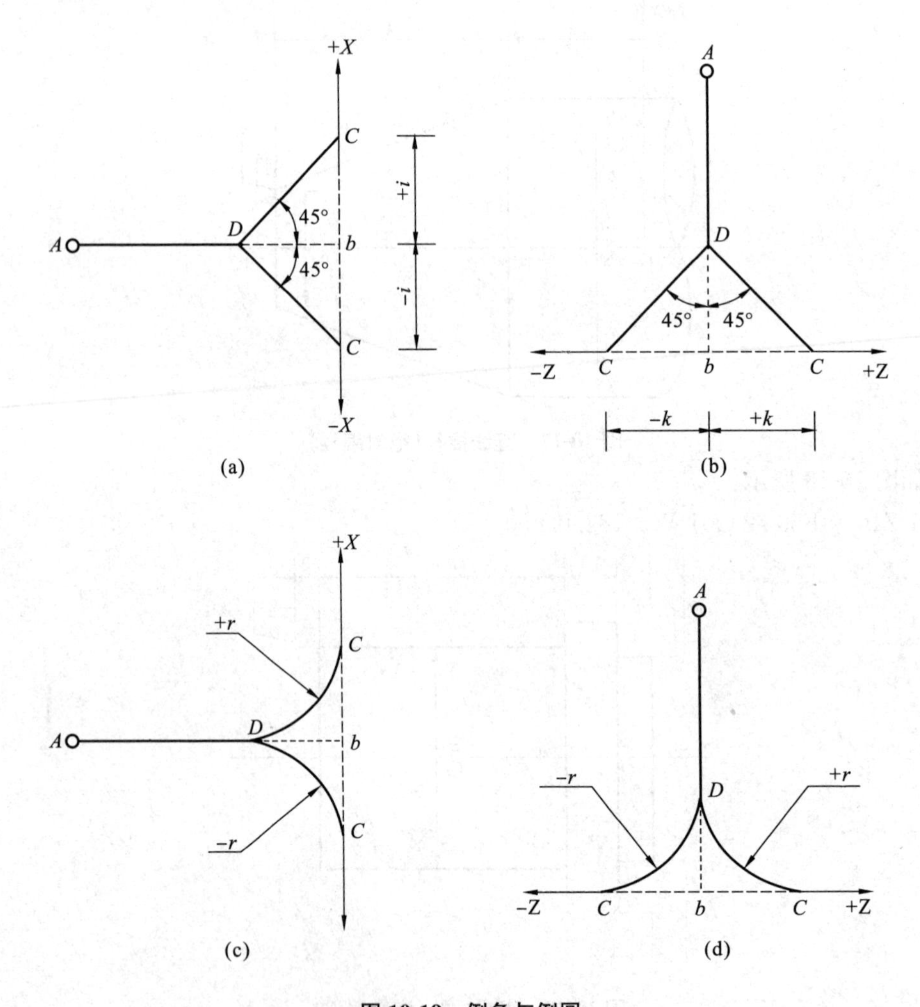

图 10-19　倒角与倒圆

5. 圆弧插补(G02、G03)

$$\begin{Bmatrix} \text{G02} \\ \text{G03} \end{Bmatrix} \text{X(U)\_ Z(W)\_} \begin{Bmatrix} \text{I\_K\_} \\ \text{R\_} \end{Bmatrix} \text{F\_}$$

圆弧插补 G02. G03 指令刀具相对工件以 F 指令的进给速度从当前点(始点)向终点进行圆弧插补。G02 是顺时针圆弧插补指令，G03 是逆时针圆弧插补指令。图 10-20 所示绝对编程时，X、Z 为圆弧终点坐标值；增量编程时，U、W 为终点相对始点的距离。R 是圆弧半径，当圆弧所对的圆心角为 0°～180°时，R 取正值；当圆心角为 180°～360°时，R 取负值。I、K 为圆心在 X、Z 轴方向上相对始点的坐标增量，当 I、K 为零时可以省略。I、K 和 R 同时给予指令的程序段，以 R 为优先，I、K 无效。

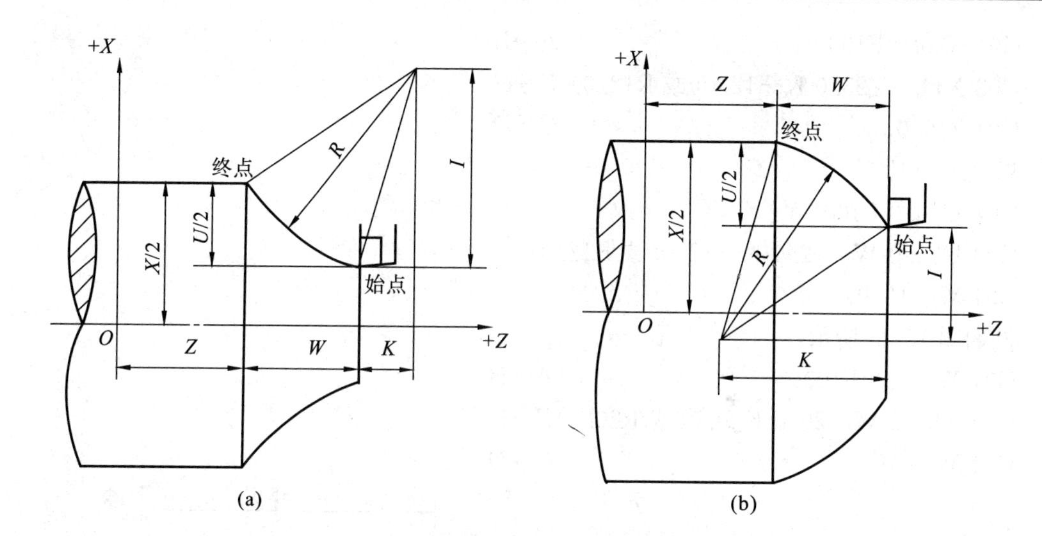

图 10-20　圆弧插补

例如图 10-21 所示：

绝对编程时

G01 Z25.0 F100　　　　　　　　$A \to B$

G02 X46.0 Z17.0 I8.0(或 R8.0)　　$B \to C$

G01 X50.0　　　　　　　　　　$C \to D$

增量编程时

G01 W－10.0 F100

G02 U16.0 W－8.0 I8.0(或 R8.0)

G01 U4.0

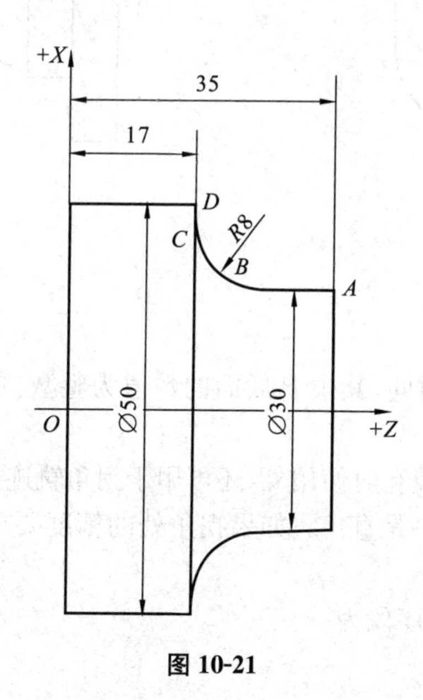

图 10-21

例如图 10-22 所示：

绝对编程时

G01 X20.0 F100　　　　　　　　　　　$A \to B$

G03 X44.0 Z23.0 K－12.0(或 R12.0)　$B \to C$

G01 Z10.0　　　　　　　　　　　　　$C \to D$

增量编程时

G01 U20.0 F100

G03 U24.0 W－12.0 K－12.0(或 R12.0)

G01 W－13.0

例如图 10-23 所示：

G01 W－5.0 F100　　　　　　　　　　$A \to B$

G02 X36.0 W－20.0 K20.0(或 R20.0)$B \to C$

G01 W－50　　　　　　　　　　　　　$C \to D$

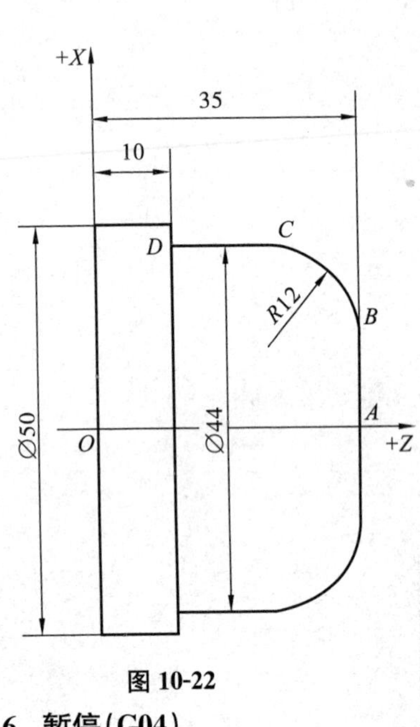

图 10-22

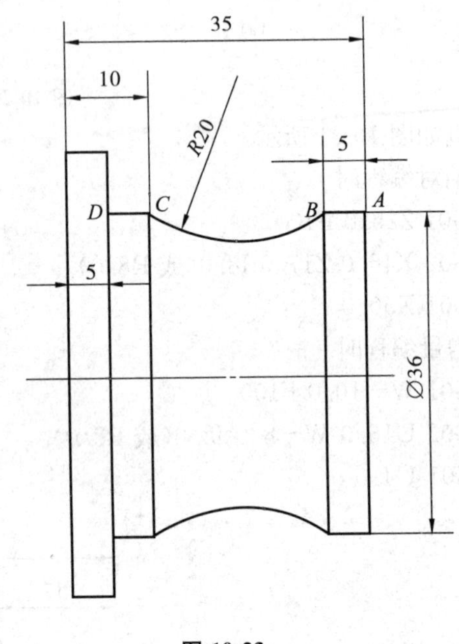

图 10-23

6. 暂停(G04)

$$\text{G04}\begin{Bmatrix}\text{P\_}\\ \text{X(U)\_}\end{Bmatrix}$$

X、U、P 的指令值是暂停时间，其中 P 后面的数值为整数，单位为 μs。X(U)后面为带小数点的数，单位为 s。

该指令除常在切削或钻、镗孔时使用外，还可用于拐角轨迹控制。由于系统的自动加减速作用，刀具在拐角处的轨迹并不是直角。如果拐角处的精度要求很严，其轨迹必须是直角时，可在拐角处使用暂停指令。

例如欲停留 1.5s 时，则程序段为：

　　G04 X1.5

或　G04 U1.5

或　G04 P1500

7. 螺纹切削(G32、G92)

(1) 整数导程螺纹切削(G32)

$$\text{G32 X(U)\_ Z(W)\_}\begin{Bmatrix}\text{F\_}\\\text{E\_}\end{Bmatrix}$$

螺纹导程由F(单位0.01mm/min)或E(单位0.0001mm/min)直接指令。E指令仅在螺纹切削时有效;用于英制螺纹换算为米制螺纹时,可以获得高精度的加工。对锥螺纹如图10-24所示,其斜角α在45°以下时,螺纹导程以Z轴方向的值指令;45°以上至90°时,以X轴方向的值指令。

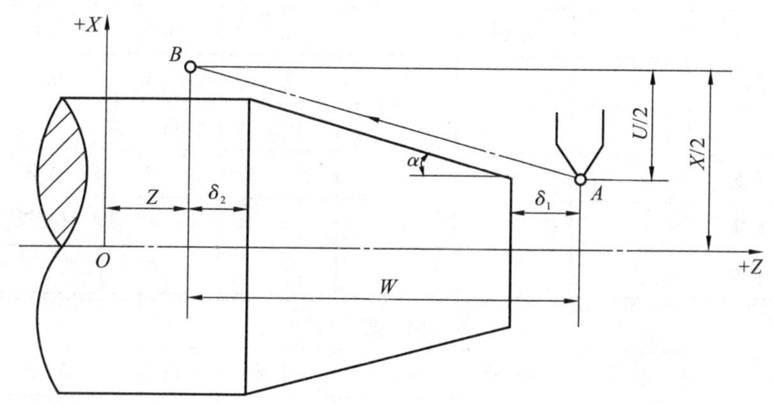

图10-24　螺纹切削(G32)

圆柱螺纹切削时,X(U)指令省略。格式为:

$$\text{G32 Z(W)\_}\begin{Bmatrix}\text{F\_}\\\text{E\_}\end{Bmatrix}$$

端面螺纹切削时,Z(W)指令省略。格式为:

$$\text{G32 X(U)\_}\begin{Bmatrix}\text{F\_}\\\text{E\_}\end{Bmatrix}$$

螺纹切削应注意在两端设置足够的升速进刀段δ_1和降速退刀段δ_2。

如螺纹牙型深度较深、螺距较大时,可分数次进给,每次进给的背吃刀量螺纹深度减精加工背吃刀量所得的差按递减规律分配,如图10-25所示。

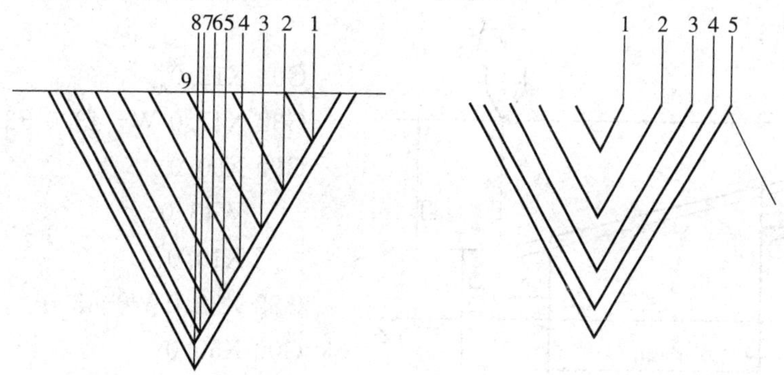

图10-25　螺纹进刀切削方法

常用螺纹切削的进给次数与背吃刀量见表10-3。

表 10-3　常用螺纹切削的进给次数与背吃刀量(mm)

米制螺纹								
螺距		1.0	1.5	2.0	2.5	3.0	3.5	4.0
牙深		0.64	9.0974	1.299	1.624	1.949	2.273	2.598
背吃刀量及切削次数	1次	0.7	0.8	0.9	1.0	1.2	1.5	1.5
	2次	0.4	0.6	0.6	0.7	0.7	0.7	0.8
	3次	0.2	0.4	0.6	0.6	0.6	0.6	0.6
	4次		0.16	0.4	0.4	0.4	0.6	0.6
	5次			0.1	0.4	0.4	0.4	0.4
	6次				0.15	0.4	0.4	0.4
	7次					0.2	0.2	0.4
	8次						0.15	0.3
	9次							0.2

英制螺纹								
牙/in		24牙	18牙	16牙	14牙	12牙	10牙	8牙
牙深		0.678	0.904	1.016	1.162	1.355	1.626	2.033
背吃刀量及吃刀次数	1次	0.8	0.8	0.8	0.8	0.9	1.0	1.2
	2次	0.4	0.6	0.6	0.6	0.6	0.7	0.7
	3次	0.16	0.3	0.5	0.5	0.6	0.6	0.6
	4次		0.11	0.14	0.3	0.4	0.4	0.5
	5次				0.13	0.21	0.4	0.5
	6次						0.16	0.4
	7次							0.17

例如图 10-26 所示锥螺纹切削，螺纹导程为 3.5mm，$\delta_1=2$mm，$\delta_2=1$mm，每次背吃刀量为 1mm。则程序为：

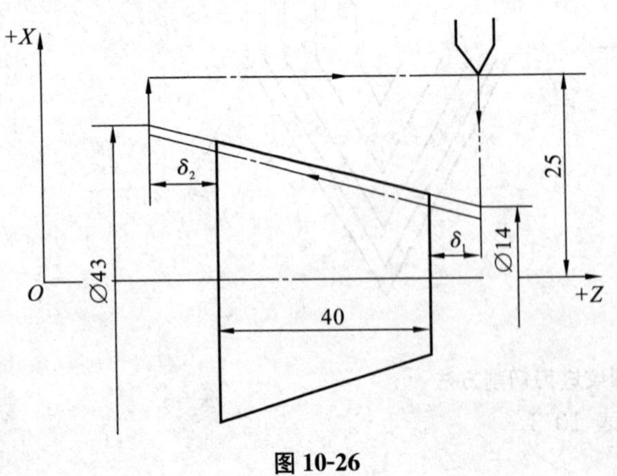

图 10-26

```
G01 X12.0
G32 X41.0 W-43.0 F3.5
G00 X50.0
    W43.0
    X10.0
G32 X39.0 W-43.0
G00 X50.0
    W43.0
```

例如图 10-27 所示圆柱螺纹切削，螺纹导程为 4mm，$\delta_1=3$mm，$\delta_2=1.5$mm，每次进

给的背吃刀量为 1mm。则程序为：

```
G00 U-62.0
G32 W-74.5 F4.0
G00 U62.0
    W74.5
    U-64.0
G32 W-74.5
G00 U64.0
    W74.5
```

例如图 10-28 所示圆柱螺纹切削，螺纹导程为1.5mm。

X29.3　　　　$a_{p1}=0.35$mm
G32 Z56.0 F1.5
G00 X40.0
　　Z104.0
　　X28.9　　　　$a_{p2}=0.2$mm
G32 Z56.0
G00 X40.0
　　Z104.0
　　X28.5　　　　$a_{p3}=0.2$mm
G32 Z56.0
G00 X…　　　　…

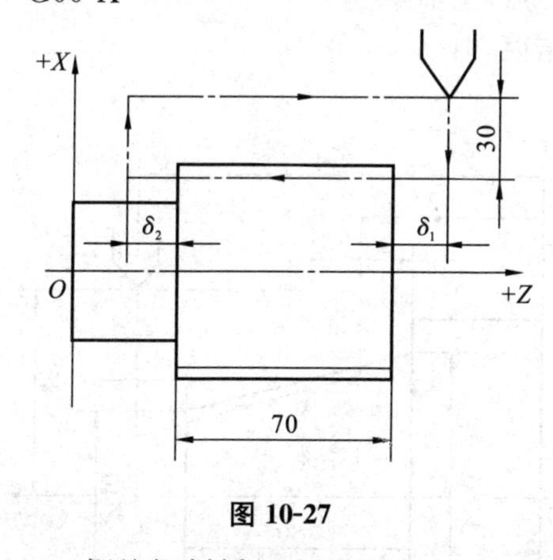

图 10-27

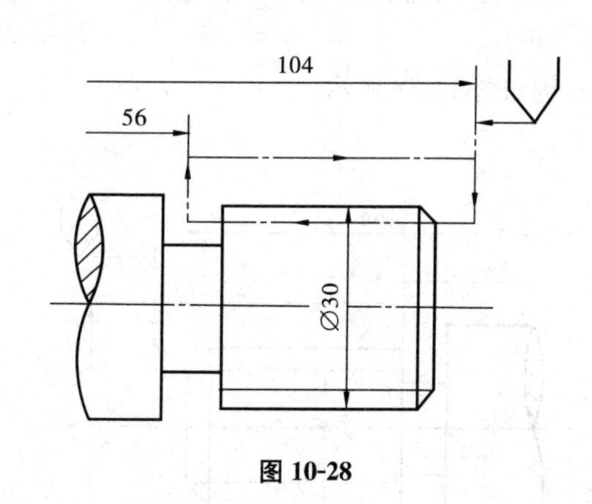

图 10-28

(2) 螺纹切削循环(G92)

$$G92\ X(U)\_\ Z(W)\_\ I\_\ \begin{Bmatrix} F\_ \\ E\_ \end{Bmatrix}$$

该指令可切削锥螺纹和圆柱螺纹。如图 10-29 所示，刀具从循环起点开始按梯形循环，最后又回到循环起点。图中虚线表示按 R 快速移动，实线表示按 F(或 E)指令的工件进给速度移动；X、Z 为螺纹终点坐标值，U、W 为螺纹终点相对循环起点的坐标分量，I 为锥螺纹始点与终点的半径差。加工圆柱螺纹时，I 为零，可省略(图 10-30)，其格式为：

G92 X(U)_ Z(W)_ $\begin{Bmatrix} F\_ \\ E\_ \end{Bmatrix}$

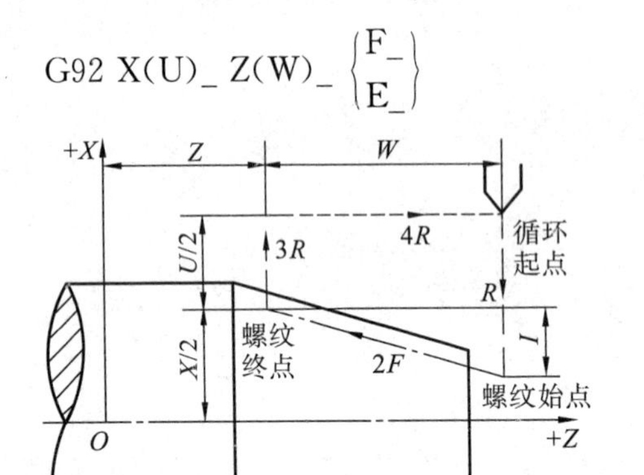

图 10-29　锥螺纹切削循环

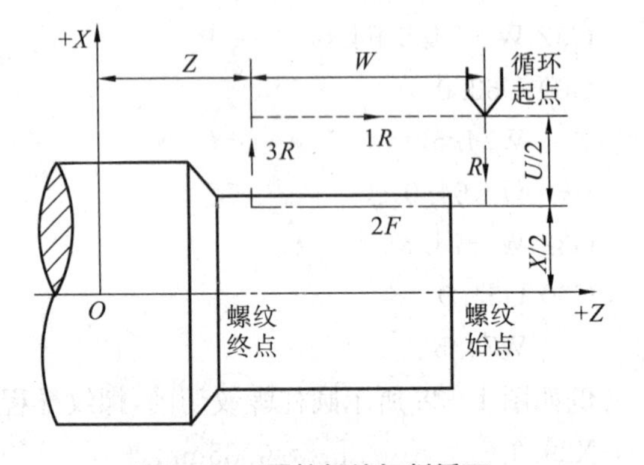

图 10-30　圆柱螺纹切削循环

例如图 10-31 所示：

G50 X270.0 Z260.0	坐标系设定
G97 S300	主轴 300r/min
T0101 M03	主轴正转
G00 X35.0 Z104.0	
G92 X29.2 Z56.0 F1.5	螺纹切削循环 1
X28.6	螺纹切削循环 2
X28.2	螺纹切削循环 3
X28.04	螺纹切削循环 4
G00 X270.0 Z260.0 T0000 M05	回起刀点，主轴停
M02	程序结束

例如图 10-32 所示：

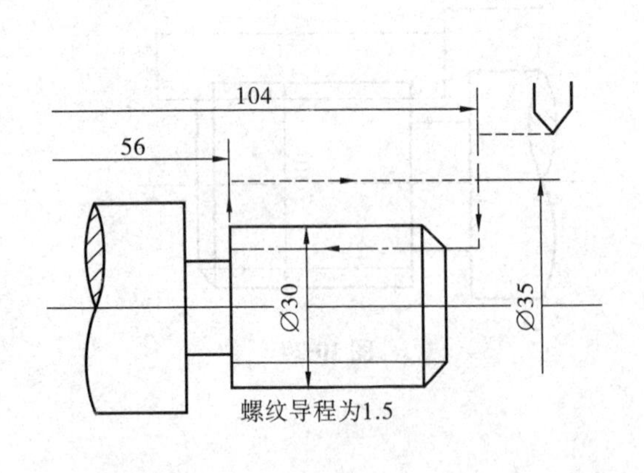

图 10-31

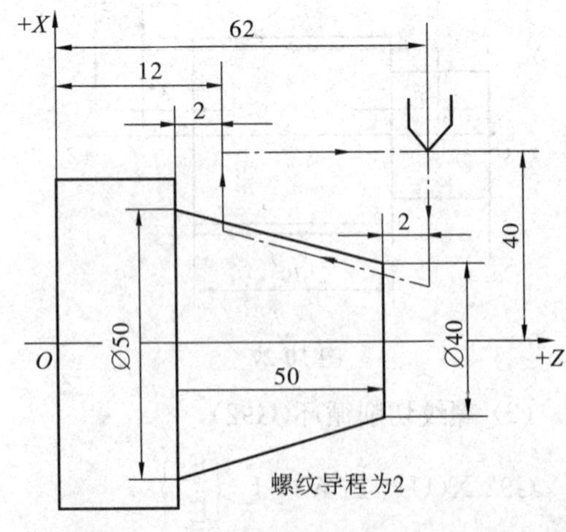

图 10-32

G50 X270.0 Z260.0
G97 S300
M03

```
T0101
G00 X80.0 Z62.0
G92 X49.6 Z12.0 I5.0 F2.0
    X48.7
    X48.1
    X47.5
    X47.1
    X47.0
G00 X270.0 Z260.0 T0000 M05
M02
```

8. 单一固定循环切削(G90、G94)

(1) 外圆切削循环(G90)

切削圆柱面时,格式为:

G90 X(U)_ Z(W)_ F_

如图 10-33 所示,刀具从循环起点开始按矩形循环,最后又回到循环起点。图中虚线表示按 R 快速移动,实线表示按 F 指定的工件进给速度移动。X、Z 为圆柱面切削终点坐标值;U、W 为圆柱面切削终点相对循环起点的坐标分量。

切削锥面时,格式为:

G90 X(U)_ Z(W)_ I(或 R)_ F_

如图 10-34 所示,I(或 R)为切削始点与圆锥面切削终点的半径差。

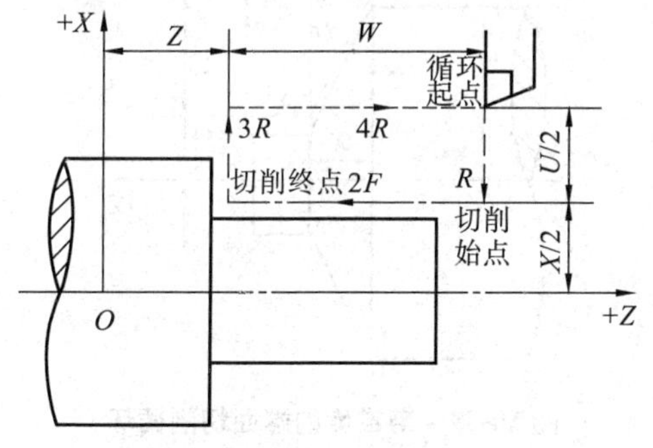

图 10-33　外圆切削循环

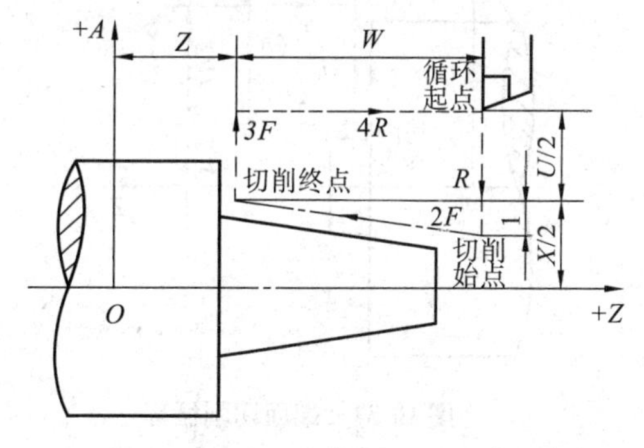

图 10-34　锥面切削循环

例如图 10-35 所示:

G90 X40.0 Z20.0 F30.0	$A\to B\to C\to D\to A$
X30.0	$A\to E\to F\to D\to A$
X20.0	$A\to G\to H\to D\to A$

例如图 10-36 所示:

G90 X40.0 Z20.0 I－5.0 F30.0	$A\to B\to C\to D\to A$
X30.0	$A\to E\to F\to D\to A$

X20.0

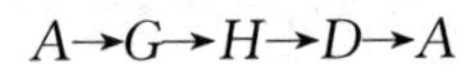

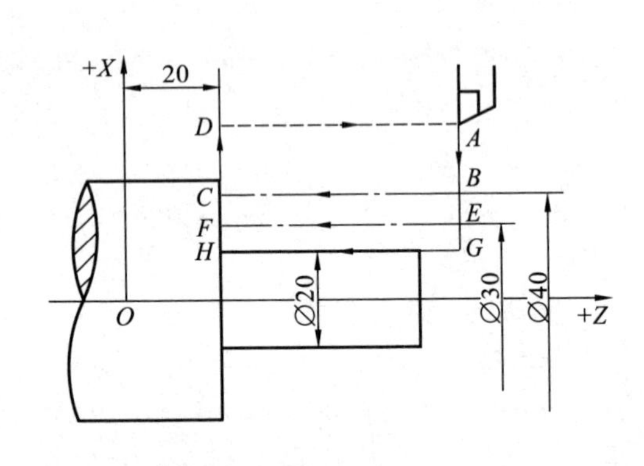

图 10-35

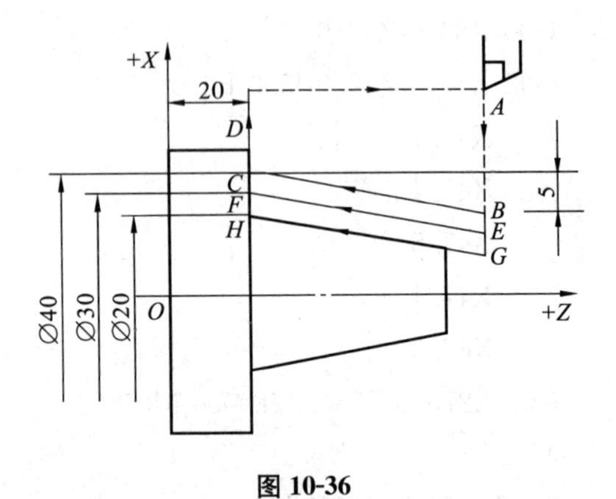

图 10-36

(2) 端面切削循环(G94)

G94 X(U)_ Z(W)_ F_

如图 10-37 所示,X、Z 为端平面切削终点坐标值,U、W 为端面切削终点相对循环起点的坐标分量。

切削带有锥度的端面时,格式为:

G94 X(U)_ Z(W)_ K(或 R)_ F_

如图 10-38 所示,K(或 R)为端面切削始点至终点位移在 Z 轴方向的坐标增量。

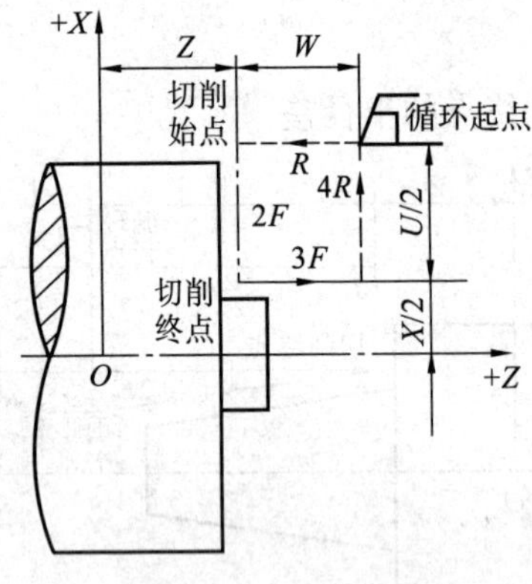

图 10-37 端面切削循环

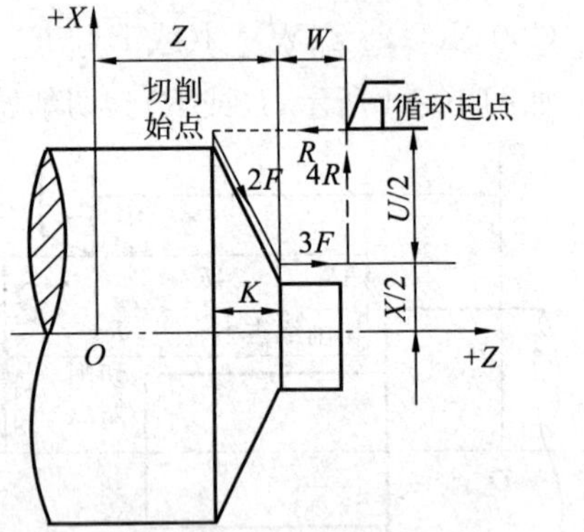

图 10-38 带锥度的端面切削循环

例如图 10-39 所示:

G94 X50.0 Z16.0 F30.0	A→B→C→D→A
Z13.0	A→E→F→D→A
Z100.0	A→G→H→D→A

例如图 10-40 所示:

G94 X15.0 Z33.48 K−3.48 F30.0	A→B→C→D→A
Z31.48	A→E→F→D→A

Z28.78　　　　　　　　$A \to G \to H \to D \to A$

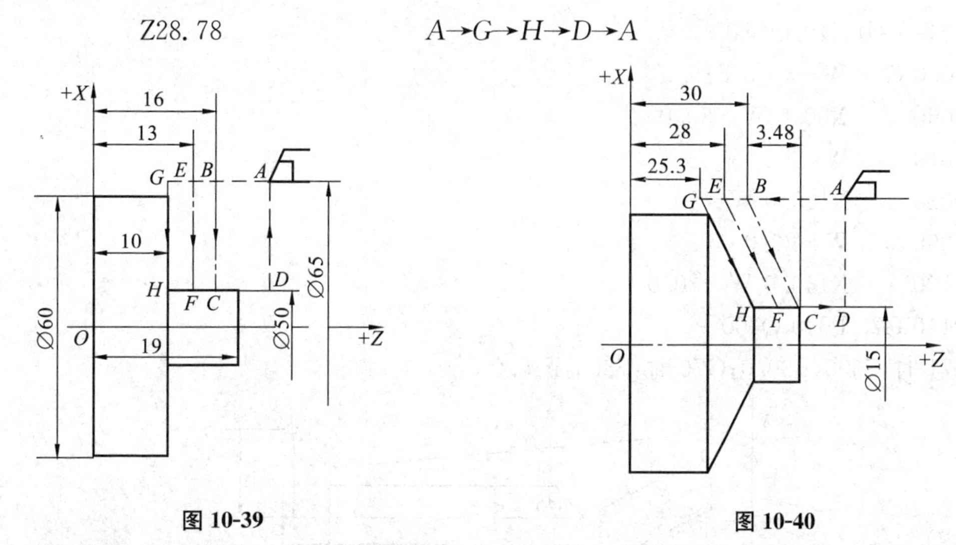

图 10-39　　　　　　　　图 10-40

注意一般在固定循环切削过程中，M、S、T 等功能都不变更；如有必要变更时，必须在 G00 或 G01 的指令下变更，然后再指令固定循环。

例如：

N0010 S500

…

N0070 G90 X60.0 Z100.0 G20.0

N0080 S1000

N0090 G90 X55.0 Z100.0

…

9. 多重复合循环(G70～G76)

运用这组 G 代码，只需指定精加工路线和粗加工的背吃刀量，系统会自动计算出粗加工路线和加工次数，因此可大大简化编程。

(1) 外圆粗加工循环(G71)

用于切除棒料毛坯的大部分加工余量，格式为：

G71 U $\underline{\Delta d}$ R$\underline{e}$

G71 P$\underline{ns}$ Q$\underline{nf}$ U$\underline{\Delta u}$ W$\underline{\Delta w}$ F$\underline{f}$ S$\underline{s}$

或 G71 P$\underline{ns}$ Q$\underline{nf}$ U$\underline{\Delta u}$ W$\underline{\Delta w}$ D$\underline{\Delta d}$ F$\underline{f}$ S$\underline{s}$

如图 10-41 所示，刀具起始点为 A，假定在某段程序中指定了由 $A \to A' \to B$ 的精加工路线，只要用此指令，就可实现背吃刀量为 Δd，精加工余量为 $\Delta u/2$ 和 Δw 的粗加工循环。其中 Δd 为背吃刀量(半径值)，该量无正负号，刀具的切削方向取决于 AA' 方向；e 为退刀量，可由参数设定；ns 指定精加工路线的第一个程序段的顺序号；nf 指定精加工路线的最后一个程序段的顺序号；Δu 为 X 方向上的精加工余量(直径值)；Δw 为 Z 方向上的精加工余量。

例如图 10-42 所示：

N010 G50 X200.0 Z220.0

N020 G00 X160.0 Z180.0

N030 G71 P040 Q100 U4.0 W2.0 D7.0 F30.0 S500

N040 G00 X40.0 S800
N050 G01 W－40.0 F15.0
N060 　　X60.0 W－30.0
N070 　　W－20.0
N080 　　X100.0 W－10.0
N090 　　W－20.0
N100 　　X140.0 W－20.0
N110 G70 P040 Q100
G71 时：S500，F30.0；G70 时：S800，F15.0

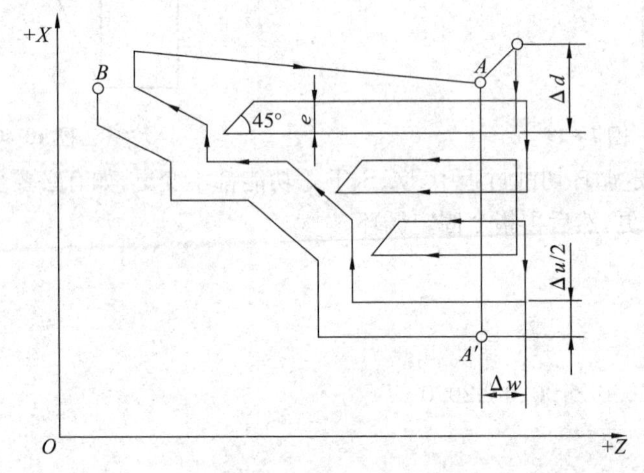

图 10-41　外圆粗加工循环

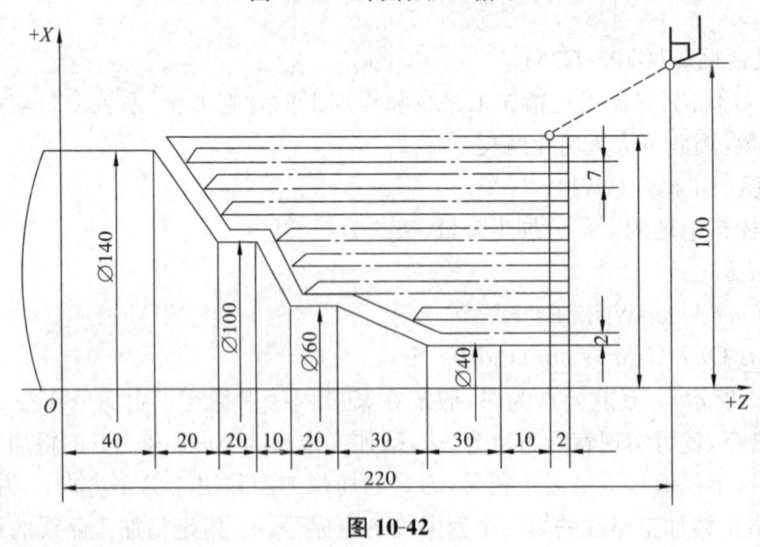

图 10-42

(2) 端面粗加工循环(G72)

格式为：

G72 W$\underline{\Delta d}$　R$\underline{e}$

G72 P$\underline{ns}$ Q$\underline{nf}$ U$\underline{\Delta u}$ W$\underline{\Delta w}$ F$\underline{f}$ S$\underline{s}$

或 G72 P$\underline{ns}$ Q$\underline{nf}$ U$\underline{\Delta u}$ W$\underline{\Delta w}$ D$\underline{\Delta d}$ F$\underline{f}$ S$\underline{s}$

如图 10-43 所示，其中各符号意义与 G71 相同。

注意，G71、G72 指令中 $A \to A'$ 的进刀是采用快进方式还是工进方式，取决于 N(*ns*)与 N(*nf*)程序段之间对 $A \to A'$ 的移动是用 G00 指令还是用 G01 指令。$A \to A'$ 指令加工路线的程序段只能有一个轴 X(G71 时)或 Z(G72 时)移动。

例如图 10-44 所示：

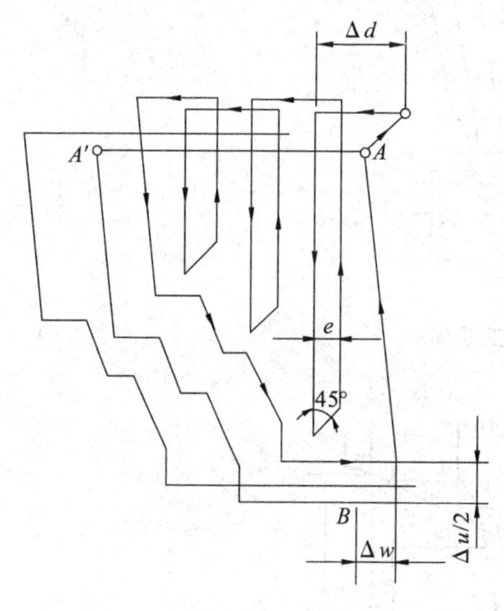

图 10-43 端面粗加工循环

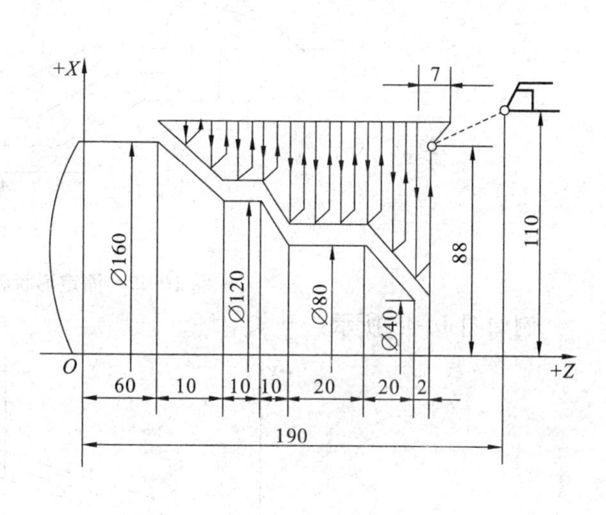

图 10-44

```
N010 G50 X220.0 Z190.0
N020 G00 X176.0 Z132.0
N030 G72 P040 Q090 U4.0 W2.0 D7.0 F30.0 S500
N040 G00 Z56.0 S800
N050 G01 X120.0 W14.0 F15.0
N060          W10.0
N070          X80.0 W10.0
N080          W20.0
N090          X36.0 W22.0
N100 G70 P040 Q090
```

(3) 固定形状粗加工循环(G73)

该功能适合加工已基本铸造、锻造成形的一类工件。格式为：

G73 U*i* W*k* R*d*

G73 P*ns* Q*nf* UΔu WΔw F*f* S*s*

或：G 73 P*ns* Q*nf* I*i* K*k* UΔu WΔw D*d* F*f* S*s*

如图 15-45 所示，其中 i 为 X 轴上的总退刀量(半径值)；k 为 Z 轴上的总退刀量；d 为重复加工的次数；*ns* 指定精加工路线的第一个程序段的顺序号；*nf* 指定精加工路线的最后一个程序段的顺序号；Δu 为 X 轴上的精加工余量(直径值)；Δw 为 Z 轴上的精加工余量。

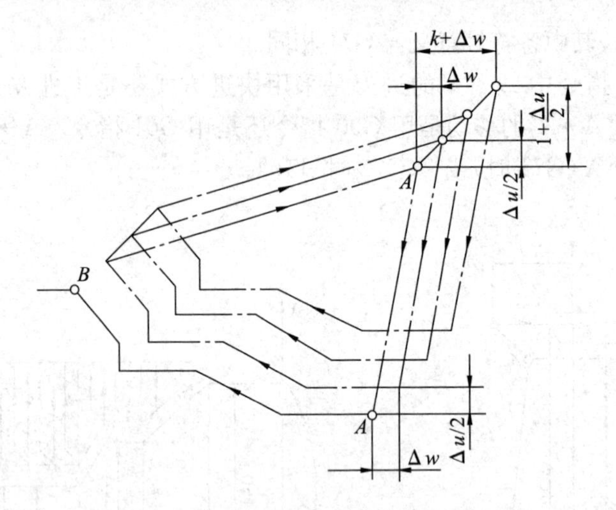

图 10-45　固定形状粗加工循环

例如图 10-46 所示：

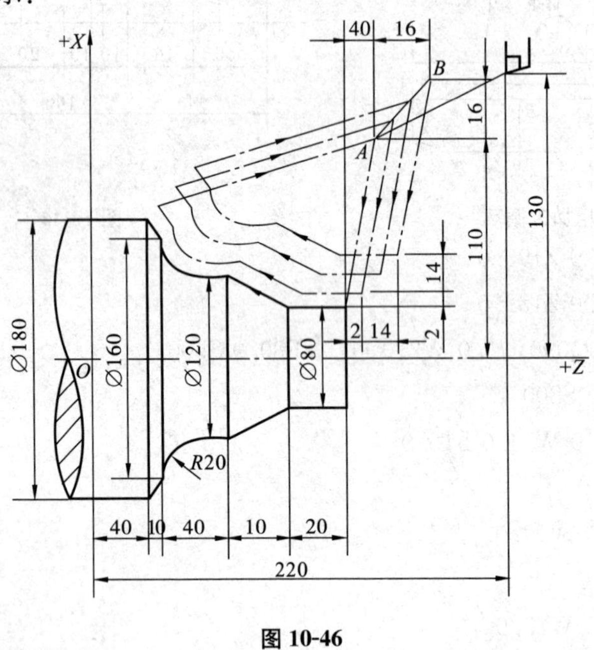

图 10-46

N010 G50 X260. 0 Z220. 0

N020 G00 X220. 0 Z160. 0

N030 G73 P040 Q090 I14. 0 K14. 0 U4. 0 W2. 0 F30. 0 S500 N040 G00 X80. 0 W−40. 0 S800

N050 G01 W−20. 0 F15. 0

N060 X120. 0 W−10. 0

N070 W−20. 0 S600

N080 G02 X160. 0 W−20. 0 I20. 0

N090 G01 X180. 0 W−10. 0 S280

N100 G70 P040 Q090

(4) 精加工复合循环(G70)

G70 P*ns* Q*nf*

当用 G71、G72 粗加工完毕后，用 G70 代码指定精加工循环，切除粗加工留下的余量。其中 *ns* 指定精加工循环的第一个程序段的顺序号；*nf* 指定精加工循环的最后一个程序段的顺序号。

注意，在粗加工循环 G71、G72 状态下，如在 G71、G72 以前或在 G71、G72 指令中指令了 F、S、T，则 G71、G72 中指令的 F、S、T 优先有效，而 N(*ns*)至 N(*nf*)程序段中指令的 F、S、T 无效；在精加工循环 G70 状态下，如在 N(*ns*)至 N(*nf*)程序段中更改了 F、S、T，则后者优先有效。在 G70、G72 功能中，N(*ns*)至 N(*nf*)间的程序段不能使用子程序。循环结束后刀具快速回到循环起始点。

六、编程举例(FANVC-6T/OTE-A)

如图 10-47 所示：

```
O 0001 *
M03 S600 *
T0101 *
G00 G99 X50 Z50
G01 X30.5 Z1 F5 *
    Z-30 F0.35 *
    X35 Z1 F5 *
    X27 *
    Z-19.5 F0.35 *
    X30 Z1 F5 *
    X23.5 *
    Z-19.5 F0.35 *
    X26 Z1 F5 *
    X20.5 *
    Z-19.5 F0.35 *
    X22 20 F5  *
    S800 *
    X18 *
    X19.99 Z-1 F0.15 *
    Z-20(W-19) *
    X29 *
    X29.95 Z-20.5(W-0.5) *
    Z-30 *
G00 X50 Z100 *
    M05 *
    M30 *
```

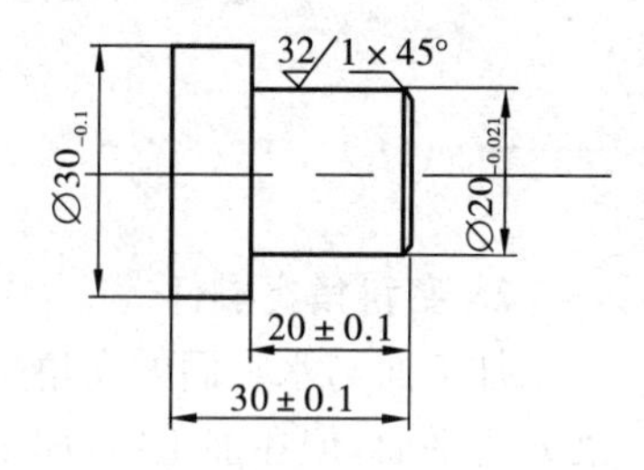

图 10-47

第四节　数控铣床编程与加工

数控铣床应用十分广泛，各种平面轮廓和立体轮廓的零件，如凸轮、模具、叶片、螺旋桨等都可采用数控铣床加工。数控铣床还可以进行钻、扩、铰和镗等加工。

一、数控铣床的加工特点

根据数控铣床的特点，从铣削加工的角度考虑，适合数控铣削的主要加工对象有以下几类：

1. 平面类零件

加工面平行、垂直于水平面或加工面与水平面的夹角为定角的零件称为平面类零件。其特点是各个加工面为平面或可以展开成平面。一般只需用三坐标数控铣床的两坐标联动就可以把它们加工出来，如图 10-48 所示。

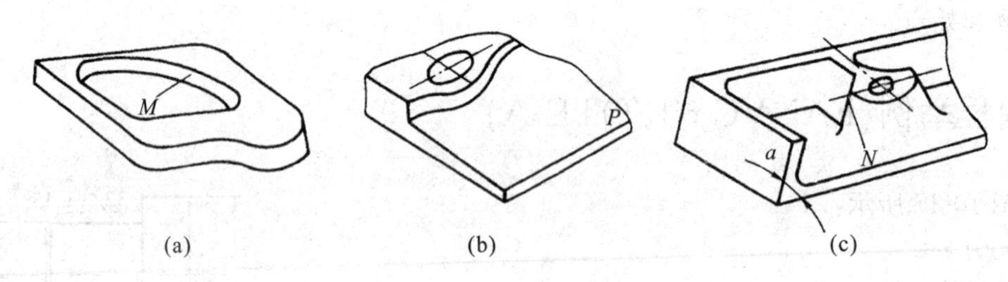

图 10-48　平面类零件

2. 变斜角类零件

加工面与水平面的夹角呈连续变化的零件称为变斜角零件。其特点是变斜角加工面不能展开为平面，但在加工中，加工面与铣刀圆周的瞬时接触为一条线，最好采用四坐标、五坐标数控铣床摆角加工。也可采用三坐标数控铣床进行两轴半近似加工，如图 10-49 所示。

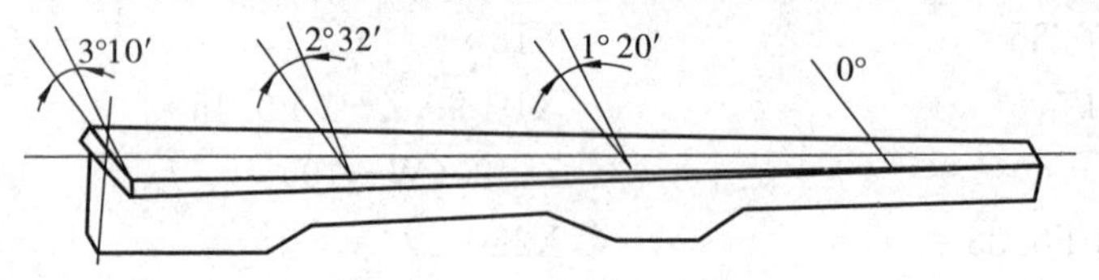

图 10-49　变斜角类零件

3. 曲面类零件

加工面为空间曲面的零件称为曲面类零件，如叶片、螺旋桨等。加工时，铣刀与加工面始终为点接触，常采用球头刀用三坐标联动加工或在三坐标数控铣床上进行两坐标联动的两轴半坐标加工。当曲面形状较复杂、会伤及相邻表面及需要摆动时，主要采用四坐标或五坐标铣床加工，如图 10-50 所示。

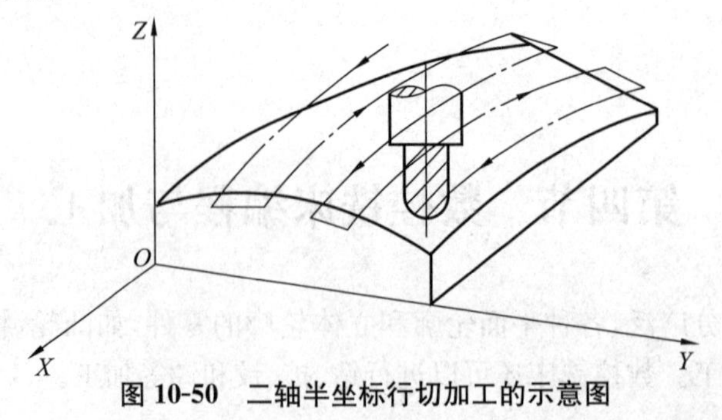

图 10-50　二轴半坐标行切加工的示意图

二、数控铣床(加工中心)切削用量的选择

1. 切削用量的选择原则

(1) 粗加工时切削用量的选择原则。首先尽可能选择大的背吃刀量;其次根据机床动力和刚性条件等,选取尽可能大的进给量;最后根据刀具耐用度确定最佳切削速度。

(2) 精加工时切削用量的选择原则。首先根据粗加工后的余量确定背吃刀量;其次根据已加工表面的粗糙度要求,选取尽可能小的进给量;最后在保证刀具耐用度前提下,尽可能选取较高的切削速度。

2. 切削用量的选择方法

(1) 背吃刀量(端铣)或侧吃刀量(圆周铣)的选择。背吃刀量与侧吃刀量的选取主要由加工余量和对表面质量的要求决定。

在工件表面粗糙度值要求为 R_a=12.5～25μm 时,如果圆周铣削的加工余量小于 5mm;端铣的加工余量小于 6mm,粗铣一次进给就可以达到要求。但在余量较大,数控机床刚性较差或功率较小时,可分两次完成进给。

在工件表面粗糙度值要求为 R_a=3.2～12.5μm 时,可分粗铣和半精铣两步进行。粗铣的背吃刀量与侧吃刀量的选取与 R_a=12.5～25μm 时相同。粗铣后留 0.5～1mm 余量,在半精铣时切除。

在工件表面粗糙度值要求为 R_a=0.8～3.2μm 时,可分粗铣、半精铣、精铣三步进行。半精铣时背吃刀量或侧吃刀量取 1.5～2mm;精铣时圆周铣侧吃刀量取 0.3～0.5mm;端铣背吃刀量取 0.5～1mm。

(2) 进给量 F(mm/r)与进给速度 V_f(mm/min)的选择。进给量与进给速度是数控铣床加工切削用量中的重要参数,根据零件的表面粗糙度、加工精度要求、刀具及工件材料等因素,参考切削用量手册选取或参考表 10-4 选取。工件刚性差或刀具强度低时应取小值。铣刀为多齿刀具,其进给速度 V_f、刀具转速 N、刀具齿数 Z 及每齿进给量 F_z 的关系为:

$$V_f = FN = f_z ZN$$

表 10-4　铣刀每齿进给量 f_z

<table>
<tr><th rowspan="3">工件材料</th><th colspan="4">每齿进给量(mm/z)</th></tr>
<tr><th colspan="2">粗　铣</th><th colspan="2">精　铣</th></tr>
<tr><th>高速钢铣刀</th><th>硬质合金铣刀</th><th>高速钢铣刀</th><th>硬质合金铣刀</th></tr>
<tr><td>钢</td><td>0.10～0.15</td><td>0.10～0.25</td><td rowspan="2">0.02～0.05</td><td rowspan="2">0.10～0.15</td></tr>
<tr><td>铸铁</td><td>0.12～0.20</td><td>0.15～0.30</td></tr>
</table>

(3) 主轴转速 N 的选择。主轴转速与切削速度的关系为:

$$N = 1000Vc/\pi d$$

式中:Vc——铣削时的切削速度,m/min,可参考表 10-5 选取;

d——铣刀的直径,mm。

在编程时,根据计算出的主轴转速进行编程。

在具体选取切削速度时,还必须注意在粗加工时,切削速度取小值;在精加工时,切削速度

取大值。

表 10-5　铣削时的切削速度

工件材料	硬度/HBS	切削速度 v_c(m/min)	
		高速钢铣刀	硬质合金铣刀
钢	<225	18～42	66～150
	225～325	12～36	54～120
	325～425	6～21	36～75
铸铁	<190	21～36	66～150
	190～260	9～18	45～90
	260～320	4.5～10	21～30

三、数控铣床的坐标系统

在数控铣床上加工零件时，刀具与工件的相对运动必须在确定的坐标系中才能按程序进行加工。在应用中，比较关键的是机床坐标系和工件坐标系，如图 10-51 所示。

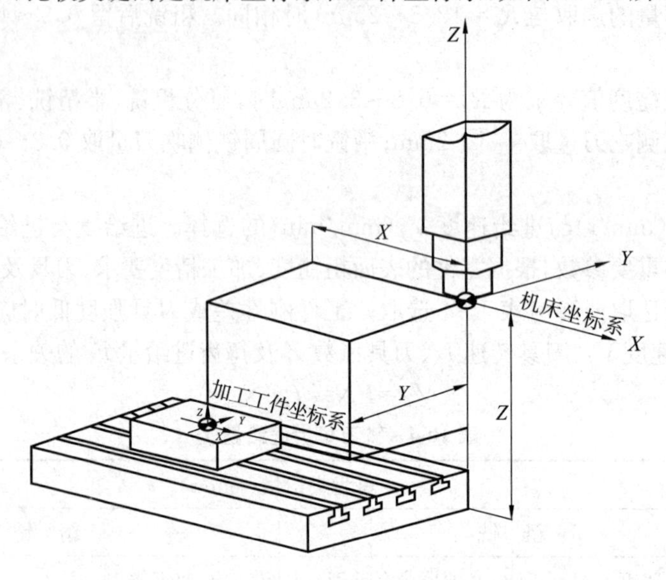

图 10-51　机床坐标系与加工工件坐标系的关系

1. 机床坐标轴及其机床坐标系的确定方法

(1) 机床坐标轴

在数控机床中统一规定采用右手直角笛卡儿坐标系进行坐标轴的命名，如图 10-52 所示。图中大拇指的指向为 X 轴的正方向，食指指向为 Y 轴的正方向，中指指向为 Z 轴的正方向。A、B、C 表示绕 X、Y、Z 的轴线或与 X、Y、Z 轴线相平行的轴的转向。

(2) 坐标轴的命名规定

① 坐标系中的各坐标轴与机床的主要导轨相平行。

② 机床在加工过程中，一律假定被加工工件相对静止，而刀具在移动，并规定刀具远离工

件的运动方向为坐标轴的正方向。

③ 如果把刀具看作相对静止，工件移动，那么就在坐标轴的字母上加“′”，如 X'、Y'、Z'等。

④ 机床主轴旋转运动的正方向用右手螺旋定则确定。

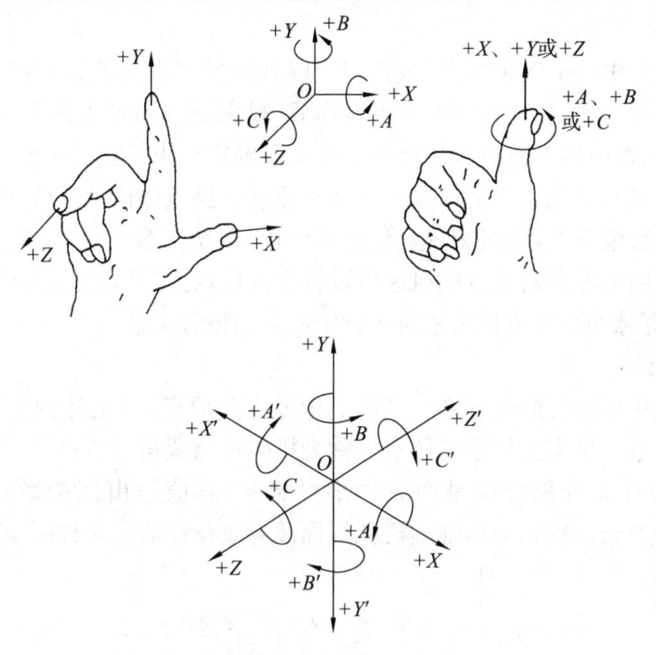

图 10-52　数控机床坐标轴

(3) 机床坐标系的确定方法

确定机床坐标轴时，一般先确定 Z 轴，再确定 X 轴和 Y 轴。

① Z 轴。一般选取产生切削力的轴线方向作为 Z 轴方向。对于有主轴的机床，如卧式车床和立式升降台铣床等，则以机床主轴轴线方向作为 Z 轴方向。没有主轴的机床，则规定垂直于装夹面的坐标轴为 Z 轴。同时规定刀具远离工件的方向作为 Z 轴的正方向。

② X 轴。X 轴位于与工件装夹面相平行的水平面内。

主轴带动工件旋转的机床，如车床等，X 轴的方向在工件的径向并平行于横向滑板，刀具离开工件旋转中心的方向是 X 轴正方向。

主轴带动刀具旋转的机床，如铣床、钻床、镗床等，若 Z 轴是水平的，则从刀具(主轴)向工件看，X 轴的正方向指向右边；如果 Z 轴是竖直的，则从刀具(主轴)向立柱看，X 轴的正方向指向右边。

对于无主轴的机床，如刨床等，则选定主要切削方向为 X 轴的正方向。

③ Y 轴。Y 轴方向根据已选定的 Z、X 轴按右手直角笛卡儿坐标系来确定。

④ A、B、C 的转向。选定 X、Y、Z 坐标轴后，根据右手螺旋定则来确定 A、B、C 三个转动的正方向。

2. 机床参考点、机床零点和机床坐标系

(1) 机床参考点

机床参考点是机床上一个固定的机械点(有的机床是通过行程开关和挡块确定的，有的机床是直接由光栅零点确定的)。通常在机床的每一个坐标轴的移动范围内设置一个机械点，由它们构成一个多轴坐标系的一点。参考点主要是给数控装置提供一个固定不变的参照，保证每次上电后进行的位置控制不受系统失步、漂移、热胀冷缩等影响。参考点的位置可根据不同的机床结构设定在不同的位置，但一经设计、制造和调整后，该点便被固定下来。机床启动时，通常要进行机动或手动回参考点操作，以确定机床零点。

(2) 机床零点

机床零点是机床中一个固定的点，数控装置以其为参照进行位置控制。数控装置上电时并不知道机床零点的位置，当进行回参考点操作后，机床到达参考点位置，并调出系统参数中"参考点在机床坐标系中的坐标值"，从而使数控装置确定机床零点的位置(即通过当前位置的坐标值确定坐标零点)，实现将人为设置的机械参照点转换为数控装置可知的控制参照点。参考点位置和系统参数值不变，则机床零点位置不变，当系统参数设定"参考点在机床坐标系中的坐标值为 0 时"，回参考点后显示的机床位置各坐标值均为"0"，以后机床无论通过何种方式移动，均可通过计算脉冲数知道机床相对于机床零点的位置关系。

(3) 机床坐标系

机床坐标系是机床固有的坐标系。其以机床零点为原点，各坐标轴平行于各机床轴的坐标系称为机床坐标系。机床坐标系的原点也称为机床原点或机床零点。

机床坐标轴的有效行程范围是由软件来界定的，其值是由制造商定义的。机床零点(OM)、机床参考点(om)、机床坐标轴的机械行程及有效行程的关系如图 10-53 所示。

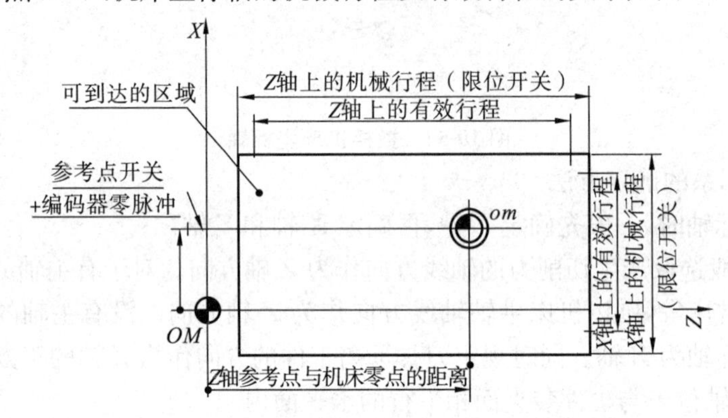

图 10-53　机床零点 OM 和机床参考点 om 之间的关系

3. 工件坐标系、程序原点

工件坐标系是编程人员在编程时使用的，编程人员选择工件上的某一已知点为原点(也称程序原点)，建立一个平行于机床各坐标轴方向的坐标系，称为工件坐标系。工件坐标系一旦建立便一直有效，直到被新的工件坐标系所取代。

工件坐标系的原点选择要尽量满足编程简单，尺寸换算少，引起的加工误差小等条件。

加工开始时要设置工件坐标系，用 G92 指令可建立工件坐标系；用 G54～G59 指令可选择工件坐标系。

4. 数控铣床对刀的常用方法

对刀是数控加工必不可少的一个过程。在对刀前刀位点(刀尖点)在工件坐标系下的位置是无法确定的，而且各把刀的位置差异也是未知的。在加工程序执行前，调整每把刀的刀位点，使其尽量重合于某一理想基准点，这一过程称为对刀。

数控铣床对刀的过程就是在机床坐标系中建立工件坐标系的过程，如图 10-54 所示。

(1) 把工件固定在工作台的台面上。

(2) 主轴正转，移动平铣刀让它接触工件前侧的表面，记录下当前刀具中心在机床指令坐标系下的 Y 轴坐标值，假定为 Y_1。

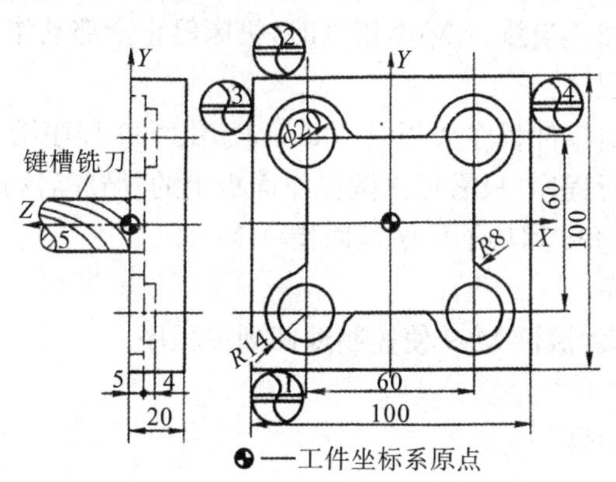

图 10-54　数控铣床对刀方法

(3) 抬起刀具，将刀具快速移动到工件后侧，让刀具去接触工件的后侧表面，记录下当前刀具中心在机床指令坐标系下的 Y 轴坐标值，假定坐标值为 Y_2。

(4) 以同样的方法记录下工件左侧和右侧的 X_1，X_2 坐标值。

(5) 将刀具移至工件的上表面，让刀具接触工件的上表面，记录下当前刀具在机床指令坐标系下的 Z 坐标值，假定坐标值为 Z_1。

(6) 抬起刀具，主轴停转，进行零点偏置。选择屏幕上"设置 F5"、"坐标系设定 F1"选择要输入的坐标系 G54～G59，输入 X 轴的坐标值为 $(X_1+X_2)/2$（注意一定要将 X_1、X_2 的坐标值的正负号带上）。输入 Y 轴的坐标值为 $(Y_1+Y_2)/2$（同理将 Y_1、Y_2 的坐标数值的正负号带上），输入 Z 轴在机床指令坐标系下的坐标值为 Z_1。

(7) 在加工程序的开头就可设置以下命令：G00 G17 G90 G40 G49 G80 G54 G15。

四、零件程序的结构

一个零件程序是由遵循一定结构、句法和格式规则的若干个程序段组成的，而每个程序段是由若干个指令字组成的。

(1) 程序的文件名。CNC 装置可以输入许多程序文件，格式为：0××××（地址 0 后必须有四位数字或字母）。主程序、子程序必须写在同一个文件名下。

(2) 零件程序号。%后跟数字(1～4294967295)，如：%××××。

(3) 程序段的格式

N… G… X、Y、Z、F… M… S…

五、数控编程的指令体系

1. 辅助功能 M 指令

辅助功能是由地址字 M 及二位数字表示的。主要用于机床加工操作时的工艺性指令。

(1) CNC 内定的辅助功能

① 程序暂停指令 M00。当执行 M00 指令时,将暂停执行当前程序,以方便操作者换刀、工件测量、工件调头、手动变速等。

② 程序结束指令 M02。当执行 M02 指令时,机床停止全部动作,加工结束。若要重新执行该程序,需重新调用该程序。

③ 程序结束并返回到零件程序头指令 M30。使用 M30 程序结束后,又返回到原程序的零件程序头,若要重新执行程序,只需再次按操作面板上的"循环启动"键。

④ 子程序调用指令 M98 和从子程序返回指令 M99。

M98:用来调用子程序

M99:表示子程序结束,执行 M99 使控制返回到主程序

(ⅰ) 子程序的格式

% ****　　子程序号

……　　程序

M99　　子程序结束

(ⅱ) 调用子程序的格式

M98 P_ L_

P:被调用的子程序号。

L:重复调用次数。

(2) PLC 设定的辅助功能

① 主轴控制指令 M03、M04、M05。

M03:主轴顺时针方向旋转(从 Z 轴正向朝 Z 轴负向看)。

M04:主轴逆时针方向旋转。

M05:主轴停止旋转。

② 换刀指令 M06。

格式为 N G28 Z_ T×× M06

③ 冷却液打开、停止指令 M08、M09。

M08:打开冷却液管道。

M09:关闭冷却液管道。

在一个程序段中只能指令一个 M 指令,否则只有最后一个 M 指令有效,其余的 M 指令无效。

2. 主轴功能 S、进给功能 F、刀具功能 T

① 主轴功能指令 S。控制主轴转速,单位为转/每分钟(r/min)。

② 进给速度指令 F。表示刀具相对于被加工工件的合成进给速度,F 单位取决于 G94(每分钟进给量 mm/min)或 G95(每转进给 mm/r)。

当工件在 G01、G02、G03 方式下,编程的 F 一直有效,直到被新的 F 值取代,在 G00、G60 方式下,快速定位的速度是各轴最高速度与所编 F 无关。

③ 刀具功能(T 机能)。T 代码用于选刀,其后面的数值表示选择的刀具号。在加工中心上执行 T 指令,刀库转动选择所需的刀具,然后等待,直到 M06 指令作用时自动完成换刀。

3. 准备功能指令 G 指令

准备功能 G 指令是用地址字 G 和后面的两位数来表示的,如表 10-6 所示。

表 10-6　准备功能 G 代码表

G 代码	组	功　能	G 代码	组	功　能
G00 ▲G01 G02 G03	01	快速定位 直线插补 顺圆插补 逆圆插补	G52 G53	00	局部坐标系设定 直接机床坐标系编程
G04	00	暂停	▲G54 G55 G56 G57 G58 G59	11	工件坐标系 1 选择 工件坐标系 2 选择 工件坐标系 3 选择 工件坐标系 4 选择 工件坐标系 5 选择 工件坐标系 6 选择
G07	16	虚轴指定	G60	00	单方向定位
G09	00	准停校验	▲G61 G64	12	精确停止校验方式 连续方式
G15 G16 ▲G17 G18 G19	02	极坐标取消 极坐标编程 *XY* 平面选择 *ZX* 平面选择 *YZ* 平面选择	G65	00	子程序调用
G20 ▲G21 G22	08	英寸输入 毫米输入 脉冲当量	G68 ▲G69	05	旋转变换 旋转取消
G24 ▲G25	03	镜像开 镜像关	G73 G74 G76 ▲G80 G81 G82 G83 G84 G85 G86 G87 G88 G89	06	深孔钻削循环 攻左旋螺纹循环 精镗循环 固定循环取消 定心钻循环 钻孔循环 深孔钻循环 攻右旋螺纹循环 镗孔循环 镗孔循环 反镗循环 镗孔循环 镗孔循环
G28 G29	00	返回到参考点 由参考点返回	▲G90 G91	13	绝对值编程 增量值编程
▲G40 G41 G42	09	刀具半径补偿取消 左刀补 右刀补	G92	00	工件坐标系设定

续表

G代码	组	功　能	G代码	组	功　能
G43 G44 ▲G49	10	刀具长度正向补偿 刀具长度负向补偿 刀具长度补偿取消	▲G94 G95	14	每分钟进给 每转进给
▲G50 G51	04	缩放关 缩放开	▲G98 G99	15	固定循环返回起始点 固定循环返回到 R 点

注:1. 00 组的指令非模态的,只限定在被指定的程序段中有效,其余组的 G 指令是模态的,具有延续性,只要同组 G 指令未出现一直有效。

2. ▲标记者为缺省值。

3. 在同一个程序段中可以指令多个不同组的 G 指令,如果指令了两个或两个以上同一组 G 指令,则只有最后一个 G 指令有效。

4. 在固定循环中,如果指令了 01 组的 G 指令,则固定循环被自动取消,变为 G80 指令的状态。但是,01 组的 G 指令不受固定循环 G 指令的影响。

(1) 有关单位的设定

① 尺寸单位选择指令 G20、G21、G22。

格式:G20 或 G21 或 G22

G20(英制)	线性轴:英寸	旋转轴:度
G21(公制,为缺省值)	线性轴:毫米	旋转轴:度
G22(脉冲当量)	线性轴:脉冲当量	旋转轴:脉冲当量

② 进给速度单位的设定指令 G94、G95。

格式:G94 F_或 G95 F_

G94 为每分钟进给,为缺省值。对于线性轴,F 的单位依 G20、G21、G22 的设定而为 in/min、mm/min 或脉冲当量/min;对于旋转轴,F 的单位为度/min 或脉冲当量/min.

G95 为每转进给。F 的单位依 G20、G21、G22 的设定而为 in/r、mm/r 或脉冲当量/r。

(2) 有关坐标系和坐标的指令

① 绝对值编程指令 G90 与相对值编程指令 G91。

格式:G90 或 G91

G90:每个编程坐标轴上的编程值是相对于程序原点的为缺省值。

G91:每个编程坐标轴上的编程值是相对于前一位置而言的。该值等于沿轴移动的距离。

【例 1】 如图 10-55 所示,使用 G90、G91 编程,要求刀具由原点按顺序移动到 1、2、3 点。

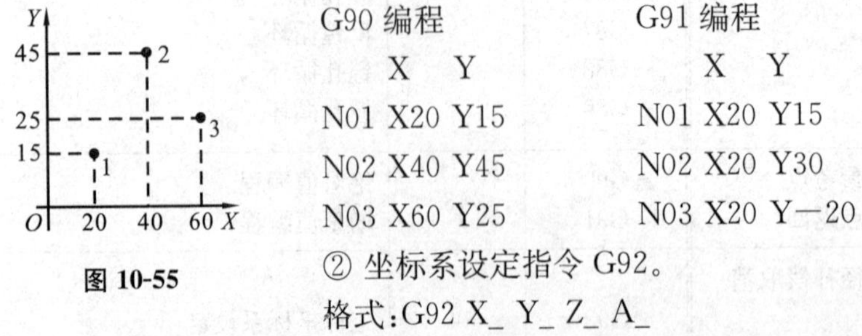

图 10-55

G90 编程	G91 编程
X　Y	X　Y
N01 X20 Y15	N01 X20 Y15
N02 X40 Y45	N02 X20 Y30
N03 X60 Y25	N03 X20 Y−20

② 坐标系设定指令 G92。

格式:G92 X_ Y_ Z_ A_

X、Y、Z、A:设定的坐标系原点到刀具起点的有向距离,如图 10-56 所示。

刀具无论在什么地方，执行 G92 Xα Yβ Zγ 程序段，均可设定一个坐标系，此时刀具的刀位点在该坐标系下的值为 Xα Yβ Zγ。而刀位点在机床坐标系下的坐标值系统总是知道的，故系统可确定坐标系与机床坐标系的位置关系。

G92 指令通过设定刀具起点与坐标系原点的相对位置建立工件坐标系，工件坐标系一旦建立，绝对值编程时的指令值就是在此坐标系中的坐标值。

注意：执行此程序段只建立工件坐标系，刀具并不产生运动。一般放在一个零件程序的第一段。

【例 2】 使用 G92 编程，建立如图 10-56 所示的工件坐标系。

N01 G92 X30 Y30 Z20

③ 工件坐标系选择指令 G54～G59。

格式：G54、G55、G56、G57、G58、G59

G54～G59 是系统预定的 6 个工件坐标系，可根据需要任意选用，如图 10-57 所示。

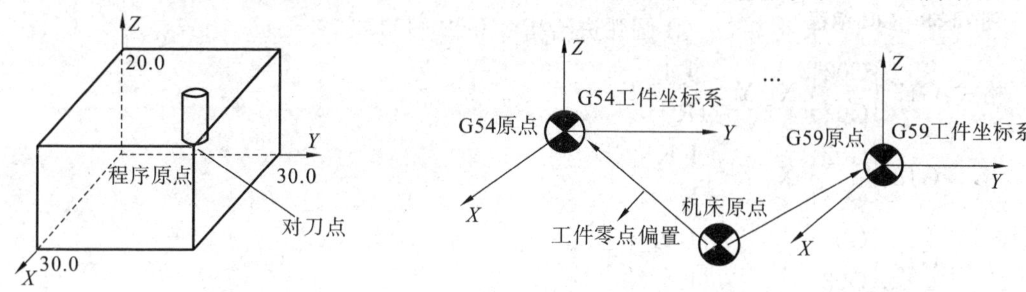

图 10-56　工件坐标系的建立

图 10-57　工件坐标系的选择

G54～G59 为模态功能，可相互注销，G54 为缺省值。

注意：使用该指令前，用 MDI 方式或在设置中的坐标系设定中输入各坐标系（工件坐标系）的坐标原点在机床坐标系中的坐标值。该值是通过对刀得到的，其值受编程原点和工件安装位置影响。

④ 坐标平面选择指令 G17、G18、G19。

格式：G17 或 G18 或 G19

G17：选择 *XY* 平面；G18：选择 *XZ* 平面；G19：选择 *YZ* 平面。

G17、G18、G19 为模态功能，可相互注销，G17 为缺省值。

（3）进给控制指令

① 快速定位指令 G00。

格式：G00 X_ Y_ Z_ A_

G00 指令刀具相对于工件以各轴设定的速度，从当前位置快速移动到程序段指令的定位目标点。不能用 F 规定。

G00 为模态功能，可由 G01、G02、G03 或 G33 功能注销。

②单方向定位指令 G60。

格式：G60 X_ Y_ Z_ A_

各轴先以 G00 速度快速定位到一中间点后，然后以一固定速度移动到定位终点。各轴的定位方向（从中间点到定位终点的方向）以及中间点与定位终点的距离由机床参数设定。当该参数值＜0 时，定位方向为负，当该参数值＞0 时，定位方向为正。

G60 指令仅在其被规定的程序段中有效。

③ 线性进给 G01。

格式:G01 X_ Y_ Z_ A_ F_

G01 指令刀具以联动的方式,按 F 合成进给速度(联动直线轴的合成轨迹为直线)移动到程序段指令的终点。

G01 为模态功能,可由 G00、G02、G03 功能注销。

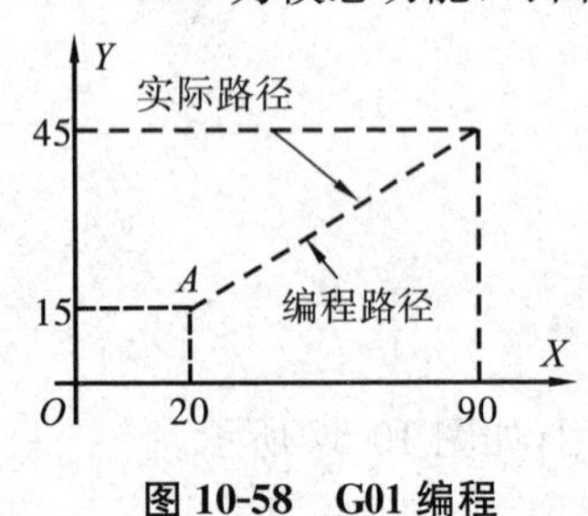

图 10-58　G01 编程

【例 3】 如图 10-58 所示,使用 G01 编程,要求从 A 点线性进给到 B 点。

绝对值编程:

G90 G01 X90 Y45 F800

增量值编程:

G91 G01 X70 Y30 F800

④ 圆弧进给指令 G02/G03。

$$\text{格式:G17}\begin{Bmatrix}\text{G02}\\\text{G03}\end{Bmatrix}\text{X\_ Y\_}\begin{Bmatrix}\text{I\_J\_}\\\text{R\_}\end{Bmatrix}\text{F\_}$$

$$\text{G18}\begin{Bmatrix}\text{G02}\\\text{G03}\end{Bmatrix}\text{X\_ Z\_}\begin{Bmatrix}\text{I\_K\_}\\\text{R\_}\end{Bmatrix}\text{F\_}$$

$$\text{G19}\begin{Bmatrix}\text{G02}\\\text{G03}\end{Bmatrix}\text{Y\_ Z\_}\begin{Bmatrix}\text{J\_K\_}\\\text{R\_}\end{Bmatrix}\text{F\_}$$

G02:顺时针圆弧插补;G03:逆时针圆弧插补,如图 10-59 所示。

G17:XY 平面圆弧;G18:XZ 平面圆弧;G19:YZ 平面圆弧。

XYZ:G90 时为圆弧终点在工件坐标系中的坐标;G91 时为圆弧终点相对于圆弧起点的位移量。

IJK:圆心相对于圆弧起点的有向距离,如图 10-60 所示。无论是绝对编程还是增量编程时都是以增量方式指定;整圆编程时不可以使用 R,只能用 IJK。

R:圆弧半径。当圆心角≤180°为劣弧时,R 为正值;当圆心角>180°为优弧时,R 为负值。

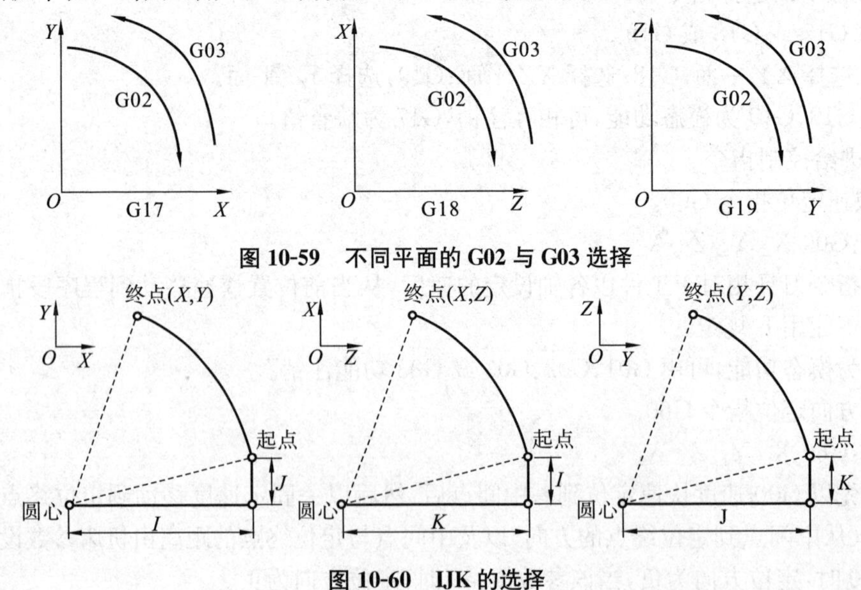

图 10-59　不同平面的 G02 与 G03 选择

图 10-60　IJK 的选择

【例 4】 使用 G02 对图 10-61 所示的劣弧 a 和优弧 b 编程。

圆弧编程的 4 种方法：

（ⅰ）圆弧 a

G91 G02 X30 Y30 R30 F60

G91 G02 X30 Y30 I30 J0 F60

G90 G02 X0 Y30 R30 F60

G90 G02 X0 Y30 I30 J0 F60

（ⅱ）圆弧 b

G91 G02 X30 Y30 R－30 F60

G91 G02 X30 Y30 I0 J30 F60

G90 G02 X0 Y30 R－30 F60

G90 G02 X0 Y30 I0 J30 F60

【例 5】 使用 G02/G03 对图 10-62 所示的整圆编程。

（ⅰ）从 A 点顺时针一周

G90 G02 X30 Y0 I－30 J0 F60

G91 G02 X0 Y0 I－30 J0 F60

（ⅱ）从 B 点逆时针一周

G90 G03 X0 Y－30 I0 J30 F60

G91 G03 X0 Y0 I0 J30 F60

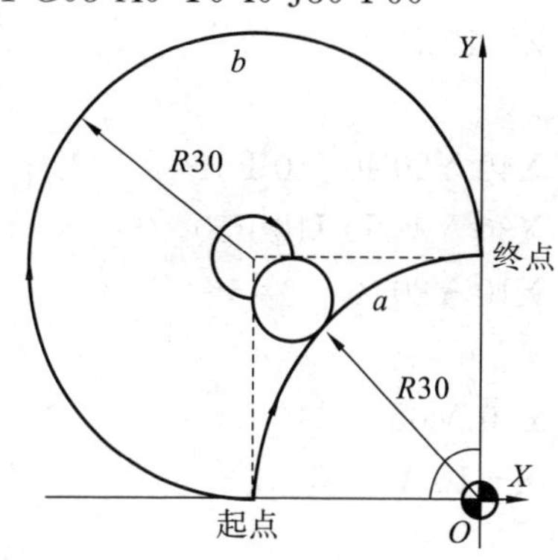

图 10-61　劣弧 a 和优弧 b 编程

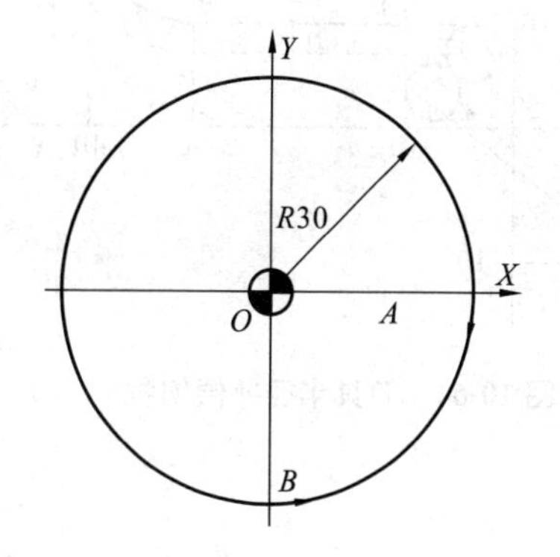

图 10-62　整圆编程

(4) 刀具补偿功能指令

① 刀具半径补指令 G40、G41、G42。

格式：$\begin{Bmatrix} \text{G17} \\ \text{G18} \\ \text{G19} \end{Bmatrix} \begin{Bmatrix} \text{G40} \\ \text{G41} \\ \text{G42} \end{Bmatrix} \begin{Bmatrix} \text{G00} \\ \text{G01} \end{Bmatrix}$ X_ Y_ Z_ D_

G40：取消刀具半径补偿。

G41：左刀补（如图 10-63(a) 所示，在刀具前进方向左侧补偿）。

G42：右刀补（如图 10-63(b)所示，在刀具前进方向右侧补偿）。

X、Y、Z：刀补建立或取消的终点。

D：方式一，刀补表中刀补号码（D00～D99），代表了刀补表中对应的半径补偿值。

方式二，#100～#199 全局变量定义的半径补偿值。

G40、G41、G42 都是模态代码，可相互注销。

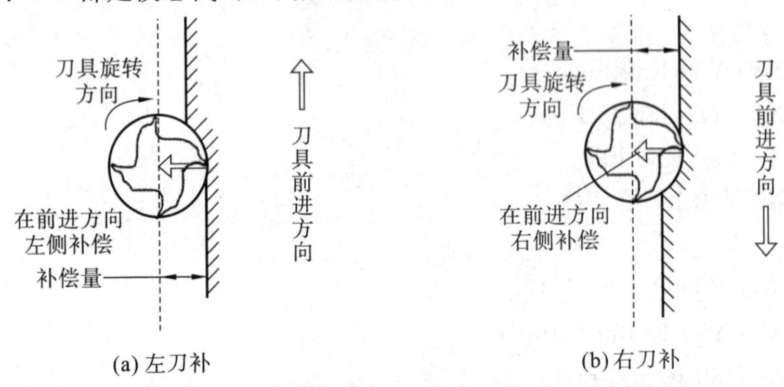

图 10-63　刀具补偿方向

【例 6】 考虑刀具半径补偿，建立如图 10-64 所示工件坐标系，按箭头所示路径进行加工，加工开始时刀具距离工件上表面 50mm，切削深度为 10mm。

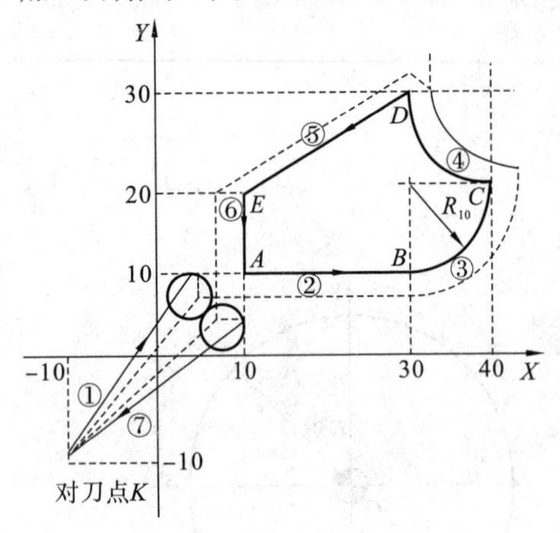

图 10-64　刀具半径补偿编程

```
%4435
N10 G92 X－10 Y－10 Z50
N15 G90 G17
N20 G42 G00 X4 Y10 D01
N25 Z2 M03 S900
N30 G01 Z－10 F50
N35 X30
N40 G03 X40 Y20 I0 J10 F50
N45 G02 X30 Y30 I0 J10 F50
N50 G01 X10 Y20
N55 Y5
N60 G00 Z50 M05
N65 G40 X－10 Y－10
N70 M30
```

注意：图中带箭头的实线为编程轮廓，不带箭头的虚线为刀具中心的实际路线。

② 刀具长度补偿 G43、G44、G49。

G17 G43

格式：$\begin{Bmatrix} \text{G17} \\ \text{G18} \\ \text{G19} \end{Bmatrix} \begin{Bmatrix} \text{G43} \\ \text{G44} \\ \text{G49} \end{Bmatrix} \begin{Bmatrix} \text{G00} \\ \text{G01} \end{Bmatrix}$ X_ Y_ Z_ H_

G17：刀具长度补偿轴为 *Z* 轴。

G18：刀具长度补偿轴为 *Y* 轴。

G19：刀具长度补偿轴为 *X* 轴。

G49：取消刀具半径补偿。

G43：正向偏置（补偿轴终点加上偏置值）。

G44:负向偏置(补偿轴终点减去偏置值)。

X、Y、Z:刀补建立或取消的终点。

H:刀具长度补偿偏置号(H00～H99),代表了刀补表中对应的长度补偿值。

【例 7】 如图 10-65 所示,要求钻孔总深度 *Z* 为 30mm,但由于钻头磨损了 1.2mm,用长度补偿进行编程,保证钻孔深度。

原程序:

N10 G92 X0 Y0 Z100　　设定刀具在工件 X0 Y0 上方 100mm 的位置

N15 G90 G00 Z2　　刀具快速下降到工件表面 Z2 的位置

N20 G01 Z−28 F100　　刀具铣削至工件下方 28mm 的位置

加入刀具长度补偿后的程序:

N10 G92 X0 Y0 Z100　　设定刀具在工件 X0 Y0 上方 100mm 的位置

N15 G90 G00 G43 H1 Z2　加入 1.2mm 的长度补偿量,刀具快速降至工件表面以上 Z2 的位置

N20 G01 Z−28 F100　　刀具铣削至工件下方 28mm 的位置

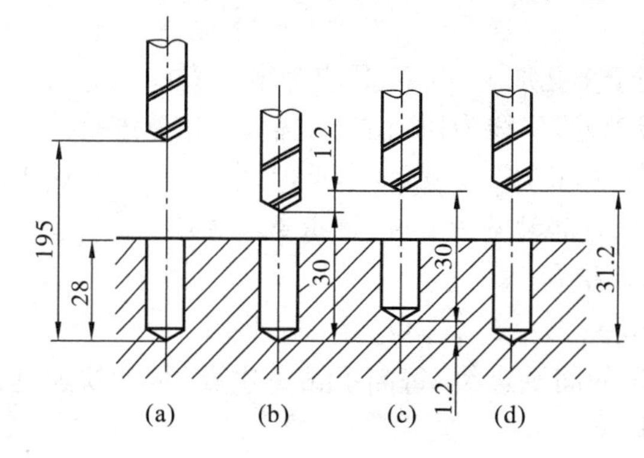

图 10-65　刀具长度补偿

(6) 固定循环

格式: $\begin{Bmatrix} G98 \\ G99 \end{Bmatrix}$ G_ X_ Y_ Z_ R_ Q_ P_ I_ J_ K_ F_ L_

G98:返回初始平面;G99:返回 *R* 点平面。

G:固定循环代码 G73、G74、G76 和 G81～G89 之一。

X、Y:加工起点到孔位的距离(G91)或孔位坐标(G90)。

R:初始点到 *R* 点的距离(G91)或 *R* 点的坐标(G90)。

Z:*R* 点到孔底的距离(G91)或孔底坐标(G90)。

Q:每次进给深度(G73/G83)。

P:刀具在孔底的暂停时间。

I、J:刀具在轴反向位移增量(G76/G87)。

K:每次向上的退刀量。

F:切削进给速度。

L:固定循环次数。

G73、G74、G76 和 G81～G89、Z、R、Q、P、F、I、J、K 是模态指令。G80、G01～G03 等代码

可以取消固定循环。

使用固定循环时应注意以下几点：

（ⅰ）在固定循环指令前应使用M03或M04指令使主轴回转。

（ⅱ）在固定循环程序段中，X、Y、Z、R数据应至少指令一个才能进行孔加工。

（ⅲ）在使用控制主轴回转的固定循环（G74、G84、G86）中，如果连续加工一些孔间距比较小，或初始平面到R点平面距离比较短的孔时，会出现在进入孔的切削动作前时主轴还没有达到正常转数的情况，应在各孔的加工动作之间插入G04指令，以获得时间。

（ⅳ）当用G00～G03指令注销固定循环时，若G00～G03指令和固定循环出现在同一程序段，按后出现的指令运行。

（ⅴ）在固定循环程序段中，如果指定了M，则在最初定位时送出M信号，等待M信号完成，才能进行孔加工循环。

① G73：高速深孔加工循环指令。

格式：G98(G99) G73 X_ Y_ Z_ R_ Q_ P_ K_ F_ L_

该固定循环用于Z轴的间歇进给，使深孔加工容易断屑、排屑且退刀量不大，可进行深孔的高速加工。

L：循环次数（一般用于多孔加工，故X、Y应为增量值）。

加工动作如图10-66所示，实线为切削进给，虚线为快速进给。

注意：（ⅰ）Q：增量值，取负；K：增量值，取正，且｜Q｜>｜K｜。

（ⅱ）如果Z、K、Q移动量为零时，该指令不执行。

② G83：深孔加工循环指令。

格式：G98(G99) G83 X_ Y_ Z_ R_ Q_ P_ K_ F_ L_

该固定循环用于Z轴的间歇进给，每向下钻一次孔后，就快速退到参照R点，退刀量较大、便于排屑、方便加冷却液。

Q：每次向下的钻孔深度（增量值，取负）。

K：距已加工孔深上方的距离（增量值，取正）。

注意：如果Z、Q、K的移动量为零时，该指令不执行。

加工动作如图10-67所示，实线为切削进给，虚线为快速进给。

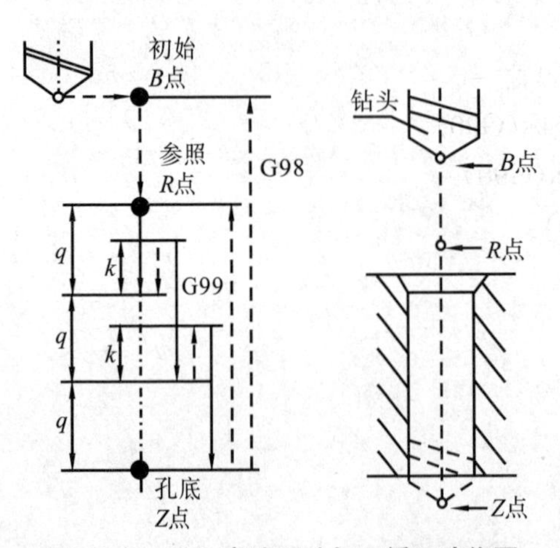

图10-66 G73高速深孔加工循环动作图

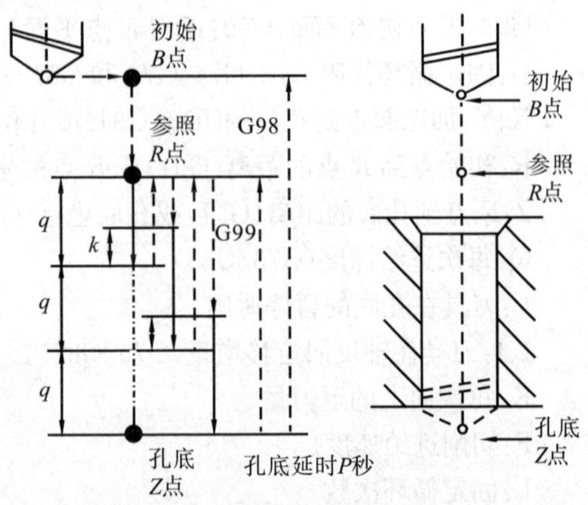

图10-67 G83深孔加工循环动作图

③ G74:攻左旋螺纹指令。

格式:G98(G99) G74 X_ Y_ Z_ R_ P_ F_ L_

攻左旋螺纹时,用左旋丝锥主轴反转攻丝。攻丝时速度倍率不起作用。使用进给保持时,在全部动作结束前也不停止。

Z:绝对编程时是孔底 Z 点的坐标值;

　增量编程时是孔底 Z 点相对于参照 R 点的增量值。

F:螺纹导程。

L:循环次数(一般用于多孔加工,故 X、Y 应为增量值)。

注意:(ⅰ) 如果 Z 的移动量为零时,该指令不执行。

　　(ⅱ) 攻丝时,主轴必须旋转。

　　(ⅲ) 主轴转速与进给匹配,保证转进给为螺距 F。

加工动作如图 10-68 所示,实线为切削进给,虚线为快速进给。

④ G84:攻右旋螺纹指令。

格式:G98(G99) G84 X_ Y_ Z_ R_ P_ F_ L_

攻右旋螺纹时,用右旋丝锥主轴正转攻丝。攻丝时速度倍率不起作用,使用进给保持时,在全部动作结束前也不停止。

F:螺纹导程。

注意:(ⅰ) 如果 Z 的移动量为零时,该指令不执行。

　　(ⅱ) 攻丝时,主轴必须旋转。

　　(ⅲ) 主轴转速与进给匹配,保证转进给为螺距 F。

加工动作如图 10-69 所示,实线为切削进给,虚线为快速进给。

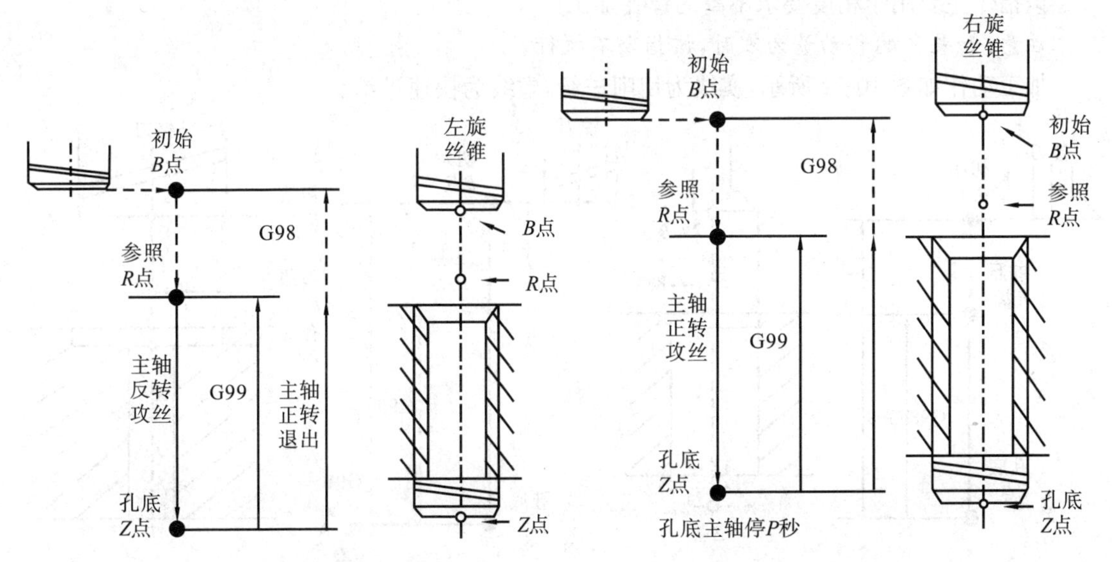

图 10-68　G74 攻左旋螺纹循环动作图　　**图 10-69　G84 攻右旋螺纹循环动作图**

⑤ G81:钻孔循环指令(中心钻)。

格式:G98(G99) G81 X_ Y_ Z_ R_ F_ L_

注意:如果 Z 轴的移动量为零时,该指令不执行。

加工动作如图 10-70 所示，实线为切削进给，虚线为快速进给。

⑥ G82：带停顿的钻孔循环指令。

格式：G98(G99) G82 X_ Y_ Z_ R_ P_ F_ L_

此指令主要用于加工沉孔、盲孔，以提高孔深精度。该指令除了要在孔底暂停外，其他动作与 G81 相同。

注意：如果 Z 轴的移动量为零时，该指令不执行。

加工动作如图 10-71 所示，实线为切削进给，虚线为快速进给。

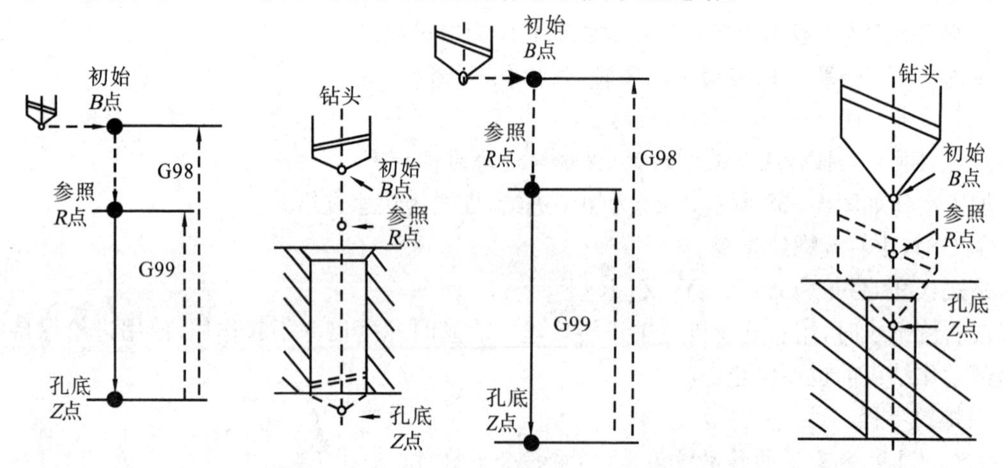

图 10-70　G81 钻孔循环(中心钻)动作图　　图 10-71　G82 带停顿的钻孔循环动作图

⑦ G85：镗孔循环指令。

格式：G98(G99) G85 X_ Y_ Z_ R_ P_ F_ L_

该指令主要用于精度要求不高的镗孔加工。

注意：如果 Z 的移动量为零时，该指令不执行。

加工动作如图 10-72 所示，实线为切削进给，虚线为快速进给。

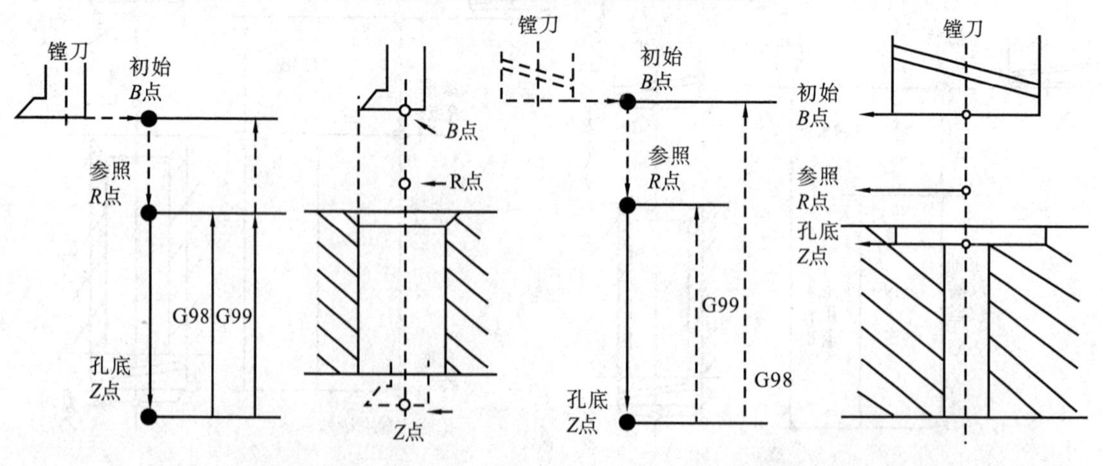

图 10-72　G85 镗孔循环动作图　　图 10-73　G89 镗孔循环动作图

⑧ G89：镗孔循环指令。

格式：G98(G99) G89 X_ Y_ Z_ R_ P_ F_ L_

G89 指令与 G81 指令相同，但在孔底有暂停，然后主轴停止，快速退回。

注意：如果 Z 的移动量为零时，该指令不执行。

加工动作如图 10-73(见 277 页)所示，实线为切削进给，虚线为快速进给。

⑨ G87：反镗循环指令。

格式：G98(G99) G87 X_ Y_ Z_ R_ P_ I_ J_ F_ L_

一般用于镗削上小下大的孔，其孔底 Z 点一般在参照 R 点的上方，与其他指令不同。

I：X 轴方向偏移量，只能为正值。

J：Y 轴方向偏移量，只能为正值。

L：循环次数(一般用于多孔加工，故 X、Y 应为增量值)。

注意：(ⅰ) 如果 Z 的移动量为零时，该指令不执行。

(ⅱ) 此指令不得使用 G99，使用则提示"固定循环格式错"报警。

加工动作如图 10-74 所示，实线为切削进给，虚线为快速进给。

⑩ G88：镗孔循环指令(手镗)。

格式：G98(G99) G88 X_ Y_ Z_ R_ P_ F_ L_

该指令在镗孔前记忆了初始 B 点或参照 R 点的位置，当镗刀自动加工到孔底后机床停止运行，将工作方式转换为"手动"，通过手动操作使刀具抬刀到 B 点或 R 点高度上方，并避开工件。然后工作方式恢复为"自动"，再循环启动程序，刀位点回到 B 点或 R 点。

一般精镗时用此固定循环。

注意：(ⅰ) 如果 Z 的移动量为零时，该指令不执行。

(ⅱ) 手动抬刀高度，必须高于 R 点(G99)或 B 点(G98)。

加工动作如图 10-75 所示，实线为切削进给，虚线为快速进给。

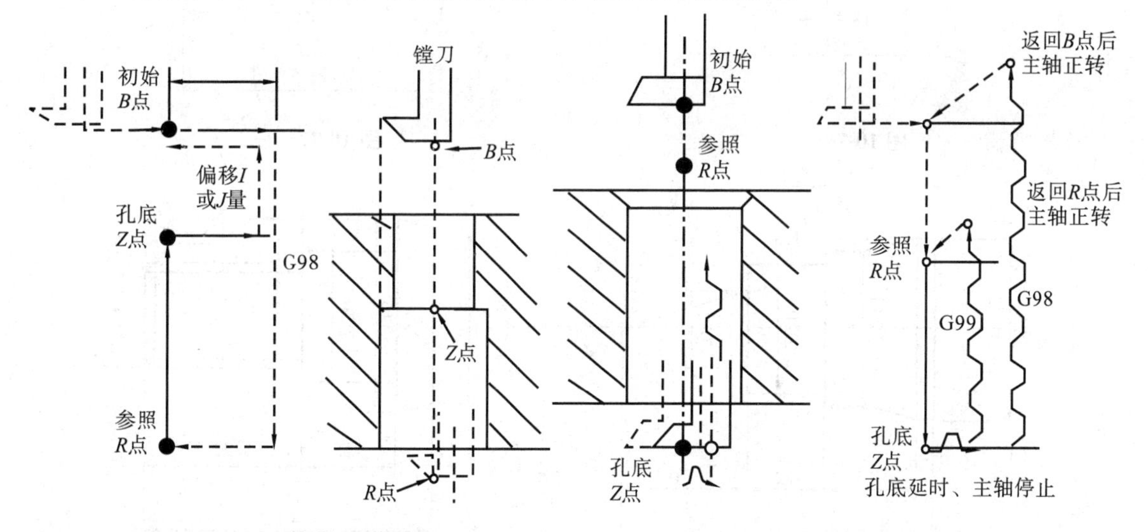

图 10-74　G87 反镗循环动作图　　**图 10-75　G88 镗孔循环(手镗)**

⑪ G80：取消固定循环。

该指令能取消固定循环，同时 R 点和 Z 点也被取消。

思　考　题

1. 简述数控车床与普通车床的区别。
2. 数控车床加工有何特点？适合于哪些回转表面的零件？
3. 数控车床由哪几个基本部分组成？
4. 数控车床坐标系是怎样规定的？什么叫绝对坐标系？
5. 绝对编程法与增量编程法有什么不同？
6. 数控铣床编程时，有圆弧指令的程序段中，R 在什么情况下取正？什么情况下取负？
7. 在数控铣床上加工整圆时，应用什么编程指令？试写出程序段的格式。
8. 在数控铣床上加工零件时，为什么要使用刀具半径补偿？
9. 根据图 10-76、10-77、10-78、10-79 所示编制精加工程序。

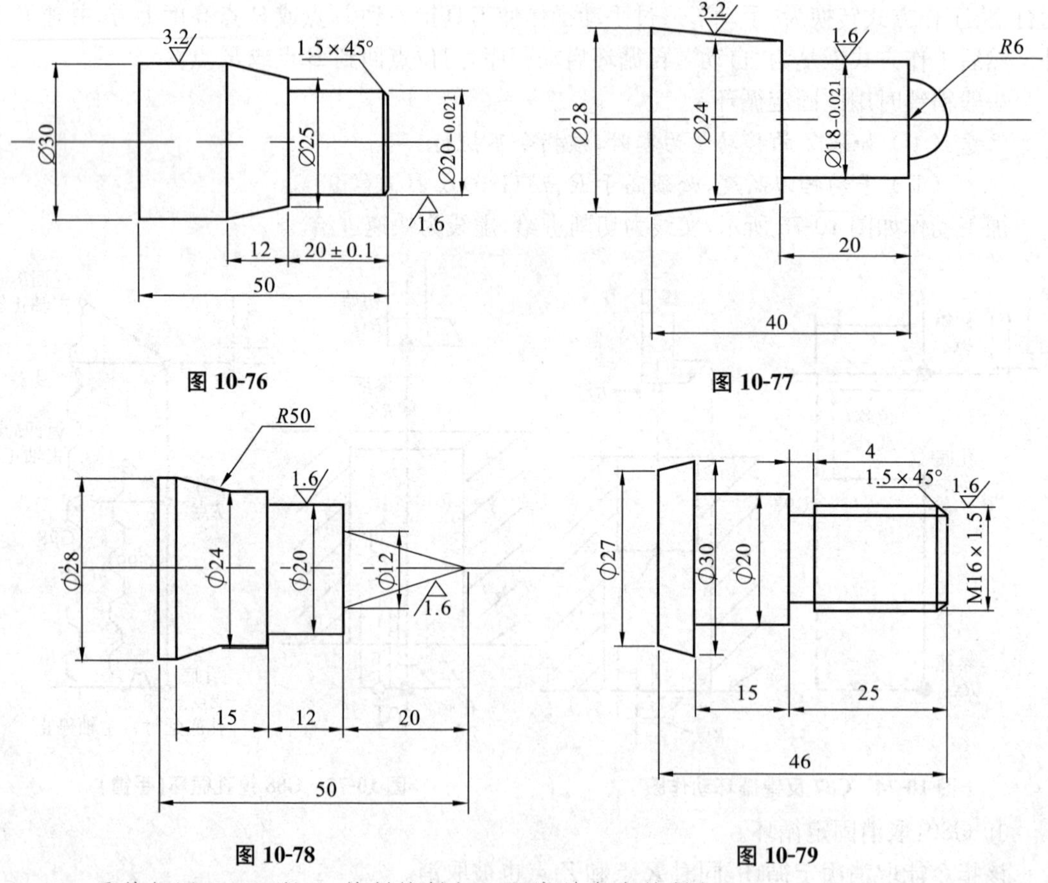

图 10-76　图 10-77

图 10-78　图 10-79

10. 零件如图 10-80 所示，编制铣削加工程序并完成铣削加工。

11. 零件如图 10-81 所示，编制其铣削加工程序并完成铣削加工。

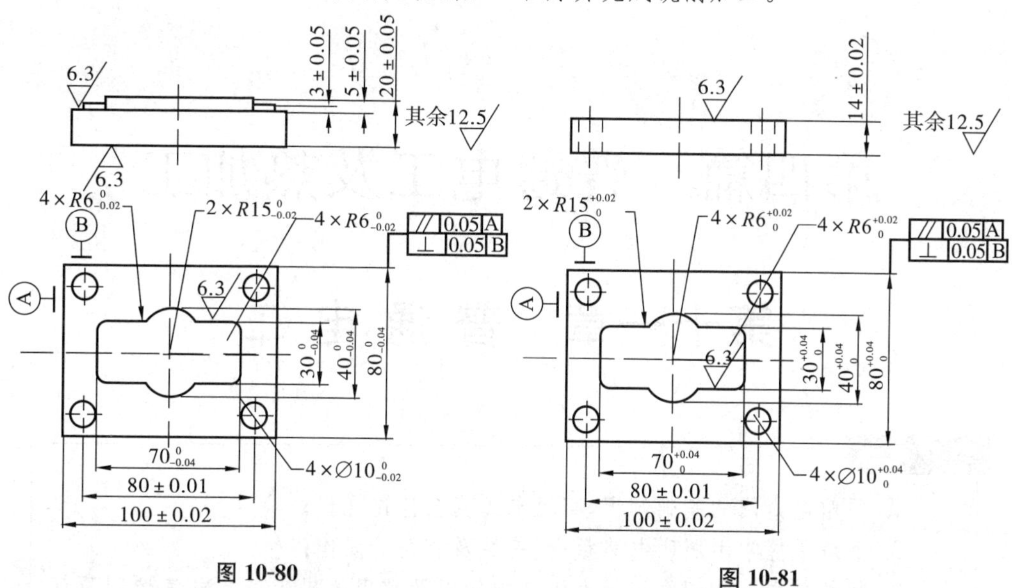

图 10-80　　　　图 10-81

12. 试用刀具半径补偿、直线、圆弧、调用子程序、固定循环、刀具长度补偿等指令，编写图 10-82 所示法兰的外轮廓及∅24mm 孔的加工程序。

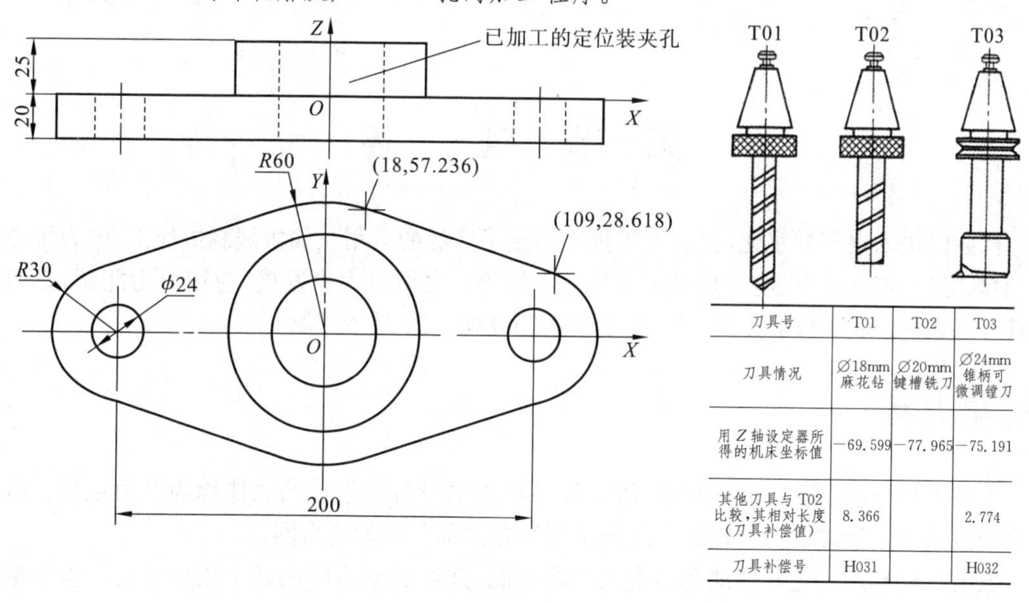

刀具号	T01	T02	T03
刀具情况	∅18mm 麻花钻	∅20mm 键槽铣刀	∅24mm 锥柄可微调镗刀
用 Z 轴设定器所得的机床坐标值	−69.599	−77.965	−75.191
其他刀具与 T02 比较，其相对长度（刀具补偿值）	8.366		2.774
刀具补偿号	H031		H032

图 10-82

第四篇　普通电工及热加工

第十一章　普通电工

学习目标

1. 了解电力网的基础知识，牢记电工安全操作规程；
2. 熟练掌握常用照明电路敷设、安装及相关的操作；
3. 熟练掌握三相四线制动力线基础知识及常用的机床设备电气控制原理和控制线路的制作、安装维修相关知识。

第一节　概　　述

社会已进入电气数字化时代，电工技术得到了广泛的运用。如机械制造加工、电力排灌设备、冶炼电炉、电气机车、电子显微镜及日常生活等。之所以大力发展、应用电力能源，是因为它具有三大优点：① 易于转换。② 易于输送和分配。③ 易于控制。

一、电力网

由发电机、输配电线、变压设备、配电设备和用电设备等组成的总体称为电力系统。电力系统中包括变电所、配电所、输配电线路全部装置的部分称为电力网。

发电厂的作用是把其他能源转变生产出电能，并经过电力网向各个用户输送。整个电力网的线路非常复杂，如图 11-1 所示。

发电厂的发电机组所产生的电能由升压变电所升压后经输电线输送到距离较远的用户中心。输送的距离越远电压应变压越高，采用高电压小电流的输送方式。用户有一套设备接收电力网送来的电力并能变压分配控制，设有高压、低压配电室及变压器室。大容量的、电压比较高的设置在户外，小容量的设置在室内，这种场所称变配电所。对于仅用来接收和分配电力且其内配置有油开关、隔离开关、保护装置、仪表和母线等设备的场所叫做配电所(开关室)。大多数的供电方式都采用架空线路，进户线用电缆线。输送电压有如下几种：330～500kV，110～220kV，35～60kV，6～10kV 和 380/220V。交流高压、低压界限为 1kV，直流的高压、低压界限为 1.2kV。低压常用供电是三相四线制，电压为 380/220V。通常变配电所的位置建在靠近电力网又在负荷中心的位置，以便用户得到可靠的电源，减少资源的损耗，电能从生产到供应用户使用之前都要经过发电、变电、输电、配电等过程。

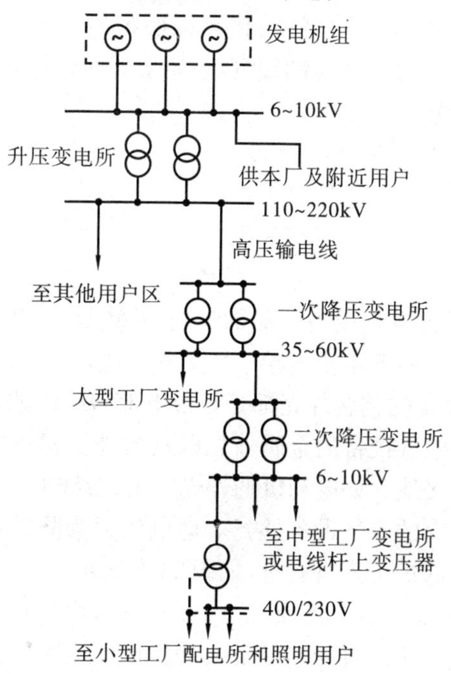

图 11-1　电力系统单线原理图

二、高低压线路

从变、配电所把电力输送到各个用户需要经过各种配电线路，目前常用的配电线路有以下几种：

1. 架空线路

在电线塔或电线杆上架设的输电线路称为架空线路，它大多采用多股的胶合裸体铝芯导线，档距在 25m 以上，它的优点是散热条件好，载流量大、结构简单、架设成本低，适用于高低压线路。

2. 电缆线路

在实际环境条件不适合架设架空线路时，可采用电缆线路（如跨过大江、大河、海洋及广场、进户线等），方法有沉缆、直埋、设电缆沟和管道等。这种线路造价高、维修困难、工艺复杂，但输电可靠、受外界影响小，应采用优质导电材料，它的阻抗小、电压降低。

3. 低压户内外线路

低于 1kV 以下，设在户内外的线路都是低压户内外线路。如架设在电线杆上，它的档距小于 25m。在沿墙敷设时，采用角钢支架和蝴蝶式绝缘子，档距不大于 6m。导线水平排列时，零线靠墙敷设；垂直排列时，零线设在最下方，导线的间距不应小于 100mm。

4. 护套线路

护套线有两芯、三芯、四芯。适用于户内外小容量的线路，它有较高的抗腐耐潮性，而且造价低廉，外形美观。但护套线不能直埋在墙内，要埋在墙内必须套管子。

5. 线管线路

线管材料有水管、电线管、金属软管、硬塑料管等。可明装,可暗装。它的优点是导线不会受机械损伤,耐腐防潮,安全可靠,适用于动力及照明线路,但造价高,安装和维修困难。必须注意的是:① 导线的总截面积不能大于线管内径截面积的 40%;② 不同回路,不同电压的线路不能穿在同一个线管内;③ 金属质地的线管,一定要焊接地螺钉,接上接地线。管口一定要有护套,防止损坏导线的绝缘。

三、安全用电

1. 接地和接零的类别

(1) 工作接地。为了保证电气设备可靠的运行,将电路中的某一点与大地作电气上的连接,这种接地称为工作接地。如三相变压器中性点的接地,避雷器和避雷针的接地等。

(2) 保护接地。电气设备的金属外壳都是与带电部分绝缘的,一旦绝缘损坏,外壳便会带电。为了防止人体触电,将电气设备的金属外壳以及与外壳相连的金属构架与大地作电气上的连接,这种接地称为保护接地。如电动机的外壳接地、敷线的线管接地等。由于接地装置的接地电阻很小,所以绝缘击穿的电气设备外壳对地电压大为降低,当人体与带电外壳接触时,通过人体的电流很小,从而保护了人身安全,如图 11-2 所示。

(3) 重复接地。将中性线上的一点或几点再次接地,称为重复接地。在三相四线制供电系统中,由于中性干线的截面积不可能选得很大,因而中性线的电阻不可能为零。当三相负载不对称时,在中性线中就会有电流,并产生电压降。特别在供电线路较长的情况下,中性线对地电压可能较高。为了降低中性线对地电压,必须在离中性点一定距离的地方,将中性线再次接地。如进户线的辅助接地,即属重复接地,如图 11-3 所示。

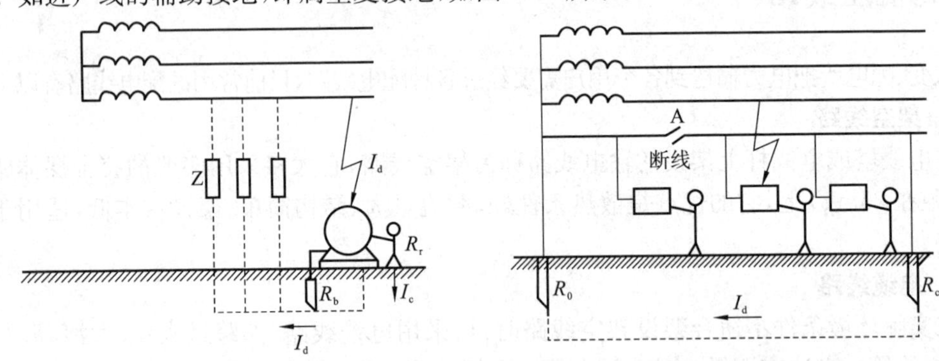

图 11-2　保护接地原理

图 11-3　有重复接地时零线断线

(4) 保护接零。在中性点接地的三相四线制系统中,将电气设备的金属外壳、框架等与中性线连接,叫保护接零。接零后的电气设备,若绝缘损坏而使外壳带电,由于中性线电阻很小,因此短路电流很大,使电路中保护开关动作或保险丝熔断,切断电源,从而避免触电的危险,如图 11-4 所示。

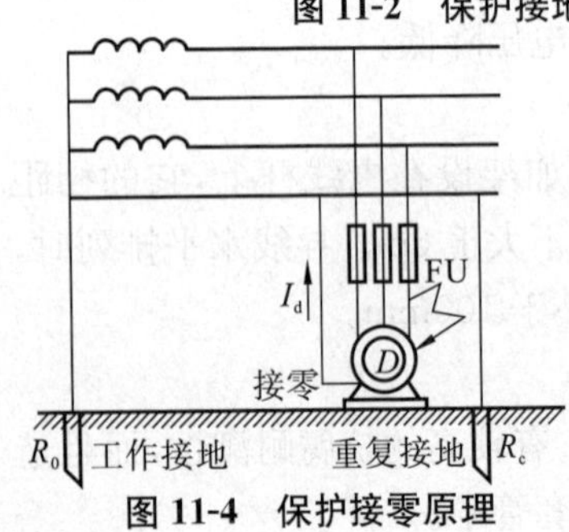

图 11-4　保护接零原理

2. 安全用电知识

(1) 对人体的伤害

① 人体的伤害分电击和电伤两种类型。电流通过人体内部，对人体内脏及系统造成破坏直至死亡，称为电击；电流对人体外部表皮造成局部伤害，称为电伤。但在触电事故中，电击和电伤常会同时发生。触电的伤害程度与通过人体电流的大小、路线、持续的时间、电流的种类、交流电的频率及人体的健康状况等因素有关，而通过人体电流的大小，对触电者的伤害程度起决定性作用。人体对触电电流的反应，如表 11-1 所示。

表 11-1 人体对触电电流的反应

触电电流(mA)	人体触电时的反应	
	50～60Hz 交流电	直流电
0.6～1.5	开始有麻刺感	没有感觉
2～3	有强烈的麻刺感	没有感觉
5～7	有肌肉抽筋现象	刺痛感，灼热感
8～10	已难以摆脱电源(但终能摆脱电源)，触电部位感到剧痛	灼热增加
20～25	迅速麻痹，不能摆脱电源，剧痛，呼吸困难	抽筋
50～80	呼吸器官麻痹，心脏开始震颤	感觉强烈肌痛，触电部位肌肉抽筋，呼吸困难
90～100	呼吸器官麻痹，心脏停止跳动持续 3s 左右	呼吸麻痹

② 人体的电阻和安全电压

通过人体的电流决定于触电的电压和人体的电阻，一个正常人的电阻约为 800Ω。触电对人体的危害性极大，为了保障人的生命安全，规定的安全电压为 36V 以下，而在特殊的场所，规定为 12V。

(2) 触电的形式

① 单相触电。指人站在地上或其他接地体上，而人的某一部位触及带电体，称为单相线触电。在我国低压三相四线制中性点接地的系统中，单相触电的电压为 220V，如图 11-5(a)所示。

② 两相触电。指人体两处同时触及三相 380/220V 系统的两相带电体，加于人体的电压达 380V，如图 11-5(b)所示。

③ 跨步电压触电。带电体着地时，电流流过周围土壤，产生电压降，人接近着地点时，两脚之间有跨步电压，其大小决定于离地点的远近及两脚跨步的距离，跨步电压也会引起触电事故，如图 11-5(c)所示。

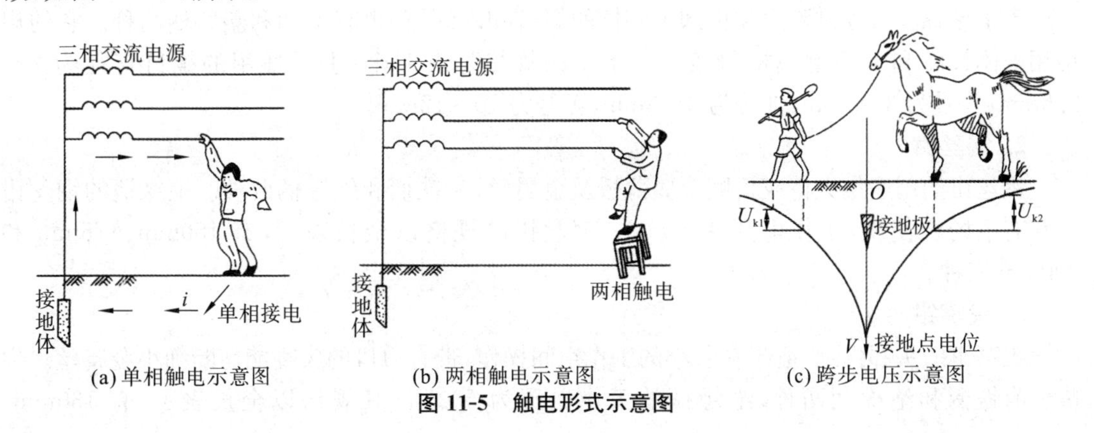

(a) 单相触电示意图 (b) 两相触电示意图 (c) 跨步电压示意图

图 11-5 触电形式示意图

(3) 触电急救

① 解脱电源。断开电源开关,拔去电源插头或熔断器插件等;用干燥的绝缘物拨开电源线使触电者迅速脱离电源。在高空发生触电事故时,触电者有摔下的危险,一定要采取紧急措施,使触电者不致摔伤或摔死。

② 急救。触电者脱离电源后,若停止呼吸或心脏停止跳动,决不可认为触电者已死亡而不去抢救,应立即在现场进行人工呼吸和人工胸外心脏挤压及针灸,并派人通知医院。抢救必须分秒必争。

(4) 严格按照《电工安全操作规程》的要求来进行生产和实习

① 工作前要穿戴好劳动保护用品。

② 使用工具要适合,测量仪器要准确,并认真检查有无损坏和良好绝缘。

③ 工作前要切断电源,并挂上"禁止合闸"的标志。

④ 工作前要了解电气系统的工作原理,熟悉图纸和工作情况,电器元件不得随意替代,所用导线要符合规定。

⑤ 带电操作时要特别注意安全,千万不能短路。

⑥ 工作中需要照明,应采用 36V 安全电压。

⑦ 工作完毕要认真检查,确定无误后方可通电试验。

第二节 常用工具仪表

一、电工工具

1. 螺丝刀

(1) 一字形螺丝刀

一字形螺丝刀用来紧固和拆卸一字槽的螺钉和木螺钉,有木柄和塑料柄两种。它的规格用柄部以外的刀体长度表示,常用的有 100mm、150mm、200mm、300mm 和 400mm 五种。

(2) 十字形螺丝刀

十字形螺丝刀专供紧固和拆卸十字槽的螺钉和木螺钉,也有木柄和塑料柄两种。它的规格用刀体长度和十字槽规格号表示。十字槽规格号有四个:Ⅰ号适用的螺钉直径为 2～2.5mm,Ⅱ号为 3～5mm,Ⅲ号为 6～8mm,Ⅳ号为 10～12mm。

2. 钢丝钳

钢丝钳的用途是夹持或折断金属薄板及金属丝,有铁柄和绝缘柄两种。绝缘柄的钢丝钳可在有电场合使用,工作电压为 500V。钢丝钳的规格以全长表示,有 150mm、175mm 和 200mm 三种。

3. 尖嘴钳

尖嘴钳的头部尖细,适于在狭小的工作空间操作,带有刃口的尖嘴能剪断细小金属丝。尖嘴钳有铁柄和绝缘柄两种,绝缘柄的工作电压为 500V。其规格以全长表示,有 130mm、

160mm、180mm 和 220mm 四种。

4. 电工刀

电工刀适用于电工装修工作中割削电线电缆绝缘、绳索、木桩及软性金属等，其结构有普通式和三用式两种。

5. 低压验电笔

电笔又称试电笔，是用来检查低压导体和电气设备外壳是否带电的辅助安全用具，其检测电压范围为 60～500V(指带电体与大地的电位差)。为了便于使用和携带，电笔常做成钢笔式结构，前端是金属探头，内部依次装接氖泡、安全电阻和弹簧。弹簧与后端外部的金属部分相接触，使用时手应触及金属部分。

适用电笔测试带电体时，带电体经电笔、人体到大地形成了通电回路，只要带电体与大地之间的电位差超过 60V，电笔中的氖气就能发出红色的辉光。

二、电工仪表

1. 电压表

电压表分为直流电压表和交流电压表两种。

(1) 直流电压表。使用前先选择好电压表的量程，接线时将电压表并联在被测电压的两端，按电压表端钮上的“＋”“－”极性进行接线。

(2) 交流电压表。电压测量范围通常为 1～1000V，使用频率可达 1000Hz 左右。一般采用电压互感器扩大量程，接线时应在电路断电情况下进行，不允许误把电压表串联在被测电路中使用。

2. 电流表

电流表分为直流电流表和交流电流表两种。

(1) 直流电流表必须和负载串联。电流表的电流从表的“＋”极性流入，“－”极性流出。

(2) 交流电流表测量时串联在被测电路中，电流测量范围通常为 0.001～100A，使用频率可达 1000Hz 左右。如果需要更大电流时，可以通过与电流互感器配合使用来扩大量程。

3. 钳形电流表又称卡表

常用的有交流钳形电流表和交直流两用钳形电流表两种。新型钳形电流表量程为 0～600A，最大可达到 1000A 并兼有 0～300V～600V 的电压量程。

使用时，仪表的电压等级应与所测线路或设备的电压等级相符合，设置量程挡应大于等于被测电流值，测量前应先估计被测电流或电压的大小，或是先用较大量程，然后再视被测电流、电压的大小变换量程，切换量程必须先将钳口打开，无电时进行，不允许带电切换量程，测量时被测载流导线应放在钳口中央，钳口接口应紧闭。不允许用钳形电流表在绝缘不良或无绝缘的裸露电线上测量，不准套在三相刀开关或熔断器内测量使用。

测量后，应把调整量程的切换开关放在最大电流量程的位置上，防止下次使用时疏忽未经选择量程就进行测量而把仪表损坏，如图 11-6 所示。

4. 万用表

万用表可以用来测量交直电压、交直电流、电阻、音频电平、电容、电感及晶体管的参数等。数字万用表的功能更多，还能测量频率、周期、时间间隔、温度等，如图 11-7 所示。

(1) 选择接线柱或插孔

红色测试棒的连接线接红色端钮或插入标有“+”的插孔内，黑色测试棒的连接线接黑色端钮或插入标有“-”的插孔内。测量交直流电压时，仪表并连接入，测量交直流电流时，仪表串联接入。在测直流电时，红色测试棒接被测物的正极，黑色测试棒接被测物的负极。

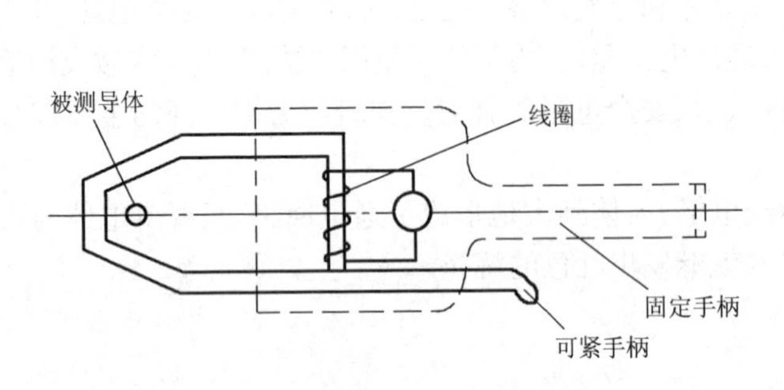

图 11-6 钳形电流表结构原理图

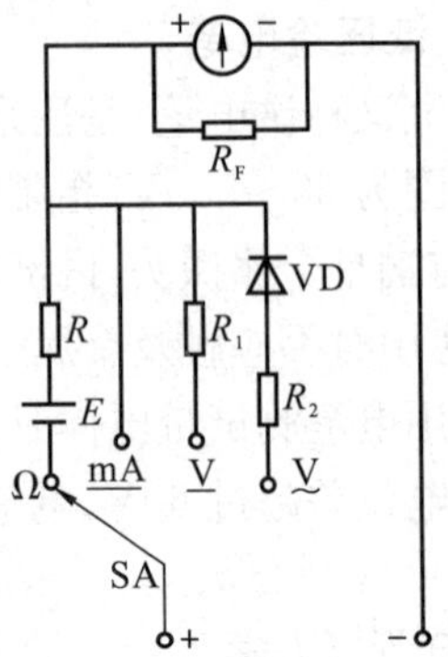

图 11-7 万用表测量原理图

(2) 选择种类和量程

根据测量对象，在使用前将种类选择转换开关旋至对应被测量所需的种类。例如测量380V交流电压，就应先用“V”区间的500V量程挡。在测量电压或电流时，最好使指针指在满标度的1/2与2/3之间，这样测量结果较准确。被测量的范围不知道时应将转换开关旋至最大量程挡进行测试，若读数太小，再逐步减小量程。在更换量程挡时，测试棒离开被测物。

(3) 正确使用欧姆挡

① 在测量电阻之前，应先旋动调零旋钮调零，以保证测量准确。

② 不许带电进行测量。

③ 被测对象不能有并联支路。

④ 手不要接触测试棒的金属部分以保证人身安全和测量的准确度。在测试高电压(如220V)和较大电流(如0.5A直流电流)时，不能带电转动开关旋钮.

⑤ 万用表测量后，应将转换开关旋至交流最高电压挡。

5. 兆欧表

又称摇表、高阻表。有手摇发电机式和晶体管式两种。

兆欧表的正确使用：

(1) 兆欧表的选择。要根据所测量的电器设备的电压等级来决定，测量额定电压在500V以下的设备时，宜选用500V或1000V的表，而额定电压在500V以上的设备则选用1000～2500V的表。

(2) 测量前的准备。被测设备在测量前要先切断电源，并进行充分放电(约需要2～3分钟)，以保障设备及人身安全;应用单股线分开单独连接，避免因绞线绝缘不良而引起误差。

(3) 兆欧表在测量前的准备。兆欧表放置要平稳，并远离带电导体和磁场，以免影响测量的准确度;测量前兆欧表要进行一次开路和短路试验，检查兆欧表是否良好。将兆欧表“线路”“接地”两端钮开路，摇动手柄，指针应指在“∞”的位置;将两端钮短接，缓慢摇动手柄，指针应指在“0”处，否则兆欧表有误差。

(4) 接线。兆欧表上有三个分别标有接地(E)、线路(L)和保护环(G)的端钮。测量电路绝缘电阻时，可将被测的两端分别接于E和L两个端钮上，如图11-8(a)所示；测量电机绝缘电阻时，将电机绕组接于L端钮上，机壳接于E端钮上，如图11-8(b)所示；测量电缆的导电线芯与电缆外壳的绝缘电阻时，除将被测两端分别接于E和L两端钮外，还需将电缆壳芯之间的内层绝缘接于保护环端钮G上，以消除因表面漏电而引起的误差，如图11-8(c)所示。

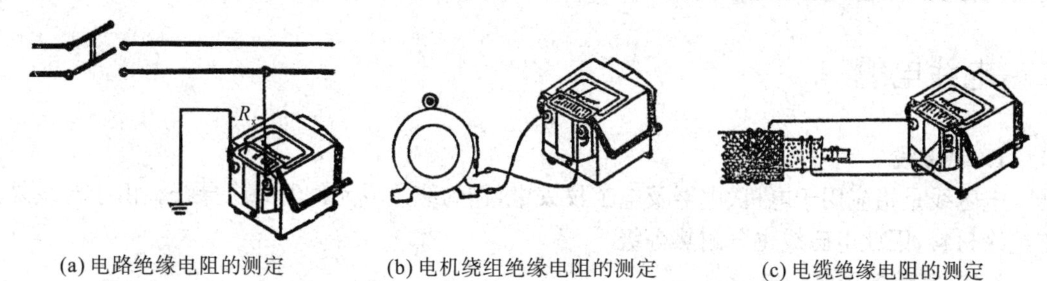

(a) 电路绝缘电阻的测定　(b) 电机绕组绝缘电阻的测定　(c) 电缆绝缘电阻的测定

图11-8　用兆欧表测量绝缘电阻的接法

保护环的作用，见图11-9。其中图11-9(a)未使用保护环，绝缘表面的泄漏电流也流入线圈，使读数发生误差。图11-9(b)使用保护环后，绝缘表面的泄漏电流不经过线圈而直接回到发电机。

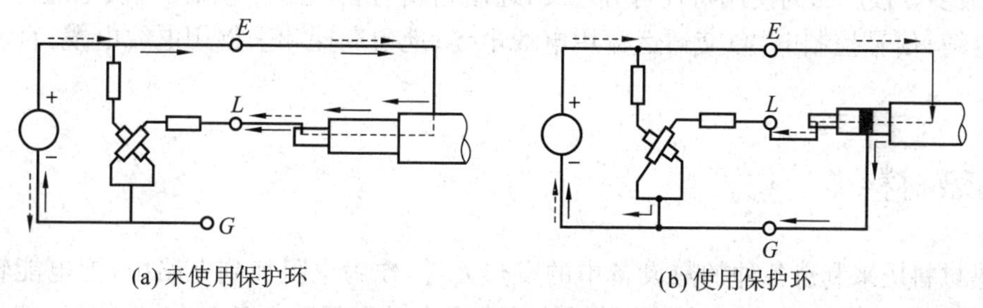

(a) 未使用保护环　(b) 使用保护环

图11-9　保护环的作用

(5) 测量。摇动发电机手柄时注意保持在120r/min左右。若指针指零，就不能继续摇动手柄，以防表内线圈过热而损坏。绝缘电阻随着测量时间的长短而有所不同，一般应以一分钟后的读数为准。

(6) 拆线。在兆欧表的手柄没有停止转动和被试物没有放电以前，不可用手去触及被试物的测量部分和进行拆除导线的工作，以防触电。

第三节　常用电工材料

一、导电材料的特点

导电材料大部分是金属，但不是所有的金属都可以用作导电材料，因为用作导电材料的金属必须同时具备以下五个特点：导电性能好(即电阻系数小)；有一定的机械强度；不易氧化和腐蚀；容易加工和焊接；资源丰富，价格便宜。

铜和铝基本符合上述要求,因此它们是最常用的导电材料。但是在某些特殊场合,也需要用其他的金属或合金作为导电材料。如架空线需具有较高的机械强度,常选用铝镁硅合金;电热材料需有较大的电阻系数,常选用镍铬合金或铁铬铝合金;保险丝需具有易熔的特点,故选用铅锡合金;电光源的灯丝要求熔点高,需选用钨丝作导电材料等。

二、电线电缆

1. 电磁线

电磁线是指应用于电机、电器及电工仪表中,作为绕组或元件的绝缘导线。由于导线外面有绝缘材料,因此电磁线也分耐热等级。

2. 电气装备用电线电缆

电气装备用电线电缆包括:各种电气装备内部的安装连接线、电气装备与电源间连接的电线电缆、信号控制系统用的电线电缆以及低压电力配电系统用的绝缘电线等。电气装备用电线电缆大多数采用橡胶或塑料作为绝缘材料和护套材料。电气装备用电线电缆的使用范围最广,品种最多。按产品的使用特性可分七类:通用电线电缆;电机、电器用电线电缆;仪器、仪表用电线电缆;信号控制电缆;交通运输用电线电缆;地质勘探和采掘用电线电缆;直流高压软电缆。

三、电热材料

电热材料用来制造各种加热设备中的发热元件,作为电阻加到电路中,把电能转变为热能,使加热设备的温度升高。对电热材料的基本要求是电阻系数高,加工性能好;特别是它长期处于高温状态下工作,因此要求在高温时具有足够的机械强度和良好的抗氧化性能。常用的电热材料是镍铬合金和铁铬铝合金。

四、熔丝

熔丝又称保险丝,常用的是铅锡合金线,它的特点是熔点低。将熔丝串联在线路中,当电流超过允许值时,熔丝首先被熔断而切断电源,因此起着保护其他电气设备的作用。

1. 照明及电热设备线路

(1) 装在线路上总熔丝的额定电流等于电度表额定电流的 0.9～1 倍。

(2) 装在支线上熔丝的额定电流等于支线上所有电气设备额定电流总和的 1～1.1 倍.

2. 交流电动机线路

(1) 装在线路上总熔丝的额定电流等于该电动机额定电流的 1.5～2.5 倍。

(2) 多台交流电动机线路上总熔丝的额定电流等于线路上功率最大一台电动机额定电流的 1.5～2.5 倍再加其他电动机额定电流的总和。

3. 交流电焊机线路

(1) 电源电压是 220V 时,熔丝的额定电流等于电焊机功率(kW)数值的 6 倍。

(2) 电源电压是 380V 时,熔丝的额定电流等于电焊机功率(kW)数值的 4 倍。

第四节　照明线路

一、电气照明

1. 电气照明线路的组成

电气照明线路一般由电源、导线、开关和负载(照明灯)组成。交流电源常用 Y/Y_0 三相变压器供电,每一根相线和中性线之间都构成一个单相电源。在负载分配时,要尽量做到三相负载对称。选择导线时,要注意它的允许载流量。一般可用允许电流密度作为选择的依据:明敷线路铝导线可取 4.5A/mm²;铜导线可取 6A/mm²;软电线可取 5A/mm²。

(1) 一只单联开关控制一盏灯。接线时,开关应接在相线(火线)上,开关切断后,灯头不带电,以利安全。

(2) 两只双联开关在两个地方控制一盏灯。这种控制方法通常用于楼梯或走廊上,在楼上楼下或走廊的两端均可控制。

2. 白炽灯

白炽灯亦称钨丝灯泡,当电流通过钨丝时,将灯丝加热到白炽状态而发光。钨丝灯泡主要由耐热的球形玻璃壳和钨丝组成。钨丝灯光有真空泡和气泡(充有氩气或氮气)两种,灯泡的平均寿命与电压有直接的关系,在额定电压下使用时,一般为 1000h。

3. 荧光灯(日光灯)

启辉器由安装在一个小玻璃泡内垂直的固定电极和一个 U 形的双金属片做成的活动电极组成,如图 11-10(a)所示。镇流器是一只电抗器,它是由铁心和线圈组成的,其主要作用一是限制灯管电流,二是启辉器断电时,能产生高电压而使灯管放电。在荧光灯的内管壁上涂有荧光粉,管的两端各有一组氧化物阴极(即涂有电子粉的灯丝)。管内充有氩气,并且放置微量的水银。当荧光灯刚接通电源时,启辉器就辉光放电而导通,使线路接通,灯丝与镇流器、启辉器串接在电路中,灯丝发热,发射大量的电子。由于启辉器接通后辉光放电停止,启辉器内温度逐渐降低,双金属片恢复原状而使启辉器断开,就在启辉器断开的一瞬间,镇流器的两端产生了感应电势,它与电源电压同时加在灯管的两端,使管内的氩气电离放电。氩气放电后,管内温度升高,使管内水银蒸气压力上升。当电子撞击水银蒸气时,使管内由氩气电离放电过渡到水银蒸气电离放电。放电时辐射的紫外线激励管壁上的荧光粉,使它发出像日光一样的光线,这就是荧光灯的工作原理,如图 11-10(b)所示。

4. 碘钨灯

碘钨灯也是利用钨丝发热到白炽状态而发光的。这时灯丝表面的钨逐渐蒸发附着在管壁上,使其发黑,但碘分子也因受热分解成碘原子,扩散到管壁附近,与管壁上的钨作用形成碘化钨。碘化钨在灯丝附近又因高温而分解为碘和钨,使钨重新附着在灯丝上,碘原子则又向管壁扩散,它不断地将灯丝蒸发出来的钨送回到灯丝上去。理论上讲,碘钨灯的寿命是无限的。但由于工艺上不可能将灯丝的螺旋节距做成绝对均匀,所以各部分灯丝的温度不完全相同,温度高的灯丝蒸发的钨比碘原子送回来的多，所以用到一定时间后会烧断，其寿命在 1500h 以上，其灯管必须水平安装，否则极易损坏。

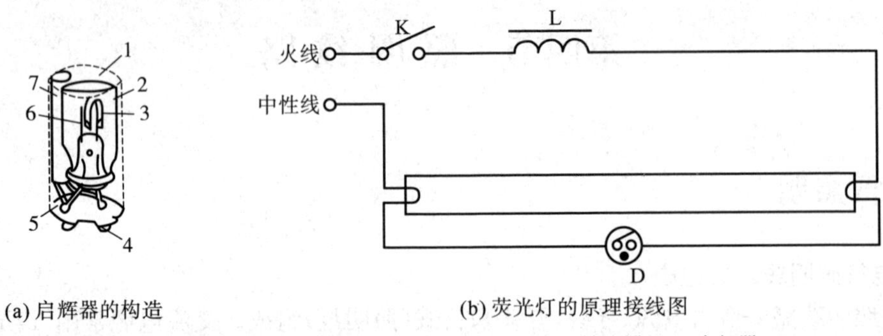

(a) 启辉器的构造
1. 铝壳　2. 玻璃泡　3. 双金属片　4. 插头
5. 胶木底座　6. 固定电极　7. 电容器

(b) 荧光灯的原理接线图
K. 开关　L. 镇流器　D. 启辉器

图 11-10　日光灯工作原理

5. 电气照明的故障和检修

白炽灯照明线路由负载、开关、导线及电源四部分组成，所以，只要其中一个环节发生故障，均会使照明线路停止工作。现将常见的白炽灯照明的故障和检修方法列成表 11-2，供检修时参考。

表 11-2　白炽灯照明的故障和检修方法

故障现象	可能原因	检修方法
灯泡不亮	1. 灯泡损坏或灯头引线断线 2. 灯座、开关处接线松动或接触不良 3. 线路断路或灯座线绝缘损坏有短路 4. 熔丝熔断	1. 更换灯泡或灯头引入线 2. 查清原因，加以坚固 3. 检查线路，在断路或短路处重接或更换新线 4. 检查熔丝熔断的原因并重新更换
灯泡忽亮忽暗或忽亮忽熄	1. 开关处接线松动 2. 熔丝接触不良 3. 灯丝与灯泡内电极忽接忽离 4. 电源电压不正常或附近有大电机或电炉接入电源而引起电压波动	1. 查清原因，加以坚固 2. 查清原因，加以坚固 3. 更换灯泡 4. 采取相应措施
灯泡强白	1. 灯泡断丝后搭丝，因而电阻减小电流增大 2. 灯泡额定电压与线路电压不符合	1. 更换灯泡 2. 更换灯泡
灯光暗淡	1. 灯泡内钨丝蒸发后积聚在玻壳内，这是真空泡有效寿命终止的现象 2. 灯泡陈旧，灯丝蒸发后变细，电流变小 3. 电源电压过低	1. 更换灯泡 2. 更换灯泡 3. 采取相应措施

二、导线绝缘层的剥削及导线的连接

导线连接的基本要求：导线接触应紧密，接头的电阻要小，稳定性要好；接头的机械强度应不小于导线机械强度的 80%；接头的绝缘强度应与导线的绝缘强度一样。

1. 塑料硬线绝缘层剥除

在剥削塑料单芯线线头的绝缘层时，对于芯线截面积在 $4mm^2$ 以下的导线，可用钢丝钳剥除。操作方法如下：根据所需长度，用左手捏紧导线，右手握住钢丝钳，用刀头轻切塑料层，但不可碰伤芯线，然后握住钢丝钳头部用力向外拉去绝缘层，如图 11-11 所示。

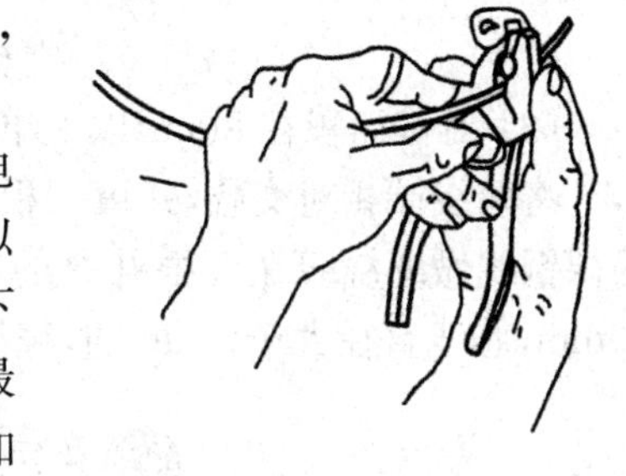

图 11-11　用钢丝钳剥除导线绝缘层

在剥切导线截面积在 $4mm^2$ 以上的绝缘导线时，可用电工刀剥切。操作方法如下：根据所需长度，用电工刀刀口以约 45°倾斜角切入塑料绝缘层，注意不可伤及芯线，然后压下刀口，保持刀面与芯线约 15°夹角用力向外推出一条缺口，最后把被剥开的绝缘层向后扳翻，再用电工刀齐根部切去，如图 11-12 所示。塑料软线绝缘层剥切与上相同。

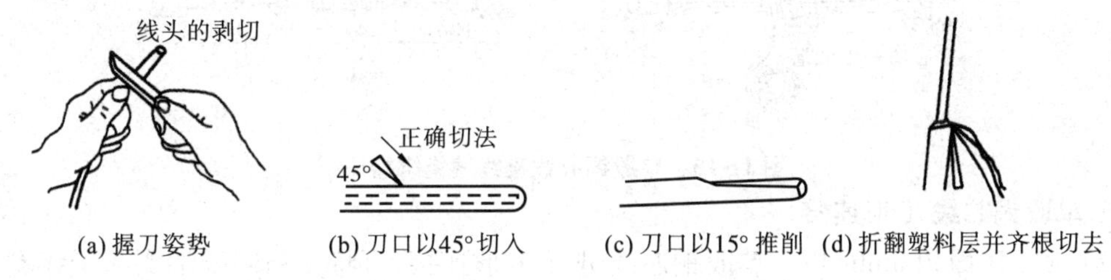

图 11-12　用电工刀剥除硬质塑料绝缘层

2. 塑料护套线绝缘层的剥切

塑料护套线的绝缘层可用电工刀剥削。操作方法如下：按所需长度用电工刀尖沿两股芯线中缝划开绝缘护套层，将划开部分向后扳翻，用刀齐根切去，但注意芯线绝缘层切口应长出护套层切口 10mm 以上距离，如图 11-13 所示。

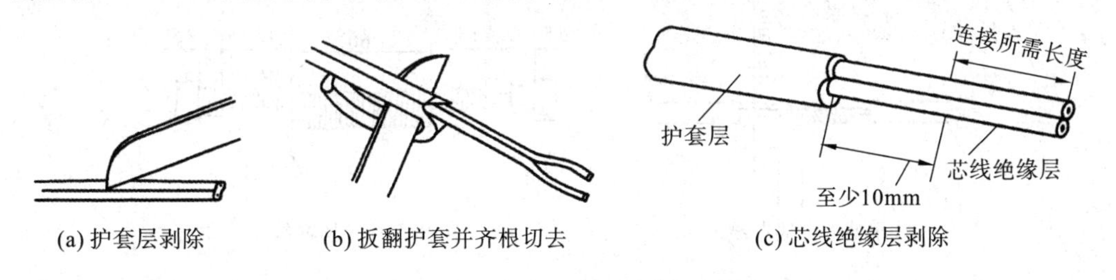

图 11-13　塑料护套线绝缘层剥除

三、导线的连接

1. 单股铜芯线的直接连接

(1) 对于截面积在 $6mm^2$ 以下的单股铜芯线直接连接

先将两线端呈“×”形相交，并互相绞合 2～3 圈。然后再扳直两线端，将每根线头在对边线芯上密绕 6～8 圈，剪去多余线头，钳平接口毛刺，如图 11-14 所示。

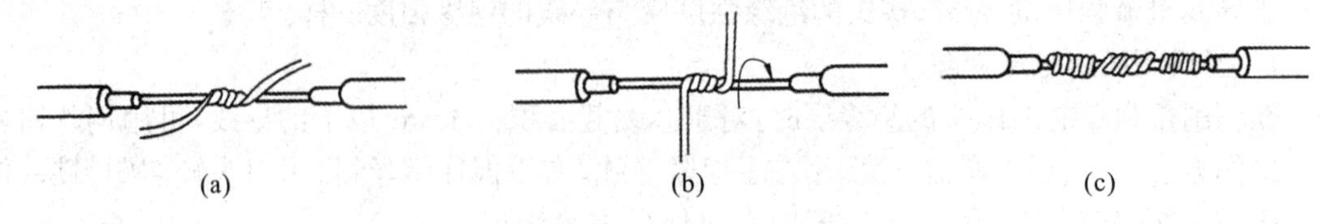

图 11-14　单股铜芯线直接连接

(2) 对截面积在 8mm² 以上单股铜芯线用缠绕绑接法

将两线端相对交叠，并填一根直径为 1.6mm 的铜芯线作辅助，再用一根直径为 1.6mm 的裸铜线做缠绕线在 3 根并叠的芯线上进行缠绕。芯线直径在 5mm 及以下的缠绕长度为 60mm；芯线直径大于 5mm 的，缠绕长度为 90mm，如图 11-15 所示。

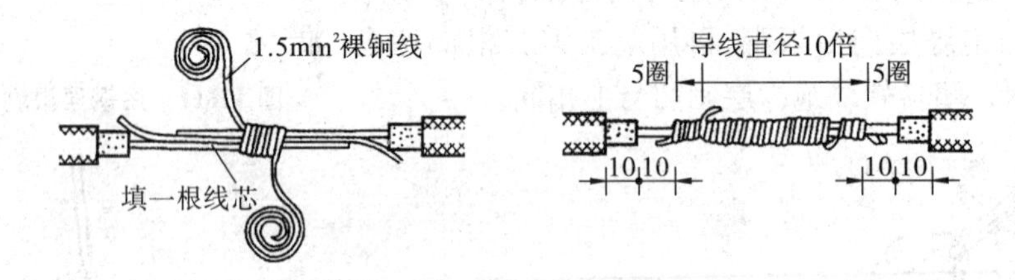

图 11-15　单股铜心线直线缠绕绑接法

2. 单股铜芯线 T 形连接

(1) 对于截面积 6mm² 以下单股铜芯线进行 T 形连接，可将支路芯线端头与干线剥削处十字相交后绕一单结，在支路芯线根部留 3～5mm，接着将支路芯线顺时针方向在干线芯线上紧绕 6～8 圈，剪去多余线头，并修平毛刺，如图 11-16(a)所示。

(2) 对于导线较粗或要求较高的场合进行 T 形连接，可用缠绕绑接法连接，其具体操作方法与单股芯线直线缠绕绑接法相同，如图 11-16(b)所示。

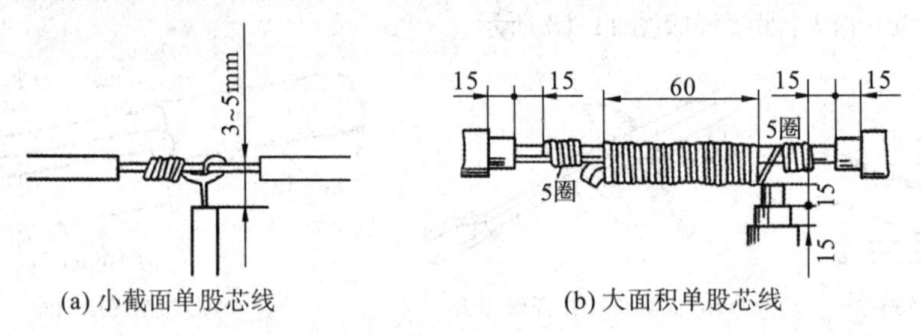

图 11-16　单股芯线 T 形连接

3. 七股铜芯导线的直接连接

先按多股芯线中单股芯线直径的 100～150 倍长度剥除两端绝缘层（剥除绝缘层长度视单股芯线直径而定，直径大所取倍数越大，反之应减少）。

接着在端头 1/3 处顺着原来的扭转方向进一步绞紧，将余下的 2/3 部分芯线头分散成伞骨状，如图 11-17(a)所示。然后把两伞骨状端头隔股对叉，并将每股芯线拉直，如图 11-17(b)所示。将七股铜芯线按 2、2、3 股分成三组，接着把第一组的两股芯线扳起并垂直于芯线，如图 11-17(c)所示，然后按顺时针方向紧贴芯线缠绕两圈，再弯下扳成直角使其与芯线平行。第二组、第三组线头仍按第一组的缠绕方法紧密缠绕在芯线上，但应注意后一组扳起时，应把扳起的芯线紧贴前一组芯线已变成直角的根部。第三组芯线应紧缠三圈，在第二圈时，剪去前两组多余的端头，并钳平，接缠最后一圈，切去多余部分，钳平毛刺，如图 11-17(d)。为了保证电接触良好，操作时，可用钢丝钳将芯线绕紧。

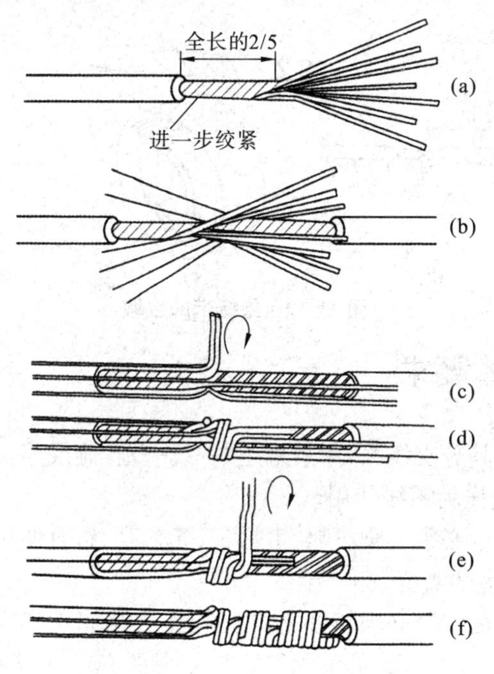

图 11-17　七股铜芯线的直接连接

4. 导线与平压式接线柱的连接

导线压接应将线头弯成压接圈，操作方法如下：首先剥离芯线端头绝缘层，在离绝缘层根部约 3mm 处外侧折角，然后按略大于螺钉直径弯曲圆弧，剪去多余芯线，最后修正圆圈即可，如图 11-18 所示。

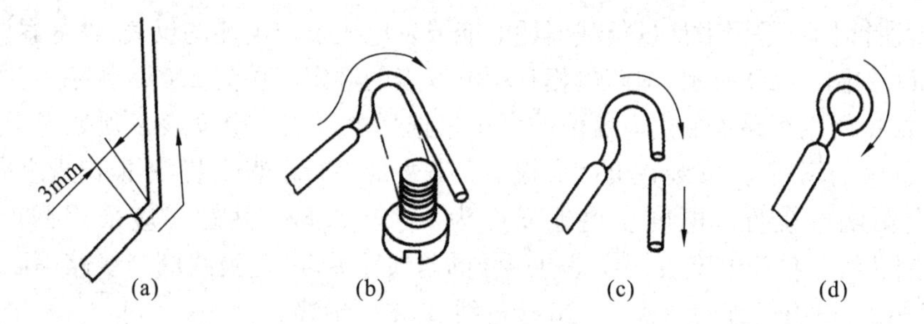

图 11-18　单股芯线压接圈作法

四、导线绝缘层的恢复

导线绝缘层因故破损或导线连接后，都需要恢复绝缘。恢复的绝缘性能应不低于原有的绝缘标准。

低压电路中，常用的恢复绝缘材料有黄蜡带、黑胶带和涤纶薄膜带等多种。绝缘带宽度 20mm 较适宜。包缠方法如图 11-19 所示。先把黄蜡带从连接处左边绝缘层上开始包缠，包缠两根带宽后方可进入无绝缘层的芯线部分，黄蜡带包缠至另一端与开始端同样的长度后，接上黑胶布，朝相反方向斜叠包缠，倾斜 55°左右，且后一圈压叠前一圈 1/2，直至另一端将黄蜡带完全包缠住为止，并将端口充分密封，以保证绝缘质量。

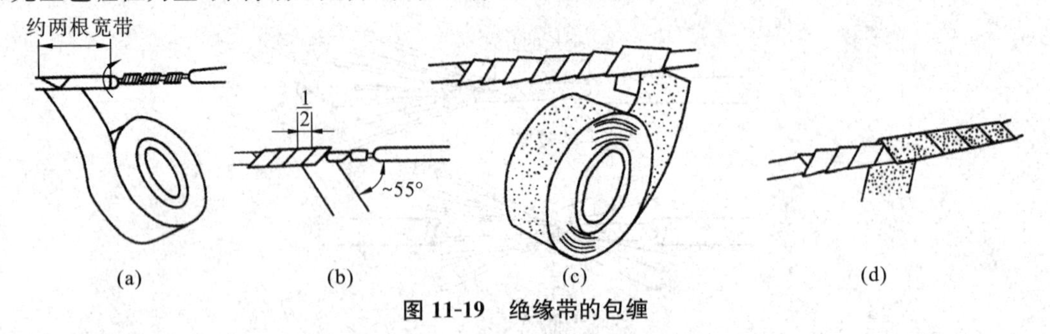

图 11-19　绝缘带的包缠

五、照明线路的基本要求

(1) 低压照明线路及其分支线路，严禁采用"一线一地"制线路，即除使用安全电压外的照明线路外均不可以接地线作为零线使用。

(2) 选用照明器材质量必须安全可靠、寿命长、光效高、符合使用条件，同时应考虑完整性和适应性，以满足使用环境的需要。

(3) 照明线路和元件的安装必须正规、合理、牢固、整齐。

(4) 照明线路在施工过程中必须随时检查施工质量，施工完毕应着重检查线路的绝缘性能，包括导线之间、导线与大地之间的绝缘情况，可采用 500V 兆欧表进行检测。

六、照明线路实操课题

1. 电度表

又叫千瓦计时器，是用来计量负载消耗电能或发电机发出电能的仪表，具有累计功能。文字符号为 DD，如图 11-20 所示，国产单相有功电度表的额定电压为 220V，频率为 50Hz。

用户可根据所用线路中额定电流值的大小来选择电度表。电度表必须处于干燥、无震动和无腐蚀性气体的场所，并安装在电度表板上。表身应平行垂直安装，不能出现纵向或横向的倾斜，否则会影响准确性。电度表离地高度为 1.4～1.8m，其总线应采用截面积不小于 1.5mm^2 的铜芯线。单相电度表接线是电压线圈与线路并联，电流线圈与线路串联，相线必须接在电流线圈上，进出线排列形式是 1、3 接进线，2、4 接出线。

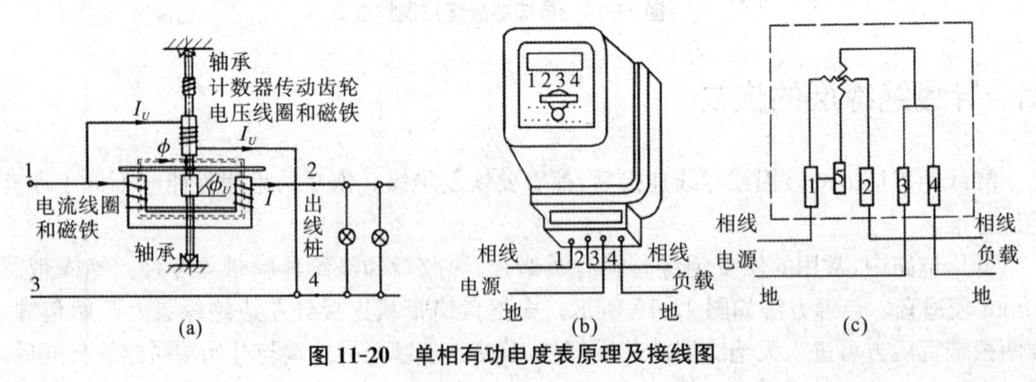

图 11-20　单相有功电度表原理及接线图

2. 熔断器

熔断器是低压电路及电动机控制电路中用于过载和短路保护的电器,它串联在线路中,当线路或电气设备发生短路或过载时,熔断器的熔体首先因电路电流增大而过热熔断,自动切断电路,以保护电气设备。

(1) 插入式熔断器

插入式熔断器是由瓷盖、瓷底、动触点及熔丝组成的,常用的 RCIA 系列插入式熔断器的外形及结构如图 11-21 所示,用作照明和小容量电动机的过载或短路保护。

(2) 螺旋式熔断器

螺旋式熔断器主要由瓷帽、熔断体(芯子)、瓷套、上接线端、下接线端及座子等六部分组成。常用的 RL1 系列螺旋式熔断器的外形和结构如图 11-22 所示。

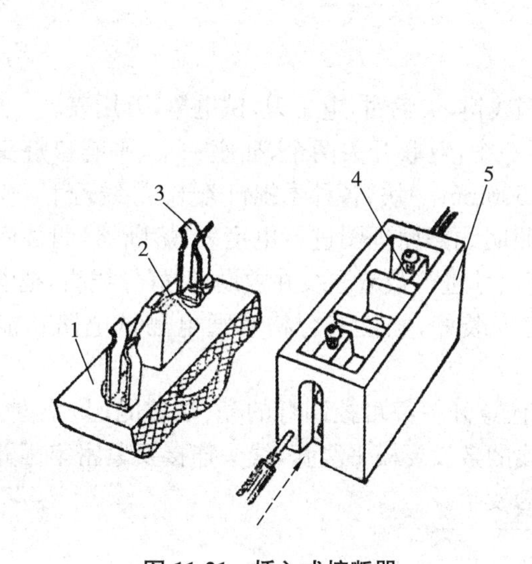

图 11-21 插入式熔断器

1. 瓷盖 2. 熔丝 3. 动触点 4. 静触点 5. 瓷底

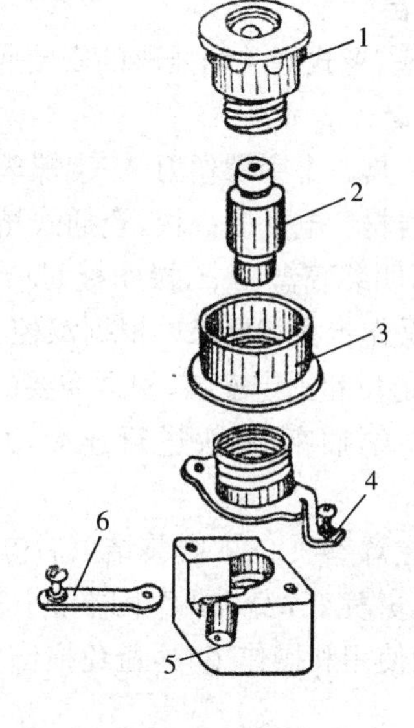

图 11-22 螺旋熔断器

1. 瓷帽 2. 熔断体 3. 瓷套
4. 上接线端 5. 座子 6. 下接线端

RL1 系列螺旋式熔断器的熔断管内,除了装熔丝外,还在熔丝周围填满石英砂,作为熄灭电弧用。熔断管的一端有一小红点,熔丝熔断后红点自动脱落,显示熔丝已熔断。使用时将熔断管有红点的一端插入瓷帽,瓷帽上有螺纹,将瓷帽连同熔管一起拧进瓷底座,熔丝便接通了电路。

在装接时,用电设备的连接线接到金属螺纹壳的上接线端,电源线接到瓷底上的下接线端,这样,在更换熔丝时,旋出瓷帽后,螺纹壳上不会带电,保证了用电安全。

选择熔断器容量时,如照明、电加热等电路。熔体的额定电流应等于或稍大于负载的工作电流,在异步电动机直接启动的电路中,启动电流可达电动机额定电流的 4～7 倍,熔体的额定电流应取电动机额定电流的 1.6～4 倍。

3. 开关

用来接通和分断照明线路,使用单联开关可以控制一盏灯,使用双联开关可在两个不同的地方控制同一盏灯,相体和控制线必须接其动触点,符号为 K。开关额定电流、电压要符合电路要求,开关安装高度为 1.3m。

4. 插座

为用电器提供单相电源的装置,符号为C,接线方式为左零右火。插座的额定电流,电压要符合用电器的要求,插座安装尺寸离地面高度度应不小于15cm。

5. 灯头

是用来固定和安装电光源的,符号为D。螺口灯头,则必须把来自开关的控制线接在连通中心铜簧片的接线桩上,而把中性线接在与螺纹圈相连的接线桩上;吊灯,用软线作为引线,挂线盒与灯中的软线端部要打结,以起到承受拉力的作用。灯头应至少离地2.5m,移动灯具,应采用安全灯头或使用36V以下安全电压。

6. 挂线盒

又叫线令,它主要起一个过渡作用,方便灯具的安装、维修和更换。

7. 圆台

是灯座、老式开关和插座的安装底座。

8. 安装

(1) 工具。十字螺丝刀,一字螺丝刀,剥线钳,尖嘴钳,电工刀,试电笔,万用表。

(2) 器材。电度表一块,瓷插式熔断器一个,双联开关两个,插座一个,平螺口灯头一个,圆台一个,明装底盒三个,操作板600mm×500mm一块,各种木螺钉若干,导线若干。

(3) 操作步骤和要求。根据双控一插照明线路原理图进行电度表,熔断器,明装底盒,圆台的划线定位和固定安装,根据需要的长度尺寸进行裁减导线并敷设;做好导线头,把电度表,熔断器,开关,插座,灯头进行连接,并固定安装好,经检查合格后通电测试电路功能,如图11-23所示。

(4) 注意事项。① 安装结束后应具有任意开关都可控制灯的亮、暗功能;② 各种元件应符合要求,并完好,安装要牢固端正;③ 导线的敷设要横平竖直,线头连接要紧密牢固并正确;④ 要正确使用和操作工具,避免损伤事故的发生。

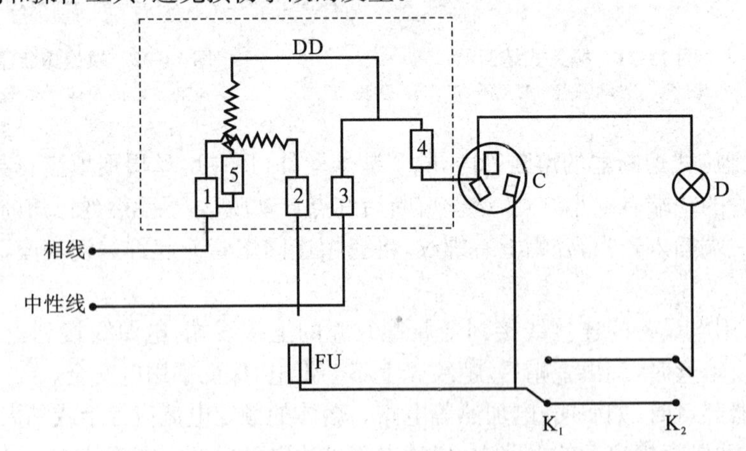

图11-23　双控一插照明线路原理图

第五节　常用低压电器

低电压器是指在交直流电压为1200V以下，在由供电系统和用电设备等组成的电路中起保护、控制、调节、转换通断作用的电器。

根据低压电器在电气线路中的作用，可分为低压配电电器和控制电器两大类。断路器、熔断器、刀开关、转换开关等称为配电电器，而接触器、启动器、继电器、按钮、限位开关、电磁铁等属于控制电器。

一、低压开关

开关设备中有刀开关、转换开关、倒顺开关等，它们通常是用手来操作的，对电路起通断或转换作用。

1. 刀开关

瓷底胶盖刀开关（又称开启式负荷开关）。HK系列瓷底胶盖刀开关是由刀开关和熔断器组合而成的一种电器，瓷底板上装有进线座、静触点（或称触点）、熔丝、出线座及刀片式的动触点，上面覆有胶盖用来遮盖分闸时产生的电弧，防止电弧烧伤人手，其结构及外形如图11-24所示。

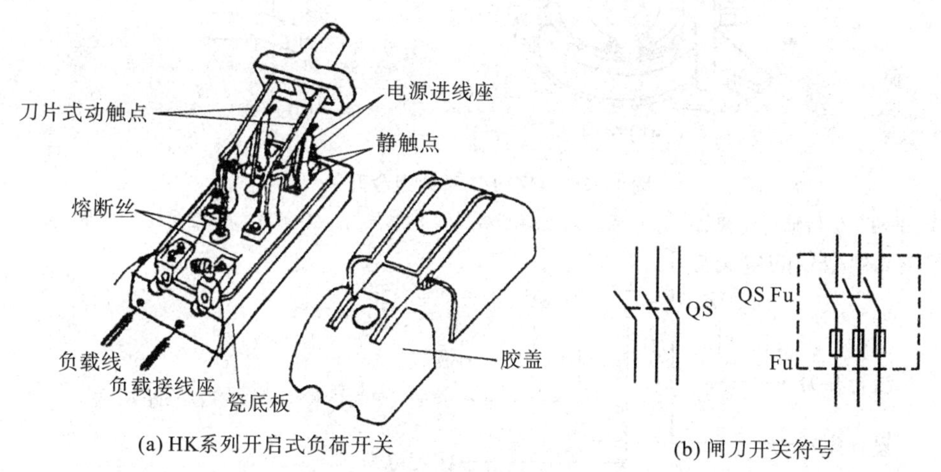

图11-24　HK系列闸刀开关

安装刀开关时，应将电源进线接在进线座，将使用电器接在刀开关的出线座，这样在分闸时，闸刀和熔丝上就不会带电，可以保证在装换熔丝和维修用电器时的操作安全。拉闸、合闸时应动作迅速，这种开关不宜用手经常分合，但因价格便宜，在一般的照明电路和功率小于5.5kW的电动机控制电路中常采用。

2. 组合开关

组合开关（属转换开关）是另一种形式的开关，它的特点是用动触片的左右旋转来代替闸门的推合和拉开，结构较为紧凑，根据组合的不同可分为同时通断型和交替通断型。它在电气原理图中的图形文字符号见图 11-25。

图 11-25 所示为 HZ10/3 型组合开关，共有三对静触点和三个动触点，静触点的一端固定在胶木盒内的绝缘垫板中，另一端则伸出盒外，并附有接线螺钉，以便与电源或负载相连接；三个动触片装在绝缘方轴上，通过手柄可使绝缘轴按正或反方向每次作 90°的转动，从而使动触片同静触片保持接通。由于组合开关有结构紧凑、操作方便等优点，主要用来接通和分断小电流电路，如直接启动冷却泵电动机等。

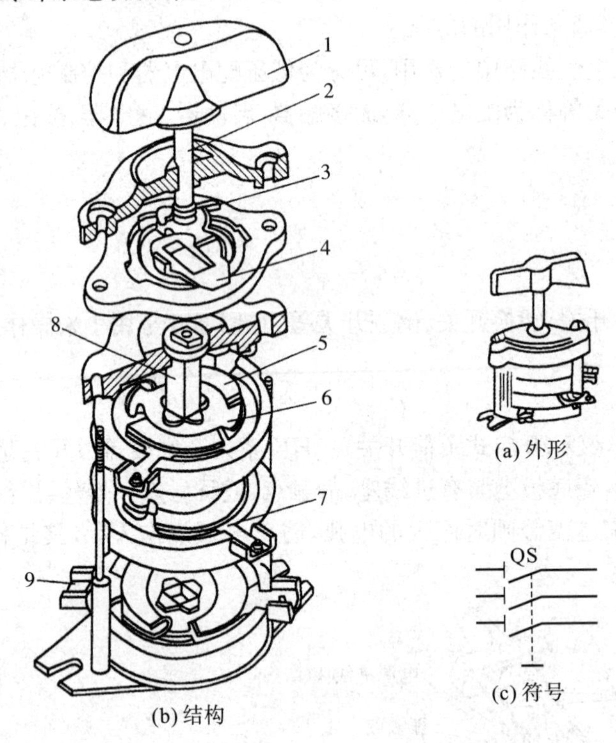

图 11-25　HZ10/3 系列组合开关

1. 手柄　2. 转轴　3. 弹簧　4. 凸轮　5. 绝缘垫板　6. 动触片　7. 静触片　8. 绝缘杆　9. 接线柱

HZ10 系列型号的含义如下：

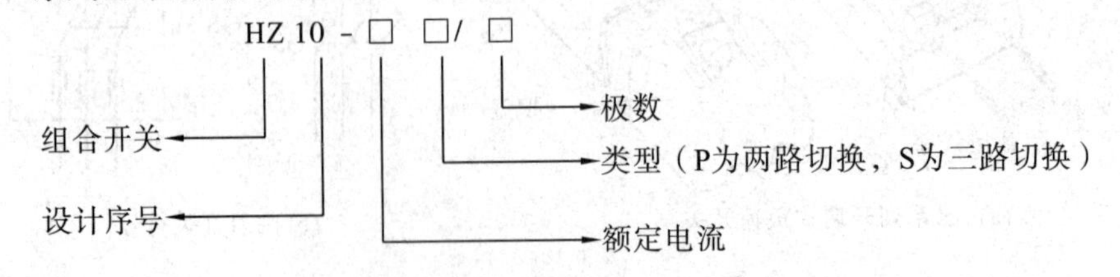

二、按钮开关

按钮是一种短时接通或分断小电流电路的电器，它不直接控制主电路的通断，在控制电路中只发出“指令”，去控制一些自动电器，再由它们去控制主电路。按钮的触点允许通过的电流小，一般不超过 5A。按钮分为常开的启动按钮、常闭的停止按钮和复合按钮三种(图 11-26)。

复合按钮有两对触点，桥式动触点和上部两个静触点组成一对常闭触点；桥式动触点和下部两个静触点组成一对常开触点。按下按钮时，桥式动触点向下移动，先分断常闭触点，后闭合常开触点;停按后,在弹簧作用下自动复位。LA19 系列在按钮内装有信号灯,除了用于接触器、继电器及其他线路中作远距离控制外,还可兼作信号指示。

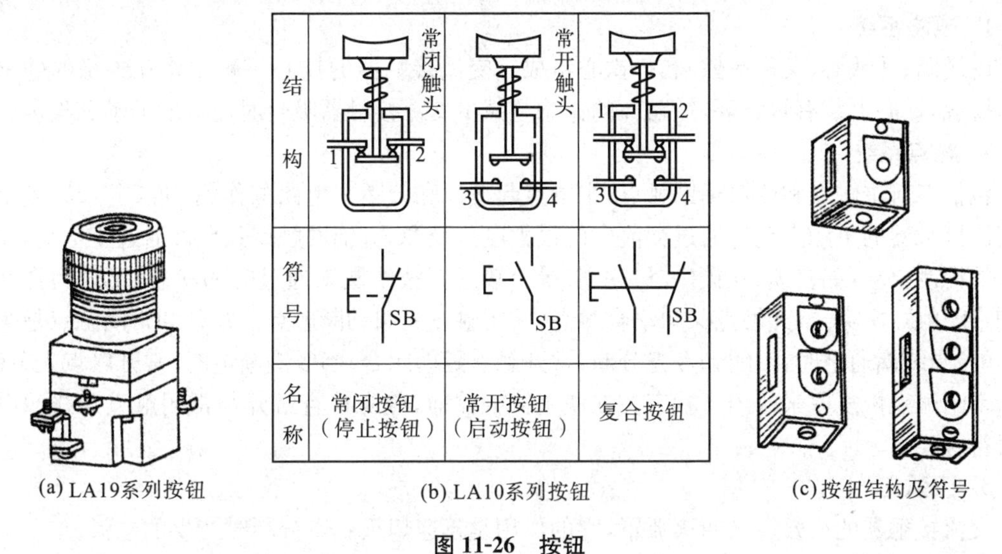

(a) LA19系列按钮　(b) LA10系列按钮　(c) 按钮结构及符号

图 11-26　按钮

三、交流接触器

接触器是一种遥控电器,用它来接通或分断正常工作状态下的主电路和控制电路。具有低压释放保护性能、控制容量大、能远距离控制等优点,接触器在电器原理图中的图形及文字符号如图 11-27 所示。

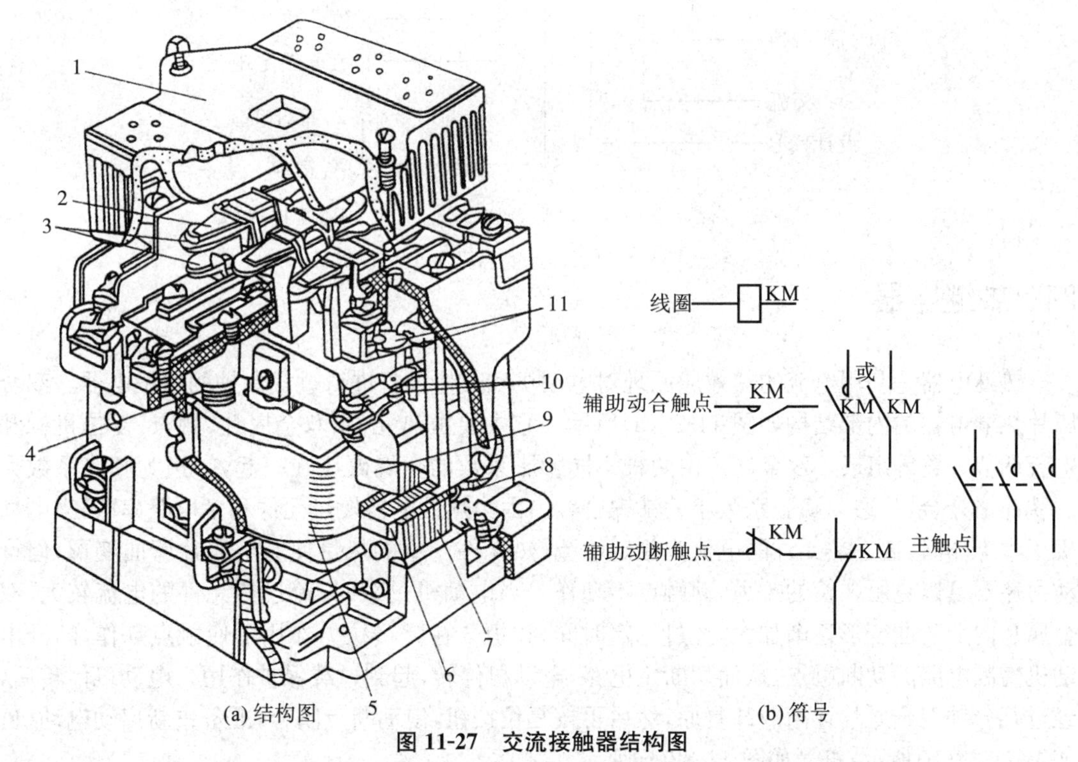

(a) 结构图　(b) 符号

图 11-27　交流接触器结构图

1. 灭弧室　2. 触点压力弹簧片　3. 主触点　4. 反作用弹簧　5. 线圈　6. 短路环　7. 静铁心　8. 缓冲弹簧　9. 动铁心　10. 动合辅助触点　11. 动断辅助触点

接触器是利用电磁吸力与弹簧的弹力配合动作而使触点闭合或分断的一种电器，可分为交流接触器和直流接触器。接触器主要由电磁系统、触点系统、灭弧装置等几部分组成。

1. 电磁系统

由线圈、动铁心（又称衔铁）和静铁心组成。交流接触器的铁心一般用相互绝缘的硅钢片叠压铆成，铁心上装有短路环，短路环的作用是减少交流接触器吸合时产生的振动和噪声。

2. 触点系统

包括三对主触点和四对辅助触点，主触点起接通和分断主电路的作用，如 CJ－20，表示这种交流接触器的主触点允许通过交流电的最大电流是 20A；辅助触点只允许通过小电流，完成电路的控制要求，如自锁、互锁（或称联锁）等。接触器按线圈未通过时的状态，可分为常开触点和常闭触点两类，常开触点又叫动合触点，常闭触点又叫动断触点。常开和常闭触点是一起动作的，当线圈通电时，常闭触点先分断，常开触点随即闭合；当线圈断电时，常开触点先分断，随即常闭触点恢复原来的闭合状态。在使用接触器前，应先检查常开与常闭触点及线圈电压是否符合要求。

3. 灭弧室

交流接触器的灭弧室又叫灭弧罩，它的作用是迅速熄灭触点分断时产生的电弧。

4. 交流接触器的其他部分

包括传动机构、反作用弹簧、缓冲弹簧、触点压力弹簧片、接线柱等。

交流接触器的产品型号含义如下：

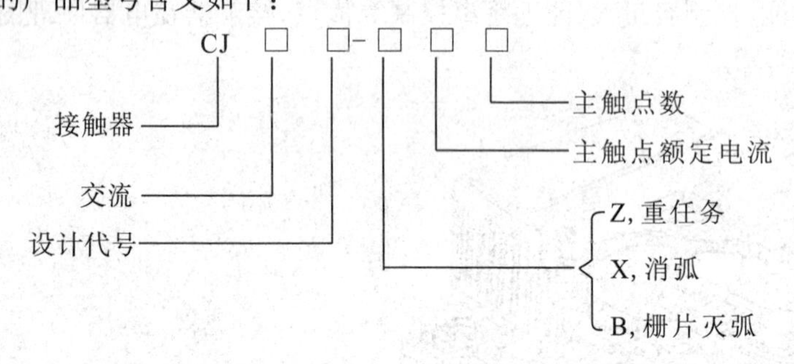

四、热继电器

热继电器是利用电流的热效应原理对电动机和其他设备进行过载保护的保护电器。双金属片热继电器的内部结构如图 11-28(a)所示。它主要由热元件、双金属片、触点、复位机构和电流调节装置等组成。双金属片由两种不同膨胀系数的金属碾压在一起，一边为膨胀系数大的铁镍铬合金，一边为膨胀系数小的铁镍合金。因为热继电器发热元件和主电路串联，当电动机正常工作时，通过热元件的电流为额定电流，热元件产生的热量使双金属片弯曲变形，但推动力还不足以克服弹簧的拉力，动触点不动作。当电动机过载时，流过热元件的电流较大，双金属片向上弯曲变形逐渐加大，经过一定时间，扣板 3 在弹簧拉力作用下使触点动作，断开电动机控制电路的动断触点，从而切断主电路，电动机停转，起到过载保护作用。电动机停转后，经过几分钟双金属片逐渐冷却复原，然后再按复位按钮，使动断点闭合，准备重新启动电动机，如图 11-28(b)所示，符号如图 11-28(c)所示。

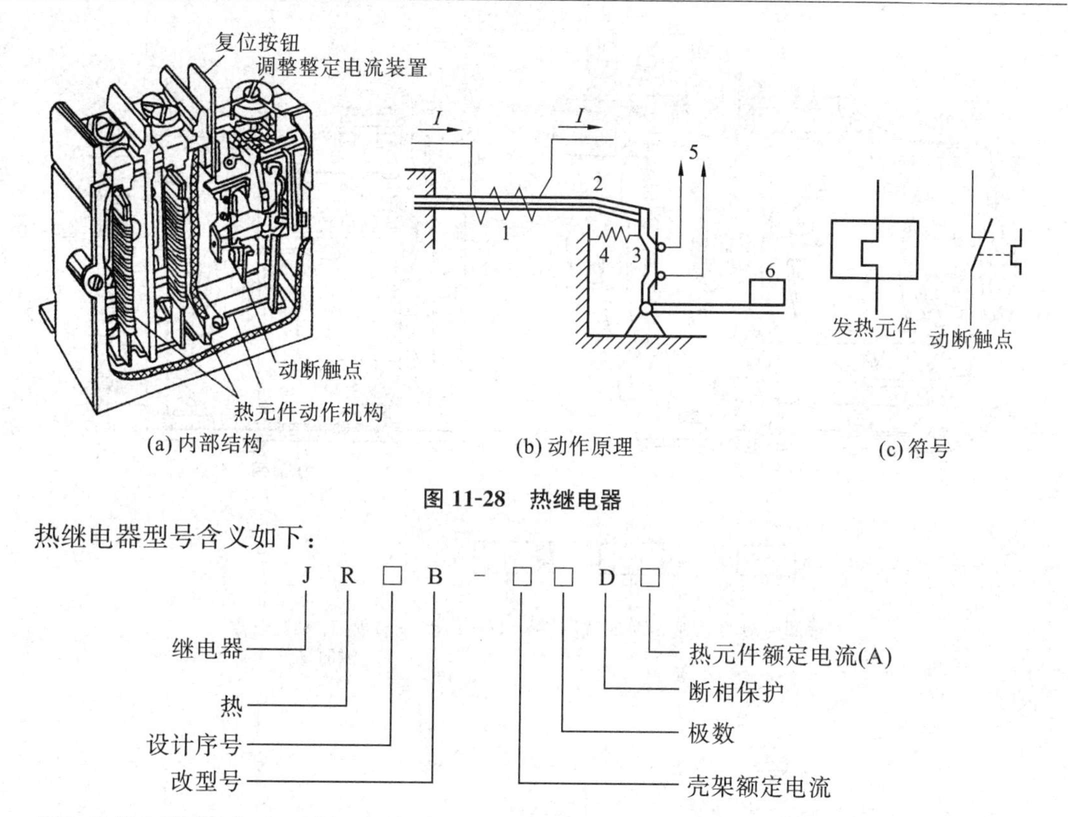

图 11-28　热继电器

热继电器型号含义如下：

若电动机频繁启动、正反转、启动时间长或带有冲击性负载，热元件的整定电流值应选电动额定电流的 1.1～1.2 倍。

五、时间继电器

时间继电器是一种能延缓触点闭合或断开时间的自动控制低压电器。常用的有电磁式、空气阻尼式、钟摆式、电动式和晶体管式等五种。空气阻尼式时间继电器又叫做气囊式时间继电器，它是利用空气阻尼作用来获得触点延时动作的。它的结构主要包括电磁系统、工作触点、空气室、传动机构等四部分，其外形和结构如图 11-29(a)、11-29(b)所示，图 11-29(c)所示为符号。电磁系统由电磁线圈、静铁心、动铁心、弹簧等组成。工作触点有两对瞬时触点和两对延时触点。空气室主要由橡皮膜、活塞和壳体组成。传动机构由杠杆、推杆、推板和宝塔弹簧等组成。

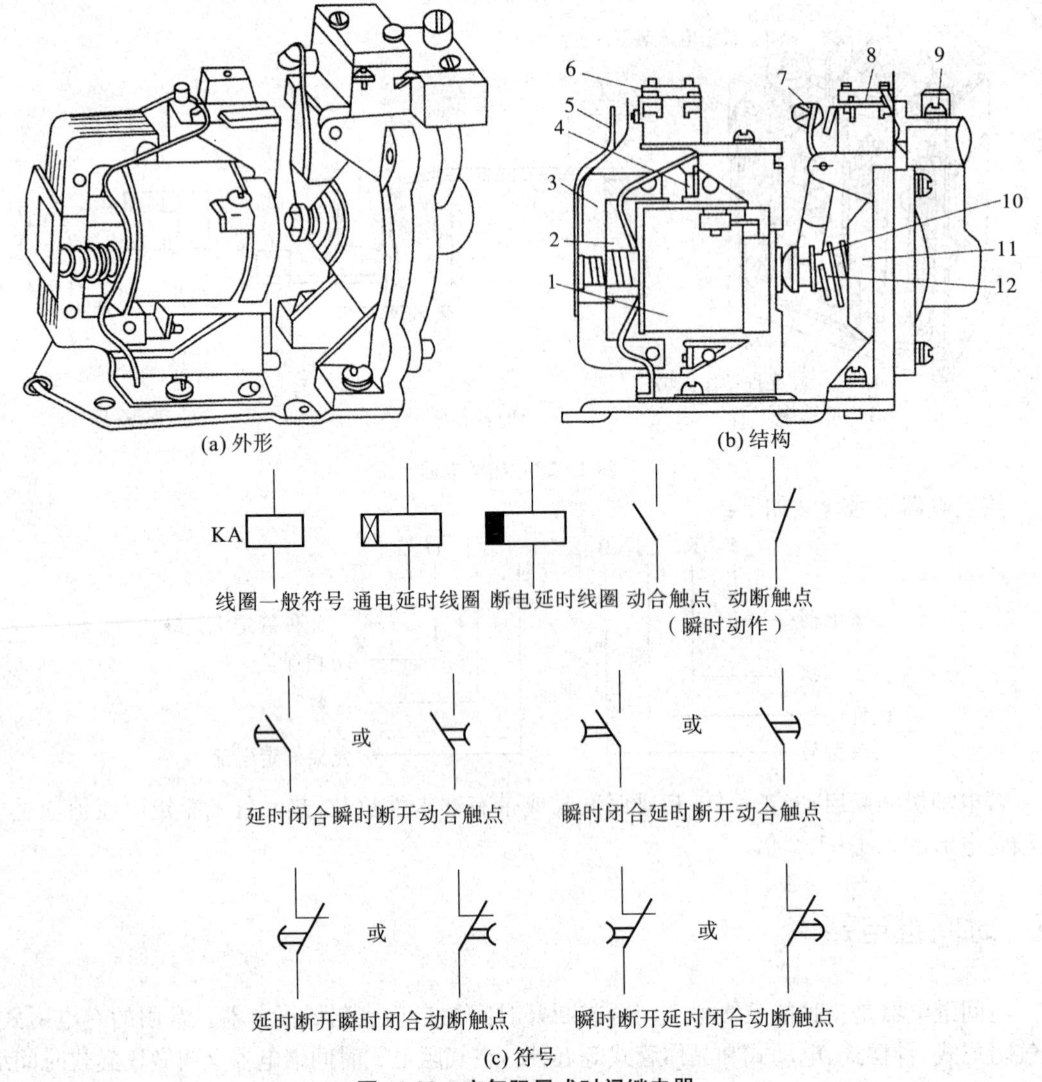

图 11-29　空气阻尼式时间继电器

1. 线圈　2. 反作用弹簧　3. 衔铁　4. 静铁心　5. 弹簧片　6. 瞬时触点　7. 杠杆　8. 延时触点　9. 调节螺钉　10. 推板　11. 推杆　12. 宝塔弹簧

空气阻尼式时间继电器型号的含义如下：

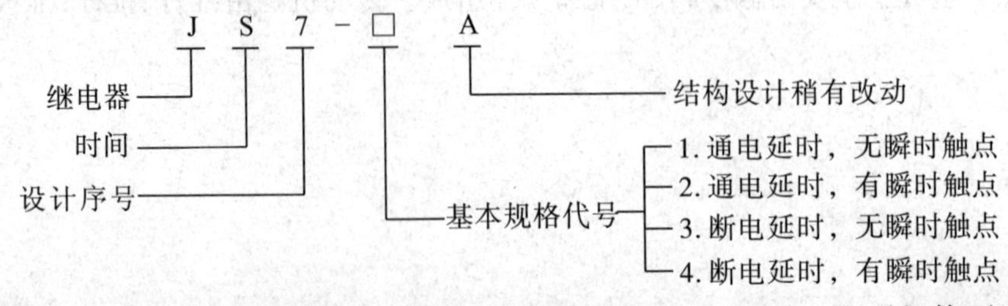

空气阻尼式时间继电器可以做成通电延时型和断电延时型两种。电磁机构可以是交流的也可以是直流的。断电延时型时间继电器工作原理可用图 11-29(b)说明。当线圈通电时，动铁心 3 吸向静铁心 4，将与动铁心相连的推板 10 向右运动，推动推杆使微动开关瞬时动作，同时宝塔弹簧口被压缩，使空气室内橡皮膜和活塞缓慢向右移动，为延时触点动作做好准备。线

圈断电后，动铁心在反作用弹簧作用下被释放，瞬时触点复位，推杆在宝塔弹簧作用下，带动橡皮膜和活塞向左移动，移动速度由空气室进气孔大小决定。经过一段时间的延时，推杆和活塞到最左端，使延时触点动作。通电延时继电器是将断电器的电磁系统翻转 180°实现的。

六、断路器

断路器又称自动空气开关，是一种既有手动开关作用又能自动进行欠电压、失电压、过载和短路保护作用的电器。断路器主要由三个基本部分组成，即触点、灭弧系统和各种脱扣器，包括过电流脱扣器、失电压、欠电压脱扣器、热脱扣器和分励脱扣器，操作机构和自由脱扣器机构。图 11-30(a)、(b)所示为断路器的外形图和符号，图 11-30(c)是断路器的工作原理。

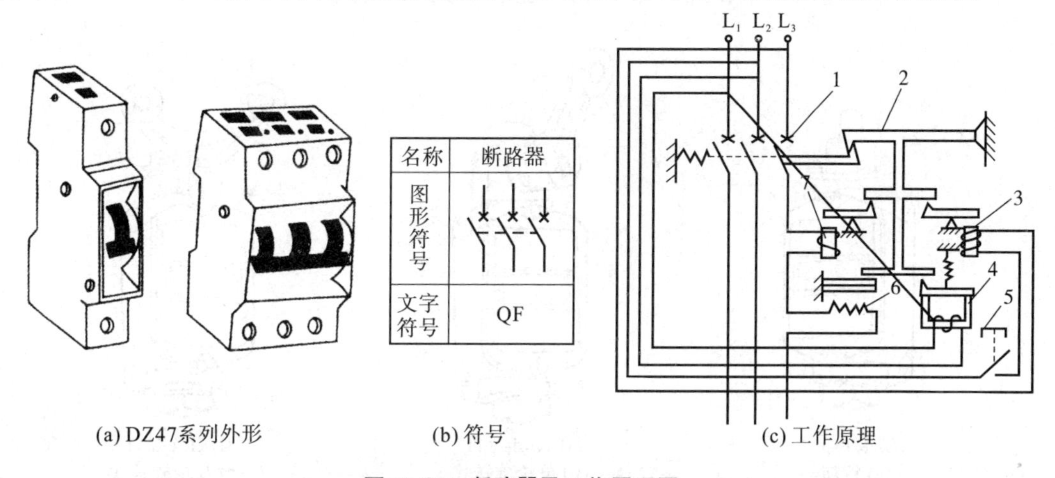

(a) DZ47系列外形　(b) 符号　(c) 工作原理

图 11-30　断路器及工作原理图

1. 触点　2. 自由脱扣器的搭钩　3. 分励脱扣器
4. 失压脱扣器　5. 按钮　6. 热脱扣器的热元件　7. 电磁脱扣器

图 11-30(c)中，开关的主触点 1 靠操作机构手动或电动合闸，主要触点闭合后，自由脱扣器机构 2 将主触点锁在合闸位置上。过电流脱扣器(电磁脱扣器)的线圈 7 和热脱扣器的热元件 6 与主电路串联，失压脱扣器的线圈 4 与主电路并联。当电路发生短路或严重过载时，过电流脱扣器的衔铁被吸合，使自由脱扣机构动作。当电路过载时，脱扣器的热元件产生的热量增加，加热双金属片，使之向上弯曲，推动自由脱扣机构动作。当电路失压时，失压脱扣的衔铁释放，也使自由脱扣机构动作。自由脱扣机构动作时自动脱扣，主触点断分断电路。分励脱扣器 3 则作为远距离控制分断电路之用。

断路器的选择要根据额定电压和额定电流、热脱扣器的整定电流和电磁脱扣器的瞬时脱扣整定电流进行考虑。

七、行程开关

生产机械中常要控制某些机械运动的行程或者实现整个加工过程的自动循环等，这种控制机械运动行程的方法叫做行程控制(也叫限位控制)，实现这种控制所依靠的主要电器是行程开关，又称限位开关。行程开关的作用是将机械信号转换成电信号以控制运动部件的行程，图形和文字符号如图 11-31 所示。晶体管行程开关(也称无触点行程开关)已逐步得到应用。有触点的行程开关有 LX19 系列和 JLXK1 系列,它们的基本结构相同,因传动装置不同,分为单轮旋转式、双轮旋转式和按钮式等几种。图 11-32 所示为 JLXK1 系列行程开关外形。

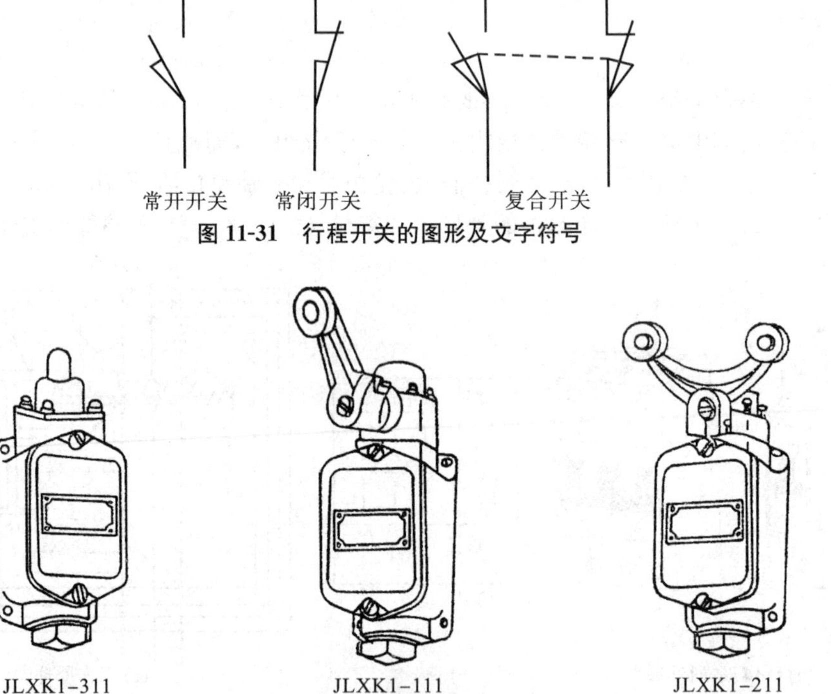

图 11-31　行程开关的图形及文字符号

图 11-32　JLXK1 系列行程开关

按钮式、单轮旋转式行程开关为自动复位式;双轮旋转式行程开关在挡铁离开滚轮后不能自动复位,必须由挡铁从反方向碰撞后,才能使开关复位。

八、小型变压器

小型变压器是一种在交流电路中的常用电器,主要由线圈和铁心构成,如图 11-33 所示。它可以把电能由某一种电压变换成同频率的另一种电压,还可以用来改变电流、变换阻抗、改变相位,应用十分广泛。如机床照明变压器、电焊变压器、仪用互感器等。其初级绕组与电源相连,次级绕组与负载相连。使用时应根据线路要求(如输出电压、输出阻抗等)来选择。

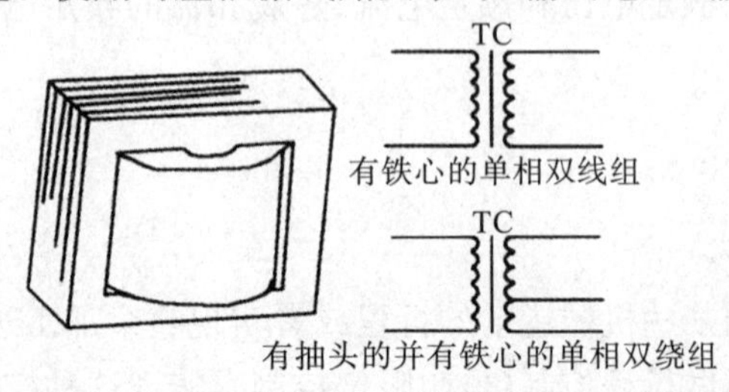

图 11-33　小型变压器

第六节　电气控制线路原理

一、读图方法和步骤

如图 11-34 所示，读图的方法和步骤有以下几种：

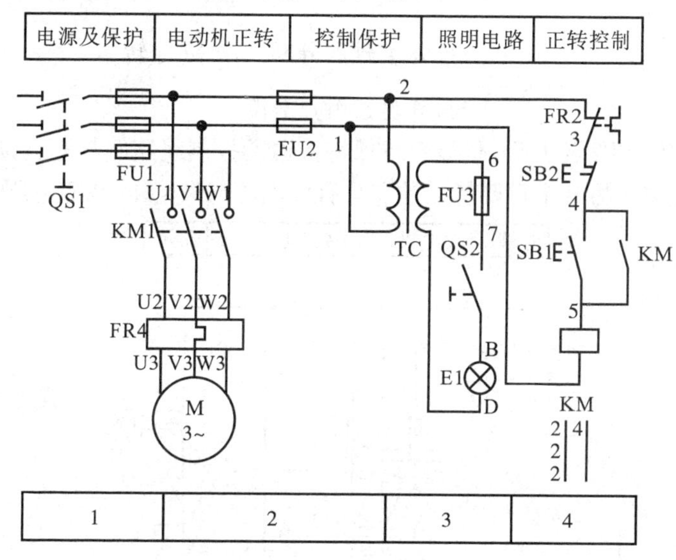

图 11-34　B665 型牛头刨床电气原理图

(1) 电气控制线路一般由若干个基本控制单元组成，且各控制单元都按垂直方向排列，主回路在左，控制电路、信号及照明电路在右。看图时，一般先看主电路，再看控制电路，最后看信号及照明线路。

(2) 在电气原理图中，同一电器的不同部件常常不画在一起，而是画在电路的不同地方，同一电器的不同部件都用相同的文字符号标明。

(3) 同种电器一般用相同的字母表示，但在字母的后边加上数字或其他字母下标以示区别。

(4) 全部触点都按常态给出。对接触器和各种继电器是指未通电时的状态，对按钮、行程开关等是指未受外力作用时的状态。

(5) 图形可按需要分成若干个图区，通常是一条回路划为一个图区，并从左向右依次编号，标在图形下部的区号栏中。一个基本控制单元由若干条回路组成，该控制单元的控制功能在其上部所对应的栏框中应注有文字说明。

(6) 电气原理图采用电路编号法，编号一般由左至右、由上至下排列。

(7) 对分解绘制的电气元件，不但标有文字符号，还应在文字符号下方标有位置编号，以便查找电气元件所在图区。

二、电力拖动的控制电路

1. 电动机正转自锁控制电路

接触器自锁控制线路如图 11-35 所示，其工作原理如下：

合上 QS。

启动，按 SB2 → KM 线圈通电 →KM 主触点闭合 ——M 运转；→KM 自锁触点闭合

松开 SB2，由于接触器 KM 自锁触点闭合自锁，控制电路仍保持接通，电动机 M 继续运转。

停止，按 SB1 → KM 线圈断电 →KM 主触点分断 ——M 停转；→KM 自锁触点分断

这种当启动按钮 SB2 松开后，仍能自行保持接通的控制线路叫具有自锁(或自保)的控制线路。自锁控制线路的另一个重要特点是它具有欠电压与失电压(或零电压)保护作用。

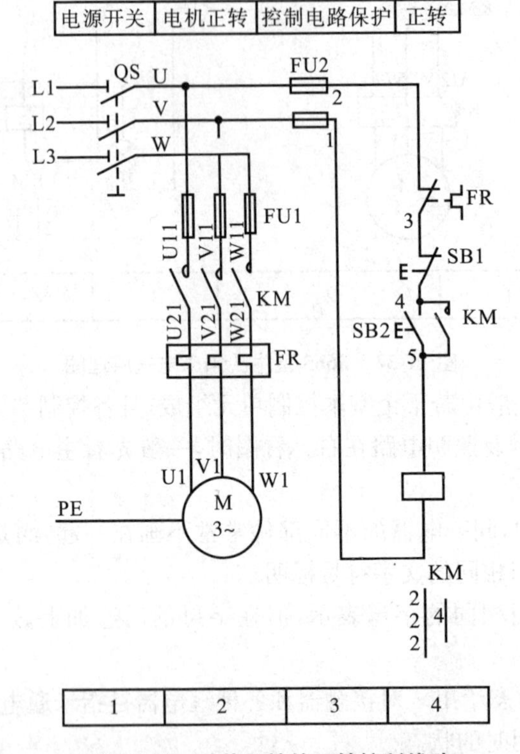

图 11-35　过载保护的正转控制线路

(1) 欠电压保护。当线路电压由于某种原因下降(如下降到 85%额定电压)时，电动机转矩明显降低，影响电动机正常运行，严重的会引起“堵转”(即电动机接通电源但不转动)的现象，以致损坏电动机，采用自锁线路就可避免产生上述故障。因为当线路电压降低到 85%额定电压时，接触器线圈两端的电压也同样降低到此值，这时铁心线圈所产生的点磁吸引力克服不了反作用弹簧的弹力，动铁心因而释放(即动、静铁心分离)，从而使主触点分断，自动切断主

电路，电动机停转，起到了欠电压保护作用。

(2) 失电压(或零电压)保护。当机床(如车床)在运转时，由于其他电气设备发生故障，引起瞬间断电，车床因而停车，此时，车刀卡在工件表面上，操作人员如不及时退刀，当电气故障一排除(恢复供电)，电动机又重新运转，很可能引起工件报废或折断车刀等事故，采用自锁控制线路后，即使电源恢复供电，但由于自锁触点仍分断，控制电路不会接通，所以电动机也不会自行启动，操作人员可以从容地退出车刀，重新按启动按钮 SB2 使电动机启动。这种保护称为失电压(或零电压)保护。

如果电动机在运行过程中，由于过载或其他原因，电流超过额定值，经过一定时间，串联在主电路中的热继电器的热元件发热，双金属片因受热弯曲，使串联在控制电路中的常闭触点分断，切断控制电路，使电动机脱离电源，从而达到过载保护的目的。

2. 电动机联锁的正反转控制线路

其控制线路如图 11-36 所示。它是利用控制接触器 KM1 和 KM2 主触点的切换来变换通入电动机的电源相序，从而达到电动机转向的目的。正转接触器 KM1 和反转接触器 KM2 不能同时通电，否则将造成两相电源短路故障，为此，在接触器正转与反转控制电路中分别串联了对方的常闭触点，以保证 KM1 与 KM2 线圈不能同时通电，这两对常闭触点在控制线路中起到了互相制约的作用，称为联锁(或互锁，互保)作用，故这两对触点叫做联锁触点(或互锁、互保触点)。

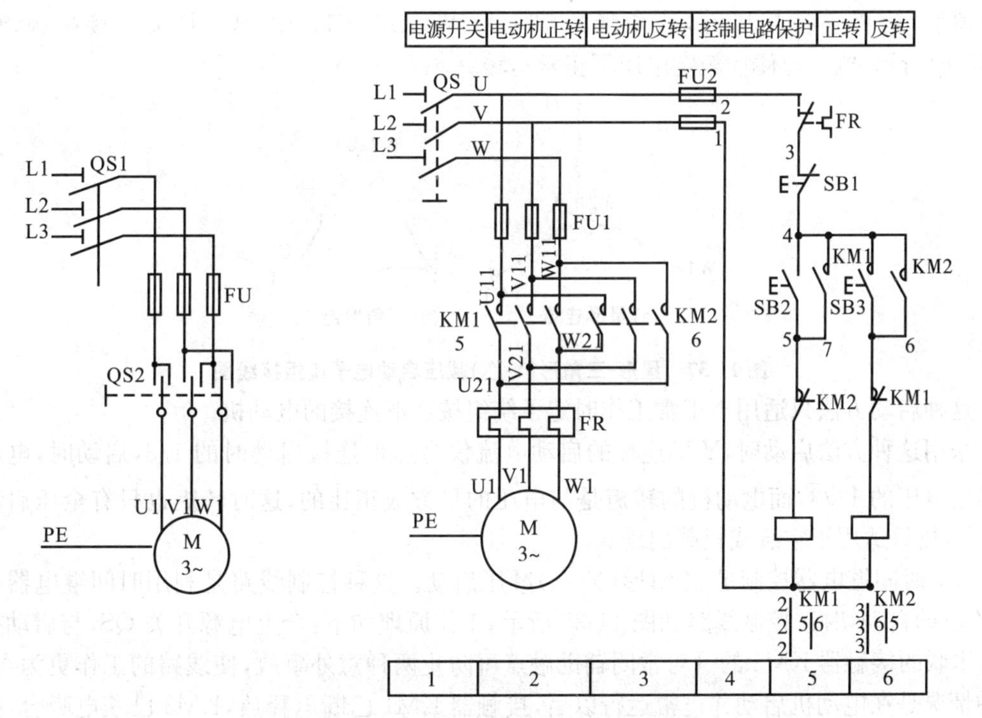

图 11-36　接触器联锁的正反转控制线路

控制器联锁正反转控制线路的工作原理如下：

合上 QS。

(1) 正转控制

按 SB2 → KM1 线圈通电 ┬→KM1 常开触点(4-5) 闭合自锁
　　　　　　　　　　　├→KM1 主触点闭合 → M 正转
　　　　　　　　　　　└→KM1 常闭触点(7-8) 分断联锁

这时，通入电动机定子绕组的电源相序为 L1→U1，L2→V1，L3→W1，电动机正转运行。

(2) 反转控制

先按 SB1 → KM1 线圈失电 ┬→KM1 常开触点(4-5) 分断
　　　　　　　　　　　　├→KM1 主触点分断 → M 正转
　　　　　　　　　　　　└→KM1 常闭触点(7-8) 闭合

为什么要先按 SB1 呢？因为在反转控制电路中串联了正转接触器 KM1 的常闭触点，当正转接触器 KM1 仍通电时，其常闭辅助触点是分断的，因此，直接按反转按钮 SB3，反转接触器 KM2 无法通电，电动机不会反转。

再按 SB3 → KM2 线圈通电 ┬→KM2 常开触点(4-7) 闭合自锁
　　　　　　　　　　　　├→KM2 主触点闭合 → M 反转
　　　　　　　　　　　　└→KM2 常闭触点(5-6) 分断联锁

此时，接入电动机定子绕组首端的三根电源线对调了两根，使电源相序改变为 L1→W1，L2→Y1，L3→U1，电动机反转。

3. 星形-三角形(Y-△)减压启动

(1) 星形-三角形减压启动又称(Y-△)减压启动。是指电动机在启动时，其定子绕组接成 Y(星形)，即 U2、V2、W2 连接于一点，U1、V1、W1 接电源，如图 11-37(a)所示；待转速上升到一定值后，再将它换接成△(三角形)，即 U1、W2、U2、V1、V2、W1 并头后接电源，如图 11-37(b)所示，电动机便在额定电压下正常运转。

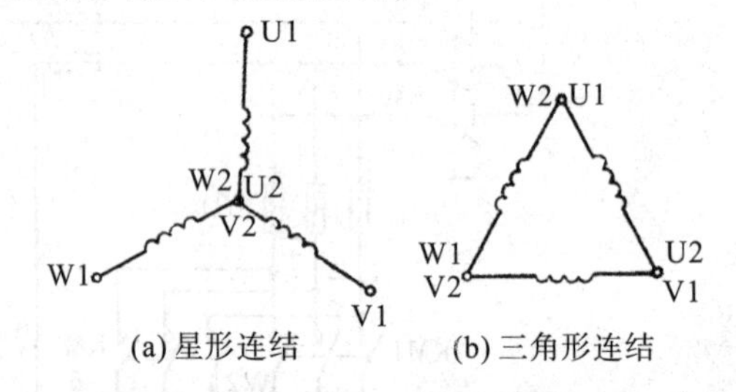

(a) 星形连结　　(b) 三角形连结

图 11-37　星形-三角形(Y-△)减压启动电子绕组接线图

这种启动方法只适用于正常工作时定子绕组按△形连接的电动机。

采用这种方法启动时，Y 形连接的启动电流仅为△形连接启动时的 1/3，启动时，电压降为额定电压的 $1/\sqrt{3}$，而电动机的转矩是与电压的平方成正比的，这时转矩也只有全压启动时的 1/3，故只适用于空载或轻载启动。

(2) 时间继电器控制星-三角形(Y-△)减压启动。这种控制线路是利用时间继电器来完成 Y-△的自动切换，控制线路如图 11-38 所示，工作原理如下：合上电源开关 QS，与启动按钮 SB2 串联的接触器 KM3 的一对常闭辅助触点可防止两种意外事故，使线路的工作更为可靠，一种情况是在电动机启动并正常运行以后，接触器 KM1 已断电释放，KM3 已获电吸合，如果有人误按启动按钮 SB2，KM3 的常闭辅助触点能防止接触器 KM1 通电动作而造成电源短路；另一种情况是在电动机停转以后，如果接触器 KM3 的主触点因焊住或机械故障而没有分断，由于设置了接触器 KM3 的常闭辅助触点，电动机就不可能第二次启动，从而也可防止电源的短路事故。

这个控制线路是接触器 KM1 先动作，然后才能使接触器 KM2 获电动作，这样，接触器

KM1 的主触点是在无负载的条件下进行工作的，可以延长接触器 KM1 主触点的使用寿命。

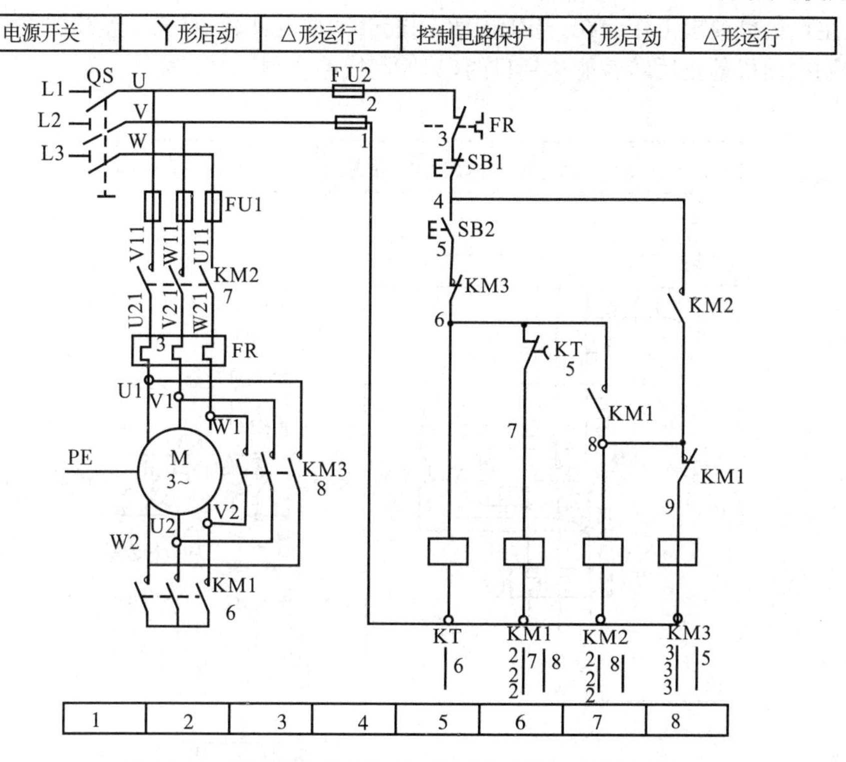

图 11-38 时间继电器控制星-三角形减压启动控制线路

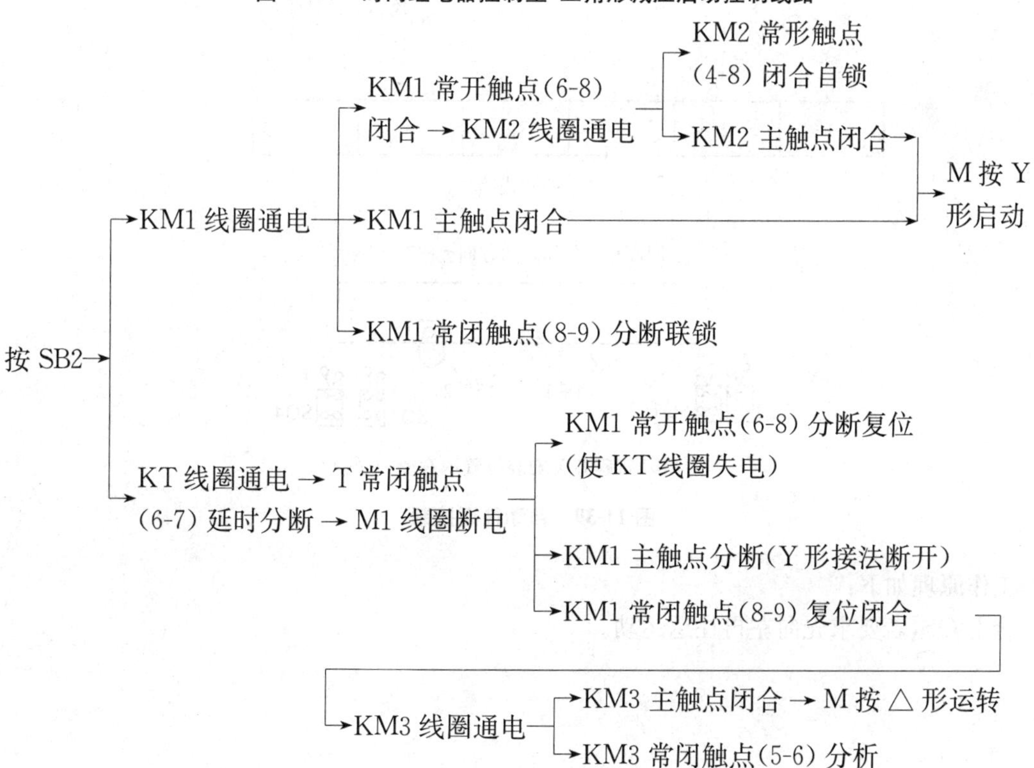

4. 电动机往返控制线路

有些生产机械要求工作台在一定的距离内能自动往返，以便对工件连续加工，采用行程开关自动控制电动机的正反转就能达到目的，其控制线路如图 11-39 所示。

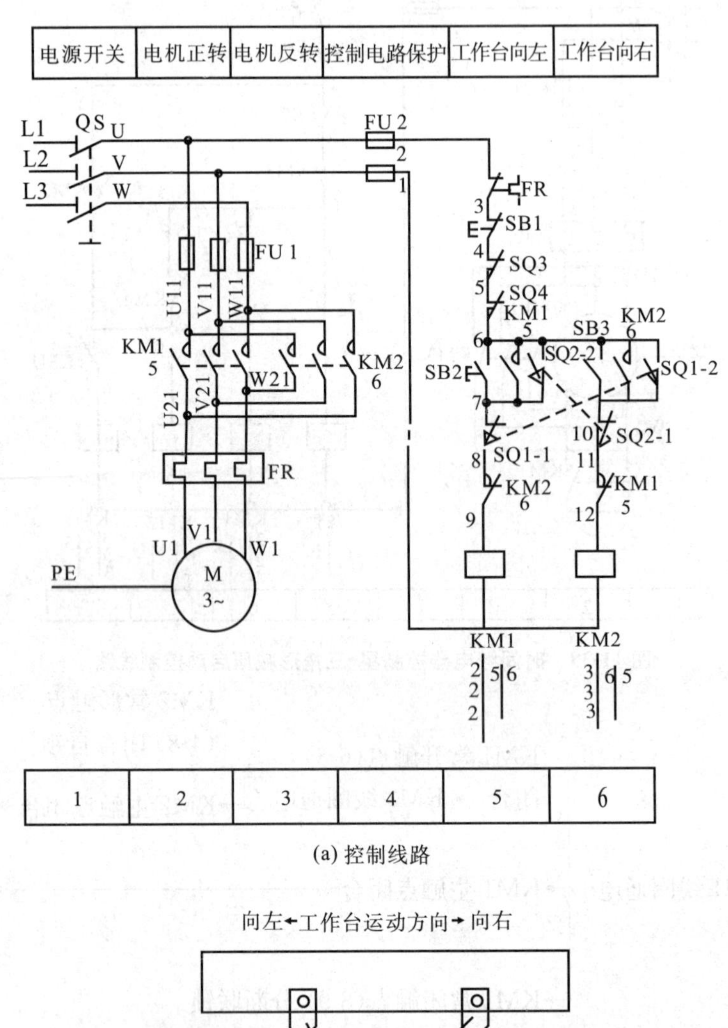

(b) 行程开关安装位置示意图

图 11-39　自动往返控制

工作原理如下：

合上 QS，若要求先向左再往返运动。

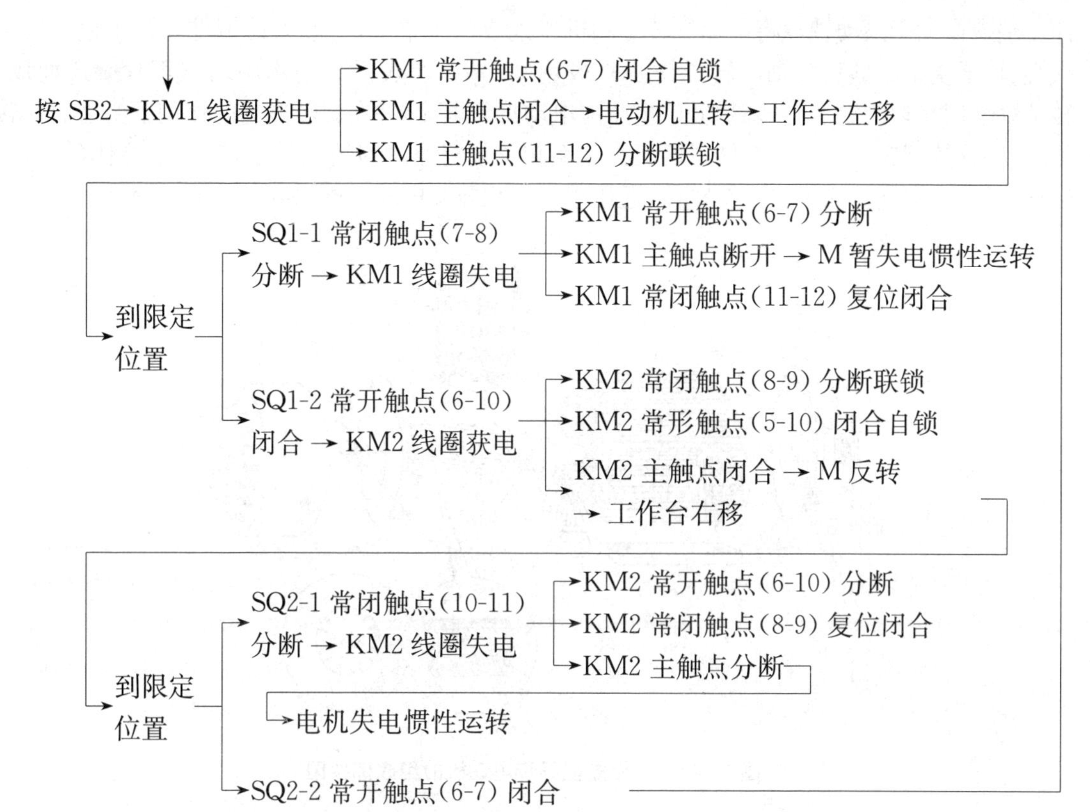

由上述分析可知，由于限位开关能起到自动换接正，反转控制电路的作用，依靠机械传动机构，便能使工作台自动循环地做往返运动。

图 11-39 中，限位开关 SQ3 和 SQ4 起终端保护作用，如果 SQ1(或 SQ2)失灵(即挡铁碰撞它们时不动作)，电动机便会一直正转(或反转)，工作台就一直向左(或向右)运动，这种情况显然是不允许的，为此，在左端及右端的某个适当位置又安装了 SQ3 和 SQ4，并把它们的常闭触点串联在控制电路中，这样，如果 SQ1 或 SQ2 失灵，工作台向左(或向右)运动到某个极限位置时，挡铁碰撞 SQ3(或 SQ4)使它的常闭触点分断，从而切断整个控制电路，电动机停转，工作台便停止运行。因 SQ3 和 SQ4 是起终端保护作用的，故也叫终端开关。

三、三相异步电动机

1. 异步电动机的结构

三相异步电动机由定子和转子两大部分组成。定子主要包括定子铁心、定子绕组、机座、端盖、罩壳等部件，如图 11-40 所示。定子铁心一般用 0.5mm 厚、表面有绝缘层的硅钢片叠压而成。定子绕组作为电动机的电路部分，通入三相交流电产生旋转磁场。定子三相绕组一般采用高强度漆包圆铜线绕成。三相定子绕组之间、绕组与定子铁心槽间均垫以绝缘材料绝缘，定子绕组在槽内嵌放完毕后再用胶木槽楔固紧。定子三相绕组的结构完全对称，一般有 6 个出线端 U1、U2、V1、V2、W1、W2 置于机座外部的接线盒内，根据需要接成星形(Y)或三角形(△)，如图 11-41 所示。也可将 6 个出线端接入控制电路中实行星形与三角形的换接。机座的作用是固定定子铁心和定子绕组，并通过两侧的端盖和轴承来支承电动机转子，机座为铸钢件。端盖借助于滚动轴承将电动机转子和机座连成一个整体，一般为铸钢件。转子包括转子铁心、转子绕组、风扇、转轴。转子铁心一般用 0.5mm 厚表面有绝缘层的硅钢片叠压而成。转子绕组用来切割定子旋转磁场，产生感应电动势和电流，并在旋转磁场的作用下受力而使转子转动，分笼型转子和绕线型转子两类。笼型转子绕组通常为铸铝转子，其转子导体(铝条)、端环、风叶由铝浇铸而构成一个整体，通用于中小型异步电动机中，如图 11-42 所示。

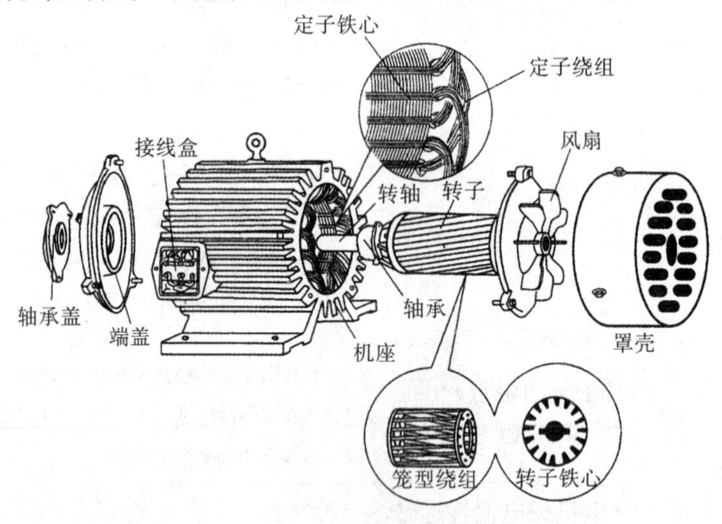

图 11-40 三相笼型异步电动机的组成部件图

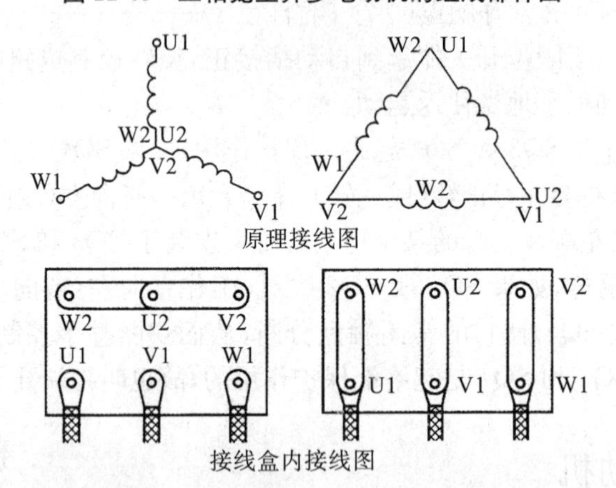

图 11-41 三相笼型异步电动机出线端

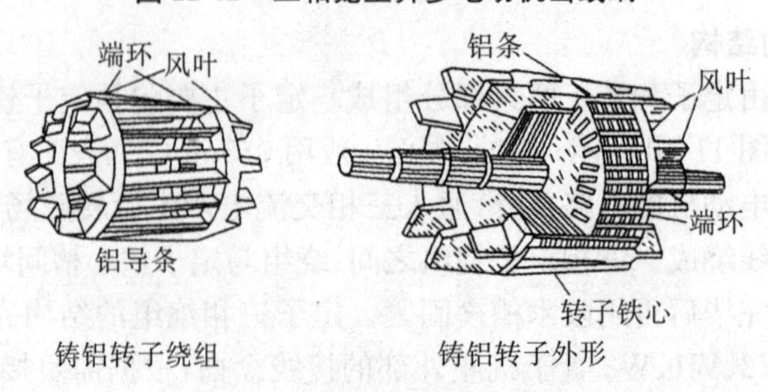

图 11-42 铸铝转子结构

2. 三相异步电动机的铭牌

在三相异步电动机的机座上均装有一块铭牌，如表 11-3 所示。铭牌上标出了该电动机的型号及主要技术数据，供使用电动机时参考。

表 11-3　三相异步电动机铭牌

	三相异步电动机		
	型号 Y2-132S-4	功率 5.5kW	电流 11.7A
频率 50Hz	电压 380V	接法△	转速 1440r/min
防护等级 IP44	重量 68kg	工作制 S1	F 等级绝缘
××电机厂			

现分别说明如下：

(1) 型号(Y2-132S-4)

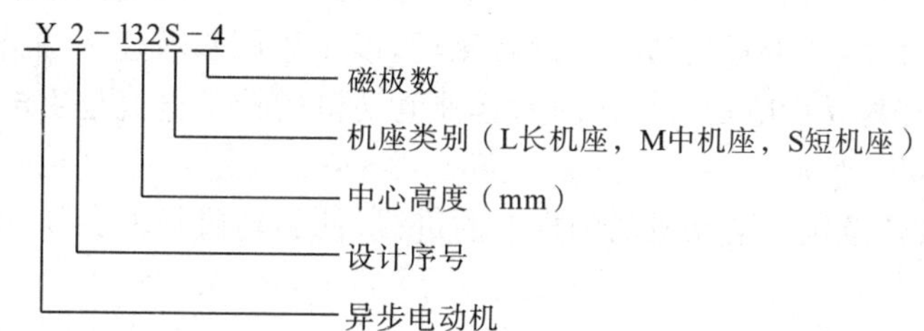

(2) 额定功率(5.5kW)表示电动机在额定工作状态下运行时，允许输出的机械功率。

(3) 额定电流(11.7A)表示电动机在额定工作状态运行时，定子电路输入的线电流。

(4) 额定电压(380V)表示电动机在额定工作状态下运行时，定子电路所加的线电压。

(5) 额定转速(1440r/min)表示电动机在额定工作状态下运行时的转速。

(6) 接法(△)表示电动机定子三相绕组与电源的连接方法。

(7) 防护方式(IP44)表示电动机外壳防护的方式。IP11 是启型，IP22、IP23 是防护型，IP44 是封闭型。

(8) 频率(50Hz)表示电动机使用交流电源的频率。

(9) 绝缘等级表示电机各绕组及其绝缘部件所用绝缘材料的等级。绝缘材料按耐热性能可分为 7 个等级，如表 11-4 所示。

表 11-4　绝缘材料耐热性能等级

绝缘等级	Y	A	E	B	F	H	C
最高允许温度(℃)	90	105	120	130	155	180	大于 180

(10) 额定工作制，指电机按铭牌值工作时，可以持续运行的时间和顺序。电机定额分连续定额、短时定额和断续定额三种，分别用 S1、S2、S3 表示。

① 连续定额(S1)：表示可以长期连续运行。

② 短时定额(S2)：表示只能在规定的时间内短时运行。

③ 断续定额(S3)：表示运行一段时间就要停止一段时间，每一周期为 10min(标明 40%则表示电动机工作 4min 就需休息 6min)。

3. 异步电动机的工作原理

当电机的定子绕组接通三组电源后，在定子内的空间便产生旋转磁场。假定旋转磁场按

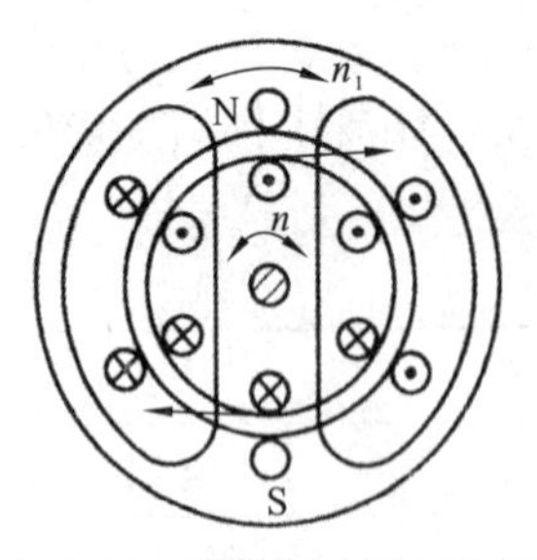

图 11-43　异步电动机工作原理

顺时针方向旋转，则转子与磁场间就有相对运动（图11-43），转子导线产生感应电动势。由于磁场按顺时针方向旋转，相当于磁场不动，转子导线以逆时针方向运动切割磁力线，按照右手定则，可确定转子上半部导线的感应电动势方向是出来的，下半部导线的感应电动势方向是进去的。由于所有转子导线的两端都分别被两个铜环连在一起，因而构成了闭合回路。在此感应电动势的作用下，转子导线就有电流通过，称为转子电流。这些电流在旋转磁场中受力，其方向由左手定则决定。这些电磁力对转轴形成一个转矩，其作用方向与旋转磁场旋转方向一致，因此转子就顺着旋转磁场的方向转动起来。

转子的转速 n_2 永远小于旋转磁场的转速（同步转速）n_1。因为如果转子转速 $n_2 = n_1$，则转子导线磁场之间就不存在相对运动，转子导线不切割磁力线，因而就不存在感应电动势、电流和电磁转矩。由此可见，转子总是紧跟着旋转磁场，以小于同步转速 n_1 的转速而旋转。所以把这类交流电动机称为异步电动机。又因为这种电动机的转子电流是由电磁感应产生的，所以也称为感应电动机。

由此可知，只要任意调换电动机的两根电源进线，使旋转磁场的方向改变，就能改变电动机的旋转方向。

4. 异步电动机的拆装

由于各种电动机结构不同，因此拆装方法也有差异，但拆装的要领和步骤基本上是一样的。拆卸前，首先在将要拆开的零部件上（如机座、端盖、轴承套、轴承盖、电刷装置等）作好标记，以表示它们之间的相对位置，以便检修后能按原来的位置装配。拆卸时，应测量零部件的主要配合尺寸，以掌握其磨损情况，并认真做好记录。电动机拆卸时基本上都按下列步骤进行：

（1）用拉具将联轴器（或皮带轮、齿轮）拉下。

（2）将风罩及外风扇拆下。

（3）对于绕线型异步电动机，还应把电刷取出，用纸包好并妥善保存，再把刷盒、刷杆及电刷等装置一一拆下；然后将集电环拆掉；最后将刷杆座拆掉。

（4）将轴承盖的螺钉拆下；对于有轴承套的电动机，则先把轴承套与端盖的连接螺钉拆掉，不要急于打开轴承盖，以免损坏轴承或玷污润滑脂；然后将盖与机座的连接螺钉拆掉。

（5）拆卸端盖。一般来说，每只端盖都有两只专门用来拆卸的螺孔，只要用两只螺钉拧进去，就能像千斤顶一样把端盖顶出来；拧时两只螺钉要匀称，否则会把端盖"蹩死"，反而拆不下来。如果端盖上没有拆卸螺孔，则可用螺丝刀对准机座和端盖之间的接缝，在不同的位置上用手锤轻轻敲打，使端盖和机座分离。拆卸时，要用支架托住或用吊车吊住端盖，以免端盖脱落时跌碎或碰坏转轴和绕组。小型电动机一般只拆风扇一侧的端盖，此时只要将风扇侧端与机座的连接螺钉和轴承外盖拆掉，将风扇侧端盖连同转子、轴承盖、轴承等一起抽出来。

（6）电动机装配时的步骤大体上和拆卸时相反。装配前特别要做好电动机内部的清理工作，附着在定子转子铁心表面的漆疙瘩以及高出铁心表面的槽楔、绝缘纸等均应铲平剔净，最后用压缩空气或手风箱将铁心及绕组表面和机座内部吹干净。在装端盖时，可用木槌均匀地敲打端盖四周，使端盖合上止口。拧端盖螺钉时，用力要均匀；应先稍拧紧一只螺钉，再稍紧对角的另一只螺钉；换一个位置，稍紧另一对螺钉；待所有的螺钉都稍紧后，再按同样顺序将螺钉完全拧紧。两只端盖都装好后，盘动转子，观察其转动是否灵活；若不太灵活，可将端盖和轴承盖上所有的螺钉松一下，用木槌敲击轴承的端面及端盖和轴承四周，边槌边盘，待转子转动灵活后，再拧紧螺钉。装配时要注意拆卸前做的标记，使各零部件的相对位置与原来的一样。

5. 异步电动机常见的故障及处理方法

异步电动机的故障一般可分为电气故障和机械故障两种。电气方面除了电源、线路及启动控制设备的故障外，其余的均属电动机本身的电气故障。机械方面包括被电动机拖动的机械设备和传动机构（如联轴器等）的故障、基础和安装问题以及电动机本身的机械结构故障。

当电动机发生故障时，应该尽快地停机检查，以免事故扩大；但在可能的情况下，还应仔细观察故障的现象，如转速的变化，各发热部分温升的变化，响声、振动等情况，以及电动机内部是否有火花、冒烟、焦味等。以便根据其现象分析出故障的原因，然后采取不同的方法进行处理。表 11-5 列出了异步电动机常见故障现象、造成故障的原因及处理方法。

表 11-5　异步电动机常见的故障及处理方法

故障现象	造成故障的可能原因	处理方法
电源接通后电动机不能启动	1. 定子绕组间短路、接地以及定、转子绕组断路 2. 定子绕组接线错误 3. 负载过重	1. 检查出断路、短路、接地的部位，进行修复 2. 检查定子绕组接线，加以纠正 3. 减轻负载
电动机运行时转速低于额定值，同时电流指针来回摆动	1. 绕线型电动机一相电刷接触不良 2. 绕线型电动机集电环的短路装置接触不良 3. 绕线型电动机转子绕组一相断路 4. 鼠笼型电动机转子绕组断路	1. 调整电刷压力并改善电刷与集电环的接触 2. 修理或更换短路装置 3. 查出断路处，加以修复 4. 更换、补焊铜条或更换铸铝转子
电动机温升过高或冒烟	1. 负载过重 2. 定、转子绕组断路 3. 定子绕组接线错误 4. 定子绕组接地或匝间、相间短路 5. 绕线型电动机转子绕组接头脱焊 6. 鼠笼型电动机转子绕组断路 7. 定、转子相擦	1. 减轻负载 2. 查出断路部位，加以修复 3. 检查定子绕组接线，加以纠正 4. 查出接地或短路部位，加以修复 5. 查出脱焊部位，加以修复 6. 更换、补焊铜条或铸铝转子 7. 测量电动机气隙、检查装配质量以及轴承磨损等情况，找出原因，进行修复
电动机外壳带电	1. 接地不良或接地电阻太大 2. 绕组绝缘损坏 3. 绕组受潮 4. 接线板损坏或表面油污太多	1. 找出原因，并采取相应措施 2. 修补绝缘，并经浸漆干燥处理 3. 干潮处理或浸漆干燥处理 4. 更换或修理接线板

思　考　题

1. 何为电力网？常用电气线路有哪几种？
2. 有几种触电形式？哪种最危险？有哪些救护方法？
3. 试述万用表、兆欧表的功能，使用方法及注意事项。
4. 导线连接的基本要求有哪些？
5. 怎样解读电气原理图？
6. 电度表的功能，接线要求是什么？
7. 简述交流接触器、热继电器、熔断器、时间继电器的工作原理。
8. 简述异步电动机的结构和工作原理。
9. 简述电工安全操作规程，谈谈自己是如何做的。

第十二章　热　加　工

学习目标

1. 了解焊接、铸造、锻造和热处理的特点、分类及安全操作规程；
2. 了解焊条电弧焊、气焊气割、氩弧焊及常用铸造、锻造和热处理方法所使用的设备及工具；
3. 了解并掌握焊条电弧焊、气焊气割、氩弧焊及常用铸造、锻造和热处理方法的工艺规范、操作方法；
4. 了解焊接变形及应力、特种铸造的基本知识。

第一节　焊　　接

热加工是指生产加工时常需将工件加热的加工方法。主要的热加工方法有焊接、铸造、锻造和热处理等。焊接、铸造、锻造和热处理是最常用的制造金属机械零件的基本工艺方法。

一、概述

1. 焊接及其特点

焊接的实质就是在金属连接处实行局部加热、加压或者同时加热加压等方法，促使原子或分子之间相互扩散和结合，达到永久牢固的连接。

焊接是一种不可拆的连接。与铆接相比，焊接结构省工节料，接头的致密性好。它不仅可以应用于静载荷、动载荷、被动载荷及冲击载荷下工作的结构，而且可以应用于在低温、高温、高压及有腐蚀介质条件下的使用结构。便于实现机械化和自动化。

随着社会生产和科学技术的发展，焊接技术已是现代工业生产中一种重要的金属加工工艺，在建筑、桥梁、造船、石油、化工、汽车、飞机、冶金、机械、电子、原子能及宇航等行业都得到广泛的运用。

2. 焊接方法分类

为了适应工业生产和新兴技术中新材料、新产品的焊接需要，各种新的焊接方法不断出现，金属焊接的分类如图 12-1 所示。

3. 焊工安全知识

在劳动保护工作中，焊接操作属于特殊工种。焊工需要与各种易燃易爆气体，压力容器和电

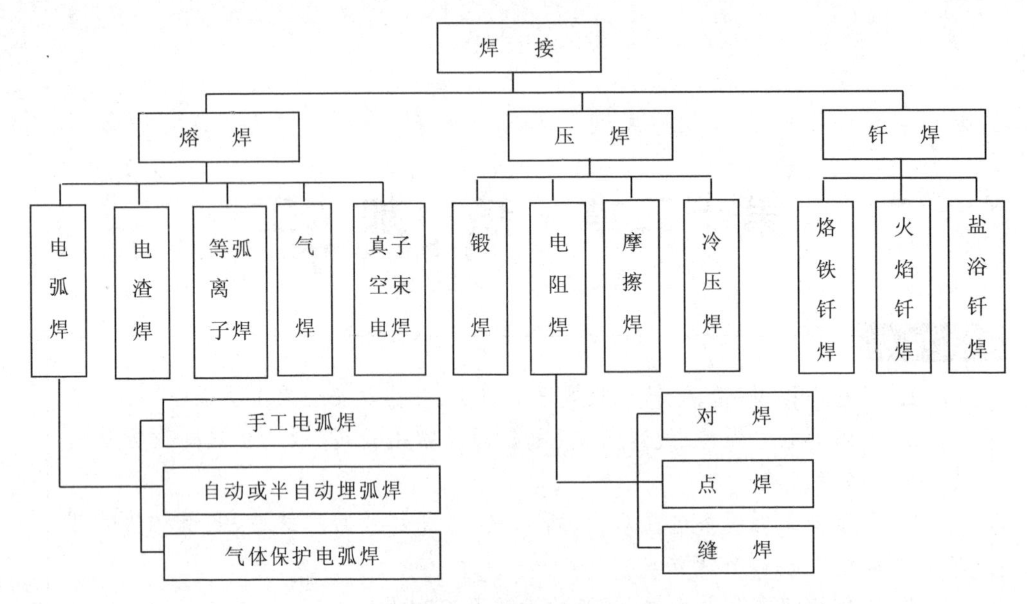

图 12-1　焊接方法分类

气设备接触。焊接过程中又会产生有毒气体、有害烟尘、弧光辐射、高频电磁场、噪声和射线等。

由于存在上述多种不安全因素，故有可能发生爆炸、火灾、烫伤、中毒（急性中毒）、触电和高处坠落等工伤事故及焊工尘肺、慢性中毒、血液疾病、电光性眼病和皮肤病等职业危害。严重地危害着焊工及其他生产人员的安全和健康，而且还会使生产和国家财产遭受重大损失。因此，每一个焊工都必须懂得本工种的基本安全操作知识，并在生产全过程中贯彻始终。

焊接安全操作规程如下：

(1) 要正确用电、避免触电危险。电焊作业属于带电作业。如在更换焊条时，焊工的手将直接接触电极（焊条），在容器内部进行操作时，其四周都是导电体，当焊接设备出现故障，防护用品有缺陷或违反安全操作规程时，就存在触电危险。

(2) 焊接作业中要防火与灭火。焊接操作常带明火作业，若焊工疏忽大意，很容易在操作场地四周引起火灾，操作时要注意飞散的火花、熔融金属和熔渣的颗粒燃着焊接处附近的易燃物（如油料、木料、纱线和草袋等）及可燃气。如果发生火灾，应立即切断电源，然后采用灭火措施。

(3) 要确保高空作业安全。离地 2m（含 2m）以上的作业，叫高空作业。高空作业时，必须使用标准的安全带、安全帽，并戴固系牢。使用的梯子、跳板及脚手架应安全可靠。梯子要有专人扶持，焊工工作时应站稳把牢，谨防失足。要清除高空作业下方所有的易燃物品或用石棉板仔细遮盖。

(4) 要做好焊接劳动卫生与防护。尽量减少金属烟尘、有毒气体，高频电磁场、射线、电弧辐射等对人体的伤害，工作场地尽量通风。对眼、耳、鼻、身等部位重点防护。除用工作服、工作鞋、防护手套、眼镜、口罩、头盔和护身器外，有特殊的作业场合，必须有特殊的防护措施。

二、焊条电弧焊

焊条电弧焊是利用焊条与工件间瞬间短路产生焊接电弧来焊接的，是把电能转变为热能的一种电弧焊接方法。

1. 焊条电弧焊的原理及特点

焊条电弧焊是金属熔化焊中最基本的焊接方法之一，它使用的设备简单、操作方便灵活，适应各种条件下焊接，特别适合于结构形状复杂、小零件、短焊缝及一些新型的焊接材料的焊接。焊条电弧焊回路由焊接电源、焊接电弧、焊接电缆、焊钳、焊条、工件等构成。其中焊接电源为焊接电弧稳定燃烧提供合适的电弧电压和焊接电流；焊接电弧是负载，是在焊条端部和工件之间建立的稳定燃烧的电弧；焊接电缆用于连接焊接电源、焊钳和工件。

(1) 焊条电弧焊的基本原理

焊条电弧焊是手工操纵焊条进行焊接的电弧焊方法。它利用焊条与焊件之间建立起来的稳定燃烧的电弧，使焊条和焊件熔化，从而获得牢固的接头，其原理如图 12-2 所示。焊接时因电弧的高温和吹力作用使焊件局部熔化，在被焊金属上形成一个椭圆形充满液体金属的凹坑称为熔池。药皮在电弧热作用下不断地分解、熔化而生成气体及熔渣，保护焊条端部、电弧、熔池及其附近区域，防止大气对熔化金属的有害污染。焊条芯也在电弧热作用下不断地熔化，成为焊缝填充金属。随着焊条的移动熔池冷却凝固后形成焊缝。

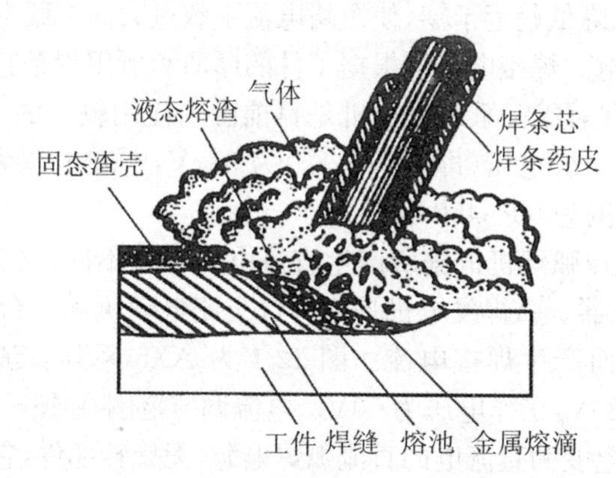

图 12-2 焊条电弧焊的原理示意图

(2) 焊条电弧焊的特点

① 设备简单、操作灵活

焊条电弧焊之所以成为应用最广泛的焊接方法，主要是因为它的灵活性。由于焊条电弧设备简单、移动方便、电缆长、焊把轻，因而广泛应用于平焊、立焊、横焊、仰焊等各种空间位置及各种接头形式的焊接。可以说凡是焊条能达到的任何位置的接头，均可采用焊条电弧焊的方法焊接。

② 待焊接头装配要求低

由于焊接过程由焊工手工控制，可以适时调整电弧位置和运条姿势，修正焊接参数，以保证跟踪接缝和均匀熔透，因此对焊接接头的装配精度要求相对降低。

③ 可焊金属材料广泛

焊条电弧焊广泛用于低碳钢、低合金结构钢的焊接。选配相应的焊条，也常用于不锈钢、耐热钢、低温钢等合金结构钢的焊接，还可用于铸铁、铜合金、镍合金等材料的焊接，以及耐磨损、耐腐蚀等特殊使用要求的构件进行表面层堆焊。

④ 焊接生产率低

焊条电弧焊与其他电弧焊相比，由于其使用的焊接电流小，每焊完一根焊条后必须更换焊条，以及因清渣而停止焊接等，因此这种焊接方法的熔敷速度慢，焊接生产率低，劳动强度大。

⑤ 焊缝质量依赖性强

虽然焊接接头的力学性能可以通过选择与母材力学性能相当的焊条来保证，但焊缝质量在很大程度上依赖于焊工操作技能及现场发挥，甚至焊工的精神状态也会影响焊缝的质量。

2. 焊条电弧焊的设备与工具

(1) 弧焊机

焊条电弧焊机是焊条电弧焊的主要设备。焊条电弧焊机按其供给的焊接电流种类不同，可分为交流弧焊机和直流弧焊机两大类。

① 交流弧焊机。交流弧焊机是一种供电弧燃烧用的降压变压器，所以又称弧焊变压器。普通变压器的输出电压是恒定的，而弧焊变压器的输出电压随输出电流(负载)的变化而变化，空载(不焊接)时，电焊机的电压为 60～70V。既能满足顺利起弧的需要，对人体也比较安全。起弧以后，电压会自动下降到电弧正常工作所需的 30V。当起弧开始焊条与工件接触形成短路时，电焊机电压会自动降低趋近于零，使短路电流不致过大而烧毁电路或变压器本身。它所输出的焊接电流是交流电。焊接电流可根据工件的厚薄和所用焊条直径的大小任意调节。但电弧稳定性方面有些不足，BX-1 系列弧焊机是目前国内使用较广的一种交流弧焊机，其外形如图 12-3 所示。焊机的初级电压(即输入电压)为 380V，空载电压为 60～70V，工作电压为 30V，焊接电流的调节范围为 50～450A。

② 直流弧焊机。直流弧焊机根据所产生直流电的原理不同，又分为弧焊发电机(旋转式直流弧焊机)和弧焊整流器。弧焊发电机是由一台交流电动机和一台特殊的直流发电机组成的。电动机带动发电机而产生焊接电流。图 12-4 为 AX5 系列直流弧焊机，其初级电压为 380V，空载电压为 50～80V，工作电压为 30V。电流调节范围在 45～320A。弧焊整流器是一种通过整流元件将交流电变为直流电的直流弧焊电源，无旋转部件，它既弥补了交流弧焊机电弧稳定性不好的缺点，又比旋转式直流弧焊机结构简单，并可消除噪音。

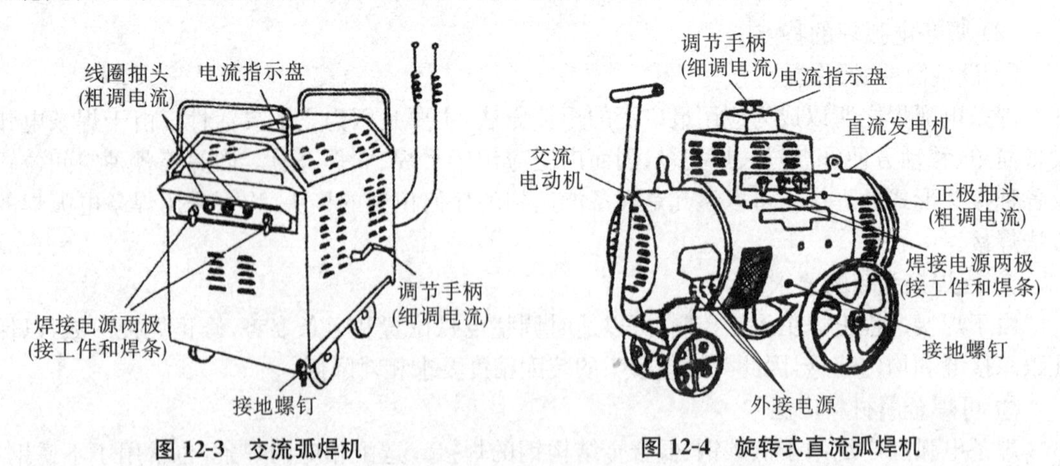

图 12-3 交流弧焊机　　**图 12-4 旋转式直流弧焊机**

(2) 主要工具

焊条电弧焊的主要工具有焊钳、焊接电缆、面罩、手套、辅助工具等。

① 焊钳是用来夹持焊条并传导电流进行焊接的工具，具有良好的导电性、绝缘性、隔热性

以及安全、操作灵活等特性,能在各个方向上夹住各种直径的焊条。常用规格有300A和500A两种。各技术参数见表12-1。

表12-1 焊钳技术参数

型号	额定电流(A)	焊接电缆孔径(mm)	使用的焊条直径(mm)	质量(kg)	外形尺寸(mm)
352	300	14	2～5	0.5	250×80×40
582	500	18	4～8	0.7	290×100×45

② 焊接电缆一般采用多股细铜线软电缆,直径为0.18～0.20mm,便于操作时焊接电缆要经常移动、弯曲。因电缆发热的温升不可超过其许可值,电缆截面积应根据焊接电流和电缆长度来选用,参考表12-2选择。电缆长度在20m以下时,电流密度一般取4～10A/mm^2。

表12-2 按焊接电流和电缆长度选用的电缆截面积

焊接电流(A)	电缆长度(m)								
	20	30	40	50	60	70	80	90	100
	电缆截面积(mm^2)								
100	25	25	25	25	25	25	25	25	25
150	35	35	35	35	50	50	60	70	70
200	35	35	35	50	60	70	70	70	70
300	35	50	60	60	70	70	70	85	85
400	35	50	60	70	85	85	85	95	95
500	50	60	70	85	95	95	95	120	120
600	60	70	85	85	95	95	120	120	120

③ 面罩由耐燃或不燃的绝缘材料制成,是保护焊工面部和眼睛免受弧光损伤的防护用品,能防止被飞溅的金属灼伤,同时能减轻烟尘和有害气体等对呼吸器官的损害。一般有头盔式和手持式两种。面罩上的护目镜片是用来降低电弧光的强度和过滤红外线、紫外线和可见光的。焊工通过护目镜片观察熔池,掌握焊接过程。为了防止护目镜片被飞溅金属损坏,常在护目镜片前另加普通玻璃。护目镜镜片按亮度的深浅不同分为若干个型号,号数越大颜色越深,据焊接电流的不同,镜片可按表12-3选用。

表12-3 焊工护目镜镜片选用表

焊接电流(A)	≤30	>30～75	>75～200	>200～400
遮光镜片号	5～6	7～8	8～10	11～12

④ 手套是用来保护焊工的双手不受弧光和飞溅物损伤的,并有绝缘作用。一般用皮革制成。

除以上几种主要工具外还有尖头榔头、锯子、钢丝刷等辅助工具,用以除锈及清理焊渣等。

3. 焊条

焊条是涂有药皮的供焊条电弧焊用的焊接材料。焊条电弧焊中,焊条既是电极,又是填充金属，熔化后与液态的母材熔合形成焊缝。因此，焊条的性能直接影响电弧的稳定性、焊缝金属的化学成分、力学性能及焊接效率等。

(1) 焊条的组成

焊条由药皮和焊芯两部分组成，如图 12-5 所示。焊芯外表涂有药皮，焊条端部有一段没有药皮的为夹持端，被焊钳夹住后可以传导电流，焊条末端的药皮磨成锥形，约 45°左右的倒角，尾部有一段裸焊芯，约占焊条总长 1/16，便于焊接时引弧。焊条前端有焊条规格（焊芯直径），有∅2mm、∅2.5mm、∅3(∅3.2)mm、∅4mm、∅5mm、∅5.8mm、∅6mm 等几种，其中∅3.2mm、∅4mm、∅5mm 较为常用，长度 L 一般在 250～450mm 之间。

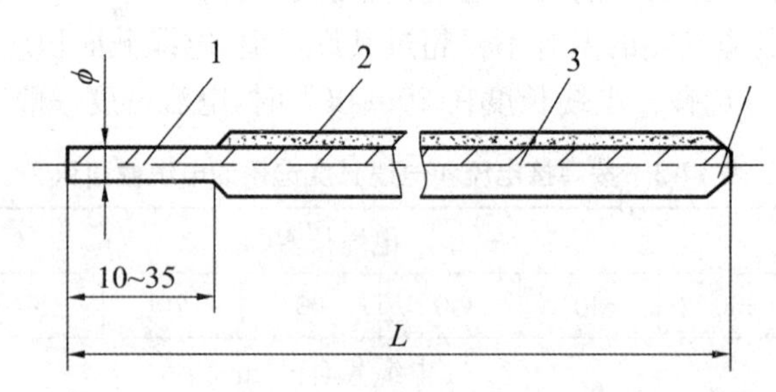

图 12-5　焊条组成示意图

1. 夹持端　2. 药皮　3. 焊芯　4. 引弧端

① 焊芯：焊条中被药皮包覆的金属芯称为焊芯。焊芯的主要作用是传导焊接电流和熔化后作为填充材料与母材形成焊缝金属。一般焊条电弧焊时，焊缝金属的 50%～70%来自焊芯材料。因此焊芯的化学成分、各金属元素用量需要进行严格控制。

焊芯中各合金元素对焊接质量的影响：

(a) 碳(C)

碳在焊接过程中是一种良好的脱氧剂，高温时与氧化合生成 CO 和 CO_2 气体，这些气体从熔池中逸出，在熔池周围形成气罩，可减少或防止空气中的氧、氮与熔池的作用，从而减少焊缝金属中氧和氮的含量。随着含碳量增加，可提高钢的强度和硬度，但塑性和冲击韧性下降。含碳量过高，还原作用剧烈，会增加飞溅和产生气孔，使接头产生裂纹的倾向增大。一般要求焊芯的含碳量≤0.1%。

(b) 锰(Mn)

锰在焊接过程中是一种很好的脱氧剂和合金剂，锰能减少焊缝中氧的含量，又能与硫化合形成 MnS，起脱硫作用，从而防止硫的危害。锰又能作为合金剂渗入焊缝，提高焊缝的强度和韧性。常用焊芯的含锰量为 0.30%～0.55%。

(c) 硅(Si)　硅也是一种脱氧剂和合金剂，其脱氧能力比锰强。在钢中加入适量的硅能提高钢的强度、弹性及抗酸性能，但含硅量过高，会降低塑性和韧性，硅与氧化合形成 SiO_2，并且它会提高渣的黏度，黏度过大会促使非金属夹杂物的生成。过多的硅还能增加焊接熔化金属的飞溅，所以焊芯中的含硅量一般限制在 0.03%以下。

(d) 铬(Cr)

铬对钢来说是一种重要合金元素，用它来冶炼钢和不锈钢，能够提高钢的硬度、耐磨性和耐腐蚀性。对于低碳钢来说，铬是一种杂质，在焊接过程中铬易氧化，形成难熔的 Cr_2O_3，使焊缝金属产生夹杂物。一般焊芯中的含铬量应限制在 0.2%以下。

(e) 镍(Ni)

镍对低碳钢来说，也是一种杂质。当低温冲击值要求较高时，可适当掺入一些镍，一般焊芯中的含镍量要求小于0.03%。

(f) 硫(S)和磷(P)

硫、磷都是有害杂质，能使焊缝金属的机械性能降低。硫与铁作用生成FeS，它的熔点低于铁，随着硫含量的增加，将增大焊缝的热裂纹倾向。磷与铁作用生成Fe_3P和Fe_2P，使熔化金属的流动性增大，常温下焊缝易产生冷脆现象。一般焊芯中硫、磷的含量不得大于0.04%，在焊接重要结构时，硫、磷含量不得大于0.03%。

焊芯的分类及牌号：

焊芯是根据国家标准“焊接用钢丝”的规定来分类的，用于焊接的专用钢丝可分为碳素结构钢、合金结构钢和不锈钢三类。

焊芯的牌号前用“H”即“焊”字汉语拼音的第一字母，以表示焊接用钢丝，其后的牌号表示法与钢号表示方法一样。末尾注有字母“A”表示高级优质钢，含硫、磷量较低(不大于0.03%)；注有字母“E”表示特级钢材，含硫、磷量更低(不大于0.025%)；末尾未注字的，说明是一般钢，但含硫、磷量不大于0.04%。例如：

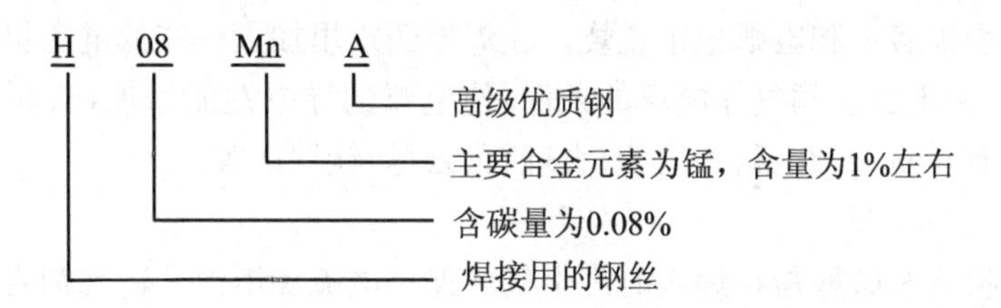

② 药皮：压涂在焊芯表面上的涂料层称为药皮。药皮在焊接过程中起着冶金反应和物理、化学变化，能改进焊接接头性能和改善焊条工艺性能。

在光焊芯外面所涂药皮厚薄不同，焊缝质量差别很大，焊条药皮与焊芯(不包括夹持端)的质量比称为药皮的质量系数(K_b)，K_b值一般在40%～60%。

$$K_b = (g_1/g) \times 100\%$$

式中：K_b——药皮质量系数(%)；

g_1——药皮质量(g)；

g——涂药皮部分的焊芯质量(g)。

药皮的作用：

(a) 对熔化金属的保护作用

焊接时，药皮熔化后产生大量的气体，笼罩着电弧和熔池，把熔融金属和空气隔离，防止空气中的氧、氮侵入，起着气保护的作用。同时，药皮熔化成熔渣覆盖在焊缝金属表面，保护焊缝金属，使之缓慢冷却，有利于已溶入液体金属中的气体排出，减少生成气孔的可能性，并能改善焊缝的成形和结晶，起着渣保护的作用。

(b) 冶金处理渗合金作用

加入到焊缝中的合金，可以通过加入焊芯中的合金过渡到焊缝，也可以通过药皮过渡到焊缝。通过熔渣与熔化金属的冶金反应，可除去有害杂质(如氧、氢、硫、磷)和添加有益的合金元素，使焊缝获得所需的机械性能。

药皮虽然对熔化金属有一定的保护作用,但液态金属仍不可避免地要受到少量空气侵入并氧化,使液态金属中的合金元素烧损,导致焊缝质量降低。因此在药皮中要加入一些还原剂,使氧化物还原,并加入一定量的铁合金或纯合金元素,以弥补合金元素烧损和提高焊缝金属的机械性能。同时,药皮中根据焊条性能的不同还加入一些去氢、去硫物质,以提高焊缝金属的抗裂性。

(c) 改善焊条工艺性能

焊条的工艺性能包括焊接电弧的稳定性、焊缝的成形、各种位置的适应性、脱渣性、飞溅大小、焊条的熔敷率等。焊条药皮中加入含有钾和钠的"稳弧剂"能提高电弧的稳定性。焊芯涂上药皮后,药皮的熔化比焊芯慢,在焊条端头便可形成不长的一小段药皮套筒,使熔滴有方向地射到熔池,从而起到稳定电弧燃烧、减小飞溅,提高熔敷效率的作用。如果在药皮中加入了铁粉,铁粉熔化进入了熔池,焊接生产率可得到提高。

总之,药皮的作用是保证焊缝金属获得具有合乎要求的化学成分和力学性能,并使焊条具有良好的焊接工艺性能,使生产率提高。

药皮的组成:

(a) 稳弧剂

可以使焊条引弧容易和电弧稳定燃烧。在焊条药皮里加入一些低电离势的物质如钾、钠、钙的化合物,能改善电弧空间气体电离的条件,使电弧的导电性能增加,从而增加焊接电弧的稳定性。稳弧剂有长石、金红石、钛白粉、大理石、云母、钛铁矿等。

(b) 造气剂

药皮中的有机物和碳酸盐在焊接时产生气体保护电弧和熔池。造气剂有淀粉、纤维素、大理石、白云石、碳酸钡等。

(c) 造渣剂

药皮中某些原材料在电弧作用下能形成具有一定物理、化学性能的熔渣,熔渣浮于熔池表面,保护熔池并改善焊缝外形。造渣剂有大理石、萤石(氟化钙)、白云石、菱土石、云母、石英等。

(d) 脱氧剂

用于降低药皮和熔渣的氧化性,使金属氧化物还原成金属,提高焊缝的性能。脱氧剂脱氧是利用熔融在焊接熔渣里某种与氧亲和力比铁大的元素,通过在熔渣及熔化金属内进行的一系列冶金反应来达到脱氧的目的。常用的脱氧剂有锰铁、硅铁、铝铁及硅钙合金等。

(e) 合金剂

用于补偿焊接过程中烧损的合金元素或蒸发的有益合金元素,向焊缝过渡必要的合金元素,从而确保焊缝的合金成分,提高焊缝金属的某些性能。合金剂可根据需要选用各种铁合金和纯金属。

(f) 稀释剂

添加稀释剂降低焊接熔渣的黏度,增加熔渣的流动性。

(g) 黏结剂

在药皮中加入黏结力强的物质,将药皮中各种粉剂牢固地压涂在焊芯上,使焊条药皮具有一定的强度。黏结剂有水玻璃、酚醛树脂及树胶等。

(h) 成形剂

某些药皮具有一定的塑性和滑性，以便于用机械压涂在焊芯上，使焊条表面光滑而不开裂，利于成形。

焊条药皮中有些成分同时起几种作用，如大理石有稳弧、造渣、造气等作用，而有些成分对造渣有利对稳弧却不利，所以制造焊条药皮配方需综合考虑。

焊条药皮的类型：

药皮中加入不同物质在焊接时能改善焊条的工艺性能及焊接接头性能。根据药皮材料中主要成分的不同，焊条药皮可分为各种不同的类型。而药皮类型不同，焊条的操作工艺性能和其他性能及特点也不同，药皮也是决定焊接质量的重要因素之一。

常见的焊条电弧焊焊条的药皮有如下几种类型：

(a) 钛型

药皮中主要成分是氧化钛的焊条。其焊接工艺性能良好，电弧燃烧稳定，再引弧容易，熔深较浅，焊接电源交直流两用。飞溅少，脱渣容易。适用于全位置的低碳钢的焊接，特别适用于薄板焊接，焊缝美观。缺点是焊缝金属塑性和抗裂性能较差。

(b) 钛钙型

药皮中主要成分是氧化钛及钙或镁的碳酸盐矿石的焊条。其焊接工艺性能良好，电弧燃烧较稳定，熔渣流动性良好，熔深一般，焊接电源为交直流两用。飞溅少，脱渣容易，焊缝美观，用于较重要的低碳钢结构和强度等级较低的普低钢一般结构的焊接，适用于全位置焊接。

(c) 钛铁矿型

药皮主要成分是钛铁矿的焊条。这类药皮熔渣流动性良好，电弧稍强，熔深较深，焊接电源为交直流两用。渣覆盖良好，脱渣容易，飞溅一般，焊缝整齐，适用于全位置焊接。

(d) 氧化铁型

药皮主要成分是氧化铁矿及较多锰铁的焊条。其焊接工艺性能较差。这类药皮熔化速度快，焊接生产率较高，电弧燃烧稳定，再引弧容易，熔深较深，飞溅稍多，焊接电源为交直流两用。适宜中等厚度以上钢板的平焊工作，而立焊和仰焊操作性能较差。

(e) 纤维素型

药皮主要成分是有机物和氧化钛的焊条。这类药皮焊接时能产生大量气体保护熔化金属，熔深大。这种焊条具有电弧强，熔化速度快，熔渣少，脱渣容易，飞溅一般，焊接电源为交直流两用。适用于全位置焊接，特别适宜于立焊向下焊和深熔焊接，同时可用作多层焊或单面焊打底焊。

(f) 低氢型

药皮主要成分是碳酸盐及氟化物等碱性物质组成的焊条，其焊接工艺性能一般。这类药皮熔渣流动性好，焊缝较高，脱渣较难，适用于全位置焊接，具有良好的抗裂性能和力学性能，气孔敏感性较强，对焊件坡口清理要求及药皮干燥要求严格。焊接时要求采用短弧，适用于低碳钢及普低钢重要结构的焊接。

(2) 焊条的分类

按焊条的用途分类：

按国家机械工业委员会的《焊接材料产品样本》分为十大类。

① 结构钢焊条(J):用于焊接碳钢和低合金高强度钢。

② 钼和铬钼耐热钢焊条(R):用于焊接铬钼珠光体耐热钢。

③ 低温钢焊条(W):用于焊接低温钢。

④ 不锈钢焊条(铬不锈钢焊条 G,铬镍不锈钢焊条 A):用于焊接不锈钢和热强钢(高温合金)。

⑤ 堆焊焊条(D):用于堆焊要求耐磨、耐热、耐腐蚀等性能的合金钢零件的表面层。

⑥ 铸铁焊条(Z):用于焊补铸铁件,焊条本身可以不是铸铁。

⑦ 镍及镍合金焊条(Ni):用于焊接镍及镍合金,也可以用于堆焊、铸铁补焊及焊接异种金属等。

⑧ 铜及铜合金焊条(T):用于焊接铜及铜合金,也可以用于铸铁焊补。

⑨ 铝及铝合金焊条(L):用于焊接铝及铝合金。

⑩ 特殊用焊条(TS):用于水下焊接等场合。

按熔渣酸碱度分类:

熔渣是焊接过程中焊条药皮或焊剂熔化后经过一系列化学变化形成覆盖于焊缝表面的非金属物质。按熔渣酸碱度不同可分为酸性焊条和碱性焊条两类。所谓酸碱度就是熔渣中碱性氧化物总量和熔渣中酸性氧化物总量之比(当酸碱度<1.5 为酸性焊条,当酸碱度≥1.5 时为碱性焊条)。

熔渣成分中的酸性氧化物(SiO_2、TiO_2、Fe_2O_3)比例高时称为酸性焊条,此类焊条焊接工艺性好,电弧稳定,熔渣脱渣容易,但此类焊条药皮含有较多氧化性强的物质,这样焊缝合金元素烧损较多,焊缝金属含氢较高,焊缝的力学性能不是很好,塑性、韧性较低。一般用于焊接低碳钢和不太重要的钢结构。

熔渣成分中的碱性氧化(如大理石、萤石等) 比例高时称为碱性焊条(又称低氢型焊条),此类焊条含有能够降低含氢量的物质,使焊缝金属的含氢量显著降低,从而提高焊缝金属的力学性能与抗裂性,但此类焊条引弧、稳弧、脱渣性能不是很最理想,焊接过程飞溅大,焊缝外观成形较差。一般用于合金钢和重要碳钢结构的焊接。

(3) 焊条的型号

碳钢焊条型号表示(GB/T5117—1995):

① 型号编制首字母“E”表示焊条。

② 前两位数字表示熔敷金属抗拉强度的最小值的十分之一,单位为 MPa。

③ 第三位数字表示焊接适用位置,“0”及“1”表示焊条适用全位置焊接(即可进行平、立、横、仰焊),“2”表示焊条适用于平对接焊、船形焊及横角焊,“4”表示焊条适用于向下立焊。

④ 第三位和第四位数字组合时表示焊条药皮类型和电源种类,见表 12-4。

⑤ 第四位数字后缀有字母表示有特殊要求的焊条,如附加“R”表示耐吸潮,附加“M”表示耐吸潮和有特殊性能规定的焊条。

表 12-4　碳钢和低合金钢焊条型号的第三、四位数字组合的含义

焊条型号	药皮类型	焊接位置	电流种类
E××00	特殊型	平、立、横、仰	交流或直流正、反接
E××01	钛铁矿型		
E××03	钛钙型		
E××10	高纤维钠型		直流反接
E××11	高纤维钾型		交流或直流反接
E××12	高钛钠型		交流或直流正接
E××13	高钛钾型		交流或直流正、反接
E××14	铁粉钛型		
E××15	低氢钠型		直流反接
E××16	低氢钾型		交流或直流反接
E××18	铁粉低氢型		
E××20	氧化铁型	平对接焊、船形焊、横角焊	交流或直流正接
E××22			交流或直流正、反接
E××23	铁粉钛钙型		
E××24	铁粉钛型		
E××27	铁粉氧化铁型		交流或直流正、反接
E××48	铁粉低氢型	平、立、仰、立向下	交流或直流反接

碳钢焊条型号举例：

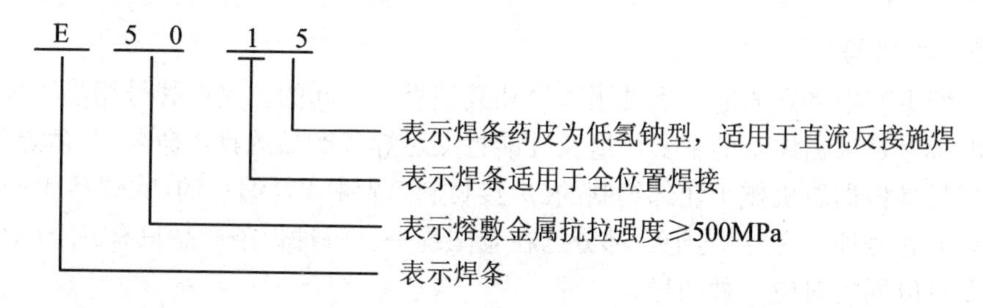

低合金钢焊条型号表示(GB/T5118—1995)：

低合金钢焊条型号 E××××的编制方法与碳钢焊条相同。第三、四位数字组合含义仍见表 12-4。不同的是在第四位数字后面有“—”与前面数字分开，表示熔敷金属的化学成分的分类代号，如 A1 表示碳钼钢焊条；B1～B5 表示铬钼钢焊条；C1～C3 表示镍钢焊条；D1～D3 表示锰钼钢焊条；NM 表示镍钼钢焊条；G、M 或 W 表示其他低合金钢焊条，字母后的数字表示同一等级焊条中的编号。如还有附加化学成分时，直接用化学元素符号表示，并以“—”与前面后缀字母分开。

低合金钢焊条型号举例：

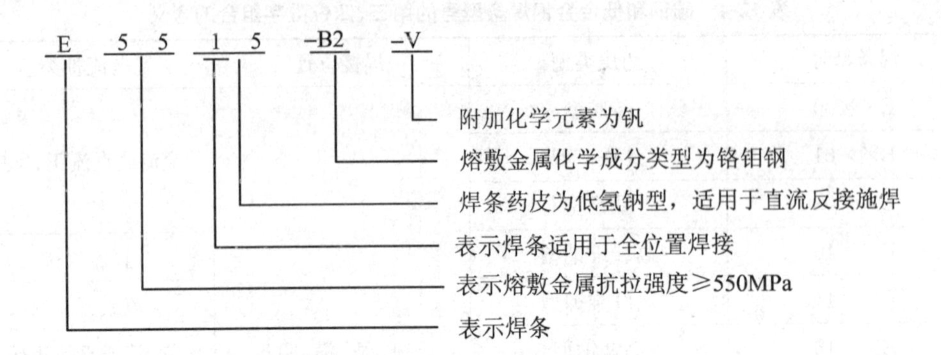

不锈钢焊条型号表示(GB/T983—1995)：

① 型号编制首字母“E”表示焊条。

② “E”后面的数字表示不锈钢熔敷金属化学成分的分类代号，大多数型号E后有三位数字，少数有小于三位数的。

③ 有特殊要求的化学成分用元素符号表示，放在数字后面。

④ 型号尾部有两位数字表示焊条药皮类型、焊接位置及焊接电流种类。有15、16、19、25、26。其中15、25表示碱性低氢型药皮，用直流反接；16、19、26表示可用于交流或直流；25、26只能用于平焊和横焊。

不锈钢焊条型号举例：

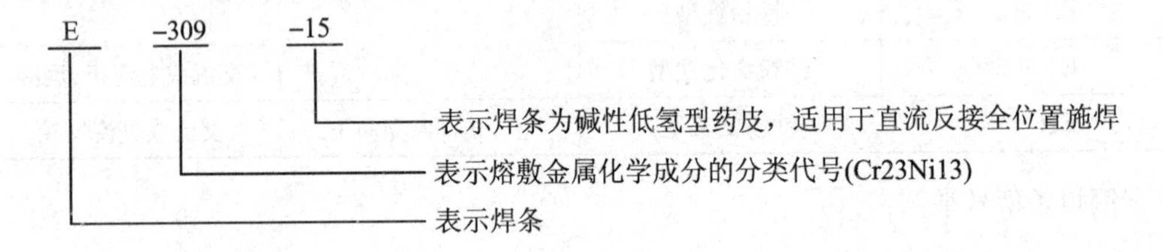

(4) 焊条的牌号

目前我们生产中看到的电焊条常用牌号和其型号是不同的。这些牌号相当于老的标准型号。焊条的牌号是根据焊条的主要用途及性能特点对焊条产品的具体命名，并由焊条厂制定。现用焊条牌号是根据原机械工业部编制的《焊接材料产品样本》编写的，除焊条生产厂研制的新焊条可自取牌号外，焊条牌号绝大部分已在全国统一。每种焊条产品只有一个牌号，但多种牌号的焊条可以同时对应一种型号。

焊条牌号通常以一个汉语拼音字母(或汉字)与三位数字表示。拼音字母(或汉字)表示焊条十大类的区别(见电焊条的分类)，后面三位数字中，前两位数字表示各大类中的若干小类，第三位数字表示该焊条牌号的药皮类型及焊接电源种类，其含义见表12-5。有的焊条牌号三位数字后面还加注字母表示焊条的特殊性能和用途，如Fe表示铁粉焊条，H表示超低氢型焊条，R表示压力容器用焊条，X表示向下立焊用焊条，Z表示重力焊条等。

表 12-5 条牌号中第三位数字的含义

焊条牌号	药皮类型	焊接电源种类	焊条牌号	药皮类型	焊接电源种类
××0	未作规定	未作规定	××5	纤维素型	直流或交流
××1	氧化钛型	直流或交流	××6	低氢钾型	直流或交流
××2	钛钙型	直流或交流	××7	低氢钠型	直流
××3	钛铁矿型	直流或交流	××8	石墨型	直流或交流
××4	氧化铁型	直流或交流	××9	盐基型	直流

结构钢焊条牌号举例：

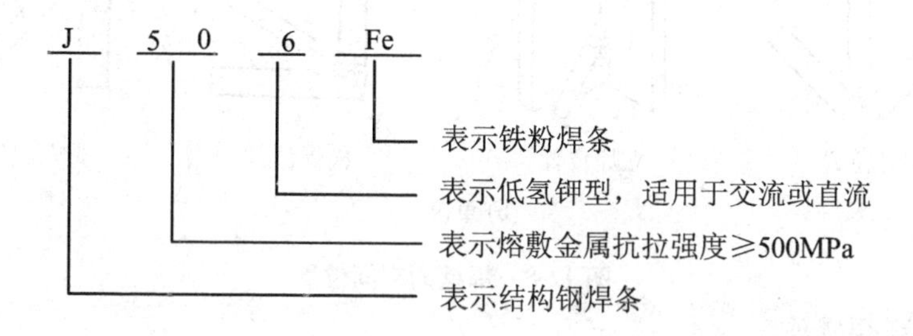

(5) 焊条选用

选用焊条时，要尽量使焊芯成分与母材成分相同或相近。母材成分中，如含 C 或 S、P 等杂质较高时，应选用抗裂性较好的碱性焊条。防止焊缝中形成裂纹。

4. 焊接接头形式、坡口及焊缝位置

焊接接头形式是指对两构件进行焊接时所采用的连接形式。在焊条电弧焊中，由于产品结构形状，材料厚度和焊件质量要求不同，需要采用不同形式的接头和坡口进行焊接。最基本的接头形式有：对接接头、角接接头、搭接接头和丁字接头等，如图 12-6 所示。

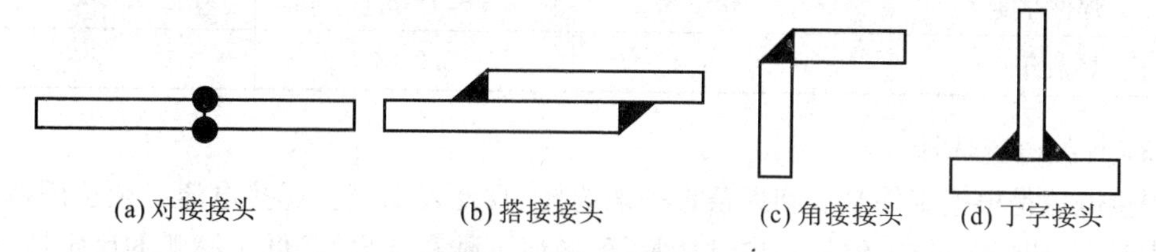

图 12-6 常见的接头形式

当工件厚度大于 6mm 时，为了保证能焊透，需要开出各种形式的坡口，坡口有平头接口、V 形坡口、X 形坡口及 U 形坡口等，如图 12-7 所示。

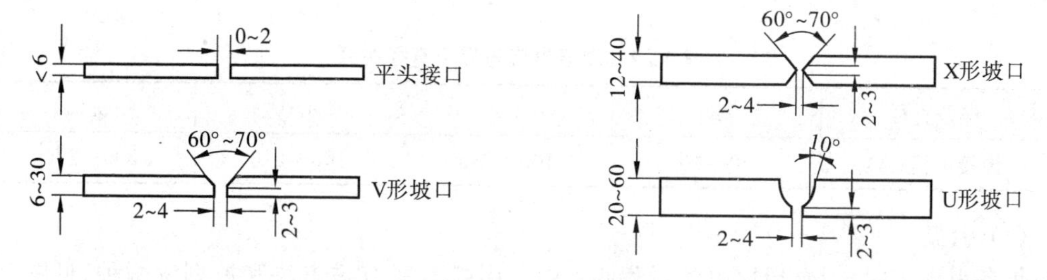

图 12-7 对接接头的坡口

根据焊缝在结构上的位置不同，焊工施焊的难度不同，一般把焊缝按空间位置分为四类：

平焊、立焊、横焊和仰焊，见图 12-8。其中平焊最易操作，焊缝质量好，被广泛采用。

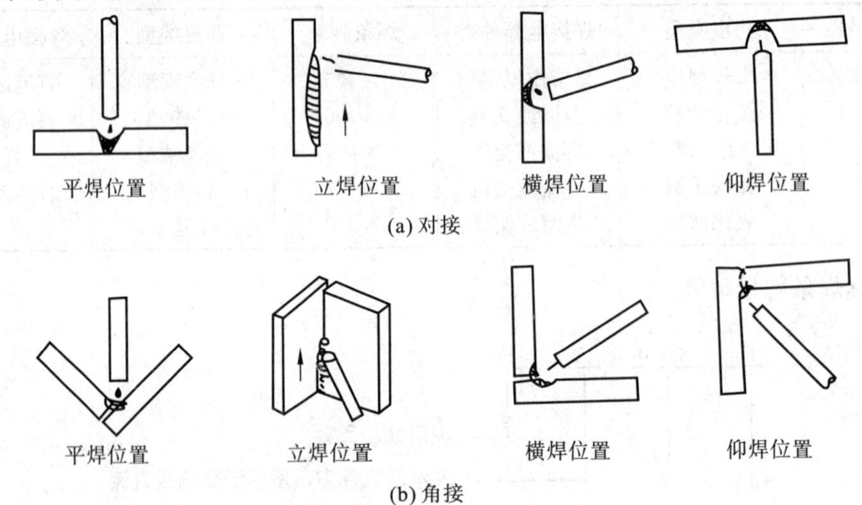

图 12-8 焊缝的空间位置

5. 焊条电弧焊操作

(1) 焊前准备

施焊前要用铁刷把工件连接处的表面铁锈、油脂等清除干净，正确看懂图纸。

(2) 焊条直径选择

焊条直径是根据工件厚度来选择的。即焊件越厚，选择的焊条直径越粗。见表 12-6，当立焊和仰焊时，应选取较小直径的焊条，一般应小于 4mm。

表 12-6 焊条直径与焊件厚度的关系

焊件厚度	3	4～8	＞8
焊条直径	2.5～3.2	3.2～4	5

(3) 焊接电流选择

焊接电流是根据工件厚度和焊条直径来选择的，见表 12-7。焊接电流必须选用得当。电流过大时，会使焊芯过热，致使药皮过早脱落，增加飞溅和烧损，降低了燃弧的稳定性，使焊缝成形困难；同时易造成焊缝两侧咬边、烧穿等；平焊、立焊和横焊位置的根部出现焊瘤；仰焊位置根部出现凹陷。焊接电流过小时，输入热量少，会造成电弧燃烧不稳定，产生夹渣和未焊透等。

表 12-7 焊接电流与焊条直径关系

焊条直径	2.5	3.2	4.0	5.0
焊接电流(A)	60～80	100～130	160～210	200～270

(4) 引弧

焊条电弧焊时，引燃焊接电弧过程叫引弧。引弧方法有敲击法和擦划法两种，见图 12-9。两种都是使焊条端部与工件接触导电后，迅速把焊条提起 2～4mm，这时电弧在焊条与工件间建立起来。引弧应在起焊点前 15～20mm 处引燃，然后拉长，带回起焊点。擦划时，擦划长度

20mm 左右,并应落在焊缝范围内。引弧时常出现焊条与工件黏在一起,无法产生电弧的现象。这时焊机短路,并发出嗡嗡声。应及时将焊钳左右摇摆几次,或使焊条与焊钳分离,防止长时间短路而烧坏焊机。建议初学者采用擦划法。

(5) 运条

运条分三个基本动作:送条动作、焊缝纵向移动、横向摆动,见图 12-10。

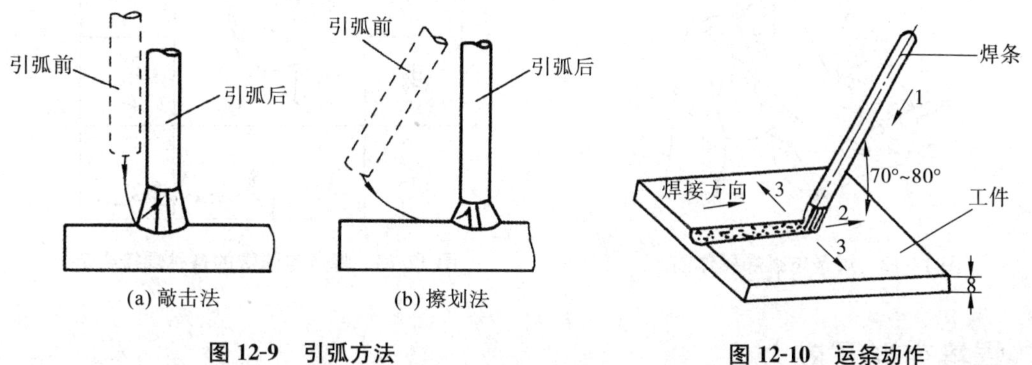

图 12-9　引弧方法

图 12-10　运条动作

1. 送条动作　2. 焊缝纵向移动　3. 横向摆动

送条动作主要是用来维持所要求的电弧长度,电弧长度应尽量等于所用焊条直径。

焊缝纵向移动的目的是形成焊道。移动太快,会产生焊道细长、未焊透、气孔、焊道脱节现象。移动过慢,易使焊缝过高、过宽、容易烧穿、产生焊瘤以及熔渣越前。焊接时,合适的焊接速度为 140～160mm/min。

横向摆动目的是使焊缝具有一定的宽度,其摆动方法有直线形、锯齿形、月牙形、三角形和圆圈形等,可视具体情况选用。

(6) 收弧

焊缝收尾时,如立即拉断电弧,则会在焊缝末端形成凹陷的弧坑,并容易产生裂纹。为填满弧坑,焊条应做环形摆动或反复熄弧,直到填满弧坑为止。

运条时眼睛要盯好电弧下端的铁水,铁水上面悬浮物是焊渣。若发现焊渣与铁水混合不清,可把电弧拉大一些,同时将焊条前倾,使焊条与焊缝成 30°夹角,往熔池后面推送焊渣,见图 12-11,随着这个动作,焊渣就被推到熔池后面去了。待焊渣和铁水分清后,焊条再恢复正常角度继续焊接。

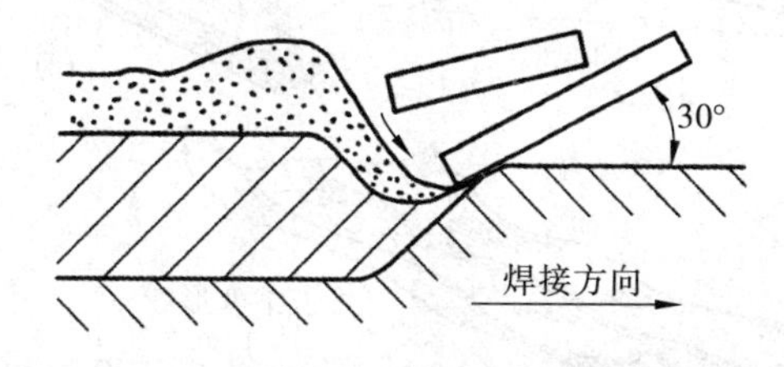

图 12-11　推送熔渣方法

焊条电弧焊操作时,左手持面罩,右手拿焊钳,焊钳上夹持焊条,见图 12-12,各种焊接姿势见图 12-13。

6. 常见的焊接缺陷

焊完待工件冷却后,敲去焊渣,焊缝中容易出现:未焊透、气孔、烧穿、夹渣、焊瘤、咬边和裂纹等常见焊接缺陷。

图 12-12　焊条电弧焊操作图

图 12-13　焊条电弧焊的各种焊接姿势

三、焊接变形及应力

1. 焊接变形及应力产生的原因

图 12-14 中列举了最简单也最常见的几种变形形式。图中(a)是钢板对接产生了长度缩短(称纵向缩短)和宽度变窄(称横向缩短)的变形;(b)是钢板 V 形坡口对接,焊后产生角变形;(c)是焊接丁字梁以后发生的弯曲变形;(d)是薄板拼接以后的波浪变形;(e)是工字梁焊后的扭曲变形。

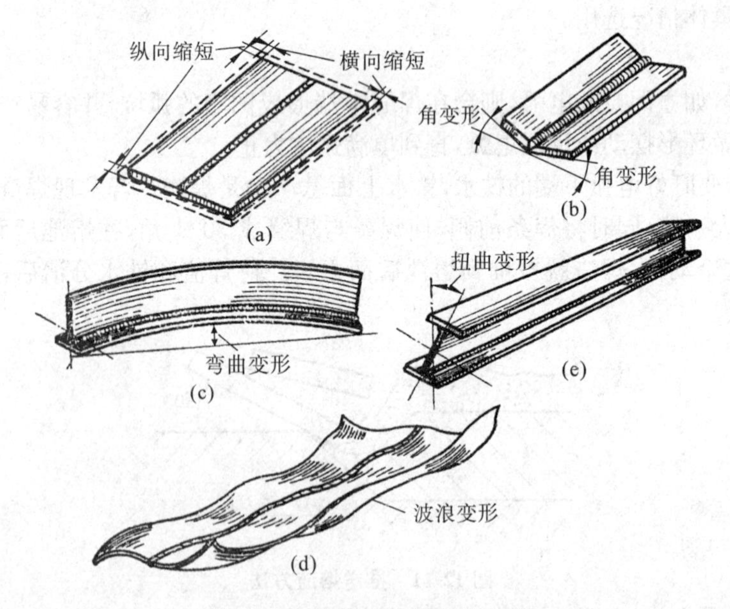

图 12-14　焊接变形的基本形式

可以粗略地说,焊接过程中对焊件进行了局部的、不均匀的加热是产生焊接变形及应力的原因。焊接以后焊缝和焊缝附近受热区的金属都发生了缩短。缩短主要表现在两个方向上:即沿着焊缝长度方向的纵向收缩和垂直于焊缝长度方向的横向收缩。正是由于焊缝处有这两个方向的收缩和收缩所引起的这两个方向上的缩短就造成了焊接结构的各种变形和应力的产生。

2. 焊接变形的预防措施

(1) 反变形法

为了抵消(补偿)焊接变形,在焊前进行装配时,先将工件向与焊接变形的方向进行人为的变形,这种方法叫做反变形法。

图 12-15(a)是厚度为 8~12mm 的钢板 V 形坡口单面对焊的变形情况。当采用反变形法后(图 12-15 (b))基本上消除了变形。

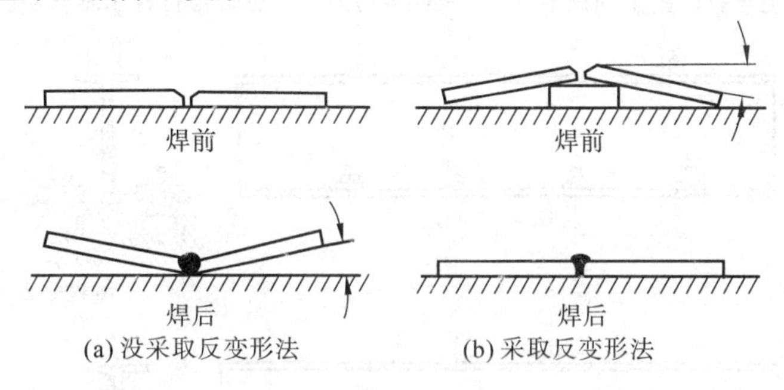

图 12-15 厚度 8~12mm 钢板对接焊的反变形

(2) 利用装配和焊接顺序来控制变形

采用合理的装配焊接顺序来减小变形具有重大意义。同样一个焊接构件采用不同的装配顺序,焊后产生的变形不一样。

有许多结构截面形状对称,焊缝布置也对称,焊后却发生弯曲或扭曲的变形。这主要是装配和焊接顺序不合理引起的,也就是各条焊缝一起的变形没能相互抵消,于是发生变形。

工字梁虽然截面形状和焊缝布置对称,若装配和焊接顺序不适当也会发生各种变形。目前所遇到的变形有:整个梁的长度由于四条纵缝纵向收缩引起缩短;由于角焊缝横向收缩引起上下盖板的角变形;由于焊接应力引起上下盖板边缘和腹板中部发生波浪变形;由于先焊完缝 1 和缝 2(图 12-16),再焊 3 和 4 引起上拱变形;由于先焊完焊缝 1 和 3 再焊 2 和 4 引起旁弯变形;由于装配不良或各条焊缝焊接方向不对(图 12-17)引起工字梁扭曲。扭曲变形在焊后较难矫正,防止扭曲的变形要从两方面着手:

① 保证装配质量。采用手工焊时,腹板和上下盖板的相对位置要垂直,上下盖板要水平,腹板和盖板之间要无间隙或间隙沿整个梁的长度很均匀。焊接前要把工字梁垫平。

② 要相互错开焊接顺序,避免出现如图 12-17 所示的各条焊缝的不合理焊接方向。

工字梁长度的缩短,可通过备料时把上下盖板和腹板留出适当收缩余量解决。上下盖板的角度变形可以利用夹具或反变形解决。上拱和旁弯的变形用焊接顺序去解决。

(3) 刚性固定法

刚性大的构件焊后变形一般都较小。如果在焊接前加强焊件的刚性,那么焊后的变形就可以减小。固定的方法很多,有的用简单的夹具或支撑;有的采用专用的胎具;有的是临时点固在刚性工作平台上;有的甚至利用焊件本身去构成刚性较大的组合体。

刚性固定法对减小变形很有效,且焊接时不必过分考虑焊接顺序。缺点是有些大件不固定且焊后拆除固定后焊接还有少许变形。如果与反变形法配合使用则效果更好。

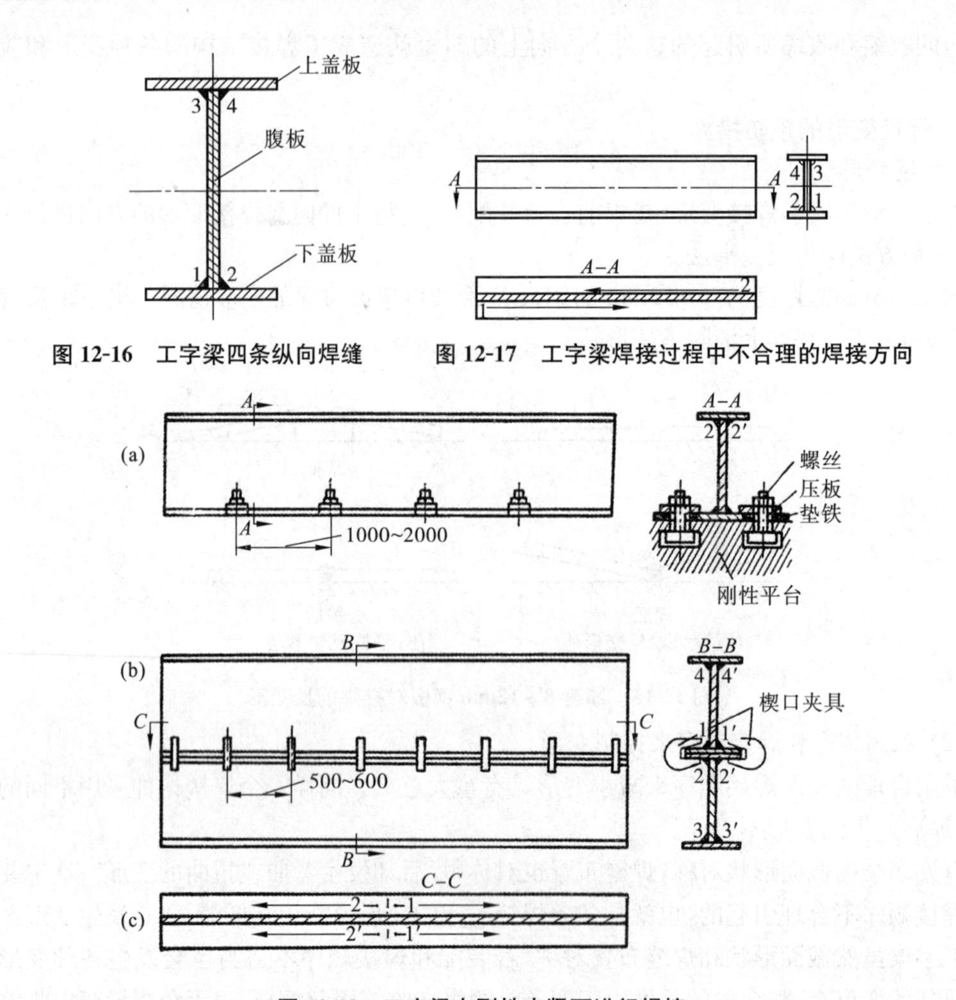

图 12-16　工字梁四条纵向焊缝　　　　图 12-17　工字梁焊接过程中不合理的焊接方向

图 12-18　工字梁在刚性夹紧下进行焊接

焊接较小型的工字梁时，采用刚性固定法可以减小弯曲变形和角变形(图 12-18(a))，也可以把两个装配好的工字梁构成图 12-18(b)所示的组合梁。利用简单的夹具(图中 $B-B$ 所示)，把两个翼板夹紧(每隔 500～600mm 对称地布置一套)，然后由两名焊工对称地按图中顺序和方向进行焊接。

(4) 散热法

散热法又称强迫冷却法，就是把焊接处的热量迅速散走，使焊缝附近的金属受热面大大减小；达到减小焊接变形的目的。图 12-19(a)是水浸法的示意图，常用于表面堆焊和焊补。

图 12-19(b)是应用散热垫的示意图。散热垫一般采用紫铜板，有的还钻孔通水。这些垫板越靠近焊缝，防止变形的效果越好。

(5) 锤击焊缝法

用圆头小锤对焊缝敲击的方法可以减小某些接头的焊接变形和应力。因为焊接变形和应力主要是由于焊后焊缝发生缩短所引起的，因此，对焊缝适当锻延使其伸长补偿了这个缩短，就能减小变形和残余焊接应力。一般采用 1.0～1.5 磅重的手锤，锤的端头带有 $R3$～5 圆角。底层和表面层焊道一般不锤击，以避免金属表面冷作硬化。其余各焊道每焊完一道后，立刻锤击，直至将焊缝表面打出均匀的密密麻麻的麻点为止。图 12-20 的焊补过程，就是每当焊完一层后立即用小锤锤击的例子。

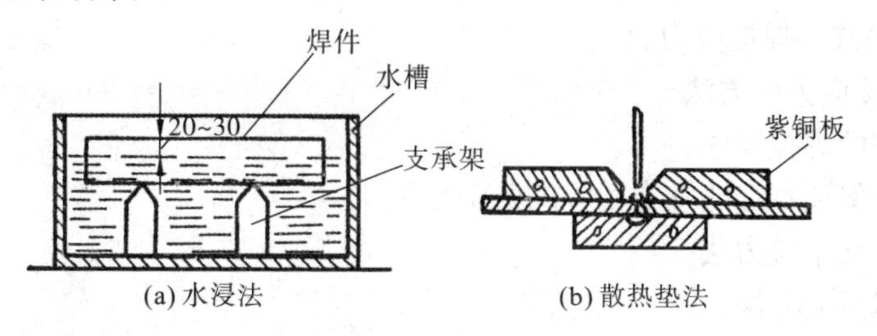

图 12-19　散热法示意图

在冷焊补铸铁件时也经常应用锤击焊缝的方法，但其主要的目的是防止产生热应力裂纹。

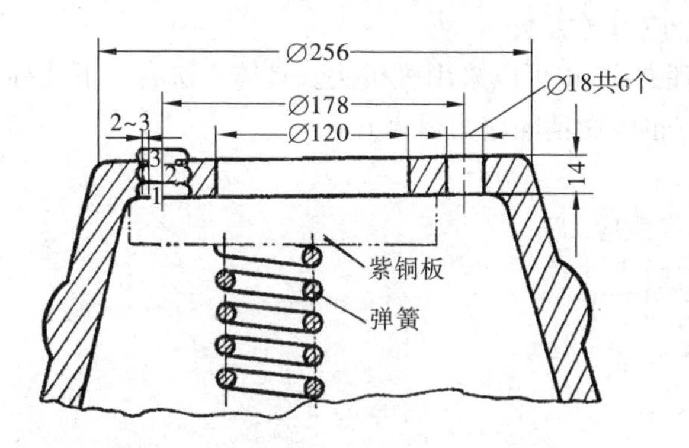

图 12-20　机械加工件修补时用锤击焊缝法和散热法减少变形

在实际生产中防止焊接变形的方法很多，上述仅仅是其中的几种，在实际应用中往往都不是单独采用，而是联合采用。选择防止变形的方法，一定要根据焊件的结构形状和尺寸，并分析其变形情况决定。

3. 焊接结构变形的矫正

对于焊接构件，首先要采取各种有效措施防止或减小变形。但由于某种原因，焊后结构发生了超出产品技术要求所允许的变形，就应设法矫正，使之符合产品质量要求。实践证明，很多变形的结构是可以矫正的。各种矫正变形的方法实质上都是设法造成新的变形去抵消已经发生的变形。

生产中应用的矫正方法主要有机械矫正和火焰矫正两种。火焰矫正根据加热方式又分点状加热、线状加热和三角形加热。

点状加热一般用于矫正薄板波浪变形。

线状加热多用于矫正变形量较大或刚性较大的结构，有时也用于薄板矫正。

三角形加热常用于矫正厚度较大、刚性较强构件的弯曲变形。

4. 焊接应力

构件在焊接以后不仅产生变形，而且内部存在着焊接残余应力。残余应力的存在对大多数焊接构件的安全使用没有影响，也就是焊后不必进行消除应力处理。但有些情况下，需要消除焊接结构中的残余应力。

不仅在焊后，而且在整个焊接过程中，构件的变形和焊接应力始终存在着，并且是不断在变化着。掌握这个变化规律对于焊接工人是很有必要的。因为焊接应力对于可焊性不良的金属，常常成为造成焊接裂纹的原因之一。对于可焊性很好的材料，例如一般低碳钢，如果刚度太大，且焊接顺序和方法不当，焊接过程中也会发生由焊接应力造成的裂纹，也就是热应力裂纹。此时，应设法减小焊接应力。

（1）减小焊接应力的方法

① 采用合理的焊接顺序。

② 事先留出保证焊缝能够自由收缩的余量。

③ 开缓和槽减小应力法。

④ 采用“冷焊”的方法。

⑤ 整体预热法。

⑥ 采用加热“减应区”法。

（2）消除焊接残余应力的方法

主要是采用热处理方法，也可以采用机械法。具体方法有以下几种：

① 整体高温回火（也叫做消除应力退火）。

② 局部高温回火。

③ 低温处理消除焊接应力。

④ 整体结构加载法。

四、气焊与气割

气焊是利用可燃气体加上助燃气体通过焊炬进行混合，使它发生剧烈的氧化燃烧，利用燃烧所产生的热量去熔化工件接头部的金属和焊条。冷却后，使工件牢固地连接起来。气焊火焰控制容易，使用较灵活，常用于焊接较薄的钢板和焊接熔点较低的金属，如铜、铝或焊补铸铁件，还可将气焊火焰作为热源用于钎焊及小型零件热处理的热源。

气割是利用可燃气体与氧气混合燃烧的预热火焰，将金属加热到燃烧点，且在氧气射流中剧烈燃烧，并通过氧气射流将金属分开的加工方法。

1. 气焊和气割用的气体、设备、工具

气焊、气割所用的设备主要有氧气瓶、乙炔瓶、减压器、焊炬、割炬等。

（1）氧气与氧气瓶

氧气本身不能燃烧，是助燃气体，在常温常压下是无色、无味、无毒的气体。工业用氧气是通过分离空气中的氧和氮而制取的，其纯度不低于 98.5%。氧气的化合能力是随着压力的加大和温度的升高而增强的。我们所用的高压氧，如果与油脂类等易燃物质接触时，就会发生剧烈的氧化而使易燃物自行燃烧，甚至发生爆炸。因此，使用中严禁沾染油脂。氧气瓶是一种储存和运输氧气用的高压容器，瓶内充装压力为 150 个大气压的氧气。其外表涂成天蓝色，标有黑色“氧气”字样。氧气瓶与减压器是采用顺旋式螺纹连接。

（2）乙炔与乙炔瓶

乙炔是碳氢化合物 C_2H_2，是易燃气体，具有爆炸性。在常温常压下为无色气体，纯乙炔略有醚味。工业上用的乙炔因含有杂质，如磷化氢和硫化氢而具有特殊刺激性臭味。乙炔与氧气混合燃烧时产生的火焰温度可达 3000～3300℃。乙炔的化学活性强，不能与紫铜、银等长期接触，否则易引起爆炸；环境温度在 300℃以上，压力在 1.47MPa 时会自行爆炸。乙炔与空气或氧混合，达到一定比例时，遇火会爆炸。贮存和运输乙炔气的乙炔瓶外表漆白色，并标注红色的“乙炔”和“火不可近”字样，其充装压力为1.5MPa。乙炔瓶与减压器采用夹紧式连接，乙炔瓶必须直立放置使用，并有支架固定，严禁水平放置，因为水平放置使用，会使瓶内丙酮随乙炔流出，使瓶内形成空隙，造成空气进入酿成爆炸事故。

（3）减压器

减压器是用来表示瓶内气体及减压后气体的压力，并将气体从高压降低到工作需要压力的装置。而且不论高压气体的压力如何变化，它都能使工作压力基本保持稳定，便于使用。

（4）焊炬

焊炬是气焊的主要工具。焊炬的用途是使乙炔与氧气以一定的比例混合，并以一定的流速从焊嘴喷出而形成一定的能率，一定的成分，适合焊接要求的稳定燃烧的火焰，以进行气焊工作。射吸焊炬如图12-21所示。常用型号有H01-2、H01-6等，其中H表示焊炬，0表示手工操作，1表示射吸式，2和6表示可焊接的最大厚度为2mm和6mm，各种型号的焊炬均配有3～5个大小不同的焊嘴，供焊接不同厚度的焊件时选用。

（5）割炬

割炬的作用是使氧气与乙炔按比例混合，形成预热火焰，并将高压纯氧喷射到被割的工件上，使其在氧射流中燃烧，氧射流把燃烧生成物吹走，形成割缝。割炬与焊炬比较，增加了输送高速氧气的管路和阀，见图12-22。此外，割嘴与焊嘴的构造也有区别。常用割炬型号有G01-30和G01-100等，其中G表示割炬，0表示手工操作，1表示射吸式，30和100分别表示可割最大厚度为30mm和100mm，各种型号的割炬配有几个大小不同的割嘴，用于割不同厚度的工件。

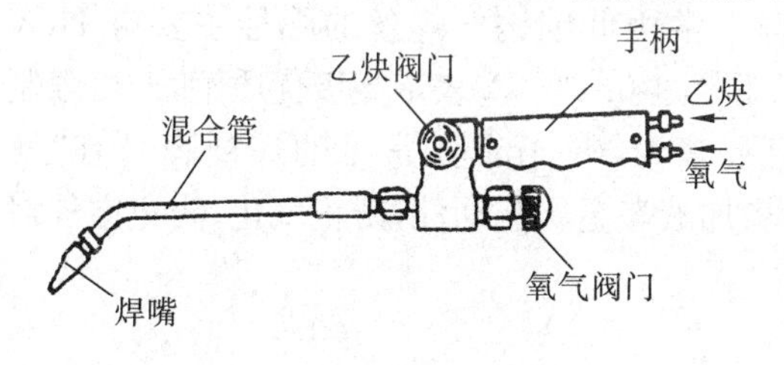

图12-21　射吸式焊炬

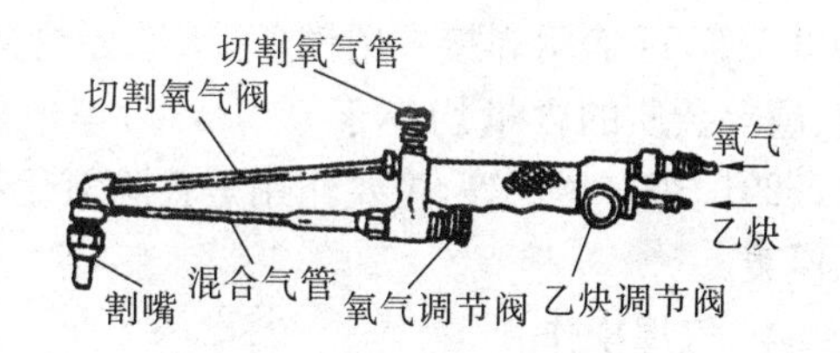

图12-22　射吸式割炬

2. 气焊的火焰

气焊火焰分中性焰、氧化焰和碳化焰三种，见图12-23。

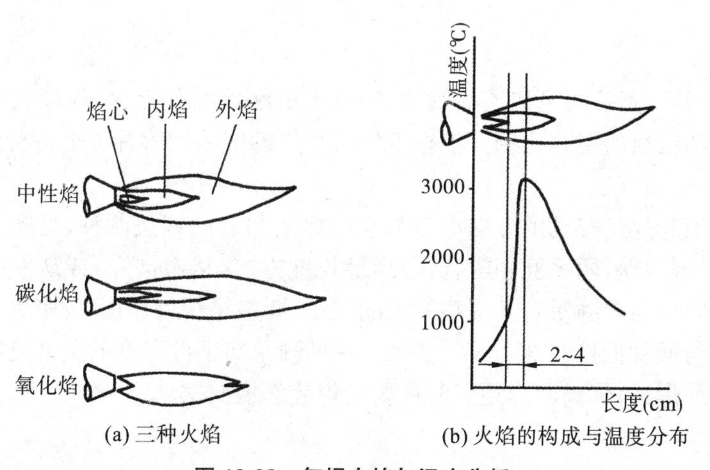

图12-23　气焊火焰与温度分析

(1) 中性焰

其氧气与乙炔的体积比$V_{O_2}/V_{C_2H_2}=1.1\sim1.2$。火焰由焰心、内焰和外焰三部分组成，其颜色为蓝色。火焰吹力适中，发出的声音也比较柔和。内焰和焰心间生成CO和H_2有还原氧化物的作用，而外焰生成的CO_2与水蒸气可排开空气，对熔池金属起保护作用。火焰的最高温度产生在焰心前端的2～4mm处，其温度可达3150℃左右，焊接时应使该点作用于熔池处。中性焰适用于焊接一般低碳钢和要求焊接过程对熔化金属不渗碳的金属材料，如不锈钢、紫铜、铝及铝合金等。

(2) 氧化焰

其$V_{O_2}/V_{C_2H_2}>1.2$，燃烧时有剩余氧，火焰较短，焰心尖，并伴有"嘶嘶"的响声，火焰吹力大，最高温度可达3300℃。氧化焰对金属有氧化作用，一般很少使用，只有在气焊黄铜、锡青铜时才采用轻微氧化焰，以利用其氧化性，生成一层氧化物薄膜覆盖在熔池表面上，减少低沸点材料的蒸发。

(3) 碳化焰

其$V_{O_2}/V_{C_2H_2}<1.1$，它的特征是由明显的三个区(焰心、内焰和外焰)组成，燃烧气体中有剩余乙炔，火焰较大，吹力小，声音柔和，呈淡白色。其最高温度在2700～3000℃之间，碳化焰的内焰有一定的渗碳性。它只用于铸铁、高碳钢、高速钢和硬质合金等金属材料的气焊。

3. 焊丝与焊剂

气焊的焊丝只作填充金属，同熔化的母材一起组成焊缝。它的成分与母材成分基本相同，使用时应根据焊件的化学成分来选相应的焊丝。常用低碳钢气焊丝的牌号主要有H08和H08A等，H表示焊接专用钢丝，08表示含碳量不超过0.1%，A表示高级优质钢，严格限制了硫、磷等杂质的含量均小于0.03%。焊丝的直径多为2～4mm。常见的焊剂牌号有"气剂101、201、301、401"等，主要作用是去除氧化物，增加液态金属流动性，防止氧化，防止空气对熔池侵袭。

4. 气焊操作

气焊操作前应根据工件厚度选定焊丝直径，焊炬和焊嘴大小，氧气压力等，通常气焊工件厚度为1～4mm，其焊丝直径约等于工件厚度，焊炬和焊嘴大小也根据厚度来选定，薄工件用小号，厚工件用大号。氧气压力通常为0.2～0.4MPa，乙炔压力为0.02～0.04MPa。具体操作如下：

(1) 点火

先微开氧气阀门，然后再开启乙炔阀门，用打火机在焊嘴处点火，再通过调节氧气阀门的大小来改变氧气和乙炔的混合比例。根据工件材料来确定采用哪种火焰进行焊接。

(2) 操作

气焊按照焊炬和焊丝移动的方向可分为左向焊法和右向焊法两种，见图12-24。操作时，右手握焊炬，左手握焊丝，两手互相配合，沿焊缝长度方向，从右向左(或从左向右)移动，焊丝与焊嘴的轴线投影应与焊缝重合。焊嘴倾角的大小，要根据焊件厚度、焊嘴大小及施焊位置等来确定。焊嘴倾角通常保持在30°～50°之间。焊嘴倾角与工件厚度的关系见图12-25，为保证焊缝边缘能很好地焊透，焊丝和焊炬有时还要沿焊缝作横向摆动。

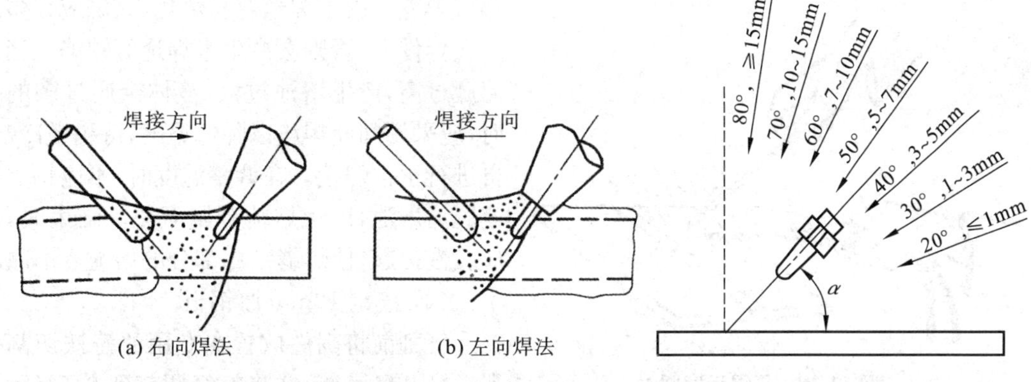

图 12-24　左向焊法和右向焊法　　**图12-25　焊嘴倾角与焊件厚度的关系**

(3) 灭火

停止使用时，应先关闭乙炔，后关闭氧气，防止火焰倒袭和产生烟尘。当发生回火时，应迅速关闭氧气和乙炔阀门，稍停一下，再打开氧气阀门，以吹去枪管及乙炔管内的余焰，并检查原因加以排除。一般是先冷却焊嘴，并用通针清除焊嘴孔内脏物。

5. 气割操作

气割前先根据工件厚度来选择切割氧压力、割炬型号及割嘴号码，见表 12-8。气割开始时，首先用预热火焰将割件边缘加热至燃烧温度，约为 1300℃。实际是将割件表面加热至接近熔化的温度，灼红尚未熔化状态，同时慢慢开启切割氧阀门，如果预热点被氧气流吹掉，说明工件已被割透。这时应开大切割氧阀门，移动割炬按线进行切割。气割过程中，火焰焰心离工件表面的距离为 3～5mm，并在整个气割过程中，保持均匀。

表 12-8　根据割件厚度选择割嘴号码和氧气工作压力

板材厚度(mm)	割炬		气体压力(kg/cm^2)
	型　号	割嘴号码	氧　气
3.0 以下	G01－30	1～2	3～4
3～12	G01－30	1～2	4～5
12～30	G01－30	2～4	5～7
30～50	G01－50	3～5	5～7
50～100	G01－100	5～6	6～8
100～150		7	8～12
150～200	G01－300	8	10～14
200～250		9	10～14

6. 气焊与气割操作实例

(1) 平焊 3mm 厚钢板

平焊是气焊最常用的一种焊法。焊缝的形成主要靠火焰的压力和焊丝的摆动，焊缝主要接头形式是对接，并多采用左向焊法进行焊接，焊炬与焊丝对于焊件的相对位置见图 12-26。选用 H01－6 型焊枪的小型焊嘴和∅2.5mm 焊丝，氧气表压力调节为 0.3MPa。焊接时火焰焰心末端与焊件表面应保持 2～6mm 的距离，焊炬与焊件角度约为 35°。焊炬与焊丝的夹角保持在 90°左右。焊丝浸在熔池内与焊件同时熔化，焊件与焊丝在液体状态下要均匀地混合并

图 12-26　平焊示意图

形成焊缝。由于焊丝容易熔化，火焰应较多地集中在焊件上，否则会产生未焊透等缺陷。当熔池温度过高，产生熔池过大，液体金属过多的现象时，应采用间断焊法以降低温度，待稍微冷却后，再进行正常焊接。在调整温度时，不应将火焰完全脱离熔池，以免熔池金属氧化。结束时，焊炬应缓慢提起，使焊缝结尾部分的熔池逐渐减小。

(2) 气割 12mm 厚钢板

气割前将割件放置在专用的铸铁切割平台上。打开氧气瓶，并将氧气调节到 0.5MPa。选用 G01－30 型割炬的 2 号割嘴。将火焰点燃并调好火焰大小，然后打开高压氧气阀门，检查高压氧气流(又称风线)的形状，氧气流应为笔直而清晰的圆柱体。这时用预热火焰在割件边缘加热至燃烧温度，同时慢慢开启切割氧阀门进行切割，切割时割嘴应垂直割件。

五、手工钨极氩弧焊

1. 氩弧焊的特点及种类

氩弧焊是以单原子惰性气体氩作为保护气体的一种电弧焊方法。它是用电弧的热量来熔化金属，用氩气保护熔池。

氩弧焊的优点是：

(1) 保护良好。气保护代替了渣保护，焊缝干净无渣。惰性气体氩在熔池和电弧周围形成一个封闭气流，有效地防止了有害气体的侵入，从而获得高质量的焊接接头。

(2) 热量集中。电弧在氩气流的压缩下，热量集中，热影响区小，焊件变形及裂纹倾向小。

(3) 操作方便。明弧焊接，熔池清晰可见，操作容易掌握。

(4) 容易实现自动化。目前已推广钨极脉冲全位置氩弧焊代替焊条电弧焊来焊接管子。

氩弧焊按照电极的不同可分熔化极和非熔化极两种，如图 12-27 所示。

熔化极氩弧焊(MIG)是在氩气流保护下，以焊丝和焊件作为两个电极，利用两电极之间产生的电弧热量来熔化母材金属和焊丝的一种焊接方法。

非熔化极氩弧焊(TIG)是在氩气流保护下，以不熔化的钨极和焊件作为两个电极，利用两电极之间产生的电弧热量来熔化母材金属及焊丝的一种焊接方法。

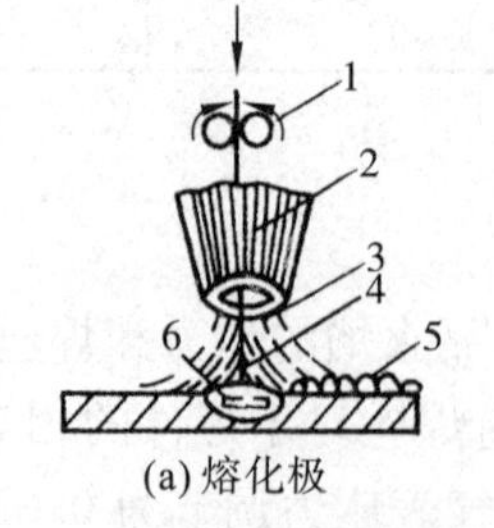

(a) 熔化极

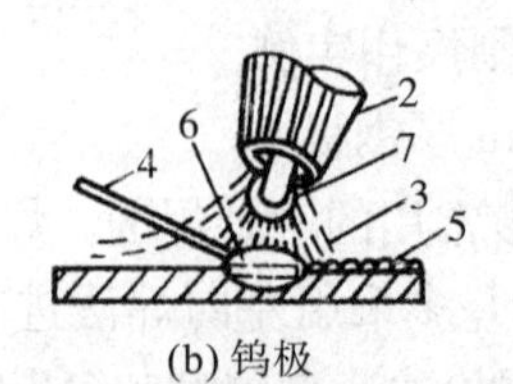

(b) 钨极

图 12-27　氩弧焊示意图

1. 送丝滚轮　2. 喷嘴　3. 氩气　4. 焊丝　5. 焊缝　6. 熔池　7. 钨极

2. 常用的手工氩弧焊机

目前常用的氩弧焊机有两种：

(1) 简易手工钨极直流氩弧焊机

常用的简易手工钨极直流氩弧焊机如图12-28所示。它是由直流电焊机(ZXG-400Y或ZXG-300)和氩气瓶组成的，用一个电气接头和一个气阀直接将气管和电缆线接到焊炬上，即可用来焊接。

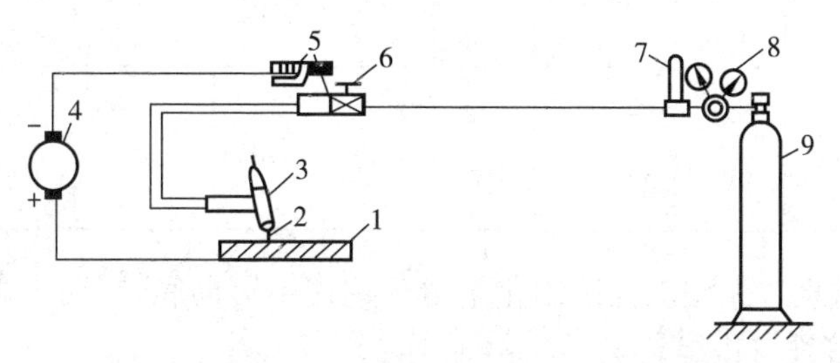

图12-28 简易手工钨极直流氩弧焊装置示意图

1. 焊件 2. 钨极 3. 焊炬 4. 直流电焊机 5. 焊钳 6. 氩气阀 7. 流量计 8. 减压器 9. 氩气瓶

(2) 手工钨极交流氩弧焊机

常用的手工钨极交流氩弧焊机有NSA-500-1型，如图12-29所示。它是由BX3-500型焊接变压器、焊炬、控制箱、氩气瓶组成的。电焊机的工作电压为20V，焊接电流调节范围为50～500A，焊机采用晶体管脉冲引弧线路。

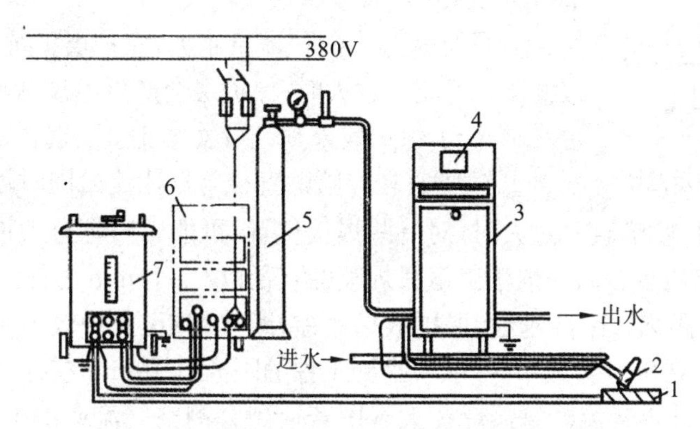

图12-29 NSA-500-1型手工钨极交流氩弧焊机的外部接线

1. 焊件 2. 焊炬 3. 控制箱(前面) 4. 电流表 5. 氩气瓶 6. 控制箱(后面) 7. 焊接变压器

3. 手工钨极氩弧焊工艺及操作技术

(1) 焊前清理

氩弧焊不仅要求氩气有良好的保护效果，而且必须对被焊工件的接头附近及填充丝进行焊前清理，去除金属表面的氧化膜、油脂、湿气等物质，以保护焊接接头的质量。

清理的办法随材料不同而不同。现将常用的方法介绍如下：

① 机械清理。此法较简便，而且效果较好。对不锈钢来讲，通常可用砂布打磨；铝合金可用钢丝刷或电动钢丝轮及用刮刀清理。机械清理后，可用丙酮去除油垢。

② 化学清理。对于铝、钛、镁及其合金在焊前需进行化学清理。此法对工件及填充丝都是适用的，由于化学清理对大工件不太方便，因此，此法多用于清理填充丝及小工件。

铝及其合金的化学清理工序见表12-9。

表 12-9 铝及其合金的化学清理工序

材质＼工序	碱洗			冲洗	光化			冲洗	干燥
	NaOH	温度	时间(分)		HNO_3	温度	时间(分)		
纯铝	15%	室温	10～15	冷净水	30%	室温	2	冷净水	置于100～110℃烘干，再置于低温干燥箱中
	4%～5%	60～70℃	1～2	冷净水	30%	室温	2	冷净水	
铝合金	8%	50～60℃	5	冷净水	30%	室温	2	冷净水	置于100～110℃烘干，再置于低温干燥箱中

③ 化学-机械清理。大型工件采用化学清理往往不够彻底，因而在焊前尚需用钢丝轮或刮刀再清理一次焊接坡口边缘。

清理后的工件与填充丝必须保持清洁，严禁再沾上油污，且要求清理后马上焊接。

(2) 气体保护效果

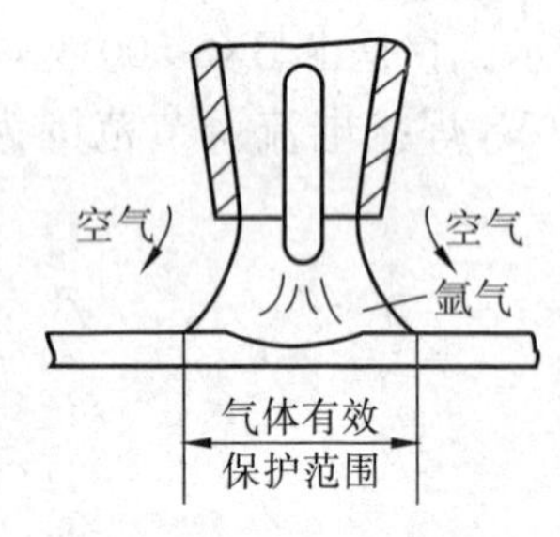

图 12-30 气体保护示意图

氩气的保护作用是依靠其在电弧周围形成惰性气体层机械地将空气和金属熔池、焊丝隔离开来实现的(图 12-30)。

此惰性气体保护是柔性的，极易受外界因素扰动而遭破坏，其作用的可靠程度与下列因素有关：

① 气体流量。气体流量越大，保护层抵抗流动空气影响的能力愈强。若流量过大时，保护层会产生不规则流动，反而易使空气卷入，降低了保护效果，所以，气体流量要选择适当。

② 喷嘴直径。喷嘴直径与气体流量同时增加，则保护区必然增大，保护效果愈好，喷嘴直径过大时，对有些焊接位置，可能因喷嘴过大而不易焊到，或妨碍焊工视线，影响焊接质量。故一般手工氩弧焊喷嘴直径以 5～14mm 为佳。

③ 喷嘴至工件距离。距离越远，保护效果越差；距离越近，保护效果越好，但影响焊工视线。为了保护可靠，在生产实践中，一般喷嘴到工件的距离以 10mm 左右为宜。

④ 焊接速度和外界气流。氩弧焊在大气中若遇到旁侧空气流或由于焊炬本身移动速度的过分增加而遇到正面“气流”的侵袭时，则保护气流可能偏离被保护的熔池，旁侧风速若超过保护气体流速时，保护效果就显著变坏。在正常焊接过程中改变焊接速度，一般不影响氩气的保护作用。但对焊后不允许有氧化的焊缝金属和母材，焊接速度不宜过大。否则，易使正在凝固和冷却的焊缝金属和母材被氧化而变色。

⑤ 焊接接头形式。不同的接头形式使氩气流的保护作用也不同。图 12-31(a)、(b)的接头形式保护良好；(c)、(d)所示的接头，保护效果较差。为了改进保护效果，可采用(e)、(f)所示的挡板。

此外，焊接电流、电压、焊炬倾斜角度、填充丝送入情况等对保护气体层也有一定影响。为了得到满意的保护效果，在生产实践中，必须考虑诸因素的综合影响。

为了评定保护效果到底怎样，一般可用如下的方法进行试验：用铝板作为工件，选择一定的焊接规范。起弧后，焊炬固定不动，燃烧 5～10 秒后，切断电源，使电弧熄灭。这时，铝板上留下如图 12-32 的图形。如果保护良好，铝板上可分辨出一个明显的光亮圆圈，这是由于氩气保护良好的结果；如果保护不好，则几乎看不到光亮的表面。此光亮圆圈即为有效保护区。有效保护区的直径可作为衡量保护效果的尺度。进行试验时，也可用不锈钢作为试验工件。在这种情况下，未被氧化的区域呈光亮的银白色，而氧化区域为暗黑色。实际生产中，鉴别气体保护效果还可用焊缝外表变色情况来判断，参见表 12-10、12-11。

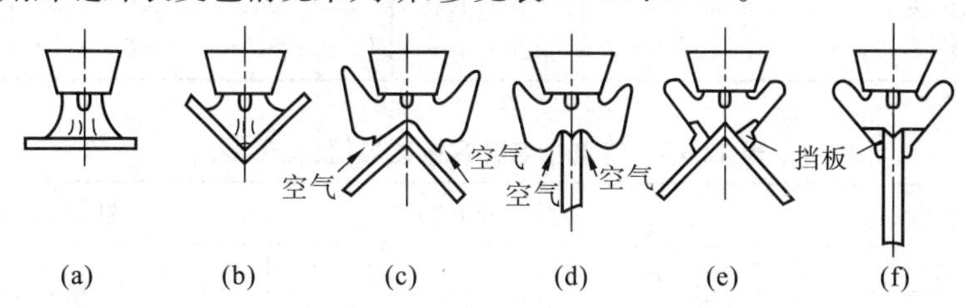

图 12-31　接头形式对氩气保护作用的影响

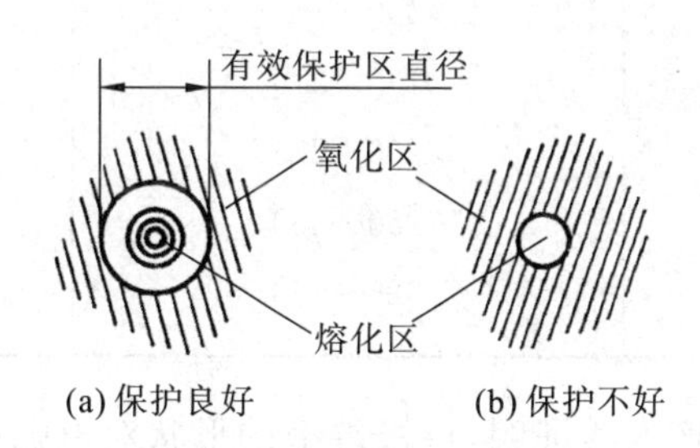

图 12-32　有效保护区域

表 12-10　焊缝颜色和保护效果(不锈钢)

焊缝颜色	银白、金黄	蓝	红灰	灰色	黑
保护效果	最好	良好	较好	不良	最坏

表 12-11　焊缝颜色和保护效果(钛合金)

焊缝颜色	亮银白色	橙黄色	蓝紫色	青灰色	白色氧化钛粉末
保护效果	最好	良好	较好	不良	最坏

3. 钨极直径的选择

(1) 钨极直径是按焊接的电流选择的。一定的钨极直径具有一定的极限电流，若超过此极限电流值，则钨极强烈发热、熔化和蒸发，引起电弧不稳，焊缝夹钨等问题。当选用不同极性时，钨极的许用电流也随着变化。直流正接时，可采用较大的焊接电流。交流焊接时，应采用较小的焊接电流，而直流反接时，则应采用更小的电流。

采用不同电极直径的最大许用电流，见表 12-12；不同材料的钨电极电流容量比较，见表 12-13。

表 12-12　不同电极直径的最大许用电流

钨极直径(mm) 电源种类	允许的焊接电流(A)				
	1～2	3	4	5	6
交流	20～100	100～160	140～220	200～280	250～300
直流正接	65～150	140～180	250～340	300～400	350～450
直流反接	10～30	20～40	30～50	40～80	60～100

表 12-13　钨电极电流容量比较(直流正接)

电极直径(mm)	纯钨极(A)	钍钨极(A)
1.0	10～60	15～80
1.6	50～100	70～150
2.4	100～160	140～235
3.2	150～210	225～325
4.0	200～275	300～400
4.8	250～350	400～500
6.4	325～450	500～600

(2) 钨极端部形状。生产实践证明,钨极端部的形状对电弧稳定和焊缝的成形都有很大的影响,见表 12-14。

表 12-14　钨极端部的形状对电弧稳定和焊缝成形的影响

钨极端部形状	电弧稳定性	焊缝成形	钨极端部形状	电弧稳定性	焊缝成形
①	好	良好	③	不太好	焊缝不易平直
②	好	焊道不均匀波纹粗	④	不好	一般

4. 焊接电源种类与极性的选择

钨极氩弧焊电源种类(交、直流)与极性的选择,主要取决于被焊工件的材料。直流反接,即工件接负,钨棒接正时,氩气电离后形成大量正离子,由于阴极区电场的加速作用,使正离子流以高速冲击到熔池和它周围的表面,使熔池和它周围金属表面难熔的金属氧化物破坏分解,这就是所谓“阴极雾化”作用。此现象在焊接氧化膜难以去除的金属,例如铝及其合金,具有清除氧化膜的作用。然而由于直流反接时阴极斑点在工件表面上活动范围较大,散热强,电子发射能力减弱,故电流稳定性差,同时钨极为正极时的发热量大,使钨极烧损严重,故许用电流小。因此，一般情况下钨极氩弧焊时不用直流反接法，只在熔化极氩弧焊时才采用。

直流正接，即工件接正，钨极接负，此时阴极斑点在钨极上比较稳定，电子发射能力强，电弧稳定，可采用较大的许用电流且钨极烧损较少，适宜于焊接熔点比较高或导电性较好的金属，如不锈钢和铜及铜合金等。但此接法无“阴极雾化”作用。故不宜焊接铝及铝合金。

交流钨极氩弧焊介于上述两种接法之间，它有较大的许用电流，弥补了直流反接的不足，并在工件为负半周时有“阴极雾化”作用，故适用于焊接铝、镁及其合金。

采用钨极氩弧焊焊接不同金属及其合金时，对电源种类及极性的选择见表 12-15。

表 12-15　各种金属钨极氩弧焊时电源种类及极性选择

被焊金属	电源种类及极性		
	直流正接	直流反接	交流
钛及其合金	推荐	不用	
铝及其合金	不用	也可用(电弧不稳)	推荐
镁及其合金	不用	也可用(但电弧不太稳定)	推荐
铜及其合金	推荐		也可用
铝青铜			推荐
不锈钢薄板	推荐		也可用
低碳钢薄板	推荐		
铸铁	推荐		

6. 操作技术

手工钨极氩弧焊操作工艺与气焊有类似的地方，但也有它自己的特点。

(1) 焊前准备。检查电源线路、气路等是否正常。钨极氩弧焊通常采用直径为 0.5～3mm 的钍钨极(也有采用直径为 4～5mm 钍钨极的)。端部磨成圆锥形，其顶部稍留 0.5～1mm 直径的小圆台为宜。电极的外伸长度一般为 3～5mm。工件被焊处按规定开成坡口，两侧坡口边缘 25～30mm 外及焊丝用丙酮擦拭。引弧前应提前 5～10 秒输送氩气，借以排除管中及工件被焊处的空气，并调节减压器到所需流量值(由流量计示出)，若不用流量计，则可凭经验把喷嘴对准脸部或手心确定气体流量。焊前应先进行定位焊。

(2) 焊接。按工件材料及结构形式选择好合适的工艺规范。起弧有两种：一种是借高频振荡器引弧；一种是钨极与工件接触引弧或在碳块上引弧。最好不采用后一种引弧方法，以防止钨极在引弧时烧损。

手工焊接时，在不妨碍视线的情况下，应尽量采用短弧，以增强保护效果，同时减少热影响区宽度和防止工件变形。焊嘴应尽量垂直或保护与工件表面较大夹角(图 12-33)以加强气体的保护效果。焊接时，喷嘴和工件表面的距离不超过 10mm，最多不应超过 15～18mm。焊接手法可采用左向焊、右向焊。为了得到必要的宽度，焊枪除作直线运动外，允许作横向摆动。

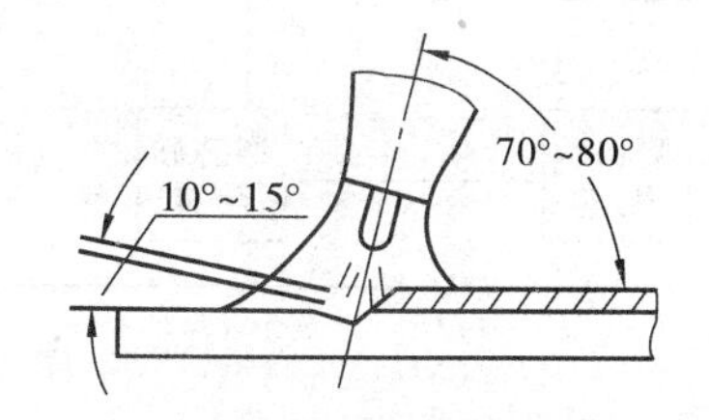

图 12-33　手工钨极氩弧焊时喷嘴与工件夹角

焊接薄工件带有卷边的接头，可以不用焊丝；焊接其他接头，一般多采用焊丝。焊丝直径不超过 3～4mm。焊丝直径太粗会产生焊不透现象。焊丝是往复地加入熔池。同时应注意在熔池前面成熔滴状加入。填充焊丝要均匀，不要扰乱氩气流。焊丝头部应始终放在氩气保护区内，以免氧化。焊接终了时，应多加些焊丝，然后慢慢拉开，防止产生过深的弧坑。根据被焊材料与结构的不同，若必须预热，则可用普通气焊炬进行预热。对较大工件（如容器等），可在工件背面预热。

(3) 熄弧。焊接完毕，切断焊接电源后，不应立刻将焊炬抬起，必须在 3～5 秒内继续送出保护气体，直到钨极及熔池区域稍稍冷却以后，保护气体才停止并抬起焊炬。若电磁气阀关闭过早，则会引起炽热的钨极外伸部分及焊缝表面氧化。

第二节　铸　　造

一、概述

铸造是熔炼金属，制造铸型，并将熔炼金属浇入铸型，凝固后获得一定形状、尺寸与性能铸件的成形方法。在机械制造生产中，铸造生产与其他生产的最大不同是用液态金属直接浇注成所需形状的各种零件或毛坯。

铸造生产方法可分为砂型铸造和特种铸造两大类。在铸造生产中，砂型铸造是应用最广的一种铸造方法。目前，用砂型铸造生产的铸件占铸件总产量的 90%以上。砂型铸造的工艺流程如图 12-34 所示。砂型铸造主要工序为制模、制备造型材料、造型、造芯、烘干、合箱、熔化浇注、铸件的清理与检查等。除砂型铸造外，还有许多特种铸造方法，如金属型铸造，压力铸造，熔模铸造，离心铸造和精密铸造等。

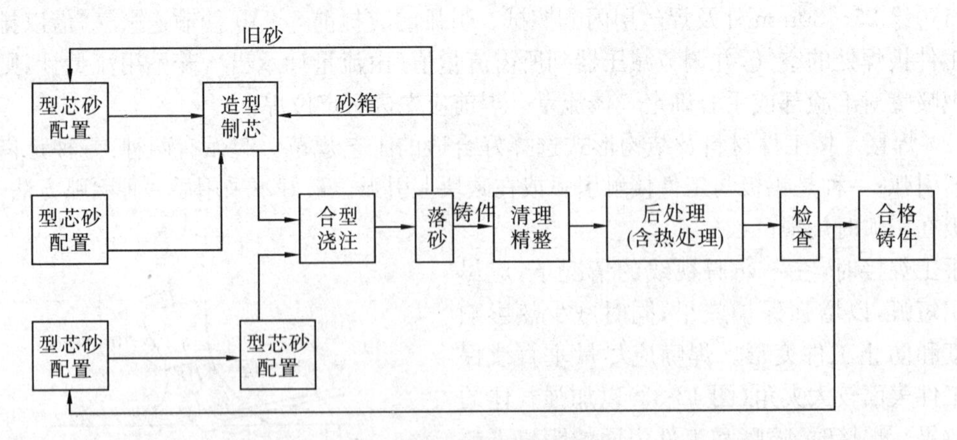

图 12-34　砂型铸造流程图

铸造成形具有以下优点：

(1) 可以制造形状复杂的零件，如各种箱体，床身，汽缸体等。

(2) 适应性广，如各种碳钢、铸铁、合金等，质量从几克到几百吨，轮廓尺寸可以小到几毫米，大到几十米。

(3) 生产批量不受限制，材料来源广、成本低、还可减少或无需切削加工。

铸造生产也存在着一些缺点。由于铸造是液态成形，铸件在冷却过程中，其内部较易产生缩孔、疏松、气孔等缺陷，机械性能不如锻件高。因此对一些承受动载荷的重要零件尚不能完全用铸件做毛坯。此外，在砂型铸造生产中，铸件表面质量不高，工人劳动条件差。但由于现代化铸造生产技术的不断发展，这些缺点正在逐步得到改善，近年来，由于精密铸造的发展，铸件表面质量有了很大的提高，精度最高可达 IT10～11，表面粗糙度可达 R_a12.5～1.6，已成为无屑加工的重要方法之一。目前我国已建立起相当数量的现代化铸造工厂或铸造车间，大大改善了落后状态，从而使劳动生产率得到提高，劳动条件也得到显著的改善。

二、砂型的制造

1. 型砂的性能

型砂和芯砂的质量对铸件的质量影响很大，很多铸造缺陷都是由于型砂、芯砂的质量不合格引起的，因而对型砂和芯砂的性能提出下列要求：

(1) 塑性。塑性是指型砂的成形能力。为了在铸型中得到清新的模型轮廓，以便得到合格的铸件，型砂就必须具有可塑性。一般型砂中黏土含量越多，塑性越高，含水 8%时塑性较好。

(2) 强度。砂型承受外力作用而不被破坏的性能称强度。这种性能对于铸型的制造、搬运及液体金属冲击或在压力作用下，不致变形或毁坏，是十分必要的。型砂强度不足会造成塌箱、冲砂和砂眼等缺陷。

(3) 透气性。由于型砂各砂粒之间存在着空隙，具有让气体通过的能力，称为透气性。当液体金属流入铸型后，在高温作用下，型砂和型芯中会产生大量气体，液体金属内部也会分离出气体。如果型砂的透气性不好，部分气体留在铸件内部不能排出，于是造成气孔等缺陷，甚至使铸件报废。

(4) 耐火性。型砂在高温金属液体作用下，不软化，不熔化以及不黏附在铸件表面上的性能称为耐火性。如果型砂耐火性不高时，沙粒就会被烧融而黏在铸件表面上形成一层黏砂(硬皮)，造成加工困难，使刀具很快磨损，黏砂严重时，由于难以清理和加工，会使铸件成为废品。

(5) 退让性。铸件冷却收缩时，型砂和型芯的体积可以被压缩的性能，称为退让性。退让性差，阻碍金属收缩，使铸件产生内应力，甚至产生变形或裂纹等缺陷。为了提高退让性，可在型砂中加入附加物，如草木灰和木屑等，使砂粒间的空隙增加。

由于型芯是放在砂型的型腔内，浇注后被高温液体金属所包围，因此，除要求上述型砂应具备的性能外，还要求型芯具有很好的溃散性。即浇注后芯砂易松散，便于清理。

2. 型砂的配制

(1) 型砂的组成

浇注铸件用的型砂一般由原砂、黏结剂、附加物及水按一定比例配比混制而成。原砂是型砂的主体，主要成分是石英 SiO_2。黏结剂的作用是使砂粒黏结成具有一定可塑性及强度的型砂。常用的黏结剂有普通黏土和膨润土。型砂中常加入的附加物有煤粉、木屑等。加煤粉的作用是防止铸件表面黏砂;木屑加入能改善型砂的退让性。为了提高砂型的耐火性及防止铸件表面黏砂,常在砂型和型芯表面涂一层涂料,铸铁件可涂刷石墨粉浆,铸钢件涂刷石英粉浆。

为合理使用型砂,常把型砂分成面砂和背砂。与铸件接触的那一层型砂称面砂,其强度,耐火性要求较高;不直接与铸件接触的填充砂称背砂。背砂一般使用旧砂,面砂应按要求专门配制。常用型砂的配方为:旧砂 80%～95%,新砂 5%～15%。根据旧砂和新砂的总重量再加入膨润土 4%～6%,煤粉 6%～8%,水 5%～7%。

(2) 型砂的配制

型砂和芯砂的制备可分为两个阶段:

① 原料的制备。原砂和黏结剂必须先过筛,大块的要碾碎,旧砂过筛前应先去除金属块屑。黏结剂和附加材料也要碾碎过筛。

② 混砂及松砂。型砂或芯砂大都在混砂机内配制。型砂是由新砂、旧砂、黏土、煤粉加水配制而成的。芯砂是由新砂、黏土或特殊黏结剂配制成的。黏土用于制造一般型芯,特殊黏结剂用于制造复杂型芯。型砂配制方法是把准备好的原料(即各组成物)按比例放入混砂机中先干混 2～3 分钟,然后加水湿混 5～12 分钟,最后将混合好的型砂从出砂口放出堆存一定时间,通过送砂机打松便可使用,通常使用前还需作透气性、强度、湿度等试验。配好的型砂可用最简单的手捏法检验其性能。如图 12-35 所示,用手捏一把型砂,感到柔软容易变形,不黏手,掰断时断面不粉碎,就说明型砂的性能合格。

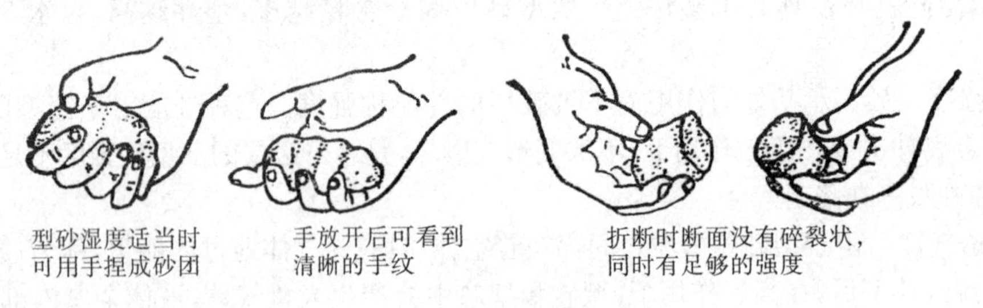

图 12-35　手捏法检验型砂

3. 手工造型用模样和工具

(1) 模样

造砂型用的模具称模样。模样用来形成铸型型腔。模样的形状尺寸取决于铸件的外形尺寸,并考虑了金属收缩量、机械加工余量、起模斜度、铸造圆角以及型芯座等工艺因素。模样一般用木材制成。生产量大时,常用金属或塑料制作模样。根据铸件的结构特点和造型工艺要求,模样可设计成整体模、分开模、带活块的组合模及车板等多种形式。

(2) 砂箱及造型工具

砂箱及造型工具,如图 12-36 所示。

4. 手工造型方法

用手工完成紧砂和起模的造型工作,称手工造型。手工造型方法主要有整模造型、分模造型、挖砂造型、地坑造型、活块造型和刮板造型等。手工造型适应性强,生产率低,劳动强度大,主要适应单件。根据铸件结构,生产批量和条件,可选用不同的手工造型方法。最常用的是整模造型和分模造型。

(1) 整模造型

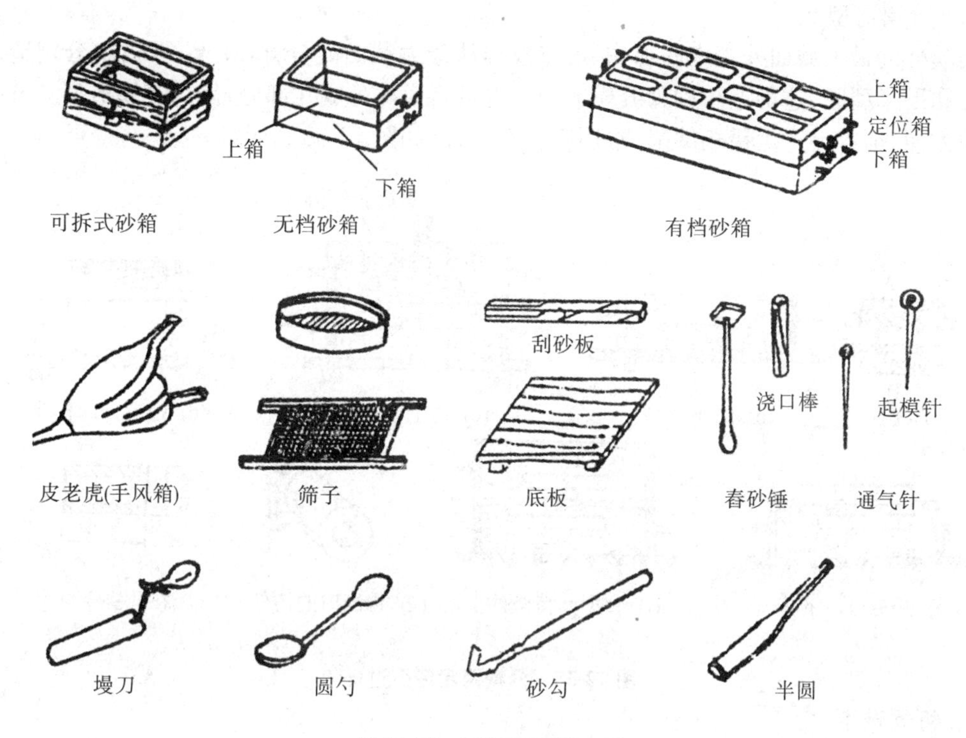

图 12-36　砂箱及造型工具

当零件的最大截面在端部，并选它做分型面，将模样做成整体的造型，在平板上放置模样及内浇口，扣上下箱，加型砂舂紧造下砂型；刮平后翻转下砂型，按要求放好横浇口与直浇棒，造上砂型；取出直浇棒，再开外浇口并扎通气孔；打开上砂型，取出模样；合箱即得所需的铸型，称整模造型。整模造型的型腔全在一个砂箱里，能避免错箱等缺陷，铸件形状，尺寸精度较高。模样制造和造型都较简单，多用于最大截面在端部的，形状简单的铸件生产，如图 12-37 所示。

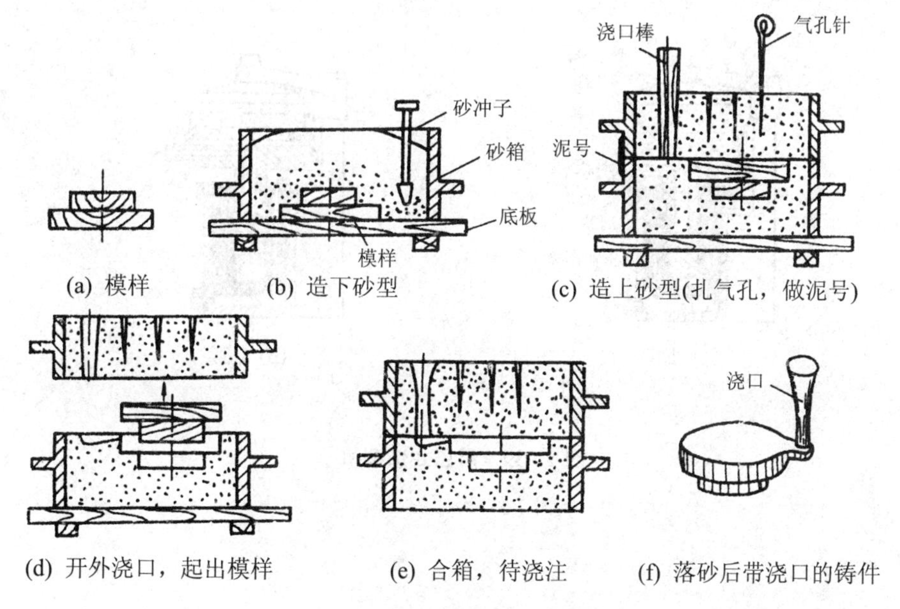

图 12-37　整模两箱造型过程

（2）分模造型

当模样的最大截面处于中间部位，可将模样从最大截面处分开，在上，下箱中分别造出上半型腔和下半型腔，这种方法称为分模造型。也可将模样分成几部分，采用多箱造型。分模造型起模方便，但容易产生错箱缺陷，常用于管类铸件，如图 12-38 所示。

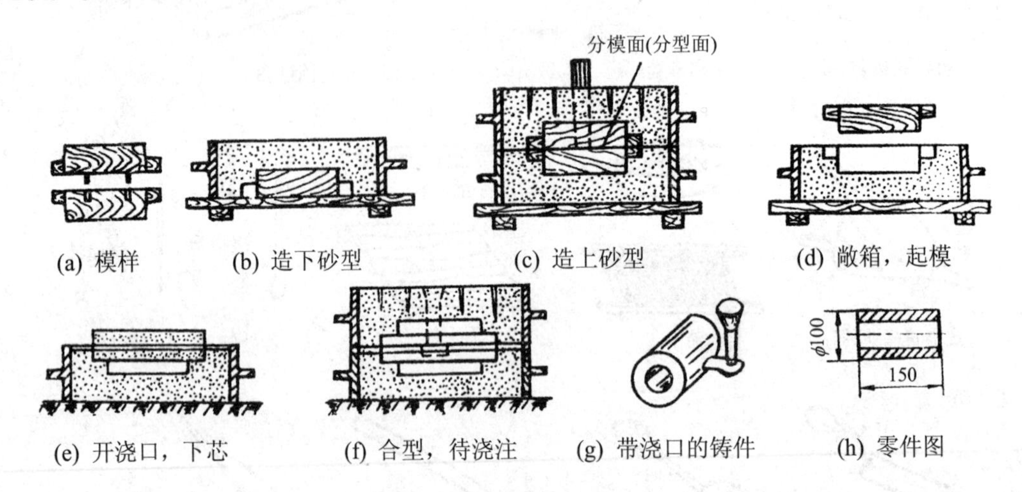

图 12-38　分模两箱造型过程

5. 机器造型

机器造型是现代化铸造车间生产的基本方式。它可以大大提高劳动生产率，铸件尺寸精确，表面光洁，加工余量小，同时，可以改善铸造车间的生产环境，减轻工人的劳动强度。

机器造型是用造型机实现紧实型砂和起模两项操作的。紧砂大部分以压缩空气为动力紧实型砂。起摸一般用起摸机构进行。起摸机构安装在造型机上，动力也采用压缩空气。

机器造型的主要方法有压实造型、抛砂造型、静压造型、高压造型、震压造型等。其中以震压式造型机应用较为广泛，如图 12-39 所示。

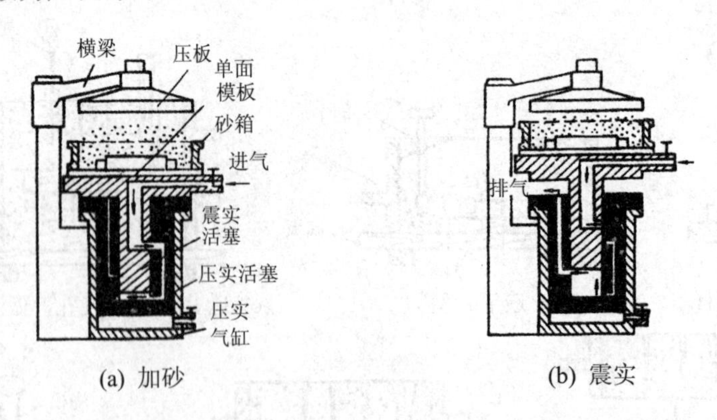

图 12-39　震压式造型机

三、铸铁的熔炼与浇注

1. 熔炼

熔炼的目的是获得预定成分和一定温度的金属液，并尽量减少金属液中的气体和夹杂物，提高熔炼设备的熔化率，降低燃料消耗等，以达到最佳的技术经济指标。熔炼的设备主要有冲天炉、工频和中频感应电炉等。冲天炉的构造如图 12-40 所示，冲天炉炉料主要包括金属料、燃料和熔剂等。

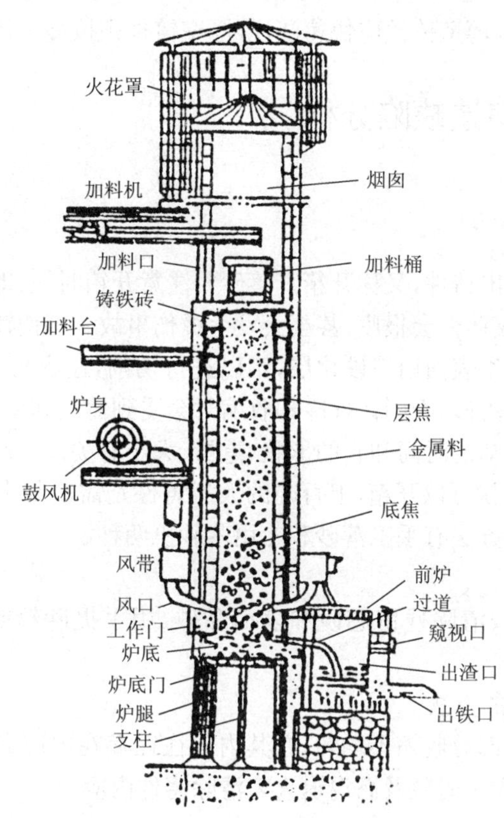

图 12-40　冲天炉的构造

燃料的燃烧及金属料在冲天炉内的熔化是冲天炉熔化的主要过程。影响冲天炉熔化的主要因素是底焦高度和送风强度，因此必须合理控制。冲天炉构造简单、操作方便、生产效率高、成本低等，在生产中得到广泛的应用。

2. 浇注

把液态金属浇入铸型的过程称浇注。常用浇注工具有浇包和挡渣钩等，浇包是用来盛装合金液进行浇注的工具。浇包可分为人抬式与起重吊式两种。应根据铸件的大小、批量等选择合适的浇包。

浇注操作要点如下：

(1) 浇注前后注意事项。浇注前，应了解铸型的情况，清理生产现场，保证安全；铸型应夹紧或加压铁，防止浇注时抬箱跑火。浇注后，应用干砂将浇口和冒口盖起来，以防光热辐射，同时又有保温效果。对收缩大的合金铸件要及时卸去压铁或夹紧装置，以避免铸件产生更大的铸造应力和裂纹。

(2) 浇注温度的控制。浇注温度过高，铸件收缩大、黏砂严重、易产生气孔、缩孔、晶粒粗大等缺陷；温度偏低，铁水流动性差，会使铸件产生冷隔和浇不足等缺陷。为防止铁水在浇包中降温，可在铁水表面覆盖一层稻草灰，以起保温和防止铁水氧化的作用。浇注温度应根据铸造合金的种类和铸件的结构尺寸等合理确定。

(3) 浇注速度的控制。浇注速度要适中，应按铸件的形状决定。速度太快，金属液对铸型的冲刷力大，易冲坏铸型，产生砂眼或型腔中的气体来不及逸出。速度太慢，易产生夹砂或冷隔等缺陷。在实际生产中，薄壁铸件应快速浇注，厚壁铸件则按慢—快—慢的原则。

四、铸件的清理及铸造缺陷分析

1. 铸件的清理

(1) 落砂

落砂就是从砂型中取出铸件，又称开箱。落砂要注意开箱时间，即应注意铸件的温度。如果铸件未凝固就开箱，不仅铸件会报废，甚至会发生烫伤事故。即使铸件已凝固，过早开箱，因温度太高会使铸件急冷产生表面白口硬化层，难以进行切削，还容易产生变形或裂纹等缺陷。但也不能冷却到常温时才落砂，否则铸件冷却收缩时会受到铸型和型芯的阻碍，增大产生裂纹的倾向。铸件在砂型中冷却的时间和它的形状、重量、大小有关。一般形状简单，小于10kg的铸件，浇注后冷却1h左右就可以开箱，上百吨的大型铸件则需冷却十几天之久。落砂温度以400～450℃为宜。落砂的方法有手工落砂和专用落砂机两种。

(2) 清理

清理主要是除浇冒口、清除残留芯砂和表面黏砂、用手提砂轮或钳子除去表面毛刺、飞边等。

(3) 清除铸件内应力的方法

新浇注出的铸件因各部分收缩不均匀，在其内部往往存在内应力，影响铸件形状，尺寸的稳定性。常用自然时效、人工时效及高温退火来清除铸件内应力。

2. 铸件缺陷的识别与分析

由于铸件生产工序多，影响因素复杂，从零件设计，选材到铸造过程的各工序均可能引起铸件产生缺陷。常见缺陷有错型、错芯、变形、浇不足、黏砂、缩孔、气孔、砂眼、夹杂物、冷隔、裂纹等，见图12-41。

五、特种铸造简介

1. 金属型铸造

将液体金属注入金属铸型以获得铸件的工艺过程，称为金属型铸造。金属型铸造可以浇注几百个甚至几万个铸件而不损坏，所以又称永久型铸造。

金属型一般用铸铁制成，也可以用铸钢。铸件的内腔可用金属型芯或砂型芯得到。金属型芯一般只用于有色金属铸件。

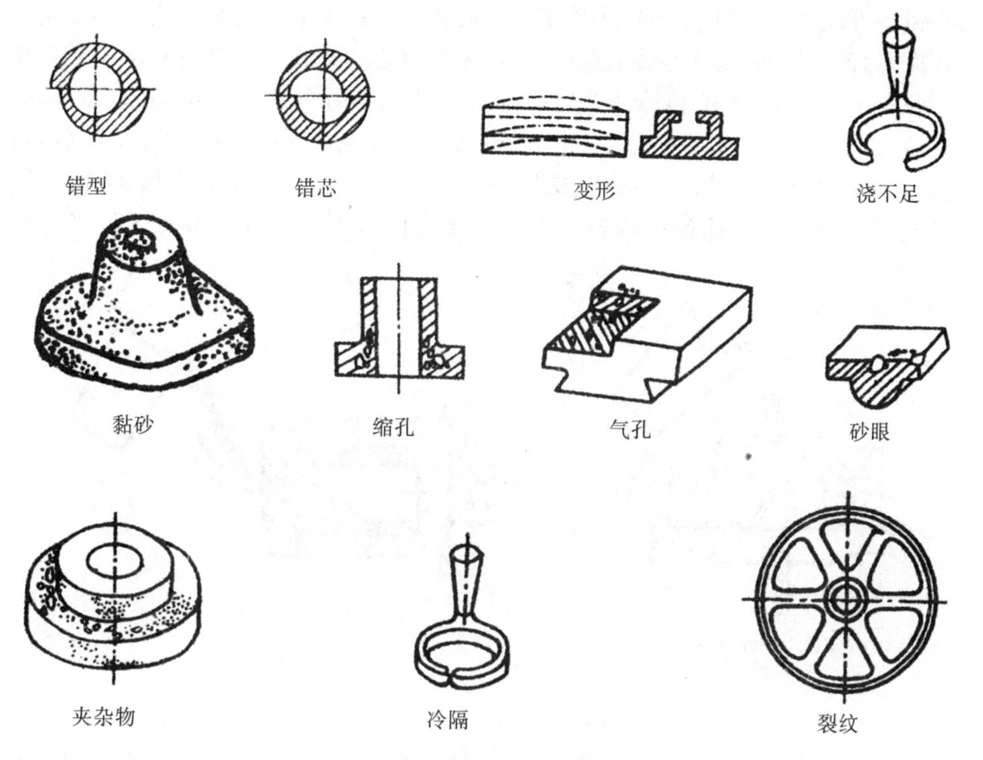

图 12-41 铸件常见缺陷

金属型所得铸件尺寸精确，表面光洁，机械加工余量小，并且因液体金属在行腔内冷却快，金属的结晶颗粒细，机械性能较用砂型铸造所得的铸件高。

金属型铸造因铸型导热率高，退让性差，因而铸件易产生浇不足，冷隔等缺陷，在浇注前铸型必须预热。

金属型主要用于有色金属，如铝合金、铜合金或镁合金等铸件的生产(如汽缸体、汽缸盖、活塞、油泵等)，也可以用于铸铁件，如碾压用的各种铸铁轧辊，其工作表面可以得到坚硬耐磨的白口铸铁层，称冷硬铸造。金属型用于铸钢件较少，一般仅做钢锭模使用。

2. 压力铸造

压力铸造(简称压铸)是在高压作用下，以很快的速度将液态金属或半液态金属压入金属型中，并在压力下凝固而获得铸件的方法。压铸法是在高压高速下注入金属液体，故可得到形状复杂的薄壁件。高的压力保证了液体金属的流动性，因而可以适当降低浇注温度。型腔可不用涂料，提高了零件的精度。各种孔眼，螺纹，精细的花纹图案，都可用压铸直接得到。

另外压铸由于铸型冷却快，又是在压力下结晶的，铸件的结晶细密，因而铸件的强度比砂型铸造提高 20%～40%。压力铸造产品质量好，生产率高，适于大批量生产。

目前压铸金属除了有色合金外，已扩大到铸铁、碳钢和合金钢。压铸工艺已在汽车、拖拉机、飞机、电器仪表、纺织机械等制造中得到了广泛的应用。压铸件的质量可以从几克到数十公斤。压力铸造是实现少切削、无切削加工的有效途径之一。

3. 离心铸造

离心铸造是将液体金属浇入高速旋转的铸型中，使金属在离心力的作用下充填铸型并结晶凝固获得铸件的方法。

离心铸造可以用金属型,也可以用砂型。离心铸造是在离心铸造机上进行的。离心铸造机分立式离心铸造机和卧式离心铸造机两类,铸型在离心铸造机上可绕垂直轴旋转或绕水平轴旋转,如图 12-42 所示,离心铸造特点是:液体金属在离心力作用下充填型腔后凝固,也视为一种压力铸造。生产具有圆形内腔铸件时,可省去型芯和浇注系统,既省工,又省金属材料。离心铸造既能浇铸空心铸件,又能铸造成形铸件,离心铸造可铸造出双金属铸件,如用于机床主轴的封闭式钢套离心挂铜结构轴承等。其接合面牢固、耐磨,又节省了许多贵重金属材料。

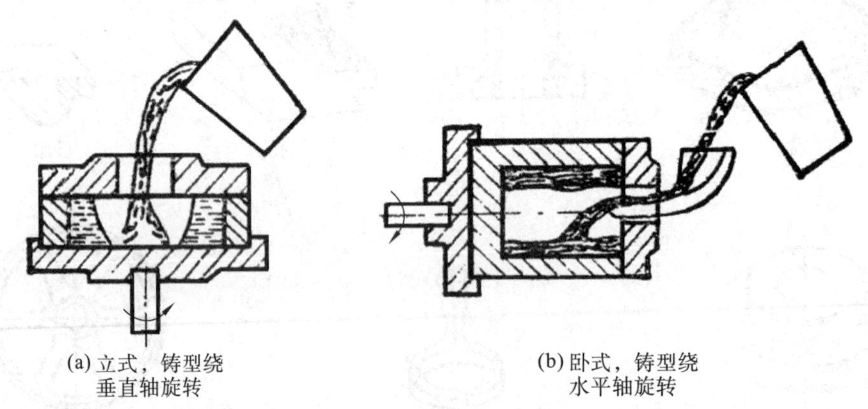

图 12-42 离心铸造示意图

由于铸件是在离心力作用下结晶的,因而铸件结晶细密,防止了气孔、缩孔、渣眼等缺陷,机械性能较好,但内表面质量较差,因而此处加工余量应放大些。另外易产生比重偏析,如铸造铅青铜时,因铅、铜比重不同,它们所产生的离心力大小不等,铅易集中于铸件表层,使铸件内外表层的化学成分有极大差异,从而造成性能上的差别。

综上所述离心铸造广泛用于制造中空旋转体铸件,如各种管道,汽车和拖拉机缸套,铸铁管圆环,双金属轴瓦及要求组织致密,强度高的成形铸件。

4. 熔模铸造

熔模铸造又称精密铸造,是一种发展较快的精密铸造方法。它是用易熔材料(石蜡,硬脂酸等)制成高精度的模型,然后用造型材料将其包住,经过硬化制成铸型,再加热铸型使蜡模熔化流出,形成铸型空腔,便可得到无分型面高精度的铸型。浇注金属后便可得到高精度的铸件。由于熔模广泛采用蜡质材料制造,故又常把这种铸造方法称为失蜡铸造。图 12-43 所示为熔模铸造的工艺过程。熔模铸造的特点是:铸型是一个整体,不受分型面限制,可以制作任何复杂形状的铸件,尺寸精确、表面光洁,能减少或无须切削加工,特别适用于高熔点金属或难以切削加工的铸件,如耐热合金、磁钢等。但因熔模铸造主要缺点是生产工艺复杂,铸件质量不能太大,因而多用于制造各种复杂形状的小零件,例如各种汽轮机、发动机叶片或叶轮,汽车、拖拉机、风动工具,机车上的小型零件以及刀具等。

除上述特种铸造外,还有壳型铸造,陶瓷铸造等。特种铸造虽然可以在一定条件下克服砂型铸造的某些缺点,但特种铸造也有一定的局限性,仅适用于一定的范围,并不能完全代替砂型铸造。

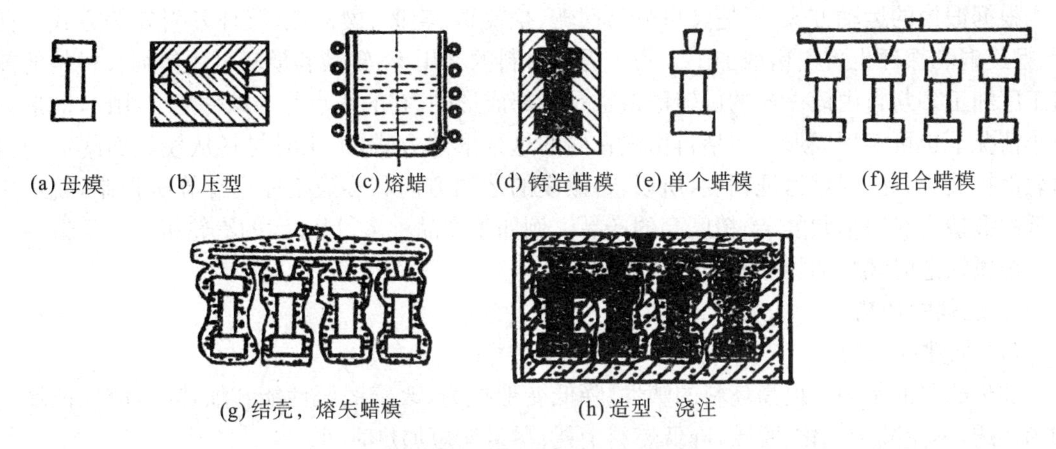

图 12-43 熔模铸造工艺过程

第三节 锻 造

一、概述

锻造是一种借助工具或模具在冲击或压力作用下，对金属坯料施加压力，使其产生塑性变形，以获得具有一定机械性能、一定形状和尺寸的锻件的成形加工方法，用以制造机械零件或零件毛坯。锻造和冲压同属塑性加工性质，统称锻压。锻造通常是在高温（再结晶温度以上）下成形的，因此也称为金属热变形或热锻。

锻造工艺能压密或焊合铸态金属组织中的缩孔、缩松、空隙、气泡、裂纹等缺陷，又能细化晶粒和破碎夹杂物，从而获得一定的锻造流线组织。因此，与铸态金属相比，锻造具有细化晶粒、致密组织，并具有连贯的锻造流线，其性能得到了极大的改善，锻件的机械性能一般优于同样材料的铸件。此外，锻造还具有生产率高、节省材料的优点，主要用于生产各种重要的承受重载荷的机器零件或毛坯，如机床的主轴和齿轮、内燃机的连杆、起重机的吊钩等。在锻造过程中，由于高温下金属表面的氧化和冷却收缩等各方面的原因，使锻件精度不高、表面质量不好，加之锻件结构工艺性的制约，锻件通常只作为机器零件的毛坯。

根据在不同的温度区域进行的锻造，针对锻件质量和锻造工艺要求的不同，可分为冷锻、温锻、热锻三个成形温度区域。原本这种温度区域的划分并无严格的界限，一般地讲，在有再结晶的温度区域的锻造叫热锻，不加热在室温下的锻造叫冷锻。

根据坯料的移动方式，锻造可分为自由锻、镦粗、挤压、模锻、闭式模锻、闭式镦锻。闭式模锻和闭式镦锻由于没有飞边，材料的利用率就高。用一道工序或几道工序就可能完成复杂锻件的精加工。由于没有飞边，锻件的受力面积就减少，所需要的荷载也减少。但是，应注意不能使坯料完全受到限制，为此要严格控制坯料的体积，控制锻模的相对位置和对锻件进行测量，努力减少锻模的磨损。

根据锻模的运动方式,锻造又可分为摆辗、摆旋锻、辊锻、楔横轧、辗环和斜轧等方式。摆辗、摆旋锻和辗环也可用精锻加工。为了提高材料的利用率,辊锻和横轧可用作细长材料的前道工序加工。与自由锻一样的旋转锻造也是局部成形的,它的优点是与锻件尺寸相比,锻造力较小情况下也可实现成形。包括自由锻在内的这种锻造方式,加工时材料从模具面附近向自由表面扩展,因此,很难保证精度,所以,将锻模的运动方向和旋锻工序用计算机控制,就可用较低的锻造力获得形状复杂、精度高的产品。例如生产品种多、尺寸大的汽轮机叶片等锻件。

金属锻造时坯料的加热和锻件的冷却:

1. 坯料的加热

(1) 加热的目的

加热的目的是为了提高坯料的塑性、降低变形抗力,改善锻压性能。加热时,应保证坯料均匀热透,尽量减少氧化、脱碳,降低燃料消耗;尽量缩短加热时间。

(2) 锻造温度范围

锻造温度范围是锻件由始锻温度到终锻温度的温度区间。

① 始锻温度。开始锻造时坯料的温度即始锻温度。为使坯料有最佳的锻压性能,在不出现过热和过烧的前提下,应尽量提高始锻温度,减少加热次数。碳钢的始锻温度比固相线低200℃左右(图 12-44)。

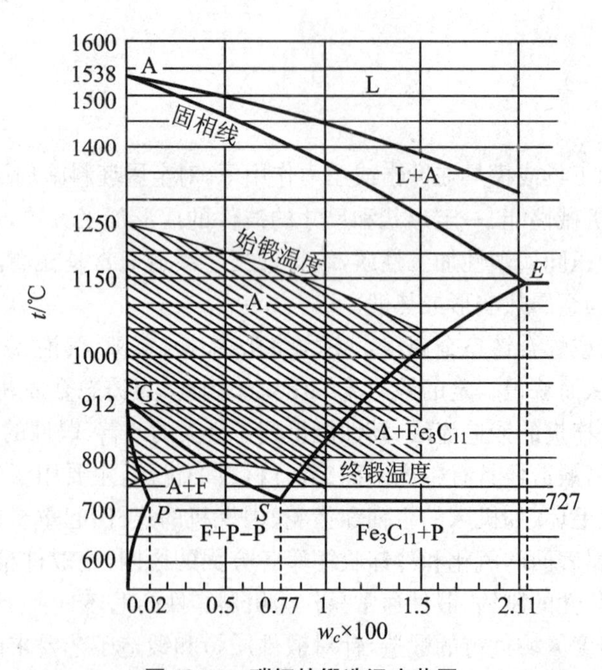

图 12-44　碳钢的锻造温度范围

② 终锻温度。坯料停止锻造的温度即终锻温度,它应高于再结晶温度,以保证在停锻前坯料有足够的塑性,锻后能获得细小的再结晶组织。但终锻温度过高,易形成粗大晶粒,降低力学性能;终锻温度过低,锻压性能变差。碳钢的终锻温度在 800℃左右。

锻造时金属的温度可用仪表来测量,但用观察金属火色的方法(简称火色法)来判断更为方便。常用钢的锻造温度范围见表 12-16。

2. 锻件的冷却

冷却是锻造工艺过程中不可缺少的工序，锻后冷却不当，会使锻件发生翘曲变形、硬度过高，甚至产生裂纹等缺陷。锻造生产中常见的冷却方法有以下三种：

(1) 空冷

空冷是将热态锻件放在静止空气中冷却。空冷速度较快，多用于低碳钢、中碳钢和低合金结构钢的中小型锻件。

(2) 坑冷或灰砂冷

坑冷是将热态锻件埋在地坑或铁箱中缓慢冷却的方法。灰砂冷是将热态锻件埋入炉渣、灰或砂中缓慢冷却的方法。这两种冷却方法均比空冷慢，主要用于中、高碳结构钢、碳素工具钢和中碳低合金结构钢的中型锻件的冷却。

(3) 炉冷

炉冷是将锻后的锻件放入炉中缓慢冷却的方法。这种方法冷却速度最慢，生产效率最低，常用于合金钢大型锻件、高合金钢重要锻件的冷却。

表 12-16　常用钢的锻造温度范围

类别	钢号	始锻温度(℃)	终锻温度(℃)	类别	钢号	始锻温度(℃)	终锻温度(℃)
碳素结构钢	Q195、Q215	1300	700	合金结构钢	20Cr、40Cr	1200	800
	Q235、Q255	1250	700		20CrMnTi	1200	800
	Q275	1200	750		42SiMn	1150	800
	10～35	1250	800	合金工具钢	9Mn2V	1100	800
优质碳素结构钢	40～60	1200	800		9SiCr	1100	800
	40Mn、60Mn	1200	800		CrWMn	1100	800
碳素工具钢	T7、T8	1150	800		Cr12	1080	840
	T9、T10	1100	770	高速钢	W18Cr4V	1150	900
	T11、T12、T13	1050	750		W6Mo5Cr4V2	1130	900

二、自由锻

自由锻是指用简单的通用性工具或在锻造设备的上、下砧铁间，直接使坯料受冲击力作用而产生变形，获得所需的几何形状及内部质量锻件的加工方法。此时，金属的受力变形是在上下两砧铁间作自由流动，不受限制，形状和尺寸由锻工控制，所以称为自由锻。通常在工作时，承受重载荷的零件需采用自由锻的方法来制坯。

1. 自由锻的分类、特点及应用

自由锻分为手工锻和机器锻两种。前者适用于小件生产或维修工作；后者是自由锻的基本方法，工厂主要采用的生产方式。

自由锻的设备和工具简单，适应性强、灵活性大，成本低，可锻造小至几克大至数百吨的锻件。但锻件的尺寸精度低、材料的利用率低，劳动强度大、条件差，生产率低，要求工人的技术水平较高。

自由锻主要适用于单件、小批和大型锻件的生产。

2. 自由锻设备

自由锻设备按对金属的作用力性质分为自由锻锤(冲击力作用)和压力机(静压力作用)两类设备。其中,自由锻锤设备有空气锤和蒸汽—空气锤;压力机有水压机、油压机等。

(1) 空气锤

空气锤是一种利用电力直接驱动的锻造设备,其结构见图 12-45 所示。在空气锤上既可自由锻,也可胎膜锻。

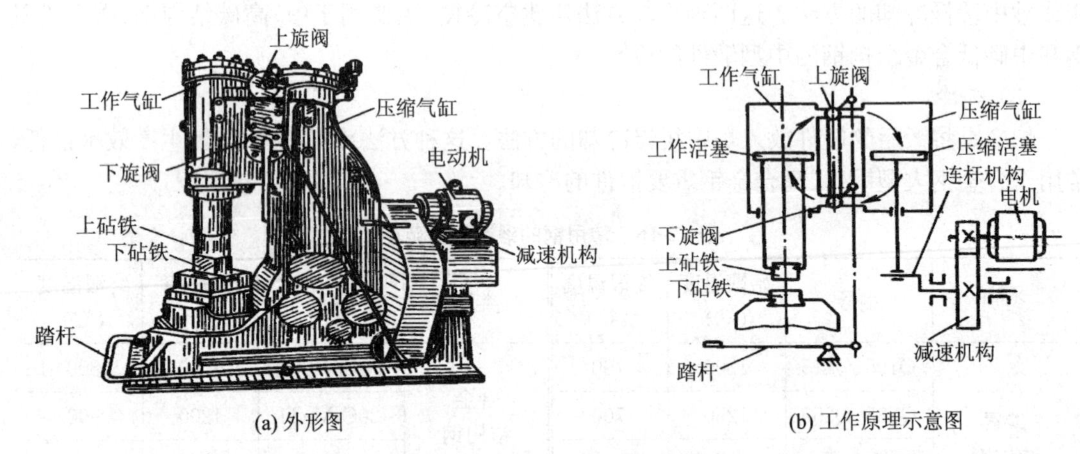

(a) 外形图　　　　(b) 工作原理示意图

图 12-45　空气锤工作原理示意图

空气锤有两个汽缸,即工作汽缸和压缩汽缸,压缩汽缸内的活塞由电动机通过减速机构、曲柄、连杆带动,作上下往复运动。其汽缸里的压缩空气经过上下旋阀交替进入工作汽缸的上部和下部空间,使工作汽缸内的活塞连同锤杆和上砧铁一起作上下运动,对放在下砧铁上的金属坯料进行打击。空气锤可根据锻造工作的需要,作连续打击、上砧铁上悬、下压和单次打击等动作。

空气锤的吨位以落下部分的重量(kg)来表示,常见的规格有 65kg、75kg、250kg、750kg 等(表 12-17),广泛地应用于小型锻件的锻造。空气锤具有价格低,工作行程短,打击速度快,结构简单,操作方便等优点。

表 12-17　空气锤吨位选择参考数据

设备吨位(kg)		65	75	150	200	250	400	560	750
能锻工件尺寸(mm)	方(边长)	65	—	130	150	—	200	270	270
	圆(直径)	∅85	∅85	∅145	∅170	∅175	∅220	∅280	∅200
最大锻件质量		2	2	4	7	8	18	30	40

(2) 水压机

水压机以静压力作用在坯料上,工作震动小,易将坯料锻透,坯料变形速度慢,有利于金属的再结晶,提高锻件的塑性,可获得大量变形等优点。但存在结构笨重,辅助装置庞大,造价高等缺点。

水压机主要适用于大型锻件和高合金钢锻件的锻造，其规格用产生的最大静压力表示，一般为 5～125MN，可锻钢锭的质量为 1～300t。

3. 自由锻工序

自由锻工序分为基本工序、辅助工序和精整工序。基本工序包括镦粗、拔长、冲孔、弯曲、切割等，见表 12-18；辅助工序包括压钳口、倒棱、压肩等；精整工序是对已成形的锻件表面进行平整，清除毛刺、校直弯曲、修整鼓形等。

表 12-18　自由锻基本工序名称、操作规则及其应用

名称	定义	图例	操作规则	应用
镦粗	1. 镦粗：使坯料高度减小，横截面积增大的工序 2. 局部镦粗：对坯料的某一部分进行的镦粗	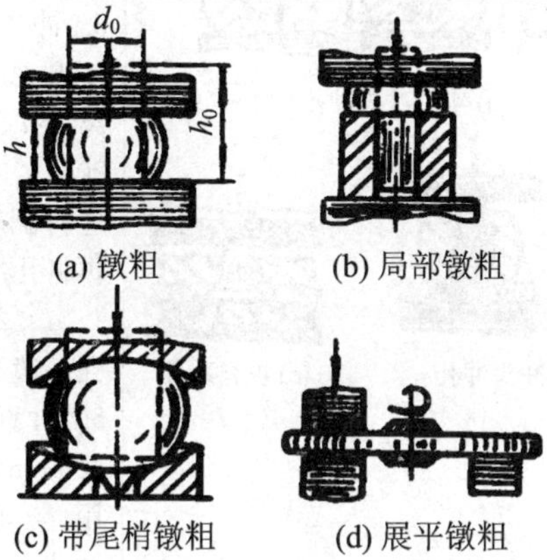 (a) 镦粗　(b) 局部镦粗 (c) 带尾梢镦粗　(d) 展平镦粗	1. 坯料原始高度 h_0 与直径 d_0 之比 ≤2.5，以免发生镦弯 2. 镦粗面应垂直于轴线 3. 坯料应绕其本身轴线经常旋转，使其均匀变形	1. 用于制造高度小截面积大的工件，如圆盘、齿轮等 2. 增加以后拔长时的锻造比 3. 冲孔前镦平坯料端面
拔长	1. 拔长：使坯料的横截面积减小而长度增加的工序 2. 芯棒拔长：减小空心坯料的壁厚和外径尺寸，增加长度的工序 3. 芯轴上扩孔：减小空心坯料的壁厚，增加内径和外径，以芯轴代替下砧铁	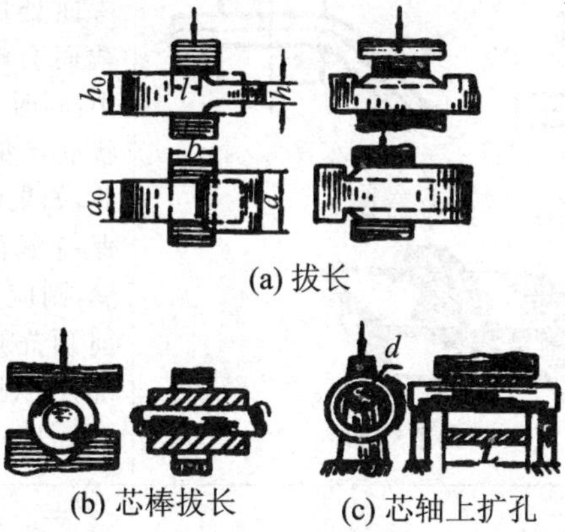 (a) 拔长 (b) 芯棒拔长　(c) 芯轴上扩孔	1. 经常翻转坯料，以免打得过扁造成弯折、翘曲 2. 每次送进量不能太大，以免影响延伸率，但也不能太小，一般 $l=(0.4\sim0.8)b$（上述是拔长的操作规则）	1. 用于制造长而截面积小的工件，如曲轴、拉杆、轴等 2. 制造长轴类空心件，炮筒、圆环、套筒等

续表

名称	定义	图例	操作规则	应用
冲孔	冲孔：在坯料上冲出透孔或不透孔的工序	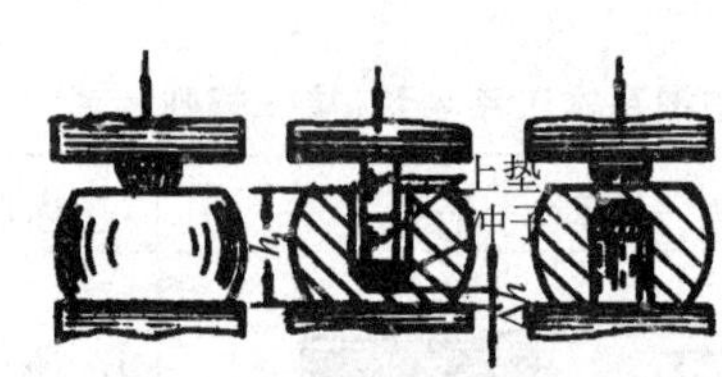 上垫 冲子 (a) 实心冲头冲孔  (b) 空心冲头冲孔 (c) 板料冲孔	1. 冲孔面应先镦平，使冲子能垂直放在坯料端面上 2. 冲孔时，坯料应经常转动，冲子要经常冷却 3. 冲子冲到离坯料底面的距离 $\Delta h = 15 \sim 20\% h$ 时，应将坯料翻转，然后再将孔冲出 4. $d<25$mm 的孔一般不冲出 5. 对直径大于 450mm 的孔，可用空心冲子冲孔	1. 用于制造空心件，如齿轮毛坯、圆环等 2. 锻件质量要求高的大工件，可用空心冲子去掉质量较低的铸锭中心部分
弯曲	弯曲：采用一定的工模具将坯料弯成规定外形的锻造工序	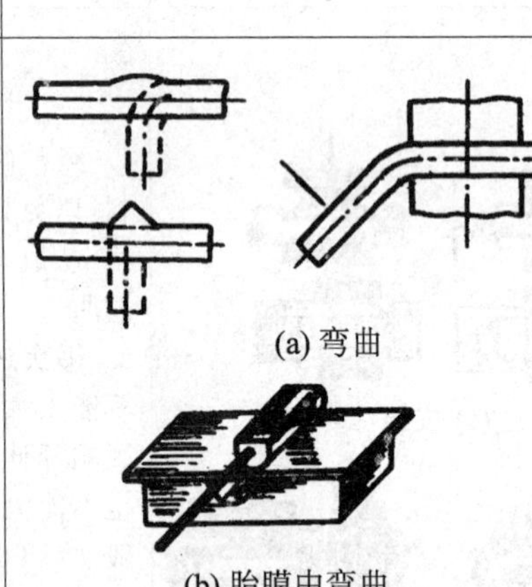 (a) 弯曲 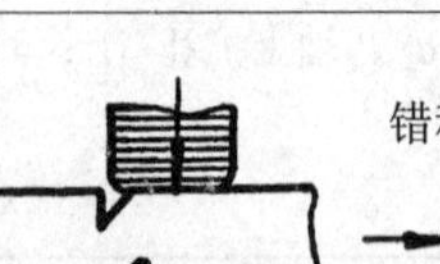 (b) 胎膜中弯曲	弯曲处的坯料截面会略有缩小，同时截面形状也有变化，因此，如果锻件要保持截面积不变，则应在弯曲前预先进行局部敦粗(见图 a)	1. 锻制弯曲型零件，如 V 形板等 2. 可以使流线方向符合锻件的外形而不被割断，锻件质量好，如吊钩等
错移	错移：使坯料的一部分与另一部分，平行错开一定距离的工序	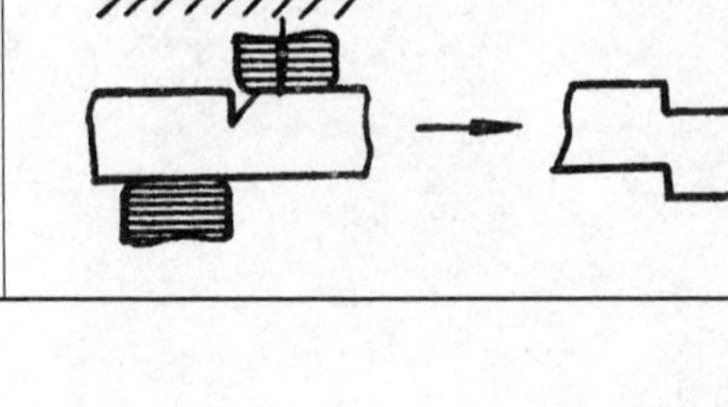 错移后的毛坯 垫板	略	用于曲轴等偏心或不对称的锻件

4. 自由锻工艺规程的制定简介

工艺规程是指导生产的基本技术文件。自由锻的工艺规程主要有以下内容：

(1) 绘制锻件图

锻件图是以零件图为基础并考虑锻造余块、机械加工余量、锻件公差等因素绘制而成的。它是锻造加工的依据。

① 机械加工余量

由于自由锻的精度和表面质量难以达到要求，一般均需进一步切削加工。凡表面需要加工的部分，在锻件上留一层供作机械加工用的金属部分，称为机械加工余量，如图 12-46。余量的大小与零件的形状、尺寸、表面粗糙度、生产批量有关，其数值可查阅相关手册。

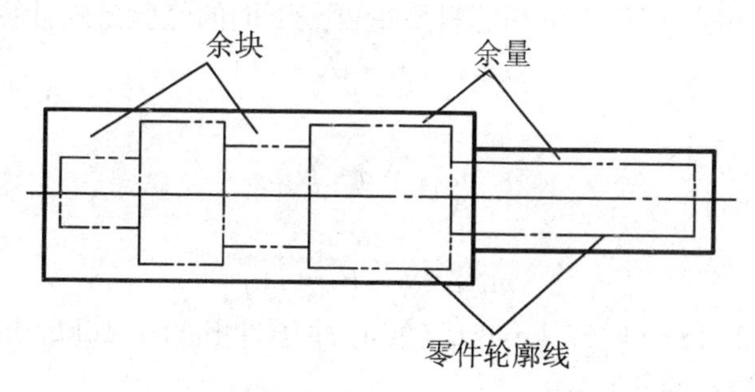

图 12-46　锻件上的余量和余块

② 锻件公差

锻件公差是锻件的实际尺寸与基本尺寸之间所允许的偏差。锻件的基本尺寸是零件的基本尺寸加上机械加工余量。锻件公差值的大小可根据锻件形状、尺寸、生产批量、精度要求等查阅相关手册，一般取加工余量的 1/4～1/3。

③ 余块

余块是为了简化锻件形状，便于锻造而附上去的一部分金属，如图 12-46。

④ 锻件图的绘制规则

锻件图的外形用粗实线绘制，零件的轮廓形状用双点画线绘制。锻件的基本尺寸和公差标注在尺寸线上，零件的基本尺寸标注在尺寸线下方并加括号，如图 12-47。

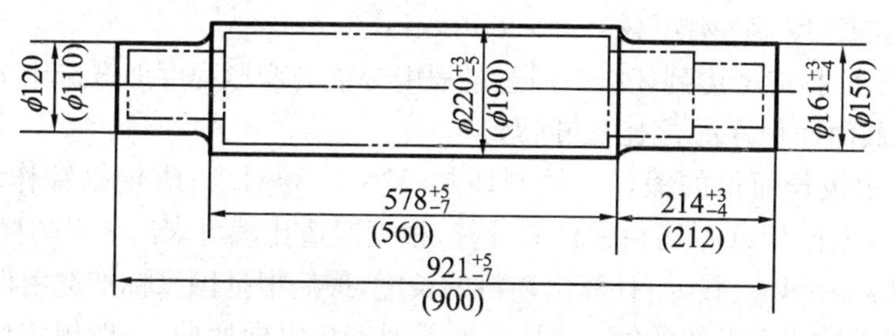

图 12-47　轴的锻件图

(2) 坯料质量和尺寸的计算

① 坯料质量

坯料的质量可按下式计算：

$$m_{坯料}=m_{锻件}+m_{烧损}+m_{切头}+m_{芯料}$$

式中：$m_{坯料}$——坯料的质量，kg。

$m_{锻件}$——锻件的质量，kg，可由 $m_{锻件}=V_{锻件}\rho$ 算出，ρ 是金属的密度。

$m_{烧损}$——坯料在加热和锻造过程中损耗的质量，kg。第一次加热时可取锻件质量的 2%，以后需要再加热时，每火次按锻件质量的 1.5%计算。

$m_{切头}$——锻造过程中被切去的多余金属质量，kg。

$m_{芯料}$——冲孔时芯料的质量，kg。

坯料如果是钢锭，还需考虑 $m_{锭头}$——被切去的钢锭头部重量，对碳素钢钢锭一般为钢锭质量的 20%～25%，对合金钢钢锭为 25%～35%；$m_{锭尾}$——被切去的钢锭尾部质量，对碳素钢钢锭为钢锭质量的 3%～5%，对合金钢钢锭为 7%～10%。

坯料是型材或钢坯时，切头质量和芯料质量可按下面的经验公式计算：

$$m_{芯料}=K\cdot d_2\cdot H$$

圆形截面

$$m_{切头}=a\cdot D_3$$

方形截面

$$m_{切头}=b\cdot B_2\cdot H_O$$

式中：K——系数，取 1.18～1.57 kg/dm^3（实心冲子冲孔）；6.16kg/dm^3（空心冲子冲孔）；4.33～4.71kg/dm^3（垫环冲孔）。

d——冲孔直径 dm。

H——坯料高度，dm。

a——系数，取 1.65～1.8 kg/dm^3。

b——系数，取 2.2～2.36 kg/dm^3。

D——切头直径，dm。

B——切头部分宽度，dm。

H_O——切头部分高度，dm。

② 坯料尺寸

根据上述的计算式和坯料的密度，计算出坯料的体积 $V_{坯料}$：

$$V_{坯料}=m_{坯料}/\rho$$

式中：ρ——金属的密度，对钢铁材料 $\rho=7.85$ g/cm^3。

确定坯料尺寸时，应考虑到坯料在锻造过程中必须的变形程度即锻造比 Y（坯料横截面面积 A_o 与锻件横截面面积 $A_{锻件}$ 之比）的问题。

(a) 对主要由拔长而得的锻件。轧制坯料，$Y=1.3$～1.5；碳钢钢锭作坯料，$Y=2.5$～3.5。锻件的横截面面积 $A_{锻件}$ 可由锻件图计算，根据锻造比就可求出坯料的横截面面积 $A_{坯料}$，再根据计算式 $L_{坯料}=V_{坯料}/A_{坯料}$ 计算出坯料的长度，最后根据国家标准选用标准值。

(b) 对主要由镦粗而得的锻件。为防止镦粗时产生纵向弯曲，一般规定坯料的高度 $H_{坯料}$ 应为(1.25～2.5)$D_{坯料}$。将 $H_{坯料}$ 代入体积计算公式($V_{坯料}=A_{坯料}H_{坯料}$)，经简化可得出计算坯料直径 $D_{坯料}$ 与 $V_{坯料}$ 之间的关系，结合计算式 $V_{坯料}=m_{坯料}/\rho$ 即可得到 $D_{坯料}$，由此再算出 $H_{坯料}$，最后选用标准值。

(3) 选择锻造工序

锻造工序的选择应根据锻件的形状、尺寸和技术要求，结合已有的设备、生产批量、工具、工人的技术水平等因素综合考虑。自由锻锻件的分类及所用基本工序见表 12-19。

表 12-19　自由锻锻件的分类及锻造用基本工序

类别	图例	锻造工艺方案	实例
圆截面轴类	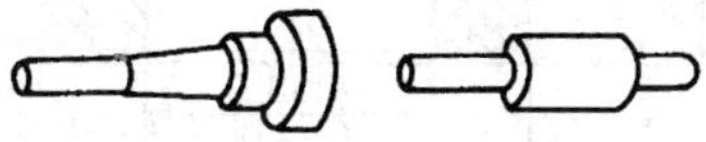	1. 拔长 2. 镦粗一拔长 3. 局部镦粗一拔长	传动轴、齿轮轴等
方截面杆类	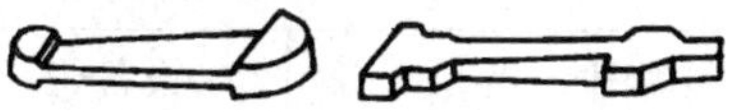	同上	连杆等
空心类	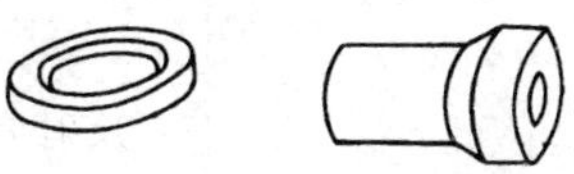	1. 镦粗一冲孔 2. 镦粗一冲孔一扩孔 3. 镦粗一冲孔一芯轴上拔长	空心轴、法兰、圆环、套筒、齿圈等
饼块类		镦粗或局部镦粗	齿轮、圆盘叶轮、模块轴头等
弯曲类	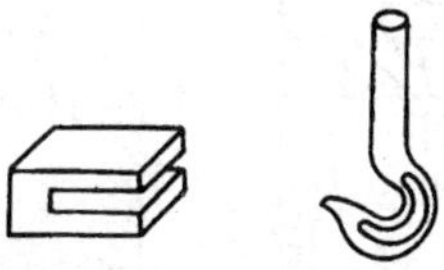	先进行轴杆类工序一弯曲	吊钩、轴瓦、弯杆等
曲轴类	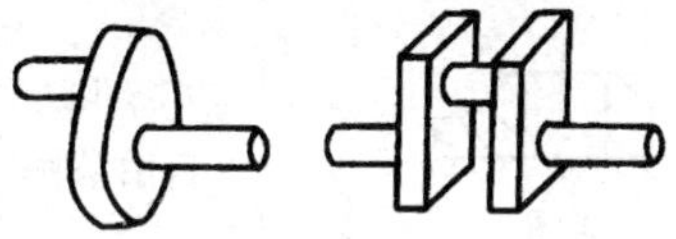	1. 拔长一错移(单拐曲轴) 2. 拔长一错移一扭转(多拐曲轴)	各种曲轴、偏心轴等

(4) 选择锻造设备

锻造设备应根据锻件材料，坯料的形状、尺寸、重量，锻造的基本工序、设备的锻造能力等因素进行选择。对中小型锻件，一般选用锻锤；对大型锻件，则用压力机，表 12-20 供选择设备时参考。空气锤的锻造能力范围见表 12-20。

表 12-20　锻造设备的吨位和最大锻件质量

锻造设备	空气锤	蒸汽一空气锤	水压机
吨位	65～750kg	1～5t	500～12500t
最大锻件质量	2～40kg	50～700kg	1000～180000kg

(5) 选择坯料加热、锻件冷却和热处理方法

按照前面叙述过的要求制定坯料的加热、锻件的冷却和热处理方法。

(6) 齿轮坯自由锻工艺卡参考示例

表 12-21　齿轮坯锻造工艺卡

锻件名称	齿轮坯	锻件图
锻件材料	45 钢	$\phi300^{+3}_{-4}$ ($\phi289.6$)；28 (18)；62^{+2}_{-3} (52)；$\phi130^{+4}_{-6}$ ($\phi145$)；$\phi212^{+3}_{-4}$ ($\phi201.6$)
坯料质量	19.5kg	
锻件质量	18.5kg	
坯料尺寸	∅120×221	
每坯锻件数	1	

火次	温度(℃)	操作说明	变形过程简图	设备	工具
		下料 加热	221；$\phi120$	反射炉	
1	1200～800	镦粗	$\phi280$；40；$\phi154$；镦粗　局部镦粗	750kg 自由锻锤	普通漏盘
2	1200～800	局部镦粗			
3	1200～800	冲孔	冲孔　扩孔	750kg 自由锻锤	冲头
4	1200～800	扩孔			
5	1100～800	修整	$\phi212$；62；28；$\phi130$；$\phi300$；修整	750kg 自由锻锤	

5. 自由锻零件的结构工艺性简介

设计自由锻零件时，必须考虑锻造工艺是否方便、经济和可能；零件的形状应尽量简单和规则。零件的结构不合理，将使锻造操作困难，降低生产率和造成金属的浪费。自由锻零件的结构工艺性的具体要求见表 12-22。

表 12-22　自由锻零件的结构工艺性

不合理结构	合理结构	简要说明	结构要求
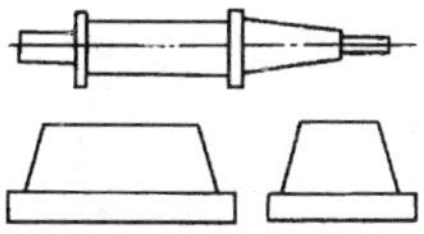	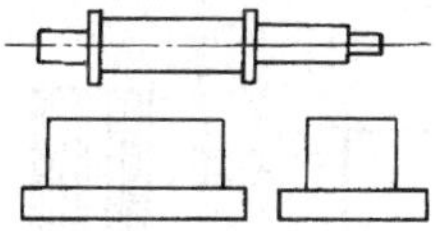	圆锥体锻造需用专门工具，比较困难	应避免圆锥体结构和锻件的斜面，尽量用圆柱体代替圆锥体，用平面代替斜面
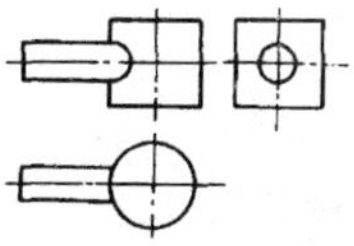	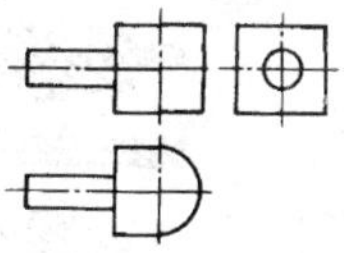	难以锻出两圆柱体相交处的相贯线	应避免圆柱体与圆柱体相交，改为平面与圆柱体相交或平面与平面相交
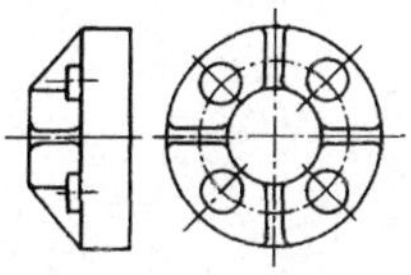	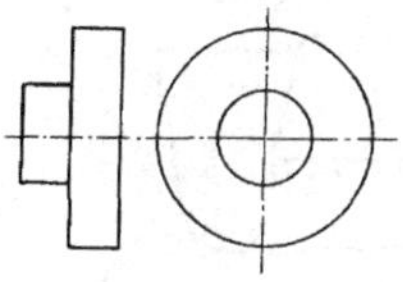	加强筋和凸台等结构难以用自由锻的方法获得	避免加强筋和凸台等结构，采取适当措施加固零件
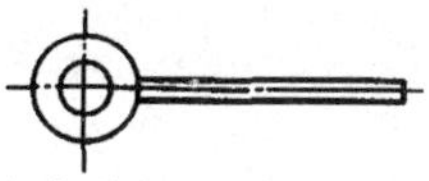 相邻截面尺寸相差太大	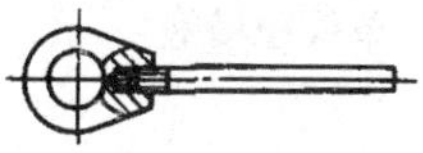 锻造一螺纹连接的结构	相邻截面尺寸相差过大，锻造困难、容易引起应力集中	避免相邻截面尺寸相差太大的结构，改为其他结构连接
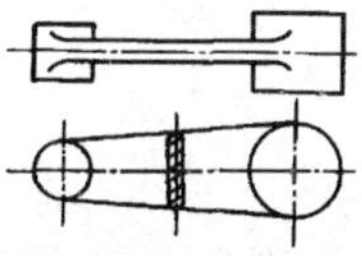	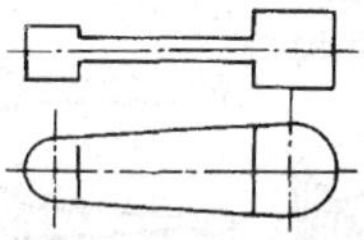	椭圆、工字形等形状难以用自由锻的方法获得	避免椭圆形、工字形或其他非规则形状截面及非规则外形

三、模锻和胎膜锻简介

1. 模锻

模锻是利用模具使金属坯料在模膛内受冲击力或压力作用，产生塑性变形而获得锻件的加工方法。

(1) 模锻的特点

模锻与自由锻相比，具有以下特点：

① 生产率高、易于机械化，可成批大量生产

模锻时金属的变形受模槽的限制，能较快获得所需形状，可以锻出自由锻难以锻出的形状；且操作简单，劳动强度低。

② 锻件尺寸精度高、表面粗糙度值小，可以减少机械加工余量和余块的数量，节省金属材料和加工工时。

但是，模具费用昂贵，需要能力较大的专用设备，所以只有在大批大量生产时采用模锻才是经济合理的，模锻件的重量一般在 150kg 以下。

(2) 锤上模锻

模锻根据所用设备的不同，可以分为锤上模锻、曲柄压力机上模锻、平锻机上模锻和摩擦

压力机上模锻。其中锤上模锻是较为常用的模锻方法，所用设备主要是蒸汽一空气模锻锤。形状简单的锻件可在单模槽内锻造成形，称单模槽模锻，见图 12-48；复杂的锻件，必须在几个模槽内锻造后才能成形，称多模槽模锻，见图 12-49。

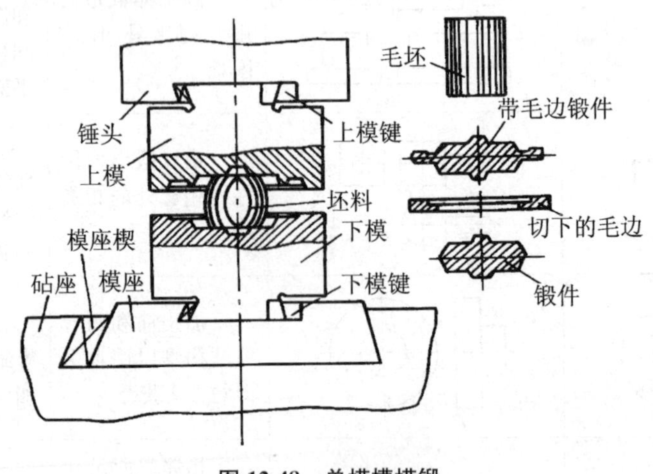

图 12-48 单模槽模锻

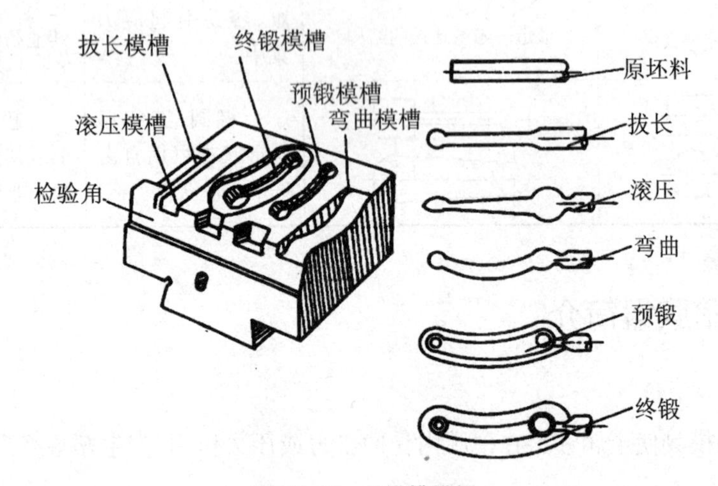

图 12-49 多模槽模锻

2. 胎模锻

(1) 胎模锻的特点

胎膜是在自由锻设备上使用可移动模具生产锻件的锻造方法。它是介于自由锻和模锻之间的锻造方法，一般先采用自由锻方法使坯料初步成形，然后放入胎膜中终锻成形。

胎模锻与自由锻相比，具有生产率高、锻件尺寸精度高、表面粗糙度小，余块少，节省金属材料，锻件成本低。与模锻相比，胎模制造简单，成本低，使用方便；但生产率和锻件尺寸精度不如锤上模锻高，工人劳动强度大，胎模寿命短。

(2) 胎模的结构及应用

胎膜不固定在锤头和砧座上，需要时放在下砧铁上。按其结构可大致分为扣模、合模和套模三种主要类型。

① 扣模

扣模由上、下扣组成，或只有下扣，上扣由上砧铁代替，见图 12-50。锻造时锻件不转动，初步成形后锻件翻转 90°在锤砧上平整侧面。主要应用于长杆非回转体锻件的全部或局部扣形。

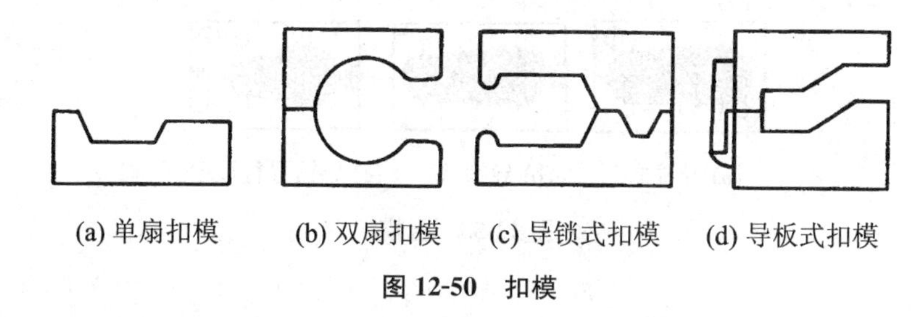

(a) 单扇扣模　(b) 双扇扣模　(c) 导锁式扣模　(d) 导板式扣模

图 12-50　扣模

② 套模

套模通常由圆筒形的模块所组成，外面则往往加上套筒，有的套筒本身就是锻模。按其结构分为开式套模和闭式套模两类。

开式套模只有下模，上模用上砧代替，见图 12-51。主要用于回转体锻件的最终成形和制坯，如齿轮、法兰盘等。

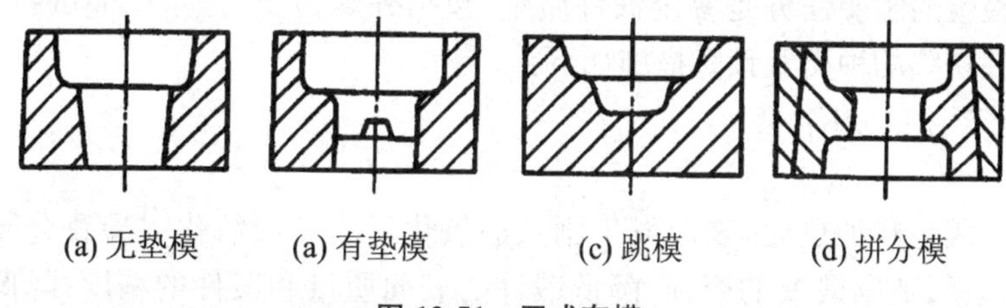

(a) 无垫模　(a) 有垫模　(c) 跳模　(d) 拼分模

图 12-51　开式套模

闭式套模由套筒、上模垫及下模垫组成，见图 12-52。主要用于端面有凸台或凹坑的回转体类锻件的制坯和最终成形，有时也用于非回转体锻件。

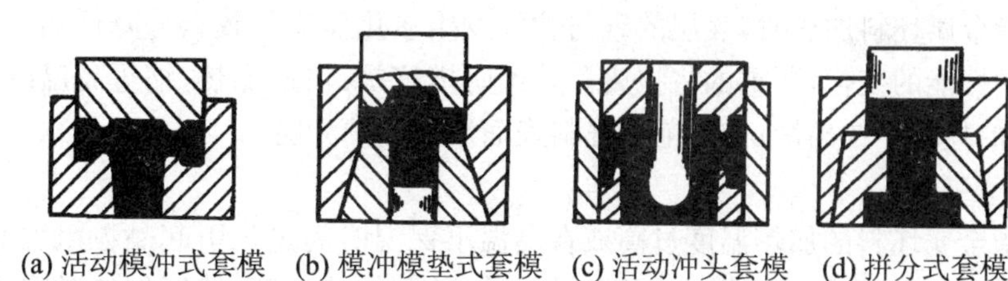

(a) 活动模冲式套模　(b) 模冲模垫式套模　(c) 活动冲头套模　(d) 拼分式套模

图 12-52　闭式套模

③ 合模

合模通常由上模和下模组成，上、下模均有模槽，为了避免上、下模的错移和便于上、下模的对准，常采用导柱等导向装置，见图 12-53。合模可锻出形状较复杂的锻件，尤其是非回转体类锻件，主要用于终锻成形。

自由锻、模锻和胎模锻的应用主要取决于生产批量、锻件尺寸、形状和生产条件。一般单件小批量采用自由锻；中小批量、形状复杂的锻件可采用胎模锻；成批大量生产、形状复杂的较小锻件可采用模锻。

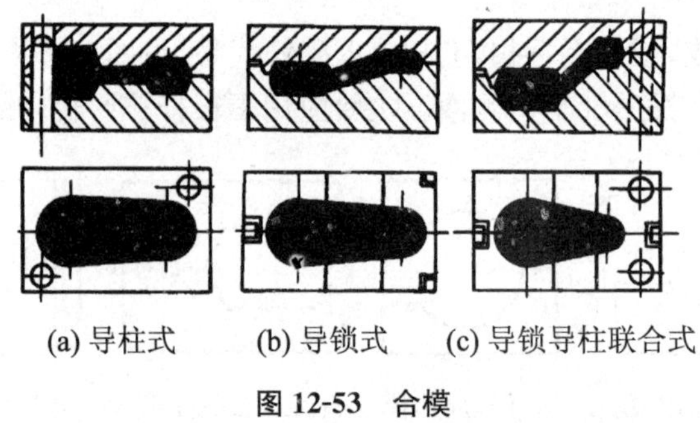
(a) 导柱式　(b) 导锁式　(c) 导锁导柱联合式

图 12-53　合模

四、锻件质量与成本分析

锻后的零件或毛坯要按图样的技术要求进行检验，分析和研究锻件产生缺陷的原因和预防措施，以提高锻件质量，进一步降低成本，提高经济效益。

1. 锻件质量分析

锻件质量检验的主要任务是鉴定锻件质量，包括外观检验、力学性能试验和内部质量检验。常见的锻件缺陷的种类及预防措施如下：

(1) 加热时产生的缺陷

① 氧化

氧化是指金属坯料加热时，表层发生剧烈的氧化形成一层氧化皮导致金属烧损的现象。它将造成钢材损耗；加剧锻模的磨损、降低锻件的表面质量和锻件的精度；降低炉子的寿命。其预防措施有：控制炉中的气氛，使炉气呈中性或还原性；控制加热温度，缩短加热时间，少装料，勤出炉。

② 脱碳

脱碳是指金属坯料加热时，表层的碳与炉气发生氧化反应导致碳分降低的现象。它直接导致锻件力学性能的变化，严重的将报废。其预防措施是：快速加热，缩短高温阶段的加热时间；对加热好的坯料尽快出炉；加热前在坯料表面涂上保护涂层。

③ 过热

过热是指金属坯料的加热温度过高或在高温下保温时间过长引起晶粒粗大的现象，它将使锻件的力学性能和可锻性下降。其预防措施是：控制加热温度，缩短加热时间，控制保温时间。对已过热的坯料可通过反复锻打把粗晶打碎，或在锻后通过退火处理来细化晶粒。

④ 过烧

过烧是指金属坯料的加热温度超过始锻温度过高，使晶粒边界出现氧化或局部熔化的现象，它将直接导致坯料报废，不能锻打。其预防措施是：按要求控制炉温，不能让炉中的火焰直接接触坯料。

(2) 自由锻常见的缺陷

① 折叠

折叠是指塑性加工时将坯料已氧化的表层金属汇流贴合在一起压入工件而造成的缺陷。它将导致锻件的精度降低，甚至使锻件报废；容易形成裂纹。其预防措施是：提高操作人员水平，严格按拔长的操作规则操作。

② 裂纹

裂纹是由于应力作用而产生的不规则的裂缝，这将增加了对锻件消除裂纹的修整工序，严重的将使锻件报废。其预防措施是：消除坯料原有的裂纹；控制锻造温度和锤击力及锻件的冷却速度。

(3) 模锻和胎模锻常见的缺陷

② 错差

错差是指模锻件沿分模面的上半部分相对下半部分产生了位移，位移量过大将使锻件报废。其预防措施：恢复合模锻造的定位精度；及时调整锻锤、锻模位置。

② 缺肉

缺肉是指锻件的实际尺寸在某一局部小于锻件图的相应尺寸。产生缺肉的锻件需重新锻造，严重的缺肉将使锻件报废。其预防措施是：严格控制坯料的下料尺寸；合理选用锻锤、注意坯料在模膛中的位置。

2. 锻件成本分析

锻件的单件成本通常按定额资料计算，具体成本一般由下列几个项目组成：

(1) 原材料费用。

(2) 燃料费用，指加热炉用的燃油、煤、煤气等费用。

(3) 动力费用，指电力、蒸汽和压缩空气的费用。

(4) 操作人员的工资及其附加费。

(5) 企业管理费用、办公经费、技术革新等费用。

(6) 设备费用、模具费用、废品损失等其他费用。

在这些项目中，原材料费和模具费占总成本的大部分，对于自由锻，模具费用比例很小，主要是材料费用。对于模锻，大批生产时模具费用的比例仍然较小，占主要的是仍是材料费；生产批量小时，员工的工资和模具费的比重较大。总之，降低锻件成本的有效途径是提高材料的利用率，合理选择锻造方法，降低能源消耗。部分锻造方法的综合比较见表 12-23。

表 12-23　常用锻造方法比较

加工方法	适用范围	生产率	锻件精度	模具寿命	模具特点	劳动条件	机械化与自动化	单件生产成本	批量生产成本
自由锻	小、中、大型锻件，单件小批量生产	低	低	—	—	差	难	低	高
胎模锻	小、中型锻件，中小批量生产	较高	中	较低	模具简单，不固定在设备上，取换方便	差	较难	中	较低
锤上模锻	中、小型锻件，大批生产，适合锻造各类型模锻件	高	中	中	锻模固定在锤头和砧座上，模膛复杂，造价高	差	较易	高	低

五、锻造新工艺和新技术简介

随着科学技术的发展,金属的锻压加工出现了许多新工艺和新技术,使锻压生产向着优质、高效、低消耗的方向发展。

1. 锻造新工艺

(1) 精密模锻

精密模锻是提高锻件精度和表面质量的一种先进工艺。其锻件的精度可达±0.2mm,表面粗糙度可达 R_a6.3mm,实现了少、无切削加工;纤维流线分布合理,力学性能好。精密模锻能锻出形状复杂、尺寸精度要求高的零件,如锥齿轮、叶片等,但对坯料的要求比普通模锻高,需在保护性气氛中加热。

(2) 粉末锻造

粉末锻造是将金属粉末经压实烧结后,作为锻造毛坯的一种锻造方法。其锻件的组织致密,表面粗糙度值低、尺寸精度高,可以少或不切削加工。例如,粉末锻造连杆的重量精度可达1%,而锻造连杆的重量精度 2.5%,与常规机加工连杆相比,批量生产可节约加工费 35%。

(3) 超塑性成形

超塑性可以理解为金属材料具有超常的均匀塑性变形能力,其伸长率可达到百分之几百、甚至百分之几千。超塑性成形是利用某些金属在特定条件(一定的温度、变形速度和组织条件)下所具有的超塑性来进行塑性加工的方法。这种成形技术是近 20 年来蓬勃发展的材料加工新技术,利用这一成形技术可以成形各种形状复杂、用其他方法难以成形的零件,且加工精度高,可实现少无切削加工。它已广泛用于航空航天领域,如航空发动机的钛合金叶片等锻件。

(4) 高速锤锻造

高速锤锻造是靠高压气体突然释放的能量驱动上、下锤头高速运动,悬空对击,使金属塑性成形的锻压方法。这一技术适用于一些高强度、低塑性、难成形金属的锻造,多用于叶片、齿轮等零件的精锻和挤压。

(5) 高能成形

高能成形是通过适当的方法获得高能量(如化学能、冲击能、电能等),使坯料在极短时间内快速成形的加工方法。常见的有爆炸成形、电磁成形、电液成形等。

2. 锻造新技术

(1) 采用冶炼新技术,提高大锻件用钢锭的质量

近年来涌现的冶炼新技术(如:真空精炼、电渣重炼、钢包精炼等)使钢锭质量大大提高,有利于改善大锻件的内部质量。

(2) 采用了少无氧化和快速加热技术

炉膛内具有惰性保护气氛的无氧化加热炉,可避免坯料在加热过程中出现氧化、脱碳的缺陷。运用煤气快速加热喷嘴和对流传热,提高传热效率,坯料升温快,这一技术主要适用于加热∅100mm 以下的棒料。

(3) 计算机技术在锻造生产上的应用

将计算机辅助设计和辅助制造技术用于模锻生产上,已取得明显的经济效益。主要是通

过人机对话，对模锻工艺过程进行模拟，可使人们预知金属的流动、应变、应力、温度分布、模具受力、可能的缺陷及失效形式。一部分软件甚至可以预知产品的显微结构、性能以及弹性恢复和残余应力，这对于优化工艺参数和模具结构提供了一个极为有力的工具，对缩短产品研制周期，降低研制成本、获得最佳模锻工艺方案有十分重要的意义。据日本效率协会调查统计，设计工时可削减 88%，设计期限缩短 60%，质量提高 39.3%，成本降低 18.9%。

第四节　钢的热处理

一、概述

钢的热处理，就是将钢在固态下通过加热，保温和冷却的方式来改变其内部组织，从而获得所需性能的一种工艺方法。

热处理在机械制造工业中占有非常重要的地位。它能够充分发挥金属材料的潜力，大幅度地提高钢材的性能，延长机器零件使用寿命。此外，热处理还可以用以改善工件的加工工艺性能，使产品加工质量和劳动生产率得到进一步的提高。因此，在现代机械制造工业中，热处理的应用极为广泛。

热处理工艺方法的种类繁多，根据加热和冷却的方式不同，钢的热处理方法通常分为以下几种(表 12-24)。

表 12-11　钢的热处理分类

- 热处理
  - 普通热处理
    - 退火
    - 正火
    - 淬火
    - 回火
  - 表面热处理
    - 表面淬火
      - 感应加热表面淬火
      - 火焰加热表面淬火
      - 电接触加热表面淬火
    - 化学热处理
      - 渗碳
      - 氮化
      - 碳氮共渗(氰化)
      - 渗金属

按照热处理在零件整个生产过程中所处的位置不同，由可将它们大致分为预先热处理和最终热处理两大类。预先热处理也叫中间热处理，其目的是改善材料的工艺性能，为进行各种形式的后续加工(如切削加工等)做准备。这种热处理通常是为了降低硬度、消除内应力和组织缺陷。最终热处理的目的主要是改善使用性能，使金属材料及其制品满足使用要求，如提高其强度、硬度、耐磨性等。

尽管钢的热处理种类和方法多种多样，但不管哪一种热处理，都不外乎是加热到预定的温度，保温一定的时间，然后以某种方式进行冷却这三个阶段，即任何一种热处理工艺都是由加热，保温和冷却三个阶段所组成的。因此，热处理工艺构成可用“温度-时间”为坐标的曲线图形表示，如图 12-54 所示。此曲线称为热处理工艺曲线。

在确定钢的各种热处理温度以及制定钢铁铸造生产的浇注温度（包括焊接温度）和钢的锻造加热温度时，要经常用到一种叫做铁碳合金状态图的图形，即 Fe-Fe_3C 状态图。此图形可通过实验方法测定。图 12-55 为热处理经常用到的 Fe-Fe_3C 状态图。铁碳合金状态图是在极其缓慢地加热或冷却情况下，不同成分的铁碳合金的状态或组织随温度变化的一种图形。它是研究钢热处理的重要依据。

铁碳合金根据其在 Fe-Fe_3C 状态图上的位置可分为共析钢（含碳量为 0.77%），相当于 Fe-Fe_3C 状态图 S 点（0.77%）的成分，亚共析钢，即含碳量小于 0.77%的钢，一般为低，中碳钢，过共析钢，即含碳量大于 0.77%的钢，一般为高碳钢（含碳量大于 2.11%以上为使用价值不大的硬而脆的白口生铁）。

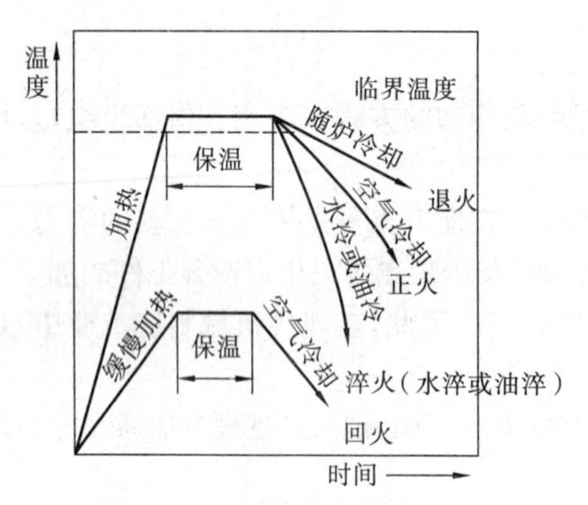

图 12-54　热处理工艺曲线

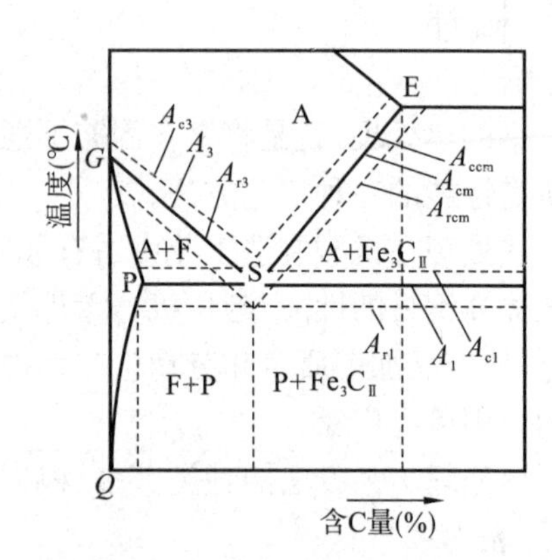

图 12-55　钢在实际加热和冷却时 Fe-Fe_3C 状态图上各临界温度的位置

由 Fe-Fe_3C 状态图可知，A_1，A_3，A_{cm}分别是共析钢，亚共析钢，过共析钢在极缓慢加热或冷却时的组织转变温度线，称为临界温度线。在实际生产中，加热和冷却时速度都很快。因此，实际热处理过程中，加热时组织转变要高于这些温度线，冷却时要低于这些温度线，就是说，要在一定的过热度和过冷度下才能进行。所以，实际上发生温度转变的温度线和状态图所示的临界温度线 A_1，A_3，A_{cm}有一定的偏差（图 12-55）。通常把共析钢，亚共析钢和过共析钢加热时的各实际临界温度线分别用 A_1，A_3，A_{cm}表示，冷却时的各实际临界温度线分别用 A_{r1}，A_{r3}，A_{rcm}表示。A_{c1}与 A_1 的温度差就是所谓过热度，A_{r1}与 A_1 的温度偏差就是所谓过冷度。当加热速度越快时过热度越大，这种温度偏差也越大。反之，冷却速度越大时过冷度越大，实际临界温度越偏低。实际临界温度也可以理解为在实际热处理过程中，钢件发生组织转变时所对应的具体温度。

二、钢的热处理常用设备

钢的热处理常用设备主要有加热炉、测温仪表、冷却设备、校直设备和硬度计等。

1. 加热炉

钢的热处理常用加热炉主要有电阻炉、盐浴炉、气体渗碳炉和高频感应加热炉等。

(1) 电阻炉

电阻炉是利用电流通过电热元件产生的热量加热零件,同时用热电偶等电热仪表控制温度。电阻炉分箱式和井式两种。SX2 系列箱式电阻炉如图 12-56 所示,主要用于中、小型零件的加热。井式电阻炉呈深圆桶形,主要用于长轴类零件的加热。

(2) 盐浴炉

盐浴炉是以熔盐作为加热介质的加热炉,它常用电来加热,也可用油或煤气作为燃料来加热。电极式盐浴炉如图 12-57 所示。盐浴炉常用的盐为氯化钡、氯化钠、硝酸钾和硝酸钠等。当加热到一定温度时,盐熔化成液体,零件就侵入液体中加热。多用于小型零件及工、模具的加热等。

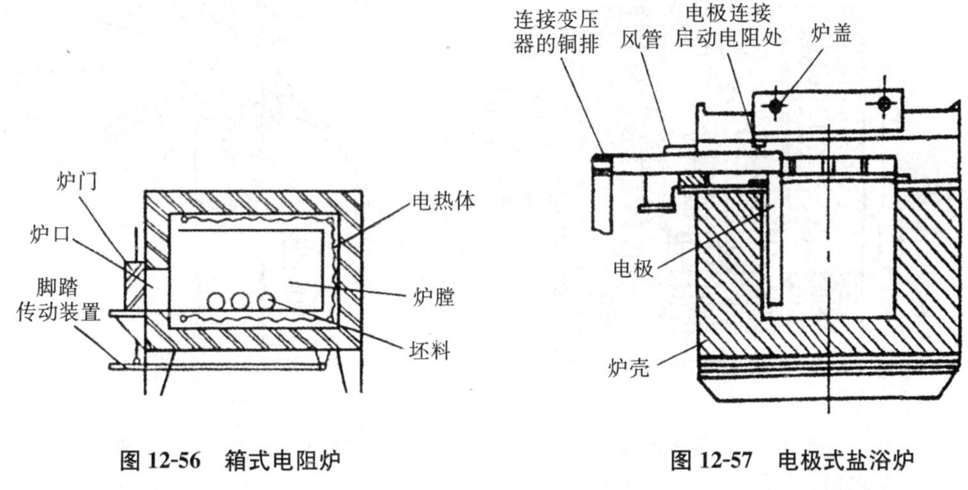

图 12-56　箱式电阻炉　　**图 12-57　电极式盐浴炉**

(3) 气体渗碳炉

气体渗碳炉如图 12-58 所示,一般为井式。用于气体渗碳、渗氮或碳氮共渗等化学热处理。

(4) 高频感应加热炉

高频感应加热炉是把工频电流转换高频电流,这个高频电流在加热感应圈内形成强大的交变磁场,当工件放入感应圈内,如图 12-59 所示,工件上就会产生与感应圈频率相同,方向相反的感应电流。感应电流在工件截面上的分布是不均匀的,靠近表面的电流密度大,中心处几乎为零。集中在工件表面的大密度电流,在工件自身的电阻作用下,很快将工件加热到淬火温度,若立即喷水冷却,工件表面便形成淬火硬层。由于工件心部无电流加热,所以不会淬硬。主要用于表面淬火。

2. 测温仪表

热处理时,为了准确地测量和控制零件的加热温度,常用热电偶高温计和光学高温计等仪表进行测温。

(1) 热电偶与毫伏计

热电偶由两根化学成分不同的金属丝或合金丝组成,如图 12-60 所示。*A* 端焊接起来插入炉中,称为工作端或热端,另一端 *C*、*C*2 分开,称为自由端或冷端,用导线与毫伏计等温度仪表连在一起。当工作端放在加热炉中被加热时,工作端与自由端存在温度差,冷端便产生电位差,使带有温度刻度的毫伏计的指针发生偏转。温度越高电位差就越大,指示温度值也相应增高。

在毫伏计的刻度表面上，一般都已把电位差换算成温度值进行刻度。一种规格的毫伏计只能与相应分度号的热电偶配合使用。热电偶高温计可以和自动控制温度设备组合在一起控制炉温，如和电子电位差组合能自动控制炉温。

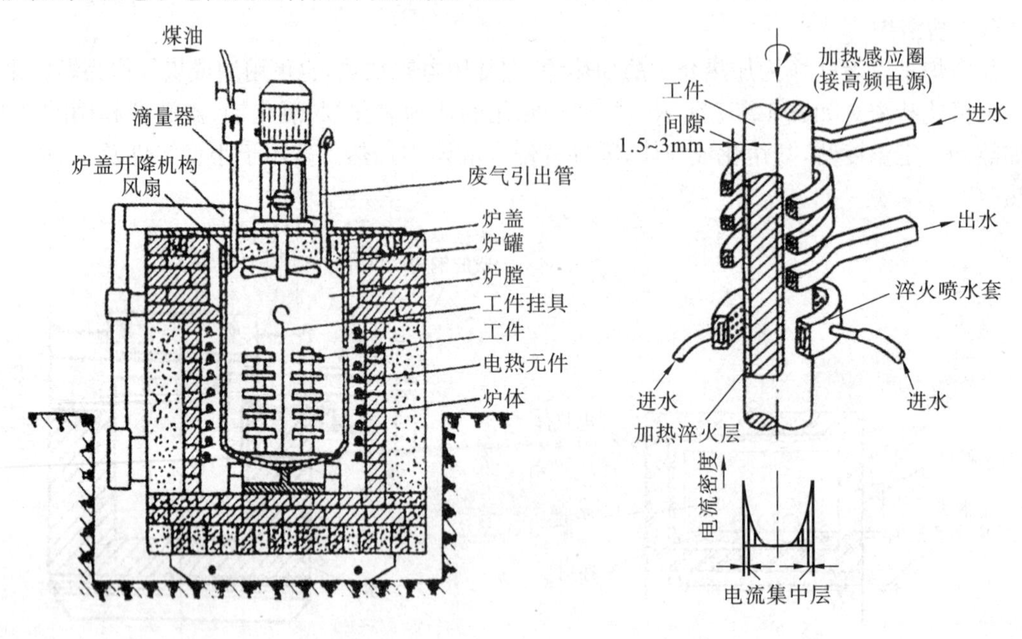

图 12-58　气体渗碳炉　　　图 12-59　感应淬火示意图

(2) 光学高温计

光学高温计可以测量熔化金属的温度以及高温加热炉和盐浴炉的炉温。它是根据物体的温度不同，其发光的亮度也不同的原理，将被测物体亮度和高温计灯丝的亮度相比较，来测定物体的温度。

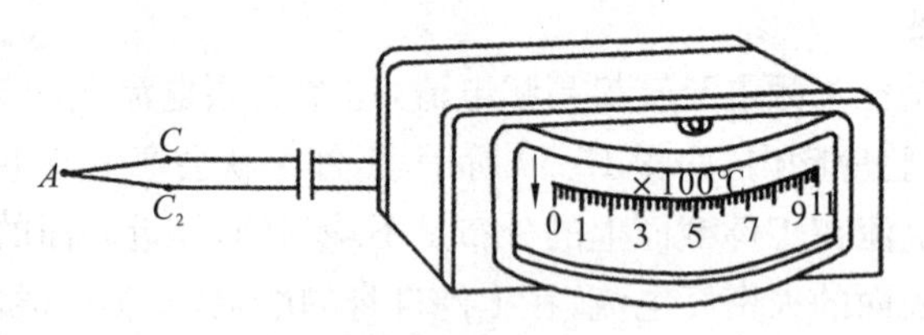

图 12-60　热电偶高温计与毫伏计

3. 冷却设备

冷却设备是保证零件在冷却剂中有足够的冷却速度。常用的冷却设备有水槽和油槽。当水或油的温度升高到一定时，会降低冷却剂的淬火能力。因此，水槽或油槽内应设冷却水管，用管内冷却的水来冷却，用以控制水或油的温度。水槽或油槽中的水或油应保持清洁，若水槽中混入油或油槽中有水，均会产生废品。

4. 校直设备

钢件在热处理过程中会产生不同程度的变形。为校正其变形，常采用手动压力机、液压校直机、平板等校直设备和锤子等工具。手动压力机有螺杆式和齿杆式，常用于校直直径 10～30mm 的工件。

5. 硬度计

硬度是衡量金属材料软硬的一个指标,表示金属材料的坚硬程度。用钢球压一铜板,会在铜板表面留下一定深度的压痕,说明钢球比铜板的硬度高。硬度就是金属材料抵抗其他更硬物体压入表面的能力。由于压痕的形成是金属材料局部塑性变形的结果,所以也可以说硬度是材料对局部塑性变形的抵抗能力。

硬度值越高,金属表面抵抗塑性变形的能力就越大。材料局部表面塑性变形也就越困难。在机械加工中所使用的各种刀具,量具,模具等都应具备足够高的硬度,使其具有足够的强度,耐磨性,以保证使用性能和寿命。

硬度实验方法很多,最常用的是布氏硬度 HBS 和洛氏硬度 HRC,用不同的硬度计来测定。

(1) 布氏硬度 HBS

布氏硬度具有很高的测量精度,能真实反映出金属材料的平均性能。布氏温度计(图 12-61)不宜测定成品或薄片金属的硬度,主要用于测试硬度不高于 450HBS 的金属材料。

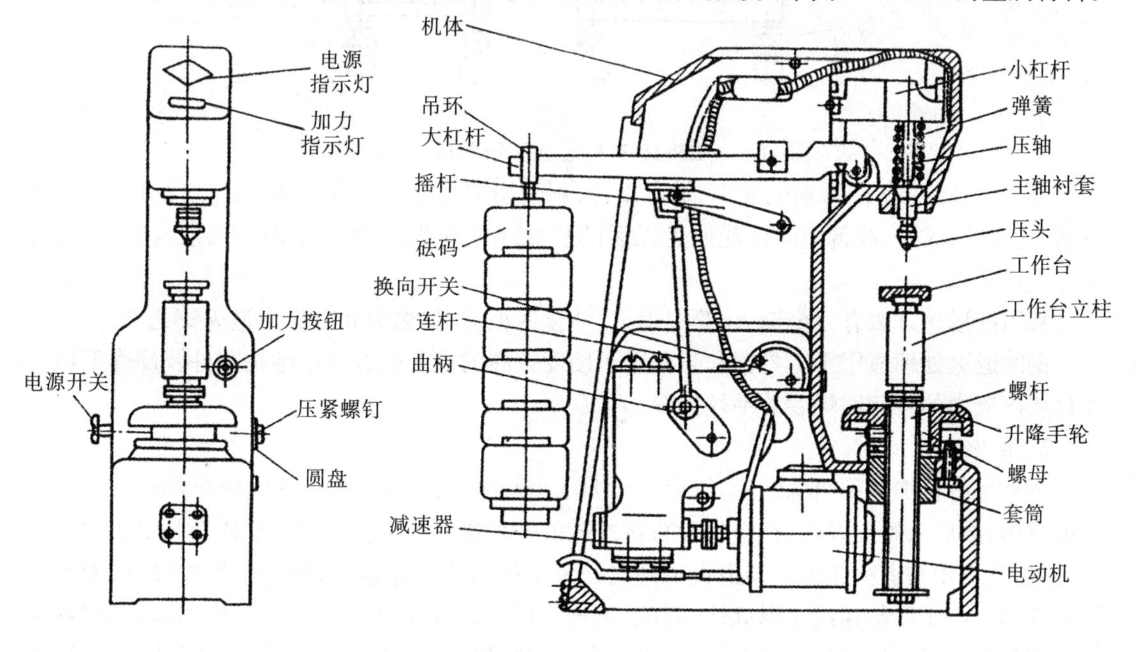

图 12-61　HB-3000 型布氏硬度计结构简图

(2) 洛氏硬度 HRC

电动洛氏硬度计外形,如图 12-62 所示,由于其压头不同和施加载荷不同,洛氏硬度常用 HRC,HR 和 HRA 三种标尺。洛氏硬度操作简单迅速,测试硬度值范围大,可测试不同硬度的材料。

三、钢的热处理工艺及操作简介

1. 退火

退火是将钢加热到一定温度,保温一定时间,然后缓慢冷却,以获得接近平衡状态组织的热处理过程。

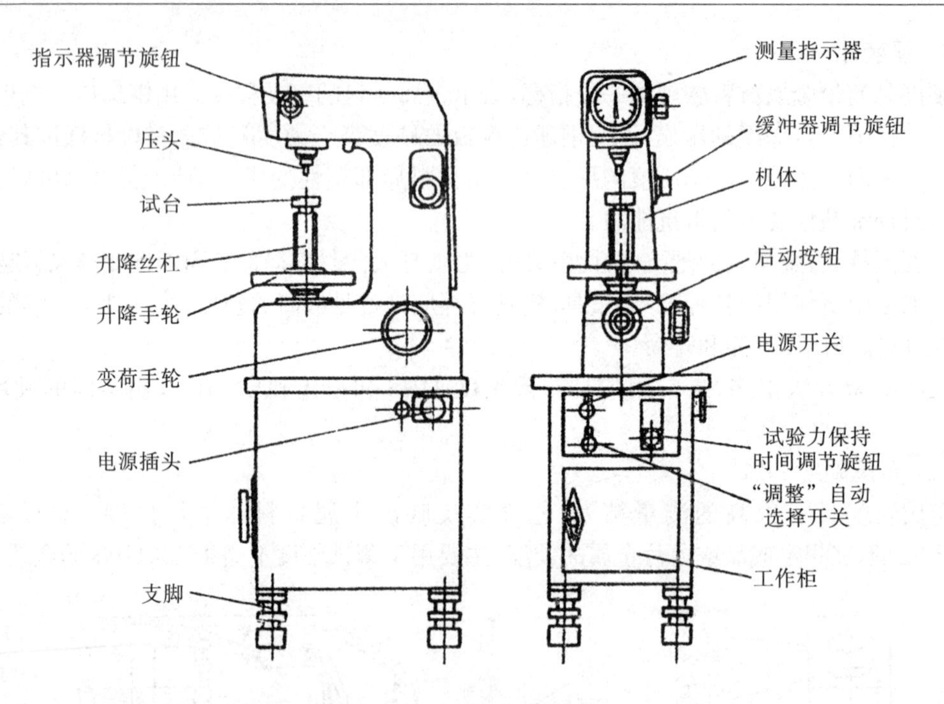

图 12-62　HR-150D 型电动洛氏硬度计外形简图

退火的目的：① 降低钢的硬度、提高塑性、利于切削加工及冷变形加工。② 细化晶粒、均匀钢的组织及成分，改善钢的性能或为以后的热处理做准备。③ 清除钢中残余内应力，以防止变形和开裂。

常用的退火方法有完全退火、等温退火、球化退火、扩散退火和去应力退火等几种。

钢的退火处理适用于工具钢和某些用于硬度较高的重要的合金钢结构零件及硬度不均匀并存在内应力的铸、锻、焊后的毛坯件等。

2. 正火

正火是将钢加热到 A_{C3} 或 A_{cm} 以上 30～50℃，保温一定时间，使钢的组织全部转变为均匀的奥氏体，然后从炉中取出，在空气中自然冷却的一种热处理工艺。正火实质上是退火的另一种形式，其作用与退火相似。与退火不同之处是工件加热和保温后，放在空气中冷却，而不是随炉冷却。由于冷却速度比退火快，因此，正火工件比退火工件的强度和硬度稍高，而塑性和韧性则稍低。正火后的钢件硬度适中，更适合于切削加工。又由于正火冷却时不占炉子，还可提高效率，成本降低。所以，一般低碳钢和中碳钢，多用正火代替退火。

钢的正火的目的：① 对机械性能要求不高的普通结构件，常用正火作为最终热处理。② 对于低碳钢，常用正火代替退火，以改善组织结构和切削加工性能。③ 中碳钢淬火前进行正火，可使组织细化，能减少淬火时的变形和开裂倾向。④ 高碳钢常用正火来消除网状渗碳体，为球化退火作好组织准备。

3. 淬火

淬火是将钢加热到临界温度（A_{C3} 或 A_{C1}）以上的适当温度，经保温后，快速冷却（在水或油中），从而获得马氏体组织的热处理方法。

淬火目的是为了获得马氏体，以提高钢的强度和硬度，增加耐磨性，以及在随后的回火过程中获得高强度和韧性相配合的性能。如各种刀具、量具、模具、滚动轴承等都需要通过淬火来提高硬度和耐磨性。

淬火的方法对淬火后的工件的质量有直接影响。既要使淬火后的组织既能得到马氏体，又要使工件的内应力小、变形小，就必须注意淬火方法，充分利用各种冷却剂的特性。常用的方法有单液淬火法、双液淬火法、分级淬火法和等温淬火法等几种。

淬火时的冷却介质称为淬火剂。钢件在淬火剂中冷却时，必须要有足够而合适的冷却速度，以便获得高的硬度，而又不至于产生裂纹和过大的变形。常用的淬火剂有水和油。水冷却能力较强，适用于一般碳钢零件的淬火，向水中溶入少量的盐类，还能进一步提高其冷却能力；油的冷却能力较低，能够防止产生裂纹等缺陷，适用于合金钢淬火。常用的有机油和变压器油。

淬火时，由于工件侵入淬火剂的方式不正确，可能使工件各部分的冷却速度不一致，而造成极大的内应力，使工件发生裂纹和变形，或产生局部不硬等缺陷。细长的工件，如钻头或轴等，应垂直地侵入淬火剂中；厚薄不均的工件，厚的部分应先侵入淬火剂中；薄而平的工件，如圆盘，铣刀等，不能平行放入，而必须竖立放入淬火剂中，使工件各部分的冷却速度趋于一致等。各种不同形状的工件在淬火时侵入淬火剂的方式如图 12-63 所示。

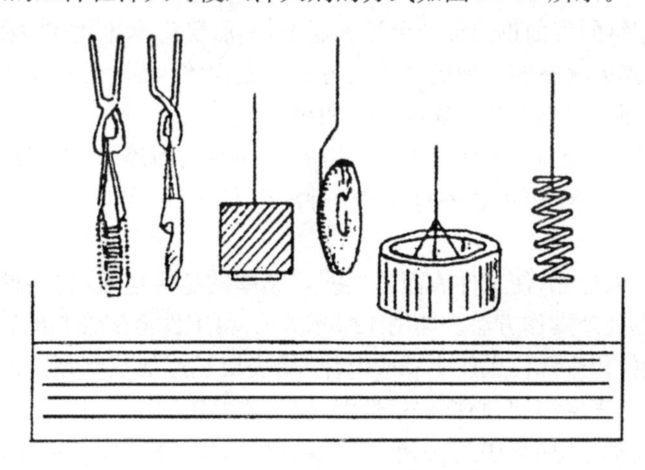

图 12-63　工件侵入淬火剂的正确方法

4. 回火

回火是将淬火后的钢重新加热到 A_{C1} 以上某一温度进行保温，然后以适当速度冷却下来，得到较稳定组织的一种热处理操作。

回火的目的是降低淬火钢脆性，消除或减少内应力；调整钢的硬度、强度和韧性，从而获得工件所需要的机械性能。

根据回火温度不同，可分为低温回火、中温回火、高温回火。

（1）低温回火

低温回火的温度为 150～250℃。低温回火目的是保持淬火钢的高硬度、高耐磨性、降低内应力、提高韧性。低温回火后得到的组织是回火马氏体，硬度一般为 58～64HRC。低温回火主要用于切削刃具、量具、冷冲模具、滚动轴承及其他要求硬而耐磨的零件。

（2）中温回火

中温回火的温度为 350～500℃。中温回火所得到的组织是回火屈氏体，其具有较高的弹性极限、屈服强度和适当的韧性，硬度可达 35～45HRC。这种回火方法主要用于各种弹簧、发条及热锻模等。

(3) 高温回火

高温回火的温度为500～650℃。高温回火主要目的是为了得到强度、塑性、韧性都较好的综合机械性能。高温回火后的组织为回火索氏体，硬度为25～35HRC。这种组织的特点是综合机械性能好。一般习惯将淬火加高温回火的双重处理称为调质处理，简称调质。适于进行调质处理的中碳钢和中碳合金钢称为调质钢。

除了上面讲的三种常用的回火方法外，还有一种低于回火温度的尺寸稳定处理方法叫时效处理。因为许多零件或工具，如精密机床丝杠，精密轴承，精密量具等，虽然经过了淬火，回火处理，但在以后长期使用过程中，往往还会发生尺寸的改变，失去原有的精度。因此还需要在100～160℃较低温度下进行长时间的加热(10～15小时)处理，这种低温长时间的回火处理，就是所说的尺寸稳定处理或时效处理。

通过人工加热进行的时效方式叫做人工时效。还有一种使工件在室温或自然条件下长期存放发生时效的现象，叫做自然时效。

5. 表面淬火

表面淬火就是把钢的表面迅速加热到淬火温度，然后快速冷却，使钢表面层获得马氏体组织，而心部仍保持未淬火状态的一种局部淬火方法。表面淬火后，工件表面层得到强化，具有高的强度和耐磨性，而心部仍保持足够的塑性和韧性。

根据淬火加热的方法不同，表面淬火种类有感应加热表面淬火、火焰加热表面淬火、电接触加热表面淬火等。工业中应用最多的是前两种淬火方法。

(1) 感应淬火

感应淬火是采用电加热，使工件表面产生一定频率的感应电流，将零件表面迅速加热，然后迅速冷却的一种热处理操作方法。如图12-59所示，将工件至于管制的感应器中，当感应器有交流电通过时，工件相应部位也产生感应电流，使表层迅速加热到预定的淬火温度，喷水器立即喷水冷却，将工件表层淬硬，心部保持低温，仍为原始组织。

感应淬火零件变形小，加热快，组织细，表面硬度高，易于控制，主要用于中碳钢和工具钢。

(2) 火焰淬火

火焰加热表面淬火就是用乙炔-氧或煤气-氧的混合气体燃烧的火焰直接喷射在工件的表面上，并随即喷水(或乳液)冷却，以获得表面硬化效果的淬火方法。如图12-64所示，其淬硬层深度一般为2～6mm。

火焰淬火的加热温度不易控制，一般只适于单件小批量生产以及需要局部淬硬的工具或大型轴类与大模数齿轮等。这种工艺方法可用于中碳钢、中碳低合金钢及灰铸铁和合金铸铁件等。

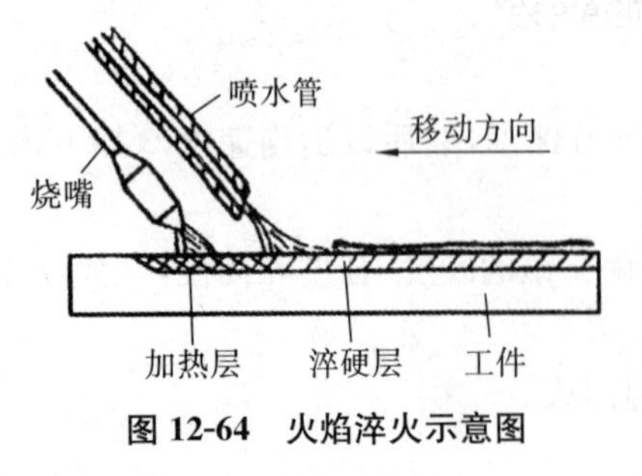

图12-64　火焰淬火示意图

6. 化学热处理

化学热处理就是使钢表面化学成分改变的一种特殊热处理方法，显然化学热处理不仅改变了钢的表面化学成分，也改变了钢的表面组织和性能。因为化学热处理是将要处理的工件置于特定的介质中加热、保温使一种或几种元素渗入工件表面，改变其化学成分和组织，从而使工件表面具有某些特殊的机械或物理化学性能。这对提高产品质量，使工件满足某些特殊要求，发挥材料的潜力，节约贵重金属，均具有重要意义。另外，与表面淬火相比，它可以克服因工件形状复杂制造仿形器（感应线圈）困难，淬硬层不均等弱点。任何复杂的工件，经化学热处理一般均可获得与工件形状相似的渗层。所以，化学热处理得到了广泛的应用。

化学热处理的主要目的在于，提高工件表面的硬度、耐磨性、疲劳抗力、耐腐蚀性等。根据渗入的元素不同，化学热处理的种类有渗碳、氮化、碳氮共渗（氰化）、渗金属等。

无论是渗入哪种元素的化学热处理，其整个过程都包括渗入元素原子从介质中的分解、被工件表面的吸收、在工件表层中的扩散三个基本过程。

分解：介质在一定的温度下，发生化学分解，产生渗入元素的活性原子。

吸收：分解出来的活性原子，碰到工件表面时，被工件表面所吸收。吸收的方式有两种，即溶入铁中形成固溶体（如铁素体等），或与铁形成化合物（如渗碳体）。

扩散：渗入的活性原子，在一定的温度下，由表面向中心扩散，形成一定厚度的扩散层（即渗层）。温度越高，浓度差越大，则原子扩散越快，渗层厚度越大。

目前，在汽车，拖拉机和机床制造中，最常用的化学热处理工艺有渗碳、氮化和碳氮共渗等。

渗碳按介质不同，分为固体渗碳、液体渗碳和气体渗碳。气体渗碳如图 12-58 所示，它是将工件放入密封的加热炉中，进行加热并通入气体渗碳剂，如煤油或丙酮等。煤油在高温下分解，产生活性碳原子，渗入钢的表面，从而达到提高工件表层的含碳量并在其中形成一定的碳含量梯度。

气体渗碳适用于低碳钢和低碳合金钢。渗碳后零件表层 1～2mm 厚度内含碳量可达到 0.8%～1.2%。渗碳后还必须淬火，低温回火处理，以提高零件表面的硬度、耐磨性和改善心部的性能，气体渗碳生产率高，劳动条件好，渗碳过程易于控制，渗层质量好，适于大批量生产。

7. 常见的热处理缺陷

工件经热处理后，可以获得或提高其各种性能，但也因热处理工艺控制不当，常出现一些缺陷，影响产品质量，甚至使工件报废，常见的热处理缺陷主要有以下几方面：① 过热和过烧；② 氧化脱碳；③ 变形与开裂；④ 硬度不足和软点。

思　考　题

1. 简述焊工安全操作规程。
2. 试述常用电焊条的牌号，组成及各部分的作用。
3. 焊条电弧焊的焊接规范有哪些？应该怎样选择规范？
4. 试述焊芯的作用以及焊芯中各合金元素的利弊。
5. 试述焊条药皮的作用以及药皮中通常有哪些组成成分。
6. 焊条电弧焊的引弧、运条、焊道连接及焊道收尾各有哪些方法？
7. 简述焊接变形及应力产生的原因。最常见的变形形式及变形的预防措施有哪些？
8. 有哪些常见的焊接缺陷？
9. 减小焊接应力有哪几种方法？消除焊接残余应力的方法又有哪些？

10. 简述氧气瓶与乙炔瓶有哪些区别。
11. 气焊有哪三种火焰及各自的温度?
12. 简述氩弧焊的特点及种类。
13. 简述手工钨极氩弧焊工艺及操作技术。
14. 什么是铸造?铸造的方法有哪些?常见铸件缺陷有哪些?
15. 型砂应具备哪些性能?
16. 常用的特种铸造有哪些?
17. 钢材锻造时,为什么要先加热?铸铁加热后是否也能锻造?为什么?
18. 什么是锻造温度范围?确定锻造温度范围的原则是什么?
19. 常用的锻后冷却方法有哪几种?如何选择?
20. 自由锻的设备有哪几类?空气锤和水压机各有哪些特点?
21. 自由锻有哪些基本工序?各工序操作时应注意哪些问题?
22. 什么是钢的热处理?它在机械制造中有何作用?常用钢的热处理方法有哪些?
23. 不同的回火温度对热处理后的工件有何影响?
24. 试述加热炉的种类和作用。
25. 根据渗入的元素不同,化学热处理的种类有哪些?化学热处理分为哪三个基本过程?
26. 常见的热处理缺陷主要有哪几方面?

参 考 文 献

[1] 郑光华,周巍.机械制造实践[M].合肥:中国科学技术大学出版社,2004.

[2] 张信林,张佩良.焊工技术问答[M].北京:中国电力出版社,2005.

[3] 孙景荣.实用焊工手册[M].北京:化学工业出版社,2007.

[4] 韩国明.焊接工艺理论与技术[M].北京:机械工业出版社,2007.

[5] 朱学忠.焊工[M].北京:人民邮电出版社,2003.

[6] 高朝祥.金属材料及热处理[M].北京:化学工业出版社,2007.

[7] 范逸明.简明金属热处理工手册[M].北京:国防工业出版社,2006.

[8] 陈国桢,等.铸件缺陷和对策手册[M].北京:机械工业出版社,2005.

[9] 裘维涵.机械制造基础[M].北京:机械工业出版社,2005.

[10] 黄曙.机械加工技术基础[M].长沙:中南大学出版社,2006.

[11] 吴金生.机修钳工[M].北京:机械工业出版社,2006.

[12] 何七荣.机械制造方法与设备[M].北京:中国人民大学出版社,2000.

[13] 夏德荣,架锡生.金工实习[M].南京:东南大学出版社,1999.

[14] 刘越.机械制造技术[M].北京:化学工业出版社,2003.

[15] 黎震,吴安德.机械制造基础[M].北京:高等教育出版社,2006.

[16] 陈宏均.操作技能手册[M]. 北京:机械工业出版社,2004.

[17] 袁梁梁,张晓松.机械加工技能实训[M].北京:北京理工大学出版社,2007.